U0334569

隐天寺八技大樟树 彼之为宁见

厦门泉州市.
开元寺
大雄宝殿
80·8·16·

图书在版编目（CIP）数据

黄茂如风景园林文集/黄茂如著.
上海：同济大学出版社，2018.6
ISBN 978-7-5608-7817-1

Ⅰ.①黄…　Ⅱ.①黄…　Ⅲ.①园林－文集
Ⅳ.①TU986-53

中国版本图书馆CIP数据核字（2018）第075903号

黄茂如风景园林文集

著　　作　黄茂如
责任编辑　陈立群（clq8384@126.com）
责任校对　徐春莲
封面设计　陈益平

出版发行　同济大学出版社　www.tongjipress.com.cn
　　　　　（地址：上海市四平路1239号邮编：200092电话：021-65985622）
经　　销　全国各地新华书店
印　　刷　上海锦良印刷厂有限公司
成品尺寸　190mm×260mm　368面
字　　数　599 000
版　　次　2018年6月第1版　2018年6月第1次印刷
书　　号　ISBN 978-7-5608-7817-1
定　　价　180.00元

黄茂如风景园林文集

黄茂如 著

同济大学出版社

目　录

东山桥湾　灵隐寺
古罗汉松.

81.11.12

第一章 地方园林史

无锡近代园林分析

1840年至1949年，中国处于半殖民地半封建社会，在这期间建造的近代园林是封建时代供帝王、士大夫享用的古典园林向为群众开放的现代园林的一个重要转折，从性质功能到艺术形式都具有明显的特征。

由于民族工商业的迅速发展和优美的太湖自然山水条件，在1911年至1937年的二十多年中，一些资本家在无锡太湖建造了十多处近代园林，在江南城市中独具盛名。本文在普遍调查的基础上，对无锡近代园林的产生、发展、内容、形式等方面做了客观的分析和公正的评价，不仅有益于正确认识无锡近代园林的地位，丰富和充实园林史研究的内容，而且对目前开发太湖风景提供了历史的借鉴。

我国园林的发展，从奴隶社会到封建社会，经历2900多年的历史。在这漫长的历程中，由于当时的社会生产力和各地自然条件有所不同，园主的政治、经济地位高下有别，以及受到诗文歌画艺术和宗教的深刻影响，各个时期的园林都有其一定形式和特点，如奴隶主的囿、秦汉的宫苑、唐宋的山水园、明清的宅邸园林，以及陵墓、寺观、别业、花园等，构成了我国丰富多彩的古典园林。

1840年以后的一百多年，中国沦为半殖民地半封建社会，在这段时期，官僚资产阶级和民族资产阶级是当时最有财势的阶级，他们居住在通商口岸或新兴的工商业城市，为满足其物质生活和精神生活的需要，在这些地方，随着近代都市的建设，建造了一批园林。这些园林，以新的内容和形式，新的材料和技术，区别于封建时代的古典园林，是园林历史一个重大的变化。在这一时期内产生的园林，我们称之为近代园林。

无锡是一个历史悠久、景色宜人的城市，自然条件优越，经济繁荣，加之惠山太湖风景资源丰富，为园林的建设与发展提供了有利条件。据记载，自商朝至晚清，计有祠庙寺观33处，古迹26处，第宅园林74处。这些园林名胜，几经沧桑，大都湮没，被保留下来的古代园林只有寄畅园及少数惠山名胜，今天已成为珍贵的历史遗产。而近代园林则大都存在，这些园林按功能分有三类：一类是由市政当局集资建造经营、管理，作为社会公共福利设施，供群众游览的称为公园，如城中公园、惠山公园。第二类是私人投资经营建设的风景园林，群众也可以游览，如梅园、锦园、横云山庄、蠡园、渔庄、东大池等。第三类也是由私人建造、供个人享受、从属于住宅部分的花园，分散在城区，大小不下数十处，从广义来说也可算作近代园林的一部分。

今天的社会主义园林大都是在近代园林基础上发展而来。因此，研究近代园林的产生、特征，有着现实意义。笔者参阅了有关文献，并访问了有关人员，试就无锡的近代园林，特别是其中的风景园林作一分析。

一、无锡近代园林产生的自然和社会基础

无锡地处太湖流域，西靠惠山，南濒太湖，气候温和，雨量充沛，河湖纵横，良田盛产稻麦，鱼禽丰富，丘陵旱地多辟桑田，素有"鱼米之乡"之称。但在1840年以前，无锡只是常州府的一个县城，政治经济地位并不重要。1853年太平军占领南京，震撼清廷。曾国藩、李鸿章在镇压农民革命战争中，为了给养方便，将设在太仓的粮站迁到无锡，使无锡成为苏南大米的集散中心，而后发展为全国四大米市之一。除碾米、粮店外，当时还有浇铸铁锅、铁香炉的冶坊和分散的土丝、土布等手工业。第一次鸦片战争后，英帝国主义的内河轮船公司，将鸦片从上海运来无锡，换走大量土丝。在外国资本主义影响下，1864年，无锡有了第一家使用机器生产的纱厂后，面粉、丝厂相继开办。

无锡原有运河、太湖航运之便，1906年，沪宁铁路通车，建立无锡站，更方便了与外界特别是上海的物资文化交流，西方的宗教、科学、文化、资产阶级的民主共和思想，亦长驱直入，如机器生产、电灯、电话、都市建设、社会福利、公共事业、公园等，莫不学习上海，模仿他国。所有这些都加速了无锡的发展。1918年，第一次世界大战结束，新兴民族工商业者利用帝国主义喘息的机会，迅速扩大生产，获得了巨大利益。至1930年，无锡城区由3平方公里发展到16平方公里，人口30万，有各种工厂160多家，缫丝业超过了上海，纺织工业成为全国四大基地之一，故有"小上海"之称。

辛亥革命以后，民族工商业迅速发展，特别是纺织工业的发展，使资产阶级积累了大量财富，这便是无锡近代园林产生的社会经济基础。

资产阶级物质生活享受和精神寄托的需要是无锡近代园林产生的直接原因。资产阶级是当时革命的新兴阶级，它与先进的机器生产和集约式的企业经营联系在一起，见过大世面，与社会各界有广泛联系，在获取利润方面，为封建地主阶级望尘莫及。因此，资产阶级暴发户的特性，使其在生活上更加奢侈、摆阔，除了要求舒适的现代化起居外，还要有寻欢作乐、交际宴客的场所。这样，传统假山假水的小庭院已不能满足其广泛社交活动的需要，近代都市的喧闹嘈杂，又使其羡慕郊区的幽洁僻静，封建士大夫风花雪月、附庸风雅又为其欣赏，加上发达的现代交通，资产阶级不满足于城市中的花园洋房，又向郊外发展，建别墅园林，于是，以真山真水自然风景为主的近代风景园林，便成为资产阶级奢侈生活的产物。

资产阶级与封建地主一样，有浓厚的地方观念，一旦发迹，总不忘改建门庭，荣耀乡里，因此，这些园林一般都就近家乡建造。如荣巷荣氏兄弟在村上建造花园洋房外，又在离荣巷不远的山岗建梅园；陆进陆培芝在住地建陆庄花园外，又在不远的章山南麓建东大池；青祁王禹卿和附近小陈巷陈梅芳，将蠡园和渔庄都筑在青祁沿湖；东绛周舜卿在村子上筑"避尘庐"，并改建家乡为周新镇，这些都反映了资产阶级散财治乡的思想意图。

在民主思想影响下，资产阶级常取其财富的一部分，捐赠给社会举办教育、市政、福利慈善事业，宣扬其"以善济世""与民同乐"的美德。园林属于其中一项，发挥了各地游客辗转相传的作用，使园主声名远扬，间接推动了其企业的原料收购和产品推销，同时，博取群众好评，对资产阶级社会地位的巩固起到莫大作用。所以，近代园林与其他慈善事业一样，带有广告性质，包含资产阶级的虚伪性。

总之，无锡近代园林是在封建专制制度被

推翻，资产阶级获得相当地位，民族工商业有了发展，民主思想广为传播后兴起的，它是时代的产物，它的建造主要满足资产阶级物质和精神生活的需要，既显示其豪华富裕，又标榜其文雅不俗，同时也带有社会福利事业性质。

陆庄九家亭

二、无锡近代园林建造梗概

在无锡的近代园林中，城中公园出现最早，辛亥革命之前已有雏形，当时不过数弓之地（玉皇殿后洞虚宫荒基），周围有些柳树。光绪三十二年（1906）由地方人士俞仲还等筹集资金，在场地东、北两面，堆土岗，种树木，并筑一小亭，这就是辛亥革命前的锡金公花园。1911年，辛亥革命成功，无锡军政府拆改僧寺庵观，充作公园用地，截留官僚买办盛杏生在锡资产款两万元，取其一部分充作经费，由当局委派专门办事机构，负责建设，并正式改名为城中公园，当时它与市图书馆的建造，光复门到火车站马路的开拓，号称三大"德政"。

由于当时崇拜欧美、日本的现代文明，城中公园在建设中也请了日本造园专家松田，负责布置监造，并从日本购来大量樱花、红枫（后都死亡）。又从明嘉靖俞宪的独行园拆来巨大湖石绣衣峰，点缀于公园入口处，1934年方塘、池上草堂（官僚秦氏所有）收归国有，并入了公园，其

城中公园

面积从廿多亩扩大到四十多亩，园内展览池沼、假山、厅堂、亭榭、花木阁楼，已有相当规模，并可以开展弈棋、展览、集会等多种活动。到后来又增添了戏院、篮球场、照相馆、糖果店等，以适应游人之需，并借以牟利。

在1930年刊印的《整理城中公园计划书》中，提到"西哲有云公园者都市之心脏也"。"夫城市之公园，犹人身之衣冠也"。并有提出建设"田园城市"之说，可见当时对园林已有进一步认识，将园林列为都市建设的一个项目。因此，有了城中公园，尚感不足，于是1930年，在县长孙祖基倡导下，将李鹤章（李鸿章兄弟）祠稍加整修布置，改为惠山公园，园内"迴廊曲折，亭台深雅，花木繁多"，也有一定特色。由当局经办的公园虽仅此两处，但在当时确是受到群众欢迎。

1912年，民族资本家荣德生首先计划在荣巷以西的东山和浒山，用我国传统名花梅花为题筑梅园，按园主掘"洗心泉"铭："物洗则洁，心洗则清"，其用意即取梅花高逸纯洁的气质，表明园主的清白为人，以"为天下布芳香"的品格，宣扬园主为民众造福的宗旨。1913年春，首植梅花1300株，1915年园初具规模，荣自书"梅园"两字。园内建有天心台、香雪海、诵豳堂（楠木厅）、招鹤亭、荷轩揖蠡亭、留月村、乐农别墅等建筑。数年中，植梅花三千株，但初时"树小石黄，不堪游客"，至1920年，经过多年经营，才成为一个赏梅、望湖、风景优美的园林。自火车站有马路直通梅园，四时游人不绝。

后来又不断增添花木建筑，1922年后又延伸至浒山，1923年建宗敬别墅，1930年造三层宝塔，总面积扩充至八十亩。社会名流要人，纷纷慕名来游，可见景况之盛。

1929年，荣德生兄荣宗敬，在太湖边的小箕山，卖荡地250余亩筑锦园。由乡人朱梅春监工，由市政筹备处负责建筑，筑锦堤，堤上建

梅园

"礼让""锦带"两桥、荷花池四只。而后陆续建广厅一座"嘉莲阁"、别墅等，花费11万元，"锦园"以赏荷观湖为特色，与梅园比，具有不同情趣。

继梅园之后，官僚资本家杨翰西开始开发鼋头渚。鼋头渚是南独山伸入太湖的半岛，离城三十华里，交通只有水路，更不方便，且除"横云""包孕吴越""天开峭壁""鼋头一勺""劈下泰华"等石刻外，别无建筑设施，绿化条件也很差，"面湖之山伤于樵采，无五尺以上之树"，故很少有人前去游览。1918年，杨以购稻赢利两千元，置鼋头渚山地六十亩，建横云小筑一间，憩室一间，又筑涵虚亭于渚上，在这里首先种植桃梨，创办私立杨氏植果试验场，是为最初的开发。之后，陆续建造绮秀阁、在山亭、松下清斋、间阿小筑、花神庙、仁寿塔、澄澜堂、飞云阁、霞绮亭、阆风亭、诵芬堂、藕花深处、长春桥、云逗楼、涵万轩等。1924年，由杨氏拨地给外籍僧人量如（北伐时曾任国民军团长），由其募捐建造僧院广福寺；1925年杨利用其无锡商会会长身份，在工商界集款建陶朱阁。1927年，又有无锡厘卡局长王心如在鼋头渚东南山坡上建方寸桃园、万方楼、天倪阁、七十二峰

13

蠡园三叠桥荷花睡莲

鼋头渚万浪桥

山馆、无尘精舍、松庐等"太湖别墅"。在此附近，还有何辑五的别墅，蔡兼三的退庐，郑明山的郑园（今江苏省干部疗养院内），陈仲言的若圃（今属充山育苗场范围）。杨翰西还在中犊山旧湖神庙及杨紫渊公祠的故址上改建万顷堂和杨园（今梅园水厂内）。这些园林，形成了鼋头渚风景区的雏形。

蠡湖在太湖东北隅，湖面狭长，面积9.5平方公里，景色秀丽，更有春秋时范蠡西施泛舟湖上的传说，以及高子水居（明高攀龙别墅）等古迹，但当时蠡桥、湖滨路均未架通，虽离城仅十多华里，但交通很不方便。在蠡园建造之前，青祈人虞循真（无锡县三区区长）在自己家乡，就村内河道，湖边芦苇滩中，种桃、柳、菱、藕，筑茅亭，号称"青祈十景"。1927年，资本家王禹卿在虞循真帮助下，在"青祈十景"基础上，出资建造蠡园。筑百尺长廊、湖上草堂、景宣楼、诵芬轩、寒香阁等，面积约三十多亩。1936年，其子王亢元又营建了湖心亭、凝春塔等建筑，面积扩至五十多亩。此时路、桥已通，汽车可由火车站直达。蠡园以秀丽风景和时髦的娱乐设施招引游客，上海、南京等地中外要人都来此度假作乐。当时，除梅园外，此处最热闹。

1930年，民族资本家陈梅芳雇用数十条船运土运石，紧挨蠡园，填芦苇滩，筑驳岸，叠假山，植树木，筑渔庄。他为了与蠡园争奇，从宜兴、浙江等地，运来大量湖石，石笋，请浙江东

西班牙式小洋房

渔庄

阳人蒋家元，掺和当地黄石，大堆假山，前后达六七年之久。假山完成不久，抗战爆发，渔庄只建成三分之一，便中途停顿，这是资本家建造近代园林的最后一处。

1937年无锡沦陷，园主大都远避，留下管理人维持现状，八年中园林都遭到不同程度破坏。抗战胜利后，国民党官僚资产阶级强行控制民族商业，使民族资本家备受压迫，企业经营尚且不顾，更无心于园林，至新中国成立前呈现出衰败景象。1949年4月23日，人民政府先后接管横云山庄、太湖别墅、梅园、锦园、渔庄和蠡园等园

林，自此，园林获得了新生。

以上便是无锡近代园林建造的梗概。

三、无锡近代园林分析

在短短二十多年中兴起的无锡近代园林，比规模相似的其他城市要多。这些近代园林，虽然有公园和私园之别，但它们在功能性质、内容设施、创作技巧等方面，有其共同特点。它与封建时代的园林相比，在内容形式上有了较大变化，这是今天我们需要加以研究的。

1. 服务对象改变

首先，近代园林的功能性质和服务对象开始发生变化。我国丰富的古典园林都是劳动人民创造的，但一旦建成，便为王公贵族士大夫所享用，劳动人民却从来没有享受过。半殖民地半封建的旧中国，在欧美资产阶级民主思想影响下，首先在广州、上海等主要通商口岸，开创了供群众游览的公园。无锡在辛亥革命后产生的近代园林，除公园直接为群众享用外，由资产阶级建造的、主要为资产阶级享用的风景园林，也大都不收门票（蠡园一度卖过门票），向群众开放。因此，这类资产阶级的私园，都有一定的公共园林的性质。近代园林性质上的这种变化，使园林从长期的封建禁锢下解放出来，开始为群众所享用，这是园林史上一个重大的进步。从城中公园的同庚厅、九老阁由地方人士集资建造，速成师范学校校友会建造西社，锡金师范同学会建造宝塔等事例，可见当时地方人士和群众对公用建设的支持，当局也考虑到群众的需要，在公园内设有铁椅、坐凳、茶座、棋室、阅览室，还有美术、博物陈列展出，甚至计划在锡山南北布置植物园、动物园。又从梅园来看，园主称劈山建园是"为天下布芳香种梅花万树，与众人同游乐开园围空山"。这虽然是园主的自我标榜，但

不可否认，梅园的建设在一定程度上是考虑向群众开放的。当然，无论公园也好，私园也好，所谓"与民同乐""为民众服务"只是一个笼统口号，一个廿多万人口的城市，只有城中公园和惠山公园两处，面积不过五十余亩，这点公共福利，实在不足称道。而且实际上公园还主要是为资产阶级当局服务的。如城中公园的清风茶墅，1937年前一直是当时耆老们的专用茶座。在此把持地方，反对进步，为群众所嫌恶，故称为"昏虫窝"。其他几处茶室都由绅商占用，他们帮行分区，进行各种交易活动，事实上成了资产阶级的茶会市场。何况，在反动统治下，工农群众处于社会底层，受三座大山压迫，生活不如牛马，哪有游览公园的闲情逸致。所以，近代园林这种对人民群众开放的性质功能上的变化，由于受当时社会制度局限，毕竟有限。

2. 功能内容庞杂

为了满足资产阶级物质、精神上的需要，在近代园林中，内容设施庞杂拼凑，五花八门，除游览性建筑外，尚有居住、家祠、寺庙建筑及文娱体育活动场所。游览以花草树木为主，假山建筑作为点缀。建筑与古典园林一样，有亭堂楼阁、廊桥水榭等，布置在山麓水际。其中厅堂为风景建筑主体，位置居中，南向或朝主要观景面，三间或五间，端庄轩昂，是主人接客摆宴的场所，如梅园诵幽堂、横云山庄澄澜堂。

文娱体育活动场所有梅园的高尔夫球场、蠡园的露天舞池、游泳池等。居住部分常常是体量不大的一层或二层别墅，古典或西式，或两者混合，如梅园乐农别墅、宗敬别墅、锦园和蠡园的西班牙式大洋房、横云山庄的长生未央宫、太湖别墅的方寸桃园、七十二峰山馆、无尘精舍等。寺庙部分有宗族安放祖宗牌位的祠堂，如横云山庄的杨家祠堂，如鼋头渚的大南海、广福寺、花神庙；横云山庄更有为园主树碑立传的"仁

寿塔"，祈求财运亨通的陶朱阁、揖利亭（据传范蠡弃官后，去山东定陶，称陶朱公，范经商有法，有三聚千金、三散千金之说）。还有园主为追念故人而造的建筑，如梅园念劬塔、蠡园的寒香阁、横云山庄秋一涧、云逗楼。此外，个别风景园林还设有自来水厂、发电厂、沼气池、停车场、汽车库、取暖设备等设施。建筑风景点都请名家题写匾额对联，并收集古代书法碑帖嵌予壁间，作为文化点缀。如梅园有康有为书"香梅"，留月村有快雪堂残碑300余方。随着游人增多，园内辟有旅馆饭店、茶水糖烟等小店，大

高尔夫球场（梅园）

蠡园露天舞池（草坪边）

梅园念劬塔

宗的由园主的经理人经营，买卖由亲友或当地村民充任，所谓"游人于此取舍，乡民借以资生"。总之，陶情养性，吃喝玩乐，五花八门，错杂一起，反映了资产阶级既有浓厚的封建意识，又追求西方资产阶级生活的复杂矛盾心理，使得近代园林深深打上了半封建的烙印。

3. 形式混杂

近代园林在功能内容上庞杂，在形式上则生硬拼凑，蠡园最为典型。它整个布局是自然式，花木、道路、假山、驳岸都依自然之势布置。湖心亭、百尺长廊、八角享，粉墙碑帖也都是中国民族形式。但在传统园林中，掺进了大量西式建筑。如三层洋楼、西班牙别墅、日本式汀步、圆形露天舞池、长方形游泳池、水泥荷叶亭、喷泉等，还有不中不西的凝春塔立于水中，甚至在屋顶上竖起了霓虹灯（颐安别业）招引游客。可谓光怪陆离、杂乱不堪。又如渔庄，为了与蠡园争奇斗胜，不惜工本，在平地大堆全石假山。假山多洞，可以穿行，有收明暗之变化，表现了一定的堆砌技巧；但同时因分隔空间，在丰富园林层次增加山林情趣方面，违反因地制宜原则，为今天所不取。假山造型缺乏艺术性，块面

琐碎，好像千疮百孔、显得娇柔造作，失却自然之趣。有些谷道、路旁"排如炉烛花瓶，列似刀山剑树"，更显呆板乏味。横云山庄园主杨翰西出身封建官僚，在广州、北京等地任过职，去过日本，他在兴建横云山庄时，建筑都模仿帝王宫苑，建造之前，他特地带工匠去北京看样，然后回来仿造，所以建筑都为北式，甚至连楼阁屋宇的门窗花格也仿照官式，匾额题诗也加以搬用，如"天然图画""庄严妙境"等。这反映了建园过程中园主生搬硬套，过分追求形式，缺乏因地制宜、大胆创新的精神。

大部分园林事先都没有一个既定的规划，土地是一块一块买进的，园子是一点一点扩大。资本家今天有钱今天干，做到哪里算哪里，一般都经过了十多年或更长时间，始具规模。

近代园林与古典园林一样都是劳动人民创造的，但起决定作用的设计师大都由园主本人担任，虽然他们也请了一些懂建筑艺术或有阅历的人帮忙规划，但主要还是根据园主的要求、理想、见闻、好恶做出决定。如横云山庄的澄澜堂、长春桥多次返工，都是不合园主意愿所致；蠡园凝春塔其造型、选点都由园主决定。因此，园林在规划设计、内容设施上的混杂同园主不懂园林艺术、随心所欲分不开。

4. 园林布局和空间组织

无锡的近代园林，除一部分是在旧古迹基础上整修建造外，大多数园林都是新辟的。这些新园林的创作，尽管事先都没有一个比较完整的规划设计，但在其建造过程中，也运用了我国造园"得景随形"的传统手法，注意与周围环境协调，或依山而筑，或傍水建造，达到取景优胜、风景天成的效果，如梅园、横云山庄、太湖别墅、若圃、郑园都依山而筑，居高临下，可以"纳尽湖光开绿野"，饱赏太湖景色。蠡园、锦园、渔庄都是在芦苇滩上填土建筑，濒临湖面，移步就水，一派江南水乡景色。尤其横云山庄，

选址更为成功，它构筑在突入太湖的岛渚上，背山面湖，前景开阔，又与中独山、蠡园、大箕山、三山，以及马迹山互为对景，山外有山，湖内有湖，静中有动，气象万千。"太湖佳绝处，毕竟在鼋头渚"，对此作了恰当评价。又如梅园，原是清初进士徐殿一桃园旧址，园内布局是以梅饰山，遍山布梅，围绕梅花这个主题，设天心台（取古诗"朵朵梅花皆天心"之意）、香雪海、小罗浮（广东罗浮梅园闻名）、招鹤亭（杭州孤山也是赏梅处，明隐士林和靖有放鹤亭）、念劬塔等赏梅景点，视点逐步提高，境界越加开阔，更有匾额、对联、诗词，点出景色，通过比拟联想，突出和深化了赏梅这个主题，这在无锡近代园林中是为细心规划之处。其他如蠡园、渔庄，地势低平，最宜插柳，于是，"一枝杨柳一株桃"，红绿相映，春色满园，形成特色。锦园利用荷塘筑大池四方，种植荷花，有荷轩、嘉莲阁等建筑，以"接天莲叶无穷碧，映日荷花别样红"的意境为其主题。东大池在山凹中，幽谷清泉，林木荫翳，犹如世外桃源，以盛夏消暑见长。这些园林都能充分发挥周围环境的作用，随形设景，取其所长，从而形成自己的风景特色。

在园林空间的组织和建筑布点上，横云山庄处理较好。它利用山湾芦苇滩筑堤架桥，分隔

东大池

水面和空间，从平面上看，增加了变化，使得浩大的湖面产生了大小、虚实、动静的对比；从立面上看，丰富了景观层次。如长春桥是一座拱形石桥（仿北京颐和园玉带桥），高耸湖上。堤岸种植樱花，挡住了外湖景色。与涵万轩、旨有居和东面山坡自成一空间，开春樱花齐放，尤如轻云，构成了花漪长春的景色。藕花深处，杨家祠堂又是一个空间，这里四面是水，曲桥相接，荷花满池，小巧幽静。小空间的组织，把游人注意力集中到近处，一时忘记了太湖，到了鼋头渚上，才使人看到宽阔的湖面，浪涛拍岸的奇景，令人豁然开朗，心旷神怡。之后，按景设点，有涵虚亭、霞绮亭、阆风亭、飞云阁、澄澜堂等，这些建筑，错落变化，面向太湖，分散在不同风景面上，既点缀了风景，又便于不同角度欣赏太湖，彼此又互相呼应，互为对景。其中澄澜堂在渚的高处，居中面湖，视野开阔，看湖中六十二峰，"山横马迹，渚峙鼋头渚"，看万顷烟波，"雨卷珠帘，云飞画栋"，气势雄伟壮观，真是"瑶台映照参差树，玉镜平分远近山"，澄澜堂的位置，远眺近赏，都能兼顾，主建筑选在此处是恰当的。

5. 园林建筑

无锡近代园林中的建筑，在建筑工业发展影响下，有些亭台楼阁采用了钢筋混凝土结构，这在园林建筑的材料、结构和施工上是前进了一步，梅园1930年建的念劬塔是较成功的一例。塔筑在浒山，八角三层，飞檐翘角，攒尖装饰等外形都是民族形式，内部结构除砖砌塔身外，全部钢筋水泥，简洁轻巧，既有砖塔之隐重，又有木塔之玲珑，耸立于梅林中，丰富了山的轮廓线。登塔可观万顷浪，赏千株梅，真有"坦腹纳震泽""低首拜梅花"的意境。由于塔型优美，方圆之内又极为醒目，现已成为梅园标志。再如蠡园的一些亭子，东大池的两层亭，横云山庄涵虚亭、杨家祠堂，锦园的广厅，也都在承重柱等部位应用钢筋混凝土结构，这对于潮湿多雨、白蚁为害严重的江南是一种大胆尝试。但在应用新材料新结构之后，建筑的造型、色彩、细部装饰等方面都还存在很多问题，如蠡园、渔庄的一些亭子有粗俗笨拙之感。锦园的嘉连阁，上面是大屋脊、琉璃瓦顶、斗拱，犹如庙宇，下面是西式柱头、水泥栏杆，中西混杂，很不协调。又如梅

招鹤亭

念劬塔

园香雪海的门窗拱圈、乐农别墅门的拱圈和平顶天棚处理、宗敬别墅和鼋头渚灯塔的罗马式铁皮拱顶，渔庄大门两侧窗子的拱圈等，都是这类毛病。特别是一些别墅，如蠡园颐安别业、西班牙洋房，都由上海龚氏营造厂承建，受上海影响很深，甚至是西方国家同类型建筑的翻版。这些建筑更增加了无锡近代园林半殖民地、半封建的色彩。

6. 植物配置

梅园和横云山庄在开创时都以经营果园着手，所谓"既得此池，始辟果园，继增别墅"，这是建造近代风景园林的一种手段。梅园在1912年"决定在东山购地植梅"后，1913年春便在天心台一带植梅1300株，数年种梅3000株，每年收获大量梅子。与厂商订有合同，提供制作"三乐"陈皮梅。横云山庄是先成立植果试验场，以桃梨为主，有第一、第二果园（后因土质瘠薄，屡遭水、旱灾，在建园中逐步淘汰）。这从景观上是打好绿化基础，从经济上可取得一定收入，这种绿化先行的建园方法也是可取的。

在植物种植上，除继承我国传统的槐荫当庭、沿堤植柳、栽梅绕屋等手法外，突出植物群体美，如梅园的梅花、鼋头渚的樱花、锦园的荷花、蠡园的垂柳、东大池的桃花，都是以

荣宗敬别墅

雪松

紫藤棚架

四、开发太湖

太湖气势壮阔，风景天成。明诗人文徵明咏太湖有诗：“岛屿纵横一镜中，湿银盘紫浸芙蓉，天远洪涛翻日月，春寒泽国隐鱼龙。”明嘉靖画家王仲山，弃官隐居，父子两代在宝界山居住五十年，筑湖山草堂，辟三十五景，曾作湖山歌。赞太湖之美“嗟今人之胡不归”，劝人归隐太湖。清叶承桂，爱具区（太湖古称）山水之胜，作《五湖鱼歌图》和《太湖竹枝词》，寄托在太湖之滨读书、垂钓终老之意。太湖风景虽然很美，但由于离城三十余里，交通不便，游人裹足。1911年以前，太湖风景始终“如璞在山，如珠在蚌”。因此，当资产阶级有了建造园林的意图，并有了足够力量时，便选中这块风景处女地，开始开发经营。明王穉登在《寄畅园记》中说：“环惠山而园者，若棋布然”，反映了过去惠山一带古典园林的兴盛。据1921年《无锡指南》记载，在79个重要名胜中有50个在惠山，20个在太湖，4个在城中，5个在乡间。虽然游览的主要场所，依然在惠山，但已开始有所转变。

近代以太湖风景为中心开辟风景园林，一方面是时代前进、生产力发展的结果，另一方面是新兴资产阶级比之封建阶级具有更远的目光。他们从近代城市的喧闹嘈杂，体会到自然风景的可贵，他们敢于摆脱“人工再现自然”

多取胜，形成特色。在梅园、蠡园、城中公园开始种植大块草坪，以及规则式绿篱、紫藤棚架等新形式的运用，都不同于古典园林中的植物配置。随着科学文化的交流，植物引种工作的开展，园林中花木的种类也更加丰富，如南京的雪松、悬铃木、北方的白皮松，沿海的黑松，美国的大王松，日本的冷杉、五针松、樱花、红枫、花柏、杜鹃、一岁藤、小迎春等，都是在这个时期引入的，大大丰富了无锡的园林植物。经过半个世纪的实践证明，这些植物已经在此适应，有些已成为园林植物配置中的骨干树种。

鼋头渚

传统造园艺术的束缚，不再留恋"城市山林"狭隘局促的景象，而把大自然作为主要的欣赏对象，这样就越来越觉察到开发太湖风景的价值。从1912年至1937年，在太湖沿岸共开辟了15处风景园林，可谓盛极一时；但数量规模都很小，太湖如此之大，这些风景园林，真是寥若晨星。1930年中央农矿部林政会议中，有以太湖建为森林公园之议，拟有"国立太湖公园"建设规划，并派员实地勘察，但规划最终未能付诸实施。

无锡的近代园林，是在20世纪初，伴随民族工商业的发展和欧美文化影响而产生的。在其形成过程中，民族资产阶级作出了一定贡献。这些以自然风景取胜的风景园林，当时已具有一定的公共园林性质。这是园林发展过程中一个重大变化。近代园林的兴起，为太湖风景区的开发打下了基础。同时，通过这一时期园林建设的实践，对于如何创造与时代相适应的园林新形式，是一种有益探索。

但是，民族资产阶级始终没有成为主要的社会力量，这是时代的局限，因而它对园林发展的促进也有局限性。当初的规模，大大超出了封建士大夫园林的狭隘范围，但与我们今天实现四个现代化而迅速发展的旅游事业，与建设太湖风景区的宏伟规划相比，则差距甚远。因此，我们研究近代园林，就必须区别其精华和糟粕，分别对待，全盘肯定或全盘否定的观点都是片面的。郭老在游览太湖风景后写的《蠡园唱答》以辩证目光看蠡园的优劣。我们认为这个观点也适用于整个无锡近代园林的评价。现抄录于下，以作本文的结束。

蠡园唱答

郭沫若

蠡园在无锡太湖岸上，园中多假山，初游时，颇嫌过于矫揉造作，作五律一首致贬，继思劳动创造世界，实别有地，乃复作一律以自斥。因成唱答。

（其一）
何用垒山丘？蠡园太矫揉！
亭台亡雅趣，彩色逐时流。
无穷藏抛却，人间世无求。
太湖佳绝处，毕竟在鼋头！

（其二）
汝言殊不然，人力可戡天，
宙合壶中大，花添锦上妍。
琴声缘径转，歌唱入云圆。
欲识蠡园趣，崖头问少年。

黄茂如　刘国昭
（本文写于1979年）

无锡近代园林概况表

编号	园名	地点	建造年代	园主	内容设施及特色	现状
1	城中公园	城中	1906年名锡金公园，1912年建名城中公园	当局	有白水荡、同庚厅、多寿亭、九老阁、天绘亭等，面积约40余亩。有公园廿二景题：同庚春燕、绣衣拜右、龙岗该梅、石榭当楼、草波落英、松崖挹蕴、柳堤芙蓉、方塘邀月、西社赏荷、茶墅话旧、草堂寓其、曲沼观鱼、多寿谊暑、樱花夕照、兰簃听曲、戏水鸳鸯、杉亭听琴、西月舒锦、腾棚招凉、红枫绚彩、小苑天香、天会群芳	
2	惠山公园	惠山	1930	当局	面积约10亩，有礼堂、花房、荷轩、厅楼台、古树异石、曲水迴廊、怪石嵯峨	已毁
3	陆庄	陆其		陆培芝	有九家亭、月上草堂、南临梁溪、小庭园布局	园已毁，九家亭在
4	东大池	嶂山南麓	1918		有白沙泉、燕居池、游泳池、水泥亭等，面积约10亩，幽谷清泉、官于盛夏清泉	部分完好不开放
5	梅园	浒山	1912	荣德生	有天心台、香雪梅、招鹤亭、乐农别墅、荷轩留月村、念劬塔、宗敬别墅、秋丹阁、然洞、高尔夫球场、洗心泉等，以赏梅及眺望太湖为主，面积80亩	完好开放
6	锦园	小箕山	1929	荣宗敬	有锦堤、荷池、嘉遂阁、广厅、别墅连同四个荷池面积250亩，以赏荷、赏湖为主	完好，外事处用
7	杨园	南犊山	1915，重建	杨翰西	有翠胜阁、友堂、潜乐堂、背山滨湖、养鱼植荷、柳岸环境、为利湖景点之一	完好今为梅园水厂
8	万顷堂		1915，重建	等	有禹王庙、万顷堂、驻美亭等，观赏太湖、蠡湖、景色丰富	部分完好，部分已修建
9	小蓬莱山馆	中独山	1930	荣鄂生	欣赏太湖风光	已毁
10	子宽别墅			陈子宽		
11	横云山庄	北犊山	1918	杨翰西	有涵万轩、藕花深处、诵芬堂、涵虚亭、澄澜堂、霞绮亭、云逗楼、洞阿小筑、松下清斋、长春桥等，面积60亩，为赏湖佳绝处	完好开放
12	广福寺		1924	量如等	寺院，1928年建陶朱阁、深山古刹	
13	退庐	北犊山广福寺左		蔡兼三	有卧室	

14	太湖别墅	北犊山	1927	王心如	有方寸桃园、七十二峰、山馆万方楼、无尘、精舍、松庐等，面积约15亩，以欣赏太湖为主	
15	何家别墅			何辑五	有洋房一幢，面积约2亩	今改为省干疗养院
16	郑家花园	北犊山苍鹰渚		郑明山	背山面湖、有亭台池沼	完好，开放
17	若圃（陈家花园）	充山	1928	陈仲言	面积约60亩植中西果树花木数十种	建筑已毁，今为育苗场
18	渔庄	青祁蠡湖边	1930	陈梅芳	有假山、旱船、百花山房、八角亭等，面积约为50亩，以春景、水景和假山洞为特点	完好开放，即今蠡园公园
19	蠡园		1927	王禹卿	有颐安别业、西班牙小洋房、湖心亭、长廊、景宣楼、湖上草堂、寒香阁、舞池、游泳池等60亩，以景、水景取胜	完好部分划入外事处，不开放
20	避尘庐	东绛	1927	周舜卿	有池沼、假山亭等	已毁
21	蓉湖公园	蓉湖		唐星海	为花园别墅 花园部分较大，仿日本式庭院，1949年后曾辟蓉湖公园	已毁
22	于胥乐花园	丁村	1922	杨翰西	有乐堂、养树斋舞厅、餐间等，为游艺场性质的花园，也有教育馆、体育场	已毁
23	茹经堂	宝界桥南端	唐慰艾		有二层阁楼一组、赏蠡湖及宝界山、宝界山风景	大部分完好不开放
24	镇山园	荣巷以西	胡雨人		为一小山，筑有别业，南有河道通太湖，为游湖画舫停泊处	已改建为血防站

无锡近代园林发展史料访谈记录

一、鼋头渚

1. 1980年8月27日调查

因做"具区"胜景规划，做现状调查，访当地老人，了解一些情况，记录在案。

（1）陈家花园

在今充山苗田之上，与"地震台"相邻。陈仲言，大陈巷人，兄弟有三，他是老二。早先兄弟都在日本做事，开慎余袜厂、慎余钱庄。抗战前，买此地造三间洋房养病，因白蚁危害严重而未再造。

他买充山120亩地由充山杨杏根帮他办理，种桃、葡萄、大王松、樱花都是从日本买来的，他在造的三间洋房里养病。据说有一名寡妇，将一生积蓄存入其钱庄，向陈讨要利息，陈推托不给。该妇女常到充山来讨，逢人哭诉，后来上吊自尽。人们说他存心不良。日本人来后，陈病死。

（2）郑定山的培植公司

在陈家花园西南，亦称郑家花园。郑是个大麻子，住北大街。路边的方亭"九松亭"还在，是重修过的。亭东一段峡谷通向山洞，曲折高下，有三座拱形小旱桥，用水泥、磨石子）做一座竹亭，一处三开间住房临湖尚有两个水池，小岛及六角亭（已修成和平鸽形），垂柳、芦苇，景观开阔，但水流"臭湖头"（蓝藻）汇集于此，故筑堤以挡之。竹亭在拆修时发现原来图纸有1934年字样，抗战后辟为"培植公司"，有一块金山石界碑尚在。

（3）广东花园

三五间平房，原省干部疗养院黄院长住过，比郑园晚三五年造，主人姓王，充山朱金川娘看见过室内均为红木家具。解放初，这三个园子都由园林处管，后充山办苗圃，郑园托苗圃代管。

郑园管理房

广东花园遗址（省干部疗养院路侧）

后又叫"省干"代管。1969年"省干"撤销，无锡接收，医务人员都下放，只留极少数人。曾在此办专案学习班。

1970年下半年，无锡电容器厂迁来这里搞文明生产，造职工宿舍、仓库、车间，并开通公路，配备接送车，但职工都在城里不愿来此上班，加上园林处、充山农民对其限制，社会上也反对，矛盾重重。至1972年年底，基建尚未完工，即有风声要搬，当时无锡党校在梅园南电视机厂处，市将党校迁此，原地给电视机厂。1973年初，党校先搬到省干，接收电容器厂。1975年省干恢复，党校才搬到下面即现在位置。

（4）充山蚂蟥咀（琴山）

比茹经堂略早，曾有人想辟为忘机园，用黄石堆的围墙，尚有一些假山、池塘等遗迹，因日本人来没有成功，主人是和汪精卫一起干过事的，在这里放过风筝。此人后死在苏州。

充山，曹湾的房子是抗战前修路人造的，常有人来此念佛。

（5）27日又访犊山周老太

周老太系鼋头渚横云饭店周祖德师傅之母，时年85岁，双目失明，但耳朵、头脑仍清晰。她说过去外国人来白相，航行到浜里来，看中国人种田，给小孩子吃外国糖果。万浪桥是王心茹造的，曾被浪打断，称为断桥。解放后仍修成原样。王心茹在万方楼下种了一片桃树，桃子十几只装一盒卖给外国人半元银元。万方楼的"万方"是取蒋介石来此避难时说过的一句话"万方多艰此登临"。太湖航灯原放在中犊山，因不够亮，才造到鼋头渚。照相馆的地方以前是四宜酒家。鼋头渚最早的照相馆是梅园徐巷人朱荣宝开的。

（6）1980年8月27日夜访犊山村薛阿泉

薛阿泉是犊山村人，时年84岁。知道我们是园林局人，很乐意接受访问。他说16岁时由姐夫携带，在广勤纱厂种花。21岁时被杨翰西叫去鼋头渚弄花种草。当时，灯塔、云逗楼、飞云阁、澄澜堂、杨家祠堂等都还未建造，到处是荒山野草，花房只有三五间屋，当务之急是清理满园杂草，故实际工作是要他做园艺杂勤工作。

杨翰西原本在万顷堂建造园林，因余地太小，才到鼋头渚来。鼋头渚一带荒山荒地分属好多人家，澄澜堂下面有周金红的四个坟和看坟人的小屋。杨翰西用一箱子300块银元买下60亩山地（薛抬过这个银元箱子），在前面种的都是醉李，黄杨树是杨翰西亲自种的，樱花是自己扦插的，种时苗很小。灯塔建造最早，薛曾同十多人抬过塔中用的铁梯，每天晚上他负责点燃一只回灯，送到塔顶。松友斋在办公室下面一块平地上，三间门面的平屋，当时作旅馆用。鼋头渚六角亭下种过600株牡丹，是他去山东买的，用船运来的。造澄澜堂是因为朱梅生开的旨有居不够用才造的，后来也曾在此地开饭、吃茶。"太湖佳绝处"前小房子，住过一名警察。轮船码头附近原来都是菱塘。杨翰西来乘自备的小油轮"长风轮"，上岸坐轿子，薛也曾抬过轿子。杨60岁时造长春桥。日本人来时，薛一直在这里，并服侍过日本人，并被日本人打断脚，一直到解放后被介绍去部队养花6年，想回到鼋头渚，不允许，至今没有劳保享受。

2. 1980年9月1日访犊山村周仁根

周仁根，74岁，土生土长，在鼋头渚一带参加过近代园林的建造。解放后当支部书记，乡农会委员，现为大队五金厂仓库保管员。

何辑五别墅：买犊山10亩山，就是造一座小洋房，没有别的建设，现为"省干"宿舍。花匠叫汤宝成，江阴人，以前在何家（南京）当花匠，也曾给周舜卿做花匠。抗战后，没生活做，汤要走，就叫周来斫斫（砍）柴，代为管房子。抗战后，房子玻璃等都被人撬掉。战后汤恩伯在此住，因热就走的。

先造何辑五别墅，后造茹经堂。都是江一麟造（杨家祠堂也是他造）。汤宝成解放后曾在市苗圃工作，一直到退休，儿子在锡山庙巷住。

何辑五别墅

中犊山西山脚下两个鱼塘是荣鄂生的，山有六七亩，有一花房，三开间一厅，三间平房。彭炳兴父彭阿二（非亲生）看管过花园。山北渡口处一池塘是程子宽的，一路山也是六七亩，五六间平房，老板有的是水泵，水一直打到山头。

广东花园处三五间平房（黄院长住所），室内为红木家具。充山朱金川娘看管这里，没有花匠。

望机园在蚂蟥山咀（琴山）用山上石块堆堆围墙，没有成功。

陈仲言兄弟早先都在日本做事，开袜厂。他说做的是踏在脚底下的末代生意。他买充山120亩田，由当地人杨杏根帮他打理，种桃、葡萄，大搞生产。大王松、樱花都是日本买来的。

培植公司是郑民山的，他是大麻子，住北大街，因算命的说他"不破财，定伤人"，他即在此买山、花钱。工程师是日本人，画有花园的图，很漂亮（周见过）。抗战开始后，日本人被调走，园也建不成了，郑便在门前做了个假坟辟邪，结果还是病死了。

聂耳亭，据《旅游》1983年第一期杨林介绍，无锡聂耳亭是因1933年（聂耳21岁）随影片《大路》摄制组来锡，曾住此地谱写《大路歌》而得名。据葛士超（解放后任城建局秘书兼管园林）

处长回忆，张养生当城建局长时，上海市曾表示愿出钱修聂耳亭，恢复花园。江坚市长认为拿人家钱修复不妥而作罢。亭是过去陈仲言造的，并不叫聂耳亭。茶梅树旁三间头为陈盖的坟堂屋。

解放初于伶任上海市文化局长，他曾给《无锡日报》记者王长工写信：

其栋、长工同志：

遵嘱奉上荒字两幅（指聂耳亭和聂耳工作处）同志们看着是否能用，如觉尚堪"将就"，务请选择剪裁拼凑之！弟意①两者均不用额前之年月，下款只用具名之两个字，如此可较清新，不同于传统式样！则内行识家或亦不以传统观点来看待，略可降低些要求！②不用"敬题"或"题字"只用名字，则选用笔画较粗重之于伶两字。③"工作处"之碑或横或直，则根据立碑地之地形地势，附近树木疏密，有否别的建筑物而定。如果碑直立，而且不甚高，则剪接时可缩短字间之空距。④如果碑离开亭子较远，而背景又空旷，可见湖光与远山时，则横而架空之大理石（花岗岩）一幅条，成横幅式或亦可显出与一般直立碑不同之清新感。自然不宜过低，不至于供世人坐或立上去。

总之，如何处理请两位与有关方面决定之！
敬礼！

于伶　1981年8月13日八一三纪念日
（记者王长工给我看此亲笔信时，我特意抄录，都是毛笔字）

3. 1980年9月1日访犊山周纪根

周纪根，74岁，土生土长，曾在鼋头渚一带参与修筑近代园林，解放后做过村支书、乡农委委员，现任大队五金厂仓库管理员。

何辑五别墅：由姓王人介绍，何买犊山10亩山地，造一座小洋房（杨家祠堂、茹经堂等，均由江一麟建筑师营造），无别的建筑，后做过"省干"的宿舍，现当在院内。何辑五是何应钦兄弟，国民党将领，战后汤恩伯来此住过，因太热住不久即走。花匠叫汤宝成，以前在南京何宅当花匠。汤要走，就叫周纪根来斫斫（砍）柴，代为管房子，后玻璃被人撬掉。解放后，在市苗圃工作一直到退休，住在惠山庙巷儿子处。

太湖别墅。王心茹买谢家山地筑园，峰山馆是饭店，自己住方寸桃园。供玉佛一尊，天倪阁一直到太湖边与何家围墙之间有一片梯田桃园，王心茹造了个小门楼匾由何应钦落款，借以压杨。他老婆60岁时在前面造了别墅门楼（她吃鸦片，上山要人扶）。门面被抢去，杨翰西又买下停车场的地方，竖起铁皮箭头表示鼋头渚还在里面。王家在后山造了一条1.2丈宽的路绕至里面，两家明争暗斗。

小南海与七十二峰山馆是一起造的，作头师傅是南方泉的赵眉。

先有广福寺后有开源寺，再有小南海。

鼋头渚做小旅馆的洋房有两处，一处姓袁已拆除，一处是"米蛀虫"赵章吉的，都是抗战前造的。

康乐饭店是夏伯九的，原是平房，虫蛀后改为楼房。抗战前，有钱人都要到这里筑园造别墅。地价上涨50倍，杨翰西买山时，60亩共300元（五六元一石米），后来山地一亩要50石米。

王仲山湖山草堂有一抱柱对：

上联是：怀古素先贤问坡梅何处封鹤谁耕醉祠风碑招隐系我虑思（坡梅在南山东北坡尽植梅树，王仲山来宝街后曾设封鹤田、龙头田、香炉田等，封鹤田为供养鹤之用）；

下联是：槭省籍后起喜通惠依然草堂无恙犹堪策仗乡俚动人遐想（王仲山得通惠泉于宝界桥墈，现做路填塞，曾与惠泉相比，质同，故名通惠泉，传王仲山来前，曾约钱、张、朱等隐居此处，后人有四先生祠）。

湖山草堂东侧为茶室，名绿净轩，西侧即先生祠，刻王仲山湖山歌的碑，称为清风碑。

4. 1984年1月6日纪要

有国专（无锡国学专修馆）1936年毕业生吴雨苍先生（无锡人，在苏州博物馆工作）；洪长佳先生（上海人，上钢厂工作，已退休在家）两人均已68岁，为茹经堂来访，谈及一些当年情况。

茹经堂于1935年唐文治先生70岁时由交大（南洋大学）和国专两校校友学生捐赠，作为先生别墅。建成后，来住过两个夏天，称蚊子多，也很热，不凉快。知道现交园林局管，他们很放心，长桥这块苗圃地也是同年买下的，有50亩地，准备造新校舍。这里的规划设计图纸，均由江一麟画，后因抗战作罢。因地势低，学生们常来此挑土填高，并用黄石驳砌，唐还要学生下湖游泳。种过三四百株桃树。现在这里搞公园，他们感到满意。

唐开办交大、国专，前后校友约1500人，在国内有500人，无锡的国专校友有40多人，有5位是大学校长，30多个教授，其余大部分在教育部门。台湾有50个校友，对它很重视，出版书刊、编年史至唐70岁止。解放后，国专、苏南文教学院、江南大学均并入苏州东吴大学，即现在的苏州大学。老交大已迁西安，上海交大都是新人。陆定一、钱伟长等都是唐的门生，交大是东南地区国人创办的最早大学。上世纪30年代几乎都是交大、国专学人，国内外影响很大。

唐长子唐庆治，为交大外语教授，现在上海，已83岁，神志不清。长媳俞庆棠，与宋庆龄、邓颖超等人熟，早就参与党的工作，但不是党员。解放后周总理请她至北京任教育部社会教育司司长，已故。以前做文教学院院长。

唐庆增，经济学家，已故。唐庆永，北京中学教师。孙子、孙女中有原子学专家、人大教授、化学家等。

唐善饮，唱昆曲声音洪亮，曾作政府随员去日本，日本人以江南民间小调作中国音乐待客，大有不屑、贬低之意，唐即席起立唱《满江红》岳飞词以回敬，满座振肃静听，壮我国威，使日本人不敢轻视。唐又善酒，抗战前，无锡大市桥有唐蔚芝酒，特以二泉水酿制，很有名。

近来上海发现有陈毅送的花瓶一件，刻有茹经堂落成纪念，此为儿媳俞庆棠交出。陈毅是否陈老总，尚说不定，但学生中确无此名。还有五六百册书文，其他实物已无。

据葛士超回忆，1954年宪法颁布，俞庆棠拿了管文蔚的条子（苏南、苏北行署已合并，兼任省长，管也是交大唐的学生）。条子是直接写给无锡城建局的，葛是秘书，即处理此事。故可以肯定1954年前茹经堂未修理过。她来问这房子现属什么性质，葛答无主代管，你来正好还给（她）。俞回去（上海）后即写报告献给国家。后庆丰纱厂（唐办）来接洽借用，办职工短期疗养，便油漆了一下。葛与刘思正去看，说这里疗养也不舒服，你看他们在摇扇子。用了没多久就不要了。后来房子一律由国家统管（可能是1956年）即由房管安排，围湖造田时，人武部跑去占了。

5. 1984年1月8日

藕花深处于1983年从周新镇拆来一座石拱桥，当年因大水未施工，1984年建成。此桥原名周京堂桥，系民国八年周廷弼独资建造。

拖山，据老葛讲，原有30多户人家，以船运为生。他们均姓叶，已居住七世。有次去福州，买回40亩橘子苗。抗战，人不敢住，外迁。解放后，山上留下四五株橘，由此而发展至今天的橘林。

鼋头渚、三山金鸡菊的来历：据葛士超讲，约在1954年、1955年时，在宝界桥南端的通惠泉附近，发现有少量金鸡菊。当时，那里沿湖一带有许多开山迹地，老葛与鼋头渚公园的班长余七河讲，要他采点种子，撒在迹地上，绿化起来。因见此花常绿，很粗放，想试试看。后来余七河先后在沿线及鼋头渚一带荒山上撒下了金鸡菊种子，并逐步扩大到三山，甚至在梅园浒山北面一

带也是那时撒的。余七河是转业军人，工作很勤奋，后提升为鼋头渚公园副主任。

6. 1981年6月29日记

（1）锡惠云锦园中锥栗的来历

1954年苗圃主任张爱国育了几分地锥栗苗，推销不出去，问当时在城建局的葛士超有无办法，葛即指锡惠公园一片空地约两亩，即今杜鹃园处，仍作苗田，有人要就挖去种，没人要就算是造林。当时种的仅是一年生苗，是1953年育的，不过尺把长，现在已长成大树了。

大王松有七株，充山五株，贵妃池处一株，"太工"紫藤棚处一株。种子即在此株上采得286粒。1976年育出小苗（种子7～8年结一次）1～3年只长松针，工人当草锄掉，现留下三株。

日本冷杉是1980年初枯死的。千年桐是大跃进时种下的，那时油桐、油茶都种。无锡市组织十万民工种，一直种到闾江口。桉树是董必武提出南树北移，要我们种桉树、木麻黄，无锡作为中间站，先在周泾巷种植。当时还引种过白桦，哈尔滨市园林处长来锡后，送我处100株，不到三年全死。

蠡园1991年遭水淹，1991年7月1日进水，7月13日退水，至8月15日退尽，最长的45天，最深的达1.2米，最浅的0.4米，淹死31种1731株，全市园林共3800多株，计有桃树632株全死。最大基径25厘米。桂花死87株，鸡爪槭死50株（最大直径30厘米），枇杷全死，火棘死一半。

（2）光明亭来历

南犊山首的光明亭，重檐六角，正对鼋头渚公园大门，老远就看见了。现在树木长高，早就浓密隐蔽于林间，可能连亭子的尖顶都看不到了。走到亭子里面，四周都是绿树，根本望不见太湖。

1953年建光明亭时，当时经济不宽裕，又值"反浪费"运动，原计划盖两层一顶，造到一层，市长包厚昌想不盖了。恰逢刘伯承元帅来

看，包市长陪同并汇报了这个情况，并要首长提个名称，刘深思了一会就说，"没有顶也好，就叫无上光明"。包后来想想，不盖顶，半途而废，不是更加浪费？刘走后，包市长叫园林继续盖起来，又托人请刘伯承题写亭名，刘见亭子已有顶，就写了"光明亭"三字。葛士超见过刘伯承写给市里的信，感慨地说：毕竟是老革命，水平高，辩证唯物主义看问题，很有道理。这是1977年9月23日葛处长陪同北林园林系陈俊愉、郦芷若、陈绍铃、黄庆喜等四位老师游览太湖鼋头渚时讲了这段史实，我觉得有意义，就记录在笔记本上。

二、梅　园

1. 1980年3月访陈祥德老人

陈时年77岁（1904年生，1986年去世）曾任申新三厂经理兼管梅园。

他告诉我16岁进荣德生办的工商中学，系首届毕业生，并被派去日本考察，回来后在申新工作，陈刚从日本回来时，曾由荣尔仁陪去蠡园看看，蠡园是请日本人设计的。

1919年时梅园范围到小罗浮为止，园仍在建设中。荣德生总是下午2～3点，忙完厂务，下班后去梅园看看，也算是监工，与建园的几个主要操办人交待商议。当时有申新厂仓库主任贾茂清、顾纪官，泥木匠出身，自称与荣为拉毛兄弟；土工程师朱梅春，是管泥水匠的工头，曾主造过长桥（宝界桥）；还有一姓李的无锡人，负责堆假山。

抗战期间，梅园被张巷土霸张根兴霸占，园子未加整理。陈祥德于1945年回锡，1946年兼管梅园，直到1954年公私合营时交出，费用都由申新支出。申新疗养院是1961年交出的。交出梅园时，尔仁与陈祥德谈过，提出保留乐农别墅，以后回来可以住住，有些书画可以挂挂，张养生答应的，并一直保留到"文革"前。

荣德生买字画，只要价钱便宜就买，说只要看上去舒服就是好的，假也没有关系，能买到一幅真品就算运气了。

当时梅花好品种就是"骨里红"，"三乐"陈皮梅公司老板是荣伯云。

门口的紫藤棚，原来一直到天心台，是竹架棚，是陈改用钢筋水泥构架，比较牢固耐用，截去一段棚架，周围都是柏树，还种有许多草花，荣看着很开心。上海王德龄在真如有几十亩苗圃，有个花匠叫曾真（音），1947年向王德龄买过雪松。招鹤亭前小草坪有一些龙柏也是从上海用汽车装来的，是预备做梅园十景用的。

梅园十景是戴念慈画的十幅水彩，画得很好，荣很满意，很赏识。记得第一幅是一只亭子、松树，一个戴方帽子的老人，很像荣德生。

荣德生1946年在上海遭绑架，回来后，情绪大不如前，住在时郎中巷打打麻将。后来图纸也失落了，梅园十景未曾实现。

戴念慈系中央大学建筑系毕业，解放后入国家建委建研院设计所任总建筑师，后任建设部副部长。清华大学周维权教授曾于上世纪50年代见过梅园十景的渲染图照片，记得其中一幅名为"怡红快绿"。

2. 1980年11月11日踏看梅园

上午，我陪同陈祥德、随从祝某，以及蒋献基先生踏看梅园。陈的目的是寻访梅园网球场挡土墙中嵌有荣德生写的"梅园"石碑。去后，果见此石，字已被凿去，但痕迹尚清晰，自右而左横书梅园，下有甲子春日乐农书，应是1924年。陈回忆荣德生曾对他说过，抗战前每年要写梅园两字，自认为好的，就叫人刻在石上。这字比大门口石碑上的字要"肉气"得多。

进门后，陈指着梅园石碑旁几株松树说，戴念慈所画一戴披风老人（即荣德生）就在此处，荣对此图很欣赏。梅园十景此即一景。

他见到梅园中的土壤都已翻转，一片黄

土，问这里种了什么，我说没种什么，每年松土改善环境。他说秋冬时荣即以麦壳撒于梅林，烂作肥料。

荣德生不赞成修树，认为要让其自然生长。天心台东侧本有很多柏树，陈未听荣的意见，大加疏伐清理，只留下一排柏树，路边的女贞绿篱，长得已有人高，也被陈修低，荣视为"作孽"。

抗战后，湖石都已倒塌，香海、诵幽堂等门窗均被窃，树木荒芜，陈来梅园后即催人立石，由申新三厂重做门窗，诵幽堂的门槛是荣到镇江去选用柏木做的。

园内道路大都是石子路，主道为人字砖，宽不过一米多，也有一些土路。过去菊花都是放在天心台，临时搭木架陈列。邵子民来后用黄石砌台，做了休息棚架，石阶边做了花池。到天心台去的道路改为两边上去。邵是1947年来的，在江南大学教棉作、稻作，他是意大利留学生。据葛士超说，邵在意大利学的是稻麦棉豆四项，陈以为与治园相通，就请他来梅园当主任。邵一直工作到1954年公私合营，在城建局接收会上，突然中风瘫倒，后病故。

荷花池旁的花房是陈当时建的，留月村是否有花房，陈不清楚。天心台的野桥原在西侧，也不宽，过桥通洞上台。诵幽堂三字系清道人书写。留月村住过凿碑工人（董必武来梅园看过留月村的碑，对其中几块认为珍贵，要好好保护。还说梅园要向东扩展，与桃园连起来，此事可待农作物收获后再办，大树不要锯掉。董老由杨增一陪同，此事他最清楚）。太湖饭店是无锡人上海设计师胡鸣时作，辑蠡亭原为长方亭。念劬塔下喷水池用抽水机往返使用。

陈祥德与黄德龄同学，陆免智是拳击家，教陈习拳，后陈任江南大学校务委员会主任，陆任副主任委员。现梅园招待所做过江南大学教工宿舍。江南大学是荣的绑票费追回后办的。

3.1980年3月31日访荣仲康先生

荣1907年生，时年74岁。桃园要比梅园晚十多年。天心台第一块独石旁有紫竹林，是作为紫竹观音布置的。上海人只知荣宗敬，其代理人荣德祺是三星公司高级职员，住上海愚园路。

（1）访荣国英

荣1901年生，现80岁，荣巷人，嫁到陈巷，小时在荣办的竞化女校读书，丈夫早亡守寡。在她29岁时年夜头被叫到荣家当佣人，给荣家宗敬老婆、荣德生大小老婆梳头，故又名梳头阿姨。荣又叫她春娣、阿春、春小姐。她说梅园靠东一直到豁然洞都种的茶叶，她曾带一批佣人进园采过茶叶，每年只采一两次。第一次采一芽，第二次采一叶一芽，最多两叶，名为龙井、雨前。够得上自己吃（上海、无锡家里人吃）。茶在无锡炒，干茶可以装一干面袋。宗敬60寿辰在梅园做，自己人发一块金牌，上海职员发银牌，凭牌进出，排场很大。德生做寿就改在家里。

荣穿布袜，除棉鞋要买外，全由阿春做。信佛，家里有八个观音，（荣巷）叫仙人堂，说是日本人送的。后送开源寺时，曾塑两个女观音，照宗敬和德生的女儿塑，很像。后大家说人还在，不好，便遮起来。三佛殿里有尼姑，开源寺请一个和尚主持应酬。梅园白相人很多，服务小贩都在门外。院内只有楠木厅吃吃茶。宗敬别墅做过太湖饭店，有吃有住，住的多，圆顶是养鸽子的（不可靠），梅树下是厂里舀来的麦壳灰。有两三个花匠，三四个茶房，忙时再雇临时工。

横山桃园是张婉芬建造，张是荣瑞熙第二房子孙，伯父荣杏元是倒老爷（官运不通，每每要上任，家里死了人，需守孝三年，总未能上任）。阿春十七八岁时造，桃园都是种的五月桃，半红半青，个头很大。张的钱是祖上遗下的。张婉芬在荣巷教书，后居上海。楠木厅只有一根正梁是楠木。

（2）访徐二宝

徐79岁，1902年生，徐巷人。

10岁时记得造梅园，20岁到广勤帮着收收花，后收花人死，由梅园贾巷人贾茂清（纪官）介绍到三厂。贾是泥水匠出身，后在三厂当土工程师，后来荣德生叫他造梅园，成为第一任梅园的主任。朱梅春也是三厂土工程师，是由贾介绍到三厂的，很有本事。

梅园的山地是贾茂清一家一户买下来的，总共有几十家。山上原是茅柴，松树（因每年砍松枝都成鹿角松），将它们清除挖干净后，就从苏州买来小梅树苗种下，然后四周打围墙，开始先弄到小罗浮，隔几年再放到后面。

在梅园做工，伙食自理，一元钱四个工。

楠木厅是从金坛与几块太湖石一起搬来的。梅园做假山、做路都是李阿红做的，李是惠山帮石匠。那时最前一块湖石曾倒下来砸断。荣仍然请李来修补好（日本人已来）。

徐二宝本在厂里管棉花仓库，日本人来时就到梅园来。当时是河埒口人蒋叔方做梅园主任，蒋是贾茂清的女婿。

抗战时，张根兴确曾霸占过，张是土匪游击队长，曾在茂新二厂做茶房，认识周阿福（无锡大土匪）。抗战时只有三个人管草，以前有十多个人。蒋叔方自己有电灯厂、小布厂，也就不来梅园，后由陈德祥来搞。抗战胜利后，邵子民来梅园做主任，当时兼江南大学农科教师。邵为留学生，常州人，家里开糟坊，后有人介绍给小老板荣一新。荣有三子：伟仁、尔仁、伊仁（即一新）；庶出：毅仁、念仁、籍仁、鸿仁。

梅花开时荣早晚各来一次，带小老婆，坐自己车，因只有2~3人吃茶，在小花园（留月村）并问问贾茂清工作情况等。八月中秋吃晚饭后，荣总是去小箕山赏月。

宗敬别墅上有美国国旗，主要怕日本人掷炸弹。日本人来时，荣自己家里不住，住城里大女婿李国惠家，四郎君平巷。

邵子民只做过一项，即到天心台后两边分路，梅树田里每年施麦壳灰、棉籽屑、垃圾。

宗敬60岁寿，八月，南京、上海到无锡的火车包几节，水路轮船、岸上汽车、网球场都搭临时房子，汽水一箱箱从城里抬都来不及。客人送的寿帐收下来十多箱。上海大舞台来网球场做戏，算是园内。园外（原回车场）请常州庆申堂细阿金班子做京戏，热闹一天离锡。

梅园小吃摊头有100多处，甘蔗、荸荠都在外面，酒酿圆子、气枪、套泥人、打高尔夫球，在走廊里，从门口一直到宗敬别墅里外100多处摊头。园内有个照相馆，梅园一开始拍照在楠木厅西侧，叫姚辰翔（西管社人）。茶馆店即在小吃部处，荣在场上吃，由徐二宝、俞阿祺开设。后来在今新厕所处有一小饭店，是徐根山娘开的，到日本人来就停了。

（3）访姚补生

姚1909年生，72岁，西管社人，姚辰翔儿子（姚呈方父亲），小箕山本是西管社村顾鸿熟的，宗敬先得此山后，又以公的名义买芦柴滩，通过警察局九分局来收，有单据的出50元一亩，无单的就算白收。经办人是荣德琪，上海申新公司的一个主任，建筑是贾纪官、朱梅春（会画样）搞的。小箕山上的建筑设计模仿轮船，嘉莲阁是开轮船的机房。荣德琪在胜利后叫姚辰翔托

小箕山

管小箕山一直到解放。

抗战胜利后分开，梅园属荣德生，小箕山属鸿山、鸿元。江南大学本来要办宗敬学院、宗敬医院，但荣德生力道大，请了陆根泉（上海营造厂工头）造江南大学。

锦园有渡船也有私人船，开始只有5只，最多到几十只，可去蠡园、鼋头渚。春秋两季有一家小饭店，主人叫小四官，原在杨翰西处做工。

（4）访钱小山

1986年4月16日，我随蔡学标、王能父由吴焕忠开车去常州市政协，拜访钱振煌之子钱小山先生，索要由其父撰写的梅园碑记，经他重新书写的原稿，拟供梅园复原之用。

钱小山，现81岁，魁梧高大，依然矍铄，耳稍背，说话大声，且顿挫分明，伴有常州口音。据称，自幼跟父在沪，未进学堂，亦无文凭，常帮父拉纸写字。父亲于1944年在上海患胃溃疡病故，未能看到抗战胜利。小山先在上海南洋中学教高中语文，后去常州办铭山（振煌字）中学，此校1952年并入24中，后任常州市文化局长10年。"文革"中去毛巾厂贴花、打印、装箱劳动5年，落实政策即到政协，现任常州市政协副主席、常州书画院院长、常州书协名誉理事长、常州民盟主委、中国书法家协会会员、省书法家协会理事。他对于无锡如此重视文化工作倍加赞佩。对沈虹太（无锡园林局宣传科长）的文章极为赞赏。他说其先父真是与无锡有缘啊！

小山兄弟有三，他是长子。老三已故，老二在上海从事新闻工作，已退休。他妻弟即名画家、文物鉴赏家谢稚柳先生，他与许多名人都有交往。

中饭由常州园林局刘飞副处长、红梅公园耿主任、邹长松工程师作陪，未掏分文，实难推却，后知是傅月秀工程师的安排，常州园林局一片诚情。访毕，在常州人民公园摄影留念。

小吴驾驶雷诺，得心应手，一路菜花金黄，只是紫云英已悄然不见。天气晴好，车中轻歌绵

1986年4月16日访钱小山，右起无锡市园林局党委书记蔡学标、常州市政协主席钱小山、著名书法家王能父、无锡市园林局总工程师黄茂如

绵，更令人陶醉。回家已是午后5时，钱答应迟至月底梅园碑记稿送锡，并送我等三人各一手书条幅（1986年4月17日晨补记以备忘）。

4. 关于梅园玉佛

荣德生好收集书画、古董以及玲珑供石，在梅园仓库里还有十几座女性人物塑造像，是用汉白玉雕刻的，形态各异，如仙似佛，谁都不知道是什么名堂，统称为荣德生收藏的"玉佛"。

1978年11月13日，我请教泥人厂的蒋师傅，他说以前从未见过，可能是唐朝之物。我又请教政协主管宗教的陈老师，他告诉我，这些都是"观音像"，除了手持净瓶站立的观音外，她还有七十二变化。有女身也有男身，她以民间形象，亲近百姓，普度众生。他以状物告诉我这些观音的称谓，我以其说法，给佛像编号，并一一丈量高、宽尺寸作了记录。原说有18尊，但我实际记录的是14尊：

① 卖鱼观音　高1.83米　宽0.53米

② 地听观音　高1.63米　宽0.57米（开口的叫狮子，不开口的叫地听）

③ 鹊桥观音　高1.43米　宽0.63米（双臂断，头手缺）

④ 花鹤观音　高1.43米　宽0.44米（断鹤头）

33

⑤ 送子观音　高1.59米　宽0.42米（角、手断）

⑥ 紫竹观音　高1.73米　宽0.70米（断一臂）

⑦ 葡萄观音　高1.21米　宽0.30米（双臂断）

⑧ 花鸟观音　高1.48米　宽0.42米（手、鸟嘴断缺）

⑨ 撒花观音　高1.17米　宽0.50米（飘带断缺）

⑩ 竹鹤桃观音　高1.45米　宽0.48米

⑪ 头横观音　高1.42米　宽0.38米（双断）

⑫ 花、鸟、桃观音　高1.48米　宽0.45米（飘带、鸟嘴断缺）

⑬ 羊观音　高1.05米　宽0.52米（一臂、兽角损坏）

⑭ 麒麟观音　高1.96米　宽0.52米（鼻坏）

1978年11月22日，我与王季鹤先生去镇江询问了解，见到石伟和茗山师傅，他们说，扬州有几个这种佛像，我们即去扬州，找到博物馆馆长，陈说瘦西湖小金山玉佛洞有5座，看见3座，2座还埋在土中。

① 高1.35米，一手拿桃子2，一手拿花篮（手用白水泥补过）

② 高0.9米，一手执莲花，一手拿物（已无）

③ 高0.4米，双手捧钵

石质、石色、雕琢风格手法与梅园的完全一致，据陈馆长判断，认为是清代的，雕琢手法比较近代，价值不很高。他的论断与我观点吻合，后来我又从别处了解证实，这确是清末民国初之物，风格现代，石料是北京房山附近的，比汉白玉石又差一些，内容是宗教色彩。

三、蠡　园

1. 1979年5月下午访薛满生

颐安别业房子上有霓虹灯做的广告：lake view lodge作旅馆开放，薛任经理。建筑前有蠡园建造碑记。1936年王亢元请人来为百尺长廊题对，主要请南京的官吏。春天游人多，抗战胜利前都要买票进园。露天舞台竖有几把海岸伞，吃咖啡。颐安别业下层是餐厅，二、三层住房，有中西餐厅。西班牙洋房为王禹卿别墅，系上海龚氏营造厂造，水电由上海庆记水电安装公司建。舞池边上有霓虹灯，中心有扩音机。蠡园用自发电（柴油机）直到解放。

薛[①]因曾供职日伪特高科而服刑，当时刚释放回锡。强楚材过去也做过颐安别业经理。今从香港回锡，蒋献基热心约他们与我见面，了解往事情景。

2. 看望王亢元

1988年12月20日我与蠡园两位杨主任并刘国昭（副局长）由孙云年（82岁，属羊）陪同去百花公寓看望王亢元（原蠡园主人王禹卿之子）夫妇，小谈即乘车去蠡园。中午便宴、喝茶、拍照、游园，尽兴而归。一路见闻，摘记为下：

王亢元（王卯）属马，84岁（4月27日生），原配夫人已故。现有三妾，上海两妾各自安居。在锡钱敏，洛社人，在沪做工，已退休。系半路伴侣，无子女，现同住爱国公寓。钱自称

看望王亢元（1990.5.4，杨仲卿摄）

① 薛满生：日伪无锡特高科翻译，日本留学生，学西画。1979年获释，1935—1936年任颐安经理。

70岁，看上去不过60（也可能瞒岁）善饮，现尚能饮白酒半斤。健谈，亦不像七十老人。王有子女15人（子6人）在沪及海外，均已自立。他们于1984年迁居无锡。亢元步履稳健，胜于"云老"。腿健，有饭量，患白内障影响视力，看上去也不过七十余岁。其父王禹卿1964年病逝于香港，曾为福星面粉公司总经理，财力富足。曾借给胞兄尧臣的小儿子王云程30万美元，解其急。云程有三个儿子，现每年收入约7万美元，在香港，财力仅次于包玉刚，曾还亢元15万美元，至今尚欠15万美元[①]。明年想亲自去香港，说动云程回来投资家乡发展园林建设，他已代为构想：在湖中造堤道通至石塘对岸名为"翠堤"（云程夫人名姚翠娣）筑一岛，上点楼台，名云台。要他出资在蠡湖搞"翠堤云台"。

谈及建蠡园起因，王说父亲经商繁忙，欲得一处颐养之所。在青祈家乡曾办过一所培本小学，十年后开运动会，填平芦荡滩地作操场。荣德生劝禹卿，运动会后场地废弃，何不像他一样造一园。即欣然同意，花3万~5万元先造景宣楼、湖上草堂，愈做兴致越浓，就全面铺开，总共约用去50万银元。父亲想以家里的正厅"三槐堂"做园名，称槐园，王认为不妥，无锡人"槐""坏"同音，且"槐"字木旁一个鬼，也不吉利。便说范蠡曾经过这里，借其名声大，可称蠡园。蠡为海中丝螺，孔很小，寓合园虽小，却能将整个湖面收进，是为小中见大矣！

造蠡园时青祈虞循真主张要古式，王亢元则要求新式，虞拗不过园主，就说不管了，随你们去。故后来做的都带洋式，设计师是日本留过学的陈工程师，绍兴人，对日本很熟悉，园里种的杜鹃花就是他弄来的。薛满生说是他1936年当政时种，是吹牛。王说被人挖走不少，算起来，园里杜鹃应在1930年前种植。

西班牙小洋房是上海蓝云祥工程师设计，龚

松记营造厂建造。当时（造价）3万银元。荷叶亭、三叠桥以及其他亭桥都是那个绍兴人陈工程师设计。池中一堤一岛是王亢元的主意，堤上准备筑笼养猴，岛上植松养鹤，其他地方养些鹦鹉鸟类，可惜都未实现。

原湖心亭外围立柱间均由门窗围合，室内摆设齐全，可以喝茶。"晴红烟绿"题额是末代状元刘春霖的书法。引桥下的石拱，游船可以通过。现湖底填塞不少，变得很浅了。凝春塔原想造七级浮屠，因日本人来前，掷炸弹，宝界桥被炸断，塔未炸着，匆促做了五层算数。长廊口属渔庄，里面空地是陈家买下的。

旧廊是从桥那端开始，筑时为单面敞廊，有人说还有一面也拆掉，可以一眼看到里面，父亲不肯。他同意拆，拆后，又有人说要挡才好，不能一览无余，后又成单面廊。拆拆、造造，边想边做，也不能只顾自己的设想，造园本是给众人游乐的，大家说好才行。

提到薛满生，王亢元很气愤，说他完全吹牛，此人在时郎中巷与王家邻居，无业在家。因在游泳时看中朱某，朱父为警察局长，说，此人连个职业也没有不能嫁他。薛来求王介绍工作，王说到蠡园去管管罢。后王为薛主婚人，他只是管管颐安别业，造园之事根本不是他。此人还常敲王竹杠，如对王禹卿说，到警察去一趟就敲去5万元，王亢元处敲5千元，有时带着手枪，说不给要自杀云云，实是威胁。在管颐安别业时，耍流氓，张望女人房间，遭亢元批评。后来他到特高科当翻译，与武十郎一起，是个坏人。那些和式建筑小品，当然也不是他的主意。王亢元在考察日本面粉机械设备时，顺便看了日本庭院，他说造蠡园七分是他的主意，连虞循真也强不过他。

如果不是抗战，蠡园一定造得更好。而且，当时杜月笙也托他代买地准备造园。唐星海也已在蠡园东部抛石，这些都因抗战而停了，他的两个管理人也逃走，园内物品被村里人拿去不少，他说哪家都有朱罗纱、家具摆设之类，这次损失太大了，他自己也逃去上海租界。日本人要他父亲出来做上海维持会长，要他做无锡财政部长，他不肯，否则不会有今天了。

解放后，园子还是私人的，别人总要转念头，就想送给梅兰芳，梅说不要。又说给他办个学校，梅说京剧学校肯定要办在北京，他不要蠡园。王亢元只得将园交给在蠡湖试养鱼的单位，由他再转交政府。

过去蠡园卖门票3分，主要靠旅馆。一到周末，上海要人、外国人就来订房间，房内有浴缸，除沪宁之外，算是好的。6元一夜，也可有不少收入，但总的是贴钱。

游泳池用水泵打进太湖水，通过自动砂滤保持清洁，现这些设备都拆了，王本人不会跳舞，露天舞池是适合现代生活需要。

王禹卿与陈梅芳是郎舅至亲，关系很好。斗气之事，纯属捏造。但可以说是斗富。陈梅芳是呢绒大王，也有不少钱，在大陈巷办扬名小学要扬扬名气。曾叫过"赛蠡园"，大家说不好才改渔庄。

王亢元说，他曾出两根条子（金条）助黄岳渊出版《花经》，临近解放，书没人要，亏损。后来再版，不知何因抽去他的序言，实是不该，两根条子是白花了。

颐安别业原称颐情别业，请吴稚晖书写，吴说，你们年轻不知道，北京有个妓院叫颐情别业，这字不能写，后来改为颐安别业。

这次重刻蠡园记，原来谁写已忘记，现在是请上海女书法家周慧珺写的，字甚好，王稚圭刻，共四块，另四块为楹联，今已看好在长廊中的位置，即可上墙。

他想去香港，与陈梅芳儿子陈鸣一谈，请他投资建设西淋（即今双虹园处），继续完善蠡园景点，是他此生一件心事。第二件便是历法，他以为现在的历法不好，改为6天一周，星期日可以固定下来了。他说40年前曾寄信联合国秘书长吴丹，得到回复，称尚不完善。现已作修改，1979年曾寄信给叶剑英，转几转又转了回来，这

次给李永锡（原副市长）看过，认为很好，可以再寄有关部门研究。

梁溪饭店是其旧宅，解放后以12石担米租给国家，现在要不回来了（如此情形全市有10家）。但时郎中巷还有12间平房未租，也无着落，现在来锡，他只得自己买公寓住，户口还在上海。他现在是上海徐汇区和吴淞区的政协委员，无锡市政协委员。他说只有共产党才有新中国，爱国之心是有的。钱敏说两人用500元也可以了。我想，我一家四口所得也不过500元，两位老人花这么多，自然可以了。

又及，蠡园自1928年开始建造，今日正好一个甲子，当时20余岁的王亢元，已成八十余的老翁，人间沧桑，有说不尽的感叹！

前数年，我与老刘遍访近代园林，未能见到一位当事园主，虽知唯有蠡园的王亢元尚在沪上健在，早有拜访之意，却均未能成行，今得巧，约王于蠡园相聚，乃历史有缘，值得一记。

后从刘坤申处得知，刘与薛在苏州艺专为同班，毕业后均改入日本帝国大学艺术专科，刘攻雕塑，他毕业前薛已被开除，因不正派之故。

1990年5月4日，得知王亢元在郊区医院，身患肺癌，已转移至肝脏等处，在世不长，深为愕然。刘局长告知，他想最后一次捐资10万元，作为王亢元基金，修理建设蠡园，指明要我作为一名成员（其他还有沈炳康——与王家世交，华东水利学院毕业之环保局高工。杨仲卿——蠡园副主任，王涵珂——百花公寓邻居，自称是荣尔仁妻之表妹）。因成立基金会手续麻烦，又要各种证明，后作为一次捐赠，用以大修湖心亭。今约齐杨、孙同去病房探望，王躺在床上，已消瘦不堪，但思路清楚，面容白中带潮红，说话精神尚佳，年已85岁矣，算得长寿。杨主任给他拍黑白照数张，为其补领入园证一张。其妻钱敏亦71岁，在旁服侍，亦拍照补证。我向王介绍大修湖心亭工程事，杨又拍几幅照片，钱要求与王再次合影，被王拒绝，认为不必虚荣，钱说这是最后

留念，王亦不动心，并说不要说不吉利的话。沈告诉我，钱作为事实同居，来路很不正常。其人原有丈夫、孩子，后离异（作风不好）单身在沪，又与一个新疆工作的勾搭，来沪时与之同居，去时又乱搭相好。王即在此时相识。"文革"中因作风被剃阴阳头无法出门。此时王亦被扫地出门，无家可归，不得已到她那里，共同艰苦度日，倒也是一番真诚。1975年王亢元生日，还曾为他做寿，后在沪混不下去，再搬到无锡。据说已从王处得到数万元好处，这次也已立好遗嘱，说好3万元生活费，百花公寓归她居住。这种人在关键时刻，视钱如命，多捞一点为上。王亢元现有20余万元，10万元修亭，3万元给钱敏，余下的办后事后给蠡园。为实现此嘱，捐赠仪式早办，免得到人不能开口时一切都说不清了。王点头说，一定与王涵珂商量后办好此事。我与沈初见，交谈中深感此人忠诚厚道，绝无歪念。他对亲属中叮着遗产者不满。王亢元对我如此信任，让我意外，可能是1988年那次长谈，留下难忘印象。翻看上次记录，自信似乎没有人比我更关心他的园子了，今日我又重复告诉他说："一人造园，后人得益。你的蠡园、梅园、横云山庄、太湖别墅等都是开发太湖的重大工程，不仅为旅游打下基础，也为无锡的兴旺发达起促进作用。你的一生做了这么好的事，后人忘不了！"看来他很高兴，连说一定办好这件事，即捐资10万元大修湖心亭。

1990年6月7日，我从黄山开会、考察回来，知道捐赠额减为5万元，王躺着已说不清话了。王亢元终因肺癌大面积扩散不治于1990年6月5日病故。

9日在无锡的追悼会，无人致悼词，亦未闻哀乐，到会数十人，无一亢元子女，实际上是我们向遗体告别。钱敏哀嚎几声，只是未被承认为妻子之故。据8日在上海举行的追悼会上，子女家属都参加了，像模像样。

1991年4月5日清明节，钱敏请沈炳康来约我们去蠡园看看湖心亭，也顺便凭吊亢元。一行十余人作半日游，蠡园设便宴桌余。席间钱敏唠叨，亢元好人，子女没出息，欲哭无泪，大家都说不提了，免得大家不开心。钱饮白酒数杯，依然无事。据云，锡沪均请律师，法庭一直不承认她与亢元的夫妻关系，要她将余下的20多万元还出来，双方争吵不休。

3. 寻访蠡园有关老人

1979年6月4日，去青祁村访问陆阿林。陆曾在渔庄做花匠，已70多岁。季阿泉，抗战前当过渔庄花工，之后到蠡园，今已退休。蒋家元之妻，蒋家元是浙江东阳人，是渔庄做假山的作头（包工头）。

虞循真在青祁村当过教师，后当过三区区长，曾为培本小学（王禹卿出资建造）在蠡湖边的芦柴窝填土搞了一片操场，约有10多亩地，后来虞又倡议要在青祁村搞"十景"，造了几只亭子，两只旱船：一只无顶，一只草顶；河池种荷花、菱；岸边从夏家边一直到长桥（宝界桥），一株杨柳一株桃，后来见游人蛮多，就在场边造"湖上草堂"，游人来喝喝茶。王禹卿觉得不错，就买下操场开始搞蠡园，后不断扩展了五次，达到现有规模。

王禹卿办过施药局，还办过施衣、施食的。王禹卿父亲原来穷，儿子发了财，为乡里做许多好事。在蠡园中造个梅阁，里面有王禹卿父亲王梅生的像。

杜鹃花是从浙江买来的（写信去买），当时品种有几十个，假山上种满的。当时只有几十厘米高，现在只有两种。日本人见好，就来挖去一些。园里种花的有五间花房。

西班牙小洋房是上海建筑包工头送的，因替王家造许多房子，生意大，这个就不要钱了。

蠡园假山原来由一个杭州人来堆的（女人是个日本人），住在这里好几年，三叠桥也是他做的。假山实别别，后来由东阳人蒋家元来堆山，七孔八孔都是洞。

蠡园建成后，来游的人很多，游客饿了，到村上来找吃饭的，村上见此情，就抽人出来摆摊，应付一阵后才搞饭店。

园内雪松从南京买来，香樟从苏州买来。日本占领无锡后，电灯被游击队搞掉。抗战时虞循真逃到南方，后去了上海，园内只剩4人管管。日本人也来玩，要打人，但未破坏。日本人投降后，有五六十休养病员在老洋房住两三年，渔庄东面塌倒的围墙修复了一下。

渔庄也是从芦柴滩上填土建起来的，运土船是苏北毛毛船，有几十只。运石的船大，六七年中百把人不停地运。黄石是充山来的，湖石、石笋是从宜兴来的，石笋特多，边造边开，无人拦阻。

先造大假山，后造百花山房、围墙、旱船、方亭、八角亭，原有门窗，被日本人拆掉，六角亭基础已好，但未来得及造。四季亭是简陋的茅草顶，瓷片嵌花地。梅阁做了日本人瞭望哨。露天舞台处原想造四五层高的阁，很多木头都浮在河里，日本人来了就都停了。

百花山房前面的土岗，原是种的牡丹，以有白牡丹出名。虞解放后评为工商地主，没有事，后病死在上海。渔庄主人陈梅芳是泰山饭店老板，在无锡办过"六中"，上海有毛笔厂、套鞋厂、呢绒厂，是个资本家。

在蠡园做假山的蒋家元是1896年生，1930年时已34岁，先堆蠡园假山，后到渔庄堆山。当时堆山师傅有3~5人，小工二三十人。蒋20多岁出来学生意，来锡前在上海堆山。渔庄好的就是假山，青年人可以互相追逐，虽道路不平坦，但曲折丰富，青年人最喜欢。到日本人来，身体也不好了，就结束。

蠡园解放后经王家同意，曾借给中科院生物研究所用，研究鱼、昆虫，有100多工作人员，但群众仍可进园游览。两三年后，该所搬迁去了汉口。

强楚初：接薛满生任经理，直至解放前去台湾，1979年回国，任泰山饭店经理。

四、木石作师傅

1. 关于王奇峰

我已记不得在哪里看到杨寿楣写的《记石工王君涌》一文，今摘录如下：瞻园的假山，是继苏州环秀山庄假山又一佳作，王奇峰因此而著称园林。

"王君涌，金陵人，居城西凤台巷。业莳花卉工，而尤工叠假山。己卯（公元1939年）冬，余承乏宜房，茸瞻园为行馆，园故徐中山王邸第，石素擅称，自后之修者，位置错乱，顿失旧观，又经丁丑（1937）事变，欹侧倾颓，危险益甚。乃召君涌为整治之。君涌老于事，举所谓三宜五忌者，言之成理，累然如数家珍。故凡峰壑屏障，一经其手，辄嶙峋耸筱，几令人有山阴道上应接不暇之观。盖虽食力小民，固胸有丘壑，兼于重量配置，别具特识，有隐合近代科学之原理者。问其年，六十有四，且有子子兴，能世其业矣……"

（王君涌应即是王奇峰，近代叠石名师。）

2. 访王兰香

1980年1月27日，我与刘国昭约定去拜访著名木工大师傅王兰香。王70多岁了，干了一辈子古建筑，我古建公司有重要工程总要请他出场，无锡园林古建有他的劳动心血。刘与他接触过几次，我还是头一次。他住南门，七转八弯才找到他家。王师傅是个高个子，中气很足，说话爽朗，音调很高，带常熟口音，两腿瘦高，轻快灵活，张罗我们坐下。年轻时他肯定是个干活好手。他说省厅拨专款，同意支持他写书，他准备将经验传给后代，看上去他很高兴，又要为培养青年做出新贡献。

我们的访谈事先没有计划、提纲，话题随时变动。我的记录也都是零零碎碎的。这么多年过去了，国昭未老先衰，像垂暮之年的老人，行动不便，话语有严重障碍，更不会握笔写字，无法交流、核对30年前的那次访谈，整理这段记录，就成我一家之言，只能留个史料供参考了。

鼋头渚三山上有只六角亭，是他1963年造的，同时，领导让他改建了连接两岛的桥，那是李正1958年设计的，当时已坏得不成样子了。

惠山二泉，1960年"九曲清流"处还有四分管那么大的水，后被人做了水泥地面，嵌了缝，这就改了道。两个月后，杜金坤派人来敲掉水泥，仍未见到水。竹炉山房下面有股水，蛮大的，蒋师傅知道（后我与刘去乡下找到蒋，并请他来锡惠指认，未见痕迹，也就没有进一步挖掘）。

王兰香的父亲也是木工，带到他15岁就到无锡来了。

蠡园与渔庄以河为界。渔庄先造大靠山（假山）、旱船，隔10年造百花山房。1950年造长廊，是惠山建筑队（劳改人员）来做的。蠡园四季亭的脚子陈梅芳都排好了，1954年江坚是副市长，城建是季凯、许楚正，王兰香在正业公司，那年他造了四季亭、八角亭、六角亭共六只亭子，每个亭子的戗法都不同样。

蠡园的湖心亭原为水泥柱，水泥地面，屋架都是木结构，1957年他将枋子改成水泥。渔庄假山是请两个日本人堆的，一个50元每月，一个30元每月，堆了一年，当时王兰香的工资每月十多元，每工只有两角八分（8元多一石米）。

关于王尧臣与陈梅芳的事：蠡园做好，王尧臣请客喝酒，大家都说园造得好。陈梅芳却说："别样都好，只是假山堆得不太好。"王对他说："弟弟，不好，你也好去弄弄的。"酒未吃好，陈推说小解就回去了。王知道得罪他了，忙叫姐去叫他，没有喊回。陈后来买地，每年从厂里拿出2万元，宁可不扩厂，将石头买回来，抛石筑园，造好后用"赛蠡园"方砖嵌在墙门上。后由其姐做了工作，在造百花山房时将三个字拿掉，改名"渔庄"。

寄畅园东门入口障景假山是张养生去苏州请来朱师傅（60多岁）与其子两人叫一些人来堆的，后来因他是地主而回去了。

王兰香16岁时造城中同庚厅，作头叫严顺

贵，今年93岁。造了四年才装修。此时他喜欢看球，锡剧、京剧都喜欢。

王23岁时造九老阁，当时王有12个小兄弟，最大的大他一岁，他只划个普通样子，他们就会做。当时有人想来抢做，报300工（王估价400工），王即提出280工，将他们吓掉，王兰香以280工完成。

公园中的"无锡大戏院"是包给上海人做的。惠山方亭是江一麟造的，江后来任江苏省建筑设计院副院长、总工程师。

惠山景徽堂是袁龙宝造的，师傅朱金奎很有名气，其父朱宝年的爷爷是香山帮学生，香山帮造北京宫殿，明代就有名。鼋头渚澄澜堂是东门乡下人"章海根"（音）做的。（一号桥过去章巷）

王兰香23岁时做庆云寺（惠山消防队），本帮不会做水泥（只做混合墙），上海帮会做水泥，清水墙都是上海帮做的。华绎之房子（广播电台），石膏顶。实业学堂（后来做建筑设计室）都由作头打图样，造预算包给上海帮做的。河埒口严雨堂的洋房是上海作头送的，严是上海申新一厂总经理。当时王兰香的总包头是潘得荣，童寯在设计室①，最喜欢做住宅设计。经潘介绍，童知道王喜欢古建筑，就给王看宋代建筑的原版本。

茹经堂、杨家祠堂都是江一麟造的，修锡山龙光塔的是彭盛兴。

张金才，西漳人，属狗，83岁。18岁学木工，只学三个月就找师傅，找到奔牛木匠学一年多，修过蠡园八角亭（荷花亭），葫芦高一丈！惠山秉礼堂做得好，五行具全。

楠木厅，越南过来的楠木，黄、黑、紫色，不烂、不走动，老山红木硬。雕花匠中无锡技术最高的是钱仲秉，长安桥蒋巷人，苏州的楠木建筑都是住家，梅园楠木建筑都在风景区，大家都可以去看的。

华孝子祠，木鱼肩、矮柱、鹰嘴尖，宁波

---

① 此处存疑（编者注）

架子，祠前四牌坊不封顶，中间一口井，水天相映，是王兰香得意之作。

费新宝，泥水工，专做门头。

御碑亭是郭锡球做的。

新生路1号缪斌公馆，黄土塘人，父亲是道士。湖石假山堆有十二生肖，大门东向，新生路、里城河，里城河为小苗圃，偏南为妙光塔，在楼上可见高墙（7～8米）中西结合五间两层的缪公馆。建筑内门多，转折多。

江阴祝丹卿的怡园（祝家花园）是进士出身的翰林到扬州买个旧园，将全部假山装运到江阴造的。祝不肯做维持会长，逃到东北，园被日本人烧毁。

朱金奎是扬州人，堆了十多年的假山师傅（王16岁时，他六七十岁），有峰头的石头都堆得好。差的石头堆大假山用，他说有口诀的，四个字："腾、凸、陀、翘"，堆湖石也有四个字："峰、回、空、实"，王说了句很感慨的话：师不谈师，不到差里做大好佬。匠不谈匠，要到好里背辰包。是不是建筑界的一条民间规矩，已记不起来了。他准备给堰桥吴文化公园造一只大牌坊，全部用水泥混凝土，算是关门之作。

五、访问花工师傅

我因工作和业务关系，曾断断续续访问过一些同行中的前辈，想理出点头绪，编制一份无锡著名花工师傅名录，并将他们的工作、生活、开拓创新、荣辱辛酸以及逸事趣闻记录下来。看来，我这愿望落空了！退休以后，闲空的时间有了，但别的条件消失了，前辈相继去世，后代也难以寻觅；自己已不在其位，精力已不如从前。刚开了个头就戛然而止，感到可惜，勉强将过去的记录整理一下，铺一块砖，供后人继续。在园林绿化建设最前沿、最基层，他们勤劳地、无怨无悔默然将一生乃至子孙后代都贡献了花花草草，为人们的生活增色加趣，我要由衷地向他们致敬。

（1）朱锡南

朱锡南，1912年生（属鼠），常熟斜桥毛桥人，师从彭海根。彭当时在无锡市大会堂旁边今房管局附近自己开办"留芳花园"，朱在此当学徒。工作两年，经同乡人彭生南介绍去无锡县初中种花（彭生南认识县初中李公会校长）。三年后又去上海郊外周家桥吴源兴老板处养花，日本人打过来就回家种田，长达10年。1948年到梅园种花，与彭生南在一起。1956年又调到锡惠公园。1959年调北京外交部迎宾馆种花。那年北京完成十大建筑后，急需从各地调一批养花师傅去工作。1961年经济困难，又回到锡惠公园，在公园主要是种菊花。

（2）彭生南

关于彭生南，朱锡南告诉我，彭师傅比他大，属蛇，1904年生，1982年去世。彭是跟振新厂（四棉）花师傅周铮奎学艺，后去南门鼎昌丝厂种花，后又去城中公园（园长姓李）做，后来又到南京何应钦弟何辑五家种花。直至抗战胜利，回到无锡梅园种花。1959年调到苗圃，最后在锡惠公园退休。我在锡惠公园见过他和他种的"骑菊"，他在7～8寸的菊花盆中将菊花养成十多个花头，矮壮整齐，一般高低的一大盆菊花，每株一朵大花，看去很是丰满挺拔，细看才知彭师傅是将老株菊花使其分蘖多株后，培养粗壮枝，利用牵拉盘曲将茎干均匀分布在各部位，每枝用一个竹节倒插土中加以固定，经过他细心养护，满盆菊花开一致，花色统一，花头很大，朵朵挺拔，下面有绿叶浓密扶托，格外好看。这是他的绝技，大家都跟他学，也有成功的，但种的花、叶、布局无可挑剔并不容易。他带过的徒弟周垣，省干花师傅，已故。项金生，锡海宾馆花师傅。

（3）周铮奎

周铮奎，1890年生，比彭生南大十多岁，常熟斜桥人，他在社会上熟人多，有一些势力，技术硬当，种菊花最好。他的徒弟有周二度、吴林之、彭生南，都是种菊好手。他的菊花矮壮、脚叶齐整，扎工特别好。这是彭师傅告知的。

（4）彭海根

早先在苏州跟资本家当"二爷"，后到无锡开始种花，自办留芳花园，地方不大，主要种草花、月季，以卖、为店家摆花为主。当时，理发店、照相馆都要摆花装饰门面、招揽生意，到日本人来就关店。解放后去太湖工人疗养院养花，后来回到东新路（"大世界"）自己家中养花白相，有一间小花房，"文革"前病死。

（5）卢阿锡

属虎，约生于1878年，与苏州朱子安师出同门，即朱子安的生父朱寿。周与卢是近代无锡最有名望的两位种花前辈。卢在欢喜巷原辟疆园旧址开办"美丽花园"，经营盆花和苗木兼做小型园林绿化工程。后来又在映山河搞了个花园，经营规模算是最大的。

当时开花店的主要业务是卖花、摆花，给人造园、种坟树。坟塘有大有小，一般都有几亩，故绿化种树生意不错，每年做几个足以开销。无锡没有苗圃，都到苏州吴县去买，一般苗木很便宜。卖花多数是草花，如菊花、万寿菊、大理花、孔雀松、茉莉花、代代、白兰花、月季、山茶、草兰、大青叶、万年青等。10～20铜板一盆，已很好了。因十个铜板一斤米，一盆花买1～2斤米蛮可以了（150个铜板相当一个银元，5元银元买150斤大米）。

花师傅当时的去向，一是跟资本家种花，二是给大单位种花，三是开办小花园即综合养花、种树的小公司。花工师傅技术的高低就看其栽培菊花的技术水平。有些资本家种了菊花，要发帖请人来观赏，谁的菊花排头位、二位，很讲究。要谦虚谨慎，避免茶馆里被人议论讥笑。

（6）贡林荣

是我花圃的老职工，高个子，略瘦，70多岁仍见他戴顶大草帽，与花圃男女职工一起下地锄草。雨天，坐在屋檐下或温室中上盆、翻盆，没有比他更年长的了。年轻人，包括他的小女儿贡宝妹

都跟他学技术。他话不多，声调也不高。于登连师傅则恰恰相反，高声叫喊，十分爽朗；动作利索，以身作则，因为他是班长，50多岁年富力强。

那时，每年在锡惠公园举办全市性菊展，每次菊展都要评比，从展台布置到各种菊花造型、品种菊的栽培技术，都要评出高低，我总要请市里种菊有名的师傅们前来评比，如贡师傅、沈锦源、彭生南、于登连、徐阿本、董维光、朱锡南、陈宜、吴听媛、王修善、强鸿良、张国保、彭炳兴等，大家平时就熟，难得聚在一起，会像小孩子般顽皮笑闹。贡师傅则不苟言笑，不老大自居，总是认真听各人意见，虚心说出自己想法，他做像（无锡方言）长者，受到大家尊敬。

数年后，他告老回家，就见不到了。他的女儿贡宝妹则已成为花房班班长，接上班了，我有幸曾于1979年11月5日菊展时对他访谈过一次，在笔记上记着以下一些事：

贡师傅16岁开始到南京中山陵种花，推算贡生于1905年，16岁应是1923年。孙中山还在世。他说1935年秋，他以中山陵名义带200盆菊花去江苏青阳港参加菊花展览，是由南京国民政府组织的，由上海、苏州、无锡、常州、镇江、南京等地，每单位出两名花工师傅，师傅凭卡片免费乘火车，展览三个星期，社会各界要人都去观看，还招待师傅们吃清水蟹。那次展览共有6000多品种两三千盆，有名的品种是"水黄（常熟种，已失传）绿荷、碧玉如意（失传）、紫薇金装、连环桃花、彩凤祥云（失传）"，特别有一盆叫"海棠菊"的，苏州还是上海送去的记不清了，是中管、文瓣、粉红色，管尖深红，会上改名为"醉公主"，受到大家赞赏，认为花好，名字更好，评为"魁首"。此种在"文革"前曾见过，后来就一直没有见到。这次展览除品种菊（都是瓦筒菊）外，无其他栽培形式。

解放后，无锡于1953年第一次办菊展，当时不称菊展，因锡山公园仅有8个工人，将自己种的2000余盆菊花摆出来给大家看看，没有龙菊

（悬崖菊）、塔菊之类造型。1954年、1955年也都有一些菊花让大家看看。1956年规模大了，在锡惠大同殿，搭了半个天安门，六层楼，还做了五层高的菊花宝塔。1957年菊展规模最大，在锡山公园内，有市内几十个单位送展的品种菊廊（竹子做的长廊），用菊花做的天安门高2.4丈，长2.8丈，深2.4丈，九层高，有菊花塔，高3.6丈，对径2.4丈，称和平塔（在顶上做了一只和平鸽）。菊花屏风，高1.2丈，河里有5只小兵舰，河滩上有24只小飞机，一只大运输机，含义是解放台湾。为此，共种14亩菊花，600多品种，3万多盆，光毛竹就花费3000多元，派18人专门为菊花"天安门"浇水，工人都是提水壶爬高手浇水。上海常用皮管浇，水量不好控制。菊花易烂，开半个月就完了，我们的花期长达一个半月。展览日夜开放，轰动整个沪宁线。当时好菊花有"高山流水"（似今日之"大青龙"）、雪月芦花（纯白、舞瓣），现均已失传。

（7）龚秀英

1988年9月11日，我访问了卢阿锡师傅的爱人龚秀英师傅，她在我花圃种花多年，后又曾去几个厂里种菊花，经验丰富，成绩突出。园林和社会上的花工师傅们尤熟，是个老园林了。我根据她的记忆，整理了无锡解放初期一些单位花工师傅的名录如下：

城中公园：潭永福、周铮奎

鼋头渚：吴福寿

梅　园：陈宜（朱锡南、彭生南、朱炎）

锡惠公园：彭海根（朱锡南、彭生南）

蠡　园：纪阿泉

太湖饭店：项金生

省干疗养院：周垣

人民大会堂：杨如森

工人文化宫：黄宝升

大箕山：吴阿贵

无锡饭店：陈小梅（侄陈三林，徒王敖敖）

市委市政府：周士林

太工疗养院：彭海根

（8）花工师傅中的师徒关系：

朱寿（苏州人，一直从事花卉盆景）

徒弟：儿子朱子安，苏州盆景园，全国首批盆景大师。小儿子朱金元，苏州万景山庄盆景师傅。

徒弟：卢阿锡（无锡美丽花园）

徒弟：陆永泉（三毛纺，无锡棉业工会、油泵厂）

朱银章（申新厂）

黄宝升（文化宫）

谭龙根（四毛纺，721厂）

陈　宜（切纸小刀手，随伯父陈春春种花，1951年梅园种花，大会堂种花）

徒弟：吴林之（在家种花，工厂种花）

徒弟：杨如森（梅园花房）

殷祥明（苏州山里人），儿子殷子敏（上海龙华植物园盆景师傅，首批全国盆景大师），每年4月14日苏州纯阳殿花市集会，各地花师傅都来，南京的也来，成为各地花工大会师，卢阿锡与殷子敏交好。

周铮奎，常熟斜桥人乡人，世袭种花，约生于1890年，技术硬，在常熟花工中很出名，熟人多，有一定势力，擅长种菊。

彭海根，苏州木渎人，在无锡开留芳花园。

六、盆景人物

1. 1980年4月16日访夏星寰

夏79岁，属虎，原无锡中华袜厂职员，日本人来，厂迁去上海。他因有病留在无锡，他弟振环随厂去上海工作。他24岁起开始大量养花。

他说沈渊如的兰花全国有名，言下之意他种杜鹃也是佼佼者。

他发展西鹃是受到杭州诸友仁的鼓动，诸是国家经济困难年（1959年前后）来他家的，他说西鹃在杭州、苏州、无锡都没有了，只有宜兴有一点，你这里还有那么多，很宝贵了！被他一说，就来了劲，专门去丹阳坟（苗圃）搞毛鹃回来，尽量地接，靠繁殖。从他学会西鹃嫁接后，他家已共有西鹃48个品种（通过朋友、私人处收集交换），无锡他最多，他弟弟处品种也差不多。

1964、1965两年李梦菊来说情，要他去寄畅园展出杜鹃。沈渊如不肯去，他的杜鹃已并入园林，李给夏星寰一张公园月季票，要他拿200盆最好的杜鹃去展出，夏的宗旨是"独乐乐不如众乐乐"。到1966年被抄家时，他的杜鹃花约有2000盆（西鹃）。他说发展杜鹃不能靠别人，要靠自己想办法。在栽培方面，他也有很多经验。西鹃靠近最可靠，但绑扎不能过早解除，易崩开。要靠接两个月后才能断离母体，否则半小时则萎。靠接比扦插快十年。

西鹃中的王冠起花蕾时（初春）要多晒太阳，花颜色深。锦之司的花单瓣，但树有力发得好会开重瓣花。

接西鹃若用东、夏鹃做砧木，由无力长不好。毛鹃中的开全白花的作砧木也不好，不发。玉蝴蝶、紫蝴蝶有力发得好。映山红皮薄，难接。

大花笠是沈渊如"文革"前题名的，是从晓山锦枝变而来。

派守旨花期最长，可开半个月。放在室内，当心浇水。窗子不关，见不着光不要紧。晓山、锦凤的花期最短，只好半个月。火焰、王冠开得最早，最晚的是园禄锦，先后差半月左右。

我两次拜访夏老先生，受到热情接待，可惜他没有看到我投市政协《文史资料》的文章。1988年9月我第三次捧着杂志去时，门上贴了夏老去世的讣告。老夫人出来开门，说已故十余天，无疾而终。我深深一躬，无缘一面！内心惆怅之极。

2. 访李梦菊之子李倍义

我查知李梦菊曾在园林工作几年，他酷爱盆景艺术，对我市早期盆景的发展作过贡献。他的儿子李培璋是我的体操朋友，比我略小。在二中读初二，他知道我已搬乡下居住，要留我在他家住几

满城风雨近重阳

雷峰夕照

天，过一个暑假更好。他家兄弟们都很好客，随即附和，其中就有他的弟弟李培义。我留下了。他家房子很宽敞，有花园还有玻璃房子，养许多盆花、盆景。李培璋在家叫璋夫，上面还有其哥任夫，下面有弟叫"阿培头"和最小的"阿五头"（即李培义），才读小学。有位阿姨是李梦菊的小老婆，个子瘦小的。她怀里还抱着吃奶的孩子。她单住一间，与我们交谈不多。此时李梦菊已被关（三反五反中），与我父亲一样被判七年徒刑，失去主心骨的家庭全由李师母一人操持[1]。日常生活、应酬宾客，李师母

---

[1]那时我的处境与李家相似，不同处是镇反时我父因是国民党员、县参议员，有人说他参加过中统组织，是个头（实际上是江苏民报社向上级瞎报的名单，到他劳改时才弄清）。1951年他在国华书店上班时被捕，母亲没有文化，没法维持岸桥弄的四口之家。我初中时全家迁回乡下老家，靠几亩田产生活。我则寄宿一中，一心读书，玩弄体操运动。李家给我温暖，一种同情，可惜我一直未见到李先生。我回到无锡后，怀着非常感激的心情去寻访他们。

从容以对，她50岁左右，略胖，知书识礼，稳重大度，全家人和睦开心。特别是兄弟之间很有礼貌，很懂事。每天午睡后，总有一人去里弄口买来满碗煮山芋，让大家当点心吃。傍晚时几个兄弟抢着举壶浇水，院内盆口一个不落。他们知道这是父亲的心爱之物，不可怠慢，可惜我那时不懂也没有兴趣。印象最深的是每次吃饭李师母总叫我"黄兄"多吃点……我红着脸低下头，让兄弟们好笑，我确是第一次听到诗礼之家如此称呼小辈客人。

二十多年前，我回到故乡从事园林工作，想整理一下无锡盆景的发展史料，我又去找他们以前住过的天官弄旧宅，环境大变，但还是被我找到了。开门的竟然就是培义，半天才认出来。他说璋夫在北京一所大学里任教，身体不太好，他与任夫都在厂里工作，父母早就去世了，他家与园林局的一段恩怨不说也明白。

他从爷爷说起，爷爷开当行，但运气不好，连续三次失火，家财差不多烧光了。父亲结婚后到当店做学徒，经济拮据，到他二十五六岁时，自己开店做五金生意，经济好起来，8个人在大洋桥下合办裕新五金店。到解放后，成为全市八家中最大的五金店。李家原住熙春街，父亲喜欢种花，没有园地，见天官弄有园，结婚后就搬到东河头巷天官弄十号新宅。开始种一些自己看看，30岁开始养盆景、兰花，受妻子影响，喜看古书爱文雅。也受沈养卿影响（中医，大父30多岁，种兰花、杜鹃、盆景，收藏古书画，家有3万册，其中有8本彩色植物图谱，列宁、斯大林全集，后中译本被人民大学买去）。

为了藏书，父与鲁迅、日人内山完造熟识，常去上海内山书店买书。那时仅杭州有花草市场，在无锡父与沈渊如、庄衍生来往，尤与沈交往密切，感情也最好。沈有好品种即告，彼此观摩。日文盆景书籍及日本盆景协会，都是通过内山的关系联络的。日本的园艺书籍一直邮寄到1954年止。日本占领无锡，我家未受侵扰，南面的吴姓大厅，全被日军占领，独有我家日本人从不进来。父亲从不参政或任伪职。与苏州的周瘦鹃交好，周曾写书，特地题词后寄书赠父亲。父亲很早起身，就在园中劳作，吃过早饭到店里，下午就一直在家，井里吊水，浇花都是儿子们劳动。父亲最喜欢的是盆景，还养不少鸟，一只鹦鹉会说话，有两只相思鸟，养金鱼，热带鱼，一般只有黑白两色，五彩的要半两黄金一对。他专门去上海买来，还买来外国货增氧泵，但过冬不行，鱼缸下用碳几加温仍不能过夜，每年换。

他看中一块砂积石，有许多孔，路路通，还长了碧绿的青苔，人家是摆橱窗里的样品。看了几次，想买，老板喊高价吓退他，说要15～20石米。父亲袋里钱不多，挖不出，就先放定洋，三天后来取。三天后，店家不肯卖，父亲板脸，叫来救息会人评理请客，就买回来，特地配瓷放水养石放在玻璃房内，怕猫爪翻撞坏石头，还做了个铁丝罩。红卫兵抄家，只将外面的花盆抄去了，放在屋橱上的这块石头没被抄去。

1973年父亲去世，杭州的大姐想拿这块石头做个纪念，后来母亲拿去送到园林处，还出过收据。石高25厘米×30厘米，天然、玲珑、吸水性好，全部长青苔，但石头很松，碰不起，实际上此石没偷去，还在百花园中，他（培义）去拿了回来。还有一块石头，放在大理石盆中，上有一悬崖五针松，父亲浇水特别小心，也是他的心爱之物。家里一些黑白照片是季德成冲洗社1964年特地拍的，相机是借公安局的。

1953年父亲吃官司，1956年保外就医回家。1957年3月，杭州园林局的人和诸友仁来我家，6月诸又来，与父亲谈，希望他去杭州工作，工资120元一个月，主要是搞盆景，条件是家里盆景带过去，一半贡献，一半作价，但父亲是保外就医，不能随便离开。杭州拍胸脯，公安局方面由他们解决。1957年9～10月间在锡惠公园动物园前，临时搭竹棚搞花卉盆景展，沈渊如来约父亲将他的盆景摆一间，观者甚众，父亲认为自己不宜参加评比，后园林处列为特等奖。1958年初，杭州那边诸友仁已全部办妥手续，结果园林处葛士超不肯放走。葛将其请去无锡园林，月薪30元，条件也是家里盆景拿一部分去，最好的，一般的未拿，中上等的拿去数十盆，父亲很心痛。后来自己再重新造型。1964年盆景照片就是那时做的。最得意的一盆砂结石峰上有五针松悬崖而下，几只鸭在水盆里，取名为"春江水暖鸭先知"。有一盆枫林牧马，种的都是枫，有红、有青、草坡上放马。还有两盆大五针松，高约一米多，正好一对，后卖给广州。有一盆四层的五针松，上面三层绿色，最下层是挂红果的枸杞，十分好看。

在自己园里，向阳有30盆，阴处有60盆。兰花有30盆。解放初家里有200多盆，其中有一盆是解放前用一根条子（金条）买回来的。父亲被关进去后，诸友仁来买去200多盆，母亲只留下父亲喜欢的二三十盆。

微型盆景是1956年父亲回家后弄的，都放在写字台旁边山、石、博古架上。沈荫椿一直来我家学微型盆景，长谈一两小时。父亲胆小，怕政治上说不清。地上月季也很多，"75号""贵妃出浴""和平"都是用花去换来的。

1958年秋，有人介绍寻到家里要送10盆桩头去北京，专人护送还关照路上要浇水。后来就不知道了。

葛士超对父亲很关心，在百花园弄一床铺，说吃不消可以睡一会，晚点来上班也可以。1963年加工资加到60元，加了一倍，群众意见很大，是园林处直接拨下来的。

1964年11月勒令他离职，一点享受也没有。一次性给了300元算是离职金。父亲没有思想负担，姐、哥每月寄70元养家（以前是寄40元）。培义正在读书，另外再寄钱来。

他有两个徒弟，虞士康和李海根。

寄畅园的特色

无锡寄畅园是明清时期较好保留至今的传统文人园林。它的艺术魅力，在于其特色十分鲜明。选址山麓，深得自然之趣；慎密布局，借景有方；顺势叠石，分隔空间；引泉入园，创造水景；建筑简朴，点到为止；明代名园，古树众多。了解这些特色，分析其运用的手段，便可吸取优秀传统，启发园林创作。

寄畅园至今已有400余年历史，是无锡当时唯一的国家级文物保护单位。难得的是从建园（1511~1527）开始，历经战火毁坏，一直由秦氏子孙拥有，后代以家园相传尽力维护原貌，较少掺杂进别的成分。反观江南诸园，没有一个像它那样一姓到底，无不多次易主，频繁改筑，甚至几度易名，相比之下寄畅园尤觉珍贵。寄畅园为我们研究明清时期的造园艺术传统，提供了最佳实例。

明代寄畅园即已闻名，文人雅士留下诗文甚多。至清代，更有康熙、乾隆、嘉庆三位皇帝先后15次光临寄畅园，赋诗赠联大加赞赏。寄畅园不过一座民间小园，为何受到如此宠爱，其魅力究竟何在，值得研究。这里先就其特色概括分析，以便从中吸取优秀传统，启发园林创作。

一、选址山麓，深得自然之趣

旧时士大夫均以忘情山水为清高，这是中国文人山水园兴盛的重要原因。寄畅园创始人是号称"九转三朝太保，两京五部尚书"的秦金，以他的地位和实力，在住宅附近买地造园，不是难事。然而他舍近求远，选中离城5里之遥的惠山东麓。这里虽只有几间僧房，却"后倚一墩，旁多古木"（实际是一片林区）；园外有惠山、锡山可资借景；与惠山寺为邻，可听梵音，可观香客；西南角有二泉活水，取之不竭，恰如《园冶》相地所论"园地为山林最胜"，"自成天然之趣，不烦人事之工"的最佳造园所在。这个选择比一般官宦文人傍宅而园的做法更有见地，超出了"不离轩

裳而共履闲旷之域，不出城市而共获山林之胜"的追求，而是直接投身于真山真水怀抱，从而使寄畅园一开始就取得了天然山林的境界和气质，在明、清文人园林中独树一帜。

二、慎密布局，借景有方

寄畅园是山麓墅园，占地1公顷。南北较东西略宽，按低凹可开池沼的原则，在中间一片低洼处开凿南北狭长的锦汇漪。西侧就势堆土，构筑岗埠，广植树木，融惠山于一体。东侧设置一组亭廊，面对山林，既作赏景主线，又巧将园东街道的繁杂挡于亭廊背后，取得宁静。南北两端平地，分别点缀厅堂楼阁，彼此呼应成景。卧云堂为主厅，端坐池南；邻梵楼借景惠山寺；凌虚阁正对河塘泾；环翠楼独居北端，收揽全园景色。最后，将园门设于东侧，临街斜对惠山浜。水陆来游，均感方便。这种以水池为中心的布局手法，既符合其特定环境条件，又巧妙运用"俗则屏之，嘉则收之"的造园技艺，将园内外山水美景尽收眼底，从而使小园具有大境界的效果。

三、顺势叠山，分隔空间

园西一片，均依惠山之势做成平冈小坂，以土为主，种植树木。借林木浓荫将西侧墙外的二泉书院、白衣殿等建筑淹没，使惠峰作为园西屏障，平冈小坂则如山之余脉，延伸入园，顺理成章。其实，这片冈埠是由涧、谷、小泾分割成为四块，高差2米左右，以分隔空间为主。其中九狮台是园中唯一的湖石山峰，高约5米，最为突出。其余均用本地黄石叠砌，与惠山一致，增加山的真实感。叠石最具匠心处是"八音涧"和山水相交的"鹤步滩"。

八音涧为曲涧峡谷，长30余米，全用黄石垒叠，块面大，脉理顺，浑厚自然如同天成，为当时造园名师张南恒及其侄张轼的作品。鹤步滩作为山水的过渡，靠山竖砌，护土固岸；贴水平置，亲切宜人；散石为矶，跨水作桥。生动自然，恰到好处。

四、引泉入园，创造水景

惠山东麓素有"九龙十三泉"之胜，皆为地表水渗入裂隙汇聚而成，涓涓细流，终年不涸。寄畅园将名声最大、水量最多的天下第二泉，分南北两路引入，汇注锦汇漪中，常年保持丰足、清澈的水景。只此一点就已胜出一般园子，更奇妙的是，泉水入园后，通过艺术处理，在八音涧中时隐时现，忽左忽右，高低跌落，曲折流淌。创造出"化无声为有声"的效

果，成为造园艺术上的极构。为使锦汇漪的狭长水面，以聚为主，活泼多姿，两头都收缩成细曲尾水，消失在山石驳岸中。中段开阔处也利用桥、树、矶、岛，多次分隔，造成水域空间不断收放变化，从而丰富了景观，增加了景深。寄畅园的水景创造，最为用心，也最为成功，连明代书法家王稚登也大加赞叹："得泉多而取泉又工，故其胜遂出诸园之上。"

五、建筑简朴，点到为止

寄畅园历经多次兴废，供园主宴宾酬宾的厅堂楼阁等建筑，虽简朴无奇楼藏于绿茵中，但大都不复存在，这对于传统的古园来说是严重缺憾。近来修复卧云堂、先月榭、凌虚阁，正是出于这一想法。但作为主体的山水部分仍很完整，其点景、赏景的主要建筑集中在东侧一组亭廊，从北端的涵碧亭、清响斋、知鱼槛、郁盘廊到南部的先月榭，总长80余米，以知鱼槛为核心，皆背东面西，收纳山光水色。建筑疏朗连贯，前后进退自如，高低错落变化，形式轻盈空灵，装修淡雅简朴。不以雕梁画栋取胜，但以粉墙青瓦见长。其他建筑也是点到为止，不过分强调。如西部山冈，仅有北角一座梅亭点景呼应；北部环翠楼面水而筑，坐看一园景色；西南秉礼堂是雍正时改筑的以建筑围合的庭院，封闭、精致，自成一格，也不过是传统民居形式。寄畅园的建筑与北京谐趣园的建筑，恰是皇家与民间气派的鲜明对照。

六、明代名园，古树众多

寄畅园内可以绿化的地域不过三分之一，却种有80余种植物，600余株乔灌木，可以说没有一片土地裸露。本部山地是全园绿化主体，上有林木，下有灌丛，藤蔓缠石，满地芳草，浓郁苍润，生机勃勃。这里注重总体环境绿化的大手笔，比一般古园刻意追求入画、寓意又胜一筹。园中多古木更是一大特色，厅堂亭廊等人工构筑，都可以立竿见影，唯树木"虽有人力不能猝致"，如《园冶》所说"雕栋飞楹构易，荫槐挺玉成难"。保护利用从前留下的树木，几乎是造园的一条重要原则，从凤谷行窝的创造到秦耀的改筑，以及康、乾时期的多次修整，莫不如此。据道光时编的寄畅园树册记载，园内有直径50厘米以上大树73株，地方特色很浓。大树对寄畅园的古朴风貌起了至关重要的作用。现在园中仍有香樟、榉、朴、槭以及糙叶树等大树数十株，其中有12株被列为市级古树名木，实非一般园子可比，古树乃寄畅园的生命。

北端为涵碧亭，伸入水中。龙墙两侧均为狭长花坛、庭院、步道，与东侧的秦园街（横街）尚有石砌园墙隔离。

中段知鱼槛亭、廊，秦园街有砖雕门头入园，临水假山障景，隔墙庭院花鸾掩映，远眺似惠山入园，俯瞰鱼乐妙趣。

郁盘亭廊，闲谈休憩，一园山水尽收眼底。

（第二届中日韩风景园林学术研讨会论文）

庆贺梅园百寿　铭记荣氏恩泽

据荣德生《乐农自订行年纪事》中载：民国元年壬子（1912）……是年余兴致甚旺，在乡或在厂与吉人叔、鄂生叔计划社会事业，决定在东山购地植梅，为梅园起点，明年恰值百年，整整一个世纪！人活百岁，圆满百年，都是人间难得的大喜事，应该热烈庆祝一番！

我与梅园确实有非同一般的缘分，不仅先父曾于1925年投考荣先生办的荣巷公益工商中学，1927年因故停办，又集体转县初中，毕业后接着做了十年乡村教师。而基础是工商中学打下的，荣先生有恩于家父。

上世纪七八十年代我因调研园林史，有幸拜访过首任原公益工商中学毕业生、抗战胜利后申新三厂厂长兼梅园主任郑翔德先生，并执笔写了《无锡园林近代园林分析》《梅园资料辑录》两篇论文，其中都谈到梅园在无锡近代园林发展中起到"领头羊"作用。因为自梅园建成后，又有"横云山庄""太湖别墅""郑家花园""若圃""锦园""蠡园""渔庄""茹经堂""小蓬莱山馆""东大池""蓉湖别墅"等建成，无锡一批明智的有钱人纷纷以散财治乡造福百姓为乐事，投资太湖山水风景建设，直至抗日战争爆发才戛然而止，客观上奠定了无锡太湖风景园林和旅游事业的厚实基础。

荣先生创建梅园是从园西的东山开始的，故梅园大门顺东山而前伸至开源路边，这段长约二十余米（宽六七米）的水泥直路，因有不小的坡度，若做台阶又怕人摔倒，设计者特地在上空加了长长的竹编紫藤花架，游客一路上行，顶上有枝叶遮荫十分荫凉，脚下平平整整，毋须顾虑，尽可欣赏眼前的花叶枝蔓，也就忘记劳累。到顶端突见黄石假山挡于路中，一块平直石峰壁立于顶，书"梅园"两字，游人到此倚石照相。稍息前行就到"天心台"了。

这个大门一直沿用至今，除因开源路拓宽与锡宜公路重合，截去一段棚架、大门缩进（上世纪70年代改筑过）、立柱和小竹棚架都改用混凝土结构，其他还是梅园旧迹。

80年代中，我主管无锡市公园园艺工作，曾协助梅园周晋昌主任改善中门的工作。中门也在锡宜路边，这里地势较低，常有山水渗出弄湿地面，影响游客出入，而中门还是唯一通车要道，亟须改善。我随同看了地形，认为他想在门内挖个水面的主意不错，梅园有山缺水，正好补缺，我就勾了个示意图，中间水池尽量挖大，北岸立一厅堂，两侧配以亭廊、小桥、沟通环路。

图名

进门后分道从两侧入园。梅园职工积极性很高，思想统一后又取得局领导认可，他们自己动手挖池，搬运土方。建筑请局设计室年轻的黄明波、钱敏设计。建成后，在中门内多了一景，大家都说好。我以梅花有香雪海之誉名厅堂为"积雪堂"，因水池周围多水，有桂花、梅树，春秋两季香气袭人名"香泊"，廊内嵌梅园藏碑俗称碑廊，这里曾是不少京剧爱好者的乐园，高亢的京胡、悠长的唱腔，在绿树、亭廊中溢散出来，铿锵遒劲，增添梅园风雅。

80年代末，我与许雷一起完成梅园东扩至横山的规划、设计和施工建设任务，我做总体规划和绿化，许雷负责建筑设计，两人既分工又合作，从1988年下半年到1990年初大体完工，历时一年有余。这次东扩的主要工程有：

（1）东大门

按市规划局要求，作主入口处理；有集散广场、票房小卖；可停200～300辆自行车的停车场；门外有公交车站，人从地下过马路后入园。建筑设计由陈选举同志做方案和设计图，交古建公司施工，我配绿化。东大门地势高，园内南北距离逼窄，许雷设计了石坊、重檐石亭、曲折引路入园，我请陈俊愉老师书写"问梅"作坊名，亭名由园林局局长尤海量题写。

（2）小金谷

在横山南侧小山包上，地形孤立，树林浓郁，尤多桂花，天生具备小庭院格局。规划在南端建一茶楼，坐南朝北，东环以廊，原荣先生藏有十几尊汉白玉像作为宝物拟于此陈列。设计室卢旭完成规划，肖娴完成所有建筑设计，她在园内最高处建一亭，透出林梢。亭子的屋顶造型独具创意，为他处所未见，她根据地形高差，设计的茶室两侧不对称，高两层，局部三层，品茶为主，兼可会客和小型会议。中间一片山顶光秃，种不下树木，建造了一片草坪，利用周边隙地和山石种植牡丹，我从洛阳买来"洛阳红""赵粉"，从山东买来"魏紫""姚黄"，从安徽买来药用牡丹，从苏北便仓人家割爱分得一丛枯枝牡丹，就差未去兰州购买"紫斑牡丹"了，因园小，不以量胜，但求质高。园内有牡丹近百丛也算"宝物"，玉女、牡丹加上桂花似"金粟"，合称"三宝"，后来还是叫小金谷顺口。

（3）中日梅文化园

在"小金谷"入口横路之上，这里有大片山坡可开拓植梅，下部稍平处，经与日方洽谈，由松本宏齐先生出资建一座日式庭院名"宏齐苑"。松本请日本建筑师设计，材料由日本运到无锡，我古建公司配合安装，1992年建成。茶室木构，架空，无砖墙、坡屋顶、金属屋面，配木地板、卫生间、玄关、移门、平坐沙发等。室外排水通沟，另有沙地、汀步、石灯笼、洗手钵等装饰，地道的日本风格。西面门外布置一片广场，立石碑刻松本先生创作的"梅花"和"梅花之歌"两首词、曲。东面侧门依石壁架半片桥通小道上横山。以此苑为核心，周围植梅，为求特色，按红、粉、绿、白花色分片种植，日本送来品种单独一片。

其上一片铺装平地，面积百余平方米，地面嵌饰梅花图案，周边石条坐凳，中嵌十余幅古今梅花诗、画碑石，总名为梅影壁，展示我国悠久的梅文化历史。

由此上山坡度更大，特砌石级20余米，顶端丛林中竖立一尊石雕立像，为宋代隐士林和靖（由本市雕塑家李建金创作），他爱梅如痴，有梅妻鹤子之称。而传颂千古的"疏影横斜""暗香浮动"皆出于他的诗作。

（4）大草坪

在开源寺梅林的南面，以前曾是香料种植基地，种过大片玫瑰、墨红月季、香叶天竺葵和香根鸢尾，因香精厂改为化工调料，不再种植香草，苗地逐渐荒废，这次规划改成大草坪，以适应现代旅游需要。由于面积较大，为保证排水流畅，植草前地下用砖砌了纵横数条排水暗沟，选用生长快、紧密、耐踏的中华结缕草，很快建植成功。在到处是山林，梅林的梅园之中，突然出现了一大块绿色草坪，像奇迹一般顿时令人心旷神怡，但这是夏绿型草种，冬季会枯黄，梅花开后再返青。春季赏梅时节，这里游人群集，坐歇、闲聊、听音乐、吃零食、品点心、野餐、照相、孩子们奔跑戏耍，充分享受自然极为开心，这里也成为拥挤热闹赏梅之外的一处宽松自由乐园。

（5）梅花溪

在开源寺东，原有两条小水沟从山上下来（上游几个山塘，因高差大而不可连通），由北而南，缓延而下，水量不足，时断时续，到南部合二为一，汇入大草坪南端的一条小河中，向西不远即被隔断，规划利用一段隐在周围树林中的小涧沟，长约30余米，两侧由古建公司补砌了黄石驳岸（原来有一部分），用山里运来的大块水冲石（3~4块）摆放在中分岛、溪涧岸边或转折处或竖或横或躺，作为点景石，石上题刻赏梅典故，如"岁寒交""一枝春""额妆""瑶台雪""梅花潭""止渴""孤山魂""鹤子"等，总名之为"梅花溪"，用一块赤褐色椭圆形卵石，由局书法家王能父先生书写，古建公司刻凿后立于水池中。涧底铺满小石块，天雨时，雨水流淌清砌闪亮，颇有点山间清泉情调。

我们为梅园引入一点山区景象，又加深了赏梅意境，我与许雷的浙西之行总算没有白费，后来绿地中运用自然点石造景，一时成为风尚，这里应是出典。

（6）吟风阁

东山连着浒山，浒山又与横卧园东的横山相连，而横山侧面对着锡城，但是横山常年荒芜，没有可玩、可取的东西（村民早已不需柴草）、荆棘丛生，上山无路，没人上山越加荒落，颇感可惜。规划在山上建一座高阁，以丰富立面，招引游客，为建得漂亮巧妙，特请市内一些有名望的老建筑师参与方案竞赛，经专家、领导评选，结果李正的方案中标，由许雷配合实测大比例详图，李正高工据此计算平面尺寸和竖向标高，设计登山道路走向，设置石级、平台和配亭，东侧砌了有节奏的护墙，由许雷画施工图，由于柱、梁都是混凝土构架，牢固通透，挺拔简朴，建成后效果不错。今后只需进行林相改造，完善上下通道，增设必要服务，配备管理人员，提供宽敞的场地和设施，可望引来游客。

经这次东扩，梅园面积扩大至960亩，成为除无锡市鼋头渚风景区外最大的公园。

此外，我们还为梅园做了两件事：

一是新造了一座温室。前面场地宽敞，放置草花盆口。侧面一片搭建大荫棚，夏天出房时温室中的植物都要搬到这里度夏。西面一个池塘留着作灌溉水源。圃地也作了分块：自繁梅子实生苗地，日本品种繁殖地，梅花品种观察圃、珍稀品种圃、梅桩盆栽区、小梅桩盆栽区、劈梅、龙游梅、垂枝梅区都应分开，隔以操作小路，全区有一条两米余宽的板车路作为运输干道，操作道与此接通，从而改善了花工、园艺工的生产劳动条件。

二是在开源寺东将闭塞散架的旧花房拆除，清理场地，为梅园建新办公楼。朝南，高两层，带外走廊，办公室绰绰有余，连活动、会议、会客、阅览室都有了。梅园皆大欢喜，过去最多只有2~3间办公室，东借西拼将就度日的时代一去不再，梅园与其他公园不差多少。

新旧世纪交替之际，我又参与了由新任局长吴惠良亲自规划、指挥施工的梅园大手笔改造工程。这次，光从外地运进的山间卵石就有3000余吨，大大小小，摊满了整个工地。他请刘慈元在开源寺大草坪北端建造了市内唯一的一座高架玻璃观赏温室、在草坪上开辟了规整的水池、喷泉、河上架一座拉索木平桥，对岸林缘造一座高大翼片风车，河边塑造一双大木鞋、建一座茅草顶的咖啡屋、加上在草坪和树林中种植大片郁金香、欧洲水仙、风信子等鲜花，荷兰风味十足。在梅林下有控制地种植一片片杜鹃花，冬季不再是黄土一片。理顺道路使之更加宽敞、合理。最

念劬塔

主要的工作是锡宜路沿线所有民居违建旧园墙搬迁、拆除，将脏、乱、差等不卫生、不雅观的景象一扫而光，代之以园内外一体的浓郁绿化。我的工作主要协助完成花溪的种植设计施工。我一面工作一面为眼前的情景激动，自知缺少魄力，我做的"梅花溪"无法与今日相比，这才是真正的山涧溪滩！在长达数百米溪滩缓坡的石块隙缝中种植了比较少见的120余种乔木、灌木和缩根草本花卉，都是我与绿建丁洪善主任去江苏、浙江几个苗圃和马山梅园圃地中挑选出来的，有些是早些年从国外引进的，内行、外行都感觉新鲜。由于石块和植物妥帖协调，创造了一条自然

逼真的山涧峡谷景观，也是市内最长的一处自然花境。在这里终于实现了荣先生"一年无日不看花"的理想效果。

梅园这次大刀阔斧的改造，既继承了赏梅传统，满足现代旅游需要，又掺入了国外园林风尚，一改梅园淡、旺季节悬殊的弊病，公园的吸引力大增，经济效益也随之提升，达到了预期目标。

我还有幸参与市领导和荣氏家族代表为纪念荣德生先生铜像树立梅园的揭幕仪式和目睹荣氏家族300人回锡省亲巡游梅园的盛况。完成梅园东扩工程不久，我还有幸参与陪同国家副主席荣毅仁先生视察梅园。后来我又参与他在北犊山新建别墅的绿化设计。情系梅园，因为工作，因为心灵。

每个人都应知恩图报，荣先生、陈先生均引梅花为知己，一个兴办实业，一个投身教育，各有追求，各获硕果。我受他们熏陶、教育多年，得益良多。大学毕业后我能约束自己，自尊自重，踏实工作，不重名利，完成为国家健康工作50年夙愿。这也算是我对荣先生散财治乡、恩泽乡亲和陈先生对我言传身教，指引我走向园林人生的区区回报。

庆祝百年盛典之际，闻知梅园又有新的蓝图，愿后续的建设者们继续努力，让荣氏梅园永放光芒、造福全人类！

《寄畅园学》研究肇始——首次寄畅园研讨会记录

鉴于1988年1月13日国务院公布第三批全国重点文物保护单位，无锡寄畅园名列其中(编号93号分类41号)根据《文物保护法》规定，为做好寄畅园的保护性修复工作，特于1988年10月25、26日邀请省、市有关领导、专家在锡惠公园举行为期两天的保护修复研讨会。参加会议的有：

马健(无锡市原市长、省顾问)、陈荣煌（城建局原局长、市建委副主任)、顾正(上海市园林局高工)、朱有玠(南京市园林研究所所长、高工)、潘谷西(东南大学教授，古建筑专家)、戚德耀(省文物局专家)、唐苾生(省太建办主任)、尤海量(市园林局局长)、束志勇(园林局党委书记)、刘国昭(园林局副局长)、顾文璧(市文化局副局长)、夏刚草(市文管委)、吴德法(省太建办)、郁建(市规划局领导)、李正(市建委总工)、龚近贤(园林局秘书科长)、朱泉媛(锡惠公园主任)、黄茂如(园林局总工办)、沙无垢(园林局总工办)、陈盘兴(锡惠公园工程师)、张惠林(锡惠公园摄影师)。

原拟请同济大学陈从周教授、中国人民大学教授冯其庸，均因出差请假，清华大学冯钟平教授因病未到。

这次会议，不仅对寄畅园的保护修复提出许多宝贵意见，对实际工作具有重要指导意义。而且，潘谷西教授还建议"建立常设性研讨会或保护修复研讨组"。朱有玠先生提出"有条件可以搞寄畅园研究会"。李正在会上也表示支持"成立寄畅园研究会"，几乎成了会上一致的呼声。朱有玠先生认为：与研究古典名著《红楼梦》称

"红学"一样，研究无锡寄畅园也可称寄畅园研究会，简称"寄学"，对今后研究剖析这一古典名园，为园林事业的继承发展会产生深远影响，而"寄学"即肇始于这次研讨会。

清乾隆十一年，秦氏家族由探花秦蕙田执笔立下《寄畅园改建祖祠公议》，将寄畅园改建为秦双孝祠，园林与祠堂紧密结合，这是园史上一件大事，由此从制度上保证了一代名园在秦氏家族管理下的有序流传。这一历史现象值得"寄学"研究学者深入剖析。

为了让大家了解会议的全过程，我们将24年前的笔记翻出来，整理校对成文，供园管中心和锡惠公园领导和技术人员参考。

因时隔24年，记忆力衰退，当时记录也不可能点滴不漏，错误之处请予纠正为感。

1988年会议纪实：

10月25日，人到齐后，见天气好，决定先看寄畅园。一行20余人先去现场踏勘，由张惠林带队，从园北便门入园。以下是听了张惠林现场介绍，当时略记一二，回家后整理的。

大石山房原有的湖石都已砸掉，嘉树堂前台地是解放后开茶馆时填土抬高，让人放桌、凳喝茶，承包茶室的一个姓陈，一个姓赵。这里土墩上的香樟树是鸟衔来种子天然长出来的。东北墙角有两间房屋，一朝南，一朝西，都是3间平屋，1954年建的，陈负苍在这里开画店，房子有走廊通出去，廊上的木窗、窗框都是别处拆建来的。

环翠楼毁后改成平屋，卖茶。1970年在此遗址上造嘉树堂，前面平台，北面有老路，"明

月松间照，清泉石上流"，是康熙写的字，贞节祠碑(雍正)史可风写，雍正时园子没官，在邻梵楼旁建全县性贞节祠，秦道然筑三叠泉，顾可久题，八音洞是秦邦宪姑夫许国风写的，洞口是明沟出水，上面有盖，可见其流水，西南山坡无柳树，紫薇处无路，是土山，种的梧桐，榉树处是一株相当大的枫杨。谷道没有现在高，郁盘沿河有方砖半身墙和木栏杆，七星桥上是铁栏杆，小石板桥是铁条栏杆，小池边有石路上山，一路由冈至谷道口连通，一路通至平台。

横街大门砖雕门头是新做的，进门三间，中有屏风，两边走人，有寄畅园匾，从知鱼槛角门入园，郁盘廊的窗洞是原来的，窗是新开，原木板旁还有人字花格。美人石后三间，听说是唱昆曲的，"八一三"轰炸时炸掉，横街上有五家，租秦氏地面造的屋，1952年寄畅园送给国家，一起送掉，打官司也不行。御碑亭北侧有大紫藤，到亭子路就在旁边下去，现在的路不对。南墙的竹廊是1954年时搞的。

香花桥的水经明沟流到镜池(美人石前的池)沟到亭边一段放阔，当时汰菜、洗碗。水再进入龙头。

踏步处为桥，后面为卧云堂，放御碑，"九狮台"民国时就有此名。九狮台的路，刘国昭经手，是后加的，原来从榉树边上去，前面一段石笋也是后加的，到悬崖为止。贞节祠前两株银杏，1987年4月23日大水，淹了30cm，长达2～3天，1986年结果很多。秉礼堂均为秦姓，不属寄畅园，假山处有一间地板房，厅后有楼。惠山寺的甬道放这么宽，只能两部黄包车交叉，南面有牌楼即贞节祠，开亦昌茶馆。

1988年10月25日下午2点，会议发言：

潘谷西教授(以下简称"潘")：现在寄畅园身价不一样了，要代表明、清园林艺术的水平。园东退进7～8尺，变得一览无余，要改进一下。怎么办？"南巡盛典"图上有门厅，进园一个空间，转游廊进入知鱼槛，才见山水。现

在效果差了。从秦金造园开始，历经毁、建、改造，有成功处，也有不成功处。一要尊重历史，不能像设计现代公园想怎样就怎样，要搞清时代特点。明清民国都有，历史形成的东西都要慎重对待，"保持特点，提高水平"。一进门水池、假山、远山，山林野趣很好。苏州没有这么朴素的味道，苍凉廓落，不以一亭一园取胜。今后修理也不要富丽堂皇、雕梁画栋。修理，规划设计要很慎重对待，提高水平。现在控制游人是很好的，不多进人，疲劳使用，知名度也不一定比苏州高，高了也要控制。茶室用煤，烟尘对树木有影响，与风景园林也不协调。朴素、野趣不等于粗糙，粗制滥造，要搞就要搞得细、耐看，古建，水泥不能露面，看不见的地方可以用。作为这样价值的园，应用木料，逐步改过来，修复工作不是1～2年可以成的，十年，八年才完成。邻梵阁一区太空，没有发挥作用，能否按"南巡盛典"，恢复到清代中叶的原貌，建筑物本身以清代中叶，风格朴素点，知鱼槛廊太高，今后施工不急于求成，是否作为工艺品对待，规划设计做得要好，要反映水平，逐步搞，把它改善。水泥块换掉，怎么换？冰面纹、条石、方砖等，铁的栏杆也应考虑，水泥柱子、铁栏杆研究好逐步做，不随意搞。精心设计，精心施工，变为艺术品。搞古建筑不赞成什么什么时候完工。

马健：大门恢复不易，怎么办？

刘：以前在龙头牌坊下有一门楼阁毁了，老百姓就在此造房子。

李正(以下简称"李")：寄畅园作为国家文保单位，市政府一直很重视，陈主任(陈荣煌局长)讲过几次修复，一直不敢，怕搞坏了。搞了两个建筑：梅亭，邻梵楼，很不慎重，原有三间平房整修为小卖部，出于不得已。

这次论证会召开得好、很可贵。寄畅园在江南独树一帜，某些造园跟苏州留园、拙政园、上海豫园比有独特地方，有点偏爱，五六十年代想写点文章。总的看寄畅园艺术高明，处此地理

位置，叠山、理水、借景有独到处，康熙、乾隆都来了六次，并引进到北京谐趣园。这次发的寄畅园资料比较全，绝大部分收集了，还有一篇武进邵长蘅的未收，文章不长。寄畅园不大，立地条件好，规划布局很简单，像条叶子，一条路山中走，一条路水边走，导游路线就是这样，假山作为惠山余脉考虑，水的文章做得特多。总的名寄畅园，全盛时期在明末清初，张轼改叠假山以前，南巡图为全盛时，修复时，原则上按这期间的园址修复，但也有些困难。马路拓宽后，使寄畅园浅了，开门见山，但要恢复则很难了。寄畅园布局山水，主要建筑在南北两端，南端很重要，有卧云堂、先月榭、凌虚阁，现在都没有了。北边嘉树堂一组建筑很重要，没有则气机涣散。嘉树堂东要恢复，东边凌虚阁借惠山浜的景，太平天国以后还在，凌虚阁借景很重要，游船、灯船，直至古运河黄埠墩。

人杰地灵牌楼与园门遥对。

潘：横街是否路要这么宽，从城市规划上考虑这条路不必那么宽？

陈荣煌：改为步行街。

潘：最好是退路还园，大马路尺度比例不好，退路还园更好，是否请市里考虑。

李：寄畅园修复到南巡木刻图不可能，八音涧黄石假山、九狮台为突然的湖石假山，不能去掉。《南巡图》好不好，九狮台作为文物不宜去，但九狮、八音在修复中应有所分隔。东边、南边一路锦汇漪池边是否改动了？建筑物尺度比例，知鱼槛、郁隔廊太高，柱子很细，保护修复下番功夫。建筑形式是否还是以明朝格式修复。虽全盛在清朝中叶，潘教授讲的水泥柱子等，还是以古园、古做法，古施工，体现历史。总而言之，修复则以原有面貌，保持原有特点，要提高也是做得到的。

朱有玠（以下简称"朱"）：①关于保护范围，重点文物应在什么线内？应重点保护什么，应作为中心研究，作为国家级的价值在哪里？历史价值是否很高？明代园林算很早的，但不一定以明代园列入保护，哪些特点值得重视。现在保护，以明末清初造园家张涟、张轼完成施工。张南垣造园在当时是出色的，很有些现实主义手法，应予重视。不在房子，重要的在山水位置，山水相依；在泉石古木、松竹之列。植物受生命限制，但在园中保护古木苍秀，是园林的工作做得好，存其意即其意境，而不是物。②利用二泉水以听泉为主，泉少有听其音者，很有意境。泉石保护很重要。计成总结了唐宋以来造园之法。《园冶》最好部分是"相地""借景"，尤其是"借景"。园林苏州最多，但在市区，丢掉了借景手法。北京园林借景好，江南园林借景保存好的就是此园。明确了，保护修复就有依据。房屋高度一定不妨碍借景线、高度、色彩，都要通过文保部门，对雕栏、透视走廊应予特别重视。③年代问题，园林有继承有发展，不像断代史，香樟很突出，松、竹差。种丝兰处可换箬竹，适当补些松，存古意，意境。东南角上有点脉络不通，仅留小沟而没水，亭、小方池与其他整体艺术构成上关系不大，应考证一下原来状况；文献以外，在实地看一下，以前曾丢炸弹炸掉。水、建筑应很好考证。④屋脊、窗沿、窗框、柱础都是水泥做的，介绍明代古园很成问题。那是经济条件有困难，故建筑不需多搞。古木、修竹、八音涧古木下络石很好。络石，箬竹耐荫物布置都很好，更能体现八音涧意境。我认为寄畅园的造园艺术值得重视，我们应当注重寄畅园的学术研究活动。这次会议是开头，研究讨论如何保护和恢复历史名园，充分认识此园的历史价值，需要大家努力。古木葱郁是明代风貌，就保持，假山是张链的，就用它，乾隆题词则留之，但总体布局山水相依。在这基础上研究恢复，上报批准。不希望多盖房，从山、水、泉(疏泉)、石、竹做文章。

戚德耀（以下简称"戚"）：无锡市领导同志对寄畅园很重视，做了很多工作，这次又印发了一些资料，更有启发的是限制游人。游人少，给人以欣赏机会。苏州园林已到几万人次，再好的内容也没法看，陈从周说苏州没园林。二是此园不单是公园，应是文物公园，是个国宝。唐伯虎古画不是随便拿出来看的，阴雨天不拿出来看，青瓷碗是古物，只能看不能用，丢失要报警。对器物重视，但对建筑物不够重视。古建筑刻上字也不过如此。要以保护文物性质来保护维修。三是保护原则及基调：原则是国家文物法，园林属古建筑，原则是不改变原状，是什么时候的原状，要分析考证。这次不应予以大拆大改。明朝基础，清代改修，又历次修，有成功的，不成功的，历史的，现状的。没有妨碍风貌者应予保存。凡是修建不合理部分，应拆除它，如水泥、铁栏杆等，我倾向明式的，因康乾时代已经留下明式的，乾隆后才以清式的东西出现。这个基调应予肯定，修时才好办。破坏的按明式修理。有依据的按依据修，没有依据的按明式的修复。

应用新材料的问题，我说可用，水泥灌在石缝可用，但要修饰，隐而不露。

寄畅园有个性、选址好。与苏州的留园、网师园、拙政园、扬州的何园不同，与常熟燕园有点类似，进园却不一样。都强调个性，反映在山水、布局、建筑。这里的屋脊都是发白色的。按地方性、当地的个性，屋脊起翘、色彩的个性，代表无锡的特色。苏州的东西大量外流(南京夫子庙是苏式的)，失掉自己的特点。还有保护范围一点不能动，要动要报批，上一级批必定要召集会议，国家级省里不能批，只能提意见，报北京批，也不在我们这里论证，而在上一级论证。还有保护区域，限制各个建筑物，限制区，在保护区内控制高度、体量，限制严一点，文物保护不好，会妨碍文物的价值。寄畅园的视线控制，要和惠山规划打成一片，省里好多同志关心惠山，有经幢、石桥等，希望惠山划成文物保护区，惠山保护不仅点（几个景点）而在于面。明

年初第四批省保单位要上报。大石山房的厕所死角，有碍风貌。

顾正：第一范围是否确定一下，能否查到地籍号丘图，一般在税务部门、交地界税的。上海经验是在税务局查到的，比较完整。另外，古时景点到底在何处，嘉树堂解放前仅有地基，设搭几间平屋，后来所建。先把考证工作做好，现状加以保护，还有空间范围，景观视野，请市里控制。

上海秋霞圃与寄畅园布局差不多，亦是明正德年间建。秋霞圃主人是工部尚书，估计造园时来无锡看过，城市山林。寄畅园的特色：一是古木；二是八音涧。真正明朝东西不多，除石外，建筑都是后来造的，秋霞圃也是如此。

顾文璧（以下简称"顾"）：寄畅园在国内研究很少，迄今没有发现大的著作。童寯、潘谷西都有文章，都未收进去，资料太少。秦家子孙不肯写，寄畅园是不得意时造的，雍正时又被没收，这两段历史不肯讲。万历、康熙县志都是秦氏后人写的，寄畅园不好写，顾(自己)写了个"园史"没有收进去，《无锡史话》中有一篇，但园史不清，园名不清楚。

寄畅园特点：独一无二。

① 古：正德时买，嘉靖六年罢官后造。

② 秦姓不改，乾隆十一年后改祠园，变成氏族公产，不没收的。

③ 山麓别墅，秦金住西水关，后乐园为宅园。

④ 张琏奠基经张轼于顺治、康熙七年改造过，出于名家之手。

⑤ 借景，江南园林中最小的一个园、主借惠山、次借锡山，童老喻为古典园林借景楷模。

⑥ 山，天下真山像假，曰"秀"，唯寄畅园的假山如真山，曰"奇"。

⑦ 水、活水，形成八音涧，流泉三叠，秦道然改建后取名。

⑧ 滩、山水联结处石滩，瞻园也是滩，是

人工的，这里是自然的。

⑨ 石都是黄石。美人石、大石山房，都是湖石。

⑩ 移京五个园(小金山、烟雨楼、狮子林、廊然大公、谐趣园)，只存谐趣园一个。

1988年10月26日上午会议发言：

尤海量：现状修复，现有建筑处理，沿革协调，现有植物调整配置，园南部及东北角空缺怎样充实，以保护好、修复好、管理好，请专家们发表宝贵意见。

顾：昨天讲了寄畅园上规格的研究少，特别雍正年间没收是秦家不光彩，为什么叫寄畅园出处说不清，仅"寄畅山水荫"句，我请教我的老师，表示清白无辜的意思，三兴三废的园子情况，不包括太平天国时。昨天讲了特点，园林性质是别墅园林，园林为主，建筑次之，园林虽好，要建筑(绿叶)辅之，是江南园林中明珠、独树一帜；还有一特点是古树。沤寓、南隐，实际是沤寓房，香樟在400年以上，榉树、朴树、枫扬、桂花，枫杨易遭污染。牡丹在栖元堂，我怀疑香樟树原来没有的，宋代，常州一带没有香樟，明代才有，说不定就是秦金等人从湖广带来，乾隆皇帝遗憾谐趣园古树比不上寄畅园，古树要保护。

我同意不研究清楚不轻易搞，李正搞邻梵阁匆忙，有些破相，梅亭是斜向的，有直不上规格。园门"东向"，"北向"的问题。康熙九年（1671），顺治七年（1651）改造以后的复原图，还有咸、同以后的改造。添了哪些建筑，包括解放后修了些什么，贞节祠不应当放在寄畅园范围，建筑结构不一样，是个累赘。悬淙涧与八音涧是怎样变化的?假山改动的问题，原来的好?鹤步滩的改造(北段一条路是解放后所开)至少万历二十七年（1600）图要有复原图。秦耀、秦德藻时期，双孝祠的位置在哪里。《清史稿》乾隆下江南没有记载，要看《清实录》。寄畅园原门对面有朝房、照墙，乾隆起居处。乾隆下棋是子

虚乌有。郁盘棋石是从城区搬来的，几个不同时期的复原图应予研究，不弄清楚不要随便动。

双孝祠与贞节祠范围(凤谷行窝匾挂得不妥——潘)

梅亭为制高点，比较杂乱。军分区建筑削了一层，屋顶改为青瓦，银杏树旁边(听松坊)的民居应迁走，此房子不能使其合法化。308部队七层房子，园林局自己盖的两层房，向西惠山应严格控制，是借景地段。如二泉酒家靠得这么近，向北308部队，向南在公园范围没有问题，特别是北面，宝善桥要控制起来，主要是空气污染，人口密度。茶室改成液化气的。责成军分区居民搬迁。

植物配置，查历史资料就行。杨、桃、牡丹、桂花。西洋的拿掉。建筑茶室不成规格，迫切的是凌虚阁。潘先生主张退路还园。美人石镜池单孔桥要恢复，卧云堂要恢复，横街19间附房，然后天香小阁、宸翰堂，小卖部要解决，茶室重新搞。

朱：很想听一下，此会有意思，恢复保护由文物、园林共同探讨，不同古庙、园林以树木为主，这是很难的问题。首先要很好保护好，园林保护复杂，今天的利用与古代的利用不一样，入口的问题，缺一个停车场，园林一类文物是否像对待秦始皇兵马俑一样，树木是否完全一样，桃树不出30年，梅花可上千年，植物有自然演替过程，故这类是特殊文物，不能以一般文物保护套用，故需文、园共同探讨，对全国有开创性的。南京的三园修复以刘敦桢同志为主，维修中有一个指导思想，即兴废起伏，使明代之园重新得其原貌，视其意在许多文物上能考证出来的。徐达的王府一部分(瞻园)明亡时没到官府后又查还，到清代重新修复，乾隆转了一下赐名瞻园，园林的历史要进一步弄清楚，未弄清则不动为妙。哪些修一修?牵一发动全身。东南角动一动也要考证清楚，对外介绍也可以有交代，如何恢复的。文物保护单位把文物放在地上不好，茶室烟尘处

57

理，现在谈堂、榭、亭，此园的突出优点不在一堂一榭一亭，秦金保存下来，到后期差些。现在总的保护还是好的，没有以领导转移换换树木，永是小树，今天应在大的原则问题上定下杠杠，下面的东西就有依据。规定好周边保留的建筑层高。借景的视线走廊，哪个范围保持透视性。保持最佳位置。有许多东西现在谈不到点。有一点分二泉水伏流入园，其路线有所保证。来龙去脉，水系是非常突出的手法。北京园林是引玉泉的水，西郊都是园林，要用活水。《洛阳名园记》也靠洛水的落差，是中国造园传统技巧，水源应予保存。故东南角水源死掉，此问题应予弄清楚。香花桥、镜池一条线、水池为观赏园林，周围植物、环境才搞此建筑。锦汇漪沿途水流入池，有竹林。雪香云蔚亭则周围多梅花。无梅则

寄畅园水系分布收放示意图

名不符实(梅亭没梅花)为园林观赏服务，现在会上定哪个改，哪个不改，难，要多做考证工作。园子合理容量是多少，应有统计基础，(游)人来停留多少时间，一天中高峰小时多少人。

潘：动手还未到时候，先创造条件，研究考证，还牵涉到市里的决心问题，惠山是个庙前街，马路对惠山寺气氛破坏了，山门、拱门比例不恰当，把经幢放室内好。现在空气酸雨对石灰石腐蚀多，山门太薄。今后车辆不准开过惠山，否则更显得惠山寺小。寄畅园小、花的钱不少，不要急于求成，看来做了好事，对后代留了隐患。先了解历史，慎重地做些工作，建议建立常设性研讨会或保护修复研究组，做具体工作，认为可以做规划就动手，包括考古发掘手段，广泛征集民间资料，边界条件要市里面定的。

戚：修复难在依据不充足，一个在现有基础上不动，依据不存在则以现状为主。苏州三园，无锡一园，南京瞻园，扬州两园，全国保护单位，还没有像这样认真讨论，工作量大，他们认为一动不如不动。(顾文璧：它不动日子好过，现状可以。我们不行)拙政园正门封闭、开了东门，游园程序坏了，熟悉的人怀念原来的门。好动的不敢动，如铁栏杆，也不动，以省事。没有条件情况下，先予保护，树木保护可以延寿。园林能容纳多少人，游览参观不是唯一的，仅是一部分。留下一寄畅园不易，一市三县就此一园，了解后可以提高保护积极性。纵向的历史应尽量考证，根据文字、实物。(顾：卧云堂的桥基可以挖起来)

潘：绍兴沈园方案。同济做了几个方案，我都不赞成，建议先挖掘考古，后来，我们以考古发掘为前提，搞得可以放心。

朱：园林的考古，比任何都难而复杂，要综合各个手段。

戚：纵向、横向，都要详细考证。一条路修过，在什么时间，空白地点种点竹子填空，容易去掉。建筑物不妨碍风貌，牢固可以保存，各朝

变动的都保存，体现年代。已经没有的，可以按原年代修复。还有一种反映原风貌的，老树死掉干脆拿掉，有碍牢度、风貌的何必保存。审批一定要有依据才能上报。水泥可用，隐而不露。水泥嵌缝不让看出来。

朱：一定要有文献依据，如慕蠡洞说是范蠡西施在此住过，很不好。中国的假山从真山水缩小开始，后来选取最典型部分。宣传假山做得跟真山一样不恰当，研究后再宣传。

戚：八音涧使群众了解好在哪里。紫金庵泥人不怎样，但在文化宣传上过了头也不好。寄畅园有些东西可以去掉，小石板栏杆栏板等，八音是佛教八音还是什么（顾文璧：八音在明清未提，是民国时说八种乐器）。

黄茂如：我对寄畅园研究很浅薄且断续，环碧楼、嘉树堂在何处，史料考证不足，下一步工作很难开展。据1840年后的考证，双孝祠应在现厕所西南朝西，背靠马路。凌虚阁在水池南，此后至光绪九年（1881）相隔一二十年，修凌虚阁、重建知鱼槛，以后又在双孝祠西建大石山房。秦瑞希的后代人，嘉庆、道光时只管祭祠堂，不管修缮园子。到1900年左右，发现族人变卖田产，特推选五人组成董事会搞修缮、祭祀。辛亥革命，秦效鲁支持此事，故在民国初又整修寄畅园。锦汇漪对面平台建先月榭(竹构)。悬淙涧亦在此修葺，请许国风题了词，1924年齐鲁战役又经破坏，凌虚阁毁。1926年秦亮工整修寄畅园，修清响斋、涵碧亭，已没有力量修凌虚阁。后抗战开始了。

说一点修复想法：明代园林今存的很少，寄畅园的精华，在于艺术特色和秦氏一姓延续至今，为大家提供了借鉴和经验，寄畅园的兴衰反映了社会和家庭的兴衰。

修复依据以明代为基调，王穉登《寄畅园记》最详细。以秦燿二十咏及王记为依据，参考清代鼎盛期现状实际，可能与必要进行。具体意见：锦汇漪南岸长期空缺，应恢复先月

榭、卧云堂、凌虚阁，而卧云堂统率全局。南墙有廊基，可否恢复沟通。镜池上下水流要疏通，香樟树下圈石去掉，使地形自然过渡。风谷堂放了一块"风谷行窝"的匾(完全无根据)。到底园内园外，说不清，原为贞节祠，祠以前在园内园外亦不清，据此，风谷行窝可否改为宸翰堂，陈列皇帝墨迹。秉礼堂自成小院是否改含贞斋，为园主修身养心处，九狮台前之堂按图纸为栖元堂址，可以植牡丹，故此三处不必另予新建。清籞为联结知鱼槛廊，如何恢复难度大，爽台、飞泉考证确凿后请名人题名，已收集的园主传记、墓志铭等能否放在风谷行窝对面厢房，保存历史。树木花草中野杂树太多，古树要保护复壮，维持景点特色，栖元堂牡丹及杨柳、桃、桂花都给出适当位置。绿化既要种，又要清，免得煞风景。大饼店、居民等污水应堵截以免漏入园内。经这次讨论，明确小的先做，如水泥改方砖，乱石成地，要拣石色一致不乱。铁栏、水泥柱头与粗犷不符，几处堆石，九狮台石笋与湖石不协调。进门假山及八音涧湖石假山不动。绿化方面丝兰不妥，龙竹、箬竹多种，书带草覆盖裸地，竹多种，梅亭处梅树适当整理。以上两条对园容园貌有好处。知鱼槛廊比例失调，待大修时再予处理。

顾：基调放在何时。顺治康熙改动与《南巡盛典》不悖。七星桥、美人石都是明朝没有的。园门到底北向、东向?按潘教授退路还园，拆掉民居。如真看成国宝可以下决心，茶室体量太大。贞节祠不大同意放宸翰，可以作为园的延伸，以尊重历史。有关园史陈设，不要随便改名。秉礼者执贞，饿死事小，失节事大。宸翰堂要富丽堂皇，贞节祠为雍正年间搞的，这事应推敲。

朱：园子大体以明末清初时期即秦德藻改变为主，为什么?一是张南垣改丘壑在此期。二是引二泉水入园同假山结合亦在此时。故此园

成就都是在秦德藻时形成，也正是康、乾南巡时期(康、乾12次南巡间隔一百多年——顾)，不断变动，保持秦金时优点，维护中加强绿化，抓保护，抓环境保护，适当的游人控制。对苏州最大的意见是开放将园子"卖"掉了，一车外宾来把园子挤得满满的。园内适当游人量，避免拥挤损坏。调价因素，应计算游人进来后，国家级文物有偿使用的问题。古木要保护，地被搞好，古木更显幽静，补植时适当考虑明代特色如竹子、松树。使子孙后代知道我们这代绿化是注重科学的。竹炉、龙团、紫砂壶比大碗茶赚钱(徽宗御茶)，有文化特色。有条件可以搞寄畅园研究会。

顾：保护方面再说一点意见：①园外水泥路(指园北)，考虑对生态的影响，吸取白果树下的教训。主要是一棵香樟，那段考虑伸缩缝渗水的地方和路基填层问题。②听松坊八间房是临时安排的。郁建："提出来我们支持，按文物法应予控制。"

戚：基调同意以鼎盛时期。建筑群的形成不是在一个时期，而在鼎盛时，但还有些资料，包括地下资料未发现，还有调查分析期，现在定此时可以的。还有风格上的基调亦要定。取留园的华丽还是拙政园的朴实。现状是朴实不是华丽，为什么现在大门单薄，是地形关系，像一块布景。砖刻门楼一般不在外面，在里面的(李正——"对的")。格调要朴实，装饰不能太讲究。建筑结构是明式结构，因结构不等于格调。乾隆时的也是明式的。明式的朴实、妥当。明式朴实，清式比较华丽。路的问题，破碎路修成精美的路，对比太厉害，反而吃力不讨好。修路的材质应予考虑。对保护的问题，改造方案，园林、文物部门要提供设想参考，要避免老是打官司。在使用上、游览上要有中国特色，有点文化色彩，游览质量要提高，控制游人，不但保护文物，且提高文物身价，使知其不差，看了果真不差。拙政园三园所并，故并入者亦不妨。

顾正：范围有两，一是现状，一是原状，西南角者，范围要定。原来范围在园外要否收回。二是园的性质是啥，园的风格是啥，以泉石树木胜，其建筑是为赏景而筑，是否要豪华。山间的路，建筑也如此，别墅式园，草堂式的，简洁、粗野，但不是简陋。三是现在怎么办，要逐步论证，现在的进门看来不顶理想，进门园即暴露无遗在外，此门是造路时所筑，已30年，拆而南移也不理想，故是否能回到秉礼堂进门，前有小厅，看资料，然后过渡逐步看到真面目，但涉及门票问题。外地来的多花3角钱也无所谓。社会效益经济效益结合，星期天看一天，外宾一游就出去了。二是当前保护亟须树木保护，有条件治理白蚁。多数建筑损坏在白蚁，还有水的污染，外围环境影响。三是要调查研究，基础资料，像水源何处来，上游水要加以保护。山石查看有否不牢固处，上海曾多次压坏人。所以树木先现场测绘后调整，

选择与原树相当的树木。灯的造型要研究。最后要加强管理，还有匾额楹联，当今名家字不一定好。这种园不要因政治因素受影响，既是古园，集当时字最理想。作为课题，考证工作做好。古园不宜大动，经济因素，即使要动，也要很慎重。

夏刚草：寄畅园没专门研究、修复同意专家意见，不轻动。建筑物不太多，保持特色。明代的建筑物很少，不能设想把园景都塞满建筑，确有必要的搞几处。按何时形制恢复，原建筑何朝有，则按何朝搞，一律按照明或清亦不宜。管理上，园内本身一是卫生要经常注意，梅亭处为死角，7个管理人员，每人6天，或病事假，此卫生工作量太大，人员可适当增加。不强求经济效益，要提高。人少了，收入不一定增多，也要搞些经济收入。二是水的管理。"文革"前水清，游鱼可数，观鱼为一种乐趣。树木管理，杂树要清理掉。控制范围，我们已订保护合同，文物部门要与直接管理单位签合同，周围50米之内。主

要北、东两面，要有依据。部队房限期拆除，横街十几间一定年限内拆除。308部队宿舍及横直街房严格控制。往往讨论多次没有人去执行。明确几条报告市政府颁发，标志牌搞两块，两门都放。关于门的问题，适当时候可移到大饼店（今钱王祠）。

李正：这次有机会就教于专家。潘教授的退路还园我双手赞成，横街成小街，步行街先决条件，否则文章不好做。二是园如何修复。完全按《南巡盛典》恢复不可能。如九狮台不必去掉。朱总一句话说到点上，即顺其意，原格局没动。基本恢复到乾隆格局可以，主要在东南角及东北角，东南角恢复即可，此块如何处理，补建筑，体量尺度要推敲。卧云堂如何放?要放。先月榭要放?亦要放。南边水池碰壁及余地，水榭一搞可也。凌虚阁要否恢复，这几个恢复即可，总的大概意见就这样。山水格局摆定，建筑在西端补一补，九狮台与八音涧要用围墙隔一隔，隔要隔得好。道路、八音涧精华所在，八音涧南侧道路(悬淙涧)没有八音涧幽深，要在细部及绿化上动动脑筋，寄畅园假山与惠山高度的透视图尺度要分析。两边绿化要好好做文章，有的地方要覆盖或攀援，现在树木茂盛但艺术性不高。

关于建筑形式，是慢慢渐变。康乾时建筑基本是明代，故原则按明代形制建筑，我亦主张朴实无华，"苍凉廓落古朴清旷"八字。丝兰不太相宜。

朱：东南角恢复，文物以有依据来搞，明清建筑变化多，没有考证时，以立意技法补足之。

李正：按图索骥对不起来。眼前假山是黄石的全以黄石，是湖石全以湖石，锦汇漪全以黄石。八音涧入口湖石暂放。成立寄畅园研究会，我倒主张的。一是退路还园，众所周知其重要。要研究研究。

朱：文物园与文物一类保护、特殊类别。

刘国昭：这次会人数少，质量高，有一定权威性。有许多精辟见解，在认识上有提高，明确了修复方向，有指导意义，已达到具体要求。两点体会。

① 明确了重点和要求，认识园林艺术特点，大大深化一步。独树风格"苍凉廓落古朴清旷"(新西兰准备造一亦畅园，因为无锡有一寄畅园——李正)特色风貌保护好。泉通、水畅，视线走廊，建筑为艺术不宜粗陋，精华部分要做好。此两天教育大，没有考虑泉保护，对水路保护认识不足。今后保护心中有数了。

② 修复工作非常艰巨，目前应考证清历史面貌，修复要谨慎，应是保护性修复。大修三次、秦金、秦燿、秦德藻。完全按某图复原没有必要。园特点保持尚可，不宜大动，宜小动。文学描写有夸大。比较一致，东南面涣散。经资料查实。但不完全按那个朝代，环境风貌已变，吃透历史、现状作适当改造，并表明某年修，以示区别。横街的问题呼吁可以，总体方案一次搞。成熟的先搞，吃不透的慎重，避免失误。

黄茂如　龚近贤

文人园林寄畅园

寄畅园是一座明代古园，面积约1公顷，经五百年兴衰变迁，面貌未变，大体完好。1988年列入全国重点文物保护单位，当时为无锡市唯一的全国文保单位。

一、从凤谷行窝到寄畅园

寄畅园前身名"凤谷行窝"，是由北宋秦观十七世孙任南京兵部尚书的秦金创建的。园在无锡旧城西郊惠山头茅峰下。它西枕惠山，南邻惠山寺的中轴甬道，东联惠山古镇，市区古运河向西经宝善桥、惠山浜龙头下，上岸前行几步即至寄畅园。东南角有孤峰突起的锡山，其山巅的龙光寺和七级浮屠曾是无锡城的标志。北面原是田野农村，现在也都造了房舍，远处的惠山龙尾陵也都被屋舍挡住了。

秦金于明正德嘉靖年间（1510～1527）购得惠山寺沤寓房僧舍旧址及屋后案墩、空地，并而为园，拟作晚年养老居所。案墩是巡抚周枕于正统十年（1445）视察惠山寺时（寺遭火灾）以为寺左缺青龙，不利风水，因命用毁殿瓦石聚土补之。火烧后的寺庙废墟，疏松而有肥力，有利于植被的天然更新（借动物间接传播种子或风力吹送种子发育成林），时隔六七十年，幼苗已苗壮成长，蔚然成林，为造园难得的有利条件。秦金就看中了这些长得不错的松、柏、榉、朴、枫、杨、柳、槭之类，将是造园可用之材，并利用山麓四周的地形、环境、挖池疏溪，引泉入园，筑台建亭，架桥开路，一年光景就粗粗建成了，名曰"凤谷行窝"。行窝是指随意简朴的居所，秦金学宋代邵雍名其居所为"安乐窝"，是当时流行的称谓。"凤"指学者的"儒宫"，"凤谷"是秦金对先祖的敬孝之心，因几代先祖都设馆授徒，教子学业，其父秦霖在胡埭家乡筑有凤山书屋，秦金就读过，即是从这里培育的雏凤。先祖秦观的墓又在龙山（惠山），龙凤呈祥，都是对应的祥灵，龙山凤谷，龙凤相依，龙潜凤飞，胡埭归山又名凤凰山，秦金又号凤山。园成后作诗《筑凤谷行窝成》："名山投老住，卜筑有行窝。曲涧盘幽石，长松冒碧萝。峰高看鸟度，径僻少人过。清梦泉声里，何缘听玉珂。"得意之情溢于言表。

秦金一生忠君为民，廉洁奉公，敬祖孝亲，简朴自律，虽官至一品，六十华诞时，亦不事铺张，在家自寿而已，其城中西水关的"尚书第"有幅门联如实反映其官职功勋："三朝九转太保""两京五部尚书"。上联指秦金经历明代孝宗弘治、武宗正德、世宗嘉靖三朝，为官连续升迁九次。下联指他的官职，在南京、北京做过户、吏、礼、兵、工五部尚书，官封太子太保。在秦氏家族中，首屈一指。

秦金构筑的"凤谷行窝"，园如其人，淡泊无华。不以一亭一榭称奇，主要以幽静自然为主。欣赏惠山山色，飞鸟碧空、日月星辰、朝霞暮霭、松风竹影、泉流淙淙，一派天然风光，故其园苍凉廊落，旷朴自然，极为清新。诗文中除提到午桥、野堂、一鉴轩、振衣亭，少数人工构筑外，没有更多的厅堂建筑。

秦金在"行窝"度过的日子不多，致仕获准已是七十高龄，龙钟以老，济胜无具，已不再去凤谷行窝，嘉靖二十三年（1544）秦金卒，时年78岁。"行窝"由其子秦汴转交同宗族兄秦瀚①。

秦瀚（1493~1566）字叔度，号从川，好诗文。曾祖父秦旭曾是开创"碧山吟社"的"十老"之首，后诗社湮没60年，秦瀚锐志恢复祖业，嘉靖三十三年（1554）整修葺新，重开碧山吟社，为当时一大盛事。嘉靖三十九年（1560）秦瀚又接手荒芜十多年的"凤谷行窝"，此时，常由城中坐轿或乘船去惠山修葺"行窝"，兼管吟社。他特别崇拜白居易的生活志趣，并模仿其在洛阳履道里的园宅，在"行窝"广种竹林、拓展河塘、种藕养菱、调鹿放鱼，植果种疏。"行窝"的山林自然风貌未变，山麓墅园的优点更加突出，增加的只是诗酒歌弦，菜畦花径，庄园自由自在的生活情调有所补充。故也曾称"山庄"或"凤谷山庄"。葺园是辛苦的，但乐趣也在其中。从他写的《广池上篇》即可明白：

> 池上篇乃白乐天居履道里时醉后所成也。予每诵之，辄喜其幽远闲适，恨不得身蹑雅胜，以想其醉醒于卧石，握笔时不知作何态度也。庚申之夏，葺园池于惠山之麓，目中境界，觉其一、二肖侣，遂益诵乐天之篇，字味而句讽之，恍然以为真似也。且于园池所有，而篇中不载者，增入数语，命之曰广池上篇，书于池亭之壁。然斯特以景物言耳，若曰显然自附于香山居士，则如云泥何哉！

> 百仞之山，数亩之园。有泉有池，有竹千竿。
> 有繁古木，青阴盘旋。勿谓土狭，勿谓地偏。
> 足以容膝，足以息肩。有堂有室，有桥有船。
> 有阁焕若，有亭翼然。菜畦花径，曲涧平川。
> 有诗有酒，有歌有弦。有叟在山，白发飘然。
> 识分知足，外无求焉。如鸟择木，姑取巢安。

> 如鱼居坎，不知海宽。动与物游，娇若飞仙。
> 静与道契，寂如枯禅。灵鹤怪石，紫菱白莲。
> 皆我所好，尽在目前。携筐摘果，举网得鲜。
> 约我生机，斯赤足焉。时饮一杯，或吟一篇。
> 老怀熙熙，鸡犬闲闲。天地一瞬，吾忘吾年。
> 日居月诸，莫知其然。优哉游哉，吾将终老于其间。

嘉靖四十五年（1566）秦瀚卒。儿子秦梁（1515~1578）33岁（1544）登进士第，任江西南昌府推官，有"青天明镜"之誉。四年后升吏科给事中。敢于建言，遭廷杖。七年后改南京太仆寺卿，升南京鸿胪寺少卿。后在浙江、山东、湖广为官，并升至江西右布政使。父卒，守制，不再复出。万历六年（1578）梁病卒。四个儿子中，长子秦䜆、三子秦焯先后早逝，四子秦㷖还小，家庭事务就由仲子秦焜一人掌管。万历二十五年（1597）焜因母丧（1594卒）守制三年满，家务不堪重负，即将家园转让给长房堂兄秦燿。

二、秦燿更名寄畅园

秦燿（1544~1604）字道明，号舜峰，隆庆（1571）登进士，选翰林院庶吉士。授刑科右给事中，转兵科右，升吏科左，补刑科左，升礼科都给事中，万历十年（1582）升太常寺少卿，太仆寺卿，改光禄寺卿，万历十四年（1586）至十七年（1589）升都察院右佥都御史，巡抚南赣，以平岑冈李佩、李圆朗升右副都御史，巡抚湖广，督抚全楚。此时，46岁的秦燿一路升迁，官职地位已与70多年前的先祖秦金相当，内心喜悦，族中也都看好他的前程，秦氏家族中又将升起一颗明星！谁知崎岖世路，谤焰炽烈，万历十九年（1591）秦燿为忌者所讦，被诬解职，赴京待罪。万历二十年（1592）自辩不成，是年冬被黜还乡。此时，秦燿才49岁，族叔秦梁已去世十多年，家园"凤谷行窝"早已荒芜，正需有人接替修葺。突如其来的浩劫，使秦燿身心俱伤，

---

① 秦金长子秦汴早卒，次子秦汴无心园林，只顾刻书收藏，建万卷楼，认为万户侯不若读万卷书，如此，眼看"行窝"无人料理，日渐荒芜，为不使破败或落入他姓，便转给同宗长兄秦瀚。

尽管亲朋知交的抚慰、排解，一时终难适应。他整天在家园"凤谷行窝"中徘徊遐想，思绪万千，从其《感兴》诗中，可见其复杂的心情。

《感兴》　秦燿　录自《锡山秦氏诗抄》

罢官处城市，恒苦百虑关。兹晨草堂上，一笑心自闲。

闭门谢俗子，悠然对青山。都忘是非想，坐看云飞还。

夙昔慕丘壑，性本抱谦冲。一为名所累，十年走西东。

读易苦不早，动与悔吝逢。归与勿复道，仰惭冥飞鸿。

十年困薄领，白发生满颅。一朝释重寄，病骨当渐苏。

昔日壁上蜗，今为水中凫。独有感恩意，未敢忘须臾。

梦回秋堂上，捲幔山历历。朝阳从东升，山气忽变赤。

老大意忻然，一笑忘百疾。起坐漱玉津，诸念已屏息。

经过一个过程，终于慢慢平静下来，把所有心思都放到"凤谷行窝"的修葺改筑上面，如王穉登所言："日夕徜徉于此，经营位置，罗山谷于胸中，犹马新息聚米然；而后奋锸斧斤，陶冶丹垩之役毕举，凡几易伏腊而后成，其时为万历二十七年（1599）。"共得二十景，每景题诗一首。取王羲之《答许掾》诗："取欢仁智乐，寄畅山水阴。清泠涧下濑，历落松竹林。"改名"寄畅园"。

附：寄畅园二十咏并序

吾邑九龙二泉秀甲江左，唐宋以来，名流品题不一，余家园在其下，理荒薙秽，构列二十景，总名之曰寄畅。或登高舒啸，或临流赋诗，境内词人过者，歌咏相嘱。念王右丞辋川有集，李赞王平泉有诗，要之，各写尔怀，非曰自侈其盛。嗟余宦途奔走，今幸息机，对景放言，庶几有因余言而知余之志者云。

嘉树堂

嘉木围清流，草堂至其上。周遭林樾深，倒影池中漾。

清响斋

绕屋皆箕笃，高斋自幽敞。时和寒泉鸣，泠泠滴清响。

锦汇漪

灼灼夭桃花，涟漪互相向。水底烂朱霞，林端日初上。

清簌

竹光冷到地，幔卷湘云绿。隔坞清风来，声声戛寒玉。

知鱼槛

槛外秋水足，策策复堂堂。焉知我非鱼，此乐思蒙庄。

清川华薄

映水列轩窗，林峦森在瞩。塘坳聚落花，溪流出茅屋。

涵碧亭

中流系孤艇，危亭四无壁。微风水上来，衣与寒潭碧。

悬淙涧

淙淙乳泉落，涧道石林幽。寻声穷其源，杖履多三休。

卧云堂

白云已出岫，复此还山谷。幽人卧其间，常抱白云宿。

邻梵阁

高阁邻招提，天花落如雨。时闻钟梵声，维摩此中位。

大石山房

寒崖挂苍藤，一石塞云栋。夜半月明中，天风吹欲动。

丹丘小隐

小隐人间世，神仙安可求。吾将炼大药，即此是丹丘。

环翠楼

登楼展幽步，俯见林壑美。落日凭阑干，当窗四山翠。

先月榭

斜阳堕西岭，芳榭先得月。流连玩清景，忘言坐来夕。

鹤步滩

独鹤前山归，从容步浅渚。望远时一鸣，临流刷毛羽。

含贞斋

盘桓抚孤松，千载怀渊明。岁寒挺高节，吾自含吾贞。

爽台

晓飞盼青苍，天空绝尘块。排达两山开，轩窗致高爽。

飞泉

两溢忽飞泉，泉流注深谷。我欲往从之，褰裳濯吾足。

凌虚阁

飞甍耸碧虚，临下知无地。九阊若可扪，从此吁上帝。

栖玄堂

独抱违时蕴，幽栖岁月深。太元犹未草，我异子云心。

从此，结束了"凤谷行窝"72年的历史，开启了寄畅园的未来。

秦燿改筑寄畅园，依旧保持清凉廊落，旷朴自然，不以一亭一榭为奇的特色，但布局结构更趋清晰明朗。北部和西部是由案墩改造而成的几片丘陵山地，涧谷小径嵌在其中，成林的树木与园外的惠山融合一体，如同山体的延伸。园内几处池沼已汇成南北纵深的大池，以聚为主的水体成了全园构图中心，山池塔影，倒映池中。为丰富园景，于北端水中建涵碧亭，歇山顶四面透空，由曲桥与岸连通；中部偏西南，利用一株老枫杨筑成矶岛，两个叉枝横伸河面，数片点石与鹤步滩相连。引二泉水为源，通过惠山寺从园西、南，两支入园，使泉水源源不断。东侧临街是借景惠山的主要看面，靠墙广种竹林，隔绝尘嚣，兼得幽雅宁静。临水点缀数处赏景建筑，偏北有架于梁柱突入水中的知鱼槛，三面临空，凭栏看山，俯观游鱼。偏南的郁盘，六角尖顶，可坐息欣赏惠山。南端西折的临水敞轩，名先月榭。与涵碧亭都是赏月拍曲的佳处。鹤步滩在山水交界线上，随湾屈曲，高低起伏，黄石平铺，一边是临水驳岸，另一边是靠山黄石挡墙。园北是山水庭园，以嘉树堂，大石山房为主，园南是居住宅园以卧云堂、含贞斋为主。西南角靠惠山寺建邻梵阁，观香客、寺庙，听钟声、梵音。东南临街建凌虚阁，三层，高出林梢之上，看池塘泾游人、市肆。王穉登作《寄畅园记》对寄畅园作了概括："兹园之胜，故其最在泉，其次石，次竹木花药果蔬，又次堂榭楼台池簜。"园成，秦燿"日涉其中婆娑泉石，啸傲烟霞，弃轩冕，卧云松，趣园丁抱瓮，童子治棋局酒枪而已，其得于园者，不已侈乎？"秦燿却并未忘掉心事，朝廷没能为其洗刷沉冤，心头之痛终挥之不去，日坐一室，手一编，郁郁之怀终无以自遣。园建成仅四五年，终因积郁成疾，疽发于背，大伤元气，万历三十二年（1604）赍志以殁，时年才61岁。

三、中兴园主秦德藻

秦燿死后，立下分关遗嘱，将惠山园居分为两份，一份交给秦埈、秦埏（嫡子），一份交给秦坦、秦楷（庶子），虽然写明："园居系游玩之所，不当分属，今析二处，欲便管摄耳。"谁知，明末清初，园即分裂为二，再分列为四，岁久荒芜，且割为僧舍，这是秦燿未曾想到的危局终于出现了。

秦德藻（1617～1701）字以新，号海翁，恩贡生，秦燿之重孙。

秦德藻孝悌仁爱，素性和易，品德高洁，

凡先世构造，有废必修，祖宗祠墓之祭，独立其事。松龄因族姑牵连"逋粮案罢归"，德藻念其孀居子幼，命子松龄勿辩雪，甘受沉沦十载。张文贞云：梁溪海翁先生以孝友笃行，为东南人伦楷模。

由于家庭变迁情况，德藻兄弟自幼与父母及祖母于太夫人同住城中祖宅，而德藻伯父秦伯钦则另有所居，住一短巷。德藻自小在长辈身边长大，关系密切，人品好，会照顾人，能办事，热心公益。长大后又能尽心赡养长辈，处理家庭事务，在族内很有威望。顺治十一年（1654）儿子秦松龄中举，十二年（1655）登进士，入翰林院，家境渐趋兴旺，秦德藻便着手解决寄畅园分裂危局。据张玉书《海翁先生墓志铭》曰："寄畅为中丞旧筑，海内所称秦园者也，岁久荒废且割为僧舍，先生独立修复，悉还旧观。"

康熙五至六年，秦德藻聘请造园名师张涟及其侄张轼来园改筑。

张南垣，名涟，字南垣，江南华亭人，晚岁徙居嘉兴。少学画，好写人像，兼通山水。谒董其昌，通其法，用以叠石堆土为假山。南垣文化素质较高，主张推筑"平岗小坂""曲岸平沙"，"陵阜陂陀"，错之以石，就其奔注起伏之势，多得画意。亦仿营邱、北苑、大痴画法为之，峦屿涧濑，曲洞远峰，巧夺化工，其叠山作品最为时人所推崇。"三吴"大家名园，皆出其手。后其东至于越，北至于燕，请之者无虚日。"终年累石如愚叟，倏忽移山是化人。"以垒石传其名，而画名掩矣。公有子四，轼为侄，皆传父术。

秦德藻请来这么一位叠山造园高手，是寄畅园艺术水平升华的莫大机遇。现录《秦氏献徵录·寄畅园家集摹》一段原文："寄畅园假山，穷形尽相，备极变态。迨入国朝，山渐倾圮，自为海翁公所有后，乃延松江张南垣重加砌叠，一邱一壑妙极天成。而园遂益胜。""先是云间张南垣涟，累石作层峦浚壑，宛然天开，尽变前人

成法，以自名其家。数十年来，张氏之技重天下而无锡未之有也。至是以属涟从子名轼者，俾毕其能事以为之。园成，而向之所推为名胜者，一切遂废，厅事之外，他亭榭小者，率易其制而仍其名，若知鱼槛之类也。又引二泉之水流，曲注层分，声若风雨，坐卧移日，忽忽在万山之中。而古木清泉，苍翠无改。当时所谓清籁、邻梵、鹤巢、栖元堂、爽台、飞泉、环翠之胜，虽不必尽存，要之有撤而更新，无荒而不治也。据此，是海翁公之寄畅园，已非舜峰公之旧矣。"

其实，错了，秦燿改筑的寄畅园二十景，有名有诗，都是体现中丞的志意。

后来，经过数次修理都未曾改变，体现出文人园林的生命力，铁定是秦燿的寄畅园。

经过此次改筑，"结构益臻佳妙，入其者几疑身在画图，由是兹园之名喧传大江南北，四方骚人韵士过梁溪者，必辍棹往游，徘徊题咏而不忍去"。

康熙皇帝从康熙二十三年（1684）至康熙四十六年（1707）六次南巡七次来惠山游赏寄畅园。

接着乾隆皇帝从乾隆十六年（1751）至乾隆四十九年（1784）年也是六巡江南七次游赏寄畅园，留下无数诗章匾联。乾隆十九年，还特地命人前来绘制寄畅园图，带到京城，在北京颐和园后山仿寄畅园建造了一个"惠山园"，看来看去总觉得"肖似"，而未得真粹，嘉庆十六年（1811）重筑惠山园后，改名谐趣园。

从1684～1784年百年中，康熙、乾隆两个皇帝12次临幸寄畅园。秦氏家属迎驾接待，格外繁忙而荣耀，这在国内私家园林之中，未曾有过，在中国古典园林发展史上也是罕见的一例。寄畅园因造园家张南垣、张轼的参与，达到了造园艺术的巅峰。建园后在保护维修中，贯彻修旧如旧，不改景名和原貌，如实保存下来，以供后人鉴赏和评说。

其中寄畅园经历一次重大波折是随康熙进

京的秦道然（秦德藻之孙）于雍正时涉及宫廷斗争，而逮捕入狱，寄畅园被没官。到乾隆时，才发还放人。从此，族人公议寄畅园为秦氏祠园，避免今后牵连。

四、寄畅园是典型的文人园林

从凤谷行窝到寄畅园建成一百多年间，经历的园主是尚书秦金、诗人秦瀚、布政使秦梁和中丞秦燿，他们都属文人，同族而不同辈，时代、地位、经济条件都不同，在造园活动中创建、传接、改筑的意图也各有差别，但他们如同约定俗成一般，思路共识，意趣相近，同出一个模式，都不以一亭、一榭为奇，都否定宏伟华丽，都厌恶显富露贵、奢侈铺张，都很低调，怎会如此步调一致呢？这就是此类文人共有的品德理念。

文人园林泛指文人出身的官吏士大夫营造的园林，这是封建社会科举取士长期形成的，当然也有不少清高而不当官的文人。这些人有较高的文化素养，饱读经史子集，熟知琴棋书画，特别是深受山水诗、文、山水画论艺术影响，对自然风景和自然美有特别深刻的理解、概括和鉴赏能力，在运用山、水、树木及花鸟鱼虫、建筑等元素，在造园活动中，必然将个人的文化修养和现实生活中对人生哲理的体验以及社会政治风云变幻中个人恩怨际遇，宦海沉浮等感悟，融于其中，使这类园林充分体现诗情画意，含蓄宛转，比拟联想。借山林泉石陶冶情操，从而摒弃人工强作、浮藻浅薄，崇尚简朴稳重，赏心悦目，安闲隐逸的境界，这就是文人园林。文人园林源自两晋南北朝，始于唐宋，盛于明清，到明代趋于成熟，甚至烂熟的程度，寄畅园就是这个时代的产物。

现试从文人园林的视角，分析寄畅园的特点：

1. 景象简约而意境深远
锦汇漪水面处于中部偏东，南北长约80余米，东西宽20～30米，改筑中经过精心推敲，划分水面以增加层次，三次划分，手法简约而意境深远。先于中段知鱼槛及鹤步滩旁的石矶作拦腰一束，一分为二，避免锦汇漪像长河似的轴线形象。轴线构图因其严肃、对称、不自由，为文人园林所不取。然后在知鱼槛北斜架七星长桥至嘉树堂前，南部以先月榭及两侧空廊作第二次横向分隔。第三次分隔，北端是利用嘉树堂东侧的廊桥，南端则以卧云堂前正对境池、美人石的小拱桥。这都为藏匿锦汇漪的尾水，使之消失在细涧假山暗处。中段大水面虚隔未断，"青雀之舯，蜻蛉之舸，载酒捕鱼"，仍可"往来柳烟桃雨间，烂若绣缋"。利用枫杨树的两叉作竖向软性分隔，效果更为奇妙。

2. 疏朗
园内景物不求多，强调整体性。秦燿筑寄畅园，得二十景，每景一诗，点石成金，简约凝练。园西北部为大片岗阜，由案墩改筑而成，实际上是由涧壑、山谷、小径割裂的四个岗阜土丘，隆起的地形，加上高耸的林木、藤蔓，增加了青翠浓郁，丰富了竖向层次，给人以林壑幽深之美。这里除了偏西北高处的梅亭背西面东略显眼外，几乎看不到人工建筑物。北部主建筑嘉树堂和大石山房都隐在树林之中，偏西南的栖元堂、含贞斋也都淹没在绿树丛中。东部数十米的一列亭廊，以浓郁的竹林为衬托。只有知鱼槛和郁盘两座亭子突前，疏朗的处理景物，突出了绿色山林的整体自然风貌，这也是文人园林巧妙构思的特点。

3. 雅致
文人忧患于时势，习惯于宛转，隐逸潇洒、风雅的表达方式，以山水比德，以花草树木，喻人性德行。诗词绘画莫不如此。虚心有节的竹子是文人画的主题，也是吟咏对象，苏东坡的"宁可食无肉，不可居无竹"，"无竹令人俗"等，秦金、秦瀚、秦梁父子均在凤谷行窝内大种竹子，以竹为友，以竹寄情即文人追求雅致的表现。此外，梅花、松柏、莲藕也是文人偏爱之物，园内亦有种植。

秦燿中年罢官，因诬告、陷害，冤屈异常，自辩无效，申诉无门，只有与竹相对，表明气节。寄畅园有两景是竹，一曰"清响"："绕屋皆箖箊，高斋自幽敞。时和寒泉鸣，泠泠滴清响。"一曰"清籁"："竹光冷到地，幔卷湘云绿。隔坞清风来，声声戛寒玉。"从声、色上提醒自己。文人爱石又有一功，白居易特爱太湖石，评品定级，在他眼里太湖石都是一等。大画家米芾，呼石称"兄"，拱手相拜。人谓"痴狂"秦燿在园北建大石山房，将收集心爱的奇石、巨石，集于一处，供朝拜还是对语不得而知。大石山房诗云："寒崖挂苍藤，一石塞云栋。夜半月明中，天风吹欲动。"石不能语最可人。

4. 天然

文人园林应顺自然，表现天然之趣，方法有二。一是力求做到园林与外部环境的契合，亦即用"嘉则收之，俗则屏之"的方法对待园外优劣景观。从秦金到秦燿都如此看重园外景色的引借。东侧一列亭廊，为了观赏惠山山色，檐口以下，栏杆以上，空无一物，除了几根柱子，无物遮挡视线。锦汇漪对岸的平冈小阪如惠山余脉伸入园中，并非邹迪光所赞赏的"山断九龙脊"，乃形似而已。实则园离惠山脚有数百米。反观东侧，一列亭廊，密竹千竿，竹影婆娑，早把一墙之隔的惠山横街散发的嘈杂之声忘得干干净净。二是园内以植物造景为主，按现代观点是注重生态。从秦金至秦燿，均一脉相承地注重这一天授地设的理念。秦金买地筑"行窝"看中的就是案墩上长出的树木，秦瀚仿白居易种竹千竿，紫菱白莲，菜畦花径，为秦燿打好了造园的绿化基础，他只是在前辈奠定的道路上继续向前。所以寄畅园一直给人以葱润、明亮、旷朴自然的景色。

文人，诗文、画艺有较高素养者，他们观察入微、机智敏锐、兼收并蓄、勤奋研讨，因而能不断创新、探索，自我完善，累出成果。他们往往代表着当时的最高水准。中国园林自出现这类文人园林后（文人与匠师共同参与、配合默契），帝王贵族、地主富豪营造的气派豪华的园林，相形见绌、黯然失色，说明高品质园林并非权力和金钱的叠加，园林是文化的结晶，若是没有文化、艺术的浸润与积淀，难成佳品。

古典文人园林到封建社会崩溃戛然而止，完成了自己的发展使命，今后不再会产生。但是，新的造园匠师包括风景园林设计师、工程建筑师、画家、艺术家、城市规划师、花卉园艺师、生物学家、生态环境学家、地质地理学家、诗人文学家等都属现代文人，都将会加入现代风景园林建设。而因地制宜的原则，借景运用、意境创造、生态理念、文史精粹、俭朴实用之风气，简洁疏朗、雅致自然之风韵，还应传承提倡。建国以来，优秀的新园林已不断涌现，这是值得庆贺的繁荣景象！中国园林必成世界文化之宝！

参考文献：

[1] 曹汛.造园大师张南垣——纪念张南垣诞生四百周年 [J].中国园林，1988（1）.

[2] 周维权.中国古典园林史 [M].北京：清华大学出版社，1990.12

[3] 秦志浩. 锡山秦氏寄畅园资料长篇 [M].上海辞书出版社，2009.

（载《人文园林》2013年7月刊，总11期）

寄畅园的历史及其造园艺术的初步分析

寄畅园在无锡惠山东麓，是江南名园之一，它同苏州的拙政园、留园，上海的豫园，南京的瞻园等几个现存明代园林一样，以精湛的造园艺术和独特风格而享有盛名，在我国文化艺术宝库中是一份珍贵遗产。从明代中叶以来，寄畅园经历了四百多年的漫长岁月，几经沧桑，厅堂建筑已不复旧观，但山岗池沼、景观风貌，大体上原样保存下来了，这为我们总结、学习明代造园艺术，提供了有利条件。学习我国古典园林的艺术技巧，对社会主义园林的创作有着积极意义。本文出于这一目的，试就寄畅园的历史沿革及其创作艺术作初步考证与分析，并对今后的保护修复工作提出一些建议。但由于资料不足，水平有限，缺点与谬误之处，期望得到批评指正。

一、历史沿革

江南一带，土地肥沃，气候温和，雨量充沛，为农业和手工业的发展提供了优越自然条件。六朝末期，江南已成为全国富庶地区之一。随着隋炀帝开凿大运河，更促进了南北文化交流。唐末五代间，中原诸省，因战争频繁受到很大破坏，而南唐和吴越（今江浙一带）则相对稳定。到明中期，经济逐步恢复，手工业相当发达，局势的安定与繁荣，加上山明水秀的自然条件，使造园之风盛极一时，自明嘉靖至清乾隆之间，大小官僚、地主竞相置地筑园，大则占地数十亩，小则一亩、半亩，可居可游，各有所长。寄畅园就是在这一时期建造起来的江南别墅园林。

寄畅园西靠惠山，南傍惠山寺，北为田野，东临秦园街（即今惠山横街，大运河有河浜通到这里），全园面积15亩，东西狭、南北长，地势西高东低。据志书记载，寄畅园在元朝时为一僧舍，名南隐、沤寓，明正德年间（1506~1521），兵部尚书秦金得之辟为园，名"凤谷行窝"。秦金，字国声，号凤山，无锡胡山人（胡山又名凤山，今胡埭附近），明宏治六年进士，做过户部主事、参政、礼部尚书等职，正德初年，曾在河南镇压农民斗争。后因与朝政屡有争执，积失帝旨，嘉靖六年春（1527），自己要求"乞休归"[①]。四年后重新起用，任职南京，卒年七十八岁，谥端敏公。故秦金筑凤谷行窝也可能在1527年以后。"中多古木，后倚一墩"，当时还比较简陋。园成立之后，秦金曾作五律："名山投老住，卜筑有行窝。曲洞盘幽石，长松 碧萝。峰高看鸟度，径僻少人过。清梦泉声里，何缘听玉珂。"[②]秦金死后，园属于族孙秦梁，后又属于梁之侄秦燿。秦燿为隆庆辛未进士，官至副都御史，在巡抚湖广期间，受同僚妒忌，诬陷而被解职，时年48岁（万历十九年即1591年）罢官后返乡，便着意经营园林。他每日在园内徘徊计划，而后动工疏浚池塘，大兴土木，经过几年努力，筑成了嘉树堂、清响斋、锦汇漪、清御、知鱼槛、清川华薄、涵碧斋、悬淙涧、卧云堂、邻梵阁、大石山房、丹邱小隐，环翠楼、先月榭、鹤步滩、含贞斋，爽台、飞泉、

---

① 光绪（清），《无锡金匮县志·卷十九·宦望》。
② 秦金（明），《筑凤谷行窝成》，光绪《无锡金匮县志·卷三十三·艺文》。

凌虚阁、栖云堂等二十景、秦燿每景题五言一首，舒发胸中之积郁，并总名曰"寄畅"。"寄畅"一词取自王羲之《兰亭序》中"一觞一咏，亦足以畅叙幽情……因寄所托，放浪形骸之外"之句，意在寄情山水，自我陶醉。从此，风谷行窝便改名为寄畅园。明末清初，园一度分裂，康熙初年，由秦燿曾孙秦德藻合并加以改筑，他请了当时著名的假山工匠张涟（南垣）和他侄儿张轼，在园内叠石，"又引二泉之流，曲注其中"。至此，园子更加完美，成为吴越一带最好的风景名胜之一。所谓"四方骚人韵士过梁溪者，必辍掉往游，徘徊题咏而不忍去"。由此可见，寄畅园是经过多次改筑，历几代人的施工经营，逐步建成的，园中一草一木，一石一砖，都记录了劳动人民辛勤的创造性劳动。

寄畅园建成之后，受到清朝皇帝高度赏识。据县志记载，康熙从1684年至1707年，六次南巡均驻跸于此，曾题"山色溪光""松风水月""明月松间照，清泉石上流"[1]等匾联。1723年雍正争位，宫廷斗争急烈，做过康熙第九子允禟教师的秦道然，受诛连入狱，园亦被没收。1737年乾隆即位，秦道然四子秦蕙田向皇上提了《陈情表》之后，方得开释，道然出狱，园亦发还。1751年乾隆首次南巡游赏了寄畅园，便十分喜欢，回京后即在京师清漪园（今北京颐和园）东北隅，仿造了一个"惠山园"，共得八景，并在题《惠山园八景诗序》中称："江南诸别墅，唯惠山秦园最古，我皇祖赐题曰寄畅。辛未南巡，喜其幽致，携图以归，得景凡八……"但毕竟有别于寄畅园，至1811年便改名为"谐趣园"，这是乾隆在京仿造江南园林唯一保存至今的一所。从1751年至1784年间，乾隆也是六次南巡，六次游赏了寄畅园。"屡来熟路自知通"[2]"秦园寄畅暂偷闲"[3]"迤从古树荫中度，泉向奇峰罅处屠"[4]"雨余山滴翠，春暮卉争芳"[5]……从他所写的近二十首诗来看，足见其爱慕之心非同一般。

寄畅园自秦金开始，数百年中虽有分裂合并，但一直为秦族所有，故又称"秦园"。这在历史上是罕见的。清道光以后，无人管理，逐渐荒圯，太平军起义，被清兵所毁。清同治光绪期间，秦氏后代一度重修，但终未恢复旧观。近至抗日战争时期，日寇曾在此驻扎兵马，山池树石，大受破坏。到解放前，断墙残壁，屋倾亭斜，水流淤塞，杂草丛生，更有不少商贩，割据一方，茶馆、烟馆充斥其间，搞得乌烟瘴气，龌龊不堪。游人偶有所至，目睹一片凄凉景象，叹息而去。

1949年后，党和政府为保护园林名胜，对惠山风景进行了全面规划和建设，1953年冬至1954年春，寄畅园也得到了整修：贞节祠、秉礼堂作了改造修缮，疏通泉水、补种花木，修筑假山、驳岸，并关闭东门，改由南门出入。从此，寄畅园改为惠山风景区的一个重要组成部分，成为锡惠公园的一个"园中之园"。

二、规模与布景

寄畅园自秦金、秦燿至秦德藻，经过三次大的建设，康熙、乾隆每次驾临，又大加修饰，道光以前可谓极盛时期。据明·宋懋晋绘的《寄畅园图册》[6]记载，寄畅园有五十题景，即清响、汇芳、清御、知鱼槛、郁盘、先月榭、凌虚阁、卧云堂、邻梵、含贞斋、鹤巢、栖元堂、涵碧亭、环翠楼、霞蔚、桃花涧、漂渺台、花源、梅花坞、振衣岗、桂丛、香蓭、停盖、飞泉、抚薰、藤罗石、禅栖、汇芳、清筑、曲涧、翘村、旷怡馆、濯足流、芙蓉堤、骈

①《圣祖仁皇帝巡御制诗章匾联》嘉庆（清）《锡金县志》。
②、③、④ 乾隆（清）《游寄畅园叠旧作韵》嘉庆,锡金县志。
⑤ 乾隆（清）《再题寄畅园》嘉庆，《锡金县志》。
⑥ 杨翔青1962《惠麓胜景名泉的今昔谭》《文史资料选辑》（第一辑），政协文史资料研究组 无锡地方编辑委员会。

梁、爽台、雁渚、夕佳、悬淙、流荫、云岫、蔷薇幕、录罗径、石丈、秀馆、鱼矶、虚踞室、采芳舟、小憩、天香阁等。这五十景题虽属景物描绘，但多少反映了园的规模和景观（乾隆时有十二景之说，但未见其景名）。

关于寄畅园的记载，除县志、园记外，尚有《南巡盛典》《鸿雪姻缘图记》等图册，其中以万历二十七年（1599）王穉登的《寄畅园记》较详，现摘要记述如下：

园门在东，进园后西折，是一个扉门，名"清响"，这里种许多竹子，出去便是广阔的"锦汇漪"，水来自惠泉。池上彩船，歌色悠扬，载酒捕鱼，往来于柳丝桃花间，烂漫绚丽如同锦绣。由"清响"经过一段廊子，便到"知鱼槛"，往南为郁盘，有廊和"先月榭"组成，廊尽头为书斋"霞蔚"，往东南便是"凌虚阁"，三层，高出林杪，在这里看水上的画船，地上的彩车舞姿，均一目了然。往南，跨涧过桥，登上东山高枕的"卧云堂"，旁有小楼，叫"邻梵"，"登之可数惠山寺中游人"。往西北，便是"含贞斋"，阶下有一松，松根片石，耐人玩味。出"含贞斋"便是山径，有"鹤巢"，"栖元堂"，"堂前叠石为台，种牡丹数十本"。往北，地势高峻，有"爽台""小憩"，拾级而上便是"悬淙"，"曲涧"（即今"八音涧"），涧水流入锦汇漪。过"七星桥"跨过"汇漪"，便到"涵碧亭"，亭西便是"环翠楼"，登楼"则园之高台曲池，长廊复室、美石嘉树，经迷花亭醉月者、靡不呈详献秀，泄秘露奇，历历在掌"，到此，园景收结。

从上述记载及寄畅园现状看，其布局同明代其他园林一样，居中而池，引泉汇注，掇土为山、土石相间，构成山水骨架，继承了我国自然山水园的艺术传统。绕"锦汇漪"一周是园中主要观赏路线，风景作山水画长卷式地展开。其他道路也都曲折，充分延长游览路线，使园小而景色丰富，迂回不尽。

现在寄畅园的面积约15亩，其中水面2.5亩，占17%，土山3.5亩，占23%，与历史上的记载相比，虽然古树大为减少，许多建筑已不复存在，但园的范围和风景布局却大体相似。因此，我们仍可以就其创作技巧作一些分析。

三、创作技巧

苏州拙政园、留园，上海豫园，南京瞻园，都筑在市肆，受城市环境条件限制，它们是"不离轩裳而共履闲旷之域，不出城市而共获山林之胜"[1]的"城市山林"，手法虽然高明，但空间终究有限，视野无处延伸，更因"背山无脉，临水无源"，不免给人以假山假水之感。而寄畅园则无弊病，它除了选地优胜，布局得当外，还因地制宜地巧妙运用了一些创作技巧，成功造就了寄畅园"清幽古朴"的园林风貌。下面分别就借景、掇山、理水、引泉、建筑、植物等方面作一些初步分析。

（1）借景

借景是我国传统造园手法之一，可以互借，也可外借。互借是指景点间相辅相成的关系，通常，每一景点的设置都要兼顾各个不同观赏角度，达到遥相呼应，面面入画，有机统一，不可分割。这在苏州园林中极为常见。所谓外借，即将园外之景组织到园内来，与互借之别，在于我中有你，你中不一定有我，外借起开拓、引伸作用，结果是扩大观景，产生小中见大的效果。寄畅园的借景手法，外借尤其突出。

园内主要赏景建筑都背东面西，为便于西借惠山。从知鱼槛、涵碧亭、环翠楼、凌虚阁等主要观赏点望去，但见硕大的惠山，绿障巍峙，山顶游人如蚂蚁蠕动，既远又近。"名园正对九龙岗"，"春雨雨入意，惠山山色佳"，从帝王的咏诗中可见惠山在寄畅园景色中的重要地位。它

---

① 沈德潜《复园记》。

东南借锡山，"今日锡山姑且置，闲闲塔影见高标"，无论在环翠楼、鹤步滩、六角石亭，举目所极，龙光塔影，总是近在咫尺，如在檐际。此外，登高眺望运河航船，阡陌农田，也都是借景的运用。这种巧妙借景，使得只有十五亩的寄畅园，轻易收纳了惠山锡山、古老运河这般庞然大物，使景观一下子扩展延伸得很远，有限空间变成无限空间。清屠隆说寄畅园的优胜在于："七分天然，三分人事"恐怕就是指借景得法。

（2）掇山

明代造园，筑山均以土为主，土石相间，这种做法经济省工，效果真实。寄畅园的山就是这种类型的土山。其掇山最大特点，是将土山当作惠山余脉来处理，所谓"断山九龙脊"，令其南北蜿蜒，取得与卧西侧的惠山脉络一致，气势相连。土山最高处不过四米五，置于329米高的真山之前，不觉孤立矮小，是因为从知鱼槛眺望，两者仰角分别6°30′和15°30′，正好使土山与惠山自然错落，浑然一体。

土山上的散点石及山脚挡土墙，都用黄石，进退自然，富于变化。山间有一条谷道，一条涧沟通向池边，身临其境，更觉土山之高峻。土山东岸临水，做成滩地，有石板小桥两座，并有伸入土水中的石矶，高低曲折，长达76米，称鹤步滩。鹤步滩与锦汇漪驳岸融合不分，土山倒映池中，尤显得其大。

寄畅园的土山，有峰有谷，有脉有脚，起伏过渡极为自然；山上古木森森，盘根错节，又增添几分山林情趣。在多方衬托下，土山与惠山难分真假，"虽由人作，宛自天开"。

乾隆中期以前，叠石都用黄石，寄畅园也不例外。园内假山较成功的当推八音涧。取材都是本地黄石，体形厚实，轮廓线条刚强遒劲，色泽苍古，与树干色、土色又很协调，堆叠时以横卧为主，很注意纹理相通，石面的转折和缓，整体效果统一自然；同时，运用了挑悬立、卧等技巧，峰回路转使富于变化。据县志记载，这是清

寄畅园惠山寺泉流走向及标高示意图

初名家张南垣和侄子张轼的作品。

园内其他几处假山，都是后来堆叠，有黄石，也有湖石，都不如八音涧出色成功。

（3）理水

锦汇漪在全园中心，南北长，东西窄，面积虽只有2.5亩，但给人感觉却是池水漫漫，清澈开朗，萦回曲折，深邃莫测。这主要是将水面做了种种分隔的缘故。在锦汇漪东北角有一座廊桥，隔断尾水，使人不知水的去向，增加无限幽深。稍往南，由七块长石板组成的七星桥，斜跨池上，真是"一桥横架琉璃上"，人在桥上望到南岸，有七十多米之遥，在西岸，有两处小水湾，用一二石条，贴水平渡；中段有石矶伸出，一株大枫杨主干斜卧水面，将水面连同空间分作两半，从南北两端看池水隐约，一层复一层，深不可测。水面经过这样分隔之后，变成好几块，大小虚实产生对比，有分有聚，以聚为主，显得格外丰富生动。

锦汇漪的水，来自惠泉，水量充足，水满时，由东南溢水口溢出，经上河塘龙头，入惠山

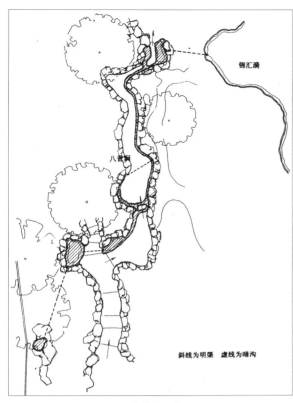

八音涧平面图

斜线为明渠　虚线为暗沟

浜,所以水位变化不大,经常是湖水荡荡。在鹤步滩,只要蹲下,池水垂手可掬,使人倍感亲切。此外,池水有时深入驳岸、亭廊的基础下面,使人感到不着边际。这些手法,在目前无锡园林的许多水面中,是极为难得的。

（4）引泉

也是理水的一种手法。以前,惠山之麓多泉水,出名而有记载的就有13处之多,所谓九龙十三泉。闻名于世的天下第二泉便是其中之一。"环惠山而园者,若棋布然莫不以泉胜"[1],可见明朝在惠山附近引泉造园之盛。而寄畅园"得泉多而取泉又工,故其胜遂出诸园上"[2],这种评价并不过分,悬淙曲涧的创作即是范例。

悬淙、曲涧,现称八音涧,是黄石堆叠的涧峡,西高东低,总长36米,谷深在1.9～2.6米之间,洞底黄石铺面,宽狭不一,最宽处4.5米,最狭处60厘米,仅容一人通过。惠山泉水,伏流入园,在西端源头汇集于小池,然后由路侧石

槽,引泉而下,自西而东,几经曲折;忽左忽右,忽明忽暗,极尽变化,因落差造成滴水之声,空谷徊响,犹如八音齐奏。最后泉水由暗道入锦汇漪,真是来无踪去无影,叹为神奇。这是化无声为有声的手法。人行其间,"茂林在上,清泉在下,奇峰秀石,含雾出云"[3],山林意趣,自然醇厚。

（5）建筑

锦汇漪东岸,由清响、知鱼槛、先月榭、郁盘等连结成为一组亭廊建筑,背向秦园街(今惠山横街)面对惠山,是园内主要观赏建筑。原先园在东,入园后首先在这一带观赏。这一组建筑,处理得曲折有致,富于变化,单廊就有贴墙筑廊、跨水架廊、亭后复廊等不同手法,游人沿廊观赏,步移景异,如入画境,左顾右盼,目不暇接。知鱼槛是这组建筑的主体,突出池上,三面环水,方亭飞檐,玲珑别透,体现了江南建筑的特色。在这里,俯首观鱼藻,举目向群山,全园景色,尽收眼底。

据《南巡盛典》寄畅园图所载,园内尚有凌虚阁、卧云堂、天香阁、宸翰堂、梅亭、嘉树堂(原环翠楼)等建筑,除嘉树堂现在是三开间厅室,辟为寄畅园茶室外,其余建筑现都已没有了。实物无存,资料又缺,很难查考。但有一点,可以肯定,即园内建筑比重较小而有别于苏州园林。乾隆诗:"独爱兹园胜,偏多野兴长"[4],"无多台榭侨柯古,不尽烟霞飞瀑溅"[5],说明寄畅园不以亭台楼阁取胜,而以山林野趣见长。王穉登《寄畅园记》中载,"兹园之胜……最在泉,次与石,次竹木花药果蔬,又次堂榭楼台",在园内,将建筑列在泉石花木之后,是表明其比例、分量,而非忽视其重要。这也符合于今天园林创作的要求。今后,我们不会像苏州园林那样,在园中布置过多的建筑

①、②、③ 王穉登(明)《寄畅园记》,光绪《锡金县志》。
④ 茅坤,《题惠山秦园》,光绪《无锡金匮县志》。
⑤ 乾隆,《寄畅园》,嘉庆《锡金县志》。

物，园林建筑只能从属于风景要求，作为风景构图中的画龙点睛之笔。

（6）植物

既然寄畅园以山林野趣见长，则必然着力于植物配置。值得我们学习的是全园以高大荫浓的乔木为主体，这是造成其清幽古朴的关键。"下荫数亩者，几数百十章"[1]，寄畅园面积有限，有这么多参天大树，葱郁如盖，气势之雄伟，可想而知。这些大树主要是四季常青的香樟和落叶乔木榉、朴、枫杨、樟、榉、朴种在山岗，枫杨植于水边，都是生活力很强的乡土树种，寿命可数百年。据县志记载，园内曾有一株千年古樟，大数抱，枝叶皆香，乾隆每次来游，抚玩不止，有诗称"此树江南只一株"。可惜此树已枯死。现在园内所剩古树已不多了，据1974年调查，胸径50以上的大树仅有23株，葱茏之势大减。

用同一种花木，作小片丛植，以突出其观赏效果，是植物配置的又一特色。如栖元堂前叠石为台，种牡丹数十本，开花时，红的、紫的、灿烂多姿，仿佛晋朝豪富季伦的金谷园。在山洞附近，栽桃数十株，名"桃花涧"，引人联想到《桃花源记》中的情景。清响成片种竹，取"竹露滴清响"的诗意。此外，植物品种及应用也较广泛，如孤松、丛桂、玉竹、冰梅，"竹木花药果蔬"不下几十种。

全园绿化景观浓郁繁荣，给人以雄伟苗壮、生机勃勃的感觉。"树有百年多古黛，花开千朵发清香。"[2]这反映了崇尚健壮的审美观，而不同于那些欣赏枯树昏鸦的颓废审美观。这在今天也是可取的。

四、几点建议

寄畅园是现存为数不多的明代园林之一，对于研究我国古典园林艺术是一个难得的实例，我们一定要十分珍惜这份珍贵的文化遗产，使它发出更大的光华。解放以来，在党的领导下，做了不少整修工作，取得了显著成绩，如大门改而朝南，通过几个空间的变化，再到锦汇漪，显得更加幽深。秉礼堂一组建筑的改造，厅堂、水池、假山、月洞，处理得比较自然。知鱼槛一组亭廊建筑，与园东部界墙之间的狭长院落（宽仅四米），用绿化与湖石点缀，自成一个封闭空间，既减轻临街之嘈杂，又增加园子的幽深，这些都比较成功。但也有一些不尽理想。为了使名园永葆青春，在这里提出一些建议，供讨论研究。

① 我国园林发展有悠久的历史，园林形式之丰富，艺术造诣之高深，举世闻名。但明以前园林仅有记载，已无原物，现存明代园林为数极少，因此，寄畅园同其他历史文物一样显得格外珍贵。但是，寄畅园至今尚未列为全国或省级重点文物保护单位，以致整修、保护得不到有关单位重视，我们建议，寄畅园应同其他现存明代园林一

① 姜宸英（清）《惠山秦园记》，光绪《无锡金匮县志》。
② 爱新觉罗·颙琰《游寄畅园七律》《太湖文艺》，1978.5.

东部亭廊立石展开图

样，列为国家重点文物保护单位，以便按文物保护要求加以管理，研究其整修方案和保护措施。

②寄畅园的特色在于泉，八音涧是赏泉的最佳处，但现在上无树木覆盖，下无泉水流动，水源干涸至于无声，濒于名存实亡的境地。名园之精华，当然必须修复，当务之急是疏通泉水。要查明泉流去向，枯竭原因，若与惠山人防工程有关，则应引以为戒，万一泉流不可恢复，拟在源头安装人工水源。涧上绿化，选用枝叶浓密的乔灌木，配以络石、地锦，以保持原有风韵。已加高路面还应恢复如原。

③据考证，明代叠石都用黄石，湖石的应用在清乾隆之后。一般叠石都讲究纹理、脉络、色泽、面张，讳忌用湖石、黄石混杂堆砌，因两者色泽、质地、纹理迥然不同，放在一起对比过于强烈。而寄畅园在后来的修缮中驳岸、挡土墙等都有这种混杂现象，外观生硬拼凑，很不自然。建议拔掉嵌在黄石驳岸中湖石，集中起来，用在另一个空间或局部。要求园内大体上是黄石假山。在堆法上要纠正围圈打坐或镶牙式的作法。

④一株树木要达到荫以蔽日，盘根错节，非几十年甚至百多年的时间不可，百年古木，姿态横生，更增加了它的美观。有句老话叫"老当益壮"，树木也一样，愈老，观赏价值愈高，因此，古树名木素来是园中之宝。能说明寄畅园悠久历史的，几百年的香樟、榉树才是活的见证。

可惜园内大树现已大为减少。近几年来，胸径一米以上的大枫杨枯死殆尽，大榉树枯死五、六株，现在园内已无大的枫杨，幸存榉树也都枯梢，危在旦夕。郁盘左右三十多米内大树死亡，处于光秃，景观大为失色。这种景况必须扭转。首先制止周围有害气体的排放，其次，对现有树木覆土施肥，补洞除虫，加强养护管理。清除枯树，即以大树进行补缺，不补，空白只是空白。此外，土山上应多种些书带草、万年青等地被植物，防止水土冲涮；"清响"的竹子应当恢复；球形灌木，过于规则，与自然风致不合，不宜应用，黑松成排栽植，失之自然，应予调整；树木修剪造型，也应顺乎自然，防止大砍大杀。在园林中，枝叶婆娑，拂衣牵袖反觉亲切。

⑤原土岗上有"梅亭""小憩亭"，现旧址尚存，似拟恢复，使得全园有一个制高点。郁盘南端与民房相接，很不自然，似应改造。涵碧亭现已部分改为水泥结构，建议仍改为木结构；屋脊过重，应改得轻巧一些，使之与知鱼槛协调。其他建筑的修复，要通盘规划，反复推敲，虽不一定一一复原，基址尚留的，则尽量予以恢复。玉兰灯具与古园不协调，应拆除或改变造型。

园外民房，参差不齐，有碍观瞻及借景，应予调整。建议城建部门应规定一定范围严格控制建筑物，防止扰乱视线，危及园容。目前，有些居民在园墙上开窗、打洞，向园内排放污水，更是一种破坏行为，不能容忍，应予坚决纠正。

附记：本文写于1978年冬，作为内部资料，刊于无锡《园林科技资料》第一辑。文中所提建议，大部分已在近两年修复工作中实现。这次对历史沿革作了补充，其余未作改动，作为当时的一个记录罢。

（写于1978年冬）

无锡栽培杜鹃花的历史

我国长江流域是中华文明发祥地之一。建国前，无锡虽然只是个几十万人口的小县城，城墙四合，城门洞开，但不乏有识之士，想从夹缝中寻觅出路，凭借太湖山川的区位优势，紧盯国际大都市上海的榜样，暗自吸收、充实，发奋图强。知己知彼，分析、判断、决策、实干，实实在在地赶学，敢于尝试、摸索、开拓，不断创新、进取，从小麦、面粉、棉布、蚕茧做起，乃至公园、风景区、兰花、杜鹃，何尝不曾闪光、像腔（无锡方言，意即"像样"）。本文试就杜鹃花的栽培历史作一些追踪，限于史料来源，拟今后补充、修正。

据龚近贤先生主编《无锡旧闻·民国邑报博采》辑录的新闻条目看，二十世纪初，已有"风景建设""植树纪念""园艺研究基地""种苗场""兰花会""赛菊会"等报道，文明新风吹来，特别是兰花在无锡尤为普及，报道频繁，长盛不衰。据1948年4月30《锡报》载"据说全县有名种兰花千余盆，抵得上浙江一省之多"。并列举一些无锡艺兰名家如"前有杨六笙，现如杨干卿、荣文卿外新人物有蒋东孚、庄衍生、沈养卿、张揆伯、沈渊如、蒋瑾怀等数人。"据此可知，代代相承，人才辈出，不可胜数。

栽培杜鹃花，比不上兰花之悠久，据现在的资料推断，可确定在上世纪一二十年代，无锡已有人向日本等购买杜鹃花等种苗，栽培观赏。他们是沈渊如、庄衍生和李梦菊三位。有庄衍生亲笔记述的一篇短文为证。短文如下：

庚午初秋，艺花同志沈渊如、李梦菊共造余室闲谈艺花趣味及曾辛勤爱护之苦心，念谓菊栽为最苦。自搜罗佳种，插苗分栽，迄至开花观赏之日止，历时凡一岁。此一岁之辛勤栽培，煞费苦心，苟非爱花之人，必且无此耐苦，无此恒心。盖一岁之辛苦，得偿者只一、二旬开花之愿也。非心爱者，乌肯任之。年来同人俱以谋食之故，所得余闲无几，然艺菊则须经年累月，灌溉以时，而一岁之中尤以黄梅时为移置覆水则荣者，凋残迫深秋花叶两衰，冬春培种，初夏插苗，仲夏分栽之功尽去，而同人以职务所羁，安能得悠闲岁月，以从事于菊第。爱花之念终难释怀，不得已求培养较易之卉，俾可在执业余闲从容将事，思之至再，只兰、鹃二花，手续省易。是以同约搜求，计余得西洋鹃花二十三种，沈君亦与余仿佛，小有异同。李君得七、八种，而雾岛则沈君之种为独多，余与李君相等。兰则余有春兰四、五，夏兰四、五，计兰、鹃两花五十余盆。亦尽足以供我于春光明媚、风和日丽之天，大可静对观赏，应不虞庭院寂寞而兴花事阑珊之感矣。民国十九年庚午大雪节无戚常欢室主人记于自在室之南窗下。

这段话记述了沈渊如、李梦菊、庄衍生三位艺花前辈的真切体会：既不能因个人职务所羁，又不违按节令培种之要。苦中寓乐，付出有报，悠闲自在，无憾常欢。早在上世纪二三十年代因志趣相近，爱好趋同，常相往来，结识友谊，沈重在兰、鹃，李钟情盆景、鱼，庄则兼有并无侧重，多年来均成绩卓然、享誉沪宁，更为无锡的园艺水准打下厚实基础，也为我辈提供了学习榜样。

沈渊如（1906～1979），据其友人为他写的

"简历"摘要如下：

　　1938～1952年任德新棉布号经理，1956年被市园林处聘为顾问，在丹阳坟苗（花）圃工作。市政协二、三届委员，1957年民进委员。自幼体弱，18岁患肺病，遵医（朱养卿）嘱自疗，在家宅后空地培植花木以消遣，不意爱好园艺之嗜癖竟随体之恢复而日见发展。肺疾愈好后遂将少数盆栽扩充为一具规模之花园。诸凡中外名种不讲价格、不论远近，轧往搜罗运归，将企业经营所得如薪金、官红利等，以及房租收入，除必要之生活费用及税款、房屋修理费外，悉数购置花木及辅助设备……以兰蕙之名贵品种最为完备……以余对艺兰之兴趣亦最为浓厚。对扩充花园之雄心，未因经济来源断绝而稍受挫折，仍节衣缩食，变卖挪借，继续购集培植，虽负债累累，毫无吝惜不疲。每逢春天花木盛开，则陈列内室，接待亲友及爱好者欣赏以为快事……将花木盆栽2000盆全部贡献人民，俾得移植风景地区，以续扩充以供人民大众欣赏。

　　（以上摘自沈渊如1956年5月28日给市人民委员会的报告）

　　沈艺兰自1918年始，1925年起收集品种，兰花、杜鹃、山茶、木桃、松、柏、月季，向日本百花园种苗场、"蔷薇园植物场"、"横滨植木株式会社"、"桑野养盛园"等，由邮局向日本直接订购东、西洋杜鹃花、月季、蔷薇、山茶花、各色木桃、松、柏、枫叶、果树等，每年春冬两次邮购。至1937年抗战爆发止，购兰至1949年。1937年扦山茶成活。杜鹃杂交播种4～5年或6～7年见花。西鹃杂交新种，冬受冻，春花后死，受害至黄叶有5～6月之久，无救。日本观叶珍种万年青"玉狮子"（可见沈先生种花兴趣相当广泛）以兰、鹃为主，并于实践中处处研究、试验、观察、总结，不断进取。1964年1月朱德委员长来锡，送兰花22盆，并送兰花书，亲题"养好兰花"四字。又说"一路来，无锡种兰花的成绩顶好"。自1956～1960年各种花木有6873株。

提及杜鹃花的品种有绿牡丹、映月、牡丹　，浙江山鹃、琉球红、真如之月、毛叶洒金、舞姬、日之出、广乐、紫金帘、御幸锦、陈家银红、印月等。又据1985年建工出版社沈渊如、沈荫椿编《杜鹃花》附表统计沈渊如曾引种西洋鹃147种、皋月杜鹃20种、平户、久留米、雾岛杜鹃约70余种，春鹃大叶大花种10种左右，合计共各类杜鹃花品种247种上下，可谓无锡集大成者。

　　庄衍生先生是在沈渊如引荐介绍下方知悉向日本购买杜鹃花苗的途径，方始邮购，有几次是托沈先生代买的。从他的账本上记载统计：共买日本杜鹃花：西洋鹃25种，雾岛、久留米、平户杜鹃15种，皋月杜鹃6种，合计46种。另外还买了几个梅花品种栽培观赏，可见他引种杜鹃无法与沈先生相比。李梦菊先生虽与上海开店的日本人内山完造先生相熟，有交往，但他兴趣广，又志在盆栽、盆景，只购进少量杜鹃、兰花，另有五针松、柏树、枫树、月季、五色木桃等盆景材料。他喜好提根，攀扎枝条，桩头造型造景，并以摆件拳石、白沙陪衬、烘托，构成景观。他曾创作太湖山水、三潭印月、桂林山水等有浓郁诗情画意的盆景。山石盆景之外又喜花鸟鱼虫，养热带鱼（购置进口增氧泵），听鸟鸣，吟诗赏花；喜收藏，爱古玩，藏书藏画，有几分雅好，与苏州周瘦鹃先生相知相交，人称"儒商"。根据沈、庄两位引种的杜鹃园艺品种，据我观察分析，结合花师傅的共同认知，共有4种类型：

　　一是毛叶杜鹃，俗称"毛鹃"，叶片长卵圆形，叶两面有毛，手感粗糙，植株高大，生长健壮，可高至一两米甚至两三米以上，枝叶丰满，习性粗放，不怕冻，不怕热，但烈日暴晒会使叶片灼伤，宜适当遮荫生长更好。春季开花，花大而多，花色有朱、红、白、紫、粉等多种，常见的有白蝴蝶、紫蝴蝶、玉蝴蝶、琉球红等，也有重瓣种，可作花篱、花带、花丛、花球及色块布置。春季开花时繁花掩盖了老叶，分外鲜艳夺目。花败发新梢长嫩叶，是春季常用的开花灌木。用大盆、大缸种植棵头高大，哪里需要搬哪里，灵活机动。

二是东洋杜鹃，原产日本山野，如"平户""雾岛""久留米"均以产地命名的日本杜鹃或踯躅，植株矮小，花亦小，枝条细密，叶片略薄而小，少毛，平滑。花大多2～3朵簇生枝顶，密而多。早春开花时，常密不见叶。花形有单套双套之分，是为东鹃的特征，花色多种多样，十分繁华多彩。花开后抽枝长叶，习性较粗放。花小，花期略短。盆栽移置室内可免受风雨吹打，故宜盆栽欣赏。

三是西洋鹃，俗称西鹃。最早在荷兰、比利时育成，是杜鹃园艺品种最珍贵、美丽的一类。体型较矮，高1～1.5米左右，但枝短、叶密，体型丰满，叶色厚实翠绿，叶面光滑，大小因品种而异。是花、叶兼美的盆栽花木。花大、花型、花色变化极多，品种也最多，使人心醉。习性也娇嫩，栽培最讲究，是杜鹃栽培观赏重点。

四是皋月杜鹃，俗称夏鹃。花期最晚，一般在5～6月开，其株形低矮，强健，枝、叶紧密，发枝力强，丰满、耐荫、耐修剪，适应性强，叶多形，质硬、厚、色深（东鹃则色浅而薄）。冬季经霜后叶呈暗红色。此类杜鹃亦有叶片镶斑、镶边的观赏品种。花型亦多，略大，4～6厘米，大的有7～8厘米，有单瓣、半重瓣、重瓣、台阁型（花中又开花如"五宝绿珠"，是夏鹃中最美

西洋杜鹃"火焰"

的一种），花色亦多，因开花时有叶片和树冠遮挡，故不如东鹃那样花朵突出。

其实，杜鹃花在我国分布相当广泛，即使太湖丘陵山野也不少见，往往混生在林下，灌木丛中。据省资源调查，我省共有映山红、满山红、羊踯躅、马银花四种杜鹃花，都是喇叭状花冠，花色分别是朱红、粉紫、金黄和淡紫色。花期从4～5月至初夏。前三种均为落叶灌木，只有马银花叶片略大，叶片半革质，属常绿型灌木（宜兴丘陵有分布）。如将它们与栽培园艺品种相比，犹如"仙女"同"村姑"，有天壤之别。自向日本购得园艺品种，特别是看到东鹃、西鹃的花色、神态后，视为至宝，栽培兴趣渐渐浓起来，但因不知购买种苗渠道，普通百姓又无买花闲钱，故无相当实力种不起杜鹃花。开始是至亲、好友间私相传授，后圈子逐渐扩大，到后来出现了一些业余爱好者，逐步普及开来。

西鹃是无锡栽培杜鹃花的重点，品种最为丰富多彩，技术要求也最高。在业余栽培者中，夏星寰（1901～1988）培育西鹃较突出。他年轻时进中华袜厂任职员，抗战时，工厂迁上海，便留在无锡。他从24岁开始养花，兴趣逐渐转到西鹃，直到年老力不从心为止，养西鹃长达50余年。他因无力向日本购买种苗，自称"走以花养花"之路结交同好，广泛交流品种，用心钻研，勤于劳作，终于有了成绩。最多时，百余平方庭院摆得满满的，有西鹃40余种，大、小近2000盆，在五六十年代是全市西鹃较多的一家。

他的西鹃品种除在无锡同好中取得外，还从①在上海金城袜厂任高级职员的胞弟夏振寰（同样酷爱西鹃），他们之间经常往来，互通有无。如西鹃中花朵最厚实、挺拔的"锦袍"就是从胞弟处要来。他还通过胞弟介绍，去上海浦东大团买到一株"火焰"。②宜兴和桥中医汤渭川，与他是忘年之交。爱好花卉，比夏大十余岁。抗战期间，曾从宜兴名士储南强花园中买到一批杜鹃，其中有西鹃一二十种，都是培育十多

年的大棵，夏从汤那里得到"凤鸣锦""玉垂锦""四海波""秋水波"等品种。③从苏州西医王观荤处得到"富贵集"。去绍兴用10多盆小西鹃换回一盆开花近千朵冠幅大如小圆台面的"天女舞"。

1959年，杭州诸友仁来锡看到夏星寰保存这么多西鹃，大为惊奇，告知各地现已很少有这么好的花了，劝其好好培养，定有前途。并从他家里带去二三十盆西鹃回杭州。苏州的西鹃也是此时从无锡引进。镇江、南京玄武湖公园也来引种，无锡成为宁杭一线西鹃最多的地方。

杭州诸友仁一席话使夏星寰增强了栽培杜鹃花的信心，劲头更足了。他去丹阳坟苗圃将残留毛鹃小苗都买回上盆，逐个靠接西鹃，稳妥迅速地增加西鹃数量。他还用此法将一棵毛鹃靠接上许多西鹃品种，成活后，开出不同的花来，令人赞叹。

庄衍生儿子庄若曾学西医，在上海工作，节假日回无锡老家，与夫人、孩子共同培植杜鹃盆花。庄老那老账本是我去拜访庄君（庄老孙子）时适逢庄若曾回锡度假，他从屋里找出来让我复印一份留下的。他家在复兴路边一座洋房里，狭窄的天井里摆放着数十盆杜鹃花。每年春季杜鹃花开，我常去拍照、看品种，他们一家都认识我。庄若曾嫌靠接麻烦、不便，首先试验西鹃嫩枝的嫁接，但没成功。1972年，他偶然见到上海花友孙潞在嫁接处套上尼龙袋，保持水分受到启发，回锡作了改进，果然成功。1973年，我市花圃师傅于登连又将杜鹃嫩枝新梢劈接在毛鹃新梢上，效果良好并用于生产。嫩枝劈接法省接穗，操作简便。技术熟练者10分钟可接3～4株，成活率95%以上。这样，引种只需剪一根当年抽生的新梢，上端嫁接，下端较老的还可扦插。新梢用湿巾纸或塑料膜包一下几天不会干掉。1978年我市花师傅去丹东考察时，他们还用靠接老办法繁殖西鹃品种，我们则学到了他们在基质中掺入腐叶、松针；整个黄梅天不用肥水浇灌，就撒一

小撮饼肥末在盆面上，结成块，使之不散开。学到他们播毛鹃种子育苗等方法。我们也把嫩枝劈接方法繁殖西鹃的先进方法告诉他们。

杜鹃花扦插繁殖是盆景爱好者太湖饭店张国保师傅（市花卉协会副理事长）于80年代初应用郊区全光扦插育苗新装置——电子叶静电自动喷雾器后，才成功的，那时扦插苗盆改成插床，盆土用渗水、保湿、保温，极好的蛭石、珍珠岩为基质，安置一架电子叶喷雾装置，干了就自动喷雾，全光照射，山茶、杜鹃20来天就长根，一个月就可移植分盆，成活率达90%以上。此法推广后，形成了大批量繁殖杜鹃花的能力，为普及杜鹃花栽培奠定了种苗这个物质基础。

西洋鹃是欧洲人利用杂交得到的优良杜鹃品种，其染色体很复杂，栽培中常会出现芽变现象，一直注意杂交育种的沈渊如先生早就发现，并利用扦插、嫁接办法分离成单独个体。如天女舞、秋津洲、凤鸣锦、锦凤、晓山锦等。从复色的西鹃"锦旗"中分离出全红、绛红、纯白等单色品种。夏星寰用靠接技术从"锦袍"上分离出全红的"新红"，有时常带少量细红点"濂"，取"水帘洞"之意，白瓣绿心的"青女"（取"千家诗"：青女素娥俱耐冷之句）、粉红带锦的"凤辇"（意为后、妃嫔乘的华丽车驾），从天女舞分离出色淡心绿的"秋水波"等由夏自己命名的品种，并为大家接受。

庄若曾医生用"天惠"杂交育成的西鹃新品种"玉屏"

育种是栽培进入新水平的标志。沈渊如三十年代就尝试杜鹃花人工授粉杂交，并得到不少杂种后代，在花型上出现多瓣、六瓣、四瓣、三套瓣、离瓣等变异，花色多种多样，可惜没有命名、总结宣传，留传下来的很少。不过庄若曾说过东鹃中的"戊紫"是沈渊如解放前杂交培育出来的，并送给了他，原盆已不知去向。现在的是后来嫁接的。花色粉红带淡紫，清雅秀丽。据花圃师傅于登连回忆，毛鹃中的"玫瑰琉球红"也是沈杂交育成的。

庄若曾夫妇及儿子庄君（在无线电厂工作）继承家风，酷爱杜鹃花，自七十年代开始西鹃杂交，他们注重亲本选择，以色纯、淡、花形美的"天蕙"作母本，以尖瓣种作父本，所得杂交后代都比较理想。经多年筛选育成了"洛神""玉屏""舞蝶""雪浪"等很有特色的优良品种。又以"月华"与"荒狮子"杂交得到"榴楣""长春"等佳种。他们还通过回复杂交，以杂种一代再次与紫式部杂交，从杂种二代中获得桃红色月季花型的"春霞"，丹东称"欢天喜地""春晓"是他们从锦袍枝变上分离出来的。1988年又育成花型套叠13层，花瓣多达81片的东鹃"桃绒"，这种形同文瓣山茶的新花型令人耳目一新。他们从庄衍生开始，祖孙三代爱杜鹃花，并在育种上成绩特别突出。

1979年后，公园中的师傅们也开始学会授粉杂交，连续三年搞杂交并得到了一批杂种。锡惠公园吴鸿章育出了早花杂种西鹃"梁溪春"，东鹃"满园春""舞衣"。鼋头渚强鸿良、麋学奁育成玉色西洋杜鹃"太湖之樱"。充山游兴生育成毛鹃"武陵""烛光"等都有较高观赏价值。

推动杜鹃花普及发展的除了每年春天锡惠公园内不断举办杜鹃花展览外，1983～1985年胡良民、黄茂如、强鸿良、沈渊如、沈荫春出版了三本杜鹃花科普读物和一份上海人民美术出版社印制的无锡杜鹃花品种彩色册页（朱泉媛、黄茂如编，共印五万份，免费赠送，发光为止）。1986

年昆明成立以冯国楣研究员为首的中国杜鹃花协会时，冯老也读过我与强鸿良写的《杜鹃花》，确立了无锡的地位。上海《园林》杂志社刘师汉编辑还与我合作分别编写了杜鹃花讲课教材（我写园艺品种）。协会成立后，一是确立无锡为杜鹃园艺品种基因库，二是1987年在无锡举行首届全国杜鹃花展览取得巨大成功，在无锡和国内获得良好声誉。加上我在《无锡日报》上撰文推荐杜鹃花为市花的建议。1983年2月2日，无锡市政府第三次市长办公会议正式讨论决定"市树为香樟，市花为梅花和杜鹃花"。在是年召开的两会上园林局向每位代表赠送一盆杜鹃花，被表彰的先进单位和个人，也以杜鹃花为奖品，从此促进了杜鹃花的繁殖和生产，推动了种植杜鹃花的普及。过去养杜鹃花比较名贵，多为盆栽。从此又开始地栽，甚至上街种植。1930年蠡园主人王亢元先生曾在蠡园内假山旁及城中宅内花园中种过一批杜鹃花（毛鹃）效果极好，被人称道。又过了三十多年，克服了繁殖难关，种苗多了，公园、绿地、风景点，甚至街头绿地，行道边上也种植杜鹃花。不仅园林局在努力推广，各区园林处、街道、居委都层层办展览，种杜鹃花，点缀街景。1985年郊区绿化队在五爱广场花坛和梁溪广场花坛中种植了大棵毛鹃和铺种了大批东鹃"新天地"，气氛十分热烈，给市民留下美好印象。八十年代的努力，使杜鹃花在城市绿化中

原蠡园主人王亢元花园住宅中种植已近百年的毛鹃每年开花如锦（现为梁溪饭店）

立住了脚跟，是全体园林工作者和全市人民共同努力推广、爱护、保护的结果。回顾解放前杜鹃花只是在兰花展览会上作陪衬和增色配角，1962年夏星寰培育的西鹃在锡惠公园寄畅园中展出，是杜鹃花首次担任展览主角。1978年起，花展恢复，锡惠公园在碧山吟社连续举行四届展览。1982年杜鹃园建成后，在园中连续办过三届，至1985年展览扩大至整个锡惠公园。1983年市花木公司在城中公园同庚厅举办杜鹃花展。1984年，他们还去上海人民公园展出杜鹃花，受到赞扬，提高了知名度。崇安区绿化处于1985年至1987年连续三次在区政府、少年宫办杜鹃花展，规模超千盆。还有一些街道、居委举办数百盆的小型展出，可见杜鹃花深入人心。1987年在无锡举行的中国首届杜鹃花展览是一次巅峰展出，全国12省市42个单位前来参展。日本小泽资则先生随带十盆杜鹃花参展，全国政协副主席陆定一、钱昌照书写会标，建设部副部长储传享、中央绿办副主任汪宾、江苏省副省长张绪武、凌启鸿题词祝贺。新西兰、日本友好城市发贺电祝贺，展览布置10个景点，5组厅室，42架展台，共展出杜鹃8000余株，300余品种，从4月20日至5月20日结束，参观人数达50万人次，影响深远。

沈渊如先生开创的杜鹃花栽培事业，发展成今天这般规模谁也没有想到。大跃进、"文革"的灾难早已烟消云散，沈老为园艺添彩的光辉也为世人认识。落实政策后，沈家的冤错得以申雪，他儿子沈荫椿得到美国资助，1979年定居美国，孜孜不倦，潜心钻研，广读园艺典籍，广交学界教授、权威，澄清以往学者误解，纠正某些谬误，以新思路，学术风格和国际通行观点，撰写了《世界名贵杜鹃花图鉴》《山茶花》和《杜鹃花》三本花卉著作影响国际园艺界。他以严谨的学术思路，历史的科学的辨析谬误，仔细观察比较，发现了杜鹃花、果器官的微小差异和相关联系，对植物分类做出新的分类依据，引起分类学界注意。

中国首届杜鹃花展览回顾

锡惠公园每年秋季举办菊展，除"文革"中断外，几乎雷打不动。1970年代末，在春季又举办杜鹃花展，因杜鹃数量不丰，又怕损失，开始只在泰伯殿、寄畅园、碧山吟社等厅室中小范围展出。1983年杜鹃成为市花以来，全市普及种植。锡惠公园开始邀请本市一些单位和爱好者加入，展品渐多，规模扩大至整个公园的全市性展览。花季正当游览旺季，游客多，效益好。以后，全体员工视"两展"为大事，总是全力以赴、千方百计，办好展览，乐此不疲。

有了这样的经验和基础，就想更上一层楼。1986年5月，我与锡惠公园陈盘兴工程师，带着市、局领导的意图，赴昆明参加中国杜鹃花协会（成立大会现称中国花卉协会杜鹃花分会），我们作为首批会员，向各地同行介绍了无锡栽培杜鹃花的历史、品种、数量优势和栽培普及程度，凭借城市经济发达、交通便利的优势，杜鹃花有着广阔的发展前景。同时，转达了无锡市领导的诚意，愿意出资承办第一次全国杜鹃花展览，协会初创，很想展示一下自己的魅力。在协会发起人，后当选首任理事长的冯国楣研究员全力支持下，全体一致赞同。最后，会议正式宣布1987年春，在无锡市由中国杜鹃花协会和无锡市人民政府联合举办中国首届杜鹃花展览。

在告别宴上，我与陈盘兴同志逐个向会员敬酒，陈善饮，我则表个态，表示诚心诚意，欢迎大家明年在太湖之滨再相聚。

尽管我组织参加过1982年、1985年的全国菊展和盆景展览，但要自己筹办全国性的杜鹃花展览，深感肩头压力，责任重大。为了尽快开展各项准备工作，首先成立了展览筹委会。冯国楣理事长和薛成志副市长担任主任，曹荣之、尤海量为副主任，冯志良、徐德兴、刘国昭、李振铭、朱泉媛、陈盘兴、龚近贤、潘学礼、杨进德、沙无垢、胡良民和我共12名为委员，下设展览、宣传、后勤三个工作组。名正言顺，各组就分头开始工作。1986年10月13日，冯老应邀来锡参加了第一次筹委会。1987年2月13日，又召开第二次筹委会，薛成志、张汉臣两位副市长到会。两次会议都是尤局长主持，由我汇报筹备情况。薛副市长指示展览必须成功，不许失败。这样，大家更努力工作了。

协会成员分布全国各地，有的从事资源调查、分类、研究教育，有的从事生产、栽培、个体经营，虽然彼此初次相识，因共同爱好，却一见如故。我凭着协会的号召力，与会员频繁通信联系，邀请他们前来参展。为了减轻参展单位经济负担和途中辛劳，我提出展品求精，不求多，有自己特色就好。布置、装饰也可从简，无锡可以代劳，代办的，就不需对方操心。同时，又考虑锡惠公园的环境，如何安排参展单位，展台搭建、厅室陈列、景点装饰、参观路线，等等。宋小谷设计了展览会标记图案、赵铭之篆刻的纪念印章，都在门票、奖品、证书、装饰上广为应用。杨进德与张忆枫编印的展览纪念册，将陆定一、钱昌照两位全国政协副主席题写的会标，汪滨、储传亨（两位副部长），林启鸿、张绪武（两位副省长），马健、吴冬华（两位市长），陈俊渝、冯其庸（两位教授）的题词；日本相模原市市长、新中友协哈密尔顿市分会会长及其他单位的贺电及部分杜鹃诗词，有关园林企业介绍，等等，汇成一册。总之，在筹委会领导下，锡惠公园上下一致，踏实工作，艰苦奋斗，为展览铺平了道路。

经过努力争取，参加这次展览的有云南、贵州、青海、湖南、江苏、浙江、辽宁、上海、安徽、江西等12省市共41个单位，几乎涵盖了我国杜鹃花分布和栽培的主要城市。

1987年4月19日，天气晴朗，上午8时半，古华山门前，不大的广场上，早已彩旗招展，乐声悠扬，人山人海、喜气洋洋。保安人员好不容易围出一块空地举行仪式，山门上是陆定一题写的中国首届杜鹃花展览会标，乐队与礼仪在临时主席台两边。当市委书记邓鸿勋、市委、市政府及各部门领导，各展团负责人、日本相模原市、新西兰哈密尔顿市代表以及英国米莱士夫妇、日本小泽资则等嘉宾在台前站好，尤海量局长宣布展览会开幕，何康部长、冯国楣理事长和薛成志副市长同时剪彩。此时鞭炮齐鸣、彩球升空，两千羽鸽子腾空飞翔，掌声、欢呼声不绝于耳，场面激动人心，气氛异常热烈，这一盛况是锡惠公园历史上从来没有过的。

开幕式后，尤局长陪同何部长、邓书记等大队人马步入古华山门，参观展览，他们每到一处，记者簇拥、摄影、采访忙个不停，人丛中不时发出欢笑声和赞叹声。他们从头山门到二山门，到古银杏下，经二泉、锡麓书堂、碧山吟社、景山草堂到映山湖、杜鹃园，人群才逐渐散开。我当时忙着与各地朋友招呼，后来又陪小泽资则参观。1986年我们曾一起登上大理苍山，考察杜鹃花，秋季他又来无锡面叙，算是老朋友了。这次他带来几样叶片镶上金边的常绿杜鹃和叶片特阔的君子兰，看到自己的东西在展台上，他很满意。晚上薛副市长代表市政府在锡惠酒家举行盛大宴请，大家又一次沉浸在欢乐中。

这次展览共设置了十个景点搭了41个展台，腾出5座17个厅室，布置了精品室、明星室、录像室、资源室，杜鹃园全园布置开放。路口、墙边又新种一批毛鹃，另有2000缸大毛鹃机动点缀，上万株杜鹃花竞相开放。45公顷的锡惠公园，简直成了杜鹃花的海洋，五彩缤纷、灿烂夺目，观者无不惊叹称奇。在市区从火车站到市中心，广场街面，有些单位门口，也都有盆栽杜鹃陈列，加上一道道庆贺横幅，随时可见两相呼应，全市像节日一般，人人争夸杜鹃好。

展品分为两个部分，丹东、上海、山东、嘉善、无锡等地展品，都是传统映山红系列的西鹃、东鹃、夏鹃、毛鹃等园艺品种，品种多达200余个，使人眼花缭乱，特别是上海植物园展出的40余个西鹃新品种，大部分是年近退休的徐玲娣师傅亲手杂交培养成的，其花型、花色均不亚于传统西鹃名种。山东的三层塔形杜鹃，加工精致，开花统一。嘉善的杜鹃盆景，小巧玲珑，观赏性强，是栽培与造型的巧妙结合，一般群众最喜欢这一类。

昆明、贵阳、云南维西、青海西宁、南岳树木园、井冈山园林处、黄山送展的都是当地野生杜鹃原种。我国是野生杜鹃资源最丰富的国家，正是它们成为当今欧美流行杜鹃花的祖宗。因为生长在高山崇岭，一般人无缘一见，大家都很陌生。400年前故乡人徐霞客曾在云南见过并有所描述。这次展品中，有体形最高大的大树杜鹃（盆栽小苗）；叶片特别肥大的凸尖杜鹃；花可当蔬菜的大白杜鹃和粗柄杜鹃；花有芳香（园艺种无芳香）的百合花杜鹃；樱草杜鹃、猴头杜鹃、密枝杜鹃等不下7～8种，这些虽然是资源宝库中的一角，但已使我们大开眼界。云贵地区的潘光华、夏泉生、李勇、陈学勤等为组织这些展品出了大力，时任大理市园林局长的夏泉生同志，还特地因我要求带来一块直径近70厘米的杜鹃树圆盘，使我们大长见识。往常在地里、盆里生长的灌木状杜鹃花家族中，竟还有如此雄伟的参天大树，真是天外有天啊！这部分资源的开发，利用最具潜力，也最具难度，以此为主的协会，以及这次展览的目的，也就是要让人们了解、认识、保护、利用这一我们独有的杜鹃花资源宝库。

4月20日，杜鹃花协会的20名理事，兼任评委，进行了一天紧张评比。通过观察比较，评头论足，对所有展品中原种性状、程度、新育品种特点，艺术造型水平，栽培技术高低，一一加以评定，最后评出最佳栽培奖11名，最佳新品种奖2名，最佳原种奖5名，最佳驯化奖5名，最佳造型奖5名。对西宁市园林局和维西雪山植物园，克服种种困难，长途跋涉带着有特色展品前来参展，精神可嘉，一致给予特别奖，另有11个单位未获最佳奖，大家认为他们对展览已做出贡献，应得鼓励奖。为增加情趣，由观众自由评选的杜鹃花十大明星，4月27日也公开揭晓，它们是贵州的"百合花杜鹃"、山东的"小叶五宝珠"、锡惠公园的"笔紫"、崇安区的"日之出"、嘉善的"百花争艳"、无锡县的"暮之雪"、无锡市的"皇冠"、常州市的"火焰"、昆明市的"马樱杜鹃"和南京市的"春艳"。这是群众对展品的公正评价。奖品是早已去丁山精选的陶瓷艺术品，高高的基座上一只雄鹰振翅欲飞，用金黄、墨绿、黝黑三种釉色区分等第。另外选了一批精美紫砂壶，赠送每个工作人员，留作纪念。这样，基本做到了皆大欢喜。

4月21日，协会学术活动和年会开始了，有10位代表在大会宣读论文，交流经验和工作体会，米莱士教授、小泽资则先生分别介绍了英国、日本栽培杜鹃的近况。会议一直进行到4月22日中午，以冯老为首的中国杜鹃花协会充满了团结友爱和勃勃生机。下午，向获奖单位发奖。

4月23日，大会组织代表和工作人员去太湖风景名胜区游览参观。

我度过了最为紧张、繁忙的几天，终于可以松口气了。展览获得成功是可以肯定的了。展览和宣传工作还在继续进行。《无锡日报》《新民晚报》《新华日报》《扬子晚报》《华东信息报》《中国环境报》《花卉报》、中央人民广播电台、无锡电视台、江苏电视台以及《大众花卉》《中国花卉盆景》《花木盆景》等不止一次作了报道，宣传高潮则是《无锡日报》与无锡市园林局联合举办的"爱我无锡、赞我杜鹃"征文活动和知识竞赛。至5月16日，共收到来自各界的文学、书法、篆刻、摄影、美术作品600余件，答卷60多份。原任园林局党委副书记蔡学标主持的碧山吟社（诗社）出了咏市花诗词专集。群众的参与，使杜鹃花更加深入人心。《花卉报》在5月22、29日连载两篇展览会追记，影响到全国各地。这些都说明筹委会宣传组及上述新闻媒体的工作相当到位。

首届中国杜鹃花展览已过去十五年了，这是锡惠公园历史上的光辉一页，回顾过去，百感交集，我又想起客居上海的无锡人廉建中老先生（可惜未曾谋面）。1983年其以88岁高龄写信市政府，建议无锡举办杜鹃花节，意在繁荣经济，开拓旅游，看来这位廉先生极有远见。在我写这篇回忆时，正值市第三届杜鹃花节开幕！先生地下有知，当是莫大快慰。锡惠公园正担负着全市杜鹃花节的主角，定将让杜鹃花的美艳多姿辉映全无锡。

（本文写于2002年）

华南风景园林考察日记

"文革"前，园林处直属市政府，地位高，领导干部级别也高，后变为城建局下面的园林处，地位低了一级。公共园林在"文革"中受冲击破坏特别严重，职工思想混乱，行动消极，阻力重重。粉碎"四人帮"后有了转机，园林处领导拟组织出去参观取经，时任行政工作多年的干部胡文河来园林处任党委书记兼处长，工作有魄力，政治上抓阶级斗争很熟练，只是没有接触园林工作，情况不了解，决心出来见见世面。与几个人一说决定选上海、广州、桂林、南宁等几个大城市参观学习，人家是怎么进行此项工作的，为园林绿化事业做思想准备。他为首带领党委成员傅仁安（已近老年）、副处长虞士康（年轻）、技术人员中选了老工程师林学文和我共五人去华南作一番考察。林熟悉古建筑设计、规划，社会经验丰富，由他负责应酬联系、考察、照相。交代我的任务是协助、安排好大家的生活后勤。其实我不见世面，自己都顾不过来，除上海外，广州、桂林等均未去过，人事都不熟悉，弄得自己分外忙碌。胡还很会摆架子，出主意，嫌这嫌那。一行五人，向往南方新奇世界，见见世面的想法是一致的，我与林偏重专业，他们是全面了解，样样都要知道一点。

我1961年夏秋毕业，就来到浙江山区从事林业生产工作，在几无人烟的荒山野地，安顿好生活，劈山开路、整地、育苗、荒山造林、扶育管理，所学课程多年束之高阁，根本没机会与园林实际接触，我与他们一样迫切渴望学习园林。这一机会对我而言，真是求之不得。

当时，记在工作本上，今发现记录得还详细，就整理一下，作为我参观考察日记之一。

1978.5.8上午，我与刘国昭交谈工作，去鼋头渚，下午准备一下出差。

5.9 大雨，我打算乘122次火车去上海，先买好去广州的5张机票并发电报告知广州，然后电话向处领导汇报情况，一切顺利。

5.10 阴天，上海我已熟门熟路，上午到上海园林处，开好住宿介绍信。同学叶金培给我一张参观券，即抽空去上海展览馆①看法国19世纪农村风景画展，大开眼界，画作很细腻、逼真、色彩的鲜艳夺目令人惊叹！下午即在淮海公园的园林处的招所等待他们前来。

5.11 晴，上午，顾正，上海园林处高级工程师，无锡人，著名学者顾毓琇一门后裔，与我市来往关系密切，特地来陪我们参观上海公园绿地。对园林处前一块绿地，作了详细了解，面积3.9亩，绿地占70%，1977年建成开放，有3个管理员，用20多个退休工人管理得很好。早晨老人们来此打拳健身，中午机关干部来此休憩闲谈，傍晚是青年男女们的天地，这样的小游园绿地，很受群众欢迎。园林处制订有树木管理办法，顾对我说可向你们北林校友（58级）苏峰泉（后调深圳）要一份，这块绿地造价花6万元，主要是铺装、道路、栏杆、挡土墙、半圆形棚架，其实地下是个停车库，通风口用坐凳和花架作掩护，利用率极高。大家讨论上海人精明，善动脑筋，千方百计增加绿化，搞小游园最实惠。上海按560万人口计算，140平方公里市区的公共绿地只

---

① 此处似有误，应为上海美术馆。

有每人0.4平方米，少得与大城市极不相称。上海园林处在建委领导下，处干部有70多人，职工有800多。顾还陪我们看龙华、中山、西郊等公园，热情友好，同乡人格外亲切。

5.12 上午去豫园，中午在城隍庙喝赤豆汤，吃豆沙包，在闹市中有此清雅的环境和经济实惠的吃食很满意。后我一人去二伯伯家，受到热情招待，我的皮鞋已干，凤华妹给我上了油，伯伯、姑夫身体都还好，见到我很高兴，午后一时半即去招待所，小睡至4时被叫醒，与他们同去吃晚饭。5时半即去民航局等车去机场，候机室很堂皇。换好登机牌，7时上飞机，与老傅并肩坐，我们都第一次坐飞机，格外新鲜。10分钟后飞机滑动，起飞时呈仰卧状，噪声太大，如在鼓风机旁，耳朵有点聋。胡等在我们后面，广播里服务员告知航程，1200多公里，升空9000米，因在夜间窗外，先见灯光闪烁，后漆黑一片。飞至高空，格外平稳，服务员送来一小盒凤凰烟（五支装），又送五颗糖，咀嚼几下，耳朵就好了。晚9时到达广州，机下是万家灯火，上面是繁星闪烁，大多人都是第一次坐飞机，激动高兴难以用文字来表述。落地时感觉车轮摩擦地面如汽车，甚平稳。下机后，广州园林局的面包车把我们送至市内东川路建材局招待所。广州果然天热，我偶见厕所内有人精赤洗澡，旁若无人，很怪。

5.13 对广州大家都很陌生，熟悉的是广州每年有个商品交易的"广交会"，知名度很高，我们虽然不是生意人，但"广交会不能错过"，中国人怎么与外国人打交道做生意，也是见世面。来广州不去广交会等于没来，所以大家心里都以此为头等大事。

广州修建队干部文树基，不久前来锡，老林等人接待过他。文专做假山工程，很能干，精明。通过电话后，他立即过来，上午就先联系参观广交会。因需预约，又要凭票入场。有人为看广交会耽搁，好多天没有路很难办成。上午无结

广交会合影

果，后得悉，下午可进馆，要我们立即去，高兴极了。下午进馆参观，场面很大，工业产品，商业服装，生活食品，各样都有，玲珑满目，布置新颖。大家走马观花，漫无目的看热闹，只见外宾如云，三五齐集，交谈签约，奇装异服，近距离接触，和平礼貌，一片繁忙，我们常与外宾擦肩而过，如入异域。

招待所里没有饭吃，广州饮食生活不习惯，明日仍自由活动，星期一再作安排。

5.14 去广州烈士陵园，看农民讲习馆，儿童公园，下午去晓港公园、南苑酒家。晓港竹多，品种70余。南苑多小院落，小巧通透，装饰雅致，中西兼容，在晓港由王民森主任陪同，在南苑吃晚饭，7人，14.70元，总付后分摊。5菜一汤，我们当了一次贵宾，餐厅名"香雪"，系招待港澳同胞之地，冒雨游园，颇感辛苦。

5.15 由局派车去白云山，下午自己去西苑，见到花木公司吴玉成，他在蹲点。晚上去文化公园，下午换住新华旅社，我与虞住九楼，可俯看珠江、南方人民大厦。8时许接王阎文（55级校友）电话，与新一（同班）又通电话，约明晚联系。

5.16 上午由文树基安排我们看几个宾馆，白云、东方、友谊剧场。第一次见到用巨石创制

参观东方宾馆合影 (1978.5.16)

顾正陪同与殷子敏等人合影于盆景园

山水景观作点缀，很有气势。在广东迎宾馆吃中饭，4两6角，来广州第二次美餐。饭后去泮溪酒家，此处规模大于南苑，但不及南苑幽静雅致，能看到这些精美庭院，出入宾朋、港澳人士之间，主要是工程队与这些单位关系极好，施工质量很有水平。陪同的还有工程队副书记钟德昌。在工程队预制件厂见到布德明，因车子下午局用，他们送到花木公司就回去，答应19日送我们去植物园、动物园。吴玉成两点带我们看海珠花园，后去花木公司批发部，有李丁、谢跃华、陈而芬、李启昆4个主任，三个在，极热情，对无锡人事很熟，谢代为买飞机票。锡惠又要了些米兰和棕竹。晚上刘国昭的姐、姐夫来，都是老师，很朴实。我与王通了电话，告知我的行踪，周大珠也来电话，晚上他有会不能来，明晚来。我将刘国昭带来的咸肉如数告诉他，这是刘国昭托我给他的。明天去越秀公园。

5.17 去越秀，印象一般，正在展出盆景、山石，书画倒还不差。盆景都采用自然式，如鹊梅、榆，独干式，如同古木，山石很讲造型，其中一狭长盆内，放几组假山，构成很丰富的画面和意境，值得借鉴。未去五层楼的羊城，在其接待室喝茶休息，有人介绍这里是江青与维德克密

广州越秀公园门景

谈处，兰花开得很少，建筑不新，树木太浓郁似有闭塞，过于阴湿之感。后去流花湖公园，水面、岛、岸线很挺拔，水位控制得很好，另外，蒲葵林的高大浓密为他处所未见。下午回住地小憩。去文化公园，展览会很多，庭院建筑则无所取。晚上车来，取去刘局送的咸肉。约明日上午与有关人员座谈，天气仍间断有雨。

5.18 与广州园林局组织座谈，余主任主持，周大珠介绍园林局机构，全局有5700多人（其中知青1300人），分三个处，烈士、越秀、白云山管全市公园及风景区，绿化工程队管全市行道树及外包绿地，土建工程队770多人，机械厂前身为汽车队，花木公司，经营国内及出口业务，苗圃1700多亩，园艺学校，动物园，文化公园，科研所，引种场。

广州解放时，行道树1900株，现在35万株，包括广场、游园、机关、道路、风景区等，人均拥有31平方米，属先进之列。公园的情况，越秀是综合性公园。专类园有兰圃，以兰为主；动物园，饲养展出动物；文化公园，以文艺宣传展览为主；儿童公园，为儿童服务。西苑是盆景园。文化公园有三种服务方式：租场、提供场地，收取租场费。合办，展品拿来，不收租费。自办，室内剧场与剧团三、七分成，或四、六分。买了剧场票就不再买门票。中心台，群众演出；公园提供车费、夜餐，打球也如此。纪念性公园，烈士陵园，公园，规划各不相同，东山湖以开花乔灌木为主，要求艳丽。流花湖，热带风光，平淡，颜色不多。晓港公园，1973年建，1975年元旦开放，在建一组五万元，尚有桥、亭未建。原以竹为主，有140种（广州有200种），现有20种。荔湾公园，以荔枝为主，但"文革"前工厂污染，荔枝死亡，现已无特色。东郊森林公园要有森林感觉，现尚未达到那个效果；烈士陵园，松柏为主。广州绿化以常绿树为主，适当搭配落叶树，行道树也是常绿树为主，大叶榕，落叶只有一星期就发新叶，木棉，落叶期长，广州过去称棉城。广州植物多，行道树选开花的红紫荆，11月至春节有花，有白、粉、红三种，领导要求干直，分叉高，但不如南京的法梧。广州，于1926年、1928年、1946年乃至解放后都引种过法梧，但2～3年后长不好而死亡。园林建筑特点是结合地形，美观大方，通透开敞，投资少，见效快。

园林结合生产，有水面1500亩，公园中水面及四大人工湖，每亩产鱼500斤，年产81万斤（最高）。茶叶白云山500亩茶田，去年产33000斤。木材加工每年收入40万～50万元，200多立方米，其他果树几万斤，最高10多万斤。白兰、茉莉香花数量不多，竹器加工，白云山有竹林2000亩。饲料、农药、肥料没有渠道，种果树不少，未熟就摘下来。鲜花群众也采，湿花一元一斤。

芦笛岩留影（1978.5考察桂林）

参加座谈会的有周大珠业务科长，许惠浓（女）科研办，利慕湘、谈维建筑工程师，卢锦元、利工：设计室10多人，1961年前没有园林建筑投资，1970年才有正式基建投资。领导朱光、陶铸、林西都很重视，常出去转，随时提意见。园林建筑不准重复，不准使用标准图纸，投资少就用竹、木，搞临时性的。广州雨多，2～3年就不行，白蚁很厉害，适应天气，要求开敞，大庭园里创造小庭院，建筑与外围相互渗透，小中见大，封闭、开敞交替使用。许惠浓：以前是技术教育科，去年单独成立，有6人，局郭副主任兼科研办主任，今年定了22个科研项目，分六个大项：①绿化树木，包括花卉，品种调查。②引种驯化，杂交育种，沙面搞月季，现有80种；越秀搞大丽菊、杜鹃，重点水仙、菖蒲。③无性繁殖。④病虫防治。⑤动物繁殖。⑥园林机械：中耕除草，打洞，起苗运输，挖泥，高枝修剪等等。喷药、包装，试用尼龙网扒石机，石工粉尘，吸尘器，水磨机由工程队搞。全年收入470万元，门票，三分之一服务结合生产，各100万元左右，市内登峰路假山造价4万多元，海珠广场立解放军塑像（35万～38万元）作为国庆30周年献礼，火车站搞工农兵塑像，天、海、陆都能看见，这些都由城建局搞，林西副市长兼组长。

5.18 下午去花木公司，取机票后即去华农大，我找王阁文，陈新一，在新一家吃的晚饭，并长谈至深夜，住新一家。新一妈妈照顾全家及小外甥，家庭很温馨，我也倍感老同学的深厚情谊。新一看来还可以，不过，我对其病情预感不乐观，我们也未谈及学术研究的事，当年合作写文章的劲头不堪回首。我默默祝他挺过这个"关"，儿子还小呢，好好一家子不能没有他！

5.19 晴，与新一同去华南植物园，由新一熟人黄昌化陪同参观，也见到了高班校友陈式君，应是师姐，在华园搞花卉多年，已小有名气。胡文河等由工程队安排去动物园。下午自由活动，午饭后与新一分手，独自去动物园、黄花岗、登峰路，后回旅店。晚上拍电报南宁及无锡，要无锡电汇600元，估计带的钱不够了。

5.20 上午植物园唐振淄（陈的先生）陪同，植物园规划12000亩，已征地2300亩，现实际经营1000亩左右，1958年正式建园，1966年筹建搞苗圃建园，目的是科研、科普，接待外宾，规划委员会，由孙筱祥先生主事规划。1962年调整，300工人减半，引种驯化区缩小，总共800亩，在800亩内布建筑。1968年底中南分院取消，变为经济作物试验场，后又变为医药公司种苗场。1973年初省成立科技局，才恢复植物园及植物所。树木损失不大，主要搞速生树种、砂仁生产（提高好几倍）、石櫧等繁殖、搞乌桕良种，现属广东科学院，下有7个研究室，其中五个在所内。

下午他们去动物园，我在东山湖，海珠广场看人民桥、海珠桥。

广州人多狐臭，是否华侨身上都爱搽浓香之故？广州人爱吃，对衣着不讲究。虽有高楼大厦，听说惠阳、梅县等地尚有一天吃两顿的。我看见珠江边一对兄妹憔悴不堪，几乎难以行走。

5.21 上午电话给广州园林局，口头与他们告别，工程队及新一处，电话不通，未能告别。11时，至广州民航局，无候机室，就在马路上等，机场内有餐厅，每客4角，不错。买两包烟，坐位正靠窗，起飞，穿过云层到高空，航程533公里，13：25到南宁，气温31℃，凉爽不少。南宁50万人，产值10亿元。三个公园，两个苗圃，有绿化队、修建队，包局长下面8个基层单位，1000多人。

5.22 看南宁动物园，书记张。1974年从人民公园迁来新园，离市中心6公里，有30个馆室，总面积604亩，120亩水塘，蛇馆尚未完成。天鹅湖、狮山、猴山、熊猫、海豹、小型猛兽、鹿场、食草动物、河马等。除动物外，兼管绿化和花，正式职工140人，临时工90多人。三个领导，下设动物股、行政股、技术股、生产股、政工保卫。下午看南湖公园，书记梁。原为坟地，解放后改为苗圃，1973年改公园。职工218人，老的多，青年都是临时工，不固定，下设花果队，渔业队，门票5分。花果有中草药、盆景盆花、兰圃、地花、外宾政治用花、卖花，服务有门票、游艇、小卖、照相、清洁，水面140多亩，长6公里，宽100～400米，是古代邕江河床，陆地500多亩。药圃有1400多种。船坞、水上长廊、儿童公园、鱼餐馆、水上舞台、盆景艺圃、四季果园，市委要求建植物公园，园靠半自给，年收入78.25万元，主要靠鱼，86人搞鱼，1978年48万～50万斤鱼，节前供应包下来，果30多种，柑橙、沙田柚、荔枝、龙眼、木波罗、木瓜、黄皮、枇杷，去年收几十万斤，2角一斤，总面积2400亩，现池1900亩，果140亩，药40多亩。小药厂，搞灵芝糖浆，规定要自费，没人要，卖不出去。盆景由广交会来订货。我们住广西交际处，我约同学邓超卓来见面，他毕业分来南宁树木园工作，不属园林部门。人未变，老样子，见面真不容易！南宁是园林生产化搞得最好的城市，在全国很有名气。

在南宁交际处合影 (1978.5)

5.23 看人民公园。南宁解放前只有5万人。1952年开始搞人民公园，面积800亩，水面70多亩。职工180人，服务生90人。布置一般，印象不深。

5.24 早上乘202次火车到桂林，5点40分，桂林魏、张局长，张科长来接。在火车上见两侧都是放大了的窝头状山体，孤立在田野里，地形奇特。山脊没有起伏的连线，估计不能攀登！

5.25 上午看芦笛岩，1958年发现山洞；下午看叠采山，伏波山，都很奇特。

5.26 上午看七星岩，儿童公园，下午在园林局，听同学张寅山介绍桂林山水风景规划，讲得头头是道，夸我同学不错，桂林有五位局长：徐振吉、王善付、欧阳明、韦绍祖、莫素玲。工程技术人员：张国强、郑福元、魏明如、刘血花、张寅山、余焕嫦、林育宏、李春英、董光辉、马福祺、沈玖、王敬峰皆北林校友，大部分见面后彼此认识。

下午介绍1959年国家建研院来此做的规划，当时由建工部、中南局、自治区、桂林市组成150人的工作组，搞了三个月，范围很大，北起兴安、南至阳朔，南北140公里，东西120公里。向西105公里为原始森林。规划1964年正式成文，1973年开始修改，向区党委汇报过，韦国清基本上同意，1975年搞了一次征求意见展览，1976年又搞一次修订，现在又继续做规划，准备上报国家。

桂林30万人，气候25℃左右，十分宜人，每次规划都明确定位："风景旅游城市"。他们设想搞10个公园5个风景区。十个公园：七星岩、芦笛岩、紫州、穿山、秀峰、象鼻山、南溪、江州、皎霞、雁山。五个风景区：芦笛岩、叠采山、湾塘、尧山、龙泉。

5.27 大雨，去阳朔，船不开航，回寓所讨论汇报提纲。我执笔写前两部分，回去怎么办由老林写。

下午又去局，张科长已将我们的火车票买好，其中两张卧铺，照顾老人。去退游船票时，说有可能明日复航而未退。

5.28 一夜未雨，早上去码头询问，在作开船准备。位子很好，楼上1～2排，但雾大，暂停半小时再说。停了近一时，终于开船。用一个轮船在百米外拖着我们的船航行，两位导游在船上轮流介绍，颇有风趣。船上很会做生意，楼上船票2.80元，一忽儿卖烟，一忽儿卖花生糖、小饼，一忽儿又卖桂林三花酒，油汆花生，用包心菜叶托着，酒用杯盛，0.25元、0.20元、0.50元都有客饭，盖浇饭0.25元，排骨0.50元，广播放歌："马儿呀你快些走"，缭绕于耳，很应景。使人不觉厌气，音响失真老走调大家也不管了！晚11点乘80次火车离开桂林，车内很空，可以躺着。

5.29、30晨 到上海，早8时多到无锡。6月1日写汇报约7000字，3日去处交差。接下来正好我们请国家建研院来锡帮助做太湖风景规划，我亦即投入新的战斗。

福建风景区园林考察

太湖是全国著名风景名胜区。50年代，建设部就很重视，委派建筑科学研究院的一批专家前来协助规划工作。因太湖风景规划涉及全市历史、文化、经济发展各方面内容，市城建局请市政府出面，邀请原国家建研院专家来锡帮助规划进行。为了配合规划的具体工作，城建局领导和业务科室，加上园林局的一些业务人员，投入工作。上至城建局陈荣煌局长、杨伟科长，马振新工程师，园林局刘国昭副局长、林学文老工程师以及黄茂如、殷以强、吴惠良、杨宝新等数人，组成一个临时规划工作班子与建研院专家一同踏勘讨论，在前一阶段论定大方案基础上拟对鼋头渚为核心，面积仅32公顷的鼋头渚风景区向周围扩大延伸至宝界桥和仙鹤嘴，使之拥有三渚(鼋头渚、苍鹰渚、仙鹤渚)、两湾(芦湾、南池湾)、三个自然村(宝界、充山、犊山)，12座山头面积3.01平方公里，进行深化详细规划，按1：500地形图绘制详规，总名为"具区胜景"。

九月初，由马振新、黄茂如为首的规划人员依照总体规划意图与实际现状完成了1：500的详规，经城建局同意后拟向市政府汇报请求批示。为了学习外地经验，开阔思路，经陈局长同意，拟去福建风景区作一次考察取经。杨伟、刘国昭、林学文因工作和身体原因未与我们同行，赴闽风景考察的只有马振新、黄茂如、殷以强、杨宝新和吴惠良五人。

9月10日，匆促间买了五张无锡去福州的火车票（45次）且无座位，上车再说。马、黄、吴到上海开始有座位，调到靠窗一起，殷、杨想坐卧铺，到杭州后方始解决。

车过上海，进入浙江地界，眼前又逢秋收贮麻季节。不少男女还有玩耍的孩子在大片青色麻田里弯腰割剥之状，构成一幅丰收景象。青青的麻皮成捆平躺地上，细长洁白的麻秆捆拢一起竖立田间。于是我想起山里人常用来捆扎东西的络麻，缝制的麻布衣、裤、出门腰间常围的围身布，以及土地庙里菩萨身上穿的也是素色麻布衣、袍，连神仙也入乡随俗了，看着寒酸可笑。

在金华站，一个旅客以五角票子买了一个肉粽，车已开动，大叫着找钱！小贩根本不理会，引起一片哄笑。五角一个粽子恐怕再有名也是大吃其亏了。

次晨七点半至福州，陈树华（北林高班校友）副处长亲自来接，声明旅行车坏了，要我们将就一些，原来是一辆"三卡"，车厢里两边可坐座，我们说无所谓。我对我们几位作了介绍，因是校友，心里坦然。园林处不远，即在西湖公园边上。上午又送我们去西湖宾馆，福州一流宾馆，但我们住15号楼，显得平常，房金仅1.20元每天。白兰花树碧绿高大（应是嫩绿，叶大冠丰满，从上到下密不见枝干）下午由老同学陈钟（55级）陪同参观西湖公园，园内建筑小品均出于陈之手。他现为工程师，能一干到底的技术骨干，我们在校很友好，时隔19年相见仍亲热异常。殷与陈同班，当畅叙友情。西湖公园因"文革"中破坏惨重，现状一般。

13号去鼓山，除陈钟外，与小吴同班的林焰始终陪同。没有借到旅行车，还是用卡车放两条凳子。陈树华有事不陪，再三致歉，我们说这样敞着正好观景。陈钟不满，叫我们坐这样的车不好看，去鼓山前特地去树木园看唐醒光，她原与陈同班，后因病休学，便到我班学习，同于1961年毕业，相见甚欢，但因工调会议不能走开，叙谈半小时，分手十九年，总算尚能见一面。

鼓山风景甚好，石奇、树大、庙古、碑多，涌泉池的美好为我前所未见。院落之错落、复杂，随地形变化。佛像、僧尼以及让香客投钱的小男孩精赤系兜肚，都十分可爱，均给人深刻印象。中午陈钟请客在新造之建筑（三层楼）松涛楼，吃闽式中饭，一杯啤酒，一桌美看。主食则是一盆八宝饭，一大盘面条，大家都是用筷夹着吃，菜多油多，很易饱肚。饭后，由小林陪着去涌泉寺，朱德题词的兰花院，并走小路，看十八景而下，极为劳累，到宾馆用饭，洗漱坐定。陈钟、陈树华先后来会面叙谈，交谈甚热烈。临别依依，送而再三，说定我们雇车去车站，不必费心。晚上把当日写生十八幅都用水彩上了一层淡色，灯暗不清，很不理想。小吴、老马也在兴致勃勃加工。12点才上床，时间真紧张，收获也不小。来的当天幸而晚上去两座大桥处摸黑走了一遭，见到一些眼镜、手表交易之类，否则一点空隙也没有。

福州有几处街道相当宽敞，但树种杂乱，市面不十分繁荣，可买东西也少，鲜橘子要8角一斤，香蕉不多见，苹果、梨等比无锡要贵。店里都是吃米粉条。手表这里有市场，一下火车就有青年男女上前兜售。因内中有假，不敢买。据说有的表是塑料做的，有的是香港玩具表，最多走一年。要价都不高，50元，80元，也有20元，40元，好在同住人员买了一块50元的，外表不假，带日历的。据称这些都是台湾手表，机芯是外国的（瑞士、日本），都从大陆渔民手中转出来的，最近松一些，故交易甚多。

就采购而言，福州一无所得。十三日晨离开，坐汽车去厦门。（1980.9.13补记）

省却麻烦，在宾馆雇一辆小面包，清晨直送汽车站，化了六元钱。车站门前小吃摊已经排满，我们吃了豆浆油条，还买了两个面包准备中午吃，好省出时间看街景或许可画上几笔闽南农村风光。去厦门汽车共有三班，同时开，故并不挤。车速度快，一路见到民居老宅几乎都是一个格式，只在多寡上有所变化，屋脊两头翘起，中间三间，两窗一门，两侧则正面无窗，屋面纵横均有弧度，看上去很流畅，田间龙眼、荔枝、甘蔗甚多，村庄很洁净。房子都很好，金山石条到处都是，围墙、墙体乃至电杆都是金山石。

车到惠安吃饭，有半小时休息。马上看滩头上有什么可买，结果只有五角一斤的鲜龙眼，有种小的只要四角一斤，肉少，但味浓，总的不如荔枝好吃。饭后上来几个惠安姑娘，头戴土黄色斗笠，三个尖端有一个小葫芦样装饰，一块花洋布头巾，把头发盖着，一直拖到肩上，帽上用彩色塑料带系着下巴，在脸颊处让两颗塑料纽扣，一红一绿，带子连着帽子后端，有两朵玫瑰色绸蝴蝶结。上身穿紧身士林小袄，短得一举手就露出腰来。裤子是蓝色的，大裤管，腰带用红、绿彩色宽塑料带围了好几道。尽管如此还常常露着晒黑的腰部一圈。上车后没听到她们说话，托着下巴挤坐在行李上闭目养神，年龄不过20岁光景。嘴里两侧都镶两个金牙，这种色彩家乡做戏的也不会这么打扮。一问旁人，知道非少数民族，惠安人就是如此。把头发盖着，戴着帽子（在车上也不除掉），生怕人看见（封建），但露出肚皮，就不怕人笑话，真不能理解。

将到厦门时首先看到集美的塔和密集的宫殿般建筑，给人良好印象。下午三点多到厦门，不见人接，雇三轮去园林处，由王主任及小李接待。知电报已收到，我同学林智泽因突击工程（布置宾馆施工，外宾及总理要来）不能来接，在工地等我们。住宿都已安排，就是总理将下榻的"一招"。智泽还是老脾气，过去绰号"老油条"，他说现在升级了，都叫他"油桶"！相见甚欢。明日确定先去鼓浪屿，晚上逛街，都是骑楼，整洁、繁荣，印象极好。街头小吃摊甚多，

在鼓浪屿日光岩留影（1980.9）

赴鼓浪屿日光岩途中古避暑洞

鼓浪屿浴场

泉州开元寺留影 (1980.9)

都是海鲜，几个电石灯，一张矮桌，几张小竹凳，经营者2、3人，有年轻孩子，有妇女，看来有摊贩证的。我们怕口味不同，不敢尝试，只在店里吃了一碗鱼圆，4个2角，外面是鱼肉做成，中间是猪肉，味一般，又吃新鲜菠萝（4角一斤）印象很好。

　　厦门比福州热，晚上洗冷水澡，不觉过分，市面香蕉更多。去鼓浪屿必乘轮渡，码头是浮动的，适应海水涨落，乘客来去分道，一船可500人，班数颇多，故秩序井然。去时不买票，回来一次买，不过5分。这个小岛地形起伏很大，禁止通一切车辆，故显得安静。先去林尔嘉花园，后去日光岩。中午在招待所（第三）吃中饭时，丢失老殷，下午才找见。两点洗海水浴，陪同的老王能全身仰躺在水面上，老杨试了几次也行，

但不能持久，一个海浪过来，呛得够呛。

　　浴场除冲淡水寄放出租衣物外别无设施。厦门市对园林经营饭店、小卖、照相都要卡，不像我们一切由园林独家经营。此种变化，足见园林在厦市的位置。但从我走过的城市看，这里是第一流的。秦皇岛以洁静幽美见长，游客远多于土著，故有浓郁的旅游气氛。鼓浪屿则无任何车辆，更排除了噪声污染，且风景资源更为丰富。望日光岩，眺望海面，很像从鹿顶山眺望太湖一般，岛屿、山脉构成了非常丰富的层次，并无一望无际的空洞之感，缺憾是此岛人口过多，据说现已超过2万（"文革"前不到一万），且有20多家工厂。日光岩下建筑密集处几无树木，若能迁走工厂，即能迁走部分居民职工，岛上只留下与旅游服务有关人员，气氛会大好。另外，疗养

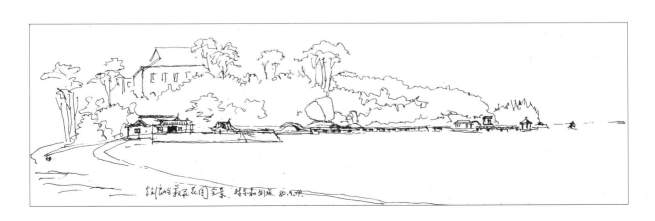

机构及部队、机关到处占地，使游览部分仅限于日光岩下2.5公顷的菽庄花园，根本环行不通。菽庄是资本家林尔嘉搞的近代园林，沿海滨架通的桥、堤、亭，看来未免有碍自然风景，要不是中有巨石景等组成一些景，怕一无可取，故鼋头渚水上搞堤欲求亲水怕不宜提倡。

日光岩上原来是个水泥碉堡，这里遗下碉堡很多，现在无用也未加以去掉，远看还可。还有一些城墙，传是戚继光守海疆所筑。有陈列戚继光史迹的纪念馆，巨石之上，题咏甚多，古今都有。我们又看又画，一直到看不见才回。临走发现忘了拎包，急回去寻找，游人已绝迹，拎包还在一个石阶旁，失而复得，自我开心。

鼓浪屿店家很多，相当热闹，晚饭吃的是汤团，馅是花生仁，很甜。到厦市，又在街角地摊上吃海蟹，一个7、8角倒也不贵。而一瓶青岛啤酒要价1.7元却贵得惊人。做生意的是兄妹俩，不过20光景，我看他袋里的钱少说有30元吧，他说没有，老马说包给我数，他笑了。看来总有50元左右。一个晚上做这么点生意，当然不必读书或干别的了。像这种简单的摊头很多，吃海鲜也是华侨的一种癖好。晚上整理资料一直过12点才睡。

赴集美看陈嘉庚的鳌园，西装戴瓜皮帽，可谓海边众多建筑的特征。看来不难看，这在近代园林中应是创新较好的。我佩服陈的这种独创、大胆，更佩服他为人民创下了这么多物质文明和财富，想今天有谁能私人搞这么宏伟的大学、中学、社会福利事业？

游南普陀，庙极雄伟，石头更奇；万石园景色也甚好，听介绍规划都是北林老师搞的，有20个小园组成，建成的不过是2～3处。两天基本上将厦门重点风景看了，下一步如何，我与吴、马都统一，老杨却不赞同，很使人不快。

老林仍在施工，16日新西兰总理要来，就住5号楼，我们是6号楼，但没有人撵我们走，我们也并不想看什么总理。乘隙，我们都上侨乡泉州游览。泉州唯一可看的是开元寺，唐代古庙，极大，大雄宝殿九开间，两边有宽走廊，庭中八棵大榕树，几人合抱。东、西两塔都是石头砌成，极为端庄。在园林处工作的小吴同学出差去了，一切计划无人帮忙，弄张车票也买不到，而且，17日去厦门的车票也没有了，令人焦急。最后不得不雇了一辆三轮车想送厦门，费用48元2角，只要报掉，倒也痛快。

在厦门还有大半天时间，老马在集美买的一只女表50元。老杨、殷、马去厦大爬万石山时误入禁区，被军人赶了回来。我与惠良由林、吴（惠良同学）陪着在中南花园吃中饭搞水仙球（送我们20个都是林的面子）。小吴想买点桂圆，但临上火车他才拿来，因袋小只放了13斤，只一元一斤，大家都惋惜没有多拿一个口袋。小吴一直送我们上火车，情意深厚。大家都买表，使我动心。反正写个信去，下月他们来锡时带吧。也一样，要请道明（朋友）查查这台湾表质量如何，几十元的东西实在不敢贸然成交，也许我过分谨慎了点。

看来要大大超过预定，明日到南平后，接不上去南平的车子，又要耽搁两天，而武夷之行途中艰难更不知会何等不顺利呢。东西买了一些，大包堆塞满，行动已相当不便。而老马感冒兼拉肚子，身体不支，要看到南平后的情况再定去不去武夷，不去将非常遗憾。去，则颇为辛苦。

（1980.9.17夜）

火车出厦门，每个小站都停。我们在窗口只买了一些香蕉、菠萝。先买的人总是吃亏，因为火车开车前卖香蕉的小女孩急于脱手，价格杀低一点她也干，老杨买的菠萝比老马买的多两倍也不止。

车到南平，已七点半，提着大包小包艰难走过大桥才到汽车站，一看有两班车，早上一班早开出，中午12：30一班正好能赶上，但票已经没有了，只得买了明早的，座号已是30多了。稍定神，我建议争取中午走，即与老杨同去车站办公室，找到一位姓陈的同志，美言几句。很帮忙，写了张条子，叫我们票房看看，按条去票房，售票员一口说：卖光了。只得回客运室再与之商量，正好，老陈找了站长姓连，出面周旋，往返多次总算改成中午，原留1～4号空额都给我们，其中介绍信中提到"不误5名工程师的工作"很起了点作用，连站长还为我们解决了中饭，可谓关心之致。我们连写两封表扬信，以示感谢。南平给了我一个好印象，空隙半小时画了一闽江对岸一组园林，尚不知其名，只能老远一望而已，7～8年前（在林场工作），来看人工营造杉木林来过一次，山上木板房子面貌依然，这次更是匆匆而过，未作考察。

车子开动，紧张的心始感轻松。小吴已与武夷通了电话，傍晚赶到目的地，为整个旅程争取了一天时间。车子从南平市区穿过，沿着闽江前行都是柏油路，车行甚速，两侧山冈尽是杉木，极为整齐茂盛。江中礁石很多，偶见木排浮行：一派山景，非常美妙。武夷这个旅游名胜久负盛名，但因交通不便，还不十分普遍。坐中看去除我们5人纯为游客外，别无同类。四点多离武夷尚有数十公里，但两侧山头极荒，少数几株松杉，显得很孤零。后坡处开了茶园，有的荒着，一无所见。真使人难信此去会有惊人山水。5点40分，全程170公里结束，我们就在著名的大王峰下，走进管理局大门，已被张主任（办公室）接着，后有李局长、林局长等一一相见攀谈。我们推老马（最长者）唱主角，把马、殷（有专家相）两工推出，其他就不一一介绍了，多了不稀奇也。住下，用饭，已是天黑，不巧，水泵坏，无水。局里派三人特地去圩中挑水上来给我们洗，盛情感人。晚上他们有会，不能一谈明日活动，我们是想以最经济时间游览武夷风景，并了解它的规划。

出门十天未下雨，到了武夷却下起细雨来了，半夜则又是星月满天，大概是山中气候多变之故罢。清晨起来到河里洗脸、洗衣，水清，但远不如干坑之水。早饭后又下雨，且相当大，似有不歇之意。几个局长都来了，上午就在会议室里听他们介绍规划，老马也谈了规划太湖风景的一些教训，他们听了以为很有益，拉拉扯扯，居然半天。再不能等了，下午即去天游及云窝。由导游小林带着，局里小吉普送我们去疗养院处亦即九曲之六曲处，不几步，即被迎来之巨大石壁惊呆。石壁是黑色的，高一两百米，长好几百米，完整一块，几无一木一草，平整如铁板，下面四字壁立万仞，真是确切，一点不假。上面亭子凌空，白色栏杆（水泥）折线，通天，这就是有名的仙掌峰，仙人手掌如此阔大，真有非凡气概。先登接笋峰，觉得比黄山险，到狐狸洞，更是悬壁凌空，不敢下视，半天只转了几个地方，已是惊叹不绝，的确名不虚传。（此前听葛士超对我说："黄山归来不看岳，黄山不如武夷一只角！"）

第二日，不到六点，空腹登大王峰，其险更是难言，至今独一无二，回来吃过早饭，又急上水帘洞，天心等处，都奇险之极，到一点方吃中饭。我与小吴（惠良）一路寻建兰，总算弄到几株，爬到绝壁上，也够险的。饭后又去星村，乘竹排游九曲，人很累，大竹排上藤椅坐着极感舒服。武夷胜景甚多，匆促之行，只能就此结束。作了一些速写，总起一看，倒也不错。

（1980.9.20）

武夷管理局的几个局长最近都去过无锡，因是外办接待，故我们未曾听说。他们有的过去搞商业，有的搞工农业生产，现在从事风景区建设，新兵上阵，满怀热情。江南一行，印象极好，故对我们似有另眼相看之情。陈局长是第一把手，兼崇安副书记。林局长过去是办公室主任，现在是第二把手，对我们来到尤为看重，一定拖我们多留一天。将崇安县早先的列宁公园作一次规划，盛情邀请，当不可推却。21日晨，局新购之小轿车送我们上崇安，五人包裹装满车后贮备箱。林局长陪同，直抵招待所，与菲律宾游

客同住一层，5人住了三间。小憩，即去看对面的公园，门楼正在新做，笨拙不堪，进门一看，犹若平地，几乎看到四角围墙，好在还有一些大树，异常葱郁，多少有公园之状。

这是1930年崇安第一次解放，红军在此成立苏维埃政权，于是建立这个列宁公园。大跃进时，造了闽北烈士纪念塔，有朱德、叶飞、陈毅等人题词，凭吊烈士即为此公园最大之功能。北面一些平房，暂时陈列展出两三千年前山上石壁上的悬棺。早上也有人来公园跑步做操等，其外一无所有。上午即谈了一些想法，下午县委谈书记打着山西话腔，听我们谈一些想法，很受赞赏。晚上谈作为主人，由林局长、管列宁公园的两位民政局长陪同宴请我们，喝青岛啤酒，四个冷盘、热炒，三个大锅，鸡、鸭及石鸡，在福建山城吃到清蒸石鸡，意想不到。座中只有我对它最熟，可以讲出一大堆有趣故事。小点心是四层饼，小包子，质量很差。因夜里要做方案图，不宜多喝。老马等喝多了，果然饭后面红耳赤，小睡方能工作。我们做了总图和几个局部图，有6～7张图纸，工作到次晨三点半方睡。

这里笋干很多，但不便宜，我买了黑的一种，每斤一元四角；柚子论个，一角五一个，也

有两角、两角五的，最大的有足球般大，即使不十分中吃，看看也好。买四个，带回给孩子们玩，22号上午交图后即用饭，林局长派车子送我们去车站。此行都由林照料，食宿分文不化。

车离崇安，天转阴雨。短袖子觉不胜寒意，当即加穿中山装，这是来时服，在福州厦门都是不必穿的。此行一拾叁天都是晴天，行动顺利，在武夷两日则每夜小雨，日出放晴，除半日有雨改为交流介绍外，都在野外考察，然而踏上归路倒下雨来了，而且所带毛衣似有穿的必要。傍晚抵达上饶，冒雨参观市容。老街都是骑楼，但木楼由歪斜的砖柱顶着，岌岌可危，路面坑洼不平，龌龊不堪。转到一个大百货公司处，吃一碗三鲜面，即返车站。这里笋干也很多，但比崇安又贵7～8角。炒熟花生摊很多，壳细而长，白而微黄，索价9角一斤。看来物品还是厦门便宜些。我们坐南昌去上海的车，又要辛苦一夜，巧的话，明日中午可望到家。

此行游览极为丰富，时间安排极为紧凑，若下次来此则有经验，应先到上饶，乘车去崇安，武夷，然后经南平去厦门，在厦门期间可去漳州，当天归来，最后汽车去福州，坐46次车到达无锡。时间可省一些，且可负去背行李候车等旅途之苦。

惠安姑娘的特异装束，泉州出殡时前后竟有两队穿白制服的吹鼓手，集美的手表交易，厦门的街头夜酌，福州的满街白兰花，武夷的桂香扑鼻，崇安的清炖石鸡，上饶的街头夜雨……在饱览风景之外又添新趣，一路作画数十幅，收获之大为历次出游之冠。故不顾困、累，不嫌粗劣，记一、二以作留念。

1980.9.22夜于上饶车站

野生鸢尾"蝴蝶花"产地调查纪要

1981年5月，建设部来文要求我市园林局接待西德友好人士埃卡德·伯林先生参观无锡园林，由副局长葛士超先生和我负责接待。之前一两年，我曾与刘国昭副局长接待过西德玛丽安娜·鲍谢蒂女士考察古典园林寄畅园。回国后，她还写出专著，向全世界人民宣传寄畅园的造园艺术，影响很好。这次伯林来访，当受此影响，仍要我们做好热情接待工作。我们除陪同参观寄畅园外，还看了锡惠公园其他景点，伯林对此也很感兴趣，常竖起拇指赞不绝口。当时杜鹃园正在建设，除了一组主要亭廊建筑已现雏形外，水池、土埠、地形、道路、草坪、山石、地被等还未整理、修饰，他跟着我们跳上跑下，对这坐新园充满兴趣，特别是对施工中带进来的几丛野生鸢尾尤感兴趣，俯身观察、拍照，一连串问我从哪里来的，叫什么名字？有没有种子，似乎他很想获得种子，我们告诉他这是野生的，我们也不清楚产于何处，到哪里去买，他一摊手，表示遗憾！他告诉我"二战"时他是运输飞机驾驶员，战争结束复员就改行搞园艺，对花、草很喜欢，也帮人家造造小庭院，有了钱就弄花草，最喜欢的是鸢尾花，这次由园林处华中伟画的鸢尾工笔花鸟画对他胃口，极为珍爱。他参加国内鸢尾花的一个社团，用杂交培育新品种，他们经常交流、观摩新品种和育种经验，他在杜鹃园里看见的野生鸢尾正好做杂交亲本。在西德没有见过，故对种子极感兴趣，多次问我能否搞到。为此，我与薛建平同志即商议去浙江安吉作一次调查，一方面满足其要求，另方面我们也需开拓这方面门路。

因我过去曾在浙西山区工作过，对早春开花的细叶鸢尾早就注意，我印象中昌化地区有两种，一是开白花，另一是开紫花，体形较小，花期也有前后，花部都有黄色髯毛，色彩、花形都很不错，只是叶片没有安吉的修长丰满，但都能在林下生长，估计比较耐阴，习性也很粗犷，不必改良即可利用的常绿优良野生花卉。

1981年6月3日至5日，我们两人专程去安吉的孝丰、王家庄作了一次调查，因时间匆促，交通不便，人地生疏，只在离王家庄17公里的胜田里一带山岭看看现场，回来写了一份"野生鸢尾调查简报"，现抄录如下：

1. 此种野生鸢尾与1980年中科院《中国高等植物图鉴》第五册所载华鸢尾Iris Grijsii Maxim相似，但不同处有：

A. 叶片正、反两面无差别，叶边光滑、色略深。

B. 果竖长为横径的2～3倍，具三棱。

C. 花的差异有三：

① 花瓣宽圆，内轮三瓣宽1.4厘米，长3.3厘米，淡紫色，泛白。外轮三瓣，有黄色髯毛。柱头裂片紫红色。

② 花瓣型同①，但花瓣及柱头裂片均为微紫而近白色。

③ 花瓣狭尖，内轮三瓣宽1.8厘米，长2.5厘米，淡蓝色，柱头裂片紫色。髯毛色同。

深溪路边，去时尚有残花。据云山野尚有白花种。还有黄花射干。

2. 据了解，此种鸢尾都分布在低山丘陵的树林下。毛竹林下、水沟边、平地、石缝中也有生长。阴阳坡不限，分布很广，生长强健，尤适

三. 《野生鸢尾及蝴蝶花调查笔记》

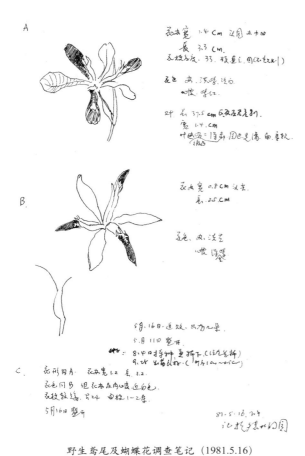

野生鸢尾及蝴蝶花调查笔记（1981.5.16）

于石屑土，一般与麦冬草类混生。也偶然有数平方米到十余平方米成片分布，该地曾于1980年发动群众采掘5吨出售，上海价格与麦冬同，每斤0.2元。

3. 鸢尾来源于安吉县下汤公社汤溪大队的综合厂，该厂兼事花木仅三年，有十余苗地刚建立。技术力量与经验均不足。主要采掘野生植物供上海苏州等地园林绿化。鸢尾产地实际上离此尚有一二十公里路程，正好是临安天目山北麓，以姚村一带分布较多。地理位置约在东经119°30′，北纬30°30′附近，海拔200米左右，实际上分布很广泛。土壤为灰黄壤，含丰富腐殖质，排水良好，pH值为6左右。根据安吉县城递铺离产地约50公里左右，海拔20米，气象站提供的资料60～80年，平均：年雨量1352.6毫米，蒸发量1152.5毫米，相对湿度81%，年平均温度15.5℃，极端最低温零下17.4℃，极端最高温40.8℃，无霜期225天。

4. 鸢尾为多年生常绿草本植物，5月初开花，花期半月，花、叶的色彩、形态多很美丽，可以作花坛植物，也可以在假山驳岸石旁，林地内，草坪边缘种植，作为覆盖地皮材料点缀园林，可见其具有强健的生命力。如果选作杂交亲本用以培育新的鸢尾品种，颇为理想。因此，是值得推广的一种花卉资源。

（薛建平　黄茂如）

1981.6.9

云南高山杜鹃考察

1986.5.5

向往已久的昆明之行，终于启程了，同行者还有锡惠公园陈盘兴。

正好是我国实行夏时制的第二天，13点多的火车，实际上只是12时多。一个大包背着，再拎一个，走起路来脚有点浮，看来，尽管兴致甚高，体力大不如前了。去登四五千米的高山，此行也许是初次亦是最后一次，所在格外显得举足轻重。就身体而言，近来为准备中国杜鹃协会成立，拍摄无锡杜鹃栽培品种，赶写栽培品种分类检索，花了不少精力。此前，单就杜鹃方面就写了《园林》杂志约稿万余字，《大众花卉》约稿千余字，《信息报》《无锡日报》及锡惠杜鹃展览所需小册子等类，为土建编了花卉教材，为海根改盆景文章，用脑方面甚多，再加一些工作事务，心劳不堪。这次出差，一心杜鹃，其他全丢，倒也略为轻松。

与陈工在车上碰头，他为我背了200本资料，4盆杜鹃，交谈颇为亲切。我们在中学本是先后同学，他比我又早回无锡，一直在锡惠公园，工作颇多交往，杜鹃园的绿化施工也出力不少，专业虽不同，但实践使我们走到一起来了，近来听说他正争取入党，工作颇积极，负责，的确使人有耳目一新之感。

至沪近四时，直奔人民公园住宿。后在街上买些用品，吃碗牛肉面，又是那个味，对上海的饮食实在厌恶。最满意的是买了只背包，容量很大，杂里古董全放进去了，这样两个背包非常从容。晚上看中英青年足球赛，输一球。

人民公园住处仍睡双人铺，去高铺，日光灯就在头上，干扰很少，要写些东西倒也特别静心，虽然录音机声和聊天声不绝于耳。

明天就要起飞，抵达昆明，气象预报昆明有雷阵雨，但愿平安。陈的爱人要他一到就发回电，报平安，并寄航空信回家，连邮票也贴好。我也该写好一信，一到昆明即发往无锡。陈工出差牵动妻子、岳母，我呢，似乎差一点。遇到意外的话，我这昆明之行，就只能写到这里为止了。

5.6

飞行本来就十分平衡，只是人们偶尔听说一次空难就心情悸惊。盘兴坐在靠窗A座，我在中间B座，可以尽情探身近窗，去看那幅大地的鸟瞰，看那下面的云海，视平线上极为漂亮的蓝色，真正的天蓝色，而顶上则蓝得更深。服务员是几个穿天蓝装、大白翻领的空中小姐，不过20上下，彬彬有礼，低声细语，有求必应，一忽儿拿来一盒软装橘子水，一忽儿是一个带民航标记的环扣，一杯清茶，一大盒点心，我都吃不掉。一盒云南芝麻片，未到昆明，先尝土产，行程2000公里，飞行3小时10分，倒也不觉得厌烦。我还睡了一会，因昨日在人民公园那种环境中，简直无法睡熟。

植物所陈星才来接，中途去科协，把余树勋先生也一起接走，他先来几天了，相见甚欢。一到所里，冯老、潘光华都在，还有宜兴的陈学祥、嵇雪华，井冈山的戴忠信（通过信而未见过面），庐山的刘永书，这些杜鹃爱好者能共同聚晤交流，心里极为开心。带去四棵西鹃，一送冯老，二送老潘，还有准备给我同学庄承纪。还没有去他家，他就住在招待所后，从走廊就可看到那房子。我与武汉所的赵守边老师住一间，余先生住里套间，盘兴住一楼。晚饭后我随着两位先生在园内散步，又认识了几种植物。原来在昆明机场草坪上开红、黄、白、蓝小花的，红的是野生的月见草，白的是三叶草，植物园中也到处长。而细叶细花的美女石竹，作花坛植物太理想了。还有一种蔷薇，嫩刺，很宽，鲜红色，果实如樱桃，水分很足，就是不怎么甜。晚上开了筹备会，我准备在会上谈谈杜鹃园和无锡栽培品种分类，来的人不算太多，好些地方没来人，但中国杜鹃协会成立，仍将会是一个重要课题。

5.7

在植物所会堂举行了开幕式，前所长吴征镒老先生也上台致辞。他是全国植物学会副理事长，又是学部委员，算名人了。宜兴的嵇雪华，被称为杜鹃姑娘，也上台讲了几句话，她还与陈学祥两人代表江苏花木协会和宜兴杜鹃分会献了锦旗，估计这些都是陈一人所为。开幕式结束很早，我得空去庄承纪处，他们在复印资料，我向他要了些白纸。午前他取去了西洋鹃红锦袍及给他带来的三盒点心。他与我住处仅隔十几步，随时可去他家。

上午还有一点时间，去看了杜鹃组的引种场。花已开过，很难了解品种特性，但我还是看到了几种特殊的，一是日本送他们的紫富士，叶片上有白镶边，这是国内尚未见过的品种。还有一种野生种的，叶子小得出奇，长不过半厘米，宽只有2~3毫米，也许是所有杜鹃中叶子最小的种类。我想要几个枝条，回去嫁接一下，若能成功算是一个收获。

下午讨论理事及章程，照顾到地区，总数30~90，我与陈学祥都成理事，章程预先可以定，没有多大异议。但会议进行得拖拉，以致晚上理事又开会到9时，从理事中产生副理事长及

常务理事。为联系方便，分为北方、南方及西南三组，我们南方组十多人，公推庐山的刘永书做副理事长，陈学祥及福建农科院蔡幼华为常务理事，我既未发表意见，也不解释，因为我工作已很繁重，没有精力再做这些协会工作，而且我此行，只想引种，杂交育新种两事，今后有精力也只做两事，其外都不在心上。考虑到陈开展工作的困难，我建议聘请副市长薛成志当顾问。

天气一日多变，时雨时晴，天亮得很晚（7点多）算是时差罢。植物园内开满各种各样的石竹花，甚为美丽。

5.8

上午讨论章程后，有时间发言，我谈了愿意在无锡举办全国杜鹃展览，告知市领导对园林绿化的重视，受到大家一致赞成。看来此计划已成定局，不过，我的工作又加重了，做方案、筹备，自然又在我肩上。下午有日本朋友小泽参加会议，与冯老互赠礼品，当场捐赠会费一大叠。他将与我们一起考察，更增加几分新鲜。接着交流发言，我打头炮，谈两个问题，一是无锡栽培历史和现状，二是栽培品种分类，15分钟已超过，主席提醒，我只得谈个大概。小泽在我发言时给我照了相，又照一次成像照送我。他有两个相机，不停地为发言者拍摄，后来他介绍了日本的栽培情况，有翻译，但听不明白。同行的发言，我都做了记录，我应了解当地情况。中午去茨巴买了短裤（1.2元），似女式，管他呢，有替换就行。老潘有车子，故来去没有多少时间。但中午没有睡，人很困，以致傍晚去黑龙潭散步（又画几幅写生）看碑廊时眼前甚黑。

7时半又急奔会议室，听冯老先生讲云南杜鹃，看幻灯。我从中圈了想要的种，回来冲杯奶粉，赵老要我吃他带的夹心饼干。后拿出一沓照片，请我帮他鉴定名称。洗脸时见到镜中那蜡黄的脸，自己也十分吃惊。太劳累了，也许早上起得太早了，6点就起来写日记。精神高度兴奋，

疲劳日日积累，不要未去大理就吃不消啊！

早上一只点心加面或米线，中、晚都是籼米饭，一不小心会洒出碗外。菜大多有辣，我挑着吃，基本吃素，因为很油腻的也不想吃了。

5.9

余先生讲了一个上午。饭前去看杜鹃引种场地，然后就在一座大楼前照相。几个无锡老乡都站在一起，后来无锡老乡又单独照了一张。午后参观植物园，都是集体行动，晚上有个访问美国的幻灯，自觉太累，未去。到庄处小坐，即回。但幻灯结束，三片还要分头讨论活动计划，只得去。开毕，回房，北京片还在继续，我亦不能睡，到他们散，已是11时半。冲杯奶粉，半个面包吃过后，睡意又消，就在床上写些杂感。

明年在锡举办杜鹃花展，我要做的工作甚多。本身工作尚感繁重，又加此重任，看我如何去办了。此行回去真是不轻松呀！会议临近结束，思想负担倒重起来了。

这两天偶然动笔画几笔，感到生疏多了，甚不满意，两支墨水笔也干涩不润。

参观时顺手"偷"点种子之类，有几种杜鹃也想这次能引回去，反正陈在大理多待一两天外，就直接回锡，路上不会很辛苦。此行难得，当然要带点东西回去。

无锡园林局不能成为常务理事，心中感到有些问题，但我不便去争，别人以为我要当，陈是专业户，重在生意，他号召不了无锡园林局，反正随他去罢。我回去工作还多得很，不过展览会的事实质性工作还在我身上，我就当往常展览一样办就是了。回去汇报之后，请局长等来挑这副担子。

5.10

上午驱车游览西山，与我上次来时相隔5年余。走回头路的局面已改变，过龙门后新打了个山洞，从上半山辟出一条石径，穿过小石林（石灰石和岩石约一人高，因为隙间无树，无乔木亦

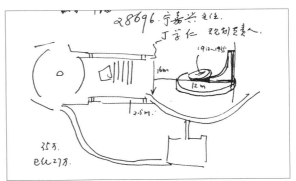

无灌木，十分荒凉，匆匆赶道而已），往下斜交公路，几步即达聂耳墓地。据说花了20万元，使游览大为改善，但龙门一线仍人头攒动，简直无法拍照。对我来说也只是匆匆赶路而已，最使我必欲一看的是新建的聂耳墓，因充山有"聂耳遗踪"景点，甚有必要参考。

一进门就见一雪白全身聂耳塑像，坐落在连续几个台阶状花坛中间，我对准镜头叫老陈走到塑像前，作个比例，正待拍，突然有人大喝一

声"出来"。老陈急走出来,那人命令口吻要他去,自己则返身入办公室。我见状,立即按了快门,急跟过去,怕老陈吃亏,因有人说要罚款。进到旁边办公室,那人是一脸严肃,似乎在翻簿子,找罚款单子,我与陈立即解释,并递过工作证,说明来意,并主动问及建设此墓情形,那人才逐渐缓和下来。后来竟拿出设计图纸给我看,告知塑像造价、高度、汉白玉出处,为我提供聂耳生平照片资料,出处以及坐像模子等主要线索,真是不打不相识,我要的真是这些资料,要找的也正是这位负责施工的文管会同志。后来他也拿出工作证给我看,名叫石岩,表示图片只要来公函,即可购一套,雕汉白玉像的北京厂供销人员名字也告诉了我。事后我问老陈怕不怕,他说怕什么,我们都是搞园林的,一家人。这也算是一个插曲罢。

下午很晚才开会,公布理事分工和七五规划要点,冯老作了小结。晚上会餐,有6桌之众,各地代表都出来敬酒,我与老陈自然也得表示欢迎明春来锡指导。老陈酒兴,回房后滔滔讲了些我未列为常务理事的不满,虽然言之有理,但我们自己不好意思去争这个地位,别人又不了解陈学祥的情况。再加陈会前肯定与冯、潘等老乡拉关系,他借省花木协会大旗,自然要给他一席。常理一共两席,不能都在无锡,老陈不平,也只能说说而已。

5.11

代表中有一维西藏族青年,晚宴时自告奋勇表演节目助兴,他自唱自跳,粗犷中带有柔软,大家鼓掌击节,我以为日人小泽也会即席演唱,结果他双手乱摇,表示不会。估量他六十上下,不再是年轻活跃时期,大家也就不勉强。

早上候车一波三折,原说7:30开车,到9:00才来车,还是辆破车,到市区西站后还试了刹车,加了油。因为没有更新的车子,只得将就了。出发已是9:30。市内见有出卖嫩青蚕豆,

四角一公斤,但沿路麦子很矮小,尽是黄土连片,山开得很惨,已看到一些沙化现象,仙人掌大的有一人多高。山上松树,孱弱不堪,荒地荒山甚多。司机很有本事,车开得飞快,转弯也不减速,一路超车,我看公路两侧并无悬崖深沟,虽然转弯多而角度小,不像浙江一些山区那样惊险。似乎没有经过江河、桥梁之类,因而云南总的来说偏旱,有一段芳草依然枯黄,还是入冬景象。一些谷地,农民正在插秧,下田人不少,房子都是泥墙,屋面都是小筒瓦,有一个稍上翘的脊,都作两层,两厢,屋面大小悬殊。讲究的前面还有围墙,然而看得出来,生活是穷困的。据说山上如此光秃全是烧柴砍光的。滇缅公路开通后,原始森林即受到严重破坏,路面是黑色沥青,高原太阳强烈,柏油化开,车轮过处发出滋滋响声。路面较平整,亦有一定宽度,两车交会不用减速,有些狭处,还有来车去道单车行驶。

山上开白花的粗柄杜鹃和粉红小花的碎米花杜鹃,零星可见,在村舍旁还见开黄花的地涌金莲(形略似美人蕉),其叶同芭蕉相似,但矮小得很,还有开黄花的黑荆树,甚为稀罕。

下午7时过后终于抵达下关,住洱海宾馆。饭后大理州、市领导前来看望,各位代表并一一握手,甚为热情。老夏在这里当局长,尽地主之谊向大家打招呼。在宾馆客厅内,据两幅壁画,向代表们介绍大理风光和历史,丰富动人的内容,促使我们愿再多留一两天。天气晴朗,明日登山,后日游湖。之后即赴丽江。听说下关风大,晚上竟不敢开窗。窗外是一条大河,沿山脚入澜沧江,故形成风口。但并非天天有风。

5.12

这里农民都用背篓负重,背带套在额头,两手在头旁握住背带,远看好似抱着脑袋,低头走路,"额头胜过肩头",为云南十八怪之一。

苍山有九峰,屏立西侧,我们参加考察的共39人,加上昆明园林所陈春阁(64年北林毕业,

苍山冷杉

现任书记）带领的青年团员以及大理一些同志，分乘四辆车，8时半离下关，沿洱海西侧滇藏公路北行，绕过大理三塔，而后盘旋上山。苍山脚下有大片良田（现正在收割小麦，亩产千斤以上），之上为缓坡。因砍取薪柴，山秃水土冲刷十分严重，土壤都由泥石流堆积而成，汽车在颠簸之中之字形爬坡，角度甚小。我坐的大客车，要稍会倒车才能转得过去。好在此路仅有这四辆车，一路上去看到开粉红花的碎米杜鹃，开白花的粗柄杜鹃，还有开红花的独蒜兰，很想下去挖些小苗，但因出发略晚，低山、中山都未曾让大家下来考察，老夏只是在停车时简单介绍了一下。车子可以开到3200米处，花了两个多小时。俯看洱海及大理村镇，风光极美。下得车来，先领取午饭，每人一袋，中有蛋糕10只，鸡蛋5只，巧克力5卷，还有一瓶鲜橘水。我还有早上的面包和点心。徒步登山已是10点半，我先吃了一点。登山分三队，冯老年岁大，就在附近看看。另一组中山，可以再上去一点，我参加了高

山组，一点人数还有二十八九人，小泽及翻译也归入我们一组，由老夏带队。第一个开始行动，这里没有大树，灌木也不茂盛。然而路边大理石雪白，十分耀眼。坡度比较大，所以几个之字下来已觉喘气，心口难过。心想不到高山，中山也行，反正原路返回。天又晴好，不会迷路，我也不告诉他们我的身体情况，去年初切胃，上班才一年。因而一边走，一边看杜鹃，拍拍照，吃力就站一会。但不敢多停，更不敢坐下。慢慢地，经过几个小峰，开始好一点了。中山也就是3500米左右（这里温度10℃，下面20余℃）。苍山冷杉十分挺拔，枝条横伸，树身苔藓丛丛，有些十分粗大。林下十分松软。而兰果杜鹃、棕背杜鹃、乳黄杜鹃就在林下，肉红色光滑的树干，横卧着将树冠托起，而花朵一球球（十余朵聚在一起），色彩相当丰富。再下面还有小体量的湾柱、密枝等杜鹃。报春、龙胆，星星点点，是林下的地被。选一些一拎即起的小苗，用苔藓包好根部，用信纸一包，放入尼龙袋中。有人劝我下山时采。不，我应见到就采，下山不一定会再见到。老夏还为我拍了好多照片。他们的小章抢着帮我背包，我不好意思让小姑娘替我背，推说我随时要用东西。她是浙江人，在上海园林技校毕业，即返大理搞规划设计，待我很好，她与夏很照顾我。

我基本上是一个人行动，老陈一直拖在后面。我随看随采，饿了就吃，在冷杉林中吃中饭时，我还拿一株冷杉，之后才坐到他们一起，吃蛋糕、鸡蛋。小泽也在此吃，我的一包榨菜分给好些人吃，大受欢迎。此时，陈春阁与一批青年也坐在近旁，我主动招呼，申明是校友，她就热情邀我去园林所，我说丽江回来要去拜访的。此时已一点多了，山头在雾中，但总算没下雨。温度显然很低，附近就有未化积雪。我洗手时，山泉冰冷。因为一直在走路，不觉太冷，但再往上，的确艰难，3800米以上，已无冷杉而全部是杜鹃"矮曲林"，可惜尚未开花，否则真是一

片花海。我是差不多最后爬上4090米的顶峰，2：30到小岑峰。跨进那里的微波站，说我已是面无人色，跟跄如醉汉，胸口难过得话也不想说。里面已有10多人，围在电炉旁烤火。床上是兽皮垫子，松软舒服，电灯都开着，外面雨雾漫漫，风呼呼叫，他们立即让我坐，端上一碗热茶，我无声地接来喝了一口。稍待一会，转过气来，问旁人；我脸色如何？都说苍白，我说现在好多了！东西一点也不想吃，热茶最觉适口。

微波站工作人员都穿棉衣，20天一个班，下班就回大理上班，两个月轮换一次，十分艰苦。我到过天目山气象站，也到过清凉峰的雷达部队驻地，而这里，房子是金山石砌的，有电灯，电炉，电视，荧光屏上显示着气象观测资料，气温现已降至2℃～3℃，比山下低20℃，冬季最冷时曾出现－23℃，这里也是世界最高的微波站台，他们一直饮用雪水，可见生活之艰苦。

半小时后返回，我把带来的毛线衣穿上，登顶（海拔4090米）的几位集体在外面留影。其中几个女的也上来了，宜兴秸、陈、武汉小唐、大理小章，这是我有史以来登临的最高处。我终于又经历了一次严峻考验！他们都佩服我的毅力。回到家里，把采集的活标本，一件件清理时，他们又说我是行家，会识宝，的确，此行收获不小，连我自己也感到满足。

舍不得下山，又边走边挖了一些，并与陈拍了些照。他在下面等我，也真难为他了。他也掘了两三枝苗，但没有登顶，实在遗憾。我是最后一个下到汽车路上，他们都在等我了。我的大包也早被一个青年替我背下，已拎在老夏手里。5点40分车往山下开去，我与老夏并肩，在山上我们常搭肩照相，甚为亲热。坐在车里，虽然很累，但与老夏谈及工作竟无停时。我了解到夏在分类上极有成绩，而且一些文物考古、园林建筑上也极有成绩，他想将苍山花木志做完、大理民居建筑搞完，就想离开，去无锡。这里排外情绪仍较严重，我说只要肯放，那边我去说通。他为

人爽直，经验丰富，才思敏捷，年纪不过40多点，真乃人才，到无锡一定会受欢迎。

丽江回来，一定在大理留两天，他带我再看看建筑，风景点，难得来此多了解一点为好。

回观洱海，阳光灿烂，7点已过，仿佛午后不久。

吃过晚饭，处理完标本，洗擦了全身（无洗澡），穿了拖鞋，独自去街上走走，时已九时然天仍亮着。街道不宽，不过6～7米，人行道几乎无，车辆甚少，卡车则未见。行人以年轻姑娘、穿着入时、脸上化妆为突出。青年喜穿军衣上装骑自行车，民族服装则少见。直街为人民路，颇长，有三个十字岔口，都未去。店规模不大，货色不多，没什么兴趣，来去匆匆，走到街角一幢7层大楼即返回宾馆，偶见一对盛装民族姑娘，然脸已看不清楚。苍山之上一钩新月，街上像我穿拖鞋而行的未见。回到住地，写完这篇日记，将近12时了，疲劳已消除过半，而睡意也大减。明日游洱海，会轻松一些。丽江雪山考察也不一定像今天如此高度。

我的时间都化在工作学习上，节省了洗衣服，写信时间。陈则又是一封家信。

蛋糕尚有8只，鸡蛋7只吃了3只，巧克力还有3块。老夏为我们准备了充足的"粮草"！

奶粉和胎盘粉作为营养补充，天天吃，希望自己能顶住这次考察。

大理12万人，下关只3万人。

乳黄杜鹃花朵金黄，一球花有20朵，是一个本地人，爬到树上采下来，我看到此花，就着急寻找小苗，竟未得。谁知回来后园科所的老朱特地挖了两株，我请他来鉴定时，竟也有了。另外弯柱杜鹃，叶带香味，也是我最满意的一种。而密枝杜鹃，天然是一个树桩盆景。太兴奋、太劳累了，晚上竟未能睡好。

小岑峰并非杜鹃最多，因为有一车道之便。夏曾与8个工程师上山考察，在山上迷失两天，出动当地军警寻找脱险。

5.13

天非常晴朗，今日游洱海，正好休息、消除疲劳。

洱海真称得上"海"，面积有250平方公里，阔宽为其一，水深平均8米，最深22米，水碧蓝，为其二；洱海中的山茶号、风光号游船均为双层大船，不比太湖的差，为其三；水中水草茂盛，螺蛳如同小海螺，这是太湖中没有的，为其四；湖中三岛为海上仙山，为其五。有此五点称海不愧矣。然而两侧山头及岛屿均光秃，大煞风景，据说过去有大树，后来砍光了，现在又难以营造起来。一则太干旱，一则砍柴问题没有解决，美丽的苍山与洱海，不能不承认这是致命伤。当局如真正要把大理建成24个文化名城，旅游风景全国44个重点区之一，这一步是最基础的工作，非做不可。至于杜鹃下山，又属第二步了。

目前东岸无多大吸引力，西岸则古迹甚多，周城的白族民居，"三房一照壁，四房五天井"颇有特色，而门头、照壁、山墙的装饰更精雕细刻。我们在周城吃中饭，园林局请客，吃了当地名菜活水煮活鱼。原来就是将好几尾鲫鱼，连同一些佐料煮汤，因特别新鲜，味甚美。虽然加了辣椒，但我还是吃了不少。另一只菜是杜鹃花（粗柄杜鹃的花），我到厨房去，想看生的，结果早已煮熟。厨师开锅给我看，色淡紫，漂在汤中，相似紫菜，但味道一般，因与豆腐之类同煮成汤。还有一只是火腿炒蕨菜，味道尚好。另有一只是同龙虾片相似的东西（乳扇）不感兴趣，只吃一块尝尝。最喜欢的还是鲫鱼豆腐汤，满满一脸盆。

三塔极雄伟，但环境跟不上，大理古城也别具古风，卖大理石工艺品甚多，我只看中笔架，五角一只，其他如烟缸、笔筒、三塔、玉镯、砚盒、书镇、花盆、圆石球都在几元上下。反正还要回大理，不忙买下。吃饭，大理市副市长（杜）出面宴请，有6桌之多，酒菜比昆明更丰盛，最有名的是砂锅鱼。一只瓦煮大口锅，足有35厘米直径，完整一条草鱼，里面有豆腐、蛋卷、肉圆、干贝、开洋、香蕈、火腿、蹄筋、鸡肉、鱿鱼、腰花、肉皮、瘦肉片等，拿上来时还是沸滚，味道极为鲜美可口。此外，清蒸鸡、牛肉都非常入味。我就吃此三个菜，一粒饭都不吃。因口渴，饮了些啤酒，汽酒。杜、冯、余、夏、小泽分别讲了话，宴会很紧凑，随便，我第一个吃完离席。

晚上园林处又招待大家去温泉洗澡，离住地3公里，用车送去，水很热，池很大，大理石砌，两人同洗。水从一角大口冲出，另一角出水，有一块木板挡塞，可以开启。水的滑腻感不如鞍山温泉。洗完后浑身舒服。

昆明园林科研所书记陈春阁晚上来此，明日一早即返昆，我一袋杜鹃，就托她带回所里，如此，我可轻松去丽江登玉龙雪山了。

整个活动安排十分丰富紧凑，这次考察真令人满意。也许我事前思想准备充分，因而主动性好，似饥如渴地看，交谈、写生、拍照、采掘、记载，他们都说我用功，收获最大。上次去庐山，也有如此评语，我与夏交谈，真不知疲倦，他的分类、文物、建筑、园林工作经验十分丰富，听来有趣，如果多待几天，不会乏味。

蝴蝶泉绿化尚可，但景点欠组织，碑石上色彩有绿、蓝、红，似过于花哨。5月23日是蝴蝶盛会，可惜车票已定在21日离昆，最迟19日要到昆明，还有植物园要去拿几个品种。园林所也得去订一批杜鹃。大理的确迷人，但工作也相当艰巨，夏一人尽管三头六臂也难解决，加上地方各级干部水平有限，民族情绪排外之类，他也想离去。感觉此处不宜久居，他爱人在城建搞规划，南京人，一子一女，大女儿今年考大学，小的尚在职业学校学习，从工作而言，能去无锡当有作为，市、局应是欢迎的。（蝴蝶泉）

这次考察，最为热情亲切的即是夏、潘，而冯老则处处抬举陈、嵇，不知何意。

5.14

8时离大理，沿滇藏公路向北驶去，沿途集镇均未停留，只有大家要求解手时稍停留，显然车速过慢，开得很谨慎。到丽江200公里行车达6时，幸有蛋糕充饥，下午2时才到丽江地区第一招待所，亦即最高档的宾馆。路上值得一记的是在剑川县，车稍停，有几个买了小摊上的泡山梨吃，4角一斤，果头黄黄的都在半斤以上，但吃了一口，酸不可挡，就扔掉了。重庆园林所一青年从小摊上买了一个小银币，光绪元宝，背后面有龙纹和英文字母（云南省造），化三元，不少人说是假的。吃中饭前坐在桌上等菜，他拿出来再看，我告诉他背面有英文说明，库平1.44钱，看来不会作假。他高兴地说，有专家鉴定，吃不了亏！回去可以打一个耳环之类送爱人。车过剑川，迎面远处即可见玉龙雪山，这是一二十年前所辟，老夏1960年代去丽江，只能乘马帮。山上多云南杜鹃及腋花杜鹃，恨不能下车挖几枝。过了山顶，地面反而平整多了，而每棵松树基部都奇怪地一个劲扭旋，歪曲之后再笔直往上长。后问老夏，才知亦不是风之故，而是一种特有的"曲干云南松"，丽江城里还有以此作树桩盆景的，不知者还以为人为加工所致。

宾馆两人一室，四壁木板，沙发、写字台、台灯、床头柜、壁橱、卫生间均齐全，可惜我们住的卫生间上了锁，因水管已坏，如此只能到隔壁老冯处方便。

几乎马不停蹄，吃过饭，回到房里，即由丽江玉龙公园一青年杨森领去公园看杜鹃花展，从4月6日至今，仍有不少花开着，而映山红干粗，扭曲，据说已栽培七八十年。闹羊花开得正盛，纳西族老太成群在园中围坐打纸牌，她们的衣服蓝一块、白一块、黑一块，背心处好像一张皮，非为保暖而是背物时的垫衬。想起同学王玉华"文革"中迁校即在此待过，民谚说纳西族人又能做来又能驮，与白族决然不同。又看四方街，丽江老城风貌依旧，新城则另建一角，黑龙潭环境树木很多，加工则缺乏。好好的天，突然一阵雨，不算小，一时又停不下来，只得冒雨回住处吃晚饭。时已7时许，别人早已吃完。稍坐，即去科委看丽江风光录像片，至9时半，不想洗澡，即写此日记，同室梁玉堂（山东师大）早已入睡，我还想抽空写封家信回去。

今天是最疲劳的一日，不知何故。明日上玉龙。玉龙更比苍山高（5596米）但不一定登那么高，因雪线以上已几无植物生存。

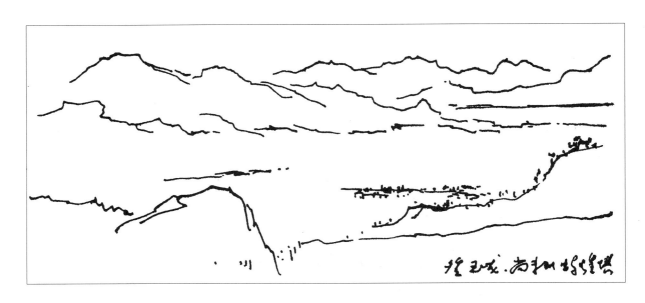

5.15

又是晴天，玉龙山的雪峰清晰可见，我们花了十多分钟，绕了一大圈，从田野摄下了它的全貌。早上豆浆、稀饭、馒头、点心，吃后每人带一袋干粮，这次不像上次那样多得吃不了：有两个白馒头，一个面包、两块点心、两个蛋、几块大头菜，还有是日本小泽送大家的一罐可乐。八时半准时出发。车子在一个平坦漫长的山谷行进，一路是车子开出来的，无路面，亦无路树，离两侧山脚均有相当距离，全是荒滩，尘土与颠簸不必说了，所以上车不久就感到无精打采。道路很窄，差不多只有2米光景，尤其到达山脚下的玉湖乡时，连连90°转弯，大客车十分为难。我们四辆车进入山村，见车来，小孩成群雀跃，衣服相当邋遢，颈子里看得出老"肯"。几本书用绳子捆着，连个书包也没有，而女孩子稍大一点都是干活装束。小学生中很少有女的，生活似乎贫困而又落后，这与玉龙公园所见纳西族老太的退休生活又属一个阶层。

下车后大家从平缓宽广的荒谷走近玉龙山。山顶由云雾护住，已不能见。荒谷是泥石流冲刷堆积而成，仅有一些小植物，杜鹃则丛生在两侧山坡上，种类不很多。漫长而遥远的山路，很觉吃力。脚底是砂石，很易滑倒。翻上蚂蟥坝，并未见到几种植物，道路都是黄牛或马，拖运木材的滑道，木植子犹如稻草屑，牛粪遍地。见到几个农民，赶着几头牛，背着斧子去砍树。蚂蟥坝的丽江云杉林已全部砍光，成为一片荒坡，好大的云杉树身，横倒在地，看了令人可惜。现仍在破坏，可见林业政策的重要。上至3400米，即从另一谷地返回。除亮毛杜鹃的桃红色花球十分引人外，要算香浓的黄花报春了。老夏挖到了紫红色勺兰，这是他几年未找到的一个种。这里原有冯老创办的高山植物园，"文革"中被毁，一无所剩。

今日收获仍少，只带回一枝颇入画的丽江云杉和一枝密枝杜鹃（经冯老鉴定是"粉紫矮杜鹃"，叶香）。其他人也都一样，铺地蜈蚣我未

要，因我地已有此种，但并无像样桩景。小泽头上包了头巾，花花绿绿的，我说你真美，他指指衣服也笑了。回来后，大概他提出要黄花报春的种子，冯老不准备给他，因未有批准手续，不敢贸然。对此，小泽一定扫兴。

早上与余先生交谈，明年展览最好以协会之名尽早发一文，我市即可以此做些准备，他表示应该，并提及我未能列为常务理事十分遗憾。他现在知道，陈不能代表市，他说冯老亦有此意，准备听取南方片意见，把我补入副理事长。我连说不必，已经宣布过就算了，我们只是做一点工作而已。对这一问题，也许我从个人考虑太多了，一味推让，以致南方片拉陈学祥为常理，而陈并未谦虚，因这一衔头对他的声誉、业务大有好处。对园林局、无锡市来说似有不恭，但陈盘兴事后谈及此，当时却并未言语，我总不能自己说我来当。回去说清此事，而展览工作的准备，则怎么也推不掉。

这里柳树长得不错，公路上已搭成绿荫。桉树还是行道树种，种得很密，据说叶片都是砍下做桉叶糖的。

5.16

昨晚上坐在昆植和大理人住的房内，谈及昨去玉龙山南坡的路线，感到错了，吃力而看不到多少杜鹃，然而机会难得，以后我不会再来。昆植搞药用植物的老李，则十月就要来，他是年年出来挖几十种，这次他挖的东西最多。搞活标本，他是经验丰富的老手，我请教他并看他整理所挖植物，他认为挖后就应用湿苔藓包紧，上面透点气，外面再用尼龙袋包好，这样放半月、一月都问题不大。因此，他上山就把苔藓带好，用时搞湿，回来再填塞紧，并包以尼龙袋，也不喷水，就往床底下放，品名写在一条硬塑料带上，他觉得还是用铅笔写好。

今日从玉龙山东面考察，大部分时间坐在车里。路很坏，几十公里，用了两个小时，在白水

停下，海拔2800米。所谓白水，是玉龙山下来的一股溪流，水是清的，因为产的石头为白色，故名。一到那里，冯老车子未到，大家就散开了。我在河床里拾有没有稀奇的石头，被白色反照得头晕目眩，浑身无力。后来在寻找植物时，眼前忽明忽暗，晃动异常，不能自主，即靠在边上闭目，连近在咫尺美丽的独蒜兰也不想去拿。也许是这几天太劳累了。后来好些了，但一天提不起精神来，一到车里就昏昏欲睡。看到的杜鹃除山生杜鹃、髯花杜鹃外也没有特别新的种，而且也不像苍山那样一枝即拔起的小苗，因而收获寥寥。河滩有蓝色鸢尾，花不小，叶甚短。

有几样则印象深刻，在三大弯看到原始冷杉，伐根（砍伐后留下的断面）都在2米多，幸存的也有1~2米，笔直高大，十分雄伟，更有高山栎，竟也那么笔直高大。在山湾里，至少有40米以上，上下粗细相似，据夏说这里原来成片，一亩地有几百立方木材，现在砍伐破坏严重，许多大料横倒，无人管，听凭腐朽，木材相当好。高山栎的分枝、冠形，独具美态，与针叶树不同，可惜未摄下来。

这里有野生紫牡丹，正在开花，单瓣，紫黑色。我随老夏走下去看时，镜盖跌落，待我发现，人已在车中，驶过几里路了。集体行动，当不能为一只镜盖而那么多人等我，然而今后要配到也难，真是遗憾。小心了那么多天，最后一天考察却丢了。后来一谈，丢失镜盖的人还大有人在。野外考察，可能在所难免罢。我记住丢镜盖处名为"琉璃落"，命该落一点东西在那里。

我们只在3000米多一点看看，丽江科委为这次考察拍了电视录像，雪山时时立在面前，耀眼的冰川、积雪、寸草不生的河滩、白云中的峰顶，构成了玉龙山的雄伟气势。再见了，玉龙，我在你山腰转了半圈。据说顶上至今还没人登顶成功，主峰扇子峰还是个谜。

5.17
昨天在三大湾一株20米华山松下，拾起几个巨大松球，每个足有20厘米长，鳞片豁开，松子早已脱落，觉得好看，就拿着。秋子（校友，广州工作）见了，也要一个，谁知我的一个在颠簸中滚到车门口底角。回家后，忘了拿，待我想起来找时，车门已锁，今日一早再去，车子早已清扫干净，没有带回来给大家看，真遗憾。

我与陈坐大理面包车回下关。在他们开车前，去大车上一一道别。大理园林局共10人加上我们去白汉场的两人正好座无虚席。一个单位的人，行动十分自由，但司机甚懒。油管发烫，要车中人帮他提水，大家只得停下。见路边有肾叶蓼，叶如天竺葵，有灌丛马鞍叶羊蹄甲，开着白花，路下为丽江水泥厂，附近梨因污染而石细胞增多，果皮粗糙。出丽江城，翻越一个坝（平原，菁即山溪），后即改去石鼓看金沙江。这里是长江第一湾，江如V形。1936年春，红军18000名将士在此渡河（贺龙等），现有碑亭一座记其事。我们走到江边，有一片柳林，浓荫高大，有些妇女在林中休息闲谈。当年红军即在此赶制木船，两日内全军过河。江面相当宽阔，水流很急，但比起别处已算缓和，因而此地历来为兵家必争。石鼓之名，出自一面石制圆鼓，直径1米许，厚40厘米，立在一个基座上，两面都刻有字，看年份为嘉靖二十年和嘉靖四十年，太平歌之类，外架两层小阁，飞檐翘角，耸立于路边。一张木梯，可登临小阁，四周无窗，可一目了然，犹如岗楼。据说贺龙曾敲响此鼓。在流入金沙江的一条小溪上，有20多米长一座铁索桥，桥下水边，几棵树极有姿态，一女孩在水边洗东西，倒影清晰。老夏已先我下到溪边拍摄，于是我在岸上，将他与桥上背竹篓的男孩一起摄入画面。登石级返回街镇时，我正对沿街民居入迷，一个老妇背着东西走来，正好一幅风情画。老夏已抢入镜头，而我真欲照，老妇已走近身边，来不及了，只得叹息不止。时已1时，肚子饿了，街只一段，宽7~8米，无树遮荫，难耐不堪。走到尽头竟无吃食店。街头卖凉粉及柴子豆腐切成细

条，拌的辣椒粉调料，老妇都用手拿，灰灰的，不敢吃。有两大理人各吃一碗充饥。大家坐车返上高处公路，倒有私人饮食店。进门，几张矮方桌，长凳也很矮，堂口连着小院，院中石榴花红极，一支桑树结满乌黑的果，无人吃。也许饿极之故，一碗饭、四碟菜、几碗豆腐汤，吃得很香，肉片与生洋葱、麻辣豆腐（辣与花椒）、咸酸黄瓜。

据说石鼓有木材可卖，生活比丽江富，但比不过大理。这里是一个山谷，阳光足，气温高，农作物收成好，房子差不多都是泥墙，门楼之类也粗糙。从石鼓到剑川，道路很坏，颠得人难受，昏昏欲睡，极为疲劳。因绕了路到下关已6时半，昆植几位已早住下，我们住到对面小楼，一切倒也方便。饭后，老夏来邀去他家坐坐，看照片、资料、文章。他家客人多，有南京请来的蝴蝶画专家（剪贴），还有章美英，住在单位，吃在夏家。她在《大理报》上报道了杜鹃协会成立的消息，看来她还常写些小文章，嘻嘻哈哈一股天真活泼。夏想调锡，亦想将她调去。章老家父母在浙江，伯父（高中时，给伯父做女儿）过世，再也没有留恋之处了

5月23日蝴蝶盛会我们已等不及，实在可惜。此刻，除冯老、小泽等6人外，大部队已在大理前一站住宿。

5.18

老夏陪同一天，看大理，喜洲白族民居。

白族是少数民族中解放前唯一有资本主义萌芽的。民居风格大量吸收长江流域文化，至今仍有说白族祖先在应天府（即南京）的，民国以后，又吸收欧式，产生了别具一格的小洋楼。老夏很有研究。中午又在周城吃鱼和乳扇、鲫鱼三斤与豆腐同煮，用一个大托盘盛着。同行的还有南京请来的蝴蝶画专家张松奎。晚上在夏处吃饭，有鱼、鸡纵菌、香菇、牛肉之类，冷菜有蜜番茄、黄瓜，很可口，都是小章所做。老夏送我很多兰花，又送大理石圆屏。张送我他的金陵十二钗蝴蝶画照片，并说下次要来公园展出。章则要求调锡，我说找个合适对象为方法之一，似乎一切托我。夏也写好简历，我当为之疏通，唯恐大理不放。全家热情接待，9时多，方才一一作别。

5.19

为了少受颠簸之苦，买了24元小丰田车去昆明的票，果真开得飞快，400公里只花了8小时多，下午4时即到昆明。一路上无心观看，车中12人各不相识，无话可讲，累了就打瞌睡。中午在楚雄吃饭，饭是粳米，十余天来头次吃到。楚雄街道不错，但没有遮荫，如同炎夏烈日，令人难挨。两边法国梧桐刚栽上，不起作用。

一到昆明，至4路车站，走好一段路，拿的东西不少。老陈心有怨言，我亦不耐烦，心想要是与一个小青年同行，还会帮我做点事呢！

住宿，打电话，与老同学谈，都是我在周旋。晚上老潘、朱两位所长赶来，朱还特地骑车来四招了解我们的车票买了没有，9时多才来说尚未到手，看来还大有困难。今晚有两张本是我们的，已给陈学祥、嵇雪华拿走了，说好明日来车先去四招落实车票，要不通过朱的老同学、副站长搞两张21日的票，办妥后再去昆植和园林所，这样老朱又得忙一天。老陈要是不感兴趣，就请自便，反正这次挖的野生苗我决心自己一个人拿，我应该找一个助手一起来参加此会，结果苦了自己，下次当予注意。

一个人事业心是最重要的，与老夏所以能谈得投机，原因即在此。我希望他能来锡工作，老潘帮我买了白药，而香烟他一定不肯要我的钱，真过意不去。另外他托我给他伯伯（姑姑）送去一包东西，近在我住地（他姑姑在大娄巷，我在岸桥弄，相隔不远）。他在昆明市科委开会，尚有一天，明天不走，尚可谈谈。

5.20

车票没有落实，心神不定。

早上老朱车子开来后，先到四招，未见植物所人，即去车站找老朱同学副站长，不巧去成都了。走投无路只得先去园林所看看。吃过中饭（老朱请客，60班老刘，搞木兰科的滔滔不绝与我讲木兰，我实在无心去记），又去四招，仍未见到植物所人，即去植物所，先见见冯老，他因腿伤在家休息。出来遇老杨，一起去找买票人，未得要领，那位秘书长赵禹打个官腔说是已讲，无论如何排队也要帮我们买两张无锡票，说得恳切。准备晚7点去四招找陈新财，此时再抽空去杜鹃组要了四个种的枝条，有两种是叶子镶白边的白富士和紫富士，还有一种叶子特细的日本种"霖枫"，另外是美国来的西鹃，花紫红重瓣。上海来一种花已谢，当时我看中了花色花型均美，从未见过，没有小苗，拿枝条回去插接也好。庄承纪因有鉴定会，也无心找他了，只好请杨转告。心里急着想走，尤其见到大家都陆续离昆，更感归心似箭。然而到了四招，见到老陈，仍然左说右说，不得要领。送走客人后驱车老朱家，告知此情，老朱表示要买也只能买到24日后的了。陈即表示，飞机松些，明日可能买到后日的，于是向老朱借100元。明日植物所打个证明，陪我们一起去买飞机票，今日一天，惶惶然，心猿意马。

昨晚难以入眠，今日车票未定，仍然不会安睡。

离住所不远有家饭店名锡海饭店，风味适口，一问知为无锡上海客人胃口之店，昨晚两元七，今日各来一碗榨菜蛋汤浇饭，令售票员吃惊。

5.21

谁也没有料到，上午还在苦思如何搞到车票或机票，12时50分，我们已登上三叉戟，直飞上海了。

早上，站在圆通公园前，茫然地等待植物所车子来，陈海兰来上班，知我欲购机票，即称有一个关系，可以打个电话一试。然而电话通了，无人接。那是机场的技术人员，大概在规划设计上打过交道吧。九时多，老陈在下面叫我，植物所车来了，即赶下来，陈新财说赵宇没有看见，否则一定把他拉来，他认识机场售票员，这样，大家都像一般人员一样碰运气。我说陈海兰有些关系时，陈极力说将她拉了一起去，反正车子送她回来。没多少工夫，司机小李即掉头回来，我一口气跑至5楼，未敢贸然开口，陈的关系只是业务往来，与售票处不搭界，她答应再打电话。我看不行，即返身下楼，坐车而去。民航人不算挤，但一问，当天倒是有退票的，要去机场碰运气，明天机票要下午来看看，一无所获。我当即转念，不如直接去机场一试，因江苏老姚亦是在上海机场直接买到票的，于是即回去取行李，结账时已十时半。老陈看到班次是11时50分的，尚有一个多小时，来得及。但车子约定10点半送广州唐秋子上机，于是又去了张长芹家（唐住她处）。车子转两圈不见人，我心急如焚，说再不见到就去机场，幸好第三次见到了唐和张，随即上车而去。正好她们在机场帮我们看行李，我与陈好周旋机票。递了两支烟，对着站长不走。终于弄到两张，时已12时。植物所小李为我们高兴，即开车离去。我们与唐一起进候机楼，她是12时40分飞南宁，我们12时50分飞上海。她先登机，但我们早起飞。坐定之后内心有说不出的痛快，但香蕉、菠萝均未买，殊为遗憾。下机即去车站，晚十时已抵家。昆明之行至此结束，回忆这段时光，心有余悸！

黔西百里杜鹃林考察

1988.4.9

主要是手头工作急于理个段落，以便走得心安。因而连去贵阳的交通也未曾仔细打听，总觉尚有时间。后来南京的科技会决定由刘去，我又松了口气。而陈盘兴突然因岳母病在医院，而不能同行，又使我失去依托，待公园同意葛锡平随我去贵州时，离规定报到日子实在已到最边缘。9号，无论如何要乘上去贵阳的客车。

票是7号买的，但没有卧铺，只有硬席。1981年我与锡惠公园孟士庆主任去贵阳引种杜鹃时从南昌扶着靠背立到株洲，此情景又将重演，不禁畏惧旅途之艰难。然而在车上补到卧铺的希望极小，最迫切的是到了上海要能签到有座号的车票，否则两天两夜旅程，站立是无论如何吃不消的。我与小葛一上车，就为此不安。坐在我们对面的两人是退休工人，去南昌协助工作，从他们了解到签票处的新地点，上海新站落成后我还没去过，下车后紧随他们到中转签票处，一问151次要明日才有，急了，难道在上海还得住一晚？幸好换个窗口，马上签给我当夜去贵阳的151次，幸好，而且还有座位，定心了。

寄了拎包，如何打发时间，两人即去市中心闲逛。午后去"大世界"，我小时来过，哈哈镜还在底层四壁，仍吸引人。1～4层有各种文娱演出，不用再买票，随便看。我与小葛喜欢音乐演唱，凑巧有贵州六盘水来的歌舞团表演，坐下来休息，边看节目，直至节目重复，便离开。回火车站在候车室里消磨到夜幕降临。

1988.4.10

晚上，列车驶过江、浙，天亮后已到了江西地界，窗外是一片翠色图画，大片大片油菜花一直向远处山脚延伸，近处偶尔出现小块淡色萝卜花和碧绿的麦地。显然麦地比浙江少多了，也许是地形起伏剧增的缘故。山上落叶阔叶林的嫩叶都放芽了，处在低层的映山红和一丛丛淡紫色莞花（与瑞香同科），在嫩叶丛中格外突出，我这个杜鹃花爱好者一下就看出了它们的行踪，告知小葛。他第一次出远门，母亲和朋友为他准备了两大包吃的，此时同样贪婪地观看窗外。

山村民居的式样如图，那片山墙是美的精粹，村庄附近桃花盛开着，蚕豆也已开花，比之故乡又早了一步。

车过湖南时，山上尽是油茶林，白瓣黄蕊，映山红与檵木花，红白相间，莞花已不见踪影。

1988.4.11

贵州是山区，气候要冷一些，未见到映山红，想来不会没有。虽然满山是赤裸的石灰岩，土地相当瘠薄。油菜花看去虽然一片金黄，但植株瘦得可怜，令人怀疑能否结出饱满的种子。山岭也荒得多了，树木稀少，油菜、小麦，一片接一片，"飞"到很高的山顶。从山林的应有面目来看，这是一件打满补丁的破衣裳。我在昌化时就形容过，10余年来，补丁连补丁，十足的破。那时浙江还从未有开山开到山顶的。山上没有了树，水土不流失么！穷山、恶水，人民始终摆脱不了穷。果然山湾里的农舍仍然是泥墙草顶，屋前后，有几株桃、梨花开，香樟吐着嫩芽。村居、屋面都是悬山式，薄薄的，带点弧度，展开的木架都显露在外，顶部山尖不封，可看到放在里面的杂物。下层居室，中堂缩进一步，门、窗均有对联，窗花等装饰。讲究的，顶上挑出老虎窗阳台。简陋的在两侧山墙上又披出附房，如图。

火车到一处叫"桐木寨"的小站，一群少数民族老乡向游客兜售，鸭蛋0.25元，山芋0.20元一斤（小得可怜），一小段甘蔗要8角，柚子每个一元。在两列火车中间，一时形成街市，小孩、姑娘、老太都有。手头东西不多，但川流不息地忙，有的竟在车底下钻过来，向两侧车厢叫卖。有些姑娘脸上还化了妆，我也弄不清是什么民族，拿起相机就照。

列车进入贵州，山洞渐多，临近贵阳更多，轰隆隆的连说话都听不清，令人厌烦。1962年经济困难，修成这条铁路时工程何等艰难。傍晚到了贵阳，同车还有井冈山两人，南岳两人，专车接至贵阳杜鹃饭店。吃晚饭时，老朋友都到了，一片招呼一片欢情。此夜睡得最好，两天行程劳累一洗尽消。

1988.4.12

贵阳市内的杜鹃饭店是新建还是原有，与我们杜鹃花分会很相配。横幅会标如饭店开张，喜气洋洋，到会代表看了倍觉亲切，协会秘书长李勇安排年会在这里召开，很像样，大家高兴。

理事长冯国楣主持，他首先欢迎原贵州省秦副省长年高80出头赴会致辞，秦省长对贵州的经济发展极为关心，过去开会他最多爬到七楼，那是非去不可的会，这次杜鹃年会没有电梯他爬上八楼，我们应鼓掌欢迎感谢！冯老说英国人骄傲地称看杜鹃要到英国，到中国看不到杜鹃花，中国的分类学家也要到英国爱丁堡看杜鹃花标本！反了，中国是杜鹃花的主要原产地，不仅种类多，分布量也很大，一个山头接一个山头，几百平方公里的杜鹃林，堪称世界奇观！这次会议

的任务之一是要鉴定贵州省百里杜鹃林研究课题成果，代表们还要前去实地考察。秦老说旧社会交通不发达，把贵州说得很坏，但桂林山水甲天下，"贵州山水甲桂林"！溶洞是世界第一。贵州经济不发达，但地下有的是矿产，镭、金、锰、汞、稀土。江苏要我们煤，山东要磷，就是运不出去。气候恶劣，影响物产，靠天吃饭。现在人口多，3000万，粮食有点困难，"文革"前有出口。杜鹃花也是优势，地球上亚热带一块植物就只有我们中国保存得好（方毅、童大林言）贵州穷，他不服气。要贯彻中央十三大方针，你保密人家不保密，讲开放，你却控制，林业部管杜鹃花做啥，协会要搞点硬件，杜鹃搞个门市部如何？越等越穷！贵州科学院副院长王清远说云南有15000余种高等植物，贵州不会少。地无三尺平，说明地形起伏多变，生物多样化，物种变异大，地质化学多样，因而国家有些香料基地都定在此。品种多，棣棠花重瓣的野生种、映山红也有重瓣的野生种，金黄、香浓的木香重瓣种。贵州有猕猴桃，野生种果实25厘米直径。贵州有小叶金花茶，贵州的刺梨只有两个县不产，木兰科贵州有很多古树，梅、杨梅均有几百年的自然林。贵州夏天不用空调，而比昆明海拔低800米，且湿度大。马缨杜鹃花的群体，云南没有如此大。现在交通方便了，优势将会更大发挥。

4.12下午 科研协作汇报会

朱仁新：引种杜鹃花23个种，主要是滇西北的种。

刘永书：1982年始引了254个品种，去年冻害突然降温，26℃直降至−10℃，死50多种，1986年播种的全部死掉（当时气温为−6℃），异常天气要特别防备。

郭承则：清理家底需做大量工作，杜鹃专类园计划20～30亩，先搞10亩。

邱新军：1985年开始引种，连续三年播种实生苗，引德国不来梅105种。总的约200种左右，

1/10小苗正在生长，碎米杜鹃，已开花二年。

王云雁：夏季气温高，6～10月持续时间长，高山杜鹃基本不行。

丁仁荣：杜鹃园艺栽培历史长，据查嘉善栽培杜鹃已200多年，但"文革"中受破坏。尼克松来杭，接待用，从嘉善运去未还。后来又买一些，留下不多了。申请2万元，加上其他共19万元，建一个花园，搞一年，初成。原定承包20年，一年就变，人调走就不管，现土地在，数量也不少。调查工作做了三分之一。

何永清：广州花卉所，农口，1984年建，鲜切花出口，占广东的90%。西鹃繁殖，花期控制，花期2～2.5个月，冠幅直径15厘米，80朵花，花苞数大小都有合同写明，今年200盆，明年2000盆。6～9月广东太热，西鹃放阴处避暑，飞机运，空调成本高，比利时杜鹃25°以上长不好。

姚业成：映山红，1945年有10多品种，大部分是东洋鹃，六七十年代有西洋鹃90多品种，主要是"文革"中上海私人买的，连东鹃10多种总共100多种。

88.4.13上午

贵州省建委赵旭光（比我高二班校友）与贵阳市建委秦主任（同前）来看望大家，并陪我市建委领导曹荣之、朱仲贤参观贵阳园林、城建。我与葛继续参加杜鹃会学术交流。

方明渊、戴忠信、冯老都做了发言。

4.13下午

协会赵禹代表作工作小结，他说分会主要办了几件实事：在无锡成功举办首届杜鹃花展览。参观者达53万人次；开展科学研究，成立了协作组；完成科委之委托，陪同丹麦杜鹃专家去丽江、大理考察，很满意；维西、庐山、井冈山均已育有一批杜鹃小苗，开了三次理事会，研究了一些重要事项。最后他报告了协会财务开支情况，让大家心中有数。朱化新传达去年花协科研会议情况。杭州邱新军介绍她培育的"雪中笑"杜鹃成功。她用映山红作母本，"月白清风"作父本得杂交种，1985年春播种，得140余株小苗，培育出唯一植株名"雪中笑"于1987年12月开花，花期12月28日起，长达35天。开花时，地上还有雪。她的体会是：人工杂交并不很难，此法也非古老或过时。种内杂交比种间杂交易成功而快。闵天禄副教授做杜鹃分类研究很早，但争议也很大。1986年去英国访问，见丘园新搞一个半地下温室。丘园都是杜鹃杂交种，爱丁堡主要保存原生种，英国花展主要是杜鹃、山茶、报春为主。利用自然杂交种是育种的最近路。杂交育种方向一矮化，走向花坛和室内点缀；二藤蔓化，作攀悬用；三延长花期，从5～10月，一年四季可赏。现各种花色都有了。

晚上又开理事会，研究理事调整，扩大充实、换届等问题。通报云南花协去年从山上挖来野生兰花出口到日本，发现后即被烧毁，云南分文未得！香港缤纷园艺公司骗了广东12万港元。《杜鹃花通讯》每年拟出两期，要各地提供信息。会费请及时交纳。

4.14日上午

代表们参观贵州植物园。印象不怎么样，1964年建，原是天主教堂的精神病院，没有景观，树木不错。没有系统投资，土地未能解决好。规划报省政府2年未批，经费不落实。去年财政厅拨50万元，就建个大门，领导不重视，人员力量不足。两年前与生产队差不多，区间道路未修建。树木园、植物展览区、药用植物区、果树资源区，看不出名堂。总面积1320亩，南北西南长3公里，海拔1280米。包括森林植被总用地3280亩，但归属并未落实，我以为是国内建得最差的植物园。李勇怎么待得下去！下午我参加百里杜鹃调查成果鉴定会，例行公事而已，不值一记。

1988.4.15

无锡曹荣之（市建委副主任）、朱仲贤（薛市长秘书）一早离店乘火车去重庆，拟坐船从三峡回锡，要我们开好会，他们不参加了。我与小葛随考察队8时离贵阳，向西北行驶。道路既窄又脏，草顶土墙。每过小镇，均极寒酸，街旁唯有吃食之铺，别无其他商业。放学时学生蜂拥而出，穿着杂而不整。这里依然汉族多数，偶见盘盖满头的苗族妇女。山上油菜金黄，但瘦弱不堪，石灰岩裸露，没有一棵大树。石隙间，寸寸土地都洒上了油菜籽，稀稀拉拉直到山顶，似乎无怪人称贵州多穷山恶水。不到一时，至黔西县，住招待所，正值县人代会开，住宿较差，5人一间，无电视，仅一桌一凳，每铺2.5元，如同十数年前沪、杭之统铺。饭后去街上转了大半个城区，后去水西公园，此乃贵州省内诸县中唯一的县级公园，环境倒也不差。干辣椒又长又尖，两元一斤，问能否买5角，卖者不愿，嫌数量少，最好拎一捆才是，令我生畏。这里牛肉熟的3元一斤，颇便宜，猪肉膘厚2～3寸，简直不能吃。香菇18元一斤，比锡便宜多了。晚上听姚业成谈，兴化等地杜鹃早在清朝即有盐商、绅士、和尚等种植映山红，庙中逢节还抬出来，以蓬大，干粗为贵。日本种是抗战时，被占领后引进的。江都五宝绿珠，据说种得很早，这里也是出花师傅的地方，不比如皋晚。我建议他写份材料。

1988.4.16

8时西行，直抵普底乡，该地杜鹃集中，途中在一处稍定半小时，我与葛即上山采集。天空迷雾茫茫，弄得一身泥水，但挖到一些小苗，其中有皱皮杜鹃，小葛还跌了一跤，带的点心尽碎，一裤子泥巴。到普底时天空放晴，满山杜鹃盛开，令人振奋，所见杜鹃，露珠三种，水红、美容以及马缨两种，红、黄、粉、白色交织得很美，我们既照相，又采花，大把大把，不

忍丢掉。三点，在普底民族小学喝茶小息，此校是省先进。壁上抄录老师应做到的六性八戒，内容甚好，字迹工整。正好见到赶集，无非是蔬菜、辣椒（2元一斤）、豆子、鸡蛋（一角八分一只）、鸡（2元一斤），偶有香菇（16元一斤）、猪肉，怪的是菜太差，仅白菜帮子，更有卖鱼腥草根，原来人也爱吃，说能帮助消化。晚上黔西宴请四桌，有位副书记，海门人，1968年南林毕业，姓李。大学生能当个县长不简单！

1988.4.15

抵黔西住县招，午后就近参观水西公园。

黔西公园，明代为观音阁，民国十年后改为水西公园，因在鸭地河、六广河之西，水西的地域甚宽，包括曲靖、张掖、昭通、四川古蔺、毕节地区。奢香夫人，明代当地土皇帝（水西），残钟亭（明正德）、文风塔（雍正）。李世杰，乾隆兵部尚书，黔西东门人，主张种柳、栽花、大植芙蓉。20多人，门票5分，财政局每年拨经费2万，自己靠门票、茶室、小卖收入7000元，属建设局管，建设费用另打报告审批。全省县级公园只有这家。主任熊光泽，原搞财政，热情好客，经营也有办法。大方有航空发动机总厂，蒋介石从南京到大方去，他去视察，路过黔西，即在公园中将庙修整名中正堂，现名茶亭。紫玉兰一年开花三次，园内有十余株。园面积40公顷，

红枫湖一角

另外围山200公顷。围墙因财力，连砖塔都未包入。塔下一片已筑水泥底，堆土40厘米，准备放水种荷，并可以划划船。

1988.4.15-16又记

8时许出发，一路上都是石山，石头之多，不可想象。农民真是在石缝中谋取生路，有些山，石排构成了整齐的梯田，也许梯田的修筑由此得到启示。山上一律没有树，灌木也很少，赤裸者石灰岩，烧制石灰倒是遍地原料，要是堆假山也有的是石料。可这里成为啃不动的硬骨头，救不了饥饿。有些山峰拔地而起，与广西所见一般，山谷之间是麦田、菜花和混合泥坯茅草屋，几乎没有一处有更新的村居，这与江南适成反比。街上则到处泥泞，积水，脏乱不堪。常遇集市，烘得两面发黄的豆腐独多，厚得像块贴面砖。此外，干辣椒大捆大捆，每斤只卖2元多，蛋、鸡、豆种、菜秧、苗猪都是贸易物资，显然这里的生活水平落后10余年。

16日中午在普底民族小学休息时，见老师名单中，姓黄的特多。后读，《贵州真山真水行》得知，黄坪十里，黄姓杂居，就在这里。不想在此遇到本家，说不定是黄氏一宗，发配边远繁衍开来的，当时不知，也未深究。

招待所服务员处还有烤火的，回来洗衣服，放在那里一夜就干了。旁边有一架12英寸或9英寸的黑白电视，引来许多人看，但图像不稳，时时变形，看的人似乎仍津津有味。

1988.4.17

中午抵红枫湖，见法国常春藤，花蓝色，叶圆、对生，直立部分开花正盛，枝蔓下垂两米余，据说无锡也不会冻死，顺便采归插。引回杜鹃园长得很好，实则即为蔓长春，种在崖边就会下垂。红枫湖招待所山上放了一群猴子，已不怎么怕人了。离贵阳33公里。风景区征地3500元每亩，清镇、平坝两县及贵阳市一部分。管理员74人，旺季300多人，淡季只有几十，有7条机动船。省建设厅、交通厅、电力厅共同开发，统一由管理处（正地级）管。1960年（水电厅）修湖，开始搞渡船，1982年成立处，前两年已搞旅游。交通有手划船70多条（有风不行），机动7条（小）。电力有两条机动。建设厅、餐厅、宾馆（今年建150床）接待。渔政、公安、工商、农业厅放鱼，林业厅负责绿化。清镇县管理多部门，照相、饮食、小吃。不收门票。110公里河岸线、228平方公里保护区，湖面57.2平方公里，岛屿174个，340平方公里（包括二类保护）。分28个风景区，最好在将军湾，有溶洞，可划船，准备搞珍稀植物园，最深17.6米，平均11.8米，涨落12.5米，以后控制在5米。水上运动：北湖（集中）、中湖（开）、南湖（大）、后湖（景

观如桂林）。映山红下月开，有紫花、白花、大红、羊踯躅、碎米杜鹃（冬天开）等7种，现引进7种常绿杜鹃，目前已有开花。中湖有火电厂，240万V，污染，水可直接饮用。可以钓、网，但不准炸，都有农民管，鱼也归农民收，但人民还是穷（苗族、布依族）。搞玉米、洋芋。想扶持农民在沿岸搞果树（4万~5万棵），腰眼乡仍有合穿裤子的，全县第二穷乡。

红枫湖是喀斯特地形最大的人工湖，过去只能保持三个月。1960年整修后，仅有一些蒸发量，洞穴均用爆破灌浆堵漏。

在红枫湖吃中饭已是4点光景，饭后派一游轮观光。湖面有6个西湖大，中多岛屿，无人为破坏。林相正在恢复中，引种的常绿杜鹃亦已有开花的。苏雪痕帮他们与英国邱园共建杜鹃园，但对方要求引入贵州的野生种。此事冯老以为办不成，因林业部卡住，协议不能履行，有来无去，人家也不肯。冯5月2日去英访问，据他说要去摸清常绿杜鹃扦插的技术关健，生根素的配方。这次邀请他与夏泉生去，都是英国那位出资。这次小泽来也曾谈起，说想要冯老、潘光华等好友去日访问，后未深谈。看来只要外国朋友指明，即可申请报告，批准后就能出去。到杜鹃饭店已是七八点钟，酒饭都已准备好了。这次贵州植物园的组织工作还是不错，李勇尤其辛苦。

1988.4.18

赴会的有11人，买了去黄果树的旅游票，故6时就起床（夏时制第二天）赶7点开出的专车。经清镇……到安顺市，翻过一个大山后进入低谷，就到了黄果树，停两小时。我们自己参观，门票4角，另有一条绝壁通道，瀑布从后面穿过，名水帘洞，另收门票6角。下午一时离开，去龙洞，门票更是繁多，买船票进去者，都有后悔，不如我们还能多领略一点环境之美。回杜鹃饭店又是8时，连续四天乘车十分疲劳，所见黔西诸县，均十分落后，山上全是石灰岩，只

有夹缝中有些积土，农民在此播种玉米，维持简单生活。

1988.4.19

昨晚回来，车票买的是20日晚上的，一算时间，井冈山去不成了，心中十分懊恼。这次因曹、朱赴会，使我两头落空，既未能去重庆、成都一线，又不能顺道去井冈山。直接回锡也要到22日晚上了。时间没有安排紧凑，内心责怪李勇，如果我托赵旭光也许会顺利些。

连日奔波，人已十分劳累。上午与小葛出去转一转，已觉乏力，不想进黔灵公园，就回杜鹃饭店。李勇大概还有一点钱，又请了我们一桌。我喝了一碗啤酒，竟有头晕目眩之状，回房一觉，直到四时。几个没有离去的，东西都放在我房中。谈天说地，进进出出，也未能惊醒我。6时送走兴化、嘉兴、黄山几位，我与小葛即去省建委，旭光早在等我。稍坐（他们7时下班）即提前下班，去他家。我不敢再喝酒，小葛喝了四杯，菜很好，吃了一碗面，面如银丝。至9时即回。送我一砚，一磨石（也给老刘、小葛一块）。明日他已安排园林局一车，陪我去看花溪、森林公园等，他则忙于事务，不能陪我了。

来此七八天，唯今日阳光最足。羊毛衫已不能穿。据说天气反常，夏天也不过二十七八摄氏度，果然，晚上就下雷阵雨。明天估计多云，这里常是晚上雨白天晴。

1988.4.19

去旭光处，等园林局来车后去看园林。局公园科长张茸陪同，在南郊中饭。花溪离城17公里。4~5月游客最盛。摊点甚多，樱花生长好，无蛀干虫。黄杨则有虫，街上都以女贞代。贵阳市树：樟、竹；市花：兰、紫薇。碧桃已榭，樱花尚有一些。

南郊溶洞长657米，23个景点，门票3角，有导游。白龙洞，百步脚，游程三四十分钟，尺

度小，看了很亲切，时间短，不觉疲劳。面积10余公顷，95人。职工平均奖金165元，局110元加50元目标加5元市长摆花。（黔岭班长每月津贴5元）。游客每年20万人，黔灵每年游人220万人，河滨同。森林公园门票5分。年收入160万元，自收120万元，共280万元作为正常开支。基建今年55万元，维修项目。

森林公园以前是林场，58年建公园，树木生长很茂盛，环境十分幽静，但距市区7～8公里，来的人不多。有野生兰花，花果园小巧，多山茶、杜鹃，樱花高大，花系有绿中带微红一种，以前未见。

四时半车送我们去火车站，即回局去了。我们进候车室坐定，轮流出去买些路上吃的，黄果都是1.5左右1斤，样样都比城里贵。

卧铺到底舒畅，遗憾的是只到新余，还要到19号车去补票，去了两次都说要到新余才补，心里很不落实，也只能明日下午再说，暂且安顿下来，要不也就只能逼上井冈了。细算起来，26日、27日也可到家了，虽然晚了4、5天，还不超过20天，就是随身带那么多东西，上一高山，中途几次换车实在累人（到新余得住下，然后清晨去吉安又得住下，次日才能上井冈，活动2天，再一日方达南昌，接上去沪火车）。

1988.4.21-22

昨贵阳气温达26℃。为了使包不致太满，所有羊毛衫都穿在身上，另外一些资料论文都托李勇邮寄，故与来时相仿，两个包，随身携带。是卧铺，车内较为干净，清静，一夜可以挺直身子睡，但睡不深。车厢中两侧各有一名婴儿夜间啼哭不止，令人心烦，使我忆起黄珏小时，也那样哭过。当时，恨不得打几下，想来可笑，婴儿懂什么。

晨起见窗外一片迷雾，雨点斜打窗上，过热之后必有长雨。如此天气，去井冈山也难以行动，看杜鹃花，拍照定是困难，因而即去催问补

票处，总想早点落实铺位好定心到上海。从上午换到下午，结果都不能得到。小葛告，补票者都是向服务员塞东西的，整条的烟，昨夜几位坐在走道里的虽然赶出去了，但得在服务员休息室将就一夜，也是略有交情，送了一大袋黄果。我们一毛不拔，自然一无所获。结果是换到新余晚上七点半，铺位由新余上来的三位住了。送过老刘，我与葛就只能在走道里坐，做好了服务员来赶的准备。晚间11时，餐车坐了半小时，又被赶出餐车外才罢。鹰潭下车后，车中空坐多了，但都躺着，我找了个位子坐下，小葛已不知跑去何车厢，反正也会有坐。靠包里的黄果，在瞌睡连连欲睡不能的困难中，刺激一下，顿觉神爽。早上六时过后，走过餐车又回到原来的铺位前，验看几个包都在，就在走道沿凳上坐下来，写这篇日记。

舒服的一夜，接着是艰难的一夜。顺利的话，今夜就在家里了。

1988.4.22

车过浙江，大片油菜正在盛开，同去时江西一带所见同。在卧铺车中较为宽畅，空气也好多了。大家都到上海，行李架上的包也不必担心有人拿走。昨夜可是一直提心吊胆（叫人代管，且不知其名）。

总算顺利到达上海，但车站尽管如此气派，买车票仍十分拥挤。先是我看行李，小葛挤到前面去了半个钟点一无所获回来，说是当天已卖完，只有明日下午的了。然后，他看行李，我上前挤到窗口。当天没有，明天的也要买来再说，不想到了前沿，被买了票横着挤出来时，我的胸口与铁杆重重地压了一下，听得"格"的一声。我试着动动手臂，摸摸肋骨，均没有痛感，也就算了，但人已挤出队伍，手已够不着窗口，只得重新轧上去。可惜到了窗口，已是售票员吃晚饭时分，"啪"地小窗关上了。后来，还是小葛灵活，买了两张黑市票。倒是当日七时半开出的，

票上还有座号。那人神秘地摸出车票，交出，站在一旁，若无其事地找了小葛10元。计算起来，良心不黑，多收了1.7元。我第一次买黑市票，感慨得很。身体很累，加上胸口渐渐痛起来，拎包时竟大有感觉。巴不得早些回去，不愿在上海多住一夜，倍受旅途之苦。若没有小葛同行，我这次贵州之行不堪设想！

坐在车厢里，那个售票黄牛的影子一直留在印象中。25岁上下青年，缄口不语，察言观色，目光却扫去整个售票厅内的旅客。小葛已接触过一次，这回他已十分了解。我们要两张当日去无锡的票，小葛还价5元一张，他略点头，挖出两张车票，任我们验看。他离我们2～3步，目光望着他处，简短地说，当心点。但还是有个青年看见这一切，走过来，对他微笑，是祝贺还是同伙？

4月上旬又将去毕节参加杜鹃花活动，相去10多年，翻翻这篇日记，顿觉有情有景，有人有物，其中滋味，自己最清楚。再来一篇，三过贵阳如何？

2004年3月24日饭后

贵州百里杜鹃林，如何提高其欣赏价值，我有几点想法：

① 高于杜鹃的树木，凡影响其生长者清除（落叶树）。常绿树可留，免得冬季萧条。

② 杜鹃林中的灌木，基本上应清理，空出空间补毛鹃，夏鹃（栽培种），丰富色彩，常绿灌木暂留，作为伴生植物，体现当地植被。

③ 借鉴无锡高枝压条的办法，鹃花枝下部割伤，用尼龙袋包泥，注水生根，到时以盆花售给客人。

④ 较大空地，可用园艺栽培种种植一片，以丰富色彩景观。有些空地可以供人活动休息，穿民族服装表现。

⑤ 就近建一杜鹃小苗圃，培育天然自出的小苗，集中培育，说不准有天然杂交种。试验栽培技术，繁殖当地种，观察品种的性状。

⑥ 合理布置道路，小道、景观小品、服务设施。

我在整理这篇记录时，高我两班，55级的班主席赵旭光同学，已走了十余年。照例他多才多艺，与二班班主席谭立华谈过恋爱。毕业分配先是去了济南市，后不知什么缘故随一个砂轮厂内迁去了贵州。我与小葛去他家（夫妻俩和刚10岁的儿子）作了一次客，送给我一块磨石，用到如今，磨刀总想到他。更令人伤心的是小葛也在几年前走了，他应常住在我家附近，他寄放车子时碰见过，孩子是否已从附小毕业。他还未到退休之年罢！我祝福他们两位一路走好，在这个世界上，我们同行一程，多少是有缘分的。

温岭、雁荡山考察记

1989.7.20

深圳回来后，庐山会议过于迫近，不得不放弃。即筹划去温岭选石之事，起初以为时间十分从容，主动在我，随时即可出发。然而动乱之意外，发展到不敢出门地步。平息之后，便是黄梅雨季，待到晴日高照，天已酷暑，在35℃左右了，然而人员、船票一应备妥，再热也得出发。许雷因鼻炎每周要打三次针去不成了。赵士宝因爱人跌伤，要他接送也不能走，临时由赵锁福代替。李刚将临走被赵经理叫住，说是工作走不开，这样多出一张船票，恰巧黄珏得十天假，未去青岛，一定要跟着我去雁荡山。于是，今日即由锡至沪，在车站由小林接去，暂住解放旅社，因热带风暴在东海登陆，船期要等明晨6时听广播最后决定，这样，下午陪黄珏去静安寺逛服装商店。

7.21

风暴在象山登陆，沿海仍有8～9级大风，船不开，何时开再听明晨6点广播。如此，四人即去豫园玩，看陈从周力主修复的东部新园，拍了一些照片。这两天感觉凉爽，也许是台风影响，被阻在上海，很是不顺。但换乘汽车、火车都不成了，只有耐着性子等下去。但愿明日能听到开船消息。黄珏第一天住了22元一夜的小间，今换了一个单铺12元，只是房间不通风，全靠一个电扇，一日三餐都是小林请客，每次四五十元上下，今晚，他又要请我们看电影。

7.22

4时多就开响了收音机，待到6时，音量放大至大家听见，20日船票24日下午3时开，再等2天，如何受得了。小林立即表示上午他要去换18日的船票，争取下午2时离沪，说好到11时半以前听回音。于是我与珏抽空去二伯伯家，浙江路向南，步行至云南路。沿途商店陆续开门，我买了两听菊花晶，一听乐口福，花去20元，探望姑姑、姑夫，还有患白血病的凤华妹妹。去时姑夫正坐在门口看报，他认得黄珏，钦华、凤华也都来招呼，伯伯在街上尚未回来，姑夫说她的工作是买、汰、烧，还有一个孙女儿离不开。后来姑姑回来，活像我的"老亲娘"，瘦瘦的。凤华外表已恢复如前，过去服激素发胖。据伯伯讲，内热不散，有时脸烧得通红，现在还在家休养。由于时间短，黄珏关照还要看看服装，耗了半小时后，即告别。根本未谈及婆婆、父亲，以及叔叔家的黄金等事。

船票终于换得，共花去55元，原4等变5等，反正今日走成就好。第一次到16铺码头，横向开阔，进门往北，又走很多路才上船。5等在船舱底，很闷，无窗，一只小电扇不停地扇。安顿好床位，租了绒毯、枕头，就往船舷上去看黄浦江两岸情景。水如泥浆，两旁的吊机巨轮，庞大，无有尽头，上海港之博大，不由对上海——世界之大城市产生崇敬之意，大上海真大！

至晚8时，红日已近地平线，水依然黄乎乎的，估计尚未到达大海，浪谷与峰顶，高差约有两米许，坐在床上晕头转向。黄珏几次要吐，熬住了，无法打牌，只得平躺床上，其他几位也都老实躺下，收音机已全然不起作用，头晕也无法看书消遣。

在城隍庙买了个5元的头花，在风浪中一吹，有两个小黑点饰物已吹走，令珏懊恼。女孩子对服装的兴趣实在令人惊讶，我已是耐心陪她看，而她还觉不够，以为在我催促下根本没有仔细看，下次再过上海，不知要怎样看才好。夜间都很平静，2点起来看她睡得很安稳，我也感到已无先前摇晃。醒后不能入睡走上船舷，见满天星斗，下面似乎仍是浊浪，对面灯火断续，岛山轮廓清晰，另一侧也是一列岛屿，原来已行驶在岛屿之中！一查地图知刚过杭州湾，目前是在舟山的海峡中，故而风平浪静。

7.23

4时起来，欲看日出。满天阴霾，星月已不复见，索然回舱。6时起来依然如故，并有小雨飘来，海水混浊，问原因，谓水浅之故。早上报告吃早饭，大家都不起来，后来随便吃一点面包，就把两个西瓜吃了。12时许船到椒江市，当地称海门，一阵大雨。只有黄珏一把伞，无法出船。只有小林撑着伞出去想办法，等了个把小时还是坐了两辆三轮出码头（2元一辆，约几百米路程），小林如佣人撑着伞跟着跑，心里真不是滋味。

在海门坐面包车去路桥（一个很发达小镇，车费2元），再换温岭的面包车（3元）。至四时，住进温岭金峰旅社。那是私人开的旅馆，一个套房，直上五层，茶色玻璃，夹板墙裙，塑料地毯，整齐清洁，只是洗澡、便厕都在楼下，甚感不便。尤其厕所仅一个大木桶，大为不惯，竟未能便成。晚上小林买了小菜，请旅店加工，美美吃了一顿（海蒜、青蟹、海虾、鳝片、空心菜、咸菜汤）。

海蒜真是其貌不扬，长约10厘米，形如一段肠子，一头粗，一头细，粗的一端内凹，细的一端有一小圆球，外面光滑，嚼如肉皮，内里则如纤维状，较松软，既无骨又无刺，亦无内脏，全部吃下，略有肥的感觉，其色如灰泥，汤面亦多

灰沫，味甚鲜。与螺蛳汤有一点相似，我吃了两只，老赵、珏均未敢吃。

青蟹者，鲜时色青灰，壳近圆，最后一足扁如划桨，大足粗壮，肉多，壳很满，此蟹质量最好。梭子第二，还有一种白蟹食后会腹痛。我吃一只，它生长于咸、淡水交会处，肉白，有咸味，甚鲜。但也许时令不到，肉不如河蟹饱满，黄也很少。海虾体量较大，过去吃过虾仁，这次是鲜虾。

7.24

小林之兄来时，我们已去菜场观光了一下，各种干海鲜都有，就是价格不便宜，好的虾皮5.5元一斤，海鳗干18元一斤。盘得很好看的连壳海虾15元一袋约一斤。

一辆双排卡车把我们带到小林家，他们兄弟坐摩托前行，在山坞小道上穿行，两侧都是石片工场，时有石雕狮子，以及其他雕饰品，老长老长。这里的房有不少，都用石片砌，新房子只在台阶和铺地上用，其他都用混凝土了。旧房的山墙，天花都是大石片，门窗也都与石墙嵌合十分妥帖，叹做工之细巧！小林兄弟三人各两间三层楼房，一排六间，面南，1.8米大阳台，顶层加两坡顶，屋面层高在3米以上，木楼梯两侧未加栏杆，地面都是宽大的矩形石板，拼接缝约1毫米，可见绝对的长方。小林说这些石板是老房子拆下的，五六十年仍如此完好。

中午小林兄嫂为我们做了一次真正的海味宴，带壳的有蚬子，蛤蜊，晚上又多了一种香螺（如螺蛳一般，尾后一段称膏，最是好吃。香者即此物，前面一段同螺蛳无疑）。鱼有鲳扁（重1.5斤），还有两种叫不出名的大鱼，都只有中间一根骨，肉细，没一根小刺，真是一团肉。晚上又有一只"跳鱼"，如"土婆"，略小，可惜去肚肠，吃到有苦味。晚上又吃鲜乌贼，很嫩。此行，青蟹、海虾、海蜇，而烤鸭、炒肉片、牛肉（沾点精盐比用酱油大好）、鸡朒、鳝片都搁

到一边了。中午还有海蒜汤，蒜以小的为好，但因不新鲜，我未敢再吃。

这里丝瓜白色，端头带青，味一样。饭后吃到甜瓜，甜味不足但极脆嫩，瓜形同生瓜，略长。

饭后坐到3时，再去看石塘以及当地一座道观。衣湿二重，闷热不堪。因周围是山，林在山中。晚饭我力主从简，还是喝了多瓶白酒，炒了一点菜。我吃了一碗泡饭，菜未少吃，弄到9时，才由一辆三轮，两兄弟陪送我们到金峰旅馆，再回去。明晨6时半他们借得一辆面包车，拟去雁荡一天。

7.25

今日去雁荡，小林兄弟加上三个孩子同行，面包车开得飞快，翻过两座大山，即到东湾境内之雁荡山。整个风景区不设大门及门票，但几个要点都有门票才能进入，我们大家起得早，均未吃早饭。一到雁荡山下，先在个体摊点吃米线，黄珏从未吃过，很喜欢，吃了大半份，里面也有青菜肉丝，所以很鲜，还说要买一点回去让大家尝尝。

雁荡山峰极为挺拔，壁立千仞，寸草不生，怪就在于此。进门便见灵峰，雄伟之极，旁为合掌峰，中留狭缝，道观在焉，门票8角。石级在一侧，每到相应处，即为一层建筑，茶座、菩萨、香火旺盛。夹在石缝中的建筑，初次见到，不虚此行。

第二处便是小龙湫，这里买两张票，其中门票5角，表演为7角。悬索250米，凌空飞渡，还要做出种种表演，乃国内外风景区所罕见。早就听说，从前每年有人掉下跌死，民间略有抚恤，今日一见名不虚传，果然惊险。两座孤峰已是奇特，一名天柱，一峰烛天，高270米。一名展旗，扁平如旗帜状，就在这两峰间悬空架有钢索两根，一人就在这上面倒悬着爬过去，时快时慢，有时停息，作各种特技动作，人们仰观，

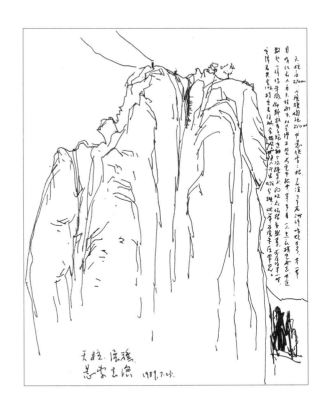

天柱、展旗。
悬空表演。 1989.7.25.

从高处又口望。
89.7.25.9.15.

有人拍掌叫唤。这些表演者，一无保险，二无后台，区区小利，即愿玩命，一声叫好，忘乎所以。乃中国农民天真、无畏之气质也。

第三处去了中折瀑，门票3角，目测水自80米高处散落下来，不如小龙湫那样凝成的练，下临大圆池，沿边走一圈也是瀑布中少见的。

回到温岭不过6时（走时已是4点40分），开车之猛亦少见。

中午又吃海味，辣螺，有点苦味之故（可能尾部内脏所致），丁螺如一个长粗的螺蛳，其实肉很少。对虾，我吃3只，珏吃5、6只，我也随她喜欢。鲜鲞一条，此外，香螺、蛏子，还有茄子、青菜蛋汤，两个蔬菜。林兄早就买好放在车上，到山脚，小老板就叮上来揽生意了。这里照相、导游也都主动揽人。

7.26

昨夜就在旅店吃粥，小林兄弟由我们力劝回家，他们太辛苦了，明天，还要搞车去看石头，此行最主要的项目。

天不作巧，早上就下雨了，只有一把伞如何行，只好足不出户，困在旅馆内。待小林来时，已过10时了，他们谈了一会，我听不全懂，约略了解一是去何处看石头，附近都被开成石片了，远的话要到临海，离此有八九十公里，要去的话，来去7、8小时，明日要走的话，时间很局促。二是车子问题，一个小车坐不下六人，还得借面包车才行。商谈良久，上午决定先去看路边的石头，林已借市政一辆吉普，6人挤在一起，冒着大雨出发。车过山洞，沿山而行，看出去虽是金山石、黄石，但一块也没有我理想中的石头。小林带我看这些，心中就感到他不解我意，信口说有的是，可能要落空了。看到山区这种情景，我倒想起临安、昌化一带的溪涧，巨石有的是，那里运到无锡只有三四百公里路程，何不去那里。想到此，就对小林说，如果没有也不要紧，下午借不到车就不去，明日船票最要紧。雨

下不停，回旅馆，小林兄弟陪我们吃中饭。请金老板烧不少海鲜，又是对虾、青蟹、海鳗、黄鱼之类，啤酒、可乐。饭后小林兄即去借车，我们在旅店休息。我已对此地选石不抱幻想了，下午有车也只是去海边看看而已。

2～3点车来，还是那去雁荡的一部面包车，穿过山洞，向左手转，直奔松门。这是海边的一个渔村，路程也有25公里，车开得飞快，道路糟透了，颠得大家都昏昏睡去。渔村沿山面海而筑，都是金山石料砌筑，2～3层楼居多，隙地极少，几乎是房子叠着房子，菜都无地种，渔民生活好在何处？富了以后就是盖房子而已，住在岩石窝里，地无三尺平，走都没处走，车道弯曲直通海边。今日涨潮，海水临近驳岸，有些渔船停泊，近处还有礁石岛屿，远处茫茫一片。水都是黄沌沌的，想象中的蓝海至今未见到，但岛屿、山村、渔船、天空、海面，构成的画面倒不错，但天阴沉，我也未拿出相机给他们摄影。沿路看到一些圆形花岗岩，走近一看，不是太大，拿不动，就是形状欠缺，有两块，略小，约7、8吨，在一户渔民房前。细看表面，剥蚀严重，此种粗糙石块，长途运去无锡，作为门前一景待之，实在怕人笑话。因而我都是摇头，内心已定去临安再选。从那里运近，且石头在溪中，每块都是搁空的，可以自由选择，只要有办法运到马路装上车，当天就可运到目的地。回去与刘谈谈，争取与他一起顺便见见西天目的大柳杉林，临安有任斐在，不怕不能选不到好的石块。

渔民男的出海，女的在家，我见路边一家服装店，进去一看，只有一个屋架，楼板还是空的，里面有几部缝纫机，有人裁剪、缝制，4、5个姑娘认真地在工作，见我进门，都抬起头来，我一看，个个眉清目秀，气质非凡。穿着也很淡雅时尚，不卑不亢，与我想象中山村姑娘粗野土气决然不同。黄珏跟着来了，备受颠簸，委屈了她。不过，见见山村、渔港，仙女般的姑娘，通常是不会跑到这里来的。回去时，一阵大雨，路

太坏，底盘撞着翼板，停下修了一下，小林说是个人富了，公家穷，因而无人修，村村如此。到旅店六时，雨未停，金老板又为我们做一席海鲜、青蟹、对虾、黄鱼、海鳗等，这里的水盐菜酸酸的很合胃口。温岭此行将到此结束，明日争取乘船返回，28日即可到家了，珏的假期也正好。雨后天凉，我也不洗澡了，最后两天，将就过去就好了。

89.7.27

早上去街上买了几斤米线，黄珏说要请大家吃一碗尝尝，不要粮票1.30元一斤。三人都买了一大袋回旅馆。8时无人来，10时还是不见人来，心里甚急。由温岭到椒江市的船码头，还有两个小时车程。船票买到否？何时起航？来得及赶上吗？真是急不可耐。近11时，小林兄来，说是今日无船票，明日才有，已给我们订两张三等，两张四等。我想，今日无船也是无法，船比车稳当，人亦省力，晚一天就晚一天吧，说好，也好。明日下午四时开航，29日尽力赶到家，争取看上对泰国关键一仗。小林兄说完就走，并关照金老板午饭，让我们吃炒米线。我定定心心去外面公厕蹲坑，信步在街上转悠。直街尽处，还有一家新华书店，进去一看，武侠书、刺激性小说占了三分之二，单就人体艺术绘画、摄影书籍画册就有近10种。横街叫北门街，那里看到老房子，都是木构，矮楼，下店上房，街宽3米余，大石板铺地。见到一些老人倒也清秀，路上很干净，回来便告诉肇庆，他最喜看武侠书，他在上海就买了一部三本，已经看完。还有一天空闲无事可做，定然要物色几本看看的。午饭我们四人吃，一盘对虾，一尾黄鱼，一盘目鱼，一盘盐菜海鳗，啤酒，可乐，然后每人一大盘炒米线，其中有干丝、蛋皮丝，咸淡适度。黄珏也全部吃完，胀得她饭后走走再休息。老王果然去书店买了两本武侠书，黄珏也买了一本小说，无事就在房内读书，看电视。想到明日下午才能走，心烦

起来，于是就补写这两天日记解闷。

小林至五时未到，明日票再落空就糟了，万一不行，立即坐汽车去宁波或杭州，改乘火车，回锡。反正随身所带不多，行动都还方便的。此行很不顺利，屈指算来，前后约10天之久，赵已在讲吃亏了，我也感到回去难以交代，选石未果，浪费10天。

人没有来，晚饭还是四个海味一个汤，田鸡不算是海货，常常吃到，而腊肉似乎罕见，市上当然有。我问牛肉15元一斤，比无锡要贵一倍，此地无贱货。

小林名诚德，兄弟三人，他个子最高，也长得最匀称，其兄为村长（肖村乡高园村），管三个厂，地方上最有实力。矮墩墩，人很淳实。这次我们所有行动，需要都是他一手办的，大至客车、船票，小至买海鲜，烧吃。那次去小林家作客，就在他们家吃喝，媳妇一个比一个俊，都生一男一女。小林的女、儿长得不错，其兄的都很矮小，老三因不在家，也未去他家门。他们的父亲我倒是见了，颇老实，就住在老大房子旁边，里面很破烂，这与无锡农村所见类似，只要儿子出息，老人毫不在乎。据小林讲，他的祖父是这里有名人物，曾与上海黄金荣称兄弟，出门，非轿即马。解放后，村干部都是他的手下人，因而不曾受什么苦，也未评地主。

林诚德自称，一年收入约万余元，其兄多，但开销大，每年陪朋友去雁荡不下10余次。上海来的，往往是全家，有一次是二三十人，吃住全是招待。我们这次，目前还未算账，耗费也不在少数，在上海小林就得花100元一天的支出。这里物价根本不便宜，对虾20元1斤，青蟹四五十元1斤，普通的也要几元、十几元，一个咸蛋也要四角，我昨天买两只面包也要一元，一天下来总要百元以上。至于香烟不是KENT、万宝路就是云烟，双喜，都是五六十元1条，我们又未必会给他好处，费他这么多钱，心里很不坦然，我想黄珏的车票、住宿当由我付才是。

小林尚有一定正义感，但对党风极不满。村里对超生，是要破门，抢东西，抓住后当猪猡当众开刀。但农村要男劳力，还是外逃超生，即使砸烂门也不惜。来抢东西的，卖掉后就吃一顿。有个卫生员也说这是土政策，不得不如此。现在承包，无病小医，大病大医，否则吃西北风，村长以此司空见惯，农村就是如此。

后　记

为选择园林用的"景石"，去浙江温岭跑了一趟，看了海边山坡边沿的情况；在山中开凿灰岩石片的石洞矿场；那些山林中许多用凝灰岩岩石板制作的地板、样板、楼板、大门、窗框、门框等，拼缝不过一两毫米，既平整又挺括、牢固，几代人用过依然使用。观看了搭建在主峰之间狭缝中的庙宇建筑；观看了落差数十米的瀑布大龙湫、小龙湫；悬于天柱峰、展旗峰之间的两根几百米钢索上，一无保护、横空飞渡，徒手、悬空作一系列惊险表演的农民。高耸、峻峭的雁荡山不愧为世界名山，雄秀苍润，完全不同于我熟悉的浙西山区。浙东名山大川，使我长了见识，饱了眼福。但是，寻觅"景石"却一无所获，几乎使我白跑了一趟！不过，我在接下来的工作中，受到启示，做了一件颇觉骄傲的事。

我与许雷、赵锁福同志负责惠山大同殿的收回修复开放工作。赵是建筑的内行，许与赵为主，并有福才协助。博物馆迁离后，那些破烂、搭建的东西全部清理拆除，将原来的殿堂整修加固，面貌为之一新，我们请沙无垢同志参与大同殿的装饰开放布置。并即至锡山北侧的张中丞庙（大老爷殿）进行修复整理，这里过去是园林局下的一个塑料厂在使用，搬迁后，原有高敞厅堂显露出来，旁边还有一座比较完整的"鲁班殿"，都作为文物建筑予以保护。南面还有一座戏台，连着一片场地，场上有两栋大银杏树，生长健壮，虽然没有大同殿前银杏古朴，但树身粗大，冠幅圆满，树龄都在百年以上，而且对着戏台左右对称，可为观戏挡阳遮荫，真乃天生一对。我受到凝灰岩石板的启发，与许雷、林润德商量，决定用石板铺平架空覆盖地面。既可数百人聚集观戏，又平整供人活动，石板下原地面未动，保护银杏根系不受损伤，土壤结构未变，铺架石板时加了砖凳，增加牢度。装修后二三十年，平安无事，银杏生长依然健壮，场地坡度比过去减缓了一些，反而更好，这比大同殿古银杏的保护做得更好。费用又省，林润德立了一功。

后来北京中央党校校园内为增加古色古香氛围，从惠山移建了金莲桥，我以惠山明代金莲桥式样尺度测绘建造，用金山石在苏州藏书加工制造，也是小林运去北京安装施工建造的。甲方非常满意。这是意想不到的收获。这次参观竟在异地开花结果！南方的石料技艺为首都增添色彩！

温岭石材价格情况（1989年7月）

凝灰岩板材：厚8cm　材料费 8元/平方米

抛　光 30元/平方米

甲级錾光 44元/平方米

乙级錾光 24元/平方米

安　装 4元/平方米

管理、税收 10%~20%

运　输 750元/（5吨/车）（4个多平方米，约1吨）

室内铺地：

大理石 120元/平方米

水磨石 60元/平方米

磨光、花岗岩 240~260元/平方米

凝灰岩冰纹路面：3元/平方米

石桌凳：350元/对（送到无锡）

园林经营寻出路

我们7人来自市财政局、蠡园、鼋头渚、林管处和园林局规划建设科，在刘国昭副局长率领下对渤海和黄海之滨几个港口城市的园林、风景、旅游景点开发建设考察。从7月18日起程至8月3日回锡，先后去了秦皇岛、大连、威海、烟台，所见所闻，感触很多。虽然各人业务、岗位不尽相同，但考察要求联系无锡怎么办，怎么干的想法是一致的。因此，首先汇报大家在参观过程中兴趣最大、议论又比较一致的三个设想。

1. 北戴河怪楼

北戴河有一个"奇园怪楼"，占地90亩，山地稍有起伏，树木茂盛，原为植物园，去年投资280万元，在中心台地上建了一座1000平方米欧洲中世纪古堡式建筑，成为全园核心。建筑外形怪异，三层，屋面有六个尖顶，色彩鲜明，充满异国古堡之美。

进入内部，空间变换层出不穷，景物装饰离奇有趣，如歪门邪道、海底世界、镜中缘、梅花桩、走钢索、雅山台、神秘屋、斜索桥等。墙上有八仙壁画，扶梯栏杆用果树枯枝做成，小卖部楼层装饰成一架钢琴，火车座的桌、椅均有乐器造型，有不停转动的大石球，有投币后向你祝福的寿星老人；有石雕海的女儿；也有卡拉OK、小卖部等服务设施；如果没有熟悉的人带领，很难全部走到而不徘徊重复。扑朔迷离犹如迷宫的情景，更增加游客探奇心理。这是一座外部到内部都很有吸引力的建筑。

除怪楼外，园内有彩色路，音乐路。音乐路是一段长约30米装有音响的小路，人踏着某个部位，就能鸣奏乐曲或音响；有的路上铺着许多轮胎，可能是让孩子跳圈，游戏；有的路上空架水平梯，可以吊攀前进；还有人工水帘式瀑布、假山、小拱桥等景致；路边的坐凳用金山石凿成圆球状，中间镂空如小屋，有童话意趣。

"奇园怪楼"有别开生面的情趣，门票10元，游人不少。据负责人告知，当前旺季，上午、晚上人多，每天2000~3000人，从今年6月5日开业以来，门票收入已达40万元，估计一年半可收回投资。我市梅园较冷落，要增加吸引力，可以搞一怪楼。梅园的豁然洞和山顶的广场、敦厚堂，长期没有利用，正可据此有利地形。从洞内进入山顶的怪楼，余地开阔，妙趣横生，怪楼可成为老梅园的制高点和最招人的标志，进园非到此不可，这样可增加梅园的魅力，缓解淡旺季的悬殊，收入也自会提高。

2. 大连"米米米游乐城"

大连市区有一座"米米米游乐城"，是一幢宾馆式的华丽建筑，形状近似正方，高达4层，对象主要是青少年，但不乏成人参与。一层大厅内，布置有旋转木马，儿童小火车，电瓶车等儿童玩具，器械造型新颖，如蛋壳式的儿童垂直转椅，在国内从未见过。二层有赛船、赛车、碰碰车、激光射击、射水枪、圣诞树、古堡、儿童塑料球浴、各种新颖的电子游艺机、机器人夹物件等，也从未见过。三层有万国一条街，米米米快车、童话世界、世界美术长廊。第四层是电影城——魔岛趣游和卡拉OK咖啡厅，室内装潢、壁饰、器械，都很新颖、讲究，各种设施、小卖部服务布置得很紧凑。从一层至四层均有两条履带式电梯输送，下楼走中间台阶，门票3元，赠送一枚特别硬币，可以作一次游乐。因室内所有游乐项目，都要此种硬币投入才会启动。各层都有购硬币服务处，每枚2元，所以进来后，消费水平一般都在10元以上，尤其是机械夹物，一枚币操作一次，夹着布娃娃就可带走，否则还要买币投入，吸引力最强。这种以"小皇帝"带动成人消费的手段，符合目前的社会现实，这里的许多游戏项目，都具有使人欲罢不能的魅力，非常成功。我们设想如果在吟苑开辟这样的游戏城，有条件，也有效益，关键是通过途径得到这些新颖有趣的进口游乐设施，搞合资也好，其他都可以自己解决。在吟苑当然还可配备大人玩乐的其他设施，使这成为有幽雅庭院，有高档娱乐，日夜开放的美丽乐园。

3. 威海刘公岛

威海刘公岛距市2.1海里，面积3.15平方公里，外形、位置，与鼋头渚三山相似。由于是清代北洋海军基地，中日甲午浴血奋战的地方，成为历史上著名的胜地，到威海非去不可的景点，门票6元（去年2.5元），往返船票10元（去年5元），去的人十分踊跃，估计单船票年收入可达600万～1000万元。而三山船票3元，年收入145万元，是公园一项可观收入，三山的吸引力在于近年放养的猴子。现在对三山的建设有各种想法，从刘公岛的启示，搞宾馆、饭店不相宜，居住生活、娱乐、能源、通讯、交通有诸多不便，建筑体量过大又会压抑山体，破坏自然景观；大家认为，仍以养猴为主。目前要加强规范管理；增加有趣道具，开辟驯猴表演，出售猴食，定点喂养。选植相宜树木，保护山林自然环境。建立一支有专门技术的养猴、驯猴队伍。繁殖过多的猴子可以出售，在放猴基础上，再试放别的有趣动物。总之三山观猴要扩大和丰富内容，提高吸引力。围绕这一特色配备摄影、逗乐、食品、饮

料等服务项目。只要三山的吸引力增加，船票增益也就不成问题。

大连星海公园旁的海上乐园，是停靠在海中的一艘旧轮船，高达四层，甲板宽约30米，有栈桥通连码头，一张联票10元。船体各部都得到充分利用，一进去是神话世界，由卖火柴的小女孩等几组空间场景组成，较粗陋。底层是所谓海底世界，面积最大，灯光幽暗，有鲸鱼肚皮、蚌壳姑娘、蛇岛、海生动物等，有一定的水感和神秘感。在船舷架设高架脚踏车，游客可围船一周，观赏海景，船的主舱为客房，会议室、厅、舞厅、卡拉OK、酒吧、录像等，有床位400个，游客可食宿。到船顶还可参观驾驶室，纵观全景。海上乐园还有海上儿童世界，需另买票进入。

在老虎滩乐园，还有一艘驱逐舰，长110米，供人参观大炮武器和舰体内部。

这些利用船舰在水上固定的游乐园，也有相当吸引力。鼋头渚也可在适当水域搞一两个，像人工岛一样，增加游赏太湖情趣。鼋头渚范围大，到广福寺就回头，要引导和疏散，在太湖边开辟道路，或鹿顶山接通索道，也可研究。大连的老虎滩，开发区的碧海山庄，均有水平方向观光缆车，游客也不少。

此外，还有一些值得我们借鉴的情况，顺便提及。

① 以人物场景为主的各种游乐宫遍地开花，北戴河有中国神话乐园，封神演义宫和荟萃宫两宫并立，体量庞大，门票都是5元，景观平庸。秦皇岛有个阴司地府宫，体量亦大，试开几天，因内容阴森恐怖，被文化部门禁止开放，现展出别的内容；大连市内规模宏大的古代宫廷建筑"华宫"，其中主体为展示上下五千年历史的史记宫，门票18元内容也一般；明清街门票15元，加上卡拉OK门票30元，总计要63元才能游遍。大连开发区的碧海山庄和五彩城都有这一类的展宫多处。威海有卧龙地宫，蓬莱有八仙幻宫，北戴河有哪咤宫等等，此类游乐设施，投资

也大，门票昂贵，内容则大同小异，有粗制滥造趋势，艺术水平低下，浪潮过后可能会萧条，能否收回成本很难说，应引以为戒。

② 水上活动，一般都大同小异，无锡除沙滩海浴没有条件外，游船、游艇都已开展。蠡园的水上活动范围太小，缺乏情趣，应考虑扩大，西淋一块孤地，难以独立，理想的是将西部鱼池纳入园内（以西淋换取也合算），打通水路，聚、散、曲折回旋余地大，可以增加各种动物造型船、情侣船、水上脚踏车、电瓶船、画舫、碰碰船等，吸引广大青少年开展水上活动，构成蠡园的主要特色和重要收入。湖与海各有利弊。湖可以植荷、垂钓，也可以建水底世界（大连老虎滩有）。

③ 大连开发区的五彩城，令人耳目一新。这是一处集商业与游乐于一体的旅游城，规模宏大，形式新颖，色彩浓重，内容都为购物、饮食等。建筑每个单体都不同，而且中、西、古、今并存，并没有不协调感，建筑物墙面都加以彩色处理，有的是图案，有的是书法，有白描、人物、山水、装饰，也有抽象、色块，处理得都富有艺术情趣，作画均有作者署名，还有指导老师签名，可见都是美术系学生的精心创作，城内街道、屋前均有绿地、喷泉、小品、雕塑、庭院的穿插，整个城体现一种大胆、热情、美丽、繁荣的气氛，令人流连忘返。在风景旅游区内有这样的游乐城，吸引力一定很大。

④ 烟台正在兴建国防公园，位置在原西炮台山，占地71公顷。规划除炮台山区7个炮台，周围有城墙，保存完整外，拟建航空村、航天馆、兵器馆、青少年教育区、老年活动区等，第一期工程估算投资2524万元，现有6门大炮和一辆坦克到场，航空村建成后，将陈列11架飞机，其中有大型的图104，场面相当壮观，武器均由济南部队支援，这种以国防教育为主的公园，结合原来的古炮台，将对青少年有很大的吸引力，在国内目前尚属少见。

⑤ 上述城市的园林部门在经济上都吃国家差额补贴，在开拓经营方面压力不大，但大家也在想方设法获取经济效益。如大连鼓励基层单位贷款搞游艺项目，认为短期即收回投资，最为稳当。威海的环翠公园，向个体照相摊贩出租营业点，每摊每年交净利1500元，一切不管，坐收渔利（有20多摊点）；湖滨公园则全部出租给个人经营，除树木不能动外，一切不管；烟台南山公园中的盆景园出租给盆景公司（个体）管理，原盆景园的盆景托其代管（死要赔），个体组织全市爱好者将供石、根艺、盆景拿到园中展出，也可销售，收取管理费，同时对外承包摆花、摆盆景、做工程、堆假山等业务，门票上升至1元（原1角、2角），每年向公园交1.5万元，我们看到室内的作品，水平极高，管理精细，因时间尚短，还难作结论。

⑥ 在园艺方面搞得好的，是大连劳动公园，门票只有2角，而且早晚都免费开放，舞场承包给自己职工，收费也只一两元，园内鲜花树木整修养护有水平。北戴河是闻名的"十里长街十里花""十里长街十里红"，盛夏正是游览旺季，到处是鲜花。秦皇岛的同志说："北戴河吃住，秦皇岛过路，山海关收入。"山海关的旅游收入占总收入的80%，山海关的城楼游览区及姜女庙均已大大扩展，园林绿地反而作陪衬，养护管理工作量大，而没有收入。在管理体制上各地不一，全国的情况相当复杂，看来无锡体制不顺也并非一家，关键在园林自身的发展。

以上考察汇报，由于时间匆促，了解不详，难免会有错误，所提设想，还需进一步论证，仅供领导决策和各部门业务人员参考。

（考察组组长：刘国昭副局长
成员：吴培兴、黄茂如、赵士宝、邱耀华、
陈大荣、张兴和
执笔：黄茂如）
1992年8月5日

成都活水公园考察追记

市政府委托美易道公司为我市制订蠡湖新城规划，其中两侧犊山口至大渲的中间地带，前几年已建有犊山口桥闸；西坝车行道（梅园通鼋头渚）；太湖至蠡湖的升降船闸；为太湖与市区广大水系全部沟通，从而为蓄泄、调剂雨水、洪水、冲污、净化、通航创造条件，利民、利城、利国。易道以此为基础，面积东扩至围湖造田部分，新增现代化水利枢纽工程机房、设备、楼闸，又新建回水河道作为净化处理措施和生态科普教育示范区域，总名为"生态岛"。我考虑张渤是古代治水有功之臣，史书记载确有其人，经民间千百年传闻已神化为"水仙"，城南水仙庙即为祭祀张渤的道观。"生态"为现代时髦词汇，有城市生态、环境生态、自然生态等，是一门新学科，几句话难以说清，故直接称"渤公岛"干脆、明白、接地气，含义深，我一直提议，逐渐被大家接受，现路中立一碑刻"渤公岛"字样，简洁、明白，已无人异议。

我们园林设计院由钮科彦副院长带队，倪燕、邵洁、蠡湖新城建设办公室杨总、我作为设计院顾问，随同去成都市考察著名的"活水公园"，以成功先例为我们渤公岛水利工程设计作参考。

成都活水公园就在成都市护城河边，为一带状滨河绿地。其净水部分有厌氧沉淀池；水流、水钵雕塑；兼氧池（香蒲）；人工湿地塘床生态系统：一个个不同形态，有高差的连续水池，种有水葫芦、萍、芦苇、芦竹、马蹄莲（正在开白花）、茭白、蒲苇、万年青、菖蒲、旱伞草等植物，最下面是一个养鱼塘，说明经过上述水生植物的吸收、转化、净化，已清洁至可以养鱼。其他还有古代取水的一些农具陈列，如水车之类。我们在其展室买了宣传碟片，图片资料，从头至尾浏览全园，给人印象深刻的是尽端桥堍用塑石（造假山）砌筑的驳岸，内里竟是一所干净卫生的公厕，外面可怎么也看不出来，隐蔽又巧妙。

公园首端（也可能是末端）布置一个水景广场，环立自然状石柱（未加工的毛石料），旁边是公园获得环保奖励的证书和宣传牌，靠人行道的地下仓库顶盖上爬满四季常绿的三叶木通（常绿藤本），公园内的植物种植均竭力模仿峨眉山天然植被，故我们在此见到了山里野生的天竺桂等植物。

护城河边有一段斜坡处理颇有特色，即按边坡的徒、缓分别处理靠水一侧做成梯田状，梯田的网格用砼固定，网格内种的都是蓼草，小蓼之类，逐步向水面倾斜，宽约2米。我看到水中也长着绿色的蓼草，可见蓼草的粗放与适水性极好。我市亦有蓼草但我们的驳岸大都是混凝土，直驳生硬而无绿色，因没有蓼草生长之地，也就谈不上生态作用，靠路、坡陡，只能置石或立峰或卧石作点缀。该处恰有一石牛，是为古物，处于灌丛和杂草中，很自然协调。民间传说"石牛对石鼓，金银万万伍。谁人说得破，买个成都府"。石鼓今在哪儿，谁也不知道。

成都有以种竹出名的望江楼公园，都是各个品种的丛生竹类。我们不熟竹种分类，粗看都像慈孝竹，有高低之别，笋不能吃。公园主任是复员军人，叫虎正仲，豪爽之极。他那里有的是竹器制品，连竹根雕也是形象丰富的工艺品。他想找合作单位，搞竹品展出，锡惠公园人多游客多，倒是理想之地，但那年恰逢"非典"流行，只得作罢！

唐女诗人薛涛墓在望江公园内，依旧引人前去凭吊。

4月10日去乐山、峨眉，天气阴不阴，阳不阳，早上雾重，地湿，成都就是这种天气。路边隔离栅外都是大块油菜田，夹果累累，可想开花时节之灿烂。丘陵起伏，村舍相接，景色很好，看此情景，路边还需建绿色通道吗？农村就是看自然景色，新农村整治，决不要搬城市绿化手法进乡村。古人说"因地制宜"千真万确！我们搞设计的一定要牢记！

成都市内绿化用天竹作色块的很多，有时在林下种一大片，有时，作矮色块背景。成都土质肥厚，树长得高高的，连香樟、雪松也很瘦高，只有黄葛树（大叶榕）树冠横向展开，4月正在吐芽，长尖如袖珍象牙，淡绿色很可爱。

车行两小时，进入乐山，大渡河、岷江、青衣江三江汇合处，十分富饶。因大佛之故，这里的高层建筑都不得超过24层。

在乐山、峨眉均见到核桃科的麻柳，南洋杉、大叶榕、大红花、白兰花、棕竹、冷水花、蒲葵等华南植物，长势甚好。

后来（2004年）我去温州瑞安市同样见到路边的南洋杉，白兰花大树，还有些棕榈科植物、桉树、橡皮树，都不必防护，说明成都、乐山气候接近瑞安、厦门一带。这是趋向暖和的一端，

而另一端趋于冷凉如江南的苏州种的白兰花、茉莉花，洁白芬芳，苏州人常提着篮子到无锡来卖，现在这种树在冬天只要放到玻璃房内也不会冻死。乐山、成都的黄桷树，无锡没有，但同类的构树、桑树，都能长。可见成都、乐山又与江苏相接。成都的油菜花与江南一样普遍灿烂。马蹄莲在北方是一种温室花卉，在成都可当湿地植物，用来净化水质，看到活水公园如此，启发我也应尝试在湿地中应用。多了一种开花的观赏植物。那次委托我院做无锡十三分部营房绿化改造工程，开始是我，后来是钮院长带几个人一起干，顺利完成了。多年未去温州，印象已模糊，但火车均在山洞中穿行，现在汽车也常穿山洞，安全便捷，比70年代末乘汽车，经丽水到温州，翻山越岭何等险峻。回锡后，直接由瑞安坐汽车，经高速公路去四明山、嵊州、上虞也都是隧道连连。杭甬、宁杭、锡宜到锡6个多小时，13分部军车飞快，真是一次快速旅行（无锡火车一夜到温州）。（2004.12.1追记）。

4月10日住乐山，樱桃熟了，11日去峨眉，游万年寺见牡丹、山茶盛开，见沙椤树、贞楠、栱桐、厚叶冬青，日本赠寺里的芍药还放在墙脚边，似乎没人去辨识其品种名称。

我已不止一次来四川，四川小吃、火锅、麻辣、乐山大佛、重庆、成都、长江，对这天府之国已有粗浅认识，这次专一的考察活水公园是因设计项目的重要，紧迫和杨总的催促之故，看过之后，明白怎么回事，都懂，不过如此。

东渡日记——日本高尔夫球场考察

2003.11.25

想不到老来还有一次东渡日本的机会！

前不久，我与孙志亮等几位在太湖饭店参加了一次很特别的会议，主持人是滨湖区吴区长，然而区领导后面还有荣氏在香港的集团，有位姓蒯的经理。孙志亮首先介绍香港地区高尔夫球场前期进展情况，接着市水利卢局长谈防洪问题，土源取土试验；杨燕琴（重点办）谈道路选线问题；公用局顾总谈污水处理问题；环保顾谈高尔夫球场排水问题；任颐（规划局总工）提出规划与山水共荣；我介绍了一下无锡常用绿化树种，这些都由一日语翻译给在座的几位规划高尔夫球场的日方人士。时间恰在03年9月11日。相互稍交流一下即散会。过了几天，惠良见我时说他们准备聘我当顾问，这顾问是要拿报酬的。后来还说要去日本考察一下。我一怔，盘算着还要不要去九寨沟，本来随秉左作一次四川之行，若有去日本当然选日本为上了。

我一直在等待，9月、10月过去了，在11月底才催我去办护照。因我超过60岁，已退休，只能办因私护照。幸亏外甥小松就办这事，我很快就去照相，后来拿到护照办签证，又补办派遣证，退休留用证明，又请日方再寄邀请函原件。这样，到明天我才能拿到签证，而另外6人，到后天才能拿到。而日方邀请的日程早已排定，28日12点55分到达日本关西机场。时间之紧，如同我们这次不是去日本，而只是去广州，海南出差。我是去国联集团，在北门那座大办公楼内在办公室人员许军桌上见到同行的七人名单及6天行程计划，这是我站在办公桌前偷看到的，但

在哪里集合，如何出发，要准备什么，注意什么等，什么都不明白啊。

我与许通过几次电话，催促他，终于他告诉我，明日上午去蠡湖办孙志亮处开会碰头，到时一切都解决了。反正已做了些准备，拿了胶卷，电池，理了发，向许雷处借了一只数码相机带出去用。衣服也有所打算，近来天气甚暖，从未冷到2℃~3℃，只是日元兑换，换多少。我答应大玮给他从日本买个MP3送他，他要我买2000元的（便宜的不要），真是人小要求高。

吴区长是此行团长，他带信来要我做两件事，一是写个聘用顾问的协议书，二是了解无锡土壤状况。两件事都做了一些，但都没有彻底完成。土壤我已有所了解，协议则尚在许雷处，许打出后还要给惠良看了才能交吴。我是单位出面受聘，而非个人行为，这一点不知区长是否谅解。峰明与吴甚好，又带信问我，火山浮石之事，这事好办，可与我同去美国考察的镜泊湖老书记赵广德帮助解决。

2003.11.26

上午8：30，在蠡湖新城办公室去日本考察人员开了会，许军一边开会，一边用手机与有关方面联系。孙秘书长考虑了五件事情，一一进行落实，吴区长最后拍板。决定明日下午7：30在锡东高速公路处集合，吴区长备两辆车送去上海，住浦东，以便28日上午可以从容到达机场，乘9：55分班机飞日本。气候与无锡差不多，但西装必须带，穿旅游鞋也是看高尔夫球场特地关照的，礼品及相关资料分头准备一下，

这样许军明8点就要赶去上海，我的任务只是兑3000美元，并把护照、签证传真给许军，明天拿机票时用。

一小时会散，我坐刘总车同去设计室，从那里发了传真，向许雷借了数码相机。午后，插出一件事情来，折腾我整整半天。中央电视七台来了三个记者来锡拍摄绿化片，这几天都在现场拍些场景，现在需一老园林工作者来现身说法，谈谈无锡绿化的过去，现在和将来。秉左等商量下来，认为我最合适。下午，我随他们去环湖路、太湖大道、体育公园、运河边等地边拍边采访，既谈城市绿化成绩也谈我从事此项工作的感慨，更有意思的是拍摄在体育公园散步，在运河边赏景，在园林设计所指导设计人员绘图，自己在电脑前，按鼠标设计，在局活动室中打乒乓。明天早上还要来家里拍些生活镜头，如同演戏，绿办出了冤枉钱。电视弄虚作假，最后根本没有看到拍的片子。

中日一衣带水，不过一星期，真同到广州、海南出差，蜻蜓点水，也算是圆了个日本梦。

2003.11.27

我上午去局，再熟悉一下数码相机的使用。中午，照样吃饭、打牌，然后去洗了个澡即回家，美元已兑好整3000元，我把它卷起来塞在表袋里，十分妥当。下午基本上不需要再做什么准备了，美美地吃了晚饭，炒芹菜、四季豆，一只白菜肉丸、生麸面筋汤。因中午饭菜不好，吃得少，早就觉得饿了，故吃来特有味道。

7时稍过，孙志亮车到，兴度开车，速度很快，到锡东不过10余分钟。吴区长的车刚到不久，4~5分钟后，几乎到齐，于是大家都上了一辆别克，开车的竟是孙环林，意想不到。他见我也十分高兴，是啊，老朋友了！顾平胜，上次开会见过，原来他是1974年从安庆调锡，也是老城建的人了，所以这系统的人都熟，他比我约小10岁，近几天腰痛，差点来不了。在车上与孙谈起

杨守本，顾总竟说特熟。原来他们是近邻，小名二本，兄弟从大本到四本，还有一个小妹子，他们是几代为邻的世交了，小时就一起玩（这是我第一次听说）。

我们入住机场边的华美达大酒店，与顾同屋，房小，但装饰设备不俗，房价也不会便宜，这一切都是吴区长操办。

现在同行七人我都可以知其姓名，环保局顾（滨湖区规划局）、张副局、环保罗（伯生）局长、顾胜平、吴正贤、孙志亮和我共七人，明天登机，还会有人加入。

2003.11.28

宾馆早上自助餐，每客88元，然而我只吃了两个蒸蛋，一碗粥，一杯豆浆，几片水果，真是极大的浪费！孙环林送我们去机场，只几分钟，又一次见到浦东国际机场，久违了！我们坐东方航空公司班机，上午10时16分腾空，不到2小时，就到达大阪关西机场。我坐在靠窗，看得出飞机从水面上接近跑道，机场似乎填海而成，因场边是河驳岸。大阪17℃，不感冷意，反觉穿多了。出关顺利（机下过道有轨道车送到大厅，然后经检查，交登记卡），总算踏上日本国土。走出机场，从高架下又见榉树叶片已染秋色，大阪正值金秋天气。

一辆大巴将我们送去滋贺县，李小姐是长春人，为我们导游，她是岩崎公司下面旅游部门的。发给地图和介绍材料，上车后就一直在高速公路上行驶，两边都有隔音板遮挡，看不出外面景色，但从视线缺口处可见山林秋色已十分浓重。绿树常是松柏之类，人工营造，但绝不是整片，其他则是黄、红和各种中间色，淡的色彩几乎成了白色，红深处血红朱砂，那些反映色彩的叶片，则都好好地长在树枝上，银杏亦如此，似乎不曾掉过叶片，浓浓的黄绿，自然地过渡，令人羡慕煞。

在高速公路休息处，稍停十来分钟，上厕，

去了商店。天有些阴沉，大阪早就过了，不知何样。快要到大津市了，这是我们先看濑田高尔夫球场后去那里住宿。濑田高尔夫球场很大，是个54洞的大场，已建40年，我们只在门口看看，天下雨撑伞走入。草坪是那样平坦，流畅，外围则绿树、片林，很少用丛生灌木，我见到天堂草（果岭边）、欧洲草（果岭）、结缕草，特别是欧洲草现在还十分嫩绿，近看像塑料地毯那种色调，草细极。管理人员说，每年要两次打洞通气，直径一厘米，20厘米深，经常要喷水。另外，他们是冬天打球与夏天打球，分别在不同草坪上比赛的，终能保持绿色。大树有香樟（不像我市那样高大）、黑松，在草坪上有孤立的鸡爪槭（叶黄）、梅花（无叶），一会儿雨歇，出彩虹，但一片云出来，又下雨，远处则如无雨天气。我的数码出了问题，屏幕上显示格式化出错。上了车，他们告知是芯片坏了，换上新的，果然可以拍了，怎么会坏的，不明白。

到琵琶湖边上的大津市，已天黑。街小，宾馆很大，我们每人一间。我住一间有两铺，设备好极了，开着电视机就坐下来记一下，还有20分钟才下去吃晚饭。

晚饭是自助餐，在一楼，我们下到地下的停车场去了，再上电梯，餐厅东侧是大玻璃窗，外面就是琵琶湖。此湖由北而南，总面积达600多平方公里，约为太湖的三分之一，但水则更深，北面最深约40余米，南面则浅也在4米以上，故其蓄水量远大于太湖。大津市在湖西南，是湖面最狭处，与湖滨饭店类似看对面的湖岸。有两座大桥，沟通东西两岸，宏大而并不太美（只见了近海大桥）。

因为饿了，吃了不少，既吃面包片，又吃饭团，又是水果，又是萝卜汤、肉、虾肉、鱼块，就是不敢吃生鱼、生蟹，其他人也都一样猛吃，几位香港客，吃得比我还多。

饭后出来走走，外面凉风吹来，很舒服，宾馆外面，还有一个宽的木平台，栏杆，木平台湿湿的，刚才下了雨，台下还有一块绿地，外面才是湖面，实际就是湖滨公园，可惜天暗，看不清，只有湖上一艘巨大游轮，灯光闪亮，远处灯光就是东岸了。

从一个店穿入另一店，有各种小纪念品，还有塞角子游戏机。我们看一对老夫妻，各自塞进角子，一级一级下落，直至将边缘的角子推到外面掉落下来，从孔中塞进。如此往返，消磨时光。

回宾馆，房内有长、短两件两套和服，去四楼洗温泉浴就穿和服，我看他们怎么穿，自己再换衣，拿好房卡即去四楼。这一带温泉都很有名，洗的人不多，设备极好，水很清，有滑腻感，有点硫黄味。我又去桑拿，干蒸10分钟，出大汗，再出来洗头，十分痛快。外面还有冰的大麦茶，电扇，充分享受了。穿上和服，回房，吴区长几个还要打牌，我又可一个人写我的日记。电视开着，看不懂，但听听音乐、歌唱，也是一种享受。

桌上有一片电热板，只要壶里加了冷水，一揿开关加热，慢慢地水就开了。我泡了一包绿茶，汤色清纯，有一点干香，吃起来，只有一点点茶味，袋里面尽是绿色的细末子，这就是日本的茶？

今天的活动很自由，时间很宽裕，也慢慢与他们相识，以后将讨教他们，帮我想购之物，袋中美元未动，吴区长又发我300美元，与别人一样。

我给顾平胜一个胶卷，我还有5个，他没有买，用得不够，我还可以支援1～2个，大家出来，应该高高兴兴。明日早上七点，还是自助餐，8点离开，不会再来了。日本与我恰好差一小时，现在九点，这里已是十点了。

2003.11.29

琵琶湖一夜十分地幽静，但很晚才睡，醒时2：30，以为天快亮了，打开窗帘湖边灯光依旧，还有泊在湖边的那艘大游轮灯火辉煌，更显出夜的平静。因为说好7时吃早饭（北京时间6时），现在还有3个多小时。厕所坐便器不习惯用电热圈，反而拉不出，坐了半小时还是上床睡，也不知何时睡去，醒时已5时。上厕，还只便出一点就止，外面下雨天无处可去，好在一会就到六时，该下去早餐了。还是自助餐，有了上次教训，今天尽量多吃一点，但不欢喜的多。只吃了两碗赤豆粥，和了什么东西的煎蛋，几片面包，一块蛋糕，再加点水果，也就算了。

宾馆门外的毛鹃，细看也有红蜘蛛危害的叶片，不在少数，大概对形成花蕾影响不大，也就听之任之了。在一个街角，乘别人下去，我从地上拾起一片乌桕叶，极大极红，我市长有此树，但叶片没如此厚实、血红。奇的是银杏作为行道树，都将侧枝强剪，侧枝离主干约20厘米短梗，长短不齐，不知何故。槭树也如此，问路人说不出为什么，说是审美观念所致。也许，这样断枝后，树叶长得茂密，秋色会延长。鸡爪槭的叶色从黄到红，深浅不同，品种很多，他们说再过2周就落光了。现在都未掉叶，无锡怕不会如此长久。

我们又看了一个叫比良高尔夫球场，在它的会所中看到场景，拍拍照片。雨还在下，但我要看看具体什么树种，撑着伞走下去，日本人也陪我下去。一看有些是熟悉的，如杨梅、蜡梅、鸡爪槭、茶梅、黑松，等等，有些就不熟悉，如壳斗科的一种做成高篱，苦槠？效果也不算稠密，还有红果冬青，有一种结小红果的海棠还是省沽油就弄不清了。日本人不懂学名，大家说不到一起。看了看球场的草，一会雨停，那些打球者居然也出发继续打球去了，瘾头不小！从比良出来即琵琶湖的南面，向大阪的另一个机场尹丹机场前去。从大阪到鹿儿岛是国内旅行，手续要简单许多，飞机是麦道，长机身，一排五坐，约有200多人吧，人不少。天气越来越热，又不能脱，升空后才适意些。机上只送来一次饮

料，我要了一杯咖啡，又加一杯果汁，吃了几块巧克力，略解饥饿。小电视上演日本电影，发的耳机没解开，听不懂也就不去弄它，累了就打瞌睡。上空是大晴天，云下则在下雨，估计到了鹿儿岛就转多云了。下了飞机又乘大巴，就在机场内的米米麦麦饭店，中餐也是岩崎开的店。面对机场，但去外面木平台拍摄外面景色要出50日元才行，中信的黄付了钱，进去照了相。指宿在鹿儿岛的南端，我们沿着海边驱车南下看到海边的防浪设施和防浪堤内的游艇码头，还有日本贮存石油的大油罐，在海边上一个个圆形桶体，直径100米左右，这些油据说可供日本30天之用。汽车经过，看不到有什么特别防卫。到指宿已是傍晚了，他们见我们疲劳，就先安排宾馆住下。我与顾又在一层，这是我们主动要省两个房间之故。宾馆是岩崎开的，让我们休息到6：30，他们开个欢迎会。岩崎先生亲自来陪我们吃饭，我们到达时先将礼品以市政府秘书长的名义送出，这次他们还礼了。

6：30我们端坐在长条桌前，中方、港方都坐在一侧，日方坐另一侧，大约是十个对十个。岩崎及其妹入席，开始严肃，过后就放松了，一个日本人（三洋）曾在马来西亚、新加坡等地做过高尔夫球场，唱了两首中国歌，要我们打分，说实在不敢恭维，只有最后一句我爱你听懂外，其他都是日语，真的只能骗骗日本人！还有一个专门搞植物的走来与我见面，他是高尔夫绿化设计者，明天他将陪我一起交流植物方面事。菜很丰富，我也放开都吃，生鱼片中红色的鱼最嫩，据说这种鱼有100公斤之重。另外，龙虾肉、白色生鱼，我都放在酱油芥末中浸一会就吃了。后来就开始吃火锅，两大盘，一为牛肉，一为猪肉，岩称最好的黑毛猪肉，喂食规定必须吃一定量的白薯，足见日本人的科学态度。味道真不错，我一盘也没吃完。日本大嫂专门帮我们捞去泡沫，加入香菇、粉皮、面条、蒿菜、金针菇之类，并一碗碗盛给我们吃。还有专门倒酒、倒饮

料、茶水，服务的人约有近10名，一忽儿又送资料、交换名片、送礼交流等等，十分热闹融洽。味道也不差，吃得很好，日本人送我们一个录音笔，当场试给我们看，我倒是真需要，参观时看到好的就对着讲，录下来，回去好整理，也差不多2个小时宴会才结束。

回房后，又一新节目，去洗砂浴，说是世界唯一的。票是岩崎送的，我们在房里穿睡衣，即到G4去。收去票后就让我们进入更衣室，将所有衣服脱去，穿上一件长服，拿一块毛巾，即进入一个海边的大棚内。有几个日本壮汉，让我们和衣躺下，伸直，两手贴身侧，用洋镐把热粗砂满身盖住，只留出头面，枕在毛巾上，可以看也可说话。过一会，挖开肩头的热砂，重新盖上，此时，感到身上的重压和热力。这次真让鬼子做了"活埋"的勾当，心里好笑，而且用我的相机叫他每人照一张做纪念后，在我身边一个日本姑娘也躺下来，埋了，我看她闭目入睡，很会享受。约20分钟，自己抹开砂子，出来走入温泉中洗海水澡，衣服一到水里，砂子自然流下。晚上看不清自己什么样子，但尝到了咸味，下面是卵石。这海水是温泉还是人工加热了的，就不得而知了。那个砂浴，似乎是人工加温的，因旁边还有马达声，砂子压在身上时满身都热烘烘的，看看天棚也正可入睡，右侧听到海浪的拍岸声，另一则轻放着音乐，很是悠闲。睡罢，劳累一天尽可消失，日本人真会享受。

海水浴后，还要到室内用淡水冲洗，洗头洗发设备齐全，此时精赤赤，每人一间，洗毕，换上新的和服，上一层楼，又到先前的更衣室，打开小柜，换上原来房间的服装，即回房。

鹿儿岛火山多，温泉多，全国有名。来此一游，当与温泉结缘，宾馆内本有温泉浴，不需花钱，砂浴倒是要另外买票的，岩崎专门送票给我们这些无锡职员。晚宴时他的无锡职员还复印了当地关于我们来日的新闻报道，日本人真会办事！

因为我提出要看看这里的花园和自然公园，岩崎还安排人陪我看他们的植物园。听黄经理和苏先生说，没有人到日本来买电器的，要到香港买才便宜，原因是在香港免税，黄经理说香港买电器他可帮忙，此事使我为难。女儿、大玮不好交代啊！或者就按黄珏的条子请黄为我物色带来无锡。他这次去即回港，下次来锡即可带给我。我给他一定的钱就行了，500美元，买数码机和MP3，差不多了。

今后我会和他们有一定交往的。

今日问吴，火山石做何用，他说是做高尔夫场用，是否排水，还是点景，他说不出，反而我告诉他我有朋友在牡丹江市，能搞到这些东西。

明天指宿高尔夫球场，正在举行的卡西欧国际比赛最后一天的决赛，其中20多名决赛选手中有一名中国和一名台湾地区的运动员，社长说我们到场会给他们加油的。据说有一万人观看，这该是多么热烈的场面啊！

2003.11.30

昨晚岩崎先生宴请，吃得很好。岩崎戴副眼镜，显得文雅沉着，估计不过40岁左右，事业则相当大，指宿高尔夫球场是他的，明天要去的种子岛高尔夫球场也是他的。另外，他有好几个宾馆，大阪机场的米米麦饭店就是他开的。那些服务员对我们敬若贵宾，而昨天那些伺候我们的下人，简直跪在地上服侍，听其妹吩咐，等级地位十分鲜明。李小姐算例外，她也是岩崎集团属下公司职员，接待陪同我们是她的职责，不同于一般导游。这宾馆之大已属少见，环境之胜更是一流。早上我与顾吧不得早些走出院内去看看美丽的环境。

宾馆楼道是退层式的，围成一个三角形内庭，小溪环绕，激流回环，植物种类很多，如一个小花园，餐厅外面则是个由高而低的自然陡峭山林园地，非常壮观，向外一直与大环境相接。这里瀑布气势如虹，树木高大，也用些石

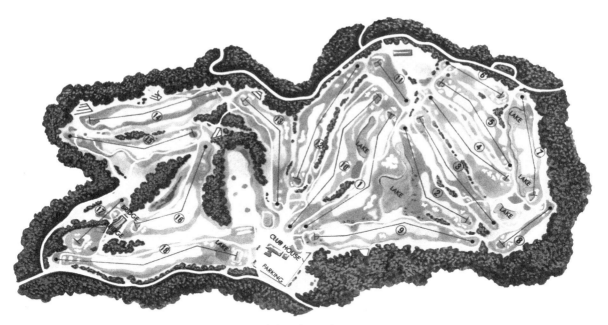

高尔夫球场示意图

头，很自然。用过自助餐，即走至外面绕宾馆走了大半圈，简直是个大植物园，杜鹃在开，茶梅在开，草花更多，有些植物只能在广州、福建可见。回来时又在楼边见一铜像，刻着"岩崎上八郎翁"之像，一问知是岩崎之爷爷，这宾馆就是他创始的。

上午在会议室交流了高尔夫球场的排水问题，后来驱车去指宿高尔夫球场，这是造在开闻山麓的高尔夫球场。此山也是火山，形状与富士山类同，故有"小富士"之称。我们乘空车就直奔山边，卡西欧高尔夫比赛，今天是最后的决赛。约在午后2时左右结束，还要举行发奖仪式，总奖金23万美元，观众约有5000多人，比赛每年一度盛况难得，使我们大开眼界。车到会所，每人发了胸卡，挂在胸前，即可入内，通行无阻，但交待不能照相。实际上没有如此严，只是对运动员不要照相，怕闪光，影响运动员比赛。我们去时，比赛早已进行，只看到最后一个球洞处聚集不少人，有临时搭的看台，已坐了许多观众和贵宾，我们先吃饭，发给每人1500日元

饭券，自己吃。我也没有用完，余250日元，浪费掉。饭后说定2：30在门口等。

我便一个人行动，完整地观看了三条球道。球道布置在沟底缓坡，球道两侧完整保留了原有树林，一般山脊都不会开挖砍伐，完整保存自然风貌。山溪则除了应有的树林、灌丛、草丛外，没有零星树木，都是人工的绿草地，或池塘、河道、水塘、白沙坑。观众或球员均在步道上或草坪上行进，而这种草都是耐踏的结缕草（天堂草）。果岭实际上是一块高平地，是球道的终端，插有小旗，球打上果岭，然后推杆入洞，才算完成。起始端即发球台，也是一个略平整的台地，标有球道，编号，长度，杆数，运动员分级别，男女，规定发球处，一杆或几杆到果岭，推杆进洞，就算完成。果岭处的草要求最高，日本用的是进口欧洲草，细密而嫩绿，其外用另一种，最外就用结缕草，（普道）球道中的水塘、白砂坑以及小树林，灌丛都是一种障碍，增加高尔夫的难度，也是景观的点缀。临时厕所是赛事临时挖掘，用塑料布围拢，但散发的

137

臭气无法避免，我看到一小片树林中一帮人在林下吃东西，竟耐得住风吹来的阵阵干臭。我急急离去，高尔夫场地很美，就这点不好。（高尔夫球场示意图）

今日穿光衬衫，外面套羊毛衫，罩夹克。正好。

2003.12.1

指宿岩崎，真可谓恋恋不舍，这么幽美的环境，住半月才够！

水利罗局长带的数码相机卡已满，只能让我为他摄影留念，他看好几片景点，早饭毕即一同走出逐个拍摄，我与顾走的恰是外围，如此内外全了，好景存入数码机内，这样我的胶卷也差不多完了。因为一个给了顾局，已照4卷，机内仅存一卷。反正明日一天，后天即回上海，此行即将结束。

上午，岩崎的专车送我们到指宿码头，乘岩崎的高速快艇去种子岛，我们到达时人已坐满。我们上二楼（坐都在右边，箱包放在一层中间），双人平肩，沿海景色，清晰入目。那小富士山真像，从海上看，才知它确实就在边上。高尔夫球场在它的北边平缓的山坡上，南边就是大海，近处礁石屹立，点缀着碧蓝的大海。说是快艇，都不觉其快，海太大之故罢，并不是无边际，总是可见远处的岛屿，有一个还有喷白烟，如一团云雾聚在山顶，那就是别的活火山。我们看见一条拖得很长的岛屿，后来才知这就是种子岛。因为我们船先到了屋久岛，我描过这块地图，一个圆形的孤岛，在种子岛之南。船里游客都走空（两层的），稍停，从屋久岛又上来一批，约有10多人。上到二层坐在中间，随即船才奔向种子岛，那个南北狭长的岛屿，越来越看得清晰。我们从南向北行驶，也许客人不多，更主要我们是岩崎的客人，允许我们到驾驶舱去看那些航海仪表。第一次见到卫星定位系统，那个图上清楚地标着这条船的位置。种子岛似一条露出

背脊的长鲸，脊部一般高，平得出奇，没有什么东西突出来。我们要看西之表种子岛的高尔夫球场，西之表是岛的最北端，靠近码头，才看出岛上植被之浓密。这里全是常绿树，没有色彩变化的落叶树杂在其中，除绿色就没有别的引人之处。上岸后，岩崎集团的车又出现在眼前，我以为是与我们船一起过来的，实际，这里都是岩崎的势力。登车，由北而南在幽静的山腹中行进。2车道，一侧只有1~2米宽的人行道，外面就是森林，这才是森林公园！种子岛的机场，就在中部，过此即高尔夫球场。岩崎人又在欢迎我们了。走入会所，一幅壮阔的图画，展现在面前。恨不得有架录像机一扫，像宽幕电影，令人震撼。我们就在此用餐，一面吃一面欣赏外面的球场。菜很丰盛，生鱼片，吃惯了，吃得精光。一碗米饭，一碗面，淡红色的是红薯做的，都吃光。饭饱之后，就走到场里去。

今日是星期一，高尔夫球场休息。我们正好活动，无人干扰。从发球台到果岭，任我们踏上去。在果岭上，孙秘书长全身躺在草地上，这是西洋草，从欧洲引来，极细，罗局长说江阴已在培育。我们走到端部，想看看海边，后来有辆车过来，一乘一段到场外面的一条公路，停下，走过几米山岭，远远看到海面和近处的礁石，但到不了海，而且也不敢下去，根本没有路。在那里有管理小房子和停放设备的仓库房子。我们捡了好几个高尔夫球，都是打球人丢的，据说一个就要几十元（以前我听说8美元一个），我拿了5个，在洗球处清洗干净，带回去好送人。从端部往回走，一路看一路走，很长见识，对高尔夫的每一个细部，多有所了解。他们还看了会所的污水处理，饮用水的净化处理，小发电厂，洗漱用水箱等。今天是最自由放松考察高尔夫的一天，收获也最大。李小姐没有跟我们上种子岛，而那个鹿儿岛人"欲喜"先生，陪我们兼做翻译。在北京工作，白白胖胖不像日本人。香港黄总经理是无锡委建的高尔夫球场的技术总负责人。我托

他带数码机、MP3的黄姓本家，和善得很，那个李先生也极灵巧，英语很好，很易接近。他们如果常来锡工作，我乐意与他们交道，他们都是中信公司的人。

高尔夫球场出来，路过，去看种子岛的卫星发射场。前几天这里出事，卫星发射失败、爆炸。他们似乎没有什么，我们看到海边那些发射场，好像不能与我们"长征"相比，显得有些玩具相。既然来了，就照相留念罢。我们只能在这里摄像，人是走不过去的。又是一个路边，停放着横卧的火箭，体量不小，但也当是玩具，因为不可能真的放在这里。"欲喜"问要不要看？无人答应，也就没有停车。火箭对我们来说，不是稀奇的事了。再转几个弯，就到了我们的住地。种子岛、岩崎宾馆，又是岩崎公司的物业。宾馆在海边，进入大堂，大海扑面而来，而且有个小山，像桂林象鼻峰。另一侧，有两个石礁，立在海中，中间是沙滩，海水不断涌来，卷起层层白浪，一直推到岸边，消失在沙中。现在，我的阳台门开着，在写这篇日记。浪涛不停地轰鸣，但只要关上窗，即可安静睡觉。大厅门外为木平台，台外是两个泳池，池下才是沙滩，这里与高尔夫球场异曲同工。可惜我们明日就要离开，傍晚大家抢着夕阳摄影。我住七楼（最高楼）从阳台上可看到大海和在湾里冲浪的人，足有几十人之多，估计都是夜宿这个宾馆的，离得很远，搏击海浪的勇敢者不过几个小点！晚饭吃得很好，一只小暖锅，放了猪肉，鹿儿岛出产的黑毛猪等菜肴，冷菜出色，都很好吃，米饭还是一小碗，再多住些天，也许我们会乐不思蜀了。

岩崎送的录音盒，我第一个拆开用上了，不会使，请他们教，可惜说明书及耳塞在使用中不小心掉了，就只剩机子，家里知道，肯定说我没出息。

2003.12.2

种子岛之夜，半个月亮与白浪推沙。来日本的不一定会上种子岛，更不会有那么多温泉和沙浴享受，虽然我们没有去东京、大阪游名胜古迹。

早上又抢拍了几个镜头就上车，直奔西之表港，坐船至鹿儿岛码头，在海上又见到开闻山，那个"小富士山"的外形，观指宿岩崎宾馆那栋大楼，然后继续北上。从海上看那偌大的油库群，右边那个称横岛的火山，上半山都是熔岩堆积物，没有绿色，到山脚梢有绿树，这成了鹿儿岛市的象征。岩崎的汽车已在码头等候，又见李小姐了。似乎隔几天，有老友重逢时的喜悦。我们在市区中穿行，进入繁华街区，见到银杏行道树，叶子尚未发黄，也有香樟，总觉其生长不茂，修剪成长圆球形的茶梅，开着几朵红花。街头同样十分整洁，我们在岩崎宾馆楼下用午餐，吃得很好。午后稍休息，即去看市容和购物。今天最感满意的是到了城山瞭望台，一览鹿儿岛全貌。这里人口50万，紧挨大海，横岛是典型的火山，就在对面海中。从山上望去，下午的阳光正好照到城市和半身焦黑的火山，而城山上的大树、香樟、小叶栎、黄连木，不亚于寄畅园的香樟，有几棵更大。

到一个大众超市购物，身边只有美元，店里没法兑，后来到另一高档超市，也只能凭护照换200美元，我兑换后，就买些袜子、巧克力之类，因为数码机决心托黄先生香港买，这两万多日元，可买许多东西，洗面奶就买了15瓶，拿回去好送人。

晚上，让我们吃烧烤，一个铁架子，蔬菜自己拿，猪肉、牛肉还有牛肠、火腿肠他们送过来，这是岩崎公司开的，所以我们足吃一顿。都是肉，很香，一碗米饭只吃了大半，吃到肚子胀。走出店，大家又去日本流行的卡拉OK，在三楼，灯光微弱，地方也不大，有两档人，我们一档有13多人，两位女士来陪，点烟，递毛巾，交谈，拿酒、水、果点，帮助点歌，我是清坐，小姐觉得没趣，我也只与李先生交谈，约近

2小时才散，据说每人花5000日元，那位日本人请客。

回店前，又在附近买了些东西，200日元，共换了21270日元，不花掉，好像不舒服，只要差不多，也就不细算钱了。反正这次他们给我350美元，花去200美元，托黄购物给500美元，自己不过花掉350美元，而高档相机、MP3两件是给黄珏与大玮的，他们满足也是我的满足。

我们一行10多人走出餐厅，从一个侧门踏上街道，原来是一条不宽的步行街，没有什么店铺，光线也一般，但站在街边的行人三三两两，神态生疑，他们的目光在掠猎物，随时会有什么手段使你就范。有的在交头接耳，有的在哇里哇啦说着什么，不管有没有人听，好像做广告，要人家买你东西，但他手里又没货拿着。我们不懂日语，日本朋友也没有告诉我们意思。后来看到有些姑娘，浓妆。穿短裙、高跟鞋、白色翻领外套，盯着路人看。我们人多，反正不搭理，大家相安无事。后从茶馆出来，这种人更多，有些女孩子，还递上宣传品，纸上印着美女，似乎跟她去即可各取所需，我们不会接，但小姑娘看见年轻人就主动送去，不用言语，这就是日本的红灯区。优秀的日本人，也有这些败类！年轻一代不教育，也可成为鬼子去烧杀抢掠，中国人吃的苦，还能忘吗！

在卡西欧大奖赛上，看台上插着10多面国旗，有我们的五星红旗，也有青天白日旗，日本人对台湾之暧昧态度可见一斑，中国呀，快快强大起来，他们的火箭爆炸，我们的长征却把人送上宇宙，安全返回，这才是我们中国好样的。种子岛那个基地，什么玩意儿，玩具！但反过来看日本人在宾馆的细小设备却是精而又精的，连那个手纸的装潢也很合理，拉纸滑爽，纸质又适当。浴缸，厕所样样都好。抽水马桶每天放一把玫瑰花瓣，在新马泰都没有的。我国人总是马虎，质量差就是最大的浪费。

日本之行即将告终，明日已无节目安排，只说十点前自由活动，然后集合，乘车去机场直飞上海，黄、李两人早上即飞福冈转机香港，我托办之事，他欣然应答，500美元也接受了，下次无锡见。

现在已是日本凌晨一点了，毫无睡意。只能回到家，好好补睡了！

2003.12.3

中午的飞机，上午没有安排节目，顾急着要拍最后剩余的照片，我也觉得游兴未尽，两人吃过早餐（日本人也是免费自助餐，给你房卡时就把餐券夹在里面。我总是吃两小碗稀饭，因其他不要吃）即向街道走去，商店要十点开门，只有几家24小时的店，也没有几个顾客，走过昨日的红灯区，现在了无影踪，似乎什么也没有发生过。街道井字形贯通，上面有顶棚的步行街，也是静悄悄的，偶尔有一辆自行车驶来，也有遛狗、猫的。我们走到城山附近，偶然见到鹿儿岛市的中央公园，面积不大，一条林荫道边上有坐标，当中是一片大草坪，看来不能上去踩的。一侧有一条人工小溪，木亭、喷水、小桥，围绕这片绿地两个边和两个入口。另一侧两排高树，单调些，我绕行了大半圈，发现了在花坛上网了尼龙网，里面是三色堇，金鱼草种得很整齐，大概是为了防偷加罩，但仍可见有2、3个缺棵。

待商店开门后，又去转商店，袋里尚有一万多日元未花，还应买些东西送人。然而竟找不到合适的。买东西我本是外行，只是看见别人买，说好也跟着买。昨黄先生给孩子买的多功能剪，我始终未见，后来才知只24小时店才有。昨天只剩2把，全卖了，我悔之不及，因这给黄大玮最好。11点钟后，我们到齐了，开车去鹿儿岛机场。岩崎宾馆，再见了，几个陪同人员站在门口鞠躬不止。到机场，手续很顺，箱包打行李，数码机昨晚未充电，失灵。理光胶卷已用完，一切都只能收起来。机场商店，再看购物，临时想着偷枝茶梅回去，顺带一枝黄金柏。进候机室时，又在免税店中买了些巧克力，这样硬币只有几个留念用了。日元还余1.2万元，这次出门，除拿500美元请香港购相机外，实际上我只花了100美元购物。

在机上，可看鹿儿岛全景，山林是那样浓绿，岛国保护得如此自然、纯朴，算来日本弹丸之地，也有一亿人口，与自然是怎么相处的！到上海2时，出机场费了些事。又是小孙来接，出高速，他们都各自有车接走，小孙一直送我到家。他现在到小箕山上班，上班才两周，如果我要工作，也将去那里。

上机前衬衫内穿了一件棉毛衫，在鹿儿岛稍感热，但有风处正好，在机上到上海一直到家都好像未感到冷，天气上没有太大差异，不过无锡只有13℃。到家不到6时，一摁门铃，大玮、黄珏都来了，大玮特兴奋，他这次考了99分，加10分，是班内第二，前面只有1人100加10，数学成绩这次令大家高兴，但语文只有80多分。大玮最喜欢翻我的箱包，一件件给我拿出来，当看到高尔夫球时高兴极了，他要的就是这个。我这次带回近十个，他拿了几个我都不知道。后来给阳阳一个，只能从他藏在写字台中的三个取一个出来，小孩子妒忌心也很重。

这些东西分完，大家开心，我告知黄珏，已托人香港买相机的事，看来也很满意。小周未过来，最近与她争了几句，不足为奇，我是给小松、小周、黄震各买一双POLO名牌袜子。黄珏、徐华、小缪各买丝袜，应该说，都可以了。只有王叙芬没有买什么，她开朗地说，买东西就是用她的钱，剩下的钱都给她是一样的。不过，她又说你去的国家，比她到国内的地方还多，真有点伤感，使我内疚。

明日即上班，洗印，分发礼物。还相机，看片子，一切又将正常。

这次东渡，未去重要城市和名胜古迹，但恰是鉴真东渡之地，未能前去一拜，深为遗憾。但对高尔夫球场可以说都了解到了，山地的、平地的、水电的，利用原有绿化作为基础，在不破坏绿色植被的地方，设计球道，铺上草皮（人工植被），球道线路重要设置，沙坑水池等障碍物，果岭是球道终点，高低、平整，有一定面积，发球台是个起点，球道的数据在此标明。后来我指导朱宏做太湖边建的高尔夫球场，也就是荣氏打擦边球的那一个，听说还不错，我却一直没去过现场。

又看毕节百里杜鹃林

2004.4.5

早上赶去南京，加江苏适生园林绿化树种研究课题的鉴定会，贺善安、向其柏等可算园艺树木、植物方面一流权威，赵仁林（中山陵）、张纪林（省林业局）、胡永红（上海植物园）均为年轻专家，我算是年长的了。王翔副厅长，陈举来处长，科研处陆处长均到场，可谓阵容强大。我到时，会已开始，急翻看材料，了解一点情况后，匆匆发表了几点意见。其实鉴定意见早已打好，稍休息一会，就集中讨论这个意见。由贺善安汇总作了修改，全体通过，核正重打，便到二楼中餐。我喊小杨一起入席，包厢中开了两桌。饭后我们第一个离开，带上小潘，上高速回锡，到局已4时。

一个节目完成，马上考虑明日去贵阳的事。与小耿通话后，说定明早7时40分，车到我家，去虹桥机场。孙银喜开车送我们，又是熟人。鉴定费正好作我路上应用，二上百里杜鹃，将会是何等感受。上次是看贵州的黔西，这次是到贵州的毕节，时隔16年，我已是白发老人，心态倒还不老。贵州的山水不知有何变化，再作一次简略记录，日后自会知其意味无穷。

2004.4.6

车准时到达，孙是老司机，到太湖大道，却走错了道。民警收了驾照，耽搁了十分钟，正是欲速不达。但路上一切顺利，到虹桥机场仅9：30。小耿办妥所有手续，过安检时，他包里一把小刀被扣下了，只能待回来时取。大家东西不多，只有8盆杜鹃花，装了一个纸盒，拎着上机。上机之前，我又去了趟洗手间，仍觉小腹不适。12时10分起飞，是波音747，约有三分之一空位，我们均坐到靠窗。但天阴沉，好长时间在雾茫茫的天空里，无可观赏，就闭眼休息，到送咖啡时才惊醒。喝了两杯咖啡，中午盒饭，全吃下去。没有赠品，也无纪念品。出几个省后，才见蓝天和下面朵朵白云。

贵阳机场外围小山很多，没有树林，并有多处开山破相，景观很差。机场边的草地也是杂草居多，且有些枯黄。我从未乘机到贵阳（前几次均坐火车，穿行于山洞中），格外令我意外。

打的50元到汽车三场，坐去毕节市的大客，55元。在高速公路上不停地跑，说是高速，只能说是高等级公路，但工程之浩大，因为坐过火车，能体会到。天桥，穿洞，拐弯，在十分险恶的山岭中穿行，多么不易。贵州的山，石头裸露，水则在谷底，很难见到，有些则早漏入地下，无影踪迹。穷山恶水，还是老样子。狭如带状的梯田，依然好看，淡黄的油菜花。与车上一个收购药材的人聊天，知道不少知识。他是福建来毕节收购天麻的，看出我是知识分子，对我们很尊敬。

一场雷暴给了我们一个下马威。6时多到毕节，天空墨黑，闪电雷鸣，一会儿暴雨如注，我们困在车中出不去。小耿不断打电话联系，才有警车开来接，街上积水10余厘米，差点车熄火，不能开走。此时我肚子很不太平，而且头脑也有点昏眩，又必须应酬，还必得随他们开到一个小饭店吃夜饭。我只得坚持又坚持，9时多才到毕节宾馆。进屋，小耿去见李勇，我即上厕，仍不太好，马上吃小耿带来的氟派酸2颗，希望明日好转。小耿能干，照顾我很好，他也能办事，使我深深体会到了。

2004.4.7

上午把杜鹃花送上展台，看看周围展品，大多是映山红和马缨杜鹃的桩头盆景，我们8盆全是西鹃，本地有些造型桩头也不错。比利时杜鹃成了陪衬，红红的一大堆都放在外面。这里曾是毕节地区的图书馆，展品放了两间大厅，另一些放在走廊里，整整一圈。

相机出了毛病，电池发热，不能工作了。上午在市内溜达，下午没有什么事，又上街漫步，看那落后的市政建设，居民贫穷低下的生活，大约与我们相差几十年。毕节是个地级市，人口七八百万，GDP只有20多亿元。道路缺乏排水，电杆林立，到处脏、乱、差。绿化没有提上日程，街道十分窄，来往塞车，中分带仅宽一米，种的小叶女贞也枯死不少。行道树残败不堪。当地杨树很粗壮，有几株法梧，残缺不全。

走进一个像庙门的入口，见一匾为"陕西庙"，直往里面闯。入一户人家，老两口，老先生姓胡，81岁，极清瘦，女，78岁，正在炒菜，邀我们小坐。我们是私自闯入的不速之客，交谈，照相，竟与胡老先生圆了一面之交。

不拉肚子，精神好多了，只是左腿仍有痛感，不明白怎么回事，

晚上评比，弄到11点，发评委们200元，真不忍心拿。

2004.4.8

早上开幕式，我戴了胸花，站上主席台，无头无脑。9时展览开幕，奖都评好了，放气球，礼花，地区领导讲话、发奖，很像样。只是组织得不太好，下面观众寥寥。无锡得两金奖。10时上车，去普底看百里杜鹃，12时半才到。车辆塞道，步行500米去吃饭处。彝族风俗，今日是"火把节"，百里杜鹃又值开幕，来此观花者有一万多人。花开得很好，道路及参观点比16年前好了不少。可惜我没法拍照，都由小耿一人拍摄，他回去要做成光盘给我。小耿才30多岁，已当锡惠公园副主任，工作业务、为人都不错。晚上副专员请我们吃饭，席间还有两个林业干部，唱彝族民歌，水平不低。

2004.4.9

看百里杜鹃前，中午在索玛山庄吃彝族饭。进门一个大壶有7～8根细细的弯管，插入壶中，让你先喝口米酒。小姑娘按当地风俗要求很严，非得让你尝，才能放你进门。我吸了一口，像我们的甜酒酿，不难喝。之后刚好与贵州电视台的几位同桌，饭后，竟然要采访我。选了一处盛开杜鹃花的山脚边，让我谈感受。今日开会，下午为百里杜鹃献策，我讲过后，又有毕节电视台要采访我，内容类似。我这个老头频频上镜头，真是偶然之极！下午还通过了一份陈圳（杜鹃花分会会长）起草的专家意见，竟然也发我200元，真不好意思沾毕节的光。

人走得差不多了，我是坚持到底。见到李勇（杜鹃分会副理事长兼秘书长）如获救星，告知活动安排。他不错，还很尽心。明日我们就离开，他还要处理事务，无暇参加各地花展，但他在网上发了信息，与各地做些生意。三个人回来最晚，给我们另外做菜，四川方教授，与峨眉山耿玉英主任等坐在桌上聊天。我们饭后也加入聊天，好一会才走。

明日上午到贵阳，先去植物园看看苗，晚上九点多飞上海。次日中午已约好到上房六建看花境植物，上午即可回家了。毕节很穷，GDP20多亿元（据说华西村GDP已达100亿元），偌大个地区，不及江南一个村！但到老杨家去一看，小楼好几层，从底层走到顶上阳台，尽是桩头、兰花、盆景，也有不少宜兴紫砂盆，边上一处休息室，大玻璃窗，大沙发，大电视，会客品茗，

看花，自得其乐。下来几层，见一老人，看着我们陌生人上下，其父吧，其他人均未见。下楼我走在最前，杨急叫我时，才想起墙边养的一只藏獒，有铁链系着，立即收步。主人赶忙上来招呼，那狗已猛窜过来，吓我一跳，随即跟在后面侧身躲过。听老杨讲，此藏獒很凶的，怪不得他要亲自来解围。看来家产颇丰，生活应该不错。

2004.4.10

李勇请毕节林业局派来面包车，送我们一行去贵阳，他与向会长则处理后事，下午回贵阳。

他们让我坐到司机旁，前景清楚，但听后面讲故事就稍差，更不便回头与他们交谈。那个研究常绿杜鹃的耿玉英嗓音不大，但极健谈，她的野外调查，采集经历我很爱听。因我也在浙西待过10来年，艰苦的生活是相通的，对自然的好奇，向往也一样，要是能年轻20岁，我会乐意跟她去川藏考察。她在英国研读几年，现为副研，关系在中科院，北植，人则常驻华西植物园。2006年会有机会去那里看看，我最关心的还是杜鹃园的建设，我感到百里杜鹃只能成为自然状景观，谈不上美和艺术。庐山没有整块地形，杜鹃园如同苗圃。杭州、无锡、南山均只能是杜鹃的小园，真正的杜鹃园希望在华西（井冈山还不如黔西大方的壮阔）。

车最快时也能开到120码，到贵阳已过中午，我们停在邮电大楼。5个要去华西的先联系，去成都的飞机结果当天已无票，只能先住下，明日去成都。我们则下午4时有机飞上海。为了顺利，也就不同他们去六冲关参观。陈训在开会，派了一个车来接去植物园，于是分手，各奔东西。

我与耿在边上吃了一碗面，还吃了3个大春卷和一个鸡腿。打的50元到机场，只10来分钟，一切顺利。在候车室买了些土特产，毕节给了我400元，为什么不花？盐酸菜、酥点心、花生糖，一买就是五盒，回去才够分配。总化165元，花钱（花在贵阳）如流水，一点也不心痛。

4时10分起飞，6时半到虹桥。小耿取回100元从德国买来的一那把小刀。我们就在旁边的机场招待所住宿，房间、走廊、热水、卫生都好，就是电视很差，只有中央一台清楚，看看新闻，连体育台都看不到，别说上海体育台了，收不到有线台，节目十分单调，将就一夜算了。

2004.4.11

上午电话才通，刘坤良开桑塔纳来接，个子与我相差无几，模样如小鹏，没有那样胖，很能干，质朴而热情。我们是校友，他研究生毕业，在上海植物园工作。他与小耿已第二次见面，如同熟友一般。到基地，副总黄明华来接，还有一个中山植物园的，任连全，都谈得很投机。在示范园区，我被众多草本植物吸引，小耿拍摄，我则记录，刘随数码编号登录名称，看来刘的植物分类功底很厚，科属、产地都很清楚。硕士，分到植物园，又做植物引种工作，国内外常跑，故很熟。黄明华是本家，南林毕业，在读书时就知道我设计的杜鹃园，他重于规划设计，世博会与石秀明一同在昆明工作。周在春曾要他参加其工作室。从植物园出来，大胡退下后说他走对了路，"上房六建"，他有广阔前途，现在改制，已全部独立。我发现他们与梅园、鼋头、蠡园的园艺干部均很熟。就是没有与我设计人员见面，这次对我等极感兴趣，说明其有战略眼光，设计是他们产品的最佳推销人！

到家6时半，他们正吃晚饭。

贵州之行结束，今后很少有机会再来。听李勇告，赵旭光患白血病，情况不明。他是北林55级班主席（与我关系密切）我们有很多次相处，10余年前我们曾在王屋山下同饮"不老泉"。他比我略小，应不会老，现我已到贵阳，却无缘一见！（没有时间？）但愿你能渐渐好起来！过几天我要写封信给你，也算同校一场。没有收到回信，不知他真的走了！他过去在砂轮厂工作过，送我磨刀的砂轮石还在用，怎么你就走了呢？王屋山阳台宫后的古银杏、不老泉都还在，赵旭光你一路走好！

2004.4.7

毕节人民公园，5角门票，树木尚可，布置不像样。

黄木香，有香，但不太浓，色黄，特明显，花径约3厘米，重瓣，50余片，花柄长4～5厘米，花序聚枝顶，有21朵。3～5小叶，边有小齿，叶背光亮，脉清晰。

小绣球，花多，小球形，即南京双门楼所见的"对球"。

在毕节一所中学校园里发现黄花木香，即入校寻找挖取小苗及老根萌条，费力得数株，回家种植。回锡后早就忘了，不知小耿是否带回，种在哪里了，也可能忘了，反正我只能在设计人员的电脑桌面留存。本市园里未见有引种的。前几年有次偶见小耿，问及黄木香事，他也忘了拿回的苗种在哪儿了。不过，他说市场可以弄到，绿化已常用，不稀奇了。怪我多年离开实践，不知行情。

小耿年轻有才，有工作能力，有较强事业心，是个园艺好手，可惜领导不识才，让他管理公园的清洁卫生、环境与门票班组，我替他可惜，他自己也表示遗憾，但没有办法。我早已是顾问角色，无人听我的，折才啊！后调去园管中心，据说管门票财务，又听说搞开发扩展，反正我不明白用人的领导是怎么考虑的，再想到北林李晓红，已在局工作几年，后来当了副局长，竟调离园林去农林局当副局，不久又去体育局任副局长，不是乱弹琴！他还是局重点培养的领导，去日本进修城建规划一年，这几年早被园林忘干净了，连我也不清楚他现在何处，任何职？埋没人才，学非所用，这一用人政策，终使园林步入末路。我也老了，看到这幕悲剧，岂不使园林人心痛！

见到杜鹃有：狭叶马樱杜鹃、多花杜鹃、百合花杜鹃、露珠杜鹃美容杜鹃、锦绣杜鹃、多头杜鹃、水红杜鹃、团花杜鹃、贵定杜鹃、落叶杜鹃、大白花杜鹃、银叶杜鹃、暗绿杜鹃、树形杜鹃、马樱杜鹃、皱皮杜鹃、复瓣映山红、映山红杜鹃、问客杜鹃、腺萼马银杜鹃、川杜鹃、锈叶杜鹃。

展览所见突出品种：

东森公司展出的虎皮兰，国外引进的常绿园艺品种，白花，有深红边。

漳平的宝塔菊，夏鹃，实生苗栽培而成，未经嫁接，完全靠修枝成塔形，但无花。丹东从比利时杜鹃中选出的"粉冠"如王冠状，只开一次，与"欢天喜地"不同。

苏州拙政园从德国引进的德国常绿杜鹃，极粗短，叶宽大，但未见花色，有蕾。

毕节映山红，花色甚多。

一种紫红花，叶已展，新梢长6～7厘米，枝直立，10雄蕊，产对坡镇山水流屯村。

一种粉红色，小叶刚出少许，满生，银白色，不见一片老叶，几乎是先花后叶种。

映山红盆景，红花，如丛林式样，根干姿态都好，如此造型为毕节特色，就是盆差些。

常熟兴福寺古枫林.
8.12.20.

济南全国园林绿化工作会议

突然接到园林处电话，要我陪同城建局张青浦副局长去济南参加全国园林绿化工作会议。我一口答应，内心欢喜，济南是我去北京读书来回无锡必经之地，1959年夏，还特地中途下车看趵突泉、浏览市容。对街巷边狭小、清澈的溪流，留下了美好印象。济南号称泉城，溪水肯定源自地下，匆匆流淌不息，溪底满是细长条形的水草，常流的水使它们服帖碧绿，偶有三两小鱼游动，看得十分清晰。街巷住户跨石级进出，老人闲坐门口。有妇女在溪边洗涤，淳朴安详。趵突泉中三股泉水像三朵水花，冲高约3～50厘米，确是奇观。

城建局是园林处的顶头上司，局长陈荣煌，园林处都熟悉。常来各公园走动、开会、检查、商议、督促，深入基层，非常务实，既管理政治，又抓业务，是受人尊敬的老干部。听说以前做过交际处长，见过大世面，故口才、仪表、神态、风度俱佳。对其他几位副局长，包括张青浦，印象都不太深。

那天我提前下班回家，吃过晚饭，直奔车站，在候车室见到张局。招呼后，见他六十上下，胖墩墩，身体健康，并不迟钝。一位朴素普通的老干部，身边并没有大包小包。我想帮他拎，他说不用，没什么东西。冬天衣服都穿在身上了。会议不长，几天就可回来。我送他找到卧铺车厢，说好将到站时来找他。安顿好，就到自己的硬席车里。

半夜到济南，我同张局走出济南站就找到会议接站的人，讲明后就将我们送到住宿地。局长、老干部安排在一个地方，一般干部在另一地方，相隔不远。大会服务很周到，用不着我费心，这样我们就暂时分手，明天开会碰头。

12月4日，同一战线两百多人聚在一起，好久不见，招呼、问候、交谈好一会才慢慢静下来，会议正式开始了。东道主济南的领导主持会议，介绍到会的部、省、市领导，简短上台作礼节性欢迎和表态，引来阵阵掌声及躁动。上午的正题是建设部城建总局局长丁秀作报告。

丁局长介绍说，这样的大会，建国以来已开过两次，第一次在北京，第二次在无锡。这次济南是第三次。到会代表都是从事园林、绿化工作的省、市、自治区领导或这方面学者、教授和技术权威，我们共约请了157位代表，实到的会多一些。现除西藏代表迟几天到会，各省都到了。

我是新兵，第一次参加这样的大会。当我看到赴会者中有陈俊愉、汪菊渊、张守恒、陈绍铃等北林园林系的主任、教授、老师及前后班校友朱钧珍、冯美瑞；姚梅国、苏雪痕、黄炜等同学，心里非常激动。后来抽空我们"北林人"合影了一张，留作珍贵纪念，我想若是还在浙西，怎能见到过去的老师和同学，我如离群十余年的大雁，刚刚归队，仿佛有隔世之感！

这次全国园林工作会议是拨乱反正的重要会议。丁局长肯定建国17年来我国的路线、方针正确，并取得了重大成果，建设了大量公园、风景区、动物园、植物园、花圃、苗圃，为广大劳动人民的文化休息、劳逸结合，调节体力劳动、脑力劳动，提高生产积极性和生产能力做出了贡献。目的明确，方向正确。林彪、四人帮歪曲事实、黑白颠倒的反动谬论必须彻底批判、肃清流毒。一个八亿人口，五千年文化历史的大国，地里有花，山上长花，诗、词、歌、赋里都赞赏花，群众喜闻乐见。是什么歪理容不得百姓养一撮花！真是胡说八道，天理难容！他们乱扣封资修帽子，铲除花卉，砍伐树木，破坏公共绿化，荒废养护管理，造成了巨大损失（游人说一条街道看两头，一个公园两只猴，说明一眼望到头，公园没看头），使我们不得不花很大力气进行弥补和纠正。

为了加强城市建设，中央特批发了《13号文件》。各地正在学习，贯彻。我们要适应目前形势，大步前进，将城市建设搞得更加美丽。现在，我们首先要把国民经济搞上去，这是工作的"纲"，二是全国城乡要开展大规模绿化运动。我们的城市郊区，一切工厂、住宅、街道、风景区都要大量种树，实行普遍绿化，逐步实现大地园林化。三是公园要进一步整顿修葺，恢复公园、风景区本来面貌，要搞得更加美丽。植物园、动物园、花圃、苗圃要加强工作，特别要大抓苗圃建设，让苗木生产适应植树需要。四是加强园林科学研究，研究种植技术，一年能种双季的要搞双季绿化，至少一年一季绿化。提高园林艺术水平，树木花草的搭配要研究，品种要丰富、多样化。这次大会还要成立全国性的园林绿化学会。明年就要开一次学术专题研究报告会，欢迎大家写论文，踊跃参加。

下午开始分组讨论，我们江苏编在华东一组。有无锡、苏州、南京、常州、镇江、扬州的园林处或城建处的领导及技术人员。还有省建委人员，南京林产化工学院的老师，共20余人。

第三次全国城市绿化工作会议代表及在济南北林校友合影（济南人民公园，1978.12.10）

149

有年长老干部，也有中年、青年干部。有些人熟识，有些人初识，都在一条战线，有共同语言，围绕《13号文件》。联系工作实际，要说的话很多。大家很快就熟悉了，讨论特别热烈。

12月5日，大会发言。北京建设局丁洪局长带头上台，接着上海园林局程绪珂局长。上海西郊公园动物园陈克立主任、广州市林西副市长、北京林学院园林系副主任陈俊愉教授、南京城建局唐建行局长等先后发言，随后济南、温州、自贡、长沙、庐山植物园、北京植物园余树勋教授、西安园林局等领导相继发言。

丁秀综合大会发言讲了几句话，会议告一段落。最后由中国建筑学会秘书长马克勤汇报全国园林绿化学会筹备情况。他说"文革"前筹备工作就开始了，但是十年没有建立起来，也是"四人帮"给害的。去年全国开了科学大会，研究我们如何开展活动，大家认为首先要恢复省市级学会，先活动起来，全国的学会采取聘请和选举结合的办法，名称是中国建筑学会城市园林、绿化学术委员会。我们议了几个方案，请大家讨论：主任委员：丁秀，副主任委员：林西、于伶、程世抚、汪菊渊、夏雨、余森文、陈俊愉。委员：李嘉乐、朱有玠、唐建行、程绪珂、胡绪渭、吴泽春、莫伯治、张国家、周家琪、孙筱翔、杨李、余树勋。学会的性质、基本任务、主要工作等拟了个章程，也请大家讨论。省市的学术组织回去后尽快恢复并开展活动。

后几天观摩济南绿化园林现状，继续小组讨论、修改补充《13号文件》，讨论学会章程等。大会还放映了外国电影《巴黎圣母院》，果然艺术性高。我以前未读过这一名著，不完全懂就请教孙筱翔老师。他傲慢地说：你没有看懂，告诉你，影片的主题是卑贱的丑恶的人心地并不丑，神圣的高贵的美丽的人未必美。我与苏州黄炜，还偷偷上街去电影院看了日本片《望乡》。我怕回锡时会错过，寓意也很深刻。这是我两个意外收获。

1978年12月10日由丁秀局长作会议总结发言，说这是一次工作会议，是工作前的动员。会开得很好，有了成果，办不了的待文件发下再全面贯彻。会议很短，开出这个成果，使我们高兴。

山东省建委柴主任讲了照顾不周，感谢大家的客气话，会议就结束。

下午，林西市长做学术报告。可自愿参加，因有些代表要走了。无锡张局就准备立即回去，他说不用照顾他，让我去听学术报告，登泰山吧，回去再见。话别以后，我一切轻松了，下午专心地听林西市长海阔天空的国外见闻，他说园林没有艺术，等于啤酒没有汽！什么叫园林艺术，用计成的话来说"异宜"一词最恰当。北京陶然亭，搞树皮亭不好看！落叶树多，冬季更凋零，在广州就很好。苏州园林到广州就不行了。人多天热，材料也有问题。要因地制宜，要革命的浪漫主义与革命的现实主义相结合。用天下之长，走民间的路。

济南会议是拨乱为正的开始，意义重大，对我来说收获是：我徒步登临泰山全程，泰山的文化与历史心灵沟通，一次完美的精神享受（后来有了登南天门的索道，就完全没有原来的味道了）。我一人自由自在，边看石刻、石雕，阅读经典字句，一边又勾画路边奇特的古树美景，也许是轻松的节奏，自己调剂，十分愉快。我在本子上画了十余幅速写，连文字作了全程记录！我刚从浙西山区回来，十多年上下徒步山区功底的锤炼，与登泰山相比算不上什么。别的人都深感腿酸劳累，我则健步如飞，毫无反应。登泰山全不在眼下，上干坑也不止这点强度！登泰山后小天下，那么在浙西生活过的我，登泰山都是平坦宽阔的石级大道，难什么？如履平地尔！

另外，这次会议，我有幸结识省内园林专家朱有玠先生和建委主管园林行业的俞惠珍同志，前者谦和稳重，学者风度，给我以很好印象，也给我很大帮助，是我敬重的前辈。后者年轻，一

出席第三次全国城市园林绿化工作会议江苏代表合影（泰山中天门，1978.12）

第三次全国城市园林绿化工作会议北林师生合影（济南人民公园，1978.12.10）

个女同志，与我们一样，她是北农大毕业生，差不了几年，登山一点没有娇气，很能吃苦，没有架子，与大家很合得来。后来我们工作关系很密切，经常一起参加审议会，讨论问题，一起工作很协调。她也很虚心，我们都尊重她，创立了好的风气，做了不少有益工作，在她带领下，技术干部经常一起交流，活动非常活跃。如创办全省专业刊物《江苏园林》，统一应用遥感技术科学测定绿化现状数据，制订各地园林绿化规划，编制省、市级风景名胜区规划、编制省园林志等都有她的功劳。后来我进入省园林专家组成员发挥了一定作用，都与其组织分不开。

岱庙汉柏，双干并立，高耸入天。顶秃身裂，木纹扭旋，刚硬遒劲。通体灰白，基部合一。枝叶稀疏，翠叶无多，如鹤发之童颜，格外抖擞。康熙时唐寅有诗云：古柏千年倚碧峦，大平顶上觉天宽。晴空白鹤时来舞，云外逍遥得静观。观之，果然轩昂不凡！基部围石栏，数平方内防止游客践踏。

岱庙阶前柏。出岱庙，沿阶而下，一古柏挡前。初感碍事，但深知泰山爱护古树，尊重自然。遂欣然侧步前行，敬佩其用心良苦。

路边一株唐槐，不知何时何因劈成两半。皮残木朽，苦撑岁月，已越千年，姿态优美，情状尤佳。

五大夫松。此处为一小平台，数十平米稍有起伏，围以边，设石桌凳，可到此休息。有五株古松歪斜低矮已有年头，干粗矮，枝平伏，称五大夫松，很有情状。

石刻碑林。这里一片都是山冈石林，高高低低块大面平，正好题字刻石，有巨大石刻"五岳独尊"可谓主题！最隆重的有唐太宗李隆基于开元十四年祭泰山时亲笔写的《泰山铭》，正楷描金辉煌端庄，帝王气十足。其外地方官吏、文人墨客抒发感慨之作，不拘格式，有感即写，感叹赞美文字居多，"地到天边天作界，山登绝顶我为峰"，亦有鼓励自己，为自己加油鼓劲的。"我亦到此"已多次见到题刻。

太湖片情报网活动（片段）

1980年1月，省建委梁浩群主任在镇江召开了全省园林绿化工作会议，省内园林部门业务主管都来参加。为贯彻全国会议精神，除部署布置日常工作，特别强调科技情报交流合作。在全省划分长江、太湖、徐海、淮扬等几个片，指定各片牵头城市，负责组织开展活动。以中心城市带动周边地区，以点带面的工作方法，促进园林绿化工作全面展开。太湖片由无锡、苏州两市为片长单位，包括周围几个县组成，无锡葛士超副处长被推为片长。与情报网活动相关联，省建委又成立了《江苏园林》编委会，我与刘国昭被推荐为编委，1981年4月《江苏园林》首期内部刊物由南京园林局编辑发行。同年10月省委托无锡市园林处编辑刊印了第二期，之后则一直由园林学会与科技情报网名义编辑刊印。

太湖片的园林绿化科技情报网活动是从80年初期开始的，在葛士超同志领导下，调动鼋头渚公园的太湖游轮，首次横渡太湖考察。

我们虽然长期生活在太湖之滨，但谁也没有太湖中航行的经历！对太湖的认识极肤浅。1980年7月13日太湖之行终于起航了！晨6:45分我们十多人在北犊山万顷堂登船出发，经中犊山，过南犊山的鼋头渚，向三山远处的拖山南去。出了拖山水面更加宽阔，熟悉的山形水面都已远去，眼前完全是陌生的世界。只有吴县的李洲芳同志熟悉水域。指点远处是某山、某岛、某村，我闻所未闻，只得随画随记。新奇兴奋异常。我们几个站在驾驶舱内，举着望远镜拿着画本又画又记。白色的鸥鸟嘎嘎乱叫，湖水漫无边际，岛屿不断变化，我们穿行于太湖七十二岛之中，任凭湖风扑面，再也不愿坐到船舱里。

航行5小时，到达洞庭西山，这是太湖中最大的岛，面积约70.25平方公里，李洲芳查过资料，西山最高峰为飘渺峰，海拔336.5米，列吴中第三高度。我们在西山临湖的林屋山登岸，吃中饭，然后察看正在发掘的洞穴。李告诉大家这是西山八景之一的"林屋晓溭"，其他还有"石门秋月"，"缥缈云场"，"消夏渔歌"，"毛公积雪"，"鸡笼梅雪"，"南里梨云"，"云阳稻浪"。林屋洞是道教36洞天中的第九洞天（江苏金坛句曲山洞是第八洞天，但淹没已久，近况不明）。林屋洞则正在清理挖掘，最近民工已开挖200多米尚待继续，民工用泵从洞内不断清除积水，运走淤泥，工作很辛苦。出于好奇，我们又去林屋洞探看，民工用木板铺设走道，洞内灯火昏暗，看不清晰，走不几步就出来。上船，掉头，向东

冲山水电站码塔

山驶去。

李洲芳带我们去西山镇夏，这是岛上山湾里的一个小村落，约有几十户人家，屋舍疏落，竹篱菜园，良田池塘，鸡犬相闻，有世外桃源之幽境，值得一看。村中一井，井圈上刻"花石"两字，旁注：民国甲戌年正月里人修。回来查甲戌年为1934年，离今不远，当非古井。这里有一株高大银杏，干分两杈，离地几十厘米处可见嫁接痕迹，干径超过半米，足见村民早就谙熟嫁接技术，变雄为雌，结果丰产。

到东山靠岸已下午5时，风雨交加，不见好转，雨越下越大，停船靠岸，合撑几把伞，分批上岸，去东山雕花大楼（金××私宅）。在船上从早到晚，已12个小时，天气不好，衣服淋湿，劳累不堪，得一安居之处，莫不欣慰。饱餐后，稍洗漱即安歇。

次日坐卡车去杨湾看轩辕宫，古镇街道，石块铺砌，两侧民居，古朴素雅，清净之极，青石小街，雨后泉涌流淌，山坡上满是橘林、银杏，挂果累累，东山之清幽典雅，令人留恋。后去紫金庵。来过多次，未曾细看，园中金桂一株，基部抽生数干，皆有一二十厘米粗细，挺拔浓荫，基径164厘米。中饭后去东山新街、老街，上船，原路返航回锡。此行所闻所见，粗略归纳几点：①太湖蓝藻，不仅鼋头渚附近聚生，太湖中航行均有所见，水面50~60厘米深处，都有踪迹，如何全部捞净？水湾密集处腥臭难闻，足见太湖水域之污染已相当普遍，后患无穷。②出三山、拖山，太湖尤为开阔，天水相依，漫无边际，然而不久，又见岛屿出没，惜未曾一一登临，亦不知其名，有何特质？我勾勒其形，听李洲芳指认其名。但未见过太湖岛屿全图，仍无从把握其整体开发，佩服陈植先生当年构作"太湖国家公园计划"之宏伟设想是多么艰难的一项工作！

附件：江苏省园林科技情报网太湖片风景资源调查交流会议纪要

（这是当时由我起草的一份纪要，至今已30余年，作为历史记录，特附于此）

把太湖风景资源保护好，开发好，这是省园林科技情报网太湖片首次会议的宗旨和主要议题，也是全体与会者的共同心愿。这次会议根据省园林科技情报活动的安排，于1980年7月12日至7月16日在无锡举行。太湖片组成单位——无

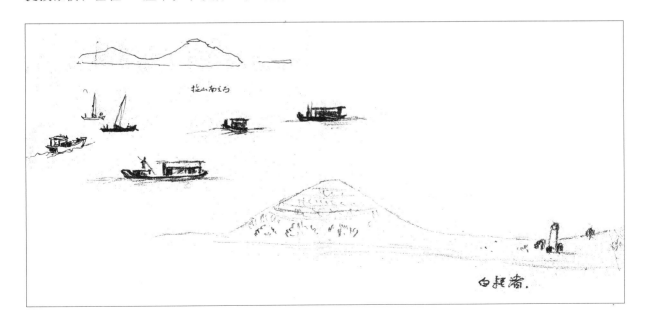

锡市城建局、苏州市、无锡市、常州市园林处、常熟县园林处、宜兴县外办园林科、吴县、无锡县基建局、同济大学建筑系等单位共派出正式代表17名出席了会议；无锡市园林处有关工程技术人员也列席了会议。会议全体人员通过各地古树名木、文物古迹等资料的交流，以及实地踏勘了东、西洞庭山和宜兴县善卷、张公、灵谷三洞后，到会同志在讲座中再次确认：太湖地区蕴藏着极为丰富的风景资源，把这个"景（金）矿"开发出来，对于促进我国的"四化"建设将会发挥重要作用。大家一致认为：园林部门情报交流很有必要；受林彪、"四人帮"破坏而造成的老死不相往来的局面应予打破，同行、兄弟单位间的交流合作将对园林建设起积极作用。

会议结合太湖片具体情况，探讨了古树名木的标准。认为只要符合下列条件之一者就应视作古树名木，从而采取必要的措施，认真做好保护和复壮工作。这些条件是：

① 在辛亥革命（1911）前种植的树木；

② 有革命纪念意义的树木；

③ 由国内外团体或著名人士亲手种植或赠送的树木；

④ 在重要风景点起特殊点缀作用，具有诗情画意，或经名人题咏、绘画、摄影过的树木；

⑤ 具有重要经济或观赏价值的新品种；

⑥ 从国内外引种后，能够适应当地自然环境，并具有重要经济或观赏价值的树木。

会议鉴于当前古树名木保护工作中存在的问题，一致认为要进一步做好古树名木调查建档工作；报请地方政府发布条例并采取必要措施进行保护，使古树名木日趋减少和长势逐渐衰弱的情况得到扭转。吴县介绍过去采用与古树名木所在单位签订保护协议的办法，大家一致认为很有参考价值。在这个问题上，目前一定要大声疾呼，不能等闲视之。如果古树名木在我们这一代手里死去，上对不起祖宗，下对不起子孙。

在太湖片范围内，各地都散布着不少珍贵文物古迹，它们历经沧桑，有的劫后余生，保留到今天很不容易。其中有些已列入全国或省、市级文物保护单位。例如常熟县省级文物保护单位就有8个，无锡县有4个，吴县更多。而且甪直镇的保圣寺是全国重点文物之一。这些文物古迹大多分布在自然环境优美之处。因此在开发风景资源时，把悠久的历史文化传统与山明水秀的天然风景结合起来，将会事半功倍。当前特别要强调，要切实阻止对文物古迹的人为破坏，按照国家有关规定良好地保护起来。同时，要继续积极收集其历史资料，做好考证工作。对流传民间的传说和故事（有些内容健康，情节非常动人），也要积极认真做好挖掘、整理工作。

在会议交流材料中，苏州市就关于保护和利用古建筑的问题向所在地政府请示报告，得到与会者热烈赞同。该报告的要点是：凡清代（宣统三年，1911年）以立脚点具有一定历史、艺术、科学价值的公私建筑，均列入保护范围。凡国家所有的，应在原地加强保护、维修和管理；任何单位和个人不得擅自拆除、迁移、改造或破坏。凡根据城市规划要求，需拆除古建筑进行基建的项目，必须经文管会和园林、城建部门批准要求无偿由园林处负责搬迁，供园林风景区建设之用。

对于东、西洞庭山的自然风景资源，不少同志认为，这里山水萦绕、峰峦叠翠、层次丰富；岛渚矶礁，组合适量；阴雨晴雾，景致各异。水陆游览，可谓步移景异。打个比喻，这里是个旅游"富矿"。开发价值高，做好大文章，前途无量。但从目前情况看，保护工作较差，特别是许多单位各自为政，乱开山头相当严重。因此，对风景资源的保护、开发亟须长远规划，分期实施。对正在抓紧施工的宜兴"灵谷洞"和吴县洞庭西山"林屋洞"，代表们对风景区开发赞不绝口，对开发人员的艰巨劳动表示敬意。提出洞口处理要审地度势，以不失真意为宜的建议。

到会同志一致认为：鉴于目前太湖风景资源不断遭受破坏和缺乏统一管理机构的情况，应尽快成立太湖自然风景区规划建设管理机构，以利做好太湖风景资源的保护、管理和全盘开发工作。

与会代表认为：这次情报交流会议，开得

横渡太湖时中船头与王师傅和吴县文化科干部李洲芳

认真、成功，对与会者都有一定启发，今后除开好片上情报协作会议外，更要加强日常联系、互相沟通，以促进片上园林建设事业发展。最后会议对下次活动——"盆景创作经验交流"作了商讨，初步安排在10月下旬或11月上旬。从现在起就要准备总结材料，并对创作风格、材料、几架、管理、生产等分头探索收集。会议要更专业化一点，课题更集中一点。

江苏省园林科技情报网太湖片
1980年7月16日

附：江苏省园林科技情报网太湖片首次交流会议正式代表名单

无锡市城市建设局	张祥林	刘春华	
苏州市园林管理处	陈英华	冯小麟	
无锡市园林管理处	葛士超	黄茂如	刘敦娴
	沙无垢		
常州市园林管理处	傅毓秀	邹长松	
同济大学建筑系园林组	吴克宁		
吴县基建局	李洲芳		
宜兴县外办园林科	徐复山		
规划办公室	杨雨生		
常熟县园林处	夏林生	石碧霞	
无锡县基建局	许纪平		

三上北京城

1981年4月9日，应建委城建总局园林绿化局邀请赴京研究贯彻国务院1981年38号文件，拟订全国风景名胜资源调查及风景评价标准等一批文件的起草。只身上京，沿途菜花金黄，麦如碧毡，忆及离母校20年，这是我第三次回北京，感触良多。

4月10日，中午到京，晚点40分钟，惠生、申生在车外接着，相见甚欢。家乡竹笋分送尝新。这是我中学时代的好友，曾是"小虎"篮球队员，白天占不着球场，月光下才有我们的欢笑声。立谈一小时，约定下次再会面即分手。

见到柳尚华、陈明松，这是我大学同学，今在部里任职。这次邀我进京主要是他们推荐的缘故。后又遇王某某，也是大学同学。此人系政客，会钻营，吃过其苦，见面一笑而已。了解知是柳尚华提议共请了桂林的张国强、浙江张延惠、施奠东、江苏俞惠珍和我，但俞、施因故未到。我们下榻部外事招待所。

4月11日，第一天会议，甘伟林、叶维钧两位局长到会，北林孙筱祥先生也来了，漫谈这次的工作要求，原非开会，而是工作、"打仗"，不过因部里人少，这次是借兵（将）打仗。下午作了分工，叫我写九月份要上报的手续。我从未做过这些文书起草工作，头脑空空，无从下手，先听听再说。这次大概要集中十余天，开会是虚晃一枪，5天更是骗人。既来之则安之，我不当官，毫无牵挂。

4月12日，宣布休息。星期日，北京吃两餐，在校读书亦如此，旧习重历。上午去美术馆，看展览三小时，下午与桂林韦局长、张国强，同应孙先生之请去他家作客，吃晚饭。20年再来林院，我住过的三楼、一楼、六楼都还记得，特地去看看实验楼时，正好撞见毛培琳，她是55届的人，喜称"毛孩子"，个性如男孩子，后留校，她一时叫不出我名字。去陈俊愉先生家，不在，他的老二在家，我曾背他上香山，现在他已30多岁了。孙先生与韦局长谈不止，我则在旁翻看资料，看孙先生的画。晚饭很丰盛，夫人第一次见，远不及第一位夫人肥美。我1957年入校，拜访系内老师时，孙先生爱人是姚同玉，白白胖胖，热情接待，给我良好印象。后来两人经常吵架，终至离婚。姚嫁给吴良镛，当年城市规划泰斗。而孙现在的夫人，是他以前的情人，浙农大学生，曾是老糜同学，满脸麻斑，作过处理，皮色不白，这是后话。

4月13日。继续讨论风景资源评估，孙先生上午到会，下午我们自己谈，好些与他观点不同，中午史震宇来局，匆匆交谈即去。他调园林局（北京），陈明松帮了忙，否则在绿化三大队，守着首都机场那片苹果园，埋没人才。同学之间应是这样才好。今日议定评价，明日再议规划，如此进度可能加快，同室小王系陪父亲来北京治病，已有两年，白天睡晚上去医院陪父亲，难得碰到我也能下几手围棋，今晚两盘比赛，平分秋色。我是多年未下，晚上无处去，以此消遣。

4月14日，丁秀局长的办公室因另有用场，今日讲座又调了个会议室，继续讨论规划和九月上报材料问题，初步已告一段落，明日即开始编写。我负责的九月申报材料比较简单，有一天时间即很充裕，计划半天完毕。留半天个别征求意见，可能的话抽点时间去园林局或颐和园走走。

告知星期六去东陵。杨雪芝告西德有位园艺专家伯林要去杭州等地，5月9日至11日来无锡，她正在批文通知有关单位，特向我作个预告。

4月15日，上午就写完，请他们看。韦局长改了几个字都说申报问题只能如此，这样我有时间学习一些材料，北大谢凝高的论述颇有概括性，在山的美感上较有说服力，但自然景观的美，范围尚宽得多。只有从事风景园林的人才有广阔的界限，张国强的观点更趋于此吧。与惠生、申生通了电话，明天我可以去拜访一下了。

4月16日，挤出一天时间，去惠生家，凌玉瑛在家做菜，小女儿冯晖天真可爱，在认真做作业，她在小学里，都是上半天课（学生多，教室不够，就分批轮流上）。我们结婚时在锡相见，分手后，我们黄震出生了，他也有了女儿冯晶，现在都已是中学生了。冯晶在外语学院分院，读西班牙语，班内考前两三名，很可能将来成为翻译人才。黄震则依然贪玩，上进心不强。惠生还有个儿子读小学五年级，中午回来吃饭，首先听收音机中的水泊梁山，大脸盘，一口北京话，也能听无锡话。惠生教他们叫我"大大"，不知是哪里习惯，惠生穿着旧衣服，一家人都穿得很普通，室内也没有很多家具，可见家境不宽裕。凌做了一桌子菜，她说我拿来的笋，孩子们都说好吃极了，若事先决定拍电报他来接，无锡的金花菜也可以带过来让他们尝尝。北京的蔬菜实在太少了。

4月17日，上午与张延惠一起讨论了半天，下午即去中南海看瀛台。这是西太后因禁光绪之地，为一水中孤岛，现有三孔桥相接。丰泽园为毛主席进城后的住址，至1966年才离开，其书房即图书馆，会议室与卧室相接，抽水马桶前一张椅子，放有大叠书籍，足见大便时看书大有人在。静谷为丰泽园西的花园，有很多竹子假山，布置不美。有一宅房子，为黎元洪故居，袁世凯的国会多次在此举行。中南海边还有一座亭子，地面做有一道曲水，自西而东流去，系仿古代流觞曲水之风雅，亭名"流水音"，尺寸、流速我略作一些测量，宽约20厘米，曲曲弯弯。

4月18日，去蓟县看清东陵。此地属河北省，范围甚大，从顺治起，一直到道光皇帝、皇后、妃、嫔百余人皆葬于此，环境清旷，建筑完整，稍加收拾，即成一处佳景。此地到蓟县城尚有40分钟车程。独乐寺就在城内，只有两座殿，但很出名，它是我国最大的木构建筑，严嵩的匾，泥塑佛像，都很完好。盘山在蓟县西，回京必经之地，但树小石峰不奇，只有天成寺一处建筑，内容太少，但天津很重视，正在铺花岗岩通路，每块石4元。回京已晚上七时半。

4月19日，去申生家，张纪泉已先到，不久惠生也到，四辆自行车已借好。稍坐，四人骑车去八大处。八大处实在名不符实，旧庙破落，似乎无人管理。景观平平，何能成全国名胜。大家都上了年纪，很觉劳累，再加游兴不足，三点半就回申生家。齐淑清为我们忙乎做菜。申生家讲究些，经济条件比惠生好很多。我们都是中学同学，小时一起玩，齐、周是大学同班，老友聚会当不客气，瓜子、花生嘴里不停，忆旧话今，情意绵绵，回来时与惠生同坐地铁，省钱，又快，他到北京站下，我在礼士路下。

4月20日，继续讨论，各人谈一下起草内容，离文件要求差距尚大，讨论意见也不尽统一。

4月21日，继续讨论，明日扩大范围讨论。晚上去崔淑莲家，她是林业系转过来到我们班的，专业基础比我们差一些，在班内人缘一般。因我是班主席，她尊重我，我亦关心她。毕业后，分到青岛，实现其心愿。最近她获准赴美定居（有亲戚在美，去继承遗产）。看平时装束，她经济条件在一般之上，她爱人已在美一年有余，我祝贺她并说，欢迎崔博士回国观光，她笑了，一面看她家里的日本乐声彩电，一面吃肉包

157

子。因震宇还得回东郊，8点即离去，我们毕业后20年方见一面，今生还能见面否？

4月22日，孙先生来半天，谢凝高来一天，讨论结束，余下工作由老马（马纪群，甘局清华同学）等来完成，明天欲去香山一看。

晚上约震宇去詹国英（大学同学）家，本想吃了晚饭再去，史说上她家吃去。她住王府井老房子，转了好多弯。找到她家已七点多了，20年未见，光顾说话，詹又未问我们吃过没有，小二再直爽也不好意思开口，他老看手表，一个劲喝茶。詹说你看了几回表了，有事吗？这不礼貌呀！今晚吃了什么好的，老喝水！我心中暗笑。不过，见着老同学说说话，也真不觉饿。我只得推说，他回家怕错过末班车，到8时，我们出来，史回家，詹送我一程，又谈了一个小时，20年来她没有大变，依然独身，在北京市内（王府井后）旧式小院里与老母亲一起生活，母亲似乎是小脚老太，院里房子很小，很低，很旧，不是水泥地，也无木地板，未见有什么新家具，因是晚上，看不清楚。回到招待所已10时，马上吃点面包上床。

4月23日，檀馨、罗子厚、袁嘉敏、史震宇、王全德陪我上香山，先去植物园，看看温室，见到了在那里工作的张治明、段毅，又去看檀馨设计的牡丹园，正在施工，还看不出什么模样。大家在卧佛寺吃中饭。林业系的崔吉如，还认识我，他20年一直在这里工作，至今独身，同学们都说可与老詹拉拉关系，让他们成一对，王全德说先去试探一下。午后即去十三陵，车是设计室唯一的一辆小面包，檀、罗是设计室的头，支配此车没有问题。路很远，完全是为我的缘故，联系一些人和这辆车陪我一游。看过清陵，就觉明陵更宏伟气派，外宾很多，超过游人大半，我们还在路旁爬到石骆驼上照了相，还当自己是个学子。回来去陈先生家，杨乃琴（比我高一班，先生病故后与陈结合，得以从西安调回北京）热情接待，做了很多好吃的菜，我与陈先生一起喝酒，我背过他儿子上香山，现已30，在森工系工作，即将结婚。陈先生也真不幸，原配夫人仇英，在院图书馆工作，戴一副金丝眼镜，高挑瘦弱，白白的，尖尖的嗓音，"文革"中受尽折磨病逝，遗下四个子女，没人照顾，没有一人受到应有的高等教育，继承父业。杨来了，重组家庭，对陈先生是一种弥补。匆匆又去看了俞善福先生，他年轻，比我大不了多少，做过我们的花卉实习老师，周家琪先生的助教，好像也还没有成家，"文革"中挨过批斗，我的印象是他有点像纨绔子弟，才学很一般，没有男子汉气魄。林学院园林专业已创办30周年，准备选一批论文出专刊，陈先生要我带信回去，质量要近于"学报"水平，我想旧的若能用，就省力，要搞新的，得花工夫，我想可以搞一篇《试论太湖风景》适应目前要求，回去与刘国昭商量，一点不搞，外面影响说不过去。

4月24日。钱花多了，车费上可省一点。一早就去东单，买硬席票（不好意思订硬席）足足两小时才买到，上午已不能安排什么活动了。午后小睡，去颐和园很圆满地拍摄了谐趣园几张照片，也了解了昆明湖钓鱼活动情况（崔接待我），得知陶然亭此项活动开展更好，晚上很累，不想再走，二张不知去向，可能即已踏上归路了！这几天真累，怪不得杨乃琴说我瘦了。

4月25日，一早去陶然亭，偶然碰见余景淑先生，她是汪菊渊先生爱人，教我苗圃。她笑问我，你怎么来了？后一位姓张的接谈，颇热情，一位主任亦以礼相待。问毕，俞先生已不知去向，她仍然风风火火的样子，只得请老张转告。这次去未见汪先生。农林局去过两次，忙而未见。学生未免失礼。由陶然亭直奔故宫，转了一圈，未找到东便房，恰巧在路上遇见赵光华先生，正骑车而来，他要去医院看病，便一块儿看御花园，北昆正地此拍电影。我们边走边谈，许堃萍骑车而来（她56级，校体操队员，田汉长媳，毕业后分在故宫搞庭院绿化），我说太巧了，我要找的两位都找到了，三人同去御花园中的外宾接待室（对外不开放，我真有幸）里面正在拍袁世凯的电影，男主角都剃了光头，加上灯光聚照，格外铮亮，下属则军服，西装四五个，环立，我正在看《民国演义》第二卷（王世人建议我了解近代史），书、史实、物融会一时，倒也巧了。许陪我去珍宝馆，书画馆，我说我一个人看看就走，让她回家吃饭，她准备好御花园的图纸晒一份给我。

故宫之大，内容之丰富，真是吸引中外的大博物馆，在古典宏丽的宫殿之中，春江花月夜的悠扬乐曲令人荡心，小坐片刻，吃点面包，绝好享受。

回寓所通电话与尚华、檀馨等人告别，罗、史均不在，请他们转告。申生处无人接听电话，明日让惠生转告。很累了，睡一觉，再吃晚饭，为红枣事犹豫半天，还是去买了3、5斤，明日再买1斤酥糖，4盒蜜饯，将北京的特产带回无锡，

才算完成。眼前随身已是两个大包了。

北京热得很快，现最高已达30℃，3件衣服都只能塞到包里，加上一些书籍资料，已觉很满，晚上看电视转播乒乓比赛，家里一定也在看。

27日到家。

1981.4.9—27

（《三上北京》是我25年前写在工作本上的，现在看到它，感觉详细亲切，值得抄下来充实我的游记，因离京后第一次上京是1978年去丹东时，到北京托震宇给我买北京去丹东的国际列车，那时他尚在机场附近果园。第二次是1979年8月赴鞍山参加学术会后顺道去承德避暑山庄，回来时经北京，正好陈明松、柳尚华在北海筹办全国第一届盆景展览，匆匆一见即返锡。这次到部里拟文件，时间最长，故冠名"三上北京"。2005.12.19附记）

第二届城市花展（北京）日记

1988.10.3

　　午觉醒来已是两点差一刻，随即换衣、洗脸，楼下已有朱泉媛在高声呼唤。她做过园林技校老师，故周欣欣等学生习惯称朱老师。我因其比我小许多，喊她小朱。幸好行李一切就绪，拎起三个包就下楼。锡惠面包车已在场上停着，车中还有马围许永昌，建委周欣欣，却不见尤海量，他已先走。便直奔车站，新车站刚造到一层，一片零乱。我们在许永昌之弟（铁路派出所所长）处坐了一会，才去站台。110次从苏州发车，3时10分离锡。尤的软席与我们5人（还有一位是建委分党委的李德生书记）的硬卧紧挨着。车中无事，大部分时间玩扑克。尤也来，我是今年夏时制中午在局无处睡，时间又多，从看打牌到亲自动手，居然成了惯例。绿办一班人也如此，徐德兴等兴趣更浓，周欣欣自称仅是替补角色，但兴趣显然高于我们，只要喊打牌，从不推辞。老尤玩得不多，看则不少，这次出门，倒过足了瘾。

　　因为节前，龚近贤、赵启翔及宋小谷夫妇先去京布置无锡展台，我们一身轻松。尤、我、周、李算是代表团成员（尤为团长），由绿办出每人350元的会务费，食宿、活动费用都包了。朱、许算随员，费用由自己单位出。展览6日开幕，10日结束。在京看看园林，估计逗留10天左右。在车上没有买饭吃，都是自己带的干粮。我带的是面包、茶叶蛋，准备6人平分。小朱带得最多，除面包、茶叶蛋外，又带6只鸡腿，一袋香蕉。另外，苹果、梨、方便面等十分丰富，北京之行一开头就充满欢乐。

1988.10.4

　　午后1时半，在阴雨中到达丰台。展厅就在30年前我下放劳动的草桥附近。下车后，由专车接至花竹饭店，这是草桥与樊家村之间一个叫红家庙的村落。马路很宽，民房是三层的。饭店、展厅都颇气派，过去那种土路、矮房、半地下式的花窖、高粱秆的篱笆，已退到老后去了。黄土冈公社现已改称"花乡"，这次展览就是由花乡承办的。

　　报到、办手续，花了好长时间，而且6人不能住在一起，我与许还得住离此六七里的丽华饭店。不管了，先去看看自己的展厅。大雨初停，门前一片积水，简直无法过去。原来，展厅都是7~8个月前赶造的，道路下水道还来不及修。上午雨大，积水成河，后来我们攀着栏杆，慢慢转到展厅。市花在二层，都是二三米的间隔，我们以简淡取胜，正中一只腰圆紫砂，种上梅桩做主景，几棵小杜鹃，几点小山石、青苔铺面，背景一片洁白，仅书一个梅字，俨然一幅中堂。可惜此时梅桩、杜鹃均无花，过于淡雅了一些。彩色杜鹃照片在两侧，还有一篇短文，介绍无锡两种市花。又在当地买了5盆一品红，点缀在前，这样也勉强过得去。反正看花是次，主要是以花为媒，开展多方面交流。然而，许多以月季、菊花、石榴为市花的城市则艳花佳景，十分热闹。香港市花为羊蹄甲，也不在时令，他们以鲜艳的卡特兰为装饰，独树一帜。三层有书画，盆景，底层是几个北京的局布置的花坛，无非是天门冬、月季、菊花、一品红之类。花乡沿路这些草花遍地都是，荷兰菊、一串红、小丽花、彩叶草、矮鸡冠，镶配得很好看。来的城市不少，见到包头郝耀武，南昌汤伟忠等。徐志长是北京市花展的总设计师。上海、南京、苏州、广州、西安未见有人来。

1988.10.5

丽华饭店不错，有热水洗澡，有彩电。上午即把全部人马调住丽华，住一起行动方便，反正有接送车。花竹、金宏则新开张，设备尚未配套。下午团长开会，我与朱、龚由史震宇接去紫竹院参观，在北林就读、实习时，我曾在此做过嫁接月季于"白玉堂"（砧木）上。后来从《建筑学报》上又看到杨鸿勋设计的紫竹院公园大门，此外对它一无所知。进园一转觉得景色不错，北京图书馆成了园东部的背景。水面开阔，更有假山、谷道，许多幽静空间，且还别出心裁，在荷花池中开出港道，称荷花渡，让游船划进藕花深处，意趣盎然。且围以渔网控制鱼食新荷嫩叶，一举两得，脑筋动得不错。此地偏于西南隅，游人不多，虽环境优美，但收入在京算是第二世界，每月奖金约600元左右。第一当数颐和园、北海、天坛、香山等处，每月奖金均在千元以上。四点送我回花竹，饭后住丽华，与乌鲁木齐、长沙、银川等代表团在一起，香港两位也在此，故接触更多。团长会后在利发顺宴请，我们的伙食也不错，明日则正式用餐了。

1988.10.6

开幕式在展厅前广场进行，原定10时，因等陈慕华委员长，晚了一刻钟。代表们在烈日下站着，我则看机会挤到记者之中，立在背阴处。陈慕华身材魁伟，脸色白如蜡，疑是化了妆的。陈希同、汪首道等人，我都不认识，唯陈俊愉是我的老师，一眼就看出，他与领导们握手言欢。他是这次展览的顾问团主席，会标即由他题写。开幕式别具风格，剪彩、放气球、农民军乐、农民戏装跳舞。我人矮，只能看到满天气球。因为

无风，因而能长久漂在头顶上空。进门一拥而入，看花，不如看人。我先登上二层，与老龚将杜鹃花画册拿出，准备分发来宾，这是一个宣传机会，一两百本，一会儿就发完。中央台记者听我们的介绍并录音，后知我们是代表团成员时，又询问无锡为什么用两种市花，我只得说，梅花代表无锡的历史传统，杜鹃代表今日的繁荣发展，他们很满意地录下了。下午，陈俊愉（北林大教授、学部委员）、虞佩珍（北京中山公园副主任、老高级工程师）作学术报告，我去听了，香港市政局的张耀江也介绍了它的市花。对香港，国内还是另眼相看的。晚上北京市又在利发顺宴请团长。尤因儿子在京读大学来看他，要我代替。吃得并不好，上茶、上点心，丢三拉四，啤酒只有四瓶。北京市长也不到桌上来敬酒，草草了事。后即去丰台看演出。陈铎是节目主持人，算是名角，花乡一台歌舞，土气很浓，没什么看头。意外的倒是戚某的迪斯科和霹雳舞。此人系50年代国家体操队员，得过平衡木冠军。她的风流，周凤瑜早告诉我，于烈峰（我离开华东体操队，他才进来，无缘一见。后调入国家队，在莫斯科比赛，一鸣惊人。有次在京看其比赛，周给我票并介绍，与我握手）就与她很熟。今日一见，自有别样感觉。体形肥胖如老太，嘴唇血红，双眼闪烁，头上扎根红带，宽衣窄袖，紧身裤，一个人在台上扭动，这还过得去。而霹雳舞则不免令人恶心，与之伴舞的青年，与一个橄榄形老妇，抱腰扭动，几乎不胜负担，她那短裙下的三角裤，飘露出来，真有不知自量之感。评剧《花为媒》演了一场，作结束，倒留下良好印象。其余人都未看这台节目，等着看明天波兰艺术团表演。

1988.10.7

丰台区花乡，就在丽华。搞新闻发布，并宴请。对工商业，我纯属外行，无可言谈。恰巧张耀江在旁，即向他询问香港情况。他的普通话

很吃力，于是两人用笔写在纸上，笔谈大半天。张在香港生长，就读香港大学三年，后在英又读两年，从事园艺，香港花展就是他主办的，他说明年规模不会大，后年可以考虑邀请我们去参加花展。看来张年轻、老实，一表人才，无一点傲气。下午插花表演。王莲英讲一段插花历史，然后有三个宾馆的插花表演，一般。王是苏雪痕的爱人，今日才名实相对。前段曾听许乐和说两人闹离婚，我问二班同学郝时则又说没有此事。晚上《花卉报》宴请于裕龙大酒店，陈先生又谈了一下二梅展，告陈慕华已为展览题词，但具体地点、日期尚待最后确定。

1988.10.8

大会组织去天安门参观，广场很有气派，大花台，但人也多。有两个是主体花坛，一是熊猫，一是牛，都用红绿草做，能动。牛是紫竹院做的，据说这两件局投资30万元。另有组合喷泉，这是园林机械厂做的，就在广场地坪上，帆布水袋，按上喷头，用泵循环。周围是一片盆花，色甚艳。登城楼，票价10元，上面则一点也没有什么看，也许是学着当年毛主席从西角走到东角，俯瞰楼下一片万岁之声，那种场面，在"文革"中更有8次接见红卫兵，我是完全想象得出来的，载舟之水亦覆舟，终于演向反面，国家几乎瘫痪！

1988.10.9

参观丰台大堡台汉墓，十分完整，黄肠题凑，都是原物。此为西汉燕王之墓。国内还有两处，一在广州、一在扬州。我见过扬州汉墓遗址，正在清理，还未建馆，能在此一见当年诸侯王之墓葬，有眼福。下午看花乡，无什么特别，仅有一台进口温室和播种机，此种设备还是自己因地制宜用自己的为好。在花房也见到一批杜鹃，叶色浓绿，都是毛鹃和山城杜鹃。过去我待过的"草桥"，已无痕迹，熟人更无踪影。

1988.10.10

去长城参观，在京四年，一个穷学生，未到长城，今日作"好汉"行。车行一两小时，道路很宽，路边有新种火炬树，类似臭椿，但秋后能看红叶。我请老许留意引进此树。八达岭关口两侧都是商店，停车场，登长城左右均可。我们考虑摄影光线，选在西侧，登到四楼，即罢。其外已很少游人。构筑甚伟，然作旅游，尚可选一处作云梯攻城之类表演，增加游兴。后去十三陵之定陵。磨盘柿8角1斤，可惜未买。

1988.10.11

展览延长三日。前日曾抽空与朱、周去石景山看雕塑公园，坐汽车，坐地铁，还走了很多路。公园不大，雕塑体量也平常，照了几个相，即匆匆赶回。三人都很疲乏。

展品没有什么需管理，自可安排活动。上午所有人都离开丽华，住到金宏，食宿免费。我们七人（龚、赵均已从承德回京）住在一个套房内，楼上楼下，每间有铺两张，可惜没有电视，安排停当，即去市园林局。车到，差不多已11时，办公室接待我们，因与张树林已打过招呼（56班，研究生毕业，现为副局长）就在动物园的餐厅吃了中饭，招待不错。然后，用最快速度看了双秀园，北海团城、经济植物园、陶然亭名亭园，并把我们送回金宏。双秀园面积不大，但整洁，布置也简单，有几个日本庭院建筑，可借鉴。那些巨石，也都从日本运来，极富自然风趣。北海很熟，团城的白袍将军（白皮松）极雄伟，我亦向许推荐此树，引一点苗回无锡培大。古柏也极壮观，地坪多处加了铁栅，以增通气，效果甚佳。名亭园已建9亭，其中独醒亭包含了一组屈原的故事，我以为很有情趣。二泉亭也很像，但尺度过大，龙头则用汉白玉雕，尺度小，显得工匠雕琢气重。这里是以一亭一个环境，一个典故为意境的这种构思，比造一百个式样不同的亭要好得多。其间山石用了四千余吨，巨大，壮观，给我一个好印象。

1988.10.12

由园林局派车，办公室天坛公园老徐及经营科吴亚荣科长陪同接我们去香山。一路堵车，到香山已近11时。随即先看香山及碧云寺，然后用饭。招待甚丰，饭后即坐索道至鬼见愁。吊楼式可坐两人，三元，行18分钟，观光甚好，顶上有建筑小楼，山背有农民办的骑马古装照相，大红的披风，乌黑的男装，两人骑上马，很威风。

陈先生于80年底写了一篇国花拟是梅花一文，反映强烈。香港日报写述评"赞成梅花为国花"。1956年有个文学家写过两篇国花文章，一无反响，直到1981年冬。上午开幕式后陈希同讲话，全国都要节约，园林则要大力发展，该拨的钱要给。分散大家注意，不要光想着孔方兄，引导大家精神文明（物价那么高还搞什么花卉）。

梅花代表无锡有悠久的历史传统，无锡人民尊重梅花的崇高品性。杜鹃代表热烈美好的今天，象征前途兴旺发达。欧洲人从未见过荷花，唯1984年在罗马尼亚布加勒斯特有一平方米荷叶。中国莲与美国莲育成"友谊牡丹莲"。是陈的学生（副研）在美加州育成，黄色重瓣到心。金花茶1960年发现，1965年发表，震动世界。1980年，美山茶协会会长三度来华搞种子，均未得"金花"，可是我国有23种，已同意通过广西南宁向美出口。

菊花是世界经济价值最高的花卉，自6、7世纪传日本后出去的。月月红与香水月季杂交得到现代月季，关键种质是中国的香水月季。唐代牡丹、宋代月季都很有水平。陶渊明时方有真正的菊，白色，重瓣，过去都是野菊。

陈慕华建议黄土冈建一个花卉拍卖中心，让花进入千家万户、园林绿地、国际市场。花卉贸易低于0.0001，不及台湾、泰国。选月季为市花的有30个市。市花不市，全国122市，仅选38种花。美国是50州50种花。1929年国民政府内政部通令梅为国花，在宁设梅花山。清末，国花为牡丹，颐和园有国花台。

水泉园印象很好，水清，格局类似二泉，但空间深多了。似乎取二泉及趵突泉两家之长。古松挺拔，树木茂盛，为香山之胜。半边山上的11万株黄栌，则未到红叶时（10月20日后），仍埋在绿色之中。出来又看了北京植物园，可惜已无时间看牡丹园和温室，这里也是以专类小园构成的植物园，园林风貌较浓。车到颐和园北门，从北门入，智慧海金碧辉煌，苏州街修了一岸，北岸尚在排基础。绕西，到石舫，沿长廊到排云殿，佛香阁亦在大修，庞大的建筑，外面都是竹脚手架。到谐趣园，我特意照了玉琴峡的照片，他们则沿水面绕了一圈，出来就进颐和园餐厅。知春亭一带水面正在排水挖泥。昔日游泳场早已撤除。魏园长（北京最近实行园长负责制，公园主任称园长）是56班林业系同学，很能干，设宴招待，饭后即去圆明园。适有金秋灯会，从侧门入，到西洋楼、福海、南门出。一路奇灯异彩，有火箭、有彩虹、有鸡鸭、猪、羊、有金龙、玉柱，运用电器、激光、先进设备，布置得十分华丽，都是各学府、研究所精心制作。门票5元，因此园属海淀区，园林局陪人进来也要买票，北京局对我市算是情意重了。

1988.10.13

许、尤去西南郊苗圃，那边有车来接，洽谈一些业务，我与徐志长联系后等天坛车来接，也因堵车，10时后才来。徐陪着看几处大殿，中轴之气派，极雄伟。天坛以九为基数，构筑、设计构思之精巧。徐一直在此园，现为主任工程师（高工），对天坛作过详细考证，因而在皇穹宇，斋宫等布置了许多原来的东西，收入甚丰。门票只有5分。见到天津泥人张的彩塑，手上的汗毛、脉纹均同真人一般，由高分子树脂制成，近已鉴定，为一新产品。我大同殿可用此类，但需七八千（元）。可用肥皂洗，亦不怕刀划，将来老化总要在一二十年以后了，比蜡像好得多。匆匆到园林机械厂，洽谈构置一个喷泉"蒲公英"，1.2米直径，锡惠菊展想用上。同意月底交货，这样小朱回去后就得派人派车。徐志长提到王季鹤去大同拓碑来京，是他陪同。我记起又是我开的介绍信，徐要王的字，我说好办，就住我隔壁。这样回去要向王师傅讨两张字，送徐和史。在天坛用饭，同桌是武汉绿办的几位，菜肴略差，3时赶回金宏。北京局长已来看望我们，尤陪着，我略打招呼即去展馆撤回东西。蔡局长也是北林56班同学，林业系。他们走后不久，冯惠生、周申生与张大力（一中高中同班，张为一中北京同学会负责人）坐小车寻到这里。相见甚欢，与无锡老同学一一见面。张现为北京科协副主席，这次办花展一位即他当年同事。见张来，自然格外殷勤。问我有什么困难都找他办。其实15日车票已订，别的什么也不要了。晚饭就在金宏吃，因别处无，连酒也没处买，就草草用过。晚上他们回去。冯告两事，一是李老师是否要来北京治病，陆守群之妻在积水潭医院，这是骨科专科医院，陆妻可以承办。二是李的一本书出版，要几千元，同学可以凑，以了却其心事。这两件都要与肖鉴玄商量办，但又要向李告知陆的好意。没有时间去冯家作客了，他们都好，总算还见上一面。

1988.10.14

老许的鸽子朋友，东安市场总经理，开两车来金宏接我们去城里住，路上堵塞，近11时才来，住总参第四招待所，在东安市场与和平饭店间，可谓最中心地了。中午盛宴于五芳斋餐厅，刘经理风度庄重，菜肴丰富。对虾我吃3只，因要去金宏取票，与老龚退席先走。取到后我去紫竹院，史已在等候。晚饭在史家，大嫂已住公主坟，二、三女儿均在家，个性开朗，天伦欢愉，我还是他们住天竺时去过，如今都已长大。小女19岁也已有了朋友，史在这方面很开放。老齐还

那样纯朴、勤劳。震宇用单车送我到动物园，待我乘的十路车开出，方回。

1988.10.15

上午陪朱、周、龚去故宫，走东华门，找许堃萍（高我一级，体操队员）。已8时，尚未来上班。挨到8时半，门口放行，进去走一转，我拍摄了皇宫中特有的连理柏，其他都是旧物。给我的印象是空，因为三大殿中人已进不去，只能在窗外看。珍宝馆等都另外买票，因时间不够，未去。这样仍由东华门出来，已10时半了。急回旅店。11时半，商场经理又派车送行。到了车上，方才定心。北京之行，就此结束。市花展览各有所得，我对杜鹃之研究素有心愿，但领导一直未重视。这次向他们建议，能否促进一下尚不知。现在自己也忙，抽不出精力来搞。一回到家，几个规划设计已成燃眉之急。

扑克打得太多，睡眠太少。这篇日记是今日回忆匆匆写就。在北京待这么长时间，不能不留些记载，外面细雨，仿佛北京的晴空已是隔世。

1988.10.16补记

大堡台西汉墓结构是：封土、土炭、白膏泥（蒙脱石＋长石微粒）、木炭、木构、顶盖。题凑、外廓、内廓、套棺、棺床。用黄心柏木122立方米，15880根。《汉书·霍光传》："以柏木黄心致累棺外，故云黄肠；木头向内，故云题凑。"

双秀园：（包主任）1984年10月开放，面积100亩，日本株式会社捐赠。公园70人分两班，早上6点～晚上9：30。收入20多万元，开支30万元。游人每年50万。园景有翠屏落影（水墙）荟芳园、翠石园（连石，全部从日本运来组装）。竹溪引胜，均为周怀民（无锡人，画家。画过梅园）题景。

北海：68公顷，1000余人，门票5分；白塔有展览5角；植物园3角；山洞5角；静心斋5角；

团城1角；钓鱼票每张10元。

陶然亭：王主任，59公顷，职工600多人。新建华夏名亭园，门票5角。已建9亭：独醒亭、沧浪亭、二泉亭、浸月亭、鹅池亭、兰亭、杜甫草堂、醉翁亭、吹台，占地10公顷，建两年，耗资300多万元。

香山：250公顷，职工470人，其中搞卫生120人。红叶期在10月20日后，约20天。有古树4000多株，占北京四分之一（30厘米以上为二级，60厘米以上为一级）；黄栌11万株。游客每年500万，旺季占四分之一。商业主要在5月，有床位600多个，一半带卫生间。索道上有2人座吊椅98个，每人3元，18分钟。工作人员已穿滑雪衣，1980年建，投资90万元，现已收100多万元。

天坛：办公室主任吴克明，老主任李树勋。园林机械厂董海山科长。职工700多人。皇穹宇有天津泥人张彩塑工作室。王凯专利制作的人像高1.8米，外露部位是高分子树脂做成，逼真，余为石膏水泥，可用皂洗，刀刮不动，很硬。4个人象，价格3万元。

香港：有公园200多个，面积200多公顷，最大20公顷，一般5000平方米以下；苗圃11个，15公顷；最大的2公顷，职工130人。公园分康乐（游乐场、室内运动场、草地场、网球场）、清洁、园艺（800人）三个部门。收费不超过支出，不能赚，一般市政要补贴40%～80%，其他不收费。商业全部出租，公园工作人员只搞园艺，8小时很紧张。

初登武汉黄鹤楼——第三届全国盆景展

1989.9.16

全国盆景展在武汉是第三届，1979年北京首届，我仅是旁观者。1985年上海已是主要组织者。这次本是园艺科贾伟的事，局长怕他一人忙不过来，要我协助，在评比上熟人也多点方便。我从未去过武汉三镇新造的黄鹤楼（按原样雄峙蛇山，宏伟古典），便欣然前往。

坐火车要经郑州或株洲，接上陇海线，一转车不仅卧铺没了，连座位也保不住，在拥挤的车厢中站8、9小时实在不愿忍受。于是决定坐江轮，在无锡可提前7天买船票。调价后三等不到50元，二等101元，我们同行6人买了三等，这倒方便不少，但手续费也不少，每张5元。

中午离锡，为找皮鞋，叙芬调了一节课回家，终于找到。家中一切都是她洗、汰、藏、放，够她烦的了，我根本就不能有任何怨言。下午4时到南京站，一个小插曲：等10路去中山码头时，长久不来车，见一辆出租面包车过来招呼，大家一拥而上，开出百余米，竟要每人三元，且不能有半点减价，便立即下车。我们一走，车上的人员全都下来，司机和售票员见坏了生意，恼羞成怒，拉住我们不放。我们已走出百余米，还赶上来，对走在最后的小蒋，撞他。我回身阻止，就冲着我，售票员理直气壮地欲打我，口口声声要我拿出一块钱。我说你有道理吗？他如此凶蛮，见我们人多，弄不过，只得悻悻而去，给省会南京抹黑。

汽车坐过了头，又倒回，4号码头至换票处恰已下班，到3号码头换，又要6时半开始，进退两难，一波三折。直到近7时，才悠然在一家招待所的餐厅吃晚饭，5菜一汤，不过30元，很节约。雨至今不停，饭后又要了一杯茶，直坐到8时，可以上船才离去。天已漆黑一片，洁白高大的江汉轮，已看不清其轮廓。三等舱果然好，12人一间，还有把门人。我洗理一下，即躺着休息，昨日便5次，浑身无力，躺下不久即熟睡。同行者还有海根、仲寅、志堃，两位业余爱好者李群磊、张志平自费，在四等上。

1989.9.17

1985年夏天去庐山也是从南京坐船至九江，初次在长江中航行，常立在船舷看江岸景色，这次已提不出兴趣观望。因为景色平淡，江水混浊，几同黄泥浆一般。黄河不清，长江亦不清，跳进哪里都洗不清了，这环境总有一天会达到令人厌恶的地步！

天已转晴，风平浪静，在船里十分平稳，可以从容打牌。午后船停靠安庆，走到街上看看，茶叶蛋3角一个，还有胡玉美豆瓣，别无特产。回望我们坐的江汉20号轮，高四层，在我们之上还有一层，该是一等舱罢。因为二等就在我们三等里头。走道上铺着地毯，还摆着几盆塑料花。开水、厕所都是单独的，我们也可以进去用，下面四等同样是12人住一间，与三等同，可能管理差些。李群磊昨晚皮鞋被偷（并不新），幸而王志平带双拖鞋，勉强凑合。三等舱专门有服务员来清扫，拖地板，泡开水，比之火车上的服务可谓上等了。

午饭在餐厅里吃，已12时，炒牛排，炒红肠都是三元一盘，饭不过三两多点，每份五角，我又吃了点面包才差不多。晚上大家吃西餐，我吃一杯速煮面，再加一个面包，在南京买的午餐肉，海根买的盐水鸭我不敢尝，生怕再闹肚子。李群磊一天没有看见，也许丢了鞋很懊恼罢，此人有点怪，据说因爱石成癖，花钱十分随便。前两个老婆都离了，第一个女人养的儿子现在上大学，这次讨的才30多岁（他自己已49岁）。他是印染厂搞花布设计的助工，应有一技之长，再加好玩盆景，古玩，对艺术爱好是很有些意志的。但好东西到他手里终不长久，如有一把古壶，价值千元，几十元就卖了，转到张国保手中，他藏在大橱中，谁知爱人拿衣服，打得碎成几片。

1989.9.18

早上船停黄石市，走到船头赏景者、活络筋骨者、拿着半导体边听早新闻者，已有不少人。还有些是夜间就已躺在甲板上的乘客。市在船左，群山环抱，有些小山即在市内，江边也有几座高楼，城市拉得很长，纵深则看不清。前上方一轮圆月，淡淡地，后右旭日初升，江面一片宁静。只有船上，千余旅客在苏醒中。

11时船抵江口，停16号码头。我们事前拍了电报，然四顾许久，未见接车。贾只得挂电话，稍后接我们一行9人至汉阳宾馆，此为汉阳区政府招待所，上海殷子敏等几乎同时到达。我们住6楼，安顿后即去盆景馆。参展单位已来不少，展品散满一地，玲珑满目。江苏馆中，苏州、常州、南通、泰州、南京、镇江、徐州早已到达，正在紧张布置。吃晚饭时，汉忠来电话说车、物刚到，内心大喜，一路顺利，明日拆箱、布置，今日即可高枕。汉忠一路辛苦，一定要与我们打牌，一比高低，只得奉陪到12时许，不好意思，2比0我们胜。

1989.9.19

展台分散在三处，隔着苏州、常州，那是什么展台呢，实际是层里十分发育的黑色斧劈石组成的几案，有高有低，案面均作卷几状，死重，搬动很吃力，在地上一拖，层理脱开，成2～3片。上午利用那有限的几个展桌，要设法让18种展品摆得大体满意，真不容易，我们又是搬砖，扛大石板垫好搁平，多出一点地方来。在墙角隅，又去江西九江朱苑芳那里借树根几（她是老同学，十分热情）。后来因南通让出两桌，根几还她。忙碌之中，最得力的是业余爱好者张志平，吟苑来的几人见重活即退缩，有几个甚至去归元寺玩了。贾伟、小徐、海根及崇安小陈都成了主力。上午基本就位，大体满意，然而最使我不快的是童裕生的悬崖式黑松，尾梢几乎断了，苏州几个也为我着急。朱子安（国内最有威望的盆景艺术大师）已80以上高龄，心疼地帮我找来铅丝，他帮我一起缠定在枝干上，不使其断下来成为无尾之龙。老童明日来看到，将会何等心痛！我们又何以向他交代。查问，一路上都很平安，拆箱时亦好的，难道放到展室被往来之人不小心挤断，也未可知，现悔之已晚矣。他们说今后还能长好，朱子安说，连着还有办法，但其小儿子认为，叶可能会枯。这是最可期望得奖的一盆，痛煞人也！

下午押车的人索性放他们去玩一会，在展厅里整理作品，一天下来，都好了。我给伯华做的现代人物，放入盆景，即吸引不少人赞赏。这次展品，面目一新，水平很高，只是盆景园很小，容不下多少观众。今后正式展出，肯定拥挤不堪。展品安全已不成问题，这是武汉去年开始新建的盆景园，借全国展览以庆竣工。我感到，国内所有建成的盆景园，都是采用旧庭院的尺度，哪知现代追求经济效益，门票多售，就变得口大肚皮小了。门口两个石灯笼，放在两堆小石上，代石狮之地位，园中也见到类似石灯笼，算是一种别样的处理。园内无水，也可能是不同于江南的手法，我还来不及细看布局的建筑设计，目前都被各种盆景充塞着，但正门是采薇路，后门有一片广场，园子是住宅包围下一块近乎见方的空地，有否一两公顷，尚属疑虑。据大胡局长和傅珊仪秘书长等称：定点是省盆景协会的意见，言下，与武汉园林局意见不一，难以协调。

见到不少老朋友，杭州花圃主任陈皓已退休，1959年我与奠东、马熙光、王亚哲、檀馨等五人由周家琪老师带我们实习，在杭州时他已是花圃主任，工程师，我们采访了他，还有当时任局技术股长的吴仙圃都是杭州园林局的中层技术骨干。养兰技师诸友仁已是著名师傅。20余年后，我们中之一的奠东居然当了杭州园林局的局长，真是青出于蓝。福州园林局陈树华局长现亦退休，他1954年毕业，我1980年去福州时他热情接待我们，江苏几位更是见面如亲人。徐州老霍现为处长，他带来的果树盆景，鲜活可爱，令人敬佩。一盆结几十个苹果，梨，个头不小，还有花红、柿子，而且根干部分有了造型，我1985年见到就催吟苑搞，可是一直没人去学习引进。石种之玲珑稀奇又胜于上届，广西专门摆出供石；山东也有，还未见福建有什么新摆设。桩头之精致、细腻，大胜于二届，那次奇雄有余，加工不足。

1989.9.20

张仲寅（崇安区绿化处长）与江岸区通了电话，他们与全国一些市、区建友好城市，崇安与江岸结为友好区，借此与区园林局（武汉的区也设有园林局）交流一下。昨晚已有人说今早9时来车接，汉忠他们为争取去庐山和景德镇一游，准备午后即开车去九江，晚上赶到庐山。一早我去群芳馆告知九江园林处欲搭车的一位师傅即返回汉阳宾馆。此时，江岸区园林局乐局长、余局长均已到，正与张、何交谈，我进去寒暄几句，十分客气，商谈后为配合我们行动，决定下午派车陪游东湖和黄鹤楼，明日再作交流，我与贾就不去江岸了。

"烟雨茫苍苍，龟蛇锁大江"，阴雨阵阵中，驱车东湖风景区。总的印象广袤旷野，环境、空气都极为清新。武汉的工业发展似乎尚未影响环境生态，水面很大，水质之清远胜太湖，风景区面积大到不知界限，游人几乎绝迹。当然内容设施也极稀少，树木生长很好，乔木特别高大，池杉几乎到处都是，可以说是东湖绿色的主体，但高细的竖线条有意向水平线挑战，十分不协调。色彩、层次也缺乏变化，林缘线僵硬单调。看惯了河湖垂柳飘拂的江南水乡，我并不欣赏这种植物配置。堤上几乎看不见垂柳，千篇一律种着池杉和夹竹桃。行吟阁，朱碑亭体量过大，孤立在林间，空空荡荡，连个管理人员也少见。才3时许，磨山那边都是关着门，不见有人来，我们差不多坐在车中转了一圈。黄鹤楼则甚雄伟，电梯至5层，再逐层步行下来。主建筑周围有较大场地，形成不在直线上的轴线，一头对大桥，一头随蛇山延伸，山狭长如蛇，故名。轴线上有一件宝物，孔明灯，是3个圆组成的大葫芦，并非照明用的古代点灯工具。5时回店，辛苦他们一天。也许是廉政，一顿饭也不留。

1989.9.21

这次展览在群芳馆进行，这是盆协去年新建的盆景园，由回廊连着几组厅室，中间空出院落，尚有一定回旋余地。江苏在楼上，11个市都参加了，无锡分在三个角上，昨天已布置完毕，今日主要是参观一下其他省市作品。的确，皆是精品，比之1985年又大为提高了，尤其是武汉贺干荪（教授）的树桩，确是精巧，还有广西的石玩，色彩、质地、形状都与玉石同等名贵。福建的榕树盆景，更有特色，上海的微型盆景最为上乘，广州的附石盆景我极欣赏。然而，上海、苏州、杭州的树桩则都不很突出，尤其苏州的似乎不如1985年。无锡的平心而论也只是一般，但也不落后。江苏几个城市大体不相上下，（徐州果树盆景全国突出）各地都为此展览印制了期刊，介绍，宣传品，唯我最简单，仅打印了一个说明，而且忘在家里，到武汉后只得重新复印

30件，不够分发。有几个业余爱好者自费赶来参观、拍照，后又匆匆回去，精神可嘉。

早上与吴翼（合肥市副市长，主管园林）招呼了一下，1979年鞍山市学术会上见过面，当时我与刘皆属无名小卒，初次登上学术论坛，现在大家都老了。吴当过合肥市副市长，因为杜鹃园写"踯躅廊"匾和王仲毅的关系，使我们关系更近一层。他说解放后一直未来过无锡（肖岐），打算明春一看，他欢迎我去，陪我看看，并告王仲毅已去国外，为工程，时约半年。这样，我放弃了去合肥的计划。

1989.9.22

评比开始，由各地推选一名评比人员和团长，先行初评，然后评委复评、公布。我与贾伟整整搞了一天，来来回回地看，其间不无私下拉票之举，见此，我与九江朱范芳也互相拉了一票。得奖面相当宽，到后来要凑满数字，胡乱填的也有。这种评比，总是粗略的，大家满意就算。1985年我写的一篇论文今在《盆景》杂志发表，重新一读，还觉得很有道理。要评高低，唯有同类作品集中一台，由评委同时打分核定，否则前看后忘，谁也没有这么好的记性。昨见到《花木盆景》副主编陈新同志，年纪不比我轻，似乎很朴实，一见就很亲热，他是评委之一，我给他一材料照片。展览之后，他可能要做些文字出版工作。

陶平与老童20日到，当夜他们玩纸牌麻将到清晨3～4时，童未参与到底，陶输五六十元，童亦输一二十元，我们则与小张等打80分，结果又是3：0，小蒋说再也不与我们打了。前日晚，他们饭店借来麻将桌牌，在小张处竟赌了个通宵，不过，大家客客气气地不计输赢，我则熟睡到7点起来，算是休息最好的一晚。

听九江同学朱惠芳讲，北林同学想借此聚会一次，武汉北林人有二三十人，有一人就在本区（汉阳区）当区长，这个会看来要她来召集了。

我愿参加，认识一下上下班校友。这里有一林业系同届的吴邦杰，与施振昌同乡，一见就脸熟，现在武昌火车站花房，他说是工程师当工人。

1989.9.23

抽空想看看武汉的园林，打听到解放公园较大，且亦有个盆景园。小张说比群芳馆还大，路程虽远也打算一见，据何说主任是惠良同班姓王的一女同学，很热情。早饭后即步行至汉阳大道，乘24路直达解放公园，似乎没什么游人。我去时，管门人还在扫地，看去像家庭妇女，要我买票。我说找王主任，她说也要买了票进去找，似乎非买不可。我也就来个强硬，说我不进去，你请她出来见见面即可。她看我来头不凡，看了我工作证也就放我进去了。一看游览图，公园是不小，漫步进去，未见多少人。在一个剧场前，有人在教两三个小孩练功，手里拿长尺，要他们倒立，俯撑，家长也在旁边。公园里都是法梧、池杉，长得很高大，树荫很好，空旷无人，还有大片草坪。近2号门处有几片门球场，不少老人在打，约有三四档人，这是公园里最热闹处了。有些游艺设施、碰碰船、森林铁路等等，都关着，无人玩，未见有属于景点的观赏建筑，基本上是一片平地，没有起伏。我闯入办公室（一座旧楼），人都去地宫开会了（庆祝40周年），只有行政科有人，我终于问到当副主任的惠良同学王秀珍，但是我也不想去地宫找人，就自己到花房和盆景园去看看。盆景园尚在做收尾工作，我从便门进无人过问，到转一圈出来时有人喝问我从哪里来的，要买票（一女青年）。我说是来参加盆景展的，顺便看看。我反问她那边一丛竹子是什么品种，她说不知道，因为除这丛茂盛的竹外，其余均无兴趣。照相机在手中，竟看不到可以照相的镜头。如此公园，武汉水平可想而知。这是我师妹袁辑慎工作过的单位，我在想以前她在这里如何应付新的工作，想象不出来。袁是我大学同学，十分天真的姑娘，有点儿斜眼，说不上怎么美，但看来很机敏玲珑，常笑，与人闹，声如一串清脆的铃铛。开初，我并不注意她，她倒颇留意我，因我体操动作标准，两腿总是并拢伸直，给我起了个外号"香蕉伯爵"，真不知她怎样幻想出这个名字来的。下放时，又鬼使神差在草桥两人一起拜刘大爷为师，（老师指定）以师兄妹相称。师娘（一位瘦小的小脚老太，师傅是魁伟老汉刘师傅，他见着我常要我"翻跟斗"他看，"折一个"。于是，我接连翻几个后手翻）在家包饺子宴请我俩，临别又送我们一人一双布鞋。那几个月的农村生活别有意思，她引起我注目的是她的身世，她是袁世凯第四代，重孙女，还是外生女，我从未听她详说，我也从不问她。家在北京，有位很漂亮的姐姐曾来校看过她，听别人说她兄弟中多人受罚，劳改的，想来家世颇不顺利。在大学里，同学间很少互问家世。毕业分配时，她被分去昆明，正为远离北京发愁时，家住武汉的叶德生却对四季如春的昆明极具幻想，愿与她交换。因此，她一离校就到武汉，"文革"后我听说她一直在解放公园。今日去解放公园，我一直在想象那座两层小楼的办公室，木楼板，她该是在这里的主人。园中那个园花坛也许是她的设计，在这样空旷的园中，她曾做过些什么呢？毕业后，她曾写过一封信给我，说她找了一个男朋友，而且信心十足地说，她的眼光是不错的。然而，"文革"中她爱人因医疗事故而判刑，中断。她靠美籍学者袁家骝（叔伯）的关系，得以只身去香港，以致我在第一次到武汉，黄鹤早已飞去！引我无限遐想。4月去珠海时，大灏告知她香港地址，曾去一信，未复，天涯海角，何时才能一见？

1989.9.24

评委正在紧张复评，连日连夜。师傅们已在猜测，得奖对他们来说事关重大，涉及此行乃至一生评价。要考虑回去了，走船还是坐车，临近国庆，看来要去哪个城市转转，都不合适了。因

而决定，依然坐船到南京，时间是25日夜间。

这里有个古琴台，"高山流水"典故出于此，本想寻访一看，苦不知路。一问，说就是几块石头，没什么旧迹，也就作罢。解放公园给我印象太差。有一古琴贸易集市，进去一看，人头攒动，两边都是茶摊，栗子1.60元1斤，并不贵，鲢鱼1.60元1斤也不贵，辣椒、藕是这里特色菜。我买了两个莲蓬，8分1个，很饱满，剥着吃，不禁想起36年前在南京参加首届省运动会的情景。"湖畔一把莲，山中百回梦"，印象竟如此深刻。莲子，干巴巴的，也不甜，没什么好吃，倒是路边的烘山芋香得很，已吃两次，价格8角1斤，属贵的了。

归元寺就在一旁，听说不错，即去一看，门票3角。核心是有500罗汉，规模同苏州西园，建筑更朴素，粗陋一些。巧遇一台湾来的老乡，他说无锡话，我还以为海根与我说话。一说无锡，就有同乡之情，他是来参加龙舟赛的，过些时要去无锡。他说是台湾来的，大家客气地作别，不敢多噜苏。归元寺也无可拍照的地方，武汉怎么会这样。天奇热，气象台报30℃，火炉之称果不虚传。

1989.9.25

九时开幕式，汪菊渊先生来了，何济庆（高我一级，《中国园林》编辑）随同。他一见就认识我，而我则对错了号，而且在他那里工作的同学史震宇大女儿叫杨超，而不是史可。甘伟林司长也来了，他对我还有印象，问起刘国昭。汪先生致了开幕词并剪彩。群芳馆门口，场地很小，来的人也不多，不过百余人。当然也有录像，照相的人不少，但比起杜鹃展开幕式差多了，哪像全国性艺术展览会的开幕典礼？话筒里还杂着广播，常扰乱汪先生讲话，真不知组织者如何调置的。汪曾是首位院士，当过陈俊愉的老师，老前辈学者，如此安排太失敬了！唯有百子炮最为热闹，大门两侧同时燃放，如滚龙一般，震耳欲

聋。朱苑芳对我说话，只能走到群芳馆里面，才勉强听清。持续竟达15分钟，武汉舍得放鞭炮，对代表却一点也没有礼遇。

上午做汉阳副区长的赵美英、福建的黄汉光与我们一起合影。郑建春匆匆一见，就跟汪先生谈事情了，他现调东湖风景管理局，这里有那么多同学，但聚不拢，平时联系太少了，因而也无所谓团结一心。园林简直粗得不堪入目，午后我徒步走沿江堤路，至晴川阁，并从龟山另一侧返回至琴台公园。隔着铁栅看到古琴台的门头，就可想象不会有什么看的了。上午、下午一直在等评比结果，然而真是难产，直到四点多钟，我只得请陈浩进评比室抄录我市得奖作品，共获二等奖一盆，崇安的水石；三等奖两件，一是曹盘兴的微型，一是吟苑的雀梅。数量之少在江苏可能处于末位（江苏50多件获奖）。大胡早已对我说无锡盆景没有进展，群众投票很少，这对海根来说刺激不小，但他不一定会从积极一面去思考，怨恨别人更多。园林局亦不会有什么震动，1985年时我写过一篇意欲触动领导人，白搭。8时还是坐轮船去南京，接待处说派车送，到6时半不见半人影（都去动物园赴宴了），拎包便走。四等与三等，同小陈等四人同行，蛮好。

这一评比结果，基本公正。我没有门户之见，只可惜了老童的黑松和那只挂壁，没有充分宣传和突出。小张等拿了一个二等奖当然很开心，就他们的认真、热情劲头是该嘉奖，何况盆景确也不差。蒋建虽初出茅庐，但能虚心学习，我教他参加过这次全国盆景展后更应虚心，注意不要觉得水平高得不得了。评比有各种因素，不一定就完全贴切。他们都能接受，并希望我给崇安区更多帮助指导，对小张我一直真诚相待，是我学生，他尊重我，我也愿意帮他。国庆花坛我为他勾了草图，百花展我出了点子。总之，愿意出力。自叹园林局推不动，还是与区里合作或可搞点什么，这也是一种想法。

顺水行船，速度快得多，明日晚11时即可到南京，27日晨可以在家吃早饭了。

1989.9.26

四等舱在船尾顶层，出散流通，比来时的三等（三层）更晓亮。然而，顶层全部在阳光暴晒下，天很热，好在风凉，左侧刚好避开西晒。我宁可热一点，却不愿闻底层那股污浊气流。早、中连吃两袋方便面，厌甚，幸小张等买有午餐肉带鱼之类菜肴。小蒋在安庆买了几个烧饼，有所调节。这次出门，全部自费，大会没有一点招待，廉政之风确有所见，但愿习以为常。

上午广播传来江泽民、李鹏答记者问，听不甚清，国庆临近愿听听欢庆四十年的各方庆贺。在武汉，只收到两个电台，电视也很少，白天几乎一律是上课。

渐渐地我也感到，吟苑仅得三等奖，自己也有一定责任。然而局座们呢，若认真看我1985年文章，当会料知此结果的。

武汉之行，前后12天，即将结束，此行填补我湖北的空白，然而就武汉留下的印象，实在不佳。作为省会，就可推想其余城市的园林了。袁去香港，沙市的欧万铃也落户香港。长沙的新一，去年过世，唯有于志熙安然在城建学院做副教授（据说他"文革"中从事广播），在期刊上见过他一篇关于城市绿化与生态环境的文章，他能有多少实实在在的园林实践经验！那么多同学分在武汉，很少见到有作为的。武汉之行，归来仍是一片空白。北林在武汉没有顶得住的人啊！

对面上下铺上是两个女大学生模样的旅客，一口南京话，身体颇长，睡得十分甜，还有一对年轻夫妻坐在一张床上打牌，消磨时光。一对年老夫妇，一个玩牌，一个拿着收音机在船舷听。我们几个谈武汉买来的《大千世界》，《写实》等期刊。顺便一提武汉尚有不少黄色书刊，明摆在书摊上出售。扫黄似乎仅停在招贴宣传上，而江申轮上，几个女的拿一叠书刊，串门出售，都是黄得不能再黄了。乘服员视而不见。国家之大什么狂飙，都会留下死角。群芳馆前"看相人"不下七八个，一纸摊地，拉人说命，谁也不管。中国这一巨人，改造的任务太艰巨了！

别了武汉！龟山上的观光电视塔！晴川饭店！黄鹤楼！长江大桥！别了！混浊的长江水，洁白的多层江轮！

1989年9月26日于船上

在南京站候车室里过了前半夜，2时33分，坐上天津至上海的快车。凌晨到锡，天已明亮。中山路上两边满挂各式灯彩，一串红已经盛开，国庆40周年的欢愉气氛已相当浓烈了，是该回家了（不能再在外游动）。

李福祥，九江南湖宾馆，225041，系苏州吴县花工，已全家落户多年，这次亦来参加展出，声言下次去九江可住他的宾馆，是九江最好的。

第三届全国市花展（洛阳）

1990.4.11

去洛阳参加第三届全国市花展览。局新买一辆国产面包车，既作试车，又运十余盆杜鹃花去展出，一举两得。我们七时从文化宫出发。我住岸桥弄，靠得近。同行的有尤海量、毛保毅、周欣欣、薛剑平以及陆继生和丁剑良两个驾驶员，共7人。这次出去，女儿给我买面包等零食，儿子给我三包烟以应酬。临走我将王叙芬那件时髦的夹克衫也带上了。天不作美，终于下起小雨。为了安全，我们不要求司机快速，反正两天半到洛阳即可。在高邮吃中饭，饭店是竹架，芦扉棚，砖地，倒也开阔清爽。小菜不贵，两个青菜干丝、两个榨菜蛋汤、大蒜肉丝、韭菜、螺丝肉，只花10元钱。这个饭店起了个怪名，叫"塔乐风"饭店，原来对面有一座泥砖塔，说是明末的。这里早先与北宋词人秦观有关，近与大名鼎鼎的乔老爷乔冠华有关，题个店名，有的是题材！饭后即走，一路阴雨。路面还平坦，车中那些盛开的杜鹃花竟没有震落花朵。路过宝应，两侧破烂，这一带泥墙尚多，屋顶与公路面齐。到宿迁，街头见到花轿，外面用红塑料纸裹着，去娶亲。怎么那么晚，快6时了。我们径直到市一招投宿，15元一夜，可能算上好的住地了。吃饭1.4元一客，吃的是泡饭和肉馒头，可以尽吃。菜是炒蛋、豆芽和一小块豆腐乳，这种吃法也属首次。

20天前去盐城，已是油菜金黄。此时的苏中同样黄花烂漫。洛阳之行，一则未去过，很想观赏这座古城；二则梅园小金谷要种牡丹，很有借鉴必要。原来准备顺便跟车的，谁知锡惠园艺科搞展出准备工作的几个都不来，布置就落在我们几个身上了。好在简单，又有两届市花展经历，不难应付。肚皮气胀，胃有不适，一路饮食格外留心。

1990.4.12

不到7时出宿迁，向江苏的西北角行。金黄的油菜花到此渐见减少，碧绿的麦田则一望无际。一路行来，未见有山，真是地无片石，皆为浅灰沙壤，树木则多起来了。这一狭窄地带是苏、皖、豫交壤处，道路临近县城，都有失修。农村都是泥墙瓦顶，一层一进，硬山小窗，经济肯定好不了。路上车行稀少，是个不发达地区。中午在安徽砀山吃面条（肉丝面吃一碗），我吃了两只肉包子，面只吃了半碗，脏乱差的情景令人大倒胃口。沿街小贩摆满金黄的梨，一问价钱，有1.3元一斤的有1.5元一斤的。砀山特产，这里花生1.4元每斤，比无锡便宜多了。由此西去，桃树很多，红粉色的，正在开花。由绿色的小麦托底，漂亮极了。路树除白杨外，见泡桐和立柳，各有风姿。进河南，泡桐更多，几个宽陇麦田就有一行，形成密密的方格，有些地方更是稀如疏林。小麦只是林内的间作物，树龄都不过5年左右。下面2～3米笔直，上面开始多分枝，此时花朵尚未大放，叶片还没有出来。因此，丛枝病看得十分清楚，犹如筑了许多鸟窝在树上，对成材肯定是一大危险，看来没有人管。路边白杨树干笔直，放了一半的叶片，直往上长到顶。黄绿相间，娇嫩美丽，夹住了宽阔的公路，更有令人叫绝的立柳，都是在2～3米处截杆，然后分出许多直长的新枝，黑黑的，斜着上窜。密密的绿叶形成丰满的树冠，远看好像是热带的旅人蕉。这里果树除桃外，有开着粉红色花的苹果，树形向四面展开，枝条很匀称。开着一树白花的梨，树枝明显向上，并有2～3个层次。油菜则在商丘附近已看不见（砀山吃面已用麻油）。河南的道路虽也是黑色路面，但缺损太多，车行艰难。杜鹃备受损失，看来还是江苏平稳。一路基本顺利，只是在一个小小的检查站，因尾灯不亮，罚款10元。近七时到开封。住宋都宾馆，8层，两人间，但设备不比宿迁好。吃过晚饭后，因房间电话坏了，大家都搬到八楼，提着大包小包爬上去（电梯无电）。开封给人印象不好，明日匆匆赶路，来不及欣赏这座古都了。

　　巧得很，宾馆西侧竟是残留的古城墙。墙基两米来高的城砖，还十分牢固。城在西面，是正方或长方体，因而道路也是纵横垂直的。然而街上不见路灯，怪不得不敢外出了。早上听开封新闻，有两个姑娘因提醒被窃老人，在车上挨打致伤，一人已送上海，一人带伤诉说此事，都是河南大学学生。走到阳台一看，满城都是泡洞和杨树，泡桐的紫兰花与灰黄色的建筑合成一片灰扑扑的景观，只有嫩绿的杨树叶子分外滴翠。路上麦田中堆成圆锥的黄土，显然就是坟塚，立一石碑，寸草不生，亦无顶盖，土块上坟插的白纸。也许是沙土之故，皆成45°斜角。此外，本地建筑屋面只有底瓦，均无盖瓦，远看如水波状，很特别。

1990.4.13

　　出开封西行，直奔洛阳。道路又宽又直，一路顺利，到郑州景观大变，开封就显得土气了。郑州不愧为省府，路边的法梧又高又直又粗，架空线都走地下，分车带很宽，还有杨树。此时正在扬花。法梧小叶初展，街道很整洁，高楼较洋气。我们匆匆而过，急着赶路。出郑州路上有大片蒜田，粗看如同小麦一般，只是

叶稍宽，叶尖有点黄，听说是出口的，多得出奇。中午在巩县吃中饭，一碟清炒大蒜，一碟绿豆芽，两碗蛋汤，一个饼子，吃得很省。巩县是《人民日报》点名批语以破坏环境换取经济效益的典型。吃这里的东西有点怕，所以面条就不吃了。饭后开到旁边一条小河中，将车子彻底清洗干净，然后上路，要不是在偃师因装煤堵路，一时多即可到达。

　　报到在友谊宾馆，接待颇周到，安排房间后即去西苑。展室中还有长春、北京、郑州三家，他们都在紧张布置。我们一起7人齐动手，一下就妥帖了。8盆大的西鹃再加10盆小鹃花，明日借些草花放在前沿，写些品种牌名即就绪。回到宾馆不到6时，老毛忙于付款，安排生活，有3人住在小楼，略差些，友谊宾馆是我古建公司叠的石头，许雷改的门头，也还看得过去。

　　洛阳街道亦十分整洁，中州大道很宽、很长，四条车行道，分车带很宽，只种一排法国梧桐，周围用黄杨围着，中间种的书带草还小，人行道上种有国槐。王城公园的围墙是土红色的，开有口子，里面是服务小卖，外面看来很干净。没有见到吴鹤（北林校友低一级，主办这次活动），因此很多事还没有商量。常州陆瑞云局长带人来了，南通龚克毅也带来一帮人，我们比他们早到一步，住房安排好些，后来就紧些。这次收费80元一天，其中35元房费，20元伙食，还有25元游览、交通、资料。我们交到16日，准备17日就动身。回去时，去郑州、徐州看看，其余就不耽搁了。如此，20日左右即可回家了。

1990.4.14

河南是典型的大陆性气候，早上凉，中午热，毛线衣外面只套羊毛衫即可。抬头不见远山，过了开封才见到远处有体量不大的山形，一会儿就不见。这里的山，实际上是隆起的土，因而没有树，也似乎不见草。过郑州后，路边也能看到壁立的黄土，河成为小沟，都是干的，两侧层层黄土。台、弯处有村舍，都只有一个门头，住房都在土洞里面，所谓窑洞即是。这里天气甚干，洗的衣服在屋内即干，灰当然也大。洛阳绿化很好，绿地宽。地面都铺了草，尤其是街头的牡丹，在大叶黄杨篱之内，一丛丛洛阳红（最普通的牡丹品种）十分丰满。朵朵红花十分突目，犹如开花的球形灌木，红花绿叶竟如此相得益彰。不过都是一个品种，整齐有余，而无五彩缤纷之感。吴鹤总工程师陪我们半天（上午在馆内布置）在王城公园看牡丹。该公园500余亩，是个综合性公园，因而杂得很。古迹无存，有新搞的古迹，尚可一看。牡丹约万余株，品种荟萃，高1～2米，五十年代就种下了，种植以圆花坛形式，分隔成几块，每块直径在60米以上。吴说一个花坛6亩地，我只有两个这么大的，其他花木以棣棠（金黄色）最突出，金黄的小球，重瓣程度高，也修得像球，与牡丹同开。园中摊贩之多，令人吃惊，各式各样。原来市府有一个花会办公室，这些个体摊点都要向他交摊位费，而公园得不到一点好处。花会间，正是大做生意的机会，因而各显其能，拉开场面，各种标语也都充塞全市。这一来，花会节日气氛就显得浓了。4月15日～25日，人们像过第二个春节。

中洲路是洛阳最长最漂亮的街道，分车带很宽，中间的柏树、雪松拉得很稀，因能种许多灌木，牡丹甚多，此外有修得不高的紫薇，看去很整齐，树木长得一样，十分匀称。

1990.4.15

开幕式在西苑门口的广场进行，陈慕华、刘源（刘少奇之子，河南省副省长）来了，少先队员、乐队，几千鸽子，1500只气球，还有16组大气球，挂着长长的标语"只有牡丹真国色，花开时节动京城"。南昌路几百米，中央8米分车带内有13个单位布置得五彩缤纷，3个穹门耗资3万。据吴鹤讲，局借贷24万元。三个女郎托盘剪彩后，代表们蜂拥而入，继而群众涌进，再宽亦是轧得人挤人。据说一日游人好几万。我只在自己馆中转来转去，倒将这座小院子看个够，深感自己的吟苑不实用，搞展出不是理想之所。

下午参加大会活动，插花表演，由日本两个流派及北京、广州、上海三市代表上台表演。陈慕华还接见、留影。对于此道我素不以为重要，随意即兴而已，并无太深学问。插花在日本为妇女之道，堂堂汉子何必跟随趋向。

晚宴于友谊宾馆，洛阳市长等坐主桌。餐厅摆20余桌，座无虚席。桌上有北京啤酒、橘水，8碟冷盆，16道菜，3道点心。16道菜中，11道是连汤带水，此宴即洛阳名肴，称为"水席"。平时吃饭没有汤，今日个个水漫金山。我们9人一桌，招待两包洛烟，两小时结束。代表们去牡丹公园观灯，我参加同学集会，林林总总，计有33人。同班的仅王全德、张淑清三人（潘绍华尚未到达），河南竟有10多个。河南建设厅长蒋与胡良民同班，看去颇有魄力，故能团结一致，经常搞些活动，但看去个个像农村干部，脸黑红的，憨厚老实。

宴会之前两小时内将牡丹装盆放到车上，使此行再无遗憾之处。吴鹤联系的解放军外语学院的詹建国，报上介绍他的事迹。杜鹃归他，给我7盆牡丹，小青年还在服役，已在洛阳成家，祖籍金华，他与吴的关系犹如师生。吴鹤以高工身份为人设计，他则施工，推销苗木。他擅长梅花，这次中日插花，他助一臂之力，担任组织，看来是挺灵的人物。

1990.4.16

上午随大会安排去关林、龙门、白园。关林者，关公之墓，即天下所有关帝庙，唯此正宗也。庙有规模，气魄宏丽，有偃月刀，我竟拔不动。大理张兴助我才拔起转个向，在门前留影，也算到此一游。柏树数十，皆百年物，然不及孔庙古朴。龙门即在伊河之旁，过去听说叫伊阙，即今之龙门石窟。佛像甚多，但皆缺头、手，看后哀叹中国人之愚昧，"文革"之浩天大劫，遗臭万年！

由于下车后车停到伊河滩地上，说定11：20开车，代表都找不到，急得怨声载道，后来大绕圈子终于见到停车处。可又隔5米宽一条河，我身体还灵，从一根水管上走过河去，别的人又绕数百米。之后，又到对岸的白苑——白居易闲居过的地方，只有20分钟，真是进去就出来，主要看叠石、瀑布，处理较好。石头有点像龟纹石。中午仍在宾馆吃，午后2时，由洛阳的何向斌陪同，观看古墓博物馆及民俗博物馆，印象很深，尤其是皮影戏，很有趣。王全德也一起参观。7盆牡丹也跟着我们行动，看枝叶很精神。晚上去豪华舞厅（8元）一转，吃了罐饮料即回。上604室去见同学欧万铃（香港）、潘绍华（珠海），欧1974年去香港，今日才见一面，人略瘦，却不见老。俊秀之中又添能说会道，与先前大不相同。她对我也很关心，说我分配得最不好，听我谈后又说塞翁失马安知非福。问及爱人又说两小无猜，青梅竹马，尽说好话。到12时，才回房休息，却使我一夜未能熟睡。

1990.4.17

上少林寺，停车后先去塔林，我随四个老同学行动，拍照留念。这里只有一条直道，两侧都是摊点。我买了一个能发出响声的娃娃，准备送给阳阳，那是用手勒一条带子发出格格的声响，有的如公鸡叫，颇有趣。欧万铃女儿已结婚，在澳大利亚，女婿是英国侨民，她去主持婚礼的。在塔林照了几张，又到少林寺，因顾着张淑清、潘绍华三人说话，对少林寺根本未加细看。在大门口照了一张，里面在一棵紫荆树下又照一张。这里居然能看到我以前在浙江山区见过的巨紫荆，满树紫红花，很壮观，树干已有20余厘米粗。一个插曲，欧万问，想不想吃烘山芋，我说我早就说要尝尝这里的少林山芋，于是每人一个，欧万请客（6角一斤）。她又买了一袋水煮花生（一元），给大家吃。山芋吃完，她先剥花生，才剥一颗，手一松一袋花生掉在台阶上，大家没有吃成。她说要在香港我得赶紧逃，否则罚款。她爱人就因掉一个烟头，被罚150元，还上了法庭。潘在郑州工作时来过这里，那时庙很破，亦无人游赏，但中间轴线上的银杏，古柏十分壮观，现在也依旧。当然庙修了，而且周围办起了很多武术学校。我们在车上就看到一批批青

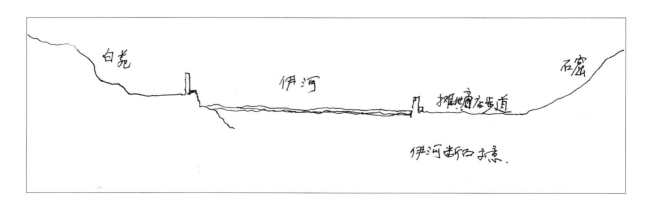

伊河断口示意.

少年，在广场上操练，学习少林功夫，为振兴中华，其情景也感动人。沿路小贩则密密排于两旁，无非吃、带用品，并无吸引之处。在少林，我与她们三人告别，我们领了中午点心和汽水，就独自去郑州。他们的车队还去中岳庙参观。我们因急于到郑州而过门不入。郑州早已闻讯，安排住嵩山饭店，在园林局小坐时，见到56班的焦玉珍，彼此都有一定印象，一谈就熟，她现为规划设计室主任。周延江也来了，还有侯局长与财务科张科长，办公室赵主任。晚上宴请于燕蓉园餐厅，我与周并肩，尤与侯同坐，开怀畅饮。周因早搏只喝小杯，我亦喝一小杯。8个冷盘数量甚多，足可化为24碟。后来上的菜都是4尺大盘，且不浅。第一只锅巴上来时，其大吓人一跳，占了转盘的一大块。后来的都是这么大盘。黄河鲤鱼为名菜，确是不同别地，肉细嫩，绝无腥味。我们大概只吃了一半，余均浪费。饭毕，送至饭店，其情甚厚。我因"大个儿"早逝，心中终有痛惜之感，想到与欧万见面，巧在"友谊"宾馆，巧在"少林"空门，这几天真令人遐思万千。

1990.4.18

周延江陪其他几档客人，侯局长与张科长陪我们游黄河游览区。这是一个70年代起新建的风景区，就在黄河边上，邙山脚下。这邙山陆陆续续一直伸到洛阳。小山名岳山，是因解决郑州吃水而在此上游搞提水工程，以后又搞绿化美化发展为景点，面积现有2平方公里，分洪水、旅游、园林、基建、文化研究五部，职工约900人，是一个庞大单位。经济上以水养区，属建委口的公用局管，但与园林关系密切。故上午去极目阁等几个山头建筑，看过碑林和砖雕，即到榴园餐厅，由游览区曹主任陪同吃了一餐丰富的酒宴，有两尾黄河鲤鱼上桌。侯局长又陪我们去市区看绿化，看动物园，我局古建公司造的狮虎山（说老实话不敢恭维），去人民公园喝茶小坐。

4时就回局，周局长又出来握别。他正忙着接待几批客人，对我真是格外见情。因傍晚见到欧万、潘绍及张树林，合肥尤局长等，他们都未接风，就在饭店吃1.6元的客饭，可想待我们特厚了。当然尤局来也是一个很主要原因。

晚上潘绍华等去商店逛逛，我们9：30再去她们屋，刚洗完澡准备睡下。见我来，即起身坐在床上聊天。连同张树林刚好都是熟人，一谈又是两小时。这次真是告别了。相约1991年毕业30周年时争取在北京集会纪念。与同学谈，总觉心头有说不出滋味，总之，开心又要牵肠挂肚。我与小薛配对，打80分，所向无敌，近日来，别人都提不起劲来了。

1990.4.19

昨晚要不是同学关系，我闯入女室，多有不便，何况有的已在床上，只穿了件棉毛衫，有的刚冲完澡，一坐就是1~2小时，话不断头，我走不了，她们也不能送客，最后还是我当机立断，说明天一早要走，不能再晚。然而楼门已上销，不见服务员，还是惊动她们。一回找到服务员开门才离开，颇有一点尴尬或难堪。

一时不易睡去，又写日记，又开收音机，到12时走后，驰想千里，也不知何时睡去。正梦中，忽听电话铃响，老毛意欲动身，当时起床梳洗时才4时许，为了赶到徐州，大家都迅速整理行装，不到5时，车就离开郑州，在朦胧中直奔开封，一路上昏昏欲睡，在一个县城，吃一根油条（2角）。12时在河南一个乡路边小店吃一碗面，我们要了10个蛋，加大蒜炒3个下面菜。面是称了生面煮的，佐料老毛亲自动手，我开玩笑地说，他是国家三级厨师。那老板看他利索的动作，深信不疑。这里做买卖人还很老实，只是脏一点，那些烧鸡、猪肚、猪肠、头肉简直不敢问津，有一批民工则大盘切碎，视作美餐。入江苏境，河中有了水，荒地也少了，江苏究竟不同。

到徐州4时许，到局，秘书科长接待我们。

177

徐州小薛的同学在工程处做领导，我的同学张燕生（56级）因丈夫孙洪喜肝病近来严重，在家护理未能正常上班。经常碰面的杨局长刚刚出去，反正毛、陆上次来过。尤局还是南林校友，杨在，一定热情。我们因一路辛苦，急欲找住地安顿下来，即由他们联系好二招，住双人间，12元一夜的硬板床。这是出差头一次睡这样的床，毛科长是特别节约了一点。我与中学同学许志大一人通话后，晚上8时小车送他来，谈了两小时，高中同学毕竟旧情深厚，虽身居徐州医学院院长，职位地市级（工资170元），他想约我明晚去他家，我说免了，这次时间局促，后日一早回锡，要好好休息了。他也不勉强，就说下次云龙山风景区评议会时再来。今晚大家都累了，安安顿顿在房休息，犹如往常一样早已甜睡。

1990.4.20

上午老杨及应科长陪同去彭园，淮海纪念馆及戏马台，下午由杨局长、老杨陪同看市区绿化及云龙湖。途中又看了矿业大学，校园之美，建筑之宏未见有别校能胜之。左大铭只做了一条路的绿化设计，余均为大学自己搞。洛阳、郑州每天鼻孔带黑，徐州亦然，灰比江南多些，大环境还是不及我们，可能是天干雨少之故。

一路治安尚好，未遇麻烦。问讯、就餐均受礼遇，这一带人的脾性还是朴实、爽快的。

中原素为战场，兵家必争，近有淮海之役，死伤、破坏甚大，目前还有如此生活，已是近十年来之安定建设成果，中国还是有希望的。

云龙山九个山脊，皆柏树，甚密甚大。侧柏、林木皆石灰岩露石，如绵羊群。

局下有7个单位，工程处、苗圃、云龙山风景区、彭园、绿化处、戏马台。

彭园546亩，动物园最近加围墙，准备另买票。原称南郊公园，最早是果园。动物园原在市府对面，影响办公，1984年由大单位集资，搬出动物园，一期投资600多万元（政府不到200

万元，余均摊派）1984年5～10月为一期，解决围墙，所有20组动物笼舍，积极性很高，接着搞二期，1985年底～1986年10月，解决水、小火车、植物观赏区、温室、人工湖30亩，集资约300万元。

分五区：动物园110亩，81种360头（8种一类，16种二类，5种国外引进）。山林景区，苗圃有大量火炬树，150亩，两个山包。植物观赏区，植物造景为主，结合科普，60亩。景武湖，部队创造的水景，拟搞水上游戏，水面30亩。游戏区，小火车，飞机、摄影约30亩。

离市区5公里，科级单位，180多人，分动物园、经营、园艺、机关后勤各40多人。离居住区较远，1985年开放以来，每年100万～120万元。门票2角，动物园5月1日收票，约2角，创收30万元，支出约55万元多（其中人头费要40万，动物饲料10万）。

彭园：陈长青（南林）。凤鸣阁，东西300米，南北1000米。裸石的利用，石舫等水上建筑。

淮海塔：台座约高20米，上下高差129级，9组平台，塔高约30，基座22米×22米，纪念馆，宣传部赵主任讲解。中心花坛：白皮松、紫薇、柏球、埭棠、黄杨篱，简洁、广阔。

徐州所见散记：

①戏马台：市区。11亩。拆88户。古迹。为项羽阅兵处，陈列科长王治明。壁画很生动，故事悲壮。油画霸王别姬、书法，匾对，陈列简明精美。项羽诗，力拔山兮气盖世，时不利兮骓不逝，骓不逝兮可奈何，虞兮虞兮奈若何（《史记》）。虞姬诗：汉兵已略地，四方楚歌声。大王意气尽，贱妾何聊生（《汉书》）。

②碑廊：楹联题刻，书法家都请到了。

鸿门宴：陶砖，雕刻。巨鹿大战是现代派画的，色彩抽象，雄风殿青砖，项羽历史雕刻。

③古黄河绿化带，长7公里。

④黄楼：占地110平方米，潘谷西设计。角

楼斗，混凝土木构，藻井田方格，木制，吊宫灯，与斗拱接，原色。

石榴新叶正红，丁香与雪松同栽。市树女贞，市花紫薇。居民区在绿地顶头无围护（黄河新村）

矿务有20多万人，给20万元搞一个游园，晨练150万人。

⑤中国矿业大学。水园，规划形式甚好。大楼、校园、规模盛大，俨然小社会。

⑥快哉亭公园。72亩，潘谷西设计。门头，快哉亭（背面题"果然快哉"），仿宋建筑。连城墙投资40多万元，今年100万元搞逍遥堂，地下为城防，房沿街，建筑控制2～7层。此公园解放前已有，西部已改建。苏州规划，南京建筑。现搞东部，烈士园前为奎山公园，100多亩。

塔底挖掘得两口汉墓（小金山）。云龙湖近6平方公里，山坡有杏花1公里。苏东坡有"一树杏花三十里"。已建有汉画像砖陈列馆，仿唐建筑一组。果树盆景园。临湖有茶室，饭店，以及水榭两组，游泳场一组，水面开阔（东湖）。

是晚，杨局长、吴局长、老杨及司机宴请于徐州饭店，茶肴甚丰，劝酒热情，徐州留下深刻印象。

云龙湖大有潜力，徐州绿化基础甚厚。杨自称，技术人员不爱吹，有生之年踏实做几件事，看来谦虚，亦藏有自负。总的来说近几年发展甚快，杨确实做了不少工作，然彭园规划不妥，水池、曲桥、亭桥一组已成败局，集资搞各显神通，既有积极性，亦有不协调处，规划做得成熟，设计有人把关，即可避免。

据称离此几十公里的微山湖，产四鼻孔无纹鲤鱼，洛、郑、黄河之鲤鱼有四短纹，皆味美。江南鲤鱼，两须颇长，腥味甚重，都不爱吃，可惜晚宴，只吃到武昌鱼。

徐州来不及买特产，扎肉（猪、牛两种，四元多一斤）水晶话梅（三元一斤）以及山楂片（四方大块），明日一早就欲回锡，不管多晚，中间再不过夜。中原之行，至此结束，受益匪浅。

去时下雨，回时雨，到家7时过。

黄山杜鹃花年会

1990.5.6

去歙县的汽车早上6时即开，叙芬怕我一人住到河埠口，起不来误点。晚饭后洗过澡，换了衣服，带上行李，一同去溪北新村住。近已数月不住，免不掉揩洗一番。九时过后，已就安然入睡。一时半醒来一次，2时半又醒，叙芬力促我睡，说我瘦成什么了。然实在不放心睡去，到4时半终于一齐起床，吃碗泡饭，用酒精炉，还泡了一杯茶。5时20分，暗乎乎地两人直奔新车站，一条直路走十分钟不至，到站即见夏在吃点心，说仅早到5分钟。叙芬去候20路车回城，我与夏、冯老三人在宽敞的候车室里等待去屯溪的班车。想起昨夜见到锡山方向一片火海，以为是茶室、宝塔起火了，猜想那样的话夏就走不脱身。至溪北，不见隔壁沈丽华，她刚去火场回来，原也以为是锡山烧起来了，实际是去忍草庵的背后山圩里，因风大，火势旺，约9时多开始烧的，现由部队扑灭。尤局长等也都去了，要是烧着了锡惠，果然是不准备回来的。如此还真幸运。

广德过去到过，为杜鹃园买映山红。广德以西那真是山丘连山丘，林木葱翠，景色颇好，这里二季早稻已插秧，未见有小麦。油菜子都已结成淡绿色的荚果，山村简明的山墙，溪水不丰但极清，工业不怎么发达，但农村似乎不穷。皖南这一带是新四军遭劫处，被国民党军围在山沟里，的确很难逃出来。过宁国，绩溪之后，即是歙县，下车已是午后3时，有个小姑娘尾随问长问短，热情介绍，其目的是住到她的旅馆去。我们人地生疏，时间又短，听她那么保证换干净的床单被褥，也就同意，看了再说。我一看三人一间，一桌一凳一柜，别无他物，但棕棚、

被单干净，倒也整洁，楼下有洗澡、餐厅，离汽车站又近，同意住下。小姑娘很高兴，主动帮我们代买明7：30去黄山的车票。在庆山旅馆，放下东西，我们三人由她代雇三轮（10元）去牌坊群、太白楼两处，路程在10里开外，回来再看八脚楼，这是一座竖在十字路口的奇特石牌坊，八柱三间，四个面各自对称。呈长方形，有顶，实际上是一座石构建筑物，雕刻甚细，又有气派。牌坊之多，为别处罕见。能在大劫难中保存如此完整又令人费解。晚饭后步行到练江桥，回看四周皆成风景，青山绿水，皖南民居疏密有致。这个城市刚好呈环形，当中是两条江（练江与另一条江）汇合处，形成一个极大空间，几座联结、圆穹的大桥将四周断续的建筑、山水，由水连起来了。练江桥一头通新的开发区，火车站就在那里，一头就连老城。乘着天明未黑，我们又深入老城寻斗山街的一条明代民居街道，令人吃惊的是与石牌坊一样都保存相当完好，里面住着人，内里是有所改变了，这与太湖东山杨湾明代一条街几乎成为空巷决然不同。街和弄堂近乎垂直，有不同形式的牌坊穿插其间，街上都是大块预制板铺装，没有一块绿地和树木。卫生相当好，因有坡度，路面下有排水沟，故显得整洁。新添的住宅显然注意到与老建筑协调，都未出格。整个歙县仍保有文化历史根底和商贾巨富之气，门头上砖雕精细得犹如工艺品，石雕、木雕无不精致，可谓一绝。李太白处，门虽然被我们说情开了十来分钟，但没有看出什么名堂。陶行知纪念馆大门关着，旁边在扩建，倒被我们闯进去与施工者闲谈了几句，无奈天已黑下，我与夏只得匆

匆返回住地。冯老先生在屋里休息了。歙县一游算是黄山的前奏罢，离此尚有74公里。

5.7

车中人挤，座无虚席，走道也站满。沿途还有上来客，我们位子靠前，但视线都被挡了，看不到沿途景色。9时40分，到达黄山大门处，11年前来过，但变化大了，各种建筑，道路增加了许多，地形也变化甚大。我们问讯，先找到园林局，然后由一名山东司机（程）送我们到园林局招待所，竟有十里之遥，那是原来的花房所在地，在白龙桥附近，房子已改观。见到赵禹、朱化新、曹宽、吴旺杰等，十分高兴。赵等早就料定我们今日到，已去大门处等，刚回。房间很好，两人间，有卫生设施，彩电、地毯、沙发，可惜热水器坏了，实际不能洗澡。上午叙谈，老朋友多年不见，格外亲热。中午，曹宽、朱双根（办公室主任）、黄主任（技术研究所）为我们三人设宴接风，曹频频劝酒，第一道菜竟是石鸡，（山珍）清炒（加青椒）。曹最近已调出局，在离此较远的太平湖管理处独当一面。那湖有13万亩之广，全面经营。这次会议是他在局最后一次接待大家。他要求明年去太平湖开年会。曹与我有黄果树之游，故是老交了，他去太平湖有渔业生产也有旅游，风景建设，故一定要来无锡的。太湖之网箱养鱼还是有水平的。

因昨夜拖拉机鸣叫不绝未睡好，人很困倦，喝了几口酒，更觉软弱无力。小睡一会，精神大好，即与夏就近去白龙桥虎头岩一转，主要是看植物。夏对这里很熟，在南京林校曾来这里实习，与他一起我可增长知识，果然在岩石上竟得到正在开花的独蒜兰。顺便挖了龙丹、鸢尾之类。他与我一样，喜欢采集植物，从溪坑里（植物种类多）行走，兴趣共同。不觉已到4时，急回来，预备会已开始。曹已将会议筹备情况讲过，李勇再为我复述一遍。厦门王云雁也到了，青岛两位，重庆三位，晚饭时同桌，仍然有白

酒、啤酒供应，菜则简便一些，这里已有生南瓜吃，切成丝炒食，加菜椒。汤里有蒲菜，不过与淮阴不同，不是绿色而是白色。如此吃住我正可在此调养精神，睡眠有保证，肯定会胖些出来。

晚饭后我与夏去温泉绕了一圈，回来刚好余先生到，他从合肥乘汽车到达。在黄山识得连蕊茶，通泉草。

根据初步安排，会议两天讨论，两天考察，一天看外围景点，估计14日方可离去。黄山局拿出5000元，协会3000元，其他要交会务费每人50元，伙食每天2元，土特产纪念品也已考虑进了。曹看上去冷冰冰，其实是很热情的，与我市李局长有些类似。

5.8

今日报到，故来的人差不多到齐了。我去年未去庐山，又有一些新同志参加到协会中来，苏州王成禄、杭州顾文琪等，黄山难得这几天晴朗，白天很热，差不多可穿衬衫，晚上则盖被子嫌薄，睡梦中不断卷紧被子，也许是潮的关系，被子是冷的，故早饭后就晒被子。上午去洗温泉洗澡，一浴三元，发给小肥皂一块，每人一间一个浴缸，因卫生不佳，印象还不如千山和大理。浴后回屋，拿了速写本与夏又出来看入口处那株力挡巨石的枫香，夏照相，我写生，引来路人观望，都说这树顶石发人深省。但不知若在此石重题几字的这一惊心动魄的场景点清，就是寓精神教育于自然景物之中，点化风景的绝好手法。在黄山疗养院处见大株紫树，这是珙桐科植物，高得无与伦比。大株木莲，狭长的叶十分稠密，原来它就是我过去在竹林坑写生的那种。还有一株对球，花开满株，8、9厘米直径的球形花序，一对一对排列很整齐，酷似镂空的象牙球那样小巧雅致。几个在旁休息的姑娘经我一介绍，兴趣大增，原只知好，但不知好在哪里，连忙招呼同伴来照相。对球者应是一对对情人的象征。

午后小睡，又与夏同去百丈泉。因晴日，只有

老夏在百丈泉石壁上满剖朝阳则机
不有拍照，我们曾到过石壁
宽阔红近千米

边上一股水在流淌，宽阔、陡峭的岩石壁，光洁，干燥，因而引起我攀登之心。不过，路口竖起一木牌，警告游客不要攀登，记住血的教训。老夏与我兴趣相同，沿边上小沟而上，手脚并用，到百丈崖的中段横着走，到另一边，足有100米。途中沿在石上拍照留念。到林缘，放下心来，从林子里拉着树枝往下走。一路采集植物，竟然采得兰花（在黄山不多见）、虾衣花、鸢尾、蔓龙胆。下至公路，为免尘土，从茶园穿过，在一个坡脚上竟找到一枝木莲小苗，一拔就起来了。回家又是一袋标本。李勇等住到武警招待所，顺便路过，在他那里坐到吃晚饭，6点在餐厅里，我们开会的已差不多坐了四桌。兴化的老姚、嘉善的老丁、四川的方先生，到晚上又开了个预备会。曹宽、朱双根、黄以群作了筹备工作汇报，说了会议的大体安排，明日开幕式，下午即交流，后日先考察黄山两天，再继续交流，14日可以离去。

5.9

黄山的早晨清静极了，天气也凉爽宜人，不到6时就听到屋外的鸟鸣，晚上没有什么夺我的时间，单调和不很清晰的电视，实在没有多大兴趣，一般10时过后就睡了。生活正常，人也觉爽快。早上漫步到温泉附近，居然也不自觉地跑跳着用手去触摸树叶，又是老年戏作少年游（昨日攀登百丈泉乃冒险之举也）。要不是身边还有那个《花卉报》的女记者，我简直想用力地高跳碰那顶上的枝叶。吴方林在山茶会议时，一见我

就带陈明松的口信，后来一同陪陈俊愉、施奠东去梅园时又一起合过影。晚上小泽宴请时她也在座。老刘与她开玩笑，说既是云南的白族人，当会唱歌跳舞，要她即席表演，其实吴母亲是白族，姓段，大理王族，父亲则是汉人，身材和脸蛋都有俊俏之态，但近40岁了，不会那样活跃，不过看轻而已。当然是舌战一番，未曾表演。

开幕式，黄山副市长，黄山管委会副主任及园林局长等头头到场，并讲了话，讲得都很好，只有花协秘书长刘近民，讲话最无内容，说刚到会，以后再讲。他是1986年成立会时来过，中间两次及首届杜鹃展都缺席。冯老讲话实际上是一个工作总结，余先生讲话挺清晰，又有说服力。李勇主持会议，时间掌握很好。下午我主持会，4人作学术交流，时间也刚刚好，余先生的育种问题，说得最受人欢迎。黄山吴旺杰的论文不成功，郭承则的杜鹃园规划设计介绍，则又是最典型的纸上谈兵，根本实现不了。

5.10

起个老早，5：30就开始吃早饭，为的是去云谷寺乘索道上北海，谁知车子没有约好，到友谊商场等了几十分钟没见车来。后来，40来人走到览胜桥，有的猜想司机听错了，可能是夏时制的差别，但到7：10还不见车来，（原约6：10）差不多将近9时才坐上车去云谷寺。我们从贵宾车站上也等了一二十分钟，据说一般群众坐索道要等2～3小时。索道8分钟即到白鹅岭，我们一路上去至始信峰，山石最是奇特。后去北海，这是11年前住过的，如今已变样，体量大了，三层楼，旁边又多了许多贴竹的别墅，其背即光明顶，气象站就在那里。过北海，即到排云楼，这里已是西海景区。在排云楼吃中饭，10菜一汤。午后12人去天海住，余下20多人就住排云楼，住高低铺，10人一间。安顿后即看西海，我与夏又去北海看清凉台，这里将北海景区尽收眼底。今日之游，忆起11年前之行画了几幅、拔了几样草

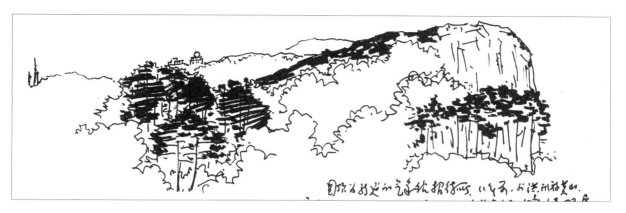

木，照了一些景观，其中黄山松林中的箬竹是典型的植被，不过这一段植物种类甚单调。

游黄山有几条特殊的规定，一是上山不准吸烟，否则罚，当然有可以吸烟处。二是上厕无论大小便每次一角，我们是代表，沾光可以免费。排云楼的厕所，贴瓷砖，有一老人专门管理，内有一间房常年住，看来清洁。从窗外望去则是如凝固的瀑布般粪泥，这是别地看不到的，延伸好远，一直到深渊。要是天热，臭气肯定传得很远。这里200多床位，房子都挨着，都有人来住，谁也不敢随地小便。听说也要罚，因而都得到那另筑的厕所去方便，一天数次，也要花好几角钱。三是这里的食物都要比下面贵，所谓美味快餐，不过是包心菜之类，每碗5元。我们餐

厅的饭每碗一元。在西海山庄一碗稀饭一元，其他必然也贵。四是因这里常有阴雨，今日也下了片刻阵雨，沿路总有一些人卖雨衣，那是一次性的，在山下一元一件，到山上2.5元一件。五是拐杖，有木制也有竹制，竹竿2～3角一根，都在山下卖，毫无装饰，仅是扦掉一点青皮而已，他们给我一根，不到北海就被我扔了。

昨夜这里有100余人来住宿，借得毯子一床2元，在室外过了一夜，十分可怜。一早就人声鼎沸，上路去了，想到此我们无忧无虑，得感谢黄山园林局的安排还是很周到的。

映山红与满山红，也有尚在开花的。不到玉屏处更发现一株满山红竟是套瓣的，外套残缺不全，很少是单套，是自然杂交变异，还是另一

种，小叶还都竖着没有开张，下面三角形的嫩叶早就展开了。

黄山杜鹃，阴处生长好，阳处则叶卷。开花大小年严重，美在开花时，有露色、含苞、半开、全开，因而红白相间，如像一株多彩的杜鹃。马银花与黄山杜鹃似乎各占半边，下面较多，花初时深红，后变淡紫，乃至发白，现正开着。

一路上有人卖灵芝，几个并列，下面粘一片瓦，可以放平，值得一看。有卖茶叶和笋干的，虚头甚大。

帮人挑行李的是论斤，每斤四角，常为收费大吵。

5.11

昨晚喝了半盅白酒，一夜好睡。然而排云楼有100多人未住上，被吵醒了。今日之游到了高潮，西海望玉屏，玉屏望天都。石级都在壁立的花岗岩壁上嵌着一般，那红裙、圆衫、白帽，在天梯上蠕动，奇险无比，二次来游仍令人激动不已。排云楼无水，我是到了天海才洗脸刷牙的。

一位台湾来的小姐，坐抬椅游览，到此因路险峻，也只得下来步行，一问包一天400元，她笑着说：走不动，没办法。待我登完百步云梯，起点周围已无人，一口气直追，到顶再歇，气喘吁吁，百步云梯，果不虚传。

带断，包落地，茶杯破碎。急倒出，用毛巾擦洗。还好，衣服，画纸等尚未沾湿，带的面包发现已霉，扔了。路上物资支持尽失，甚忧。

在玉屏待到12：30吃中饭，我们早到的，曹局长带我们去接待室喝茶，玉屏主任姓任（经

理）又是一种特殊待遇，大家在迎客松处合影后即下山。到天都峰下，曹宽说今日天闷可能有雷，不安全，我便取消去天都之念。按体力完全可以作一次重游，且已另有新路回半山寺，不必再走回头路了，只有井冈山几个青年执意上天都去了。我一路下来，时尔拍些马迎花，也拍了天都峰1972年火烧后的情景，那些枯松至今屹立着。近20年了，更新谈何容易！老夏已走散，我回到招待所时值3时半，擦身、洗衣完毕尚不到5时，老夏还未回来，他的认真考察精神令人敬佩，我向他学到不少植物种类知识，采集小苗，不用我操心了。

黄山之路均为金山石级，面甚平，转弯圆角，线条之流畅不亚于园中小路，据称为温岭石工所作。今日下山常作连续小跑，如同过去上田径课一般，更有两步并作一步，跳着下去的，这比一步步慢走更省力，轻快。当然下不远处有小平台才能如此，可以作为缓冲。像我这种下法，只有几个小青年如此，大家都认为我不错，其实一则锻炼有素，再则我亦想早回住地，洗刷，早得休息而已。

过去游山，因要画几笔，也是休息。画毕，快步赶上队伍，这也是一种锻炼。

5.12

南京中山植物所所长贺善安与园景区王意成今日才到达，原来他们是昨日中午开小车来此，途中坏了两个轮胎，只得在途中住下，一早换公共汽车上黄山，（因党员登记动员会不能请假）不出事故，昨晚到。南京到此尚不保险，我们幸亏没有坚持让锡惠将面包车开来。一天交流发言热烈，亦很精彩，以前看到山茶协会进入讨论统一品种问题，叹我协会不如人家。今日看来，否也。我问《花卉报》吴方林记者，她说杜鹃协会的学术气氛强于山茶，他们是个体户，商品性强。杜鹃涉及种质资源，引种育种，品种分类，植物生理，推广应用，造型艺术，规划设计，等

等，十分丰富，前景广阔。有科研单位，植物园，园林局，也有个体户、爱好者。晚上理事会又研究了"八五"工作目标，因会议室要安排旅客住，我们只得停开。

昨日登山，体力消耗甚大，吃晚饭后就上床休息了，一夜疲劳尽消，只是小腿胀痛，走路弯曲不得，一看别人个个如此，有的简直成了瘸腿，吃力地挪动双腿从宿舍到餐厅，到会场那少不掉的几十个台阶。余树勋是最狼狈的一个，李勇陪着他五时多才回到招待所，最后几里路是坐车回来的。他在上玉屏时就已扶着余走了。他两腿发抖，心跳不止，基本上架着走，据说在天海一夜心脏就出现异常，两腿抽筋，昨夜一夜难眠。午后服了心脏急救药，睡了几个小时，他又来会场，要求发言，说是心脏病人，今日不知明日，作为顾问，还想说几句。最后说道，黄山如果树个牌子，对那些身体不好的老人，劝他们不要上山，不会减少游客，免得一些上了年纪的人"悲惨相"，说得大家都笑了，其实他比冯老还小两岁。冯老则若无其事。我们尚在壮年，更体会不到老人的感受！

黄山副市长指定屯溪来人参加会议，屯溪现为黄山市的屯溪区，来的是名叫卢素懿的女工程师，是安徽农学院林业系的，与黄力群应该是同校。我说要去屯溪看看，她愿意同我一起走，那样我就不愁了。晚上增补理事，这两位都推荐为理事，理事会一致同意让我来负责园艺品种统一名称问题，明日我们将详细谈谈想法。

今日发言中，许多地区都提出欢迎下次会议到他们那里去开，以推动那里工作。如安庆、黄山市黄山区的太平湖管理委员会、峨眉山管委会生物站、井冈山、重庆南山风景区、南岳风景管理委员会、嘉善、杭州，杜鹃年会受到如此欢迎，说明其工作对大家很有帮助。

5.13

上午继续交流，大家都发过言后，冯老就主

持讨论"八五"规划，我详细介绍了园艺品种名称统一的设想，一谈编制品种名录就涉及分类，就要说分四类的理由。冯嫌我说得多了，提醒我简练一些。不知什么，一说这些，我的话就多，恨不得重新谈那篇关于分类的探索。前两年提出来时，没有听说什么，现在到了整理，我讲的似乎都很新鲜。反正理事会指令我负责此项工作，我就依着自己的设想去办。余先生发言对我的想法提了一些意见，其中不要随便给品种名字，可能给予一个号码，给我启发。对一些一般性的杂种甚至可以淘汰。早上贺、王要走，刘近民等也随其小车到南京，王答应给我寄国际命名法规，及以后向国外搞杜鹃花种子，对我关系超过一般。因他在一中读过初中，是从弘毅中学转过来的，比我低一级，所以认得胡洪甫老师，当然也知道我"小杠王"之名。这次他儿子考体院，在体院偶见胡老师挽着孙子散步，交谈间还提到我。这次他们来得迟，去得早，行止匆匆，冯老很有些不满。

协会定于明年5月8日在峨眉山开会，东道主为生防站，有200张床位，招待所，生活交通都比这里强。峨眉之行向往已久，明年可望实现，内心欢喜，到时也要早点走，先可看看成都，会后再看乐山大佛，至重庆坐船经三峡到南京，旅途又好，十分丰富。1993年准备办第二次杜鹃展，地点未定，我这个任务统一园艺品种是在1993年完成，明年到峨眉，我想几个单位先试探性接触一下，真是出题目给自己做。

下午李勇小结，三点就散会，各自去商店买些东西。这次会议发了一个包，一本黄山松摄影，算作纪念。晚间黄力群又给我一袋茶叶，说一共8袋，意为不便让别人知道，我想给夏一半，夏不要，他说喝不习惯，云南茶还有（半夜张敲门叫我出来，说黄力群问我事。在台阶处，黄问我，汽车票钱给他没有，我说给啦。他说没有拿到，我以为他喝醉了，说不定丢三拉四，那就说不清了。我说还我时，你说恰巧正好，是准备好了的，忘了。他笑着从搭在手臂弯的衣服内

取出一大包塞给我，我呆住了，恍然大悟，笑其诡秘）我把一切都塞进皮箱。买了一把鹅毛扇（2.5元），买了两件小玩意，孔雀，全是挂件，4元多，别无他物。晚间黄山管理局、省建设厅几个人来辞行。

晚上谈天说地，李勇酒喝多了，话语极多，与老丁相似。老夏也喝了五杯，在房内朗声讲苍山望夫云故事，大家听得津津有味。这次会，内容丰富，气氛融洽，安排得很成功。曹宽毕竟在黄山是有权威的，可惜他马上就要到太平湖上任去了。

5.14

只有我一人从屯溪直达无锡。夏从南京走，其他人都去杭州，有些去贵池等船。黄力群帮我买到了15日的票，定心了。早上，屯溪园林局卢愫懿陪我去屯溪。5时半走出来，黄山一辆警车，一趟趟送人去大门（有10里），第二趟去后都未见回来，6时半，6时40分，7时走的人等急了。忽老丁坐摩托来告，车在路上碰撞，来不了啦。顿时烦恼之心一齐爆发，怎么办？现在已是6点，走下去肯定来不及了。搭车，车又没有，说来也巧，正好有辆空中巴要下去。不管无票据，一拥而上，每人掏出一元，急奔大门。还好，不曾脱班。彼此一一握手，相约成都再见。这次通过爬黄山，友谊加深，又添新朋友，深感协会温暖起来了。我与卢另坐私人中巴化6元直奔屯溪，到时约8时半。住屯溪宾馆，我请小卢回去，说定了上午我自己走走，下午2时卢陪我去看盆景园、戴震公园、老街。这样我放好行李就独自漫步街头往江心洲去。牛皖生调江心洲宾馆，未见。我沿宾江东路转去跃进路，黄山路，在小食店吃一碗面即回店休息。老板是个50开外的男人，跑过码头，很想与我交谈。问我哪里人，听说无锡，似乎一目了然。他说还有10余根木料的款子还欠在无锡，无锡人很精，很聪明（他感到应该注意用词）做一万元生意，算得死死的只能赚一二百元，决多不了。现在谁肯做一

趁一二百的生意。老板娘不插一句话，东摸西摸，后与两个妇女说话，口音如昌北话，似懂非懂。后有一青年直往里窜，连话都不搭一句，看来是儿子。这里的店都是单门面，可相当进深，下午去老街，房子也是单间很进深。可谓前店后坊。经过改造也有2～3间，4～5间并起来的，那店面就开敞多了。而楼上还是一间间分开，每间有马头山墙隔开，花窗木构，加以雕刻，花饰，高的三层，有些进退，也有差别，因而显得很古朴。然而与歙县比，似乎杂嘈，零乱多了。卢局长虽不断称赞这条宋明古街，我的印象还是歙县好，街面差不多宽，屯溪全是用石块凿得极规整的石块，铺齐了，泥灰一多，与水泥制块一般，简直难以看出是石板。而歙县干脆用水泥块代替了，倒也不差，加上有纵横坡，更显得洁净。小卢2点骑自行车来陪我，走过老街，即去戴震公园，又称华山公园。门口就在马路边，上去就是一段石梯，之上又是石梯，顶头就是壁立的山，令人生畏。绿化蛮好，绿荫甚浓。走完石级便是一座亭子，名三江亭，西面一个平台，可观新安江中江心洲，但南面香樟一大丛，遮挡视线，不久即会挡住视线，三江汇合处已无法观看。园内道路尽是泥路，据说不泥泞，也无什么布局，只有盆景园有同样围着，不过是门头。戴震纪念馆（关着，卢说一无陈列）接待室，用廊连着，分成两个空间，徽派梅、松桩头散置院内。我拍了几幅梅桩的照片，其他就没有什么可看了，种类少，盆口也不多。房侧一块低地是生产处，几个职业学校应届毕业生在劳动实习，是劳动局办的（园林局不过80来人），园林也要不了这么多，同样不喜欢女的。卢局长到哪里都有熟人，与之打招呼的人很多，看来是阿庆嫂式人物。回到屯溪宾馆不过四点，谢了她，即分手。余下我就可以自由活动，初次见面能陪我一游，已很感激。今后她会来无锡引杜鹃以及购买毛鹃。此情回去要马围加强培育，年会上好些地方询问价格，看来需求甚多。

屯溪毕竟地方小，转来转去又到那个农贸市场，不过下午街上显然多了些外地来的游客，上午是极少的，可能是从黄山下来在此过夜候车，或是初到屯溪准备次日上山，抽空一看街市的。因而茶叶、笋衣之类也就有了生意。我考虑再三还是没有买，同室一位安庆林业局人称老得吃不动，5元多一斤，不合算。这里枇杷也算特产，个头大，1.4元一斤，我不知贵贱也未买。糕点更无特色，绿豆糕已有上次（徐州）教训不敢买了。转了半天，倒不是舍不得花钱，看明日到吃午饭时有没有煮熟的山笋卖，带点回家或许还欢迎。晚饭在店里吃大众菜，一盘土豆，有3个肉丁；一碗豆腐汤，1.5元。那位同室者讲歙县的茶总有点臭味，土豆是新上市，那三个肉丁倒是有点臭味，吓得我只吃土豆，连浮着一层油的汤也不敢浇到饭里，只顾喝那清淡的豆腐包心菜汤。想起歙、屯一带口音与昌北一样，过去林场有个叫方贵根的是昌北人，他吃肉要买来鲜肉挂到生蛆再吃，才有味。草草了事，即回到房内休息，明早即可坐上直开无锡的汽车。这次黄山之行就此结束，连头带尾共10天。来时三人行，回时我一个。两次到黄山，从此不再来。

屯溪街头的法梧正在长官意志下砍头截干，准备淘汰，改种香樟，玉兰之类。市长曾对小卢说你办好此事即是一大功，小卢说我办此事即一大罪过。然而，顶不住，在她调离时，执行了，现她又调回，只当视而不见。对法梧痛恨理由仅是每年的飞毛而已，然烈日下高撑的荫凉若与飞毛一齐消失，人们不会有更多的失落感吗？据说吴翼（合肥副市长）也制止不了，那些领导将会后悔不及。黄山市设在屯溪，原屯溪市不得不改为屯溪区，弄得人糊里糊涂。据说有位学者来黄山开会，已乘车到了黄山大门，一问人说黄山在屯溪，于是立即上车去了屯溪，匆忙之极。小卢说屯溪干部都是竭力反对的，现在黄山市尚未列入正式。

4时半到锡，途中吃饭在广德，老地方，三角一把的小笋我买了八把，回家很受欢迎。

全国风景名胜专委会在焦作市成立并首次活动记

1990.10.12

想不到半年之后又进中原，中国风景园林学会的风景名胜专业委员会在河南焦作市开成立大会，顺便讨论新搞的风景名胜规划设计规范及考察评价焦作市的风景资源。不知何时，谁提名，我成了专业委员会的委员，杭州来的通知就直发给我（后来得知是同学，杭州的施奠东推荐）。征得两位局长同意，今日出发，并嘱局里事忙速去速回。我想焦作只是煤矿出名，还从不知与风景名胜搭界。洛阳、郑州今春四月刚去匆匆拜访，似乎没有很多留恋，直去直回就是了。月底，杜鹃、兰花两课题的鉴定会都是我的事，当不能耽误。

车2时半开出，靠在卧铺窗下静看田野景色，江南大地，水稻已经转黄，收割在即。说是快车，速度并不快，到南京已是掌灯时分，长江大桥那明亮连续不断的灯火为夜景增色。火车盒饭3元，这回有了经验，在家出来装了一盒饭外加了一些素鸡、猪肝之类，不亚于车上盒饭，用纸包好放在包里。6时多拿出来吃时还有热气，这种天气毫无问题，只是量少了些，好在还有面包补充，窗外漆黑，旁无熟人，看书又累，索性躺着睡下，一个人出差，也有不足之处。

天蒙蒙亮时，车已过开封，很快就到终点郑州了。看窗外，平展的大地黄黄一片，但是田陇做得很细。再细看，小麦已成针簇，黄色中已带绿乎乎的了。早春四月那一片麦浪，就是此刻播下的，田角边还有堆着的玉米秆。小麦收割后还种了一荐玉米，或者棉花之类。中原大地是炎黄子孙的摇篮，这里的文化、生产应是最有传统

的，然而气候变得不如江南，干燥异常，因而田间种了许多树木。

车到郑州，不过7时。车站在新建，月台尚是一片泥土。旅客蜂拥而出，在工地小道上四散，形如夺路逃难。走入地道，略觉平坦，两侧壁上已是广告灯通明。郑州车站，这一南北交通枢纽，今次初识，破败中正在升起一个宏大壮丽的新车站。

1990.10.13

广场对面即汽车站，看来还是老的，一部分在大厅内候车，一部分就在露天。售票在一个转角上，有13个售票窗口。焦作在12号窗，半小时就有一班，买了8：30的车，在附近徘徊了一个小时，吃了几口面包就算早饭。广场上鲜花很多，在一个不小的喷水池边是郑州市花月季，外面许多盆花围着，有一串红和各色小菊花，颜色白一块，黄一块分得很清楚。两端是五色草亚运图案的立式花坛，周围有多幢高楼，有一幢高达30余层，显示了省会气派。但人杂，街景零乱，与这些新建筑不相适应，令人钦佩的是地面没有纸屑果皮之类，这在人流繁杂的公共场所十分难得，后来我发现有许多年纪大的人不时在保洁。

途中车子挤着人，擦伤了皮肉，耽误了好一会，售票员只得陪着去医院，我们的车才脱身。到焦作正好11时半。汽车站两旁都是小贩，吃食摊，我问询一妇女，她地地道道指给我五路车的站头，并远指钟楼附近便是我要去的焦作宾馆。河南人的质朴一直在我印象中。其实乘车只有两站，也许是我到早了，宾馆不知道这一会议，我

只得先住下。服务员很客气，刚端起的炒粉条放在一旁给我打电话（没有人），给我住12元的房间。我吧不得早点落下脚头，上了厕所，洗了脸就去餐厅吃饭。菜不贵，但也不好，三个馒头吃了两个就吃不下扔下了，回来就睡。同室三人，也不知何时进来的。市区地图也没有，先歇着，明日还有一天可以观光。

下午五时走出房门，以为可以吃晚饭了。一问，6点开饭，这里的时间约晚于无锡一个多小时。一般是8时至12时上班，下午2：30～6：30。走出宾馆即东西干道解放路，西面阳光劲射。我往东走，远远见街心一座碑，几乎半小时才走到，原来是烈士塔。北面一大块水泥广场，边缘是影剧场，沿路回来，在一条河边上有一条形游憩绿地，许多孩子在这里做功课，玩儿，没有看到几个大人。往北便是人民公园了。钱静如在此工作十多年，说"有个人民公园也不怎么样"。时间不够，也就没有去。沿街围墙一条长约100余米的山阳画廊颇惹人注目，这是水泥作品，底色是墨绿；书法阴刻，填浅粉绿。书者有长者、领导，也有十一二岁孩童。费新我、舒同、赵朴初等皆有作品。街面是四车道，平整，有几片落叶，很清洁。这里雪松种在分车带上，绿化中还有桂花、结香、淡竹、枇杷、广玉兰、法冬青，市花也是月季。

1990.10.14

焦作雕塑公园，以桧柏为主的植物，修剪成动物造型，实际是植物雕饰公园，早就有所听闻，人工造作，不自然，我并不欢喜。入口浮雕"山阳轶事"，高3.4米，长29米，58块汉白玉组成。王屋山，水清，为道教第一洞天，1987年建。"未来"，不锈钢雕塑，在喷水池中央，周围约6米宽，磨石地坪，上一台阶为弧形走廊。柱间3米，走廊外有铁栏，可以封闭举行舞会，惜地上灰沙一层，水浊不堪。边上见火炬槭，枝头有果，拾得几个带回试种。天竺也长得不差，

海桐叶小得如杜鹃。雪松、月季还是主要的，榆叶梅很壮实。

上午向东走了一个方格，这个方格的四角分别是钟楼（报时之响吓人一跳）、铜马、鹿雕和烈士纪念碑。雕塑公园是我来时车上见到的，尚未建设好，但已对外开放，不收门票而已。其中三件作品颇感不错，一是"未来"，一男一女转动着地球，很有线条和力的美。一是愚公，原来王屋山也在焦作市管辖的济源市。王屋、太行是众人皆知的传说，还有一件即女娲补天，冀之南正是这块土地。有六七个女孩坐在她的鱼尾上玩，我站在前面勾画几笔时，把她们吸引过来。我便照了一个完整的像。她们叽叽喳喳、非常天真，今日是星期日，怪不得疯玩。

在园中偶见火炬槭，好几株结着果。我问一旁除草的工人有无长竹竿，想搞几个带回去作种，结果没有。我只得摇落了几个，果实如火炬，红色，绒毛里面裹着种子，量不少，已感满足。出来步行至人民公园，也没有买票，其实门票才5分。也许是目前最低的门票了罢。地方是大多了，却没有什么可以吸引我的，只是有两座悬索桥，走着晃晃悠悠，跨在一个宽涧之上。涧底只有一线流水，且是白如石灰浆一般也不知是哪家厂矿流出来的，这股水流得很远，贯穿上午走过的这个方块。

回到宾馆已是11时半，一问还是不清楚在哪儿开会，当即打电话去风景开发办公室，才得知已改在腾飞大厦，即铜马对面那个近20层的大楼。我退了房间，提着行李，一辆轿车把我接去，还不断向我打招呼。

一到大楼，已是人头攒动。杭州王振俊已给我留好铺位，老同学都在相互打听，谁来没有。中午在餐厅里，那股热乎乎的气氛真令人温暖。奠东、老卜因即去牙买加，不能赴会，其他同学名单上有的几乎都到了。我同班的就有宋石坤、柳尚华；二班的有王全德，最高兴的是见到了崔吉斌（山西）和荫禾（内蒙），分别31年今日头

次见面，他们比我高两届，在校时系里就只有几个班，56级2个班，57级2个班，55级1个班，才十几个人。几次活动，55班的都认得了。四年级的已在忙毕业，不熟悉。而崔、荫对我们就像对弟、妹那样亲密。

下午我还独自去月季公园，门票也是5分，大门内广场上围绕花仙子布置的花坛很好看，其里种不少高低不一的月季，开花颇多，有一处用十姐妹编成的迷宫。可以想见开花时一定十分壮观。中午的菜已很丰富了，晚上则更为盛大。焦作、济源两市市长、建委主任特来洗尘。房里香蕉、苹果、烟都是招待的，我们这些专家、教授是他们的上宾。

1990.10.15

中国园林学会风景名胜专业委员会在焦作市正式成立。园林学会副理事长、北京园林局总工程师李嘉乐教授宣读组织名单。

河南省建设厅副厅长蒋书铭（与我市胡良民、扬州吴肇钊同班校友）介绍，河南风景名胜区工作开展情况：1980年开始起步，现有国家级3处、省级三批共10处，县市级7处，一共25处，面积约1600平方公里，占全省面积的5%，管理人员约3000多人。旅游已初步开始，规划、建设、管理体制也在逐步进行，省拨30万元搞风景建设，国家级三处已全部规划好，省级的规划已完成8处。全省风景区的类型较多，但是开发较晚，知名度不高，投资少，基础设施差，景点破烂，管理水平不高。

焦作市副市长赵功佩：焦作辖5县2市，4个城区102个乡镇，人口340万。320万亩良田，6014平方公里，产值81亿元，人均510元。主要特产是竹林、竹编、弥猴桃保护区、煤炭。隋唐时手工开采，后英国人来开采，抗战时日本人来开采。河南人口多，落后，经济差，焦作和济源两市均以农业、工业、旅游为经济三大支柱。

甘伟林：风景名胜，美国搞了100多年，建

立目前的国家公园体制。

胡理琛（浙江建设厅长）：全国风景名胜，从类型、形态、功能、文化历史体系，有地质、生态、心理、气象、动植物等区分，从业务上规划、设计、建设、管理、旅游、经济活动等等都要探索，内容是很丰富的，要逐步建立目前的理论体系。当好国家、地方、行政方面的参谋和助手。

柳尚华（城建司司长）：城建司的决策要科学化、民主化，就要听取专业委员会的意见。主管部门要抓好管理。①环卫、旅游安全，资源保护、理顺体制。②立法工作。③抓规划及规划的审批。④门票、税收政策。

张延惠（浙江省建设厅园林处处长）：专委会39名委员，到会25名，大型活动两年一次，专题性小活动两年一次。活动资金学会给，挂靠单位出，委员所在单位赞助一点。领导分工：①抓学术活动；②科技咨询服务；③组织规划评议、审定；④科普宣传。

下午展开讨论：

朱畅中教授反对建设就是保护的论点。国内不能发表，就给国外发表。保护与利用是当前主要问题。

周维权教授：学会要超脱一些，超前一步发挥影响。漓江80年代枯水5.5个月，尼克松来放了水库30亿立方的水，得了句赞赏的话。如何解决漓江生态，涉及全年游览。上游砍木材7.8万立方。

焦作市云台山魏晋时这里即是游览点，竹林七贤在此隐居20年，嵇康之名不亚于诸葛孔明，自然形成了山水风景名胜之区，后来战争才冷落，后来又发展人工加工的山水，所以云台山是自然山水园并人工造园的转折处。

子房湖长8里，下注浅河，划橡皮艇。

10.17讨论风景区、城市公园、道路绿化三个规范，讨论涉及各风景区特征和生态因素，环境容量等专业概念。

10.19在济源又进行会议。

谢凝高（北大教授）：王屋山在先秦就已闻名，后冷落，应属神州大地名胜，该复兴为国家级的。云台山幽深，河流切割很深，百子岩是竹林七贤早期产生山水文化之地，很有研究价值。风景名胜主要不是谋生，而是满足文化、精神的需要。王屋求名、济源求利，与泰山求名、泰安求利相仿。

胡理琛：这里风景资源出乎意外的美好，从云台到王屋130公里，5个省级风景区，可否统一成一个风景区，下分五个景区。

周维权：王屋、云台山上的瞭望塔是典型的建设性破坏，济渎庙是宋代木结构建筑，应是全国文物。水池是济水之源，很宝贵，搞成公园不妥。王母、女娲、愚公、竹林七贤、道教；飞瀑小溪、水库、温泉；森林、红叶、猕猴桃、大鲵、其他动物这些都是国家级的，内容决定级别！云台或王屋应是国家级风景名胜区。

1990.10.16

太行之南竟有如此好山水，这是今日考察后第一感触。山峰徒削，壁立千仞，都是横向层理，如页岩状，岩壁缝隙很少，故只有蕨类、苔藓低等植物，少有其他。源头都是90°直上的崖壁，围成很窄的"凹"形峪。水清得很，深处碧绿，木鱼（无鳞小鱼）畅游。源头都有飞瀑，因岩壁是多孔含水砂结石，因而长满青苔，在孔隙中流出水来，故有珍珠瀑、水帘洞之景。小寨沟与老寨沟，总汇成一个8里长的长形水库，名为"子房湖"，与张良有关。深处有60余米。河南缺水，而此处长年飞瀑不止，足见其价值之高。今日我们坐车一个多小时，先至九龙潭，下来又在潭中坐橡皮船划了几分钟，后坐车上至子房湖，换乘快艇飞驶到端头，复乘车向里进至两沟交汇处，停车。这里已是一片游人，塑料棚子里小吃小卖摊一大片，停车场上也停有几十辆车。宽阔的

河滩地是人们的野餐之地，瓶瓶罐罐、塑料、纸片星星点点。水在中间流淌，仍清清爽爽。上午大家往小寨沟，都是从沟底沿溪而上，颇为吃力。回来走山路，较快，到野餐时已是一点了，又渴又饿，吃了两罐健力宝，四只咸水鸡蛋，一根香肠，一个馅饼狼吞虎咽，顿时胃里不适。一个面包给了别人，为了抓紧时间，又上老寨沟，一路走一路反胃，虚汗淋淋，幸而路略好，一个多小时终于走到源头。这里却是一片石坪，号称落差310米的，看去不过200米光景。此时水量不大，飘飘洒洒，范围也不小，与小寨不同。小寨则是一片深潭，连一浅滩，几块巨石在滩中如小岛，拍照极佳。大寨深潭处不敢近前，两侧石阶很宽，有较大容量。鹤壁来的石工正在凿石修路，其上有爬山通道，通山西陵川，不过一山之隔。出来，胃部稍好，但肚子却翻腾起来，一直放屁，不能自制。4时多了，又坐车爬山，经14个山洞至朱萸峰下，（15洞口停车，过去5洞即山西）天色已晚，一箱柿子，一会儿全空，稍解饥渴。下山时天已黑，到管理局，连吃两杯茶。当地要代表留书赠字，柳尚华、胡理琛、刘管平、荫禾都写了。至家已近9时，肚子才平息，看来香肠有问题，下次吃东西得留心了。

刘管平、荫禾十分活跃，谈笑风生，我们一车18人，戏称十八罗汉。一上车刘就忽发奇想般地说，我现在发现陈钟是流行歌曲的最佳嗓子，来一个卡拉OK好不好。陈沙着喉咙说不要取笑我，我们在校同学都知道，他嗓子因病而一直沙哑。引来大家哄笑。刘现为教授，仅比我大一岁，早先留苏。我听过他的发言，真是娓娓动听，见过他的速写，画无虚笔。出版过建筑小品、著作甚丰。谁知还能如此风趣，他与石坤（我的同班，但年龄比我大两岁）同年又同乡，两个皆已白头，甚亲。

前夜牙痛，凌晨不得已挤了一块牙膏堵在缺齿处，再睡，不觉睡去咽了一口，呛得难过。

熬至5时过，只得起来洗刷，后又跑步至雕塑公园，细看女娲之背。早上来此锻炼的人也不少，牙痛已是麻木，但仍有胀痛感，要了几片消炎药吃，张延惠又从小瓶里倒一撮西洋参，一夜好了不少。

昨晚尚华邀石坤、全德四人商量明年57级集会事，离校30年就是这次聚集，也就再难有机会了，务作充分准备。柳回京后，将与北京同学春节时最后通气，吃、住、活动、录像、经费均有所考虑。

今日在小寨、老寨三人均照了相。石坤走得快，凑不到一起。尚华即升城建司长，对同学之情看来不能只论表面，内里还是很亲的。前夜，焦作市长为我们接风，餐桌烟酒菜亦极丰盛。昨中午，成立会后，市各方领导均到，又是隆重宴请，我均有所控制，恰到好处。晚上算是便饭、粥汤、面条、点心，正合胃口。早上有牛奶、粥汤，还有一种吃油茶的咸茶，又有果肉之类，很好喝。今日则又有豆腐脑，甜、咸佐料任选。这里油条短小但很松，我吃了两根。河南焦作不吃辣椒也是好的。

云台山最大问题恐是绿化（缺少乔木）和管理（游人生活污染已相当严重），否则只利用、轻养护，好山水不会太长久。

1990.10.17

讨论规划一天，下午4时驱车去济源市，焦作之热情好客，自不必说，已令人感叹不止。中午又是隆重宴请，作告别宴，并赠与龙山黑陶，四季安泰瓶一个。上面刻着风景名胜学会成立大会纪念，这是手工制作（现今只有五六位工匠）花纹为月季，又名四季花，又是焦作市花，这是高阳陶土烧制的，纪念意义深远。焦作赵市长等特地陪我们同去济源市（焦作管辖）。车至济源界时，济源四套班子领导已在迎接，一路警车开道，开得飞快，至七时，已抵市区。马路上特地洒水，民警站岗，街道拉起热烈欢迎横幅。至济源宾馆，更是热闹非凡，欢迎牌列道，为我们印了名单，按上面的房号住宿。我与杭州王振俊仍住一间，房内为每人备一份礼品，一袋山楂，一只小包，里面是一套济源名胜的资料，一方天坛砚，背面都已刻上每人名字及职务职称，一盘方柿，一盘苹果，一盘香蕉，一盒阿诗玛烟，真是想得太周到了。略梳洗，即去餐厅。市委正副书记，多名市长以及其他领导为大家洗尘，整整十桌。席间祝酒举杯，十分热情，真有令人不安之感。尝尝羊肉泡馍，这里的土产风味。

我同桌的刘管平、谢凝高、张年庚，他们都比我大一岁，按出生月份算来，还是宋石坤老大，刘年居二，谢居三。谢因秃了顶，人称谢秃，也是一位无拘束、爽朗的学者，能与他们相处真是有幸。赵旭光比我还小两岁，大陆也是，不过我要不是工作三年，我比旭光还早毕业一年。现在是年龄小成时髦，据赵谈，殷以强的年龄愈来愈小了，说是才50岁，他在贵阳处境仍不佳，与赵颇不同，个性如此，难怪矣。明日考察王屋山风景区，能到愚公故地一游，机会难得。此行真有喜出望外之感。

1990.10.18

考察王屋山。依然是一个庞大的车队，两辆警车在前开道，几辆小车在我们一号车前行驶，出城一小时即到阳台宫，这是唐代道教宫观，就在马路边。横向开阔，台阶上是一高地，四棵古桧中立一株七叶树，均为中年古木，只露出两侧厢房山头，后面山冈，远处便是高1715米的王屋山。主体三清大殿两层，三重檐琉璃瓦屋顶。道观以红色逐级跌落的围墙围合，还有一株老桧，针叶浓绿，衬托得十分漂亮。大殿破旧了，但石雕大柱、木构两层仍可观赏。登楼前望，低丘重叠，是谓九龙峰，此地风水极好。大家拍摄几张之后又上车，返回一公里许即往北，驶入山区。山路迂回，山坡出现点点红叶，密处色彩绚丽，此为黄栌也。公路尽头处停住，有一大银杏，号称中国四大之一，围九米，高大浓密无比。其前一二十米有"不老泉"，形式独特，那是一孔泉眼，流入一棱形池中，清澈无比，终年不浅。下车后，首先尝此泉水，以永葆青春。然后本地乡里备有小米粥，方柿，山里红等，我早上吃得少，正好。喝一碗粥，拿了几个柿子、山里红，以备路上饿时受用。由此登山，据称到顶峰天坛，需2.5小时，每人发了一根天坛神仗即一路登山。路属一般沙石面，未特殊加工，走来费力，一路除看满山红叶外，只有稀稀拉拉几个破道观，一块说明牌，使人知道这些名堂，一无留恋。但红叶之多，除黄栌外，尚有多种槭树，栾树等，槲、栎、麻栎为主，且树木粗大，种类颇多，亦为国内难得的植物景观。据称比香山好得多，对我最有收获的要算见到了杜鹃照山白，并采得一捧硕果；另一便是看到生长在栎树中的白皮松，原来产地就在这一带。绿叶中透出白色

枝干，非同一般。天坛峰确是高出众山之上，陡峭险要，登山十分费力。我终于在12时半到达，2个半小时略为超过。其他人则成散兵，拉开很长。登台一看，面积不大，三间门楼筑在台的绝壁边缘，以致无法从正面充分观赏拍一些照片，但门楼古朴，并嵌有万历碑很多。一座主殿有三个道人等像，一群香客在朝拜供果之后反而来看我们这一群胸前挂着牌子的特殊游客了。我们坐在木凳上，开始吃小米粥、烙饼、馒头、鸡蛋。我不敢多吃，但也吃了一个饼，两碗粥，两个蛋。王母洞只能绕到北面遥看，附近简直没什么可看，旁边正在建一个三层瞭望台，据说是林业部门搞的，看去不很像样子。为了想在路上再看看，我是第一批下山者。天坛、轩辕祭天处果然在山之绝顶，四周皆绝壁。登道在南侧，贴着石壁而行在东端上山，要不是下有众多树木，看不到深涧，会是多么惊心动魄。明代才在北京仿此

焦作王屋山阳台宫侧后古银杏，干围9米，树冠覆盖约1亩，传为西汉时西王母植。参会人员来回步行2.5小时参观考察。

建天坛祭天，有史可查，能到此一游确非不易，怪不得谢凝高要问市长："不到长城非好汉"，可否说"不上天坛志不坚"。下山又采一点照山白种子，从十方院下至紫微宫，沿沟而下未见水流，石块均红色，拾得一块小石，来自王屋，女娲补天之石，作一纪念。至停车处已四时，又喝不老泉水，并与赵旭光、济源王市长留影。又吃小米粥，馒头则再也不敢尝，取两个方柿，硬硬的，不敢品尝，带回，给孩子们尝。要不是包太沉，多买一些，定很欢迎。路上有好些垂手可采，也未造次，这里不会超过5角一斤的，何况乡里几个框都是柿子，任你拿。

5时，有些人还在途中，我们车前行，到济源宾馆已是7时15分，天黑了，夜饭简便，烂糊面，小米粥，包子等。这里小米粥中都放有绿豆之类，晚上则放有南瓜，餐桌上还有白薯，倒是别致。街道上洒过水，是不是特地为我们，不得而知。街上横幅都有开发旅游资源等口号，旅游作为济源市的两个功能之一，工业矿产有金、银、铁等，看来济源甚属富有，经济尚不能与江浙相比，看资料，市域、市属工农业总产值加起来不过20亿元。

看材料，这里风景资源及人文景观均十分丰富，但今日王屋之行，林木甚茂，尤以红叶胜过香山，但缺水，与云台适反，有水而缺木。小薛的同学李占华在此当城建局副局长，园林是他主管，今日他去洛阳帮我们买车票，晚上已发下。20日傍晚我们即可从洛阳坐卧铺回锡，杭州及汉才与我同去无锡，22日我还陪他玩一下，然后送去码头坐轮船去杭，小王等人直达上海回杭州。

明日要谈谈这里的风景资源，他们关心的是能否列为国家级。总的来看应该可以，但开发条件相当艰难，恐这里的经济暂时还只能保护起来，制订规划，修复一些道路和休息建筑。

时间安排很紧，连上街的时间都没有，明早争取早出来跑跑，一览街景风情。

1990.10.19

学术活动最后一天。

会前特地去看了市郊的济渎庙和碑石，这是济源古建筑的代表，前后花去一个多小时。回来就座谈这里的风景资源，发言很踊跃，而且都能实事求是，分析在理，我听了也深受启发。我接着旁边桂林的发言也简短讲了几句，自愧口才低下，言不达意，没有把意见说透，但问题是切中要害的。讨论到一时才结束，中午是最后的宴请，市长等又来敬酒，我的肚子应接不暇，但还是吃了不少。

下午三时，讨论会议纪要，又到六时才罢。晚上特地为我们安排了一场联欢，赵旭光、徐大陆表演了节目。跳舞时我先告退了，一切都安排得很好。明早7时30分即去洛阳，由洛阳局安排参观龙门及白马寺。晚七时乘火车离洛阳，21日中午前后就可到无锡了。

肚子不好，也许吃得太多了，晚上主食有绿豆粥、面条、羊肉汤。第一次吃羊肉汤还可以，半碗碎肉，汤很油，但有股羊膻气，放了些香菜辣子略好些。这里将饼撕碎，放入汤内一起吃，即称羊肉泡馍，算是佳品，今日可不敢再吃了。久不吃米饭，打了半碗，很软，雪白，很受用。

济源给我们放在房里的柿子、苹果、香蕉简直没时间吃，因宴会后总有香蕉吃，今晚换成橘子，碧青的，我怕酸未吃，回房就吃香蕉。明日即走，路上带着不便，连吃几个。

王全德、宋石坤回北京，我与杭州一帮人去洛阳乘火车，李嘉乐则在下午就回北京去了。

1990.10.20

主人的热情真是无以复加，我们去洛阳的刚好一个车，其中济源园林科长及3个工作人员（包括司机）同行，洛阳王铎作为东道主，到洛阳后顾不上回家陪我们一天。

2小时到洛阳，途中有刘秀墓，未去一看。上午只去白马寺看了一下，上次我没有来，这是宗教管的。王铎打过招呼，我们都进去了。这是我国第一个佛教寺庙，即过去所称鸿胪寺，两个印度高僧即在此翻译经卷，死后墓葬于此，有万历碑。

中午在洛阳酒家吃一丰盛午餐，洛阳韩、孟两局长及古建所刘所长（即王爱人）陪同。菜之丰盛胜过四月花会宴请，据刘所长告花会时王城公园一天就有25万观众（票价3角），西苑公园除去开销，净利50万元，想象不到花会能有如此效益。

三点多，去白苑（白居易墓地），上次来过，没有很好看，这次拍了一些照，感到布置设计都很精细，建筑依山而筑，处理很巧，形式是唐式，挑檐近2米（高之半）。一长方石亭，立柱石料，横梁因跨度大用斩假石，做得很像，石灯笼很细巧，墓表更是很美。大门的式样，票房的门头对广场作为售票处都很有古味，洛阳古建水平确是不错。

到龙门天色已晚，只看了唐代的卢舍那雕像和北魏的一窟，照相都用五分之一甚至八分之一秒，效果不一定好。这里温泉倾泻，伊河清流，岸边不少钓鱼人。早上停水以来，未曾好好洗脸，用温泉洗洗手，干后很滑腻。

进城时堵车良久，以致感到时间十分局促。王铎为我们联系好广州酒家吃小笼和馄饨（途中去了关林20分钟），6时10分到，立即坐下，匆匆吃毕，将刘、罗、周素子3人带去园林招待所，王亦下车分手。车子直开洛阳站，我们买的车站票，据说这里也可上。济源几人始终热情送到车站，握手送别，令我十分感动。他们还要赶回济源，司机之辛苦自不必说了。张桂花身材魁伟，白酒也能喝几杯，北方典型的健康美。

《风景名胜》的编辑周素子，文科出身，险些划为右派，流放边远，再回来，颇有一段坎坷。车上她讲自己丈夫引得大家捧腹不止，我未听清，评价似乎是自私、善良罢。昨天她在会上谈了，武夷山基建科长，被调离，呼吁保护人才，也很感动人，但知识分子有些能力可以出一把力，她写了3万字的调查报告，说可以化为30万字，看来很有点能力。

7个人（徐大陆）都在一个车厢，紧挨着，我在中铺，明日2时可到无锡了。

一年之内与洛阳两次见面，春天正是牡丹盛开时节，分车带中绿叶红花，街景十分洁净美丽，现已深秋，花的踪迹已难发现，绿气也大大缩小，偶然之中看见棣裳依旧黄花灿灿，显示着绿色球形的生命。据王铎讲，此花从4月起陆续开花不断，花期特长，如此良好灌木无锡都未大量引种，实是可惜。从济源到洛阳途中，见到火炬械的红叶，深信云台山小郭称这里是原产，无锡也未曾好好引种。

两次中原之行又将结束，一觉醒来已是春光普照，车到蚌埠了。午后2时多一点到锡，及汉才与我即乘10路到惠山，安排他住百花公寓，我才回家。

1990.10.22

小车去接及汉才准备一游太湖时，及拉肚子不想去了，改变行动，即代他买船票，并要来黄连素等药品供其服下休息，傍晚再送他上船。本来出去九日家里事已积很多，昨上午山东赵孝村寻到家里，牡丹已到，明日我去梅园种植"小金谷"的牡丹花。几个科研课题的鉴定，也还有不少准备工作，该忙一阵了。

我总算还好，肠胃不适，不曾出大问题，到家就可逐步调整了。

园林植物专委会胶东成立散记

1991.8.4

没有想到，峨眉回来三个月又作烟台之行！

中国风景园林学会成立之前，小俞（省厅处长）本来有表格寄我，意即让我参加，因刘是上届委员，当了局长就不一定参加具体活动了。我向局长请示之后，表格也让他们留下了，我不高兴参加了，要担起任务来，就要去求局长们，还不如乐得顺水推舟，让给老刘。如此，1989年杭州开成立大会时，我看完菊展就离开了，以致几十老同学牵挂我。有的没能加入这空前的北林"大团圆"深感遗憾。然而柳暗花明，1990年秋天，风景名胜专业委员会中有我一个委员，通知我参加成立大会（在焦作召开），倒是考察了太行山南麓的云台、王屋风景区。中原山水如此秀丽，大开眼界，而名胜古迹之多，不愧为中原大地汉人的古代摇篮。从焦作到济源，经洛阳、郑州回来，领略一次中原风光。老同学虽只有5、6人到会，却也热情和欢乐。这次是园林植物委员会筹建成立，居然我也是委员（都是施奠东推荐），邀我参加成立大会。刘批了同意赴会，我成了两个专业委员会的委员，加上中国杜鹃花协会副理事长，国家级的学术活动就有三个，局长们恐怕不无感冒的，今后作受限制的思想准备。1979年春去丹东返回，由大连去青岛时，坐海轮一夜，过渤海湾，对烟台毫无印象，但蓬莱海市蜃楼举世闻名，路过未下，可惜！这次只身闯胶东，可以尽情欣赏一番了。小吴帮我买到硬卧实在不易。上车方知，这里都是无锡去烟台开会的幼儿老师，大家都说家乡话，我静听不语。

车到安徽凤阳蚌埠，沿途尚能见到淹过半层的房屋，许多人在涉水钓鱼，有的淌着齐腰深的水张网捕捞。农村里面也正在盖两层的新房，苦地方也正在好转。

这些幼儿老师谈得十分热闹，有几位还试探我们的目的地，知道我是园林局时，就说知道李振铭局长吗？他哥哥在市教委，是她们的头，叫李振球。我都认识，但不知他们是兄弟。40年前，振球在二中，我在一中读书，都喜欢体操。他一目失明，人称小瞎子，他想加入我们的"活力"体操队，当时我认为不妥，未同意，可能伤及他自尊，我至今内疚。中学毕业后各奔东西，早忘了，彼此未见过面，也许正是那年轻时的无知，让他也让我内心不安。无锡真小，没谈几句，马上就出现了熟人。教委还有我的物理老师边金榜老师。后来又有王雅生老师，是我一中时的同事。这些年轻姑娘，都像我侄女那样天真活泼。她们说同行还有三人在硬席上，我这车票是大面子，开后门从中抽出来给我的。

自带晚饭，真是实惠，到7时吃个精光。车中客饭3元一盒，简直不能比。

1991.8.5

睡在中铺，脚边有电扇，8秒钟送一阵风，倒也不觉热。相反，线毯得盖着肚皮，还有右肩。半夜，电扇也停了，那几个女教师一个个喊热，说是颈根出汗，嚷着能不能开电扇。我被惊醒，然而不想动，她们意思是要有人向列车员说去，或有力气人将窗门打开。好一会电扇动了，大家高兴，我则不得不爬起来小便。还早，又睡了一会，醒来已6时。过了济南，差不多到了潍坊。窗外玉米成片，不见尽头，泥黄的雄花在顶上散开，青青的宽叶看去像是大片成熟的稻田。横里整齐得不亚于南方的水稻田，花生则像黄绿的地毯，中无杂草，耕作十分精细。苹果树可以看得见淡绿色的小苹果，时有见到打药水的人，烟草也是大片的，淡绿色的宽叶像莴笋。横穿山东，未见有什么山岭，到达烟台，始有一些远山孤峰。土地是红红的，庄稼长得很好，工业似乎不发达，林疏落也不密集，空气很洁净，天也特别蓝，早上穿短衣还略有凉意。到烟台还未到一点，电报遍找不着，好在记住了市府街105号。在火车站乘2路到解放路下，转过街心，在市府街口就是105号的图书制作中心了。六层大楼，均是茶色玻璃。我第一个到，扔下行李，背着相机就往海滨跑。浏览了第一浴场的场面，顶着烈日，饿着肚子，在一个陌生城市里一切充满新鲜。我发现这里吃的东西很少，那么多的人洗海浴，路边只有很少卖冰棒的小贩和几个烤肉串摊，海鲜价格不贵，一元买四斤，连壳，活的水蛤还在喷水！见我们外乡人，说可以代煮，但我不敢尝鲜。会议上有正规海鲜吃。浴场还有一些更衣沐浴建筑，颇别致，沿滩雕塑，体量略比人高，不够分量。看了海鲜、水果蔬菜市场，别的不敢买，看见红得可爱的番茄要了一斤，三角五，又当水果又充饥。这里西瓜标价2角，也有一角多的，像我们那里的新红宝，也许是无锡不大热，最高29℃～30℃，买的人不多。烟台市街不怎么繁荣，可以进去看看的商店不成片，建筑倒搞得不错，好些高楼，我市还找不出。今日下午一个人瞎闯，至今尚未见会务人员来。快六点了还不见会上的人，正待自己出去找晚饭吃，服务台告知有3个北京的已经到了，住五楼。我一看名字，张树林，上班同学，自然熟，是北京市园林局长。徐佳是这次会的联络人，信和电报都是她发的。另一个徐玲，是北京绿办副主任，亦是女同志，年龄不在我之下，老家沙洲，从小离开，一口京腔。见到她们在一层，还有一个是烟

台园林处的刘主任，初见，他们正商谈会议和明日去莱州的车子。我还来不及问话，刘就离开了，我们四人在二楼餐厅用膳。四碟菜，两味海鲜两味蔬菜，一点紫菜汤，米饭一盆没有吃完，馒头一大盆只吃了一两个。饭后去海滨散步，我已在此荡一转了，此时，人多起来，海风习习，烤肉串，吃海蚌（即淡菜）、水蛤的多起来了，浴场上人更是挤得如下饺子。这里的女孩子好浓妆，也有外来的。交谈中了解，这次会主要是张树林（植物专委会主任）召集，参加者只有10多人，主要商讨这个专业委员会怎么开展工作，会议地点是济南贾局长一手联系的，他也是我们低几班的同学。我听所来报到人，几乎都不熟，江苏只我一人，上海明日到。会议期间，要烟台安排去威海一天，半天看蓬莱阁，还要看看当地园林绿化，要商讨的事晚上也可利用。三天之后，想集体一起看看济南、曲阜、泰山，这都是贾局长管辖之内，一次性安排，大家都方便。青岛就不去了，我近10年未去济南，听说搞得很好，应该去看看。曲阜没有到过，更向往了，如此随大流顺道学习，省心多了。

张等3人坐飞机来，飞行仅一小时，明日约定去莱州，与北京植物园的人见面。张说烟台无车，雇车也要去，邀我同行。我反正无事，同去看看莱州月季，多见识一地风光。我唯有牵挂荣成的王玉枚（全国杜鹃花分会成员），既到这里，就应见见我的杜鹃朋友，不知能否通一次电话，赶来见个面。汽车至荣成有一天路程，特地去就赶不上大家行动了。房间没有空调，窗子南偏西，一下午太阳晒，但床上还是被单、线毯、席梦思，一架电扇，吹我的湿衣，看来不会有炎热之感。电视只有烟台、中央两个台，兴趣不大。

1991.8.6

张树林租了一个小车要去莱州，与在那里采购月季的两位北植同志会面，有一个空位，我

197

没事正好跟她们一起去。她们客气要我坐在驾驶员旁，她们三个女同志好挤在一起说话。徐佳用对话方式一个人扮几个角色讲故事，给我深刻印象。司机姓孙，园林处某人亲戚，胖乎乎的。尽管路好得如同高速公路一般，但安全为上，开得并不很快。到莱州市180多公里，10点半才到市政府，当地林业局长接待我们，北植两位早在院内等候。邱局长是当地海边的人，有山东人的痛快个性，听他抓月季花生产的手段很有成绩，全国6000余亩月季田，这里占一半，是最大生产基地。效益十分可观，每亩地生产成本不超过500元。收入除去成本，净利2500～3000元一年，农村富起来了，而他作为国家干部完全为大家服务。这里虽然从明洪武年间就开始栽月季，莱州人都从四川迁移过来，月季也从那带来，历史极为长久。"文革"破坏后，80年代初才逐步恢复。这几年大有起色，90%以上销往全国各地，本市街上也种了很多月季，这么大热天仍开得丰富多彩。中午邱局长宴请一席海鲜，梭子蟹很新鲜，他挑了一只雌的给我，里面的黄淡淡的，时令不到尚未结成橘红的块，肉则鲜美。又上来刀鱼，我想长江的刀鱼怎么海里也有。外面有一层面糊，但宽宽扁扁的有点像带鱼（是的，又叫带鱼），这才恍然大悟，吃到真正新鲜的带鱼！味很美，外面一层脆极了，不客气，我吃了三大块。蛏子和一种蛤，还有两种说不出名堂的鱼，都吃了，总觉得还是带鱼最好吃。猪肝等都被邱回绝了。饭后看了他们的月季花园，几十亩一片，两年生的正开着五颜六色的花。局长陪大半天，最后请吃了一个大西瓜。送到市里后，时已4时半，才分手。我们由原路经龙口市，蓬莱穿过开发区，到住地已7时半，开会代表和当地处的领导均在等候，见面之欢乐自不必说。济南贾祥云局长对我特亲！烟台建委李主任、刘处长又是一席海鲜、龙虾、梭子蟹，不及莱州新鲜，但章鱼是头次吃到，还有扇贝，壳是黑黑的，中间白肉就是鲜贝，并非过去听说的是闭两壳的两块肌肉。小拳头大的海螺味同田螺相似。海参味道比在无锡吃得好，奇怪的是一大盘连壳嫩花生居然也上桌，大家都用手抓了剥，咸咸的很糯，别有风味。酒是白酒和葡萄酒两种，还有乳白色的什么饮料，很好喝。尤其葡萄酒，举世闻名的张裕葡萄酒即在烟台。广告中经常播的雷司令，那是98%的葡萄汁，低度，喝上去酸酸的，与过去甜得难以下咽的决然不同。我也可一小杯喝光，山东人之热情好客，在酒席上令人感动。开会的总共两桌，分在两个小餐厅吃，大家来回祝酒。这次来的女同志特多，上海三个是女的，严铃璋（副局）、赵锡维、王处长（北林），杭州两个冯祥珍和顾文琪（都是北林），北京三个也是女的，这次又与顾碰头，真有意思。与我同室的是天津马总，过去没见过。

洗澡仍困难，热水用到后来就没了，洗头只得用凉水。莱州之行值得，不仅首次尝到了丰富的海鲜，而且见到那么大片的月季商品苗田，开了眼界。而山东的公路以及这一带富裕的景象，留下深刻印象。听说荣成市是山东最富的地方，可惜，这次不会去了，如果能打通电话，请荣成市的王玉枚来会面就好了。

晚上就定了回程车票，我准备与北京几个同行去济南、曲阜。

1991.8.7

会议正式开始，8：30到会的14名代表来自9省市，围成长方形，烟台的同志在二层，总计不超过30人。横幅会标，天门冬和彩叶草，正好使一个会议室坐满。张树林首先讲话，然后是烟台建委李主任讲，第三个是园林处刘志义介绍烟台园林绿化情况。刘是市政工程处调园林，很会做领导工作，抓住了一些最关键的事情，为园林发展争得了良好条件，工作有了显著进展，我看比我们的领导要高明。由此体会到，领导不必是技术人员，书生气太足就少了政治活动家的魄力。议程十点就完了，小会场里还录像、录音。当地是十分重视和尊重我们这些园林植物方面的专家，余下时间作了一些讨论。当前矛盾不是技术和学术问题，而是投资计划、经营方面问题，因而一谈起来，兴趣就转到这上面了，尤其京、沪、杭几位局长，经费、管理经营是很敏感的问题，如果学术组织，要揽在这些问题中，就不知所从了。话没说完，则近12时，吃中饭，又是海鲜，不过没有蟹和虾而已。中午一个大面包车载我们到第一浴场，就是我两次见过下饺子式场面的那个浴场。发了一条尼龙游泳裤和一顶草帽，还带了好多饼，银耳豆奶饮料（在房间里摆有十瓶）。刘处长与浴场很熟，在海边撑了两把太阳伞，地上两块橡皮垫子算是我们的营地。我早穿好了裤衩，外衣一脱即可向海中走去。水是冷的，估计24°C左右，由浅而深，边上水中有成群小鱼惊起，水上有一些漂浮物，水在阳光下闪着光，如洗带鱼的水那样闪着光，是人多的关系，显然不很清净。走出好长一段齐腰深，才感到清爽些，但仍人多为患，水中也还有尼龙袋之类。经常有白色海蜇在游动，提起有一巴掌大，听说要蜇人，不敢放在手里玩，透明洁白，如同一大朵银耳。再往前，开始游动，划了好一阵，脚还是踮到海底。这里有人在海底摸蛤，就像我们捞螺蛳那样，不过人多处很少，他们用一个小钯在底泥中挖出来，用小网兜装着玩儿。真正专业的则在僻远处，带了潜水眼罩甚至潜水换气、脚蹼之类，那就是一大口袋以等待丰收而归了。捕的就是水蛤又称飞蛤，据说这里的体小，含沙多，要养到没有沙才好吃。水蛤并非年年都有，今年特多，已有一两年不见了，也是一种回游生物。顾文琪、冯祥珍等站在水中看，只有严玲璋认认真真在游，虽然不太会。张家口园林处处长韩保庄原来是59三班，我做过他们辅导员，故很熟。知道我与莫东等四人一起写园林史研究文章。我是搞体操的，这两件看来对很多人难以忘怀。韩北京人，已在张家口落户，是个活动家，文体样样行，而且现在还打排球，尚能打5局。运动中最突出的是足球，年纪也过50了，还能保持这般运动，令我感动，也使我喜欢，我们体会体育对一个人的健康有说不完的好处。最近骨折，未好，又活动，结果坏了，不得不休息，几十天重了许多。而济南的老贾，60届，大腹便便，有局长风度，说话很随和，时时表示对我的亲热。

下午参观两个苗圃，管理十分细致，土松松的，全无杂草，真不容易。令我敬佩的是处领导真正重视，表现在派最强的干部和最好的技术人员到苗圃，还有研究实行一些保护政策，优惠政策。如此，苗圃地位高了，工人抬起头来了，积极性高了。上曲家苗圃的主任成了省建设系统劳模。在南车门苗圃还看到局里下去劳动两个月的女干部，多年机关干部下去劳动56天如此扎实，真正是重视苗圃生产，园林绿化的基础部分。每到一个苗圃，都有欢迎标语，使我们惭愧不已，招待饮料、烟茶、西瓜、黄桃。那黄桃个儿大，黄黄的很丰满好看，但吃时味酸而不甜，也剥不了皮。吃惯了水蜜桃简直不想吃，晚上就在南车门苗圃吃晚饭，有蟹，有虾，还有大黄鱼和其他海鲜，并揣上大盘煮花生及老玉米，别具风味，最后一碗面。肉丁我全拣出，只吃角豆、木耳，肚皮饿了，我吃得很多，而且一杯红葡萄酒我也全喝了，因为不甜，度数又低，一口喝完似乎也不成问题。8时，坐车回来，我昂着头睡熟了。

下午还顺便看了烟台机场，这是建委主任亲自坐镇的工地，日夜赶工最近完成的，外形十分新颖，我给杭州两个拍了照，自己也留了影，忙里偷闲。

明日去蓬莱、长岛，还会洗海浴，风景最为佳绝，据说到烟台为半仙，到了蓬莱才算真仙，早六点出发。

与王玉枚说话，托刘主任，他们认识，尚不知能否来见面，何时来，活动排得满满的。10日晚，即去济南。

去莱州路过蓬莱，对这一线已有粗浅印象，路很宽敞，路边都有侧石，侧石外都种有一条草皮，20来厘米，整齐匀净。行道树是国槐、杨树，近城换垂柳、合欢。分车带中几乎都是一个小塔柏（这里叫万峰柏，是当地种，矮乎乎的很丰满）。与大叶黄杨带或球间种，单调但整齐、通透。路基本上沿海而筑，近的只有几百米远，可以看到海上渔船。沿路村庄不多，而且每一村庄都在路边立一铭牌，如同文物保护单位那样，郑重其事，如"大蔡家"，倒也觉得很文明。车子飞驰，开了窗总有一股鱼腥味漂来，就像靠近海鲜市场一般，原来除海水味外，乡镇上的海鲜店及运海鲜的车子开过，总之这真是行走在海边的一大特点。

蓬莱是个县，长岛又是个县，都属烟台管，今晨说定6时开车，我4时醒来就先洗漱好，再睡了一会。六点不到，与马第一个在门口张望那辆熟悉的考斯特车，结果过一刻车才开，向往的蓬莱终于成行了，一切如常。不过我似乎感到胃里有点不舒服，料想昨夜贪凉盖少了，又起得太早，因而精神不足，听她们几位女将在谈论减肥气功，严玲璋则十分耐心地在教怎么做，不知不觉我在车里就睡着了，真是一觉到蓬莱。7时半我们的考斯特已在渡口待航。长岛有几十平方公里，岛连着岛，在渤海中形成门闩，军事上极为重要，因而"文革"前这里根本不开放，都是部队驻扎，对百姓进入控制极严，当然一切都很天然，确有神仙之境。我们在轮渡上可见到清澈的海水，说明污染很轻。轮渡是退役的登陆艇，底仓只能停四五辆车，且都要退着进去。车上客人就散站在二层舷边，或席地而坐，闹着晕车的顾文琪躺在船员的小房间内，冯祥珍在码头上脏得难以进入的厕所上，总算解决了问题，上海的赵处长似乎也在喊不舒服，而我还是兴致盎然站在最高层看海，只是后来感到太冷才下来。45分钟到达彼岸，看岛的开放，房子造得很乱，尤其是在山头上都有一个体量过大，形式不自然的东西，哪有神仙之气，所幸只是几个海滩水洁、沙好。古迹基本没有，只有传说八仙过海，就是在蓬莱与长岛之间。长岛的风景园林，均为市政处管，主任姓山，性格极爽，黑黑的身体很结实，看了几个地方后，就请我们吃中饭。此时我才感到不是胃而是肚子里作怪，哪有胃口吃东西。在匆匆买了些海货后，大家在雅座中坐定，上菜上酒，我就将包放在椅子上，与徐佳说了句话。即找厕所，果然，腹泻了好一阵，热辣辣的，自以为清爽后再回席间，不想竟突感乏力异常，主人过来敬酒时，我勉强站立着端着杯子做样子，但他们的祝词很长，又要一一劝酒，我觉得虚亏之极，满头出冷汗，且有支不住晕倒的可能。对面几个看我脸色难看，知我不舒服，叫我坐下，而我是一样都不能吃，眼看大盘大盘的扇贝（干贝）之类海货还有鱼翅汤也不能喝。顾文琪根本就没下车，一直躺在车后排，我也不客气地退席躺到车上去了，好一会略感好些。腹部时有绞痛，体内感到热得很，便再到厕所去一躺，那都是水了。因为早上以来只吃了一包萨其马，肚内实在没有东西，如此才感到一阵好受。饭后，大家到月亮湾去游泳时，我还是换了泳裤在滩边走了一阵，沙洁白，卵石被海水冲击得晶莹如玉，海水十分清澈，但寒不可挡，终未敢下水洗浴。滩地上的卵石又多又好，拾了不少回来，也算在长岛一游，留一个纪念。

黄连素已吃4粒，果然见效，肚子似乎平静了，只是乏力，渐渐有点饿，但又不敢再吃萨琪马，只吃毫无色味的矿泉水喝下去，三点钟我们已返回蓬莱。我几乎是躺在座位上，病号又多几个。到蓬莱，大家都说只看，不要吃晚饭了，然而热情的主人不肯，蓬莱几个建委主任及园林处主任都来陪。任再三要求，才简便一些，仍然酒、菜一台。我是出于礼貌坐着，只吃了很少很少，而且吃扇贝时，去掉周边只吃一块白的肉了，西瓜很合胃口，吃了三块。在看蓬莱时，老马也不行了，都是肚子，看来昨晚一餐，大有问题，对蓬莱主人只说南方人水土不服。回家又拉了一次，洗了个澡，自感有点热度，深知肚子引起，又服两颗黄连素，明日8时还要去牟平和秦皇岛，但愿一觉恢复。海荸荠肉老一些，且味道没有烧进去，平淡，有一种蛤也是如此，倒不如螺丝，用作料烧后很有味，但这里不剪尾部，都用针挑而食之。毛豆荚、花生米、玉米棒也都是一种菜点。席散已是10时半，我还未大便呢，还好，不难，多坐了一会。后王玉枚来，又谈一会才分手，他是我特地请来而且陪我在这里住一夜，明日我6：30即开车，他可以吃过早饭走。他与烟台人也熟，看来小有名气，见面谈谈，对明年开会有了个基础。此事回去就得给冯老写信，太晚了又近凌晨一点，不记录一些，以后补不过来。

贾局很活跃，在山东很有威望，他要我为他画一幅无锡风景，长1.5米，宽0.7米，我与刘一起，画都签上名，我说画不好了，只能将此转告刘局，不知何时他慕名我的画，天晓得，我是荒得太多了，现在真已提不起笔。

荣城比烟台还富，但物价尤贵。据说，秦始皇视察到这里，认为已是天的尽头，看海兴叹，走了！事先不知此典故，终于与荣城无缘！山东人好客，那是一样的，明年如在荣城开会，再看杜鹃也好。

1991.8.9

一夜总算平静起来，看见马也好了，顾文琪等也都好了，医生又来看望大家，给老马又打一针。马是搞建筑的，这次代高局长来开会，对植物、花圃之类，自然兴趣不大。他说今天不出去了，不休息怕回不去，如此我们这班人除马外，一切照常行动，其实朱璞、严铃璋昨晚也都拉肚子了，在苗圃一餐轻度食物中毒。

8时开车去牟平，原烟台园林处和党委书记到那里做挂职副县长，姓王，我们去他自然热情接待。车行32公里即到县城，县长在县建委等候我们，接待室里又是西瓜、蟠桃和硬壳特等烟（这在济南是最好的，市售5元多一盒）、饮料和茶，稍等即去养马岛。这里原是海岛，现有公路与陆相连，养殖业很发达，农民办企业，很富有。人少环境好，浴场特别洁净，这里修了个跑马场，正在搞一个西游记宫，明日开放。我们先进去看了几个景，觉得不错，据说要10元一张门票。另有一个山体防空洞，改成洞天世界，不到300米长，竟卖5元门票，里面景点范围很小。利用两侧镜面效果，看去很大，都以海中鱼、虾、龟、蚌做题材，加灯光和电动，还有西游记龙宫，另有一托珠女，造型和明珠闪光的景象给我启发。菊展景点值得学习。看的人不多，我到处拾票，居然也给我捡得一张，回去送人是最好的礼物了。养马岛长10公里，最宽两三公里，窄处仅两三百米，树木茂密，房子都淹没了，所以反比长岛更富仙气，这是一块极好的疗养地。

看过长岛复回牟平，看全国有名的西关村办的农民公园，实际上不是公园，而是文体娱乐场所，内容倒也丰富。进门是两架葡萄，果实累累，有块牌子写着摘一粒罚50元，果然没有人动。他们办的明珠宾馆，据说是全国农民办的第一家，有点不凡，我们就在那里吃饭。我先服一粒黄连素，然后吃些海鲜，我又被分到病号桌上，实际上吃的都一样，吃的一种海老鼠和舌头鱼，很新鲜。午后回烟台，在烟台园林处继续会议，桃、西瓜、烟摆了一桌，中间杨市长来见见面并一起拍了照才走。会中王玉枚来，是吉普车送来的。到牟平时我们刚走，他们就在那里吃饭，谈了近一小时，我只得赴会并看烟台山公园，刘处长还安排快艇让我们在海陆空中看看扁担岛和空调岛，又在新修成的铁索桥和筑在礁石上的路走了一圈。回公园已是天黑，入座，宴请，建委李主任又到，我与王等一桌，又吃到歪口鱼，很好。

1991.8.10

去威海市。

过去早知道有个威海卫，即是小学学地理时，但与东北的海参崴常搞混，后来一直忘了。近年名气很大，主要是全国卫生城市之故，一到胶东又知城市规划得好，今日一见果然不凡。山海城融会一体，城在花园中，道路极整齐，宽阔，来去四车道，分车带中是不太高的龙柏，两沿是金鸡菊丛，春花之后花梗剪去，保持丰满，紧密的叶丛，星星点点正在开第二次花，两边建筑退得很后，中间又是绿地游园，有几条轴线更是精心布局设计，前面是大海，碧蓝的海水，水质为国级一级，背后是山冈，中间有雕塑和景物，从海面到山冈是一个很长的缓坡，两侧高楼，坐落在绿树之中（建筑不连体是这里的规定），十分气派。环翠楼公园即一条极好的轴线，环翠阁有高度、有体量，立在山冈，公园大门牌坊为次一级，再下是邓世昌铜像，全身加高高的的金山石座。又隔一段才到十字街心，再前去就是海洋，海洋正中才是著名的刘公岛。轴线两侧楼房、树丛、花群，漂亮极了。这里建筑也很有特色，红顶，浅墙，白窗门，高低错落，设计得十分精美。园林处在环翠楼侧，我们作客小坐，张、林两位处长接待介绍，随即由王志成（北林55班）的学生罗小郑陪同我们去刘公岛，渡船票5元，20分钟即到。上岛后即去中日甲午之战纪念馆，房屋清式，光绪时建，为水师提督值守处，史绩甚多，近从海底挖掘沉船遗物均为100年前物，十分珍贵。可惜时间极短，不能一一细看，有一高者水师提督丁汝昌，副将邓世昌等人物10余人塑像，很动人。还有丁汝昌1895年自缢处，也塑像站立提笔作书状，神态悲壮令人起敬。案前扔有不少香烟，地上则堆满纸币，10元，1角的都有，格外激起人的同情。

中午在环翠宾馆又受到威海园林热情宴请，海货是不必说的多，两位处长则轮流劝酒，尤其林均森酒量之大，令人瞠目。孔府红酒连续干，

几乎不吃菜，"全国园林是一家"，此口号在烟台十分流行。山东人豪放好客，令人佩服，饭后立即赶回烟台，到住地已3：30。整理行装，4：30烟台同志又带我们参观市容，居住小区，以及毓璜顶、南山公园。毓璜顶是道教建筑，又称小蓬莱，一个姑娘的导游词简明生动，这里有200年的石榴，200年的大叶黄杨贴在壁上，长得很别致。烟台的耐冬也很有名，可惜未有机会拍照。南山公园面积最大，内容也最多。到观海建筑栖云阁（三层）观烟台全景，悉在目中。今日天特好，夕阳西射，海水特蓝，蓝天上白云如絮，能见度很远。来烟台数天，今日最佳，匆匆一转已六时。园林刘处长早已等候在公园食堂，这里临时隔出一个雅座，刚装修好，极漂亮。我们是第一批客人，又是西瓜、番茄梨、葡萄等一大堆水果，两桌已摆好。主人知道我们病号很多，实是接受不了那么多，简单再简单，结果还是红白酒，啤酒、饮料、海鲜不减。今日几样分外珍贵，一是最好的海参，150多元一斤；加结鱼形似鲫鱼，黄鳞，现已很难捕到，我是从电视剧"阿信"中熟悉这个名字的。肉结实，无小骨，吃一半，剩下煮汤，尤为鲜美，大家赞不绝口。还有一种叫天鹅蛋的蛤，是蛤中最珍贵的，做在汤里，形同我们吃的蚌肉。为了满足大家要求，特地煮了小米稀饭，炸馒头片，又搬上酱菜、腐乳、水煮花生米，几碟小菜，使大家拍手叫好。我吃了一碗半粥，馒头是再也吃不下了，最后还有馄饨，个头大，做得很好，我只得领情吃了一个。8时，北京三个，天津、济南的和我6人，与各位告别，烟台同志则送我们到车站，还给每人一大包梨、苹果和一盒什么珍品，沉甸甸的，使我一下子有了三个包，盛情难却，多有愧意，他们到无锡来我们能如此招待么。这里的刘处长是一位出色领导者，办事果断泼辣，又体贴入微，通情达理，真是不简单，尤局长与之接触不知有何感想。

现在我们6人到济南，分在三个车厢，15车

只我一人，所以我可以专心回忆写一点流水账。

在烟台5日受宴请9次，不同地点和场所，热情少有，安排之周到、繁杂，园林几位领导苦心安排，刘处长指挥若定，时隐时现，关键场合他都出面；吕处长则形影不离，奉陪到底，他是本地人，北林林业专业，与我同届，故与周鸣岐、胡崇礼同班。脸黑黑，戴副近视眼镜，方脸、圆眼，很像长岛所见海龙王的面相，说话幽默，别人大笑，他纹丝不动。张家口的韩宝庄，也是黑脸大汉，北京人，专爱吃斗他，两人为劝酒较量带火药味。韩是大嗓门，一口京腔，50来岁还同小孩。看他们你来我往，同学之间非同一般。这次到会14名外地人，北林占7名，有趣的是女多男少。

1991.8.11

一夜火车到济南，早上7：30。济南园林局办公室潘主任开小面包车来接，住南苑宾馆。这是一座很有气魄的宾馆，从外面和庭院布局看，可以跻身星级，但作为中档有它的灵活处，所以还是不上那档次。这是园林局盖的，为同行方便，有180个床位。大门前一片广场，建筑是两个大三角夹住一个门，很别致。内院，湖石山水，将千佛山借来构成画面。早上房间正在清理，我们暂住底层，下午又调到二层，进入中档次，两人间，房租估计要30多元一夜，入乡随俗，也只得住一下了。

上午我一个人去街头转悠，本想去趵突泉，走完青年西路已感力不从心，看看菜市场就回来了。蔬菜不过是茄子、长豆、韭菜、番茄、小白菜几样，海产则不少。长豆4角一斤，很便宜。南苑在经十路旁，西面有体育中心，几个孩子正在遥控操纵汽车，行驶速度甚快，东面有植物园，时已11时，未进去看看。11：30我们5人自由地吃了中饭，这是最简朴的一餐，但一盘扒鸡还是剩下不少（对，早晚也是在这里吃了，各自分手）。

中午因无热水，只洗了件衬衫。天闷热，似有大雨欲来之势，但久久没有下来，后来只落了一场小雨。空气依然湿热，要在无锡，肯定是一场暴雨了，山东天气却不像个性那样爽气了。这里热天3：30上班，贾祥云和潘主任陪我们看趵突泉、李清照纪念馆。这里是老贾离校来济南工作之所，样样亲手干，很有成绩也很有威信。的确从布局、绿化设计、养护管理都是高质量的，与我前两次来差异太大了。泉水很清，三堆涌浪，周围还有小泉眼发出一串串泡泡，周围石栏还是原样，不愧天下第一。

写到这里，电视里正在播放北京几个家庭在向台湾呼唤亲人、妻寻夫、女寻父，讲讲就泣不成声，令人感动。本来我这次济南之行是怀旧思念我的母亲之情而来。1959年夏天我完成了杭州实习返京途中，在家住了2～3天。那时大跃进浮夸风，农民受苦，母亲和我幼小的妹妹从市迁农村已3～4年，她们孤身在农村，吃尽苦头，而我在校全不知家里的苦。她见我回来，如见救星，然我身无分文，身边仅有的几斤粮票都给她们又何济于事！她给我做稗草团子吃，说这是小凤在田里采来的，粗得难以下咽，这使我多么伤心。她正在长身体时，没有好吃的，我对她无法关心帮助，做哥哥的心里太难受了。临走晚上，母亲给我做了十几个小麦饼，说给我路上吃，我怎忍心都拿走，推了半天，我拿了5～6个，说太多了。离家时，母亲快哭了，我赶紧走。对她的心情我是后来逐渐体会出来，后悔不及！就是那次回京时，一路过到济南下车，独自步行寻找趵突泉，画了一张很小的速写一直保留着，舍不得粮票买点心吃，走得肚子饿时就吃母亲给我的饼，多么好吃，这才想到母亲的关心，对我是那么重要，一片伟大的慈母心啊，可惜我给她的安慰太少了。我分文未花，作了一次小小的考察，晚上就又上了去北京的火车，回到学校。这是我永生也忘不了的。当我在青年路上寻觅，走得很累的时候，偶然惊觉1959年的情景，我的心也悲戚起来。现在母亲和小妹早已过世，我对她们的爱心回报太少了。重读此文，泪水又忍不住流出来了。当时电视里的一幕，催人泪下，想起我的母亲太愧待她了！再也止不住流泪满脸，好在同室老马正在洗澡，他马上就要回天津去。

济南利用护城河，扩大两岸绿地，形成景点，建设环城公园，为城市生态环境的平衡，增加了一个有力砝码，为市民提供了一个良好的休息环境，城市美多了。济南园林真值得我们学习。解放阁就在环城公园之侧，十分雄伟，几乎成了济南名胜的象征。

晚上，党委李书记，一个胖墩魁梧的山东妇女，设宴招待我们。她去过无锡，与束书记、李局长等熟识，很热情，喝酒很有手腕，张树林受骗我则看得一清二楚。贾局长、潘主任还有司机，总算男士多于女士。济南的菜肴都用特大的盘子盛着，也是海鲜为主。今日吃的茄结鱼更大了，这些海鲜做成很多花色菜，服务姑娘上菜给大家介绍后，即动手给每人分食，因而样样吃一点就很饱了。我只吃三分之一就不能再吃，幸好济南不像烟台，劝了又劝，没有两个小时不会结束。也许是老贾早就打招呼，我们都闹过肠胃病，不能太过分了，一个多小时就结束。今日是星期日，领导出场奉陪当然是看在张树林局长份上，这次我是沾她光不少。

天津老马已走，双人间剩下我一人，冷气被我关掉，静得出奇，只有电视机还开着，思念家里之心渐上心头。潘主任已为我定14日下午的车票，15日上午我即可到家了。

1991.8.12

上午去金牛山动物园参观，办公室潘主任陪同。主任姓张，魁梧，与贾曾在趵突泉共职，配合甚好。此人厚实，从部队转业来动物园不过5年，已很熟悉了，且有许多经营方法，使1200亩的大公园，不仅动物众多，卫生上佳，而且树木花草甚茂。经济效益，仅次于大明湖，每年有

50万元盈余。这里有很多经验，值得无锡学习。在他们餐厅吃午饭时，老贾赶来了，如此中餐又热闹起来。餐桌上有许多动物园特色，如珍珠鸡、乌骨鸡、鹿肉、鹿肝、红烧牛肉，甚至意想不到的是蚂蚱，油炸后也成名菜。记得昨夜吃的是蝎子，因老贾说此物150元一斤，中药称全蝎，吃两个一年内可不生节子，很有好处。我大着胆子吃了三只，与别的油炸物没有什么区别，而蚂蚱倒有一点香味，不过吃一只尝尝足矣。一餐吃到两点半。下午到千佛山，12年前来此，变化很大，已是很像样的风景名胜区了，管理人员、办公房之类已十分健全，在主要景点转了一下，时间还早，完全可回住地用餐。但千佛山十分好客，已备下一桌野味，定要招待我们。近七时，孙局长也来了，随即开席。什么野菜，原来是油炸花朵，有木槿花，丝瓜花，一种什么菊藿香叶，做法是带花托采下洗净，保持挺括，用蛋清、生粉、浸一下即温热油中炸，保持原形，很是好看，吃是很脆，并带花的味道。蔬菜是马齿苋，烫热后与葱蒜凉拌，红梗绿叶，味道很爽，有油腻感，很清口。还有就是野苋菜，毛乎乎的，也可吃，只是粗老一些。奇怪，这里为什么不种家苋菜吃，口感软绵，杭州称"棉苋"。此外，当作冷盘的是油炸蚂蚱、知了、地蚕、蝎子四样，而地蚕之恶心，实不敢动箸。在烟台吃炸蚕蛹，不敢领教。这地蚕灰白色、长长的、粗粗的、一节节，可怕。我细看，别人也似乎没有吃。炸鸡腿、炸鹌鹑、炸翠鸟，都不怎么好吃。红烧野兔和清蒸山鸡很鲜美，鸽子汤一般，黄鳝汤少见，我喝一口，有胡椒粉，吃饮料时打喷嚏，一口水冲出来幸好别转身子，吐在地上，野餐馆原来如此。9时回房，明日上泰山、曲阜，6时就要出发！

1991.8.13

又起一个老早，6时开车，先去曲阜。一级公路，车速甚快，8时到曲阜市，李书记及女儿

杨红卫、潘主任陪同，在曲阜街头吃早点，小米粥、油条和煎饼。曲阜是刚成立不久的市，正在建设中，看来街头脏乱差的情况到处可见，这在山东到过的城市不多见。这里古建和仿古建筑很多，戴念慈设计的厥里宾馆就在孔府附近。孔府与孔庙仅一墙之隔，门前，小摊贩形成长长的夹弄，出售的旅游商品没有看得中的，略有特色的印章、书枕、大理石制品，大家都没有买。书摊上则易经、八卦命相之类颇多。孔庙、孔府均多古柏，姿态粗犷，枯峰劲动，可作盆景造型之参考。孔庙之大可能是我国最大的纪念建筑，雄伟无比，唐碑、明碑多得很，且巨大厚实，还有铜碑两块更是少见。大成殿是主体建筑，红漆圆柱，画栋雕梁，均十分粗大。中学我是在无锡孔庙大成殿住过几年，回想起来，形制十分相像，只是没有这么高敞而已。时间有限，只能走马观花。

孔庙是孔子居住和办公处，居住部分竟不准任何人入内，连挑水的也只能将水往墙外石槽中倒，真是戒备森严，可见孔府之尊贵和特权。我的相机可能电池用完，竟然测光指示不亮，因而快门也揿不下去，关键时刻竟失去捕捉资料的机会。出来又到孔林，看孔子墓。孔林之大，占地3000余亩，车子在林中兜了好久，才到孔墓瞻仰一会，孔子72代，一名须发皆白的老头，坐在阶下，看来眼花耳聋，他是专门与人合影，收取一点小费。我问他多大年纪，居然马上回答我86岁，并指着李书记的眉间说好福气，颇奇怪。李书记高大体胖，一个彪形的山东妇女，女儿与她一样高大、壮实，有少女的健美感。她在武警卫校4年，已毕业分配在天津，还有十来天就要上班，穿一身黑色轻纱，入时的衫裙，与徐佳已很熟悉，年龄不过22岁，自称是老姑娘了，很出道。李书记虽不信老头的言语，内心可是分外高兴。晚间吃甲鱼汤时，她竟然吃出两根剔牙骨来，笑得合不拢嘴，怎么两只都到她碗里去了，太巧了！

孔子与儿子、孙子的墓挨在一起，人称抱子携孙，也算是中国人心中的福吧。曲阜还有其他春秋古迹，但我们没有时间了，10：30即往泰安奔驰。司机杨是能干的青年，车开得飞快，不到12时我们已在泰山管委会门前。管委会办公室王主任，已在门口等候，他们与济南的关系十分密切。北京的局长来了，自然不能怠慢，知道我们还要上山，立即在他们的餐馆吃饭，陪同的是他们的党委书记，也姓李，也是女同志，与济南李年龄相仿，一样的热情。菜相当丰盛，劝酒十分殷勤，最后是韭菜饺子，我吃了7~8个，午餐花去一个半小时，饭后还有小范陪我们上泰山。汽车迂回开至中天门，然后坐缆车去南天门。缆车车厢式，一次30人，中间只有两重支撑铁塔，于山岭无甚破坏，我与张树林持同样观点，即不能一律反对缆车，只要不破坏景观应该建这种现代化交通工具，让那些力不从心的人也能轻易上山。我们在小范一路打招呼的情况下，优先上、下车，节约了不少时间。泰山也是门票众多，动不动就是一元、两元，这些票都由东道主代付了。坐索道上下共20元，一次时间约8分钟，却是便捷。所以有行动迟钝的老者也能一览岱顶风光。我是第二次上泰山了，印象仍然美好，虽然自然山水不及黄山，但文化历史的厚重，哪一处也不可比拟。夏日看山，泰山仍十分雄奇，且白石、绿树、野花十分好看，而古建筑之错落，蹬道之精美，令人感叹。今日天好，白云、蓝天，景色清朗，她们帮我照了一些相片留念。5时，我们尚在南天门，6时10分已在泰山脚下，飞车回济南，居然还不到7时，老贾已在她们房里看电视等候了。他因济南午后下雨，以为要到八点许才到。略洗脸即吃晚饭，北京三位10时半火车回京。李、贾两局长知道大家不胜酒力，还是劝了好几杯，走时还拎了许多矿泉水、雪碧，备路上吃，真是周到之极。送她们走后，留我一人，明晚6时50分我也将离开济南。房里已有一位客人住进，是潍坊某县石油公司的。

1991.8.14

胶东之行即将结束，今天只剩我一人了。上午9时，潘科长与小杨仍开车来接我去看大明湖和五龙潭公园。照相机中途又出故障，真没办法，五龙潭的五龙喷泉雕塑很有特色，不能照下来，那个草亭和前面的官家地北泉、山石、画面极好，也不能照下，太可惜了。看过济南园林，感到北方的园林在园艺绿化方面大有长进，昔日黄土露天，树木凋零的景观一扫而光，到处是草坪、鲜花、美木。江南园林徒有美好的自然条件，因不重视美景的修饰、丰富，竟是斑驳黄土，野草蔓杂，真是事在人为啊！

进大明湖南门，即有游船等候，导游小王姑娘为我一人讲解文化历史，偌大一条画舫就乘我一人。到历下亭，再去北极阁，小王对着正中的道教神像真武大帝即玄武朱雀、青龙白虎中的玄武，讲其身世来历，两侧壁画即绘此世故事，觉得很有人情味，印象深刻。这一道教建筑还属园林管，因济南无道教，故宗教未加插手。由此去北岸，铁公祠，那里见到大花秋葵，红色的，十分醒目，拍了照片。正在举办荷展，有一个厂家做的童子拜观音十分高大，夜间灯彩放光，对着水面一定很壮观。再过去就是大型游乐园和儿童游戏区了，大明湖占地也一千多亩，水面即有46万平方米，深4米，水质尚好，养有鲢、鳊、鲫、鲤四种鱼，职工420多人，每年游客在300万以上，经济收入最多，今日非星期日，游人仍多。游乐场的单轨游龙、星月火箭、竖向大转轮，都有不少人乘坐，一片欢乐。五龙漂则人少，据说名气小，但布置也很精致，尤以泉清、水足，居济南之首。

回到住地11∶30，他们都回去了，我一人在餐厅用膳，吃一碗半米饭，这是出来10余天吃得最多的一天。一盘虾米冬瓜，一盘肉丁茄子，吃去一半。下午3时半他们再陪我看植物园，现在我可以自在地休息三个多小时，房间再贵我也不管了。洗了冷水浴，打开空调，凉爽极了，没有睡意，就一面开着电视一面写这胶东之行的尾声。

下午4时潘主任来，去旁边的植物园看看，在七八百亩的园内兜一圈。这是一个新建园子，地形整得很有起伏，全部铺上了草坪，树木都是一个个小群体，乔灌草搭配得很好，植物景观可谓不差，如果今后树木成林，浓荫覆盖，花开满园，是一个很值得一游的去处。大块的草坪也适宜现代年轻人的活动，可惜，游人不多，颇觉冷清。植物园对人们来说不是游览去处，故普遍缺乏吸引力，成为园林属下的贴补单位。最后汽车停在一组三角形的温室前面，这是植物园的主体建筑了，由三个三角形单体联结而成，中间最高，达27米，室内有一空中瞭望台，从靠壁梯阶上去，到半月形的看台，俯看香蕉、椰子之类，有置身绿云之上，台中旋转楼梯下人，似乎空间的利用率还不高，高大的木棉，羊蹄甲尚未碰顶，而大部分只及一半，钢制构架交叉纵横若原子结构模型，四面玻璃，每块约在2平方米左右，据老贾称投资500万元，是一个长官主意的项目，现在明摆着，大而不当，耗能，空间利用差。玻璃碎了，难配，且要空中作业，难度很大。我看其中植物种类也不多，色彩不够丰富，仙人掌类集中一点，景观也并不出色，看来问题很多。对面是盆景馆，室内用博古架，洞门等水泥小品分隔，布置盆景，倒也是一种方式。细看盆景，没有十分突出的，连雀梅、榆桩也要从外地搞来，本地只有荆条之类，而此物除根尚可一看之外，枝长叶大（复叶），再加工也是束缚不住散漫的姿态，倒是种在室外的一些松树桩子，从山上挖来，像我们的鹿角松似的，颇有几分入画。水石盆景则未见，不过，石头山东有的是资源，形似太湖石的本地青石，玲珑透秀，在江南难以寻觅，立起来足可同"艮岳"之物相比。一转不到一小时就重回住地，潘听说我房金回去难报，问我开多少，我说20元一天吧。好，山东人就是爽快，实际应付93元（3天）我付60元，余

33元由潘签字，好由局结算。事后我很后悔，以为做了蠢事，93元难道回去就报不掉，局长们就不签字，我如此为本单位节约，加重济南局负担，显得太小气了，越想越感到错。然而又不能再改过来，怪我处事胆小，缺少气魄。5：15，老贾与小杨来（潘有会）一定要陪我吃晚饭，又是宴请规格，只是席中只有三人，勉强吃了几口啤酒，菜大盆大盆的怎么也吃不下去，对着老同学，真没有别的词可以形容。吃完，杨师傅将点心用袋装起来，让我带到车上吃，饮料还要给我，我赶紧说包里多着呢。6：15车在雨中驶向车站，从软卧候车室入，握手道别，老同学再见

了，后会有期！6：51，火车在雨中驶离济南，向着上海南去。明日上午九时左右即可到达无锡，此行满载胶东的友情顺利结束，一切的一切将永远成为美好的记忆，写完车达泰安，时为20：10。

这次会结束，我写了一份胶东苗圃考察报告，向局汇报，要局里重视苗圃工作，也提及理顺绿办体制，放在局里，苗圃归绿化科管。向烟台学习，但是未听说有下文，又是白费！此文我同样寄给上海严玲璋副局长，她倒是赞扬我几句。

山东省泰安市（峨）
青帽禅寺（地堂庵）
归物（隋） e叶树. 210cm. 818.1.

207

开封探菊——为承办全国第四届菊展准备

1991.11.4

零时47分，为了明年筹办全国菊展，今年锡惠公园菊展布置完毕我即与锡惠公园菊展一班人朱泉媛、张忆枫、葛锡平、孔卫星，乘火车去开封考察他们的菊展布置，以及菊花品种栽培技术，让锡惠公园的领导、艺菊骨干们开开眼界，轻松旅游一下。午后2时许，火车到开封，绿办张主任已驱车来接送我们下榻下京饭店。开封校友黄雯、王希武已在店前恭候，见面十分亲热，与我们安排行程，王处长又来看望。他是个瘦小老人，谈吐颇在行，介绍开封艺菊一些情况，彼此商定，明日去龙亭公园，参与赛菊（评比），观看整个展览布置。6日游览开封名胜古迹。7日座谈交流一下，下午乘汽车去郑州。8日游少林寺，9日请郑州局买票回锡。王希武下午就帮我挂电话去郑州，如此又需麻烦郑州市周延江局长了，凭我是他爱人张春宁的好友，见过他几次面的友谊，定会很好招待。只是两包斗山茶已给了黄、王两位，包内已空，到时该送些什么给老朋友。吃饭前还有一些时间，即去宋都御街走走。开封古称下京，北宋都城，清明上河图即描写这里的热闹繁华。我们都是初来，但看建筑古朴，轮廓立面均很丰富，店牌也是用"药局""标局"等古名称。所售物品无非是旅游纪念品、工艺品之类。街面宽阔，不同于屯溪、歙县狭窄得有一种压抑感，这条街的尽端即龙亭公园南大门，轴线一直延伸到公园中高高耸立的龙亭，这才显示出皇都新景象！明天看龙亭赛菊，再好好领略一番。

1991.11.5

至龙亭不过里许，局来了面包车接送，从小弄堂绕出龙亭东大门，直开到里面接待室。见王主任、黄雯等都别着大红评委布条在一盆盆细看评议，栽培好坏，水平高低。门口已有不少种花人在小心传接，运花。张主任带我们进入内院，那里参赛品均排在地上，菊花均大而圆整，独头多头，许多品种自日本引入，为我们所未见，看了个个都好，简直难分高下，内心不免一阵激动，随便拿一盆到无锡去，就可得第一。明年大展，无锡何能与开封一比高低？

龙亭是赵匡胤登基之地，气魄宏伟，建筑有点像济南的解放阁，正面一个大斜坡中由菊花围边，嵌有红绿草第九届菊展字样。人从两边拾级而上，至顶上为平台，琉璃金碧的龙亭居其中，内设蜡像人物历史，均为北宋百余年内著名事件。登高南望，一堤隔两水，前连御街，十分雄伟。公园有900余亩，水400亩。龙亭前布置很有特色，两厢建筑，空间最宜布置菊展，亭后则一片荒芜。虽有植物造景园，用柏树修剪成狮子、猴子等各种动物，但门锁着，不得入内。本想去看看盆景园，同样禁闭，除盆景、花房外并非开放式院子，不看亦不可惜。浮土甚厚，不堪踏足。树木单调，这是后半部概貌，上午看后，没有必要逗留，下午提出自行去相国寺看分会场菊展。

中午安处长出面在下京饭店小餐厅宴请我们，高粱米小窝头、水饺、豆沙包，算是主食。有黄河鲤鱼、梭子蟹（一切四、黄多）、鹌鹑等，胡辣汤对我感冒最够刺激。午后一觉，后去相国寺，寺已给冯玉祥废为商场，倒也好，这里属文化局管，每年三次展览：春天花展，秋天菊花，还有灯会。有位美工出身的田松工程师，在他盆景园中小谈一会。晚餐就在附近吃挂面。

上次来时，见泡洞种得很多，这次进得城来（残墙看得出是古城模样），沿街路树，几乎都是槐树、洋槐、中夹有国槐。此时，正值深秋，已颇有几分秋色。

1991.11.6

昨晚服康泰克，鼻涕不流了，感觉好得多。上午随车去禹王台，汴京和铁塔。小朱则正在发热，连早饭都送到房里吃，当然得好好躺下。

禹王台公园也有300多亩，古迹就是"吹台"。大禹像、建筑颇古。所谓菊花分会场者，只在吹台前一段甬道上摆了一些菊花和菊花盆景。大立菊不善扎工，同无锡水平。盆景有附桩式和实生两种，还可一看。其布置、造型无可取。后去生产地，与席（种菊）、李（养杜鹃、温室花、去过无锡）交谈，并引几个菊种，在地上挖蒿草7、8株，两个小青年都很积极。驱车出另一门时，见有中山纪念陵园、门坊以里有中山像，一查地图，禹王台公园胜处均已走过。

汴京公园与绿化队是开封养菊最有名望的两处，昨见过的单胜利即在此园。菊展布置在公园进门通道上，有三阳开泰装饰，有前言牌，比起禹王台，像样多了。我们在一个大空间里，看陈列在走廊内的品种菊。品种牌挂得不多，但据说品种这里最全，约有1300余种，连禹王台也说有千余种，令人不敢相信。我们走到花圃，单师傅忙着应付各地来引种菊花的客人，要我们稍等。在外面园地中，我们先逐块看品种，看来大同小异。真正好的，从日本引入的，都在两个花房中，而门锁着，说是另一位王师傅出去了，没有钥匙开。门口还有条狼狗见人就嚷叫，要不是铁链子系着，会咬人的。小孔等也很会做人，特地买了几盒泥人，送他。单一看十分高兴，急着要

为我们找品种，但外面的都是大路货，目的是要花房里的好种。陪我们的公园管理科小孙也得一盒泥人，也帮我们出主意：干脆下午来，现在就去铁塔公园。单说："好，我一定等你们。"

铁塔是开封象征，建于宋代。均为琉璃瓦面砖，色深暗，故名铁塔。新造大门很别致，前面广场，有一块下沉几十厘米，看不出什么特殊用意，几个景点都在轴线上。接行殿有大佛一尊，过殿，又是直道。尾端为铁塔，6面13层，旁无配房，孤高直上，高55米，可登临。我们鱼贯入塔，在昏暗中循级而上，台阶甚陡，一口气到顶上很不易，上、下人贴墙，擦肩而过，好在登塔人寥寥，只碰见两个。门票1元，登塔又1元，使铁塔比其他几个公园有钱。然而上塔只能在台阶上从小窗洞中往外张望，没有一点活动余地，也不可能畅快地眺望。去过一次，再也不想上第二次。此塔已经历960年，始终没有倾斜，砌砖，实心结构是一重要原因。据说此塔原建在小山上，现看去在平地，是泥沙淤积之故。开封古城已在现城地下8米深处，黄河床底约与此塔同高。可见黄河一旦缺口，开封尽成泽国。这里每年防汛，紧张之势十倍于锡。

汴京公园经济上也不能自给，禹王台贴得更多。龙亭票价涨至2元，收入最丰。今年二月，江泽民看龙亭蜡像馆，认为一元门票太便宜，经他一说，物价部门同意再作调整。公园收入主要在门票，没人去禹王台玩，谈何收益。这次菊展门票8角，也未见有多少人。几个分展场看来还是相国寺布置最好，游人最多，效益一定最好。号称五个分展场，实际都是各公园自己布置一下，只有龙亭、相国寺两处花了工夫。

中午浑身无力，略有体温。小朱出了汗好一些，我们都躺着养息，引种就他们四人去了。明日上午将坐车去郑州，对方11时在车站接我们。王希武哥病故，但电话已通出，一切安排就绪。两位老同学很帮忙，开封处对我们也特别优待，面包车整天给我们用。与我们明年是当东道主身

份，不无关系。

下午他们引种回来，结果大丰收，要来30多品种。大部分是老棵（有力，正宗）。因一位王师傅搞了承包，付了30元。王70多岁原在禹王台养菊，心贪，辞退回家，后汴京又请他搞，技术是肯定好的。单胜利仅是一个班长角色，栽培上还得依靠他。我们这几个聪敏机灵，摸透了情况，处理得很漂亮！夜雨，本来想出去买点土产，无人带伞，也就算了，这里已三月无雨，干得小麦都无法种。全省尚有千余万亩播不了种，这雨真是喜雨！

1991.11.7

早饭过后，黄雯来，特送我一斤花生糕，这里的特产。并说最好的店家就在附近。小葛借他自行车一块儿又去买来8斤，一会车子来了，送我们到汽车站。乘豪华汽车去郑州，张主任从接到送，始终陪同。下次来锡，定好好回报。

所谓豪华汽车，不过是一辆大客，座椅可半躺，随到开车，到郑州只一个小时。说好在车站下车，郑州局11点来接。可我们11点到后等了一刻不见车来，我怀疑会不会在火车车站，于是带着六包菊花走了两里冤枉路。火车车站更不像一个下客之地，打了电话，才知车已去汽车车站接，只得又走回去。果然汽车因堵车，晚到10多分钟，结果反而他等我们了。来接的是办公室秘书乔，告知周延江去广州，家里有侯局长、张局长在。我们下榻华源宾馆，这是高炮学院办的，也是三人一室，房费16元。我们中午就在附近吃了一碗汤面（肉丝），1.5元一碗。大得吓人，味道不错，但谁也没吃。

郑州街道是漂亮，四车道，法梧长得特好，目前正在黄叶，而银杏黄得更可爱。下午4时来车，去人民公园看菊展。全市9000多盆布置在原盆景园内，大件造型在外面场地上，因为集中，看去特别热闹。塔菊、悬崖菊、大立菊，造型与开封类似，精品在里面，也是一个个大球，或长

长的管带，水平不亚开封。有一个悬崖菊，小黄花，叶小花亦小，想讨个芽，自来水公司的青年竟未肯点头。邵书记、侯局长、张局长傍晚特来看我们，与公园王主任、王书记一起去天府酒家吃了一餐，有梭子蟹、对虾等名菜。席间谈吐自如，从中感到邵书记是极有胸襟和修养的人，诚恳热情，而侯局长因上次已见过一面，自然特别热情。张局长原来不是别人，她是59届3班的，怪我记性差，她对我还有一点印象。我们几个级别不高，而他们在局的领导都出场了，令我们十分感动。邵书记和束书记是同一个南京部队，不过，他资历要深得多。1960年从南京炮校毕业后即去杭州军区工作，在杭20年，他来锡时，受到宣传科和倪书记接待，束也特地去看他。这次我们是托两局领导的友情之福，当然也有周局长同学的情分。明日他们来车，送我们去少林寺一游。后日，让我们参观一个农民办的公园，看看西游记艺术宫，给我们买后日下午的票回锡。一切安排得这么好，使来的几位高兴得跳起来，少林寺他们是向往已久的。

1991.11.8

出车已过9：30，陪同的是园艺科小侯，司机王，是局里的面包车。路确实很平整宽阔，但远不如山东大道。今年国际少林武术节时已抢修完毕，不到一小时就到登封县。因绿办与县林业局有一层关系，到了登封就去林业局找郝局长，在田头找到已近12时，立即在县城凤凰餐厅吃中饭。菜不少，但嫌不洁，有些不敢吃。郝进学是河南农学院马市1964年毕业生，一直在农村工作，很朴实，对我们已是竭尽全力招待了，粉蒸肉，粉太多，吃下不是味。清蒸鸡、酸辣汤，倒不差，最后吃饺子。郝与王师傅不等吃完就去找县长批好路条，车子就可直达少林寺里面停靠，这样差不多过了两点半才离登封去少林。

少林与以往一样还是有那么多练武的学校分布在周围，到处是操练的学员，据说正宗的有

8所。一到这里就会被众多习武者感动，沿途摊贩比过去少很多。也许是深秋，还是接近傍晚之故，这次先从少林寺入门，金色的银杏，黄叶与绿叶正在转换，石榴则一树黄叶，柏树仍苍翠，我被这秋色激动，陶醉。重游少林本来会感到乏味，看到这美丽的秋景，深感不虚此行。丝棉木的绿果，含着红子，同样美极了。木瓜海棠虽没有结果，但厚厚的叶片有黄、有红、有绿还都在树上，那几棵给我印象深刻的巨紫荆，此刻叶片及荚果都已枯了。郝从小在这里，略作介绍，也使我比上次不听导游多知道些掌故。塔林处的麻栎，叶片也都黄了，只是始终比不过那银杏的鲜嫩。小朱等都认为少林寺还是值得一游的。为了抓紧时间，立即去嵩阳书院，看大将军、二将军柏，那是两棵汉柏，汉代已册封为将军，可见其年龄之古。二将军身已裂开，多枝并发，显得更雄伟。郝又陪我们去中岳庙，这里也有许多古柏，还有宋代的铁人。寺庙规模宏大，现存建筑都是清式，供奉道教天尊。不过这里离登封数里，与少林背道，看来与嵩阳书院一样缺乏香火。我们去晚了，游人很少。近5时，我们送郝回登封后方回郑州，中途天已全黑。到华源已7时，司机与小侯坚辞晚饭而回，深感今日陪同之深情。

1991.11.9

上午陪我们去十二里屯看农民办的乐园，又换了一个公园科的老李，五十开外，脸黑、粗，典型的北方人。与乐园的人较熟，原来180亩范围内的绿化工程就是他帮助搞的，管理员都认识他。这个中州乐园是由十二里屯与郑州信托公司合办的，前者出土地，后者出投资，去年11月26日开工，今年5月1日开放，速度甚快。在大片土地上建有一座八卦迷宫，西游记宫，魔幻宫以及一些电动玩具。我们只看了其中的西游记宫，门票6元，我们当然都买了。还有导游陪同介绍，此宫建筑5000平方米，从石猴出世到无底洞、盘丝洞等内容相当丰富，我赞赏这一总体布局，空间分隔及变化，均比较宽裕。只是具体景物不甚精致，据说这也是中央电视台的手笔，耗资300万元。西游记拍摄后竟带来如此生财之道，真是始料不及，最后的十殿阎王很有特色。

后去动物园，其实大家不感兴趣。李副主任带我们看猩猩，大象，鸟苑，介绍园内绿化因地下水位太高，泛碱，都长不好（除柳外）。只有做了地形起伏的高处葱绿茂盛，大门口用红绿草做的5只长颈鹿顶一个球，高9米，造型很好，真是我们要参阅的。

回到华源已12时，吃过饭回房，女排正在与古巴比赛，连输三局，令人扫兴。与小谷匆匆去郑州商场一转。车来，一轰而去车站，4张坐票给了年轻人，我与朱冯到列车长签发的17车上两人字条，登上17号硬卧，郑州小王、王师傅，还有一年轻司机送我们到车站。临走侯局长电话告别，因会议未能送行而致歉，我们当然感激不尽。明年作东道主时，当好好回报。

开车近一小时，列车长才将我们安排在18车，那是列车公务人员乘的。不开灯，为的是让他们好睡，我们在外面3~4张床位处谈话，服务员叫我们轻声，门帘里黑乎乎的不见人影，小朱就安排在里面7号的一张上铺，我则是外面18号的中铺。谈了好一阵局里的人事，就分头睡了。这车没有小卖，没有人送饭来，得我外面去找。两次都未见，只好饿着肚子过夜，一会儿醒来饿得慌，只得吃花生米抵挡。腿、背多处发痒，一夜难眠，夜过徐州、南京、常州都知道。总算早上六时半到了无锡，在家里吃粥，才算脚落实地。开封之行，整整一周。

重建西湖雷峰塔学术讨论

1991.12.14

半个月前，接杭州园文局邀请，参加重建雷峰塔学术研讨会。也许是会期甚短，仅三天，或者杭州与无锡的特别友好情谊，局长同意我去。之前，北京要我参与讨论行道树规范及陈先生约我编辑《园艺大百科》，两次会都不让我去，怨称外出太多！我呈上通知，抱无所谓态度。杭州不是没去过，同意我去也好，会会老同学奠东等。重游杭州，也是轻松愉快的事。

星期六报到，焕忠给我买了了游11次，下午2时45分，直开杭州，途中只在苏州、上海停留，因而过嘉兴时想买个粽子充饥都未成。火车上客饭5元一盒，饭与菜分盛两个白泡沫盒，未敢品尝。叙芬给我的一小袋豆瓣和皮蛋花生全部吃光，还有两个橘子及几杯茶，几乎可以熬过去了。到杭州是晚上九时差十分，杭州站还是老的，在不大的出口处，遍找接车竟没有发现。也有两三块牌子是接人开会的，一看都不是，来回走了两三圈。正在盘算，是不是打个电话去，料想前日打过电话，告知车子，要他们接的，不会不来，故又去出口处转了一圈，才发现举牌人。牌子很小，写的是风景园林学会，一问正是接我的，并说苏州还有一人，他们反复寻找，游11次早已客散，还是未见，只得驱车送我去住地。路过公共车站头还看了几次，仍未见。他们也忘了叫什么，3个人只接着我一个，直穿过夜色朦胧的西湖。到岳坟北侧拐弯，在一家小餐厅停下。原来是准备让我再吃一点东西，不巧店家已在收拾摊子，无啥可吃的了，我连说车上已吃过点心，不饿。办公室小许，还是很客气地快步到附近小店给我买了一袋蛋糕和面包，我推也推不掉。华北饭店原来就在旁边，一进去，王振俊、卜朝晖都来了。到此方知，这次会议外地客人就只有我与四川的熊世尧两位，真是稀客。

我们俩住一房，去年焦作第一次见，他是风景园林学会副主任委员。交谈中知道他几年前在九寨沟经历一次车祸。坐的是工具车，车门未关好，一个急刹车将他摔出去，车子又翻身，压在头部，七孔流血，幸好没在脑中留下淤血。经过抢救，造成了一些小小后遗症，左眼不能大范围转动，脸部神经已失灵，嘴唇不能合拢，颈部皮肤当然疙疙瘩瘩了，但没影响大脑。他还很钻研，在学术上很有些成就，我也看过他几篇文章，很有深度。

没有别的来客，不免使这次会失彩，几乎是杭州（或浙江）的一次学术活动而已，而且第一天开会就是星期日，大家从各地骑车来，会散又各自回去，住饭店的没几人。

1991.12.15

会议在三楼，电梯下三层即到。材料是两个人写的两份恢复雷峰塔的设想，还有陈从周在前几年对此发表的一个意见，除此尚有一页会议安排日程，均无需发包袋之类，倒也不落俗套。狭长会议室里早有几十人在，奠东来我房看望后小坐，人家来说差不多了，才立起身一起进入。除王振俊外、正官、李淑华、黄梅姗、杰汉才、张延惠，还有市建委主任胡理琛，园林局老工程师吴绪渭，我，认得的人不算少。黄坐在我旁边低声说今日杭州一些权威都来了，宣传部门的人尤多，说有8家报社，当然电视录像从一开始就进场工作了。卜局长主持会议，施局讲开场白，胡又讲了几句，大家都说明要不要重建已不成问题，讨论中心是怎么重建。经费也不成问题，只要一旦条件时机成熟即可马上实施。施特地将我与熊向大家介绍，单请我们两位，颇感殊荣，我对建筑又是外行，说不出什么意见，内心很不安，好在同学多会谅解。随便说几句，人家也不会过高要求。

中心发言是园林局老总宗云鹤，已退休，对重建作两年研究。重建方案已近扩初设计程度，画的图也很漂亮，有国画风韵，足见老建筑师的功底。他带着绍兴口音，边讲边放幻灯，材料比书本报告丰富多了，大家都说他保守了，也许因是一个研究课题，需留待日后发表，2～3页文字看来仅是大纲。塔建于五代，公元975年，倒于1924年，与"宝俶"同时，为西湖风景构图之两大重心。重建意义概括四条，很有说服力，但不去实地尚不知难点何在。经费问题，灵隐的法师很在意，他的发言也颇有水平。宋工程师预算是建塔700万元，装饰300万元，即使国家不投资，地方筹集也不算难，何况可以贷款，回收可以很快。省厅长开玩笑说宋工承包，肯定发财。

午后去现场，夕照山在西湖南端，东连柳浪闻莺，西接苏堤、花港，南迎三潭印月，位置居中，高不过30多米，满是树林、枫香、三角枫较多，香樟也不少，长得很高大，最大难题是夕照山已被宾馆所占。汪庄，中央首长来此之住地也，前年我住过的西子宾馆、国宾馆即汪庄，那是在其东侧，这次从西北进入，通过岗哨，6～7辆车鱼贯而入。停住后，走在林间石板道上，满地金叶，真可谓路狭林深苔滑，走到塔址山巅，裤上满身"窃衣"，剥离半天。塔倒地后留下一堆砖墩依稀可见，因塔心有些砖中间凿空，塞入经卷。于是，不少人都俯身去寻，不一会，居然有几个人都找到挖有孔道的砖，如获珍宝。我在路边也随意拾得一块，以为没什么稀奇，给了杂

志社的周素子，她又转送熊。论起历史来，却也可算得宝贝。

汪庄不属省、市，主要在中央。现方案，绕过此"问题"，在中间挖一条河，与之分隔，北面连塔建一处25公顷园林，先是两者并存，以后再看谁吃谁。在砖墩上前望，被树林挡住视线，塔倒67年，树林都已长了五六十年，砍那么多树，似不忍下手，因而有塔移西侧小山之议，原址就留给文物部门考古去吧。

雷峰塔中外闻名，重建意义重大，杭州此行动颇有影响，莫东真乃抓大事人也。

尚有时间，又去看官窑博物馆。官窑为南宋官窑用瓷器生产地，量少，流传少，身价百倍，一瓷片即值一两万美元，建筑、陈列不俗，遗址规模也不小，另有水泥厂开山石壁，莫东设想要搞石雕，尺度80米×200米，超过乐山大佛。太子山又向西扩展，入园口新婚车及披纱新娘数对，有人为之录像，据说每日有20多对新婚伴侣，借太子弯公园之"吉言"祈求得子，真妙。设计的刘延婕万不会想到这一名字竟带来如此效益。

晚饭后与莫东下两局，非我对手，两次大龙被歼。他也是中午在单位与人下棋，调节一下。棋是下面人特地买来的，中间家里两次电话催回。刘延婕最近在外搞民居调查，扭腰，韧带撕裂，行动不便，我听他在电话中说他正有事，就回来。其实我们在围棋大战，连电话都由旁人替他回话，说话轻声，又泡茶，又问抽烟否？做了局长学会差使人了，而别人也乐意奉承，已学会忙里偷闲！

1991.12.16

上午开始讨论，在一个迪斯科舞厅中，排着一圈桌椅，30多人，那么大场面，我真怕会冷场难堪。莫东在几句开场白后，发言者一个接一个，都很有深度，很有观点，到后来简直抢着发言，莫东不得不硬性阻止，吃过中饭再继续。参

加讨论的多半是年长位高的学者，有人大，有政协，有省厅、大学、文物、考古、新闻机构、图书馆等各方面，这是奠东统战工作的成果，吸引那么多人重视西湖建设，力量之壮，反过来又稳固园林地位。学风严谨，气氛活跃也值得钦佩，这又体现了奠东广开言路的民主作风。我们局长与之相差甚远矣。下午我在发言中流露了无锡园林每况愈下的困境，看杭州蒸蒸日上，感慨万千！关于塔我实在说不出什么，只能说些外地人最普遍的看法，那就是雷峰塔重建这一口号最具号召力，换个塔名，或称改建、构建、修建、仿建等都会失去号召力。其次，重建的塔一定不能使群众失望，必须尽可能复原，在选址、尺度、形式、色彩等方面，尽量接近原物，甚至还应恢复原有的神秘色彩，包括塔中藏经，使人感到真正是重现的雷峰塔。我主张原地建。徐州云龙山汉墓就在新建塔下，相安无事。然而有两种工作还要做，即基础的挖掘，了解究竟，以定其尺度形制；二是发掘雷峰塔对人吸引力何在，不会只是观塔而已，不仅要复其形，还要存其味，这样来往的人才会满意。自叹口才之劣，言不达意，给人印象没有深度，然而既来了，而且只有两位，总得一说，实颇惭愧。会议至晚结束，王振俊一定要我与熊去舞厅坐坐，胡理琛等均带夫人跳舞，两曲之后我们告退，回房间看几个录像，一为西藏民居，高原气候，色彩甚好，蓝天白云，把我和刘延婕看得手舞足蹈，一遍又一遍重放；另一为茶寮溪（浙江）山水，再就是施奠东9月去法国的录像，凯旋门、卢浮宫等均有较多镜头。还有就是花卉生产方面，法国组培也起步于70年代，与我们相仿，但他们速度快。奠东看得很详细，录像也很长，周素子十分热情，一直陪着看到11点过，然后陪刘一同住下。

1991.12.17

他们都很忙，卜、王（副局、总工）因为让周、刘住下，会务组的人全部离开"华北"，今日早上起来，4个人去会堂用餐，服务员竟不知如何安排？我们是吃了再说。后奠东来车，让我们坐他车去刘庄和茶博物馆，他就步行去局。早上大雾，我与熊在刘庄转了一圈，这是新修的一个旧园，面积不小，是看去很年轻的陈副院长设计的（晚上在楼外楼见到），庭院精美，可惜迷雾太重看西湖仅及10余米，后周素子及其兄画家周沧米夫妇同来看熊。他们在九寨沟不期而遇，沧米圆脸矮胖，已到退休时期，在美院任教授，很有名声。周另一兄长周沧谷更是人才。可惜"文革"后过世。"两只羔羊"曾获国际金奖。周兄妹情笃，属书香门弟，只是长兄与她关系不好，竟过门不入，主要是嫂子（上海人）势利异常，长兄一半是因她而气死。现五十七八岁当已嫁人，可想其作风。素子有兄两人皆学画，均成名。唯她受家庭影响，从小学琴，入音专。1953年、1954年曾在锡华东艺专学琴（钢琴），还记得无锡"社桥"这个名字。据她自己讲，学琴很苦，很不愿意，但她还是过来了，而且在校是佼佼者，个人独奏常出台。但她又极贬低学钢琴，认为学琴不能几天不弹，且成名者极少。留下任教者，已是大有出息了。她至今后悔不已，故其子女均不使其弹琴。她亦对社会让子女学琴谓可笑，无用！

后来5个又挤一车去中国茶叶博物馆，这是今年开放的一个旅游点，内容很丰富，我即做了记录，最后又入其接待室品茶。的确好，标准龙井。11时半赶去虎跑，这是奠东事先说定，在虎跑餐厅用餐。一盘用西贡米与梭子蟹肉等做的粥，很好吃，后又吃湖蟹，我拿的是雌蟹，很大很饱满，黄特多，饭后应周素子邀，去沧米家看画。

沧米作为教授住房不宽。我们从门口进入，穿过卧室到工作室，一条线上。素子攀着竹梯从顶上取下画册，这是周先生与四川画家石壶、陈子庄（阿九）忘年交，为他画了不少册页。现陈已过世，其画方出名。一看果然简朴，韵味无穷。刘、熊都是喜画者，看了更有味。还有一本是潘天寿、诸乐三、朱纪瞻等著名画家送他之画，当为墨宝。我还得去看看明禹（吴明禹，杭州知青，来林场后任队长，与我关系密切，并支持他函授南林大学习至毕业，与他后来的发展有关。后来，据说是海南事业破产，穷困潦倒，以致向同事借债，懒账不还，不来往。我则常想念，不得要领。知青40周年聚会，独缺其人。问过多人方知：①他还在杭州一居住区。②他避见熟人，不想与之来往，不参与林场活动。我无力帮他，亦无时间寻他）。时已三点半了，必须走了。素子送我上8路车，到众安桥下，想一看国外小商品展览，我见报纸上登的鞋后跟贴上一块胶即可防止跟的磨损，这真是我意想中的。后跟刚上一周就已磨斜，即使加了铁钉也不过一月。国外如此好东西真可治我"脚病"。然而遍找不着，正好走的是中山北路，于是从209号起走到300多号明禹的开发公司。上楼先见到周连生，正打电话，看来一时不会完，即去经理室，明禹同一位女的副经理在。我只得直说，5时半我必须回华北饭店。之前还有两事要办，一是买一件小商品，二是想买把菜刀。他二话没说，借了一辆自行车，带我走，还从家里给我一箱糖橙（广东）。他爱人丽云也出来一见。小商品展览早就结束。又穿行至湖滨张小泉店。可斩骨者不宜切菜，可切菜者又不能斩骨，两者不能兼顾。当时不敢买下，时间极紧，决定不买。明禹送我上7路，挥手而别（匆此一见，至今已12年未曾再见，我一直怀念在心）。他现在经营路很宽，生意也做到几千万元，也有可能去海南开辟新点，闯一闯。吴明禹仍然待人热情，爽快，一往情深，我只能心领了。

晚上奠东在楼外楼请我，又是吃蟹和火锅。同学林启文来见，不认识，打听是谁，使奠东大惊，复叫回来，重聚。林变了样，脸颊如刀削，齿掉牙缺，脸也变黑了些，毫不像过去的文弱书生模样。他现在是杭州园林设计院里的骨干，两次去日本，业务上很不错，我从临安别后，已十多年不见，变化之大竟至当面不识。今日他们TQC验收，亦在此用餐，同席还有林福昌、张延惠、李淑华，饭后，我与他们一一握别，情意颇深。

我只顾说话，没有吃多少东西，晚上颇感饿意。来时给我买了一袋面包，那是明日干粮，活动频繁，未想到要买点什么吃的东西，火车上自己要吃，孩子们也想吃点杭州土产，然而没有机会了。明日乘车那样早，一上车就到上海停靠，又像来时那么狼狈，饿着肚皮回家。

奠东与熊总这次初定明年10月初学术活动就在四川，熊总已构想从成都出发看几个国家级风景区（四川有十个）先去青城山都江堰，然后至松潘等地看藏族民居，这里比王朗九寨的居室更有特色。王朗为第三个点。这里海拔三四千米，天高气爽，白云如絮，也是国家级自然保护区。九寨沟则海拔低些，这里得住两天。归途至剑门，这里也是国家级风景区，白天考察，晚上交流，估计，此一游程约12天左右。十月金秋，是九寨景色最美的时候。而2～3月不可看，四月勉强，选此日期，线路最佳，听了令我激动。我亦久有一游九寨之愿，且那么多同好，共同考察交流，将会十分愉快。然而一想到明年11月，刚好有全国菊展任务，十月将是最后布置完备的紧张日子。我作为设计人员能离开么？实在难以启口。奠东说不要紧，他与刘国昭打个招呼，如此我就得心中有数，一边为这次学术活动构思一篇论文，题目是2000年的国家名胜展望。二是景点布置，得尽量落实到大家头上。大部分应在10月前大体完成，10月开始只是摆花，装饰，此工作可以委托小谷等督促完成，使自己能脱身。刘延婕等力劝我成行，她是日思夜想九寨风光，甚至要带多少胶卷都在计划了。奠东也表示正、负片同时拍摄，今后重要资料我也要考虑拍些正片，以便制作幻灯片。尽管奠东肯帮忙，但毕竟是客气的，李、刘只要一说花展，重任在肩，就无法勉强了。如此我就只能另等机会，菊展开幕后，争取去。一次西双版纳作为补偿，我想也在情理之中罢。

与熊总相处数日，谈话甚洽，他也是1961年毕业，比我实足小一年多，基本上是同代人。他学建筑，而函授园林，并一直在园林风景方面工作。我班李志勃开始亦在他院（其精神失常之态十分清楚），还有在常州的翁若梦，他赞其能干（64级）。她融建筑、园林于一身，乃我理想中的规划设计师也。观其图文和实物，果然不凡。

车祸之疾更使其潜心学业，他自称生在乡下山村，但身材修长，完好之前风采一定动人。有缘结识，颇高兴。

1991年12月17日是我同好友吴明禹在杭的最后一次会面，至今不忘。转眼21年过去了，我与林场职工情同手足，数次碰面，均不知其确切下落而失望。他的好友金龙门前年也已过世。我是怕见金的爱人吴生花，好友不在，心犹悲戚，明禹见不到，心亦不快！浙西情结，大半快了结矣！2014年1月3日整理此文时聊记。

216

再上黄鹤楼——应邀赴武汉鉴别杜鹃花园艺品种

退休期限已近，处处受到"宝贝"的待遇，前所未有的感觉。倪局曾开玩笑地向江阴市绿办介绍，说我是无锡的"宝贝"，对方能请我出场为荣。沃嘉房地产在蠡湖边建别墅区，总经理孙泳慈对我十分信任，其实我只接触过两次。她听闻朱泉媛老师介绍，又听我谈过沃嘉绿化的设想就服了。现在我服务的威尼斯花园别墅绿化，其金马孙总经理同样待我甚厚，每次见面，总说早点退了吧，你是我公司的园艺师，他则自称是"粗人"。局里小朱（育民）等人也常说，我太重要了，退休不能走。这些现象，使我有点飘然起来，似乎我的价值，到工作末期，反而显露出来了。这次来武汉，被邀请来磨山植物园帮他们鉴别杜鹃花品种，也是破天荒的一次。

1986年春，全国杜鹃花协会成立于昆明，会后都去大理考察高山杜鹃花。武汉赵守边老师及其助手马崇坡一同来参加。当时小马还是个高挑的女孩，会后同登苍山考察，一点也不娇气，笑嘻嘻的，对杜鹃花充满兴趣。后来不知什么原因，没再来参加协会活动，一别将近9年。最近她特地来锡，由宜兴陈学祥（杜鹃花生产专业户）和她的同事绿化科黄科长同来找我与夏见面。我们都是老朋友了，一定要我去武汉帮助鉴别杜鹃花园艺品种，答应一切费用她出。我与夏都是协会副理事长，研究园艺品种多年，作一次实地鉴别品种，很有挑战性。于是，我与倪局、育民商议后决定去，义不容辞！老夏因已是锡惠公园副主任，走不开，派锡惠杜鹃花房主管杜鹃花的张卫东同志随我同行，速去速回，一星期内解决。

这样，我们两人买了常州去武汉的机票，作东湖之行。

1995.4.18

早上，抱孙子到陆阿姨家后，背着小缪拿来的牛仔包上车站，里面是几百张杜鹃花品种彩色照片和一些资料，一只相机，简单得不能再简单，竟也相当重。张卫东则两手空空，什么也没带。这般出差的，我还头次见。9时我们乘中巴去常州（10元）。半途，换了一辆常州车，原先的"的士"回无锡去了，我们换常州的中巴到了常州火车站。来常州多次，都是汽车直达，故火车站很陌生，给我的感觉是环境很脏，交通很乱，比起无锡来差了。民航大楼离车站甚近，问妥接送车去机场的开车时间，即在附近小店用餐，盒饭5、6元，不算贵。

机场在奔牛，行车不到一时。天下着茫茫雨，乘客不多，原来是一架48座的小飞机，倒是准点起飞（3：40），也很平稳。无人广播交代，要系好安全带，介绍飞行情况等，一切若无其事，就如乘大巴一样，空姐也只一两人给我们每人送一罐粒粒橙，一盒饼干，一包果仁，无纪念品。在一片迷糊中飞了一个多小时，到机场着落时，却是阳光灿烂。步行到出口处，使人愕然，竟无一标志物，亦无候机楼。出口处挤着十数辆出租车，我四处张望，又问值班的解放军，知对面也有一个出口，离我们有数百米，但不敢穿越机场跑过去。等了好久，两边都已人、车冷落，即与黄家里通电话。黄家告知他们在离此二十公里的国际机场等，要我们原地等候。到下午6时多才乘上他们的接车，小黄、小马都已在他们车上，即驱车到东湖边，吃晚饭。司机也姓黄，江西人。听我说无锡姓黄的老祖宗是江西南昌人，因战乱避难迁锡，他高兴地连说"一家，一家"。

我们住碧波宾馆，属东湖管理局，黑夜中看不清楚，感觉很大，环境极幽静，是个休疗养地。他们说杜鹃园就在后门边，不过一两百米，要我们休息，明日开始工作。

1995.4.19

早上6时出来走走，清新极了。太阳从房后的林间探出头来，光芒照在金叶千头柏上，红枫、绣球、高大的枫香、桂花、显得分外精神。这里的月季已开败一批，新花又已开放，显然是丰花型的。含笑也已开满树，美人蕉的小叶卷已伸出10余厘米，墙角的芭蕉耸立着翠绿的叶片，看不出冬季对它有什么劫难。这里是山的缓坡，树木却很高大，且树干几乎上下一般粗细，通直得很少有枝丫。枫香的树枝白白的，到顶上才绿叶簇拥。院子很大，房子稀少，都是五六十年代仿古式样，大屋顶，2～4层，有廊子相接，雨天不走水路，梳璃瓦，规格很高。绿化设计不怎么样，有个游泳池颇大，旁边还有个网球场，围着4米高大的网架，没有人玩，外人也进不去。

这座东湖碧波宾馆，是近两年建的，新构廊柱的油漆已大块剥离，可见现在建筑质量之低劣。马、黄陪我们在宾馆吃早饭，盛粥的碗竟是个小盅子，我一口就可喝光。杜鹃园就在宾馆背后，毛鹃成片栽在高大的枫香林下，长得不那么紧密，花朵也不十分多，可能是气温低、枝叶太密之故，也有军配虫危害。这里地域宽敞，用围墙围起一个大院，西洋鹃都在里面。两个展厅里放着盆栽，天井里路边泥土堆土造景，埋种杜鹃，贴上苔藓，倒也成景。我们按此逐个看一遍后，即坐下来与从事栽培的几个包括园艺科技处的同志谈了一下园艺品种的分类办法，主要还

是讲我那篇分类文章。隔了几年，现在看来，还是很符合实际的。然后，他们的熊队长和周工、熊师傅与我们一起一盆一盆定名，写名字，挂上布条，登记号码。小黄、小马先后都有事去办，昨晚黄见我抽烟便买来一条红塔山给我，我当即给他们一人一包，皆大欢喜。西鹃一般都是我们熟悉的，没有很多困难，有几个吃不准的，暂时搁着。整整一天下来，几乎完成大半。我滔滔不绝地说、讲，他们提问不止。我过去做的一些调研，这次发挥很好，加上卫东每天在侍弄这些花，几乎不假思索就说出名字。他们深感我们对杜鹃花的了解，都说要以我们为师。中午就在旁边的餐馆吃饭，有鲫鱼和黄刺鱼，就是做得不太好吃。我们是喜欢吃这里辣的菜。饭后，周工陪去看盆景园，环境很好，有两株高大的红花继木桩头，很少见。这里的红枫也很鲜艳。午后两点继续工作，到四点多，只剩下生产区的一片，不多了。熊要我们轻松一下，在杜鹃园中散散步，因赵守边老师要来看我，共进晚餐，于是又到餐厅小聚。我还是喝可乐，小张倒能喝点啤酒，赵老则和我一样，滴酒不沾。我们是1986年在云南相识，我称他为园林前辈，他50年代就在这里工作（中大毕业的老大学生），对东湖建设做了很多贡献，我戏说他是建设者，小马则是经营者，经营向钱看，有了钱再建设。饭后，赵、熊又陪我们坐车，游了东湖的梅园，赵老师一一介绍，如数家珍。这是他从重庆买来的几百株梅树，都同我梅园的老桩粗细。

小马要我们定心，星期六回去的机票已买好，我估计明日即可完成。留一天看看这里的楚文化，到市区看看，小马早有安排。

我喜欢吃这里的辣椒，因此虎皮辣椒就成了要我点菜的唯一首选，它是用菜椒加豆板辣酱，用油爆炒的。今日又点了武昌鱼，他们自己也认为做得不好。另外他们爱吃黄刺鱼，每餐几乎都有，因为新鲜，作料多，味道浓，确实好吃。中、晚，我们都在杜鹃园内吃，小周都去签字。

一出门，生活放松，这几天都是12时左右睡，中上也习惯了。6时前后起来，中午工作一忙，午间不休息也不怎么样。

1995.4.20

上午结束了鉴别工作，总数是46种，比无锡名录少些。几百盆杜鹃，一一用布条系紧，很醒目。这次工作对他们是一个很大推动，眼界开阔了，家底清楚了，工作目标明确了，劲头调动起来了，若能这样，我也不虚此行。小周是北林水土保持专业研究生，算是校友，一直陪我。他对杜鹃还很陌生（我在校时也不懂杜鹃，北林花房少见杜鹃），但记载系条，都是他亲自动手。晚上我们在宾馆又长谈，以我体会启发他，不丢外语，熟悉武汉园林，打好基础，准备今后担重担。他对我的话很感动，说正在思考，有的尚未想到，对他很有帮助，真是校友情长！他是1989年毕业的，因为学潮，他没有写完论文，因而毕业而未拿到硕士学位。当时北京的情况，他对我说了一些。他恰好那时一直因工作（研究论文）忙，回校晚，未顾及去天安门看个究竟。6.3那天回校略早，去了天安门，人太多了，不断广播戒严时间规定，差点出不来。最后是顺着人流拼命逃奔出来的。人挤得不得了，惊心动魄，狼狈不堪！回到校里，如同拣了条命，脸孔失色，有一个竟大哭起来，恐怖，死人，害怕极了。北京人所以不谈论，因恐怖环境和心头阴影仍未散去。他每日听外文广播，外电报道北京仍然内部紧张防范。

天不作美，下午下雨了，没法照相，他们给的胶卷我还了。我说如果家里还有资料，就寄他们一套。小马来要我对他们杜鹃园的生产提些意见，我说了几条。她说在园林科里，她说了算，手头有钱，眼界也高一点了，但杜鹃园的建设不掌握在她手里，要听处长的，经费也由部里来。现在门口一座新桥左右两个水池，一高一低，挖通的话，一边漫出驳岸，一边池底暴露，我建议要作分析考虑，没有良策不如在桥下筑个拦水坝。

赵守边老师下午又来。他不管具体品种，只说要好好向我学习。他在这里已工作50年，来做主任时，白手起家，从头干起。杜鹃园往里，便是友谊园。与武汉有关的美、英、罗马尼亚等城市领导来此种友谊树。北面是磨山，如江阴的君山。南面一坡，树丛稠密。雪松之前，是长绿上下茂密的桂花树，前沿为弓起的草坪，此景门可作君山游园的借鉴，当即拍摄一张。

这里的樱花园有10多品种，云南早樱，在武汉没有冬害，先花后叶，红花。本地一种山樱，先花后叶，花粉色，他们截到1.5米高，准备嫁接我地的"普贤像"。这里的丰花月季已开得很好，一是红花，一是粉花，重瓣，高矮一致，他们称月月红，用来布置花带很不错。磨山之顶有朱碑亭，我去过的，另一顶上是楚天台，明天即去，据说比黄鹤楼雄伟，这是近年搞的楚文化景观之一。

1995.4.21

宾馆服务不行，我们早出晚归，回来时，热水瓶里的水还是昨天的，得请她们重新打。茶叶也不发，房内垃圾不倒，连手纸也未配，就向服务员要，她竟说仓库锁上了，拿不出来，要我们设法。我愤愤地说就要你设法，怎么反过来要我设法（这些服务员有些是职工家属，心中无客人！），她不理我，替另一客人开门去了。我待她回过身来，问她总台电话，即回房去打电话，谁知她立即跟过来说，你不必打了，我先从别的房间移一些来。我嘴里咕噜着，我不信总台连手纸也解决不了，向你们经理投诉，真太不像话。不一会就拿来一卷。昨晚这么一来，今日就有两包茶叶放在桌上，这是住了3夜后第一次。小胡这个打工女孩，笑容满脸迎我们进来，今日又是她当班，心理为之轻松，可惜，明日我们就离开，她倒是说怎么不多玩几天，我说我们是来工

219

作的，完成就回去。

一夜大雨如注，还有雷声，早上起来倒是雨停，然而天空还是灰蒙蒙的，肯定一会又要下雨。果然，当我们坐上公安的吉普，熊、黄在前，我们与小周坐在后排，向黄鹤楼驶去时，挡风玻璃密密雨点，东湖一片白茫，什么也看不清。小熊开好进园条子，我们就上蛇山公园，进门即是上、下都是一般大小的红伞，装饰着，走廊挂落一叠三把，挂下来如门帘，如灯笼。路边、山坡、建筑都是一般大小的红伞，倒也有些气氛，别致。原来有个艺术公司搞的名"大地走红"。我似乎在哪里见过这个报道。黄鹤楼仍旧如故，我还是兴致勃勃登上五层（登楼5元）。外面一片迷雾，毛雨不止，什么也看不清。下车到白云阁，就从另一条路出来，门前马路已是4~5排车排成"长龙"过大桥，亏得是公安牌照，看准空隙从车队中横插过去。回东湖，谁知上桥前一只胎爆了，只得停下来换胎，如此先回植物园吃饭，饭后即去东湖，这是属听涛管理处管辖范围，重点看看寓言公园。这里的雕塑全用石料雕刻，有一定水平，我拍了不少照片。东湖多游乐设施，有几块地已出售，搞狂欢世界和房地产，离市区近些，游人也多，经济自然比磨山好得多，但磨山也不错，就山水风景而言，远眺东湖，登上楚天台，一望而知，有山有水，有岛，树林茂密，风景天成。楚天台建筑不亚于黄鹤楼之伟大，这里更有楚文化、建筑、雕塑、楚城楚市等巍峨建筑，只是尚在建设中，主体已成，环境还待完善。楚天阁两侧的毛鹃已种两年，就是小周管辖的，亏得夏日抗旱，目前开花正红，在蛇山我也看到有杜鹃园，那是在侧柏林中栽满夏鹃（不是山城杜鹃），颇为茂密，新梢已发，花苞紧裹，五月景观一定吸引人。

今日两游东湖，午后时阴时雨，浑身闷热，身上粘滋滋的，到3点多，走到植物所，已没有时间光顾也就算了。

我看中这里的月月红，准备要几株带回去，

一种深红、一种粉色，让小孙那里繁殖起来。

吃饭还是在竹林酒家，小周来陪，几个菜都是这几天常吃的，不会厌烦，饭后付账看到75元，真是便宜，4菜一汤，两瓶啤酒，菜都是大盘的很扎实，足见这里的生活水平。

到磨山景区大门前散步后回宾馆，见大厅里多了几盆，矮的锦带花很漂亮，花比锦带多而密，花也漂亮多了，估计是植物园来的，明日如果可能亦想带盆回去，无锡没有见过。当然不一定种在盆里，我知道这是北京新引进的，不料今日在武汉先见到了。

小周年已30出头，朋友是这里门票班的，他说今年成亲。小熊言下条件较差，而一个研究生难找到地位相当的朋友。问及老家，离此尚有2日路程，交通不发达之故，当然也一定较穷。因为目前要富先要修路，路不通畅，自然谈不上开发。他先考马太和的研究生，马退后又跟高荣孚读研（高也是马的研究生）。这两个我都认识，是北林土壤教研组的老师。穷孩子发愤苦读，终入大城市工作了，还是很努力。

1995.4.22

登机在王家墩机场，即我们来时降落的那个。上午又是小雨，气象预报有中雨。10时，黄、马两科长来送，一辆部队小车从人行道处超越上桥的小车长龙，这样也化一个多小时才到汉口，提早在11时一家路边餐馆用中饭。菜很丰盛，但吃不下，味道已吃厌之故。到候机室，告别。复乘大车到2号门安检，这次未去商店，回去一无交代，就在候机的小卖部买了几盒武汉的花生香糕。下午一时半应该起飞，但因常州那边有雷，不能飞行，至三时半才检票。大车又驶离2号门，返回候机室，直进机场。一架运七飞机已在加油，狂风大作，来时的衣服已如数穿上，上机后也是一无交代即滑行起来，升空，穿过云层，上空倒也见有蓝天，只是到常州时，云又厚得什么也看不见，还好，雨止了。5时多到奔牛机场。大巴到常州，去无锡的中巴已停，只得乘7时多的火车回锡。此行总算顺利，幸好没有请他们打电话回家，否则误点反使家人悬念。

武汉谈不上什么新鲜印象，因为没有逛市区会朋友，此行完全是技术咨询。小马搞经营，手中宽了，出钱请我去理品种，一算两人费用开销4000余元，我们个人只得200元，少是少了，但工作做了，心里也踏实。若对卫东有所促进，也算一大收获。他对我的研究理解仍很浅，能带他出来一下，见见世面，对自己工作会有一些新认识。这也算是我最后一次搞杜鹃花园艺品种工作罢。

附：东湖情未了

我与许雷、邵洁飞赴东湖，时值2004年10月28日，一中54届校友集会刚刚筹备工作忙完。相隔九年应邀再去东湖。小马，马崇坡当总工，黄育昌则为磨山管理处处长。梅园这片是请武汉理工大学规划设计的，不满意而请我设计院搞，我与许、邵三人乘机，28日10时由南京飞武汉，仅一小时即到，马、余来接，余为华中毕业，小青年挺好，一直陪同此行！住听涛管理处的江滨客舍，算得上是星级。

下午即去磨山梅园，看现场，周围是东湖水面，地形平坦，环境不错，大树成林，基础应是很好的。惜梅树一般，景观平淡，还不如我老梅园那般丰富，怪不得他们几次来锡看改建后的梅园赞不绝口。在东面一片还学梅溪做法，运来许多大石，做瀑布，滩溪，准备提水上源头成景，入口、建筑等则粗糙，已无法与我市可比。走了一圈再看先前规划设计图纸，张局长（东湖管理局）来听我们意见，结果大家没有思想准备，他谈的是游览问题，黄、马则主要请我们来修改设计问题，不切要领，漫谈片刻，领导相继有事出

去，我们即便餐于宾馆，晚间看看图纸文本。

11月1日上午细看现场，和东部正在施工的香云别院，与对方明确工作任务、要求、时间，是帮助做东面一区的绿化设计，方案在15日前提供。他们研究后，即做施工图，月底前土建撤离，绿化就可施工。费用，得回去算出工作量再告他们，大家熟悉，彼此信任，认为都不是问题。

晚上我约了武汉无锡市一中毕业的同学毛少卿、蒋伯诚、葛富根来客舍晚餐，借主人酒水，请我老同学。可惜薛祖庸未肯前来，因咳嗽不好意思。葛则带了小孙女一起来，是老武汉，先到东湖后门下车，转了一个多小时方才入席。电话打了无数，家人说他弄不清，小马说我至少比他们年轻10岁，夸奖我身体好。其实年龄相差无几，只是精神比他们好些。写到这里，顺便说一句，同学蒋与葛已先后过世，毛健在。

9年来，赵守边老师已于1994年作古，那次他陪我晚餐时说他身体不错时间我碰撞上下牙齿的情景，犹在目前。骨灰就埋在梅峰一枝最老的梅花树下。小周已调管理局工作。杜鹃花房里的小熊，现在不知何处，不过从小余陪看他出过力的樱花园（他主绿化设计），刘备校天台、朱碑亭环境，觉得这几个去处能与时代合拍。小余为樱花园去日本学习两月，青年人，不骄不躁，踏实工作，使我感到武汉园林的希望。10月30日早8时20分的班机，飞南京不到九点半，小朱（设计院司机）已等在停车场，一路高速到锡，回家正好吃晚饭。许雷又在湖北麻城、黄冈等地广泛开展园林设计业务，年轻人勇于开拓的精神，永远超越我们。祝他们前进顺利！

2004年11月1日补写

参观昆明世博会

昆明世博会早已开幕，绿办组织参观的计划已知很久，从确定至出发不过几天工夫，反倒感到匆促突然。幸好，体育公园的施工已初具形态，只是几个花坛的式样，种植内容吴局还要考虑一番，暂时停了。无锡首条高速公路——锡澄高速，种植已进入尾声，交通局"高指办"工作十分认真，隔三差五开会，讨论研究，我作为工程总监，从规划、设计到种植、施工出了不少点子，他们的书记虽不熟悉绿化，但很尊重我意见，只要说得有理，都言听计从。由于各标段绿化施工都是园林系统的人，平时就常打交道，执行起来都很努力，所以都很认真施工，把握质量，加快进度。"高指办"领导很满意，近20公里路段已是胜利在望，我也可略松口气。这两件大事告一段落，正好可去昆明世界园艺博览会一睹盛况。再晚，天气热起来，昆明进入雨季，出游就不便了。

我与欣欣虽都是退休留用人员，姚主任仍安排我们加入考察团正式名单（据说估算每人费用6000多元，可去泰国游两趟）。家里还有三名木匠在做橱，材料已买妥，大体即将完工。孙子大玮想住我们这里，我说你乖点。晚饭后他竟然一个人上床，说"我睡了"，然而还是被父亲拉出来住到对面去了，他一个个说再见，样子可怜兮兮的。长途旅游对我而言，愈来愈少，我应调整心态，退休即不工作了，留用只是发挥一点余热，看淡一点，调节得轻松愉快一点，不要紧张自己。世博会内容一定十分丰富，是学习良机，多拍照片，多记材料，了解自己，知分识命，搞好关系。

1999.5.19

晨7：30，从园林局出发，到虹桥国际机场，早得很。团长吴嘉宝，曾与我园林处生产组同事，管餐饮、照相、服务，是回城知青。导游小姐是局里旅服公司的邵萍，一个略胖的俏姑娘，一问她过去曾住新生路，与我解放前住李师母房子的附近，因她都知道阿福的爷爷是个瘫子，奶奶是个关梦婆，知道大饼店里面有个江阴人沈新昌，这人是我幼时体操同伴（后考入北京农机学院，我上北林时曾去农机学院找过），可能因被划为右派而遣送回锡了。还有隔壁的高一清和他的小阿姐，故邵萍可说是我住新生路的旧邻居。我们有许多小时候的回忆，后来的经历和现在的境况却一点也不了解，还未来得及细问。我们这个团有10多人。蠹园阿长、鼋头渚小杨都熟悉，大家见面外出旅行都很高兴。11点半后登机，西南航空公司的波音767，很大的飞机（愈大愈安全），一排有七个座位。过12时，飞机上天，迅即穿过云层，到达万米高空。眼前是一派碧空，蓝蓝的匀净之极，下面则是厚厚的云层。远处白云朵朵，飘浮、堆积，不断变幻。与小时一样，可以身历其境地想象。机身十分平稳，我因未吃午饭，很饿了。服务员推车来，我竟吃了两份（允许）。特殊照顾我。耳机送来交响乐曲，听两个小时，没有瞌睡！下午3时，降落昆明国际机场，平安地滑向停机坪，立即有悬梯接通，下车直达候机楼，与1986年来时比，大有改善。出站，昆明茶苑旅行社张小姐即举旗招呼，由中巴将我们送去茶苑宾馆，三星级。4时，天色尚早，即去旅交会会场，嘉宝等带来大批宣传材料，也要像别的旅行社一样在馆内布置，分发材料，我看到摄影师陆炳荣也在布置。明日旅交会正式开幕，嘉宝会来。吃饭在宾馆，自助餐，菜都不合口味，不好吃。晚上无事，打80分到12时，很久睡不着，同室沈明回来已一时多，我还未睡，别人有去参加歌舞会的。

1999.5.20

自助早餐，很差。近9时进世博园，门票100元，对我市公园而言，犹如天价！世博园道路、入口都精心布置，气魄宏大，宽阔平坦。入口处彩旗如林，民族歌舞乐队，如节日盛装般欢迎来宾。用红绿草组成的世博会主题标语挺括和清晰，我们从大门侧面进入，鲜花盛开朵朵，非凡品，赞不绝口，场景令人震撼，的确值得一看。我们先看的是农友馆展品，鲜花之多，组合之精美，堪称国际水平。我们十多人，时分时合，已约束不住展品对我们的吸引。欣欣一直在我身边，我为她在各处留影。看完室外庭院，又看中门展馆。上海、天津布置最新型：材料、式样明快晓亮。中午，我们吃丽江的米线，太饿了，印象不好，勉强吃完，继续参观。到处是漂亮的花朵，美景如画，目不暇接。

路边斜坡上鲜花图案色块做得很精致，细看种植质量，值得学习。我们从上午看到下午，4：30匆匆看完国内各场馆，马不停蹄，一个个追寻。拍完三个胶卷，连休息一会的机会都取消了，个个十分劳累，都喊吃不消了！对于花卉园艺，既是个人爱好，又是终身职业，再苦再累也无怨无悔。在校学习时，我还常到花房写生，记录性状，描绘形态，乐此不疲。现在又看又记，拍摄照片，条件好多了！国内几十个省市展馆，国外、欧美、日本、亚、非、拉几十个国家的场馆真乃目不暇接。园林花卉树木又千姿百态，品类万千，看不胜看，记不胜记。到了博览会这个大花园里，该住下来看几天才过瘾，现在只能先留个印象，往后再补课，再细看，看来我的打算

是对的。走着，看着，站立一整天哪有不累的？

晚上，茶苑国旅请我们赴宴，竟有几十桌。请的都是各地旅行社的经理们，我们团的成员也都来了。饭菜很丰盛，有位光头主持人说了句：让克林顿见鬼去吧，算是风趣。其实，何必与政治搭界呢！茶苑还送每人一艘帆船模型（蛮大的）作为礼品，看来很精致，但携带不便，容易损坏，破相就不好看了。我是当珍品收好，连同飞机上送的767模型机，都带回去给孙子大玮作礼品。

过去出差，我都有详尽日记，日积月累已有厚厚一叠，不下几十万字。这次只能略记一二，好在拍有照片，色彩真实，足供存念。有了现代工具，人变懒了。

1999.5.21

去石林。石林依旧，相隔18年重游，景则大变！说明园林工人的进步，鲜花、草坪、石旁灌丛，使美石之材更为奇美精致。如果说大石林因山峰密如春笋，无法加进底色，穿插了绿化景色更趋自然。小石林则由水池、草坪、小径、球形灌木、花卉点缀得如诗似画。有了地形起伏，画面有深远感，风景更生动自然。我与周相互拍照留影，有的是杂在盛装民族服饰的姑娘之中，后来她出10元，索性自己穿上民族服装拍照，包括导游邵萍在内竟有4个无锡的"少数民族姑娘"合影，开心极了。

在石林多了一道品茶节目，午饭时因人挤坐不上席。先看茶道。由两个少数民族姑娘表演，一人解说，一人当助手。四道茶是一迎宾茶，先苦后甜；二生态茶（产于香格里拉，绝无污染，全省仅十几棵，产量很小），先甜后苦，具甘草人参味，要吸出声来，方能品出其味，据说一片叶能冲泡七次；三茉莉花茶。是用茉莉花薰出来的，茶中不见花瓣，与江浙的不同，又称女儿茶；四滇红功夫茶，又称礼宾茶，有玫瑰香味，并带红枣味，是茶与玫瑰，红枣发酵而成，故具

枣香甜味。经她们这么宣传，引许多人购买，估计成交千元以上，获利不菲。回来路上，茶苑公司又带去看云南医药，大家坐停，请出五六位教授专家，一色白大褂，为大家把脉诊病，我看出这套把戏，无非介绍天麻、三七、虫草之类，不会有多少人购买的。不料，张扣红等还是买了200多元一瓶的保肝药，后来又到地矿局办的珠宝店，生意做得更大。程工为一片挂件化去1500元（原价4000元），几百元的就更多了，我们之中不乏熟知其中经营之道（公园小卖部也有出售此类业务）。成交一笔，张小姐至少可得50%回扣，晚上导游说要请我们吃一顿好饭，结果仅比石林的饭好些而已。车中闲谈，近于粗俗，下流。张小姐竟从容对答，不无挑逗，反使男同胞接不上来。什么到北京看城头，到西安看坟头，上海看人头，广州看大头，苏杭看芋头，昆明石林看石头，这是雅的。"繁荣娼盛"就俗了！这些导游老吃老做，见惯世面，怪我少见多怪了！实际我们被她忽悠。

1999.5.22

一早起床，7：20飞中甸，波音737，我与周又靠窗口，飞行一小时，机场很简单，只有一条跑道，候机室更简陋，同过去硕放机场一般。我们出来就遇到中甸的李永琴小姐，一很土的姑娘，把我们送到碧塔大酒店，是这里最好的饭店了。放下行李，即吃自助早餐，我吃了很多，因5时就起床至今未吃过东西。饭后又要去碧塔海，导游要大家多吃，中饭是带点心在那里吃。

我带来的棉毛衣裤，羊毛背心、夹克都穿上了，下机时感到正好。这里温度只有七度，海拔3300米，头有点晕，气促。这里昨天下了一天雨，地是湿的，乌云来时又是一阵雨，天老在变。导游叫我们去借了雨鞋，雨衣（但大家没有借棉大衣）。欣欣是长裙，腿上两双丝袜，满以为可以了，一到这里就感到冷，且还要骑马，裙子很不便。我将自己的汗裤给她，再加雨衣裤也

就可以了。

司机是大理来的小青年，似乎与导游争排线路，不听。他开到口子上，我们下车，他就一直等候在那里。我们下车就全副武装（天飘着小雨），然后每人一匹马，由马夫（当地藏民）牵着，沿着山道行进。藏民女的多，红红绿绿，鲜艳得很，一字长蛇，如一队马帮。我与周由一姓汪的中年男子（藏）牵两匹马。我先扶她上马，我再上马。汪牵着我的马步行，周的马有绳子牵着，连在我马尾。马不大，驮300多米，鞍不太好，木制的，很硬，上面垫了毛毯，仍觉不舒服。但因有人牵着，想不致掉下来，就跟着行进了，很有新鲜感。一路观景，一路小心骑马，约行2里许，周的马步一急，她抓的绳子脱头，竟从马上滑跌在地，铁脚蹬撞在汪的脸颚骨上，痛得他抚摸了好一会。周跌地上脸煞白，我扶她叫她动动腿，看有无伤及骨。她好长一段时间不说话，李小姐也赶来问长问短，十分关切。她一早就不舒服，肚子也不好，吃了我的黄连素，现在这一惊更如病人一般。路程只走了8公里的四分之一，前进困难，只好退回。于是李送其回到出发地，到汽车上休息。我只能继续我的行程，马帮早已走得无踪影，汪把马打了几巴掌，教训停当，我再骑上去。我骑马很泰然，除屁股有点痛外，一切感觉都好。赏景，拍照，不时扫视开花的花草。腋花杜鹃开得很盛，据说今年暖冬之故，连玉龙雪山的雪也少了，其他杜鹃盛开的还有几种。报春有好几种，还有一种开红花（顶上开花），一片叶在下面收拢如伞的叫不出它名字，我挖了半天，也挖不出其球根来，只好作罢。后来查知叫"桃儿七"，一种药材。

称海，实为高原湖泊，这里海拔3500多米，海两侧是原始森林，繁茂、高大的云南冷杉都十分粗壮，树上满挂灰白色菘萝。林中有常绿杜鹃、粉红的腋花，还有蓝色杜鹃，接近海的外面则是草甸，溪流。草甸正在长草，据说一般端午时杜鹃盛开，碧草如茵，现在草不高，但已很

鲜绿。牛、马成群在草甸上吃嫩草，放牧人很少见，更少见房舍。我一面与汪交谈，他有问必答，口音听不清。他说他这两匹马花了4000元，是好马，家里还有两匹，轮换使用，一家4人，儿、女各一，均在读书。周滑下马，他只能得我的60元钱，还好周没有大伤，否则医药费还要赔。

海在里面，幸好穿高帮套鞋，在有弹性的草甸上行走，很新鲜，边缘长水草处不可踏入，那是进去拔不出来的沼泽，再外就是水面了。我们只看到一角，此海一周有30公里，得走一天。藏民很纯朴，我将吃剩的中饭全部给了他。出来时，我骑马很稳，常小跑也不怕，只是磨破屁股，回来一看，沈明发现我的棉毛裤已渗出血来，高山反应，头痛头昏，我也有一点，但别人都佩服我身体好。如此劳累，说笑兴致依然。

1999.5.23

一早去参观藏族喇嘛寺，松赞林寺，李小姐称这是云南省最大的黄教寺庙，以前曾有僧人千人以上，现在也有700多人。僧房布局严正，最高的高层正中，统领全局。站在上面，远处即中甸县城，风水极佳。我们进入正殿，许多喇嘛在打坐学习诵经，有七八十人，都很年轻，少有白发的。这些孩子见游人进入，都偷眼看，有的还露出笑容，用围在头肩上的暗红披风遮掩怪脸。我们在导游带领下，听她讲壁画、藏教信仰及活佛、喇嘛不结婚等。后来上楼参见活佛，这是最高领导，单独一间屋，有一个帮手。被接见的人排着队。我们等了一会，才挤身进去，花5元买的一个哈达并准备几块零钱，学着信徒的样子献给活佛（他坐着）。然后在他面前跪叩三次，活佛将哈达打了一个结，连同一根红绳子（活佛打了个吉祥结，并念了经，吹口气）套在你的颈上，然后起来退三步，走到一边并给你一块糖。我们12个人轮着参见完毕，活动结束。这根红绳当然我会带给大玮，保佑他一生。

10点我回到中甸，即向南驶，去虎跳峡。一路山道都是下坡，个把小时就下降了近千米，大家都感到舒服多了。近一时到虎跳峡，吃中饭，菜很差，江鱼要80元一斤，也就不要加菜。但没有菜下饭，不得不加了个酸菜肉丝。离镇9公里，到虎跳峡，涛声震天，削壁夹住江水，中间一块巨石，激起浪花飞溅，十分壮观。上面有虎跳石几个字，不知谁用红油漆写的，我们从一条很陡的石级下去，从另一条略缓的石级上来，大家都感到满足。3点多，李小姐在虎跳镇与我们告别，我们的丰田就直奔丽江，在长江第一个大转弯处，我们停车远眺，司机告知，对面远处小镇即石鼓。1986年我曾与盘兴、老夏到过这里，江边那片柳林给我很深印象。

1999.5.24

昨晚饭后，天色尚早，即去老街走走。路边清泉流淌，小草如秀发，线条极为清晰柔和，惜未见有鱼，居民洗菜、洗衣各有场所。路边墙角，一无杂物垃圾，干净极了。走进人家，四合院内，有树有花，交谈亲切有礼。丽江人有一种高尚情操，使人信服这里不愧是唯一的世界文化名城。

今早天好，即去玉龙山下，看寺庙中的万朵山茶，其实这里我来过。后即去云杉坪，坐在白水河边停了一下，时天已下雨。白水河实际上是白色碳酸钙堆积成的岸边，盛满一池清水，如游泳池边相仿，水极清。尹导游说，洗手后，打麻将不会输。后去云杉坪，坐索道（高300米，长约千米），上去即原始云杉林，树木高大、粗，林中挂松萝，死的树身，倾倒在林中，腐朽着，听其自然。人走的道路是用木头铺就的栈道，两边还有木栏杆，是路也是桥。到里面，一片草场，刚刚绿成一片，大家都在它周围。沿木头路走，有两个平台处，有藏族及纳西族两组人在跳舞，游客出一点钱即可加入跳舞行列，又唱，又跳，尽兴一番。鲜艳的民族服饰和歌声在森林—

草坪的自然空间里成为一个极美的点缀，印象极好。可惜时雨时止，云层很厚，玉龙山终不露面，坐缆车也等了近两小时。

中饭是在一个什么山庄的地方吃的，饭菜不太好。回来又去看一寺庙的明代壁画，到城里时间很早，我们要求再去四方街，晚饭推迟到7时。明知明日还来此，但看工艺木雕，买玉石，购买欲很强烈，还是十分兴致光顾，甚至连店老板都熟了。四方街过去来过，这次印象更加深了。晚饭去另一宾馆吃，颇好，晚上，他们自有娱乐处。

1999.5.25

上午看黑龙潭公园后，又到四方街购物。我买了七只木象，大大小小七只。到大理饭店，摆在桌上，十分可观，总价不过100元。我也买了些生肖挂件，玉石项珠，共花了200多元。欣欣则已花七八百元。家宝的象最大，600多元，2个人抬很吃力，我是买东西最少的。午后，驱车去大理，道路很好，车辆也不多，司机开得飞快。这个大理司机，他在中甸害得我们好苦，家宝说要投诉他。到大理已4点多了，住苍山饭店（三星），前几天乔石来住过这里，所以一些黄色的都赶跑了，没人打电话来。明日一天游大理，晚上10时多，飞昆明，一场球赛看不着了。

丽江在1996年遭7级地震，主席像及后围墙未倒。

1999.5.26

在大理，上午船游洱海，在杜鹃号船上，听卡拉OK，打牌半天，没有意思。午后去蝴蝶泉、三塔、大理石厂，晚饭后去民俗风情园，吃"三道茶"看表演，夜10：10坐飞机到昆明，住茶苑。

1999.5.27

游西山龙门，天雨，甚冷，中午吃过桥米线，普遍不满意。下午送家宝等去世博会，小王也去了。我们看过的都回店休息，明早飞沪，估计中午前后到锡。大玮不舒服，在家休息，他通电话时问我儿童节礼物买了没有，我说买好了，望他开心。

昆明世博会花卉评比

今年是建国50周年，国庆节第一次放长假，10.1～10.7。可是，我在5日就得远赴昆明评比菊花。因而国仁约4日去宜兴钓鱼的事也遗憾地谢绝了，真正出于无奈！但我与许雷在2日去闾江口过了一会瘾，他4日也要陪客人。通知是省里来的，邀请是世博会的评委办公室，原想不去，但既然邀请方能报销差旅费用，锡澄高速及体育公园两件大事，都已在国庆前剪彩开幕，我的工作也算暂告一段落，惠良是看我自己决定。最后终于决定去，也算是一项重要技术活动，对我也是一种荣誉。

无锡已降温至20℃，昆明告知要穿羊毛衫，这次我是穿西装上阵，带一个小提包，两架相机，一包替换衣服，十分轻便。

一到昆明，出人意料的是，温度不比无锡低，西装只好敞胸，吃饭还是穿衬衫，甚至可穿短袖。蓝天白云，高原秋高气爽的天气十分宜人。而世博会里，花色更艳，红的更红，黄的更黄，绿草如茵。路边的大树已是绿叶浓郁，与春末来时光杆子不大一样，现在看清是象牙红、黄花槐、榕树、水杉等等。鲜花依旧繁茂，接待中心大厅内的大丽菊到了最佳时期，花又大，又艳，这次真要好好看看，尤其是药园、果蔬、盆景、树木等几个专类园更要细细看一看。如果说上次是游览，这次应该是真正的学习考察了，一个人慢慢学点东西，其他地方也不想再去。据说潘光华也是评委，这次可以见面，到他的金殿参观一番，有机会也要看看冯老。从内心来讲，我乐意此行。我将写好这篇"重看世博会"的纪行。

1999.10.5

我又来到了昆明！久违了，世博会。

这次是应邀作为专家参与菊花评奖，早上乘中巴去虹桥机场，因为单人出行，旅行手续不十分清楚，过去都是别人代劳，因而提早一时到上海……使充裕一点，免得紧巴巴。节日期间，很空。到机场，即上二楼，买好机场建设费50元，即去窗口办手续登机，很简单，因而在候机室里待了一个多钟点。11：50飞机准飞，波音767，我坐41排，倒数第二排，幸运的是靠窗座位空着，我挪近窗口，前后均可看清机外，自己的座位上就放我的小包。不到三个小时的飞行，相安无事。近机场下降时，有中年妇女凑过来看看昆明，很有感触地主动说她在西双版纳插队五年，1973年才回上海，已20多年了，这次来昆明待几日，相约战友，再去版纳插队的地方看看。她在看我拍高空的云朵，说拍云要去版纳的山上，那才是蓝天白云，我到过好多地方，没有一处比得上那里的。她有一肚子的话要说，我愿听，但实在没有时间。

王健处长在出口处，没有接到我，我到外面打他手机，他就在门口旁，小蔡开的车，驶向世博会接待中心。其实上次参观，就是从那里走过的。到服务台登记，大堂竟说没有人预订房间，已没有床位。我说国庆前就告知评委会了，不可能罢！王健找来陶主任，陶发火了，怎么没预订，找了一个人来，一交涉，大堂连说行，可以住。陶主任火气未消，陶是植物园的年轻人，调来这里已两年了，祖籍南京，小王视为同乡好友。他因有会，安排好我住宿就走了，我住在两人间，但只我一人，住宿含就餐。因进世博会还有一道门，我还未办好手续，进不去，时已近5时，就先洗澡，理理东西。6时多，下去餐厅，划卡，自助餐。见到石秀明、梁永基先生，自然同桌就餐。后一姓孙的老太来与梁先生交谈，梁以为我们相识，未作介绍。她也是来评菊花的。听孙自然说，梁在农大读书时（学校未迁入林学院前）她已在教书。吃饭时谈起石兄在这里治好了高血压，我连忙细问，原来是买这里的"三七"研粉，冲水服用，一日两次，半月即可降至正常（原来200多，下压120，比起来我只能算偏高），这样我也要去买三七了。

乘天色未暗，梁先生陪去园内散步，将多余的一个评委证给我，他自己有专家证。他与石都是去年9月就在这里工作，最近回家休息两个月，这次因评比工作，昨日来昆。石也是昨日来的，他们专家组共7人，外地4人，本地3人。我们评菊花人也不会多，明天开预备会就知道了。散步之间，梁先生介绍几种植物可引去无锡试试，这次倒是一个机会。一小时漫步等于听了一堂课，很有收获。回来在石兄房内小坐，他请我吃冬枣，说是河北送他的。枣近圆形，红皮，很脆、嫩、极甜。我从未吃过。有吉林省送他一袋礼物，石介绍我是菊花评委时，也过来与我握手。不一会，也送来一份礼品，使我受之有愧。老石说拿着罢，不用管。到房间一看，有两瓶是酒，两盒是人参制品。不多时，王健来，也是一份礼品，一幅是金箔画，一本画册，几片江苏音乐光盘。偌大一个礼包，我说咱们自己人，还讲客气，他说评委都送的，现在还有20多份。我连声致谢，他还要给那位农大老师及上海植物园的王勇送去。真是意想不到，人刚到昆明住下，就收受两份礼品。

离机场途中，我已用王健手机，给王叔芬报了平安，她们今天去锡惠公园了。

评菊花，可能会有一些棘手问题，如吉林是那边培育带到这里来评的，江苏南通也是在家里短日照处理见花后运来昆明，而有些则在昆明购买菊花，充作自己培育的参加评奖，如何公平合理。据说参加评奖的单位很多，每家有25个品种，每种有好几盆，这么多展品如何评，明天的研究将面对这些问题给出对策。他估计将在11月中旬离开，在这里待遇也不算高，除吃住外，每天20元补贴。去过丽江、中甸、河口旅游一次，回去休息，工资就扣除。但是参与了工程全过程，知识经验长进不必说，对世博园的贡献则功不可没，因为他们起了指导、监理作用。各省均有搞好的愿望，有内行指导，人家很乐意，评得奖，更是感激不尽。我自叹无此良机，老夏是第一批专家组成员，因与当局做法不合，关系不太好，而使当局重组专家组，老石应是第二批专家组了。

过了10时，这么幽静的环境，我其实有足够的工作干劲，一点也不觉得老。

1999.10.6

上午评委在博览局开预备会，这里因放假，没人整理办公室，也没人烧开水。评委办公室主任陶滔，一位年轻的植物园技术干部，临时调来负责这摊工作，过来打过招呼就走。由办公室陈介同志主持开会，这位七十出头的白发先生广东人，是所内植物分类专家，也是临时调来抓此工作的，中大毕业，资历很深，但显然不懂此项。正式评委共5人，即农大教授孙自然，中山公园虞佩珍高工，这两位都近70。陈介戏称虞为佘太君，余推说她比孙小一岁，这称呼应是她的。陈则称两位都是老太君，我算排第三位。广东的曾祥兴，是我同学梁振强的学生；开封刘庆峰也是一女工程师。因为陈不学此行，孙是园艺系教授，但社会上这方面活动参加不多，虞则既有理论又熟悉栽培评比活动，几届菊花都参加了，我则最后两届未参与，新的情况不明。后两届刘参加了。曾去古巴养过3年花，对菊花颇有研究，在广东算个青年能手。要大家商讨如何评审菊花，前提不明，意见不一，真难求统一。半天讨论初议10个单项评比项目，谁也定不下来。午饭在外面吃，点了一台子菜，可是味道不配，还不如接待中心自助餐。稍作休息，即去看馆内各家菊花，边走，边看边议，最后又坐下来议论。明日就要评比，心中虽有些底了，但评哪些项，设哪些奖，心中仍无数。

晚上我就单独行动，先去"人与自然馆"明日评比场地，各省参赛品种，正在紧张搬运、布置。甘肃坐汽车四天四夜运到这里，花虽然无法与别家相比，但展品完全出于自己栽培，精神可嘉。南通下午就摆好，此时不见人来，我也无法给以指点。山东展品刚到，正在布置。忽见贾祥云坐在凳上作口头指挥，拍他肩膀，他拉着我向他部下介绍，并要我与他一起吃晚饭，我说吃过了，还要去看看别的地方。他脸色黄白，显得劳累体弱，远不如在新疆那回。他是山东参展团领导小组组长。有个林业厅的，被他封为总指挥，因不懂行，还得他坐镇。总的印象山东不错，开封、云南也很好；天津、南通就差些，但有8个省是在当地买了人家的菊花参展比赛，评委认为金银奖肯定不给，最多只能得个铜牌。王健也来，同去江苏展览厅，有人正在大加布置，我提了几点意见，人家不想采纳，客气地走了。王建立不起权威，我也不能越俎代庖。昨晚未睡好，今要休息了。长途开通，与家里通了话。

1999.10.7

在"人与自然馆"的东边一个厅三分之一作了暂时封闭，只有各参展菊赛的工作人员和评委在内，从天津开始顺次一一看过去，每处都有简短介绍。天津小叶，昨天就与我打过招呼，他人瘦了些，足见辛苦。他富有经验，是勤奋异常的人，据说是唯一的绿化战线全国劳模，荣誉甚高。但一如既往，谦虚朴实，他的菊花，以新品种见长，还选育了四个季节的小菊，为城市绿化提供材料。北京也有6个新品种育成。无土栽培

也是一大特色，案头、独本也很突出，辽、吉则介绍平平，且经不起提问就露出马脚。如说及是扦插苗还是嫁接苗，居然说是嫁接培育的，短日处理，竟用黑色遮荫膜，显然瞎说。菊花都是多头的，绑扎材料都是绿染的竹竿，证实全是买来充数的。但是其他几个省市，如重庆、山西、福建、安徽等地，有自己的菊花，也少量买了一点，湖南也是全部买的。周淑兰介绍不出详情，只说老师傅急事回去了，而海南连人都不见，怕一问答不上来难看，证实也是买来的。山东，贾局思路新颖，他的小案头菊向微型盆景延伸，向艺术、文化靠拢。盆、架搞得非常精致，颇有特色。南通老老实实，品种也不太差，案头菊颇得体，王健想得大奖，估计不太可能，但银奖要帮他争取一下。四川的吊篮菊以及用一种新发现的蒿子作母本，接上小菊成为多年生，不掉叶的小菊盆景，很有潜力。展品中的八年生的老干姿态苍古，很有特色。云南蒙自的菊花，质量很高，开封质量更属一流，而且全面，几乎都能得奖。广州也不差，大立菊也很有特色。大立菊最大的要数开封和上海，都达千朵以上，看一个上午还有6个单位，下午继续看，然后再看室外的大件和分散在馆内的展品。福建一个小青年，8岁就随父种菊，这次在昆明租地种菊，很有进步。他谦虚好学，跟着我们半天，说是学到不少东西。蒙自的也一样，因为评委认为不当的，就是他们要努力改进的，他们的纯朴，给我良好印象。一天下来，腿有点酸，两位老太君居然说不吃力，71岁的陈介更是谈笑风生，佩服其精神。

晚上，可以轻松休息了。洗刷完毕，开封王然等三人来访，小坐片刻，送我双面绣礼品一件，一幅清明上河图长卷，颇珍贵。讲了很多友好的话，对九龙壁一龙未开花作了解释（主要是保持绿色，故意不让开）并热情邀请我10.28开封菊会去。这是省级大会，十分隆重，我谢谢好意，说月底苏州有个会，估计不能去了。一晃时间又过了十点，原想与中学老同学贾量权、昆明

潘光华、家里打电话，也只能明天再说了。

明天要评比了，是否顺利，将可估计归期。

几内亚凤仙有两种，谭答应给我。晚饭时他与两个柬埔寨人讲英语，我开始还以为是广东人。

1999.10.8

每天工作都由一部电瓶游览车将我们从接待中心送至人与自然馆，菊展厅内。中午，又是电瓶车送中心吃饭，下午也是如此。车是陈介先生亲自关照的，驾驶员是小姑娘，不声不响等候我们，下车后也不知她在何处吃饭，走了。园内游人终日不减，今晨电视台已告知，游人已超过800万指标，国庆最多日游人11万，现在每天也是万人以上。鲜花依旧艳丽，景色安然如新，各项比赛依次在进行。菊花之后，一两年生草花的评委今日也已到达，10日后场馆也将评比。王健今日接连云港的领导去了，看来他不仅管场馆，还兼当江苏驻昆办公室工作，故很忙，一天也离不开。

上午评比从大立菊开始，基本将塔菊、悬崖菊、菊花造型初评结束。刘、曾都带一点本位观点，陈介先生经常提醒他们，不要我们开封，我们广州，每次评议，差不多都是我首先提出方案和意见，然后，获得大家赞同，即成一致意见。所以老曾私下对我说，你看得准。说老实话，我毫无偏见，提出的建议都有道理，人家服。孙自然先生显然不及虞佩珍先生熟悉业务，分析情况入情入理，也有组织能力，只是这次组织是孙，又是她的同学，不能不给面子。其实孙长其一岁，却有点健忘，弄不太清，常需重复，而显得啰唆。不过孙很爱说，很喜欢以组长口气归纳总结，评比中一部分时间浪费在刘、曾之间本位冲突，和她的重复意见上。上午还算顺利，下午从盆景菊开始，又进行几项，因难度渐大，只完成了菊花盆景和无土栽培两项。剩下的品种菊是最难的，但大家表示，明日必须结束。来不

及晚上加班，包括最后的平衡，填单打分等手续。这样我请问陈介，是否可以考虑后路了（不是后事），我说如果9日评定，10日、11日看世博会及金殿，12日飞无锡。明日就可预订机票，陈连连称好。关系费用，陈告知，来回机票由省里报，吃住之类由办公室报。如此，吃饭后我接连几个电话，与王健谈及此情况，他明天即来解决。与潘光华联系，决定10日早上8：30接我去金殿展区。参观后，约冯老与我们一起中餐，我要求晚饭前送到住址即可。与家里电话，大玮告诉我。那些蚱蜢都死了，我说扔了，下次再给你捉，他说做木乃伊，我说什么叫木乃伊，他知道并压低声音告诉我他拿了一副好牌，有一个很长有姐妹对，天真极了。我说叫奶奶接电话，他说等一歇，再等一歇。告知王叔芬几日飞回，电话通了好一会。

1999.10.9

昨晚给贾量权通电话，一小孩接听，一口昆明话，我说你是贾量权的什么人，他说娃娃。那贾是你的爸爸？不，是爷爷。我说爷爷不在请你奶奶听电话。一会贾爱人接听，两句话就听出也是上海这边人，告知贾中午出差了，在下面一个什么水利工程，一星期后回来，真是不巧。

今日抽空采了黄花槐的荚果，此树现在仍开得热烈，只有这一株褐黄的荚果最多，我说如果能在无锡开花，不忘记诸位。虞先生说，不给你报车旅费，你就问他们要引种费。

从上午开始，中午也不休息，一直到晚七点才基本评完。陈介一定要请我们吃一餐晚饭，设在自助餐楼上，可以点菜吃得好一些。但上去以后，服务员抱歉地说，师傅已下班了，没有人炒菜，我们只得出来，步行到世博酒店，那是四星级饭店。在楼上餐厅，坐下，点菜，连司机共8人，吃得很欢。工作完成，明日我与孙去金殿展区参观，余要参加草花组评比的预备会，曾明日飞广东，我们菊花组即解散。彼此热情道别，

都说这4天工作，在一起很紧张，但又很友好团结。虽然争论不休，最后还是统一。菊花是最难评的，陈与李根据其他几组的评比，认为我们这一组是评得很好的。共评出3个大奖，金银铜等100多个，大致合乎30%的比例。江苏总算得2金奖，也算是大幸，比我预计的要好。

为了明日轻松去金殿，晚上回来，与曾一起打分，原以为半小时解决问题，结果到12时才完。老曾已很熟，我们常在一起用餐，共同提出方案，今天均以他出面提出得奖对象，其实我们先商量好了，他为我江苏得两金，起了我自己不好开口的作用。

昨晚老石给我买来两公斤三七粉，他说价格便宜，菊花村中药批发市场离此不远，质量好，共花150元。这次回去，当服用，治我的高血压，家里还不知道这情况。

又是快一点了，我还得洗澡。明日，可以轻松些了。下午回来早，还可以在世博会转转，11日将重点去几个园子，拍些照片。

1999.10.10

潘光华明春退休，今日随车陪我去看他的植物园，同行还有他的副所长、小杨，云大毕业的年轻人，我与孙先生。今日作轻松游览，先到了他的蕨类植物园，这是一处新建的专类园，许多蕨类种植在斜坡林下，环境很好，中段有一个简单荫棚。遮阴膜下，在中间走道两侧都种有小型荫生植物，不乏奇特的观叶种类，但游客不多，虽然无需另买门票，而且金殿就在上面，一条斜道直通。主要是专业性太强，吸引力不太强。出来就上金殿，与我过去来时大不同了，游人大增，环境也更美。所谓金殿，实际是铜亭，北京有，南京有，昆明的体量最大。老潘在园内一角仿造了其他几处，道教的铜亭，比例稍缩小，形成一个区，有一条小溪穿过，布置得很漂亮，这是老潘自己搞的，费用也是植物园自己出。话中对局里说三道四不服，因为他们不出一分钱。山茶园现在不是花季，所以也不太吸引人。到温室区给人全新感觉，都是钢架支撑，空间很大，直径有近20米，因为不加温，所以没有附件，干干净净。室内植物则十分丰富，他的兰花比我们品种多，数量也大，都是一片片成为一个群落，高矮搭配很好，而且种植地提高了，边缘有挡石，道路放低，使观者观赏植物更亲切，这是老潘的细心之处。植物集中有多肉类、海棠类、兰科植物，海芋以及荫生植物等等，比我见过的植物温室都好。温室只花了800万元，又便宜，又实惠，老潘很得意他的创新。温室出来，到他办公室小坐，刘克胜早在到山茶园之前就过来陪我，是老校友了，提了一袋山玉兰种子，他是接到夏泉生的信，采了果，特地要我带回。他还是那样瘦小，看上去身体不太好，问起杨其森，意外得知他竟于上半年病故，是心肌梗死，太可惜了，应是退休不久罢。老刘没什么病，原在搞木兰科植物，也算权威了，现在专管濒危植物，说话慢慢地，学者风度，与过去一样，请我抽烟，向我介绍他研究的植物，正好我对滇丁香、滇栾树很感兴趣，想引到无锡去。看来我要建议专人来引种，这两种都有可能引入无锡。后去杜鹃园转了一下，因约好冯老12点接他用餐，没有细看。西鹃在这里落地，现在还在开花，这里山上的映山红，有套瓣的。园内有几十种常绿杜鹃落地，数量也不少。这里地域开阔，发展尚多余地。老潘想在2001年在此举办全国杜鹃花展，并请我们这些老同志来评比。

冯老住在中科院里的一处住宅楼，住底层，环境不错。我进去时，他已站在门口，身体很好，没有耽搁，扶他一起上车，到这一小区内一家白族餐厅用餐。这里车已停满，足见这家餐馆很有特色。因为都不喝酒，吃一些橄榄汁和盖碗茶，吃乳扇，汽锅鸡，饵块，冯不敢吃辣，我还可以。席间谈及世博会，他在开幕前去过一次，至今没有去。看不惯洋花、洋草，这是一个老植物工作者的不满。他原先是专家组成员，后来不知怎么，李嘉乐、老夏等都不参加了，换成了现在的梁先生、石工等人，对此他又不满。饭后送他回家，再送我们回接待中心。我们与老潘、老刘、小杨一一告别，谢谢老朋友的热情接待。

孙老师还要与我校对打分，稍洗涮一番，即在我这楼内找个安静处，工作了一会。外面太阳正烈，到四点多，打分完毕，孙老师还在继续。我一个人进园看药草园，这是我上次没有细看的，故特别仔细。盆景园就在旁边，也顺便看了。

晚饭后，看中巴足球比赛，2：1胜。王健来给了我后日机票，报销了来的机票，又给我机场建设费和回锡中巴费，我只要回锡给他寄票据了。旅差费，他不提也就算了，反正得了评委辛苦费500元，支付绰绰有余。看天津世界体操赛。此时又到了12时，明天再看世博会，晚点起床也不要紧。现在担心，这么大的纪念品怎么带回去，行李不轻啊！

1999.10.11

天气变得捉摸不透，下雨了，夹克穿在身上，有凉的感觉。老石坚持穿衬衫，他说耐寒，他提醒梁老师带伞。梁说，不会下，下也一会儿就过去。出发前竟一阵雨下来，我随他们评审组去国际馆，我因无伞，坐电瓶车，淋不着雨。在国际馆内，可以随便流连，与五月份的印象还可做些比较。外面的雨越下越大，天上尽是乌云，还夹着轻雷，这样我就定定心心在国际馆细看，从底层到三层，无人打扰，也不心急。我拍摄了法国的大型干花插花，看了日本馆内植物的变化，朝鲜馆的金正日花（球根海棠）已撤去。许多馆内都大卖工艺品，大都是黑人，有一件小木盒中装一只金龟子，腿脚微微抖动，要价5元，我迟疑了好一会，想买给大玮，后考虑经不起小孩折腾坏掉，而后在馆内中国人设的摊点买了一个陀螺，10元，在八佰伴好像也见过。还有一些首饰、挂件，质量不错，但难辨真假，价格

比一般都高，也没意思。在丹麦馆，我看完了安徒生的介绍，此人竟终身未婚，写童话也写书和剧本。一位丹麦人看我如此专心，给了我一个尼龙袋，并拿出一大把发给观众。我看了英国馆介绍中国园对其影响。大照片邱园的中国塔，还有巴比伦空中花园的图画。午时雨小了，即去外面的园子。到德国园荷兰园都见到常绿杜鹃，有的开着花，细看球形的下面是砧木，接处膨大部分很明显，但不知砧木是什么。看去，不像杜鹃。日本园水溪边出现了荒草，路边斜坡上的灌木色块，掉叶不少，如红枫只剩顶端，大叶，金叶女贞也在掉叶，还有红叶小檗之类。肚子很饿了，过了几时，走回中心吃饭，又吃不下去。说实话，云南的菜做得不好吃，包括外面餐厅，不过价格便宜。昨天，在白族餐厅，还不到300元。吃饭时，又下雨不止，只好在房间里看电视，整理自己东西。

2时后，雨停。我又去看各省的园子。这段时期，看过一些园子的设计介绍，有了更多了解。又看了农友园、天津园、福建园、甘肃、新疆、陕西、青海、广东、香港、北京等地，加深印象，看来那次太粗糙了，甚至说不上什么。经这次又看，记住了。顺着西晒太阳，我先到鲜花大道，然后去竹园，石竹林边一直往里走，直至果蔬园，看到人参果的介绍。小秋问我，我就可讲出道道来了。我摘记了它含的营养成分，因它的防癌物质被誉为"生命之火"。盆景和药草昨天去过了，便进中国馆，将5个大厅全部重看一遍。这次既看实物，又看设计的分隔手法，四个直辖市还是十分好，福建巧在那些突出的多肉植物，江苏馆也不错。农林厅的黄硕与我谈了设计构想，觉得他还是动了脑筋，很重内涵挖掘。我说餐桌上的园艺是我提出的，前言文字也是我起草的，他赞扬我文笔好。他说餐桌上的园艺要成为专利，现在大家都学我们。他对评比中的幕后活动不满，我说这也没有办法。因为农林厅一女同志认出我喊我"黄老师"，这样才与黄硕交换

了名片。在一号厅想看看云南馆等，一工作人员大喊闭馆了，人都走了，游客不能再去了。我继续往里走，我说是评委，他竟拉我说评委更应带头，我说你推我干啥，我重申我是评委，不会动你东西，你放心。一个保安过来，很客气，放进去。今日见到王莲英，他来评一两年生草本。毛培林是自己来看世博会的。

打点行李，四个包，一本书和一瓶女儿红送王健，减轻我的负担。昆明之行结束了，明早8点飞上海，再见，昆明的朋友们！

1999.10.12

还是那个班机，近11时飞抵上海。有无锡中巴，即在外面。11：30开往无锡，气候与昆明一样热，只是见不到蓝天白云。在世博园整整一周，留下了更深刻印象，带回的种子和凤仙，但愿能在无锡落户。

王叙芬不在家，厨房里没有吃的，我就索性骑车来惠山冲胶卷，吃碗素面，与同事们欢聚。小别十余天，又回到温暖的集体中。昆明之行是我最后几次出行之一，机会不多了，论身体状况，我还是可以做几件事的。像虞佩珍先生，她已近70岁了，还参与几个评比活动，我至少也可以工作到70，就看有没有机会给我。

难得有机会，单独住一间，所以能每晚写些感受。这篇记行，到此画上句号。

1999年10月12日

玄武湖小景

233

全国园林植物专业委员会乌鲁木齐年会纪要

七月初专委会秘书长徐佳的活动通知寄来：中国园林学会园林植物专业会议定于8月5日在乌鲁木齐召开，我心里又高兴又不安。新疆是我国面积最大的省，有16个江苏省那么大，去新疆不比出国容易，它是我国面积最大最西端的省，路途遥远，人迹稀少，充满吸引力。能去那里领略大西北的风光，则不虚此生。机会难得！不安的是局里会同意我去吗！这纯粹是一次学术性活动，与生产、业务、经济、效益都谈不拢头，这活动重要性也不甚高，这委员会的成员无非是北京、上海、天津、杭州等几个大城市，江苏就我一人去，这可能是当初成立专业委员会时，刘国昭或谁建议把我安排进去，我自己都不知道。前年，在烟台第一次会议，我就是指明的委员，去年第二次因无锡办全国菊展，我走不掉，未去常州赴会。

我将会议通知给了刘国昭，他说等李局长日本回来请示一下，我平淡地等待了近半月，因为天热，出门也是苦事，不去，在家也很安闲。李局回来后，从日本带给我一把折扇相赠，作为我去新加坡回来送给他邮票、钱币的回报。后刘局转告，李同意我去开会。在通知书上刘写了同意参加字样后，还给了我。这一下定了。一方面买机票，一方面打听附近有否同伴。又是焕忠，帮我买到了由上海去乌的机票，票价竟达1120元。与徐佳通了几次电话，知道苏雪痕这次也去。我们是同级同学，曾在1979年济南会上相遇，并同登泰山。杭州顾文琪、冯祥珍等，上海还不清楚谁来，大连朱总、天津马局长他们比我早一天去乌市，我三日去乌比徐佳早一天，4日报

到，5、6两日会议，7、8就日是看天池和去吐鲁番，多么有吸引力的新疆之行！"吐鲁番的葡萄熟了。"新疆的哈密瓜、苹果、西瓜都在这时品尝，人们都说8月是新疆的最佳季节，自然会议组织者，是不会不注意选择最佳当口的。叙芬劝我别去了，太远，天太热，说我已经瘦得没有肉了，但怎动摇得了我意志，女儿半年多闲在家，倒想跟我去，然旅费昂贵，又有诸多不便，劝其免了，其他人却只说注意身体，黄震则要我带哈密瓜、葡萄干之类，同事都祝我一路顺风，老刘说一路小心。各种祝愿使我心中一阵温暖，也有不说话的。我与李局就没有去打招呼，反正去定了"亚克西"！

1993.8.3

昨日大雨连连，晚上凉爽，今晨一早就暖烘烘的，预计又是高温，我是坐火车去上海，等10路车，好久未到，离开车只有半个多小时了，许雷常以"打的"为口头语，我拦下一辆崇安街道的出租车去火车站，我谎称是崇安绿化处的，想同一区的人，可不要斩我啊！在车站停下，"15元！"没有时间争议，斩就斩罢，反正报销。三阳到火车站，快行半小时，一个起步价而已，本想为公家节约一点，想着就老不高兴。

单枪匹马出门，到上海总算让我找到113路。到胶州路下，又走了一段路到民航乘大巴处，3.5元买一张去机场的票，半小时就有一大巴送去虹桥。通过安检，进入大厅才1点多，见许多人都席地而坐，也有围着打牌的，因有空调，比外面炎热的空气，这里简直是天堂。在天堂里

不顾身份席地而坐也就不同凡尘。去过国外的，看这场面就显得没有教养，中国人太多了，哪儿去安置这么多坐位呢！现在我也坐在地上，旁若无人地在写这新疆之行的序段。

在旅客中，遇到一家在克拉玛依工作的中年夫妇带儿女来锡去马山疗养（满20年工龄即可有一次享受，全家出来疗养）。我向他们打听新疆的气候，大人小孩都说新疆好，问马山太湖如何，也说好。交纳机场建设费（15元），再次通过安检，然后坐到候机室。外面乌云密布，一场大雨袭来，机场如同泽国，很响的劈雷，有点吓人，但飞机照常起飞。登机已4时半过，看来不准时起飞，似乎是航班通病了。

客人坐定，就送上一把扇子，于是个个挥动起来。座位前有一帮日本人，只有在她们交谈时，才听出是日语。邻座是两个银行女职员，白领，她们到乌市后还要向南坐车400公里，这次出差20余天，正好渡过酷暑，因而也交口称赞新疆的天气。她们冬天都已不穿棉袄，羊毛衫外加一件呢大衣就外出了。家里及工作单位则24小时维持在16℃左右，夏天中午可热到30℃左右，那是很少的。早晚最低只有几度，一般20℃左右。现在正是各种瓜果上市，新疆有"瓜果之乡"美称。她们告诉我葡萄要买小粒的一种特甜，可以带3-4天不坏。葡萄干要买绿色的，瓜果可以带果脯，有一种杏，肉厚、甜，连杏仁都甜很好吃，我渐渐也对新疆也有了些认识。

4点三刻起飞，极平稳，然而它并不向西，而是向北飞往北京，补足客源，然后绕道向西飞。行程增加后，又可提高机票价，真会经营！飞机是新疆航空公司，租的苏图154，连机务人员也是"老毛子"。一个半小时到北京下机时，他们也下机休息，一个小时左右，我们又坐原位。晚8时，机外一片漆黑，我们才真正向西北的乌市飞行，飞了一阵之后，天色却反而明亮起来，上下都是云层，乌黑、浓密，飞机从亮光中间一条狭缝中穿出，露出蓝天和霞光，红的黄的，似日出前的美景，飞机向西，如同追赶落山的太阳，一路过去很长时间是这样。

新疆比北京晚2个小时，他们一般要到晚上12时开始睡觉，上午9：30上班，下午8：30才下班，怪不得我打电话总是打不通，时差也！3个半小时飞机到乌市，窗外可以看到灯光和机场轮廓，落地正好11时半。下机时凉风习习，很舒服，温度为18℃，走出候机大厅，外面接送的人很多，我很容易就找到园林局的人，一辆乌黑的小车等着我，一位中年女同志，举着牌，我上前自我介绍，她说就等我，今日再没别人来了，交谈之后方知她叫王二荣，是惠良的同学，我们都是校友！她说王亚哲（我的同班）去年已退休，这次帮我找她见见面，她的同学还有三人在乌市，两个在规划设计院，一个当区建设局长，工作都很不错。

下榻处为天山大厦，晚上看不清房子有多大，但只觉得陈旧，她领我到服务台交了10元押金，领一把钥匙入住325一个大房间，说是明日再调，会议要在4日开始。

房间真大，足可隔成两个标准间，卫生间也大，只是设备破旧。我进门时5个铺位，已有3人，2个睡下，1个还在看电视，我怕惊动，稍洗把脸就上床，看电视的也关机睡了。我的兴奋，真想开灯写日记，然而那么大房间，天花上只有一条日光灯，桌上电视机、电话机，别无他物，睡不着也要躺下了。天气是那么舒服，厚被子一点也不嫌热。早上起身才注意到房间是地板，覆着彩色花纹羊毛地毯。

新疆，充满神奇，我太想了解她了。

在走廊里我见到了早来一天的朱璞，他是大连总工，今年已64岁了，风度颇好，天津高局长他们到已闭门睡觉，明日，我将与他们一起看苗田等活动。

道路很宽，行道树有2-3行，都为白腊。两侧时有小星星闪烁的夜市，有一条是打康乐球的摊子，11：20还正是夜生活的高潮。

1993.8.4

到7时我就醒了，在乌市可是太早了。一切洗理停当，就走出宾馆，在对面街头吃豆腐脑加油条，一共8角，也不便宜，只是豆腐块大，除了榨菜就是辣子，鲜味不足，量倒不少。然后去市府前的人民广场看看，那里有许多人在锻炼，有跳交谊舞的、打拳、舞剑的，打羽毛球的。广场是水泥地，周围有绿地，看到黑心菊、金鸡菊等花卉，我穿着短袖子，只有在阳光下才顶得住寒冷，回房赶紧将夹克穿出来。

上午10时，何迦图来，他是尤海量的同学，邀我与天津、大连的几个一同参观苗田、花田、植物园，车子比大发多几个座位，看来乌局派头也很有限。所到之处都是西瓜招待，以瓜代茶。这瓜很冷，如同冷水浸过一般，水分多、甜。他们几位对植物、花卉都很感兴趣，所以我也很受益，跟着看，照相、记录。这里上午上班后，午后1时半才下班。午饭时约二时，去植物所对面一家餐厅吃面，先是一杯茶，接着拿来了每根长30厘米的40根羊肉串，咣啷一声掷在桌上，吓人一跳。我吃了4串，几乎吃饱，是座中最少的，继而每人一盘面条，那才叫"条"呢，比我们的面串条突起一些而已。两盘炒菜，里面也有很多羊肉片，我只吃了一半，也是座中剩得最少的。这里羊肉毫无异味，应该说好吃得多，只是我要留有余地，怕吃坏了来不及。果然在看了植物园的引种后，回到植物园接待室吃西瓜时，一种火辣辣的感觉从胃中升上来，肚子有点不安顿，连忙吃多酶片。

晚饭前徐佳、徐琳、苏雪痕、贾详云，还有一个叫崔吉如的56班林业系的（他认得我，且记得我在《园艺学报》上写的文章），见到熟人、友人，好不高兴！晚饭是乌市几位领导为大家接风，在对面的新奇乐大舞台，底下餐厅包了三桌，也吃到了很新鲜的海虾、海蟹。有一条非洲卿，近一斤，前所未见，是利用工厂废热水养的。

晚上开碰头会，韩宝庄带了人来，我这个大房间只剩一空位。大体定了日程，会议9日结束，10日可以离开。但新疆难得来，苏建议多看些地方，我与贾很赞同，但乌市接待有困难，得体谅。议定增加去白羊沟、菊花坪一天活动，还得缩减交流会议才成，明日苏与乌市林科院联系，能否去天山3800米的草甸看看。若成功，愿多留1-2天，再离开。看来火车票不好订，回去还是飞机，钱很紧了，不管如何，借钱也要回去。兰州、西安，这次就不光顾了。没有机会也不悔，新疆毕竟最难得。原打算坐火车，沿途一路看过去一定很美，便宜实惠，只是人辛苦点。

现在已是12点一刻，只吃西瓜，代替茶水，时差关系，只要肚子正常就好。明日开幕式及交流，一天完毕，6日就去天池考察。

要紧关头，眼镜对中折断，低劣产品不能戴，暂时用胶带与镜片粘牢，勉强可以戴上看看。

这里没有蚊子，也很少见苍蝇，晚上又凉，故睡得很好，天空大亮，没有近傍晚的感觉，电视新闻联播节目刚开始，真是一大奇观。

乌市送来瓜果，几十个桃子，无锡产水蜜桃，1个顶4个，西瓜最好又大又甜，黄弹子哈密瓜之一种，一两斤一个，金黄浑圆。无核葡萄，皮薄极甜，没有籽，真的吃葡萄不用吐葡萄皮，让我们一饱口福。

1993.8.5

王二荣将王亚哲找来了。会议刚开始，主持人贾祥云正在一个个介绍，将轮到我时，王喊我，我当即出门，见王亚哲戴着黑框眼镜，一个瘦弱小老太，几十年不见，大变了！握着她的手，连说："瘦了。""身体怎样？""还可以。""有什么病吗？""没有。""你也瘦了。""要在路上不敢相认，从前你是那么健壮！现在头发也白了。""是啊，32年没有见过面，离校时，我们才20多岁，在班里算是年龄大的，我们都是35

年生，2年就退了。"苏雪痕也在一旁，他还是矮墩墩很结实，在我眼中一点没变，他们也从未见过面，这次我们三人能在乌市会面，太不容易了！在会议室里我们照了相。二荣准备在乌的北林学生都召集来搞一次欢聚，苏是教授，低班的都是其学生，老师来了，当得欢迎。王亚有事先回去了。开幕式当地领导讲话，到会的张市长，看来很了解园林花木，竟能说得出福禄考等许多花名称。他对那么多专家到来深表欢迎，要大家多提意见。一切客套结束后，即开始学术交流，我第四位，没有受到15分钟限时警告，很从容谈完四个意思。上午到我为止，下午4时重新开始，交流很热烈，内容也很好，细听可获得很多知识经验。

乌市局邹书记是这次会议实际东道主，我们曾在北京花展时见过面，一个很魁梧的女性。她对大家的生活很关心，明日上天池，每人送一件羊毛衫御寒，看来，非带去穿不可。

与苏、贾都说好了，9日会结束，再留2天，想办法搞车去"冰达坂"，为此，我也是12日飞上海或南京，杭州九人至今还未到达，无从商量。

晚饭后，上红山，鸟瞰全市，这里是宏伟的红山公园揽秀园，如此干旱之地，有大片林子、绿地、简直奇迹！不浇水会全部枯死，水对乌市是最严重威胁！乌市局上半年执行精简，原80多人，下了一半，今晚去的揽秀园，就是那些人办的（政工科长当了卡拉OK书记）。我们几十人过去，差不多坐满一层，沏茶、鲜桃汁，还唱歌，但我们这些人却不善歌，推了半天，还是天津高局长出来唱了一首"金瓶似的小山"，音调不十分正，歌词也不很熟，但嗓音高亢。他这一带头，并未有人跟上，还是新疆同志请这里的经理，一位年轻潇洒的姑娘唱一曲，以解危局。谁知这一曲却竟是我一直想听的"冰山雪莲"，这歌曲唤起我60年代在浙西山区的情景。

乌市街头风俗小吃很多，夜市却在人行道上，露天设摊，人头攒动，十来点钟，真是时候。

1993.8.6

8时吃早饭，8：30出发，在这里是起个大早了，汉餐厅为此提早给我们做玉米面汤和油条（极松软，我吃两条毫无不适）。天晴朗，羊毛衫还是放在包里，两用衫穿上已足够。

一共4~5辆车，同时出发而并未一起行动。小车当然最快，我坐面包车，而且是辆常出故障的面包车，昨晚接杭州冯、顾也是这辆，从机场至宾馆开2个小时。出乌市，渐渐荒凉，树少了，杂乱景象多了。道路不宽，且高低不平。乌市东、南、西三面是山，只有北面敞开，地形由南向北倾斜，走的是下坡路，倒也顺利。穿过郊区、县区，面前出现大片荒漠，别说村庄，连一间房子也没有。平坦的土地无边无沿，然而黄的、暗红的、土黄的满满一层贴着地面，极少有绿色小树或花草，偶见矮小的柽柳灌丛。地形连绵起伏，似乎是寸草不生，干得一滴水也没有，好像生命只有星星点点。略高些的山坡，圆浑的，没有一丝冲刷痕迹，土和石砾都结合得密密实实。没有风吹、雨淋，水分都被烈日抽干了。

车行个把小时后，出现大片向日葵，连片金黄色大花令人振奋，有许多一根上长好几个头，这样不是使果盘小了，产量低了。身旁的弓局长告知，这是油葵，出油率比菜籽还高，是这里主要油料作物，子略小而短。这些作物的出现都是因为有水的缘故。有水也就有人，有了作物、玉米、树木、住屋。凡出现林带的地方必有大企业，因为没有实力搞水，树长不起来。乌市炼油厂、化肥厂，都有良好的绿化，油田，有很长很高的防护林带，高高的杨树和沙枣灌木丛。

我们的车慢慢转向东，向着积雪的天山靠近，我们已与其他车子离散了。过了阜康，直对天山驶去，开始走上坡，车子渐渐像走不动似的，最终在高坡处停下，司机说回头到阜康修理，上不去了。我们只好对着天山叹息，想别的车早已上山到了天池边了。

车上有乌市三位局长，他们买西瓜让我们在路边小歇，自己站到路中，找班车或招手车。约个把小时，我们才坐上中巴，直奔天山，沿路看到了滚滚流淌的小河流，这是融化的雪水。沿河边，粗大的松树林很苍劲，林间有哈萨克包，那是比蒙古包小的用白色毡布建搭成的帐篷，有维吾尔族老人、小孩在走动，山上则仅有灌丛。再上，小路之字形，车开始爬高，天池海拔1800米左右，游车、游客越来越多。在一处，没有看出是门岗，我们买了门票（5元）才放我们开进去。看到了小天池，传为西王母洗脚处，实际是一个小水潭，水呈碧蓝色，那是水深的缘故。山包上有了古式亭子，草地边缘一个个哈包耸立，而壁立的群山，在阴坡都长着高大茂密的天山云杉，它们都在山沟里抱成一团，由尖削的山脊包围着，小片的、大片的，有的像叠罗汉一般。自下而上全是云杉，直上蓝天，这才是新疆特有的景观。

哈包前，少数民族兜售纪念品，各式各样的衣帽（15元一只）。药材有雪莲，有干的也有当时采的，那是一个暗黑的球状物，被好多片白绿色苞片裹起来。还有哈族青年，骑马站在路中，问："骑不骑马？"说得很快，有2人一骑的、单人的，也有牵缰绳与随你自己跑的，那些矫健的少年，骑马已很熟练，快步从我们身边跑过时，我真怕马踢着我的身体。

到天池已是1时半，总算找到我们的一群，告知2时在一个饭馆吃饭。我们几个急着利用半小时跑到水边，泼弄清澈的雪水，景色真不错。天池3平方公里，水深300米，有两条漂亮游艇载客游览，还有几条快艇穿梭，使平静的碧水扬起波澜。拍了几张照，想找块天山石头，没有好的。看云杉林中，巨石耸立，偶有几个哈包，包外有露天垒石的小灶，烧水、烧奶茶，供客人饮用，也有集体来玩，大锅煮羊肉吃的。

中饭是一盘菜一盘面，味道、质量与4日吃的差远了，肚子饿了，照样吃了大半。午后去池边捡石，这里植被很少，且不能随便搜集，以免罚款麻烦，苏雪痕就遭哈族人追罚（结果没有罚）。可惜我没上山顶草地，登高眺望。4时半，我们坐车回城，到市区堵车严重，到家已过8时，因杭州四位武汉1位有论文，晚饭后9：30继续交流1个多小时，此刻已近1时，明日去白杨沟、菊花甸，希望能真正考察一下植被和景观。

1993.8.7

昨天带了毛衣上天池，结果没穿，连夹克穿着还热。今日去菊花甸（台）也属天山，路近一些估计不会比天池冷。早上9时吃早饭时，天气已热，告知乌市今日31℃，算高温了，这样我只穿一件衬衫，夹克也放在旅馆里了。

车子已修好，一路顺利，我们从另一个方向去天山，眼前景色决然不同。地皮上均有草、花覆盖，远处山冈也是绿的，并有墨黑的云杉挺拔地一簇簇插在山坡上。路边虽然没有一株行道树，但两侧草长得颇茂，时有大片农作物和蔬菜地。黄黄的小麦尚未收割，蚕豆长得很高，简直不认得，开着淡紫花或白花的土豆，也是大片地栽培着。弓局长告诉我，这里的小麦有的一直拖到下雪才脱粒，使内地人真不敢相信。这里虽然村庄依然很少（泥墙没有窗），但显然雨水丰足，已完全不是荒漠景观了。

白杨沟因是旅游热点，今日又逢星期六，我们没有挤这个热闹，直接去菊花甸。路不太好，有时在河床里走，河水时断时续，小得很。在一处关卡，佩有保卫臂章的哈族人拦住我们购票，幸而原来一书记与乌市局长都熟悉，自然好办，还请了一个护林员坐在我们车头做向导。小伙子叫巴特尔意为勇敢之意，26岁，尚未结婚，弓局长打趣地说怎么不找对象。得知找对象，哈族也讲彩礼，给爸爸一匹马，给妈妈一头牛，给爱人做衣服，还要有一个毡房（5000元）。我随口说了一句"讨个老婆要花2万元？"他摇摇头说："不要，1万元即可。"进去有四道口子查票，巴特尔一一化解。车子在山谷中一条很小的路上行驶，一巅三摇，相当漫长，两侧风景令人振奋。山坡是绿色的草，像铺设的一样平滑，阴坡长着茂密、挺拔的天山云杉，浓绿的树林与浅绿的草地形成强烈对比。山脊线的流动被浓绿的云杉衬托得格外清晰，一层层直向远处推去，而最后面的山峰就没有云杉的身影，只有一种灰色，但也没有雪峰，可能雪峰还不在这个方向，或在更远的地方。车子一旦停下，我们就下车，捡石头，受贾局影响，看来看去也未找到理想的。天气凉爽得很，山沟的流水很急很清很凉。我们往里走，似乎没有尽头。时已近12时了，几个车子到齐后，我们也差不多到了菊花台下的山沟。有几个人打算从沟底爬上山冈的草甸一看，不过百余米，要上，半小时也差不多。但既然有车，我也就往里坐了好一段。车子似乎有毛病，停下时，我就弃车登山。走捷径，当然有些吃力，但慢慢

上去，终也到了山巅，景观之好，实在美妙。一侧是草坡，无一树木，一侧是云杉密林、整齐，高大、粗壮，茂密得看不见深谷。虽然没有任何灌木在林下，而山沟对面又出现了绿色山坡，眼前高大的云杉成了近景。草坡脊线处又是整整齐齐云杉林的树尖尖，像一条带子，横贯着无头无尾，这种景观只有天山才能见到，我认为这里比天池更好。山顶上是一片很平的牧场，宽数百米，长1000余米。这里有铁丝网，围起来防止汽车和羊群进入，有3～4个哈包和一些哈族人，哈族小孩则骑着马，等候游客骑马或照相。人显得那么小，天空和自然那么平和广阔，蓝天、白云一尘不染。草地上以白三叶为主，间有天山羽衣草以及一些菊科植物，白花点点中，偶有橘黄色花朵。苏雪痕认为上次来的不是这里，应有更多的花草种类，色彩更丰富。我被这天然景色感动，又为哈族风情所吸引。我们在一个高大哈包前饮奶茶（0.30元/碗），主人很客气地搬出地毯来，让我们垫上。许多人都用过，喝热腾腾的奶

天山脚下（1993.8.7）

茶，这是她在旁边的露天炉子上烧开的，牛奶加茶砖，并加了盐。开始我不爱牛奶味，半碗之后习惯了，一大碗竟喝光。我们每人发一袋干粮，我解开袋子，有3个烧饼（甜），一个面包，一条火腿肠，一包榨菜，一罐草莓汁，半只烧鸡。2时许了，肚子真饿，鸡吃着特别香，竟吃了大半，饼只吃了一个。乌局的人还买了老汉一个羊，由一哈族老者在宰杀，在地上掘个坑穴，用一把小刀割断羊颈（四足用绳子捆了），血就流在坑中，血水渗入泥土，没了影踪。好一会，任人宰割的那头羊倒在地上，还在抽动，看了真不忍心。过一会有个青年在四个脚上横割一刀，然后划开皮毛，我不忍再看。一忽儿回过头来，羊已剥得精光倒吊在一根木柱上，羊皮摊在地上，内脏一件件放在羊皮上待处理。老者一块块割着羊肉，扔进旁边大铁锅中，倒挂的羊身，渐渐缩短，最后只剩下颈肩部分，羊头是否放进去就不得而知。生起篝火烧羊肉时，我已骑过马，与哈族老太交谈，进过哈包，似乎没有什么事干了，但大家肯定要吃过羊肉才离开，我便与克拉玛依的杨光走进旁边的云杉林中，因为我感到一件衬衫，挡不住寒冷，非得活动一下身体才好。我们顺着山坡在林间往下走当然不费力，太阳已斜向西面，在林间则有阳光射进来，暖烘烘的。林内都是泥炭腐殖土，没有石头，地被植物很少（苔藓不少），只有一些蕨子（不知有毒无毒）和小云杉苗，我挖了一枝，用苔藓包了，放入尼龙袋。砍伐的老云杉根还留着，直径六七十厘米，当在百年以上了。沟底觉得深不可测，怕上来太累，也就不再下去，返回至台上，他们已在叫喊吃羊肉了。有人将羊肉从锅中捞起，用刀割成一块块，小的在我看来也很大。我是坐在哈包中品尝羊肉的，拿了一小片瘦肉，沾沾盐水就吃，但膻味使我不敢吃第二块。这仅是煮熟而已，并无各种佐料，我自尝过了。其他人则吃得津津有味，而且拿来白酒在草地上站着、坐着，尽兴干杯，继续吃，我早就逃之夭夭。他们以地方为代表，大碗喝，大块吃。后知此羊250元，包括我们在草场内喝奶茶及活动等方方面面一共花300元，真不贵！

到3时多，我们才从草场另一头驱车下山。一路上花草不绝，几次下车照相，苏老师高兴地大呼上次就是这里，这里才是五色草甸。红、紫、白、黄无数花朵交织在一起，构成一幅彩色地毯，而白三叶在其中仍占主要地位，紫红色的天山老鹳草，花大而密，一片紫红也十分壮观，龙胆（紫）、糙苏（红）、飞燕草（紫）、野油菜（黄）还有一些叫不出名，连新疆人也认为今年雨水多，草长得特别好。我们看到有人已将草割倒在地晒干，这是为牛、羊冬季饲料作准备的。

那位哈族老太，其实年仅47岁（仅属中年），还是中学生物老师，丈夫是中学维语老师。她有6个子女，长女医学院毕业已工作，次女护校今年毕业。三女，普通话讲得很好的胖姑娘，在帮妈妈烧煮，她今年高二，明年准备考西北民族学院。老四也是女孩，穿牛仔裤，她今年考一中专，尚不知分数线。底下两个都是儿子，一个初一，在山下学校的家里，最小的读小学5年级，羞答答地不离妈妈。她们是利用暑假上山借哈包赚钱来的，一个暑期也能赚三五千元。哈包可以出租，每夜收100元，也算是下海罢。

今天觉得很丰富，明日吐鲁番，一定更新鲜。

1993.8.8

要去吐鲁番，离乌市180公里，早晨8时就开饭。生活车小面包先行，我们一个大巴，大小31人，8时45分出发了。吐鲁番是有名的奇热之区，是新疆海拔最低处，一般只有几米，有个艾丁湖的水面，则低于海拔100多米。然而到晚上也就凉下来了，曾有民谣，"早穿皮袄午穿纱，手抱火炉吃西瓜"，昼夜温差变化之大，大陆性气候的新疆大都如此。我受了昨天菊花甸的冻，今日想不带夹克，幸而清早天凉，没有夹克顶不住，又想到，如果烈日当头，夹克也可抵御一下，听人说吐鲁番的人就是穿皮靴走沙滩的，有隔热之利。我穿上了，真是太对了，那些穿得很薄的短衣、短裙的人，在深夜1-2时回到乌市，一路冷若寒蝉的情景，只有他们自己明白，犯了大错。

出乌市东南，同样是荒漠的样子，我们要从东天山与中天山之间的豁口穿过去，吐鲁番属南疆地域，接近天山，看去不远，路也挺长，很久才看到天山脚下的盐湖。这是一片狭长的水面，水是一样的蓝，没什么特别，只是在行驶了好长时间，在它的东端出现耀眼的闪光，一片银色盐田。由于距离远，看不见劳动的人，看着建筑物，乌局总工张，告知这里的盐可供全国人民吃千年。这是很赚钱的企业，现在除公用外，搞化工，到了吐鲁番那就吃宕盐了，新疆盐的资源十分丰富。这里没有一棵树木，也看不见草丛，人在烈日下操作，其辛苦可以想见。我们在车里也觉得热，而昨日下过雨，今日云多，太阳不是很炽烈，乌市人却说今日是个好天。过了盐湖，就逐渐进入谷口——"后沟"，以长辫姑娘出名的达坂城就在谷中。这谷很狭窄，不过三四十米，两侧山也不高，几十米而已，但山上一点没有绿色。那些开裂的石头，毕露无异，车子开过真怕有石头滚下来，怕不砸碎车子！穿过五六十公里的后沟，就进入戈壁滩，这里全是砾石，没有一棵草木，生命在这里凝固。老远的山坡只有风吹过的痕迹，圆浑而没有水流冲刷的沟。茫茫戈壁只有一条黑色的道路（312）躺在中间，车队就奔驰在一无生气的路上。所谓戈壁，即石砾覆盖的荒地（蒙语），与沙漠不同。比起其他著名戈壁，这里只是一小片，然而我们的车也得走上1-2小时。出了戈壁，就进入吐鲁番，两边的山不高，却寸草不生，那就是火焰山。山不高，似乎土石已风化，未见整块石头。吐鲁番之长葡萄，正是由祖先引天山雪水灌溉的坎儿井之故。有人说这是不亚于长城的伟大工程！先人打竖

井，出水以后，就与下一个井挖通，有的在地下几十米、百余米挖掘，再横向沟通，工程之艰巨，真不可想象。有了水，就有了庄稼和蔬菜，吐鲁番人利用炎热培育果蔬在乌市获得先入为主的便宜。而葡萄，简直家家户户都有，门前、院内都架起了棚，无核白、马奶子挂得满满的，又好看，又好吃，不用吐核也不用吐皮，不是一粒粒吃，而是一把把往嘴里塞！烘葡萄干的房子，均是泥墙土坯，墙面却是漏风洞的，让吹来热风熏烤，短则一周，长则10天，就可成干。屋内装有木架，四个方位都能挂葡萄串。我们在一家维族家看时，主人见我们欲照相，就把地毯摊在架下，抱着小孩席地而坐与我们合影。我一开头，大家都挤过来了，汉、维之间十分融洽，我们新奇，他们也新奇。看来，彩照在这里还不很流行，可惜我没有让他们留个地址，否则可以寄一张留个纪念，他们一定格外高兴。

到吐，我们先去看旁边的交河古城。在高坡上，那是一片乱石中残留的断垣残壁，却是泥墙，无草无树（当初绝不会如此），人晒久了几乎昏倒。我走到中段就坚持不了，返回看看说明牌，知道过去的古城宏伟遗址。后来的博物馆，二楼有5个干尸，其中最早是唐代的。

午饭在吐鲁番宾馆吃，热得很，空调似乎不见效果。胃口倒是很好，因为时已午后3时，第一道菜一盘烧鸡吃个光，我吃了将近两碗米饭。

饭后去沙生植物园，太晒了，请我们吃的西瓜也是热的。最后的葡萄沟，高高的棚架别开生面，是在一条宽阔路上，顶棚是葡萄架两边是葡萄粗大的枝干，路面一溜长桌铺上白布、瓜果盘、饮料，大家坐两侧，清醒、荫凉。葡萄架下天地广阔，两道门票，总价7元。而7元1公斤的葡萄干，沿途都是，我以为他们会送，没有买，错过了机会。我们到晚7时才开车回乌，一路上吃葡萄，累了就睡，到戈壁滩，又下车小憩，大家就都低头从卵石群中捡石块，苏、贾都是爱石出名的，捡了不少。到达坂，又下去，这里以蚕

豆著名，有兰花豆、炒帝头，3.5元一公斤，味道不错。回到乌市吃好晚饭已是凌晨2点，回到房间，还聊了好一会才睡，会议安排的参观到此结束。

1993.8.9

会议最后一天，大连的朱总一早就走了。上午去园林处，由苏老师作学术报告，放幻灯片。他跑了许多国家，谈资源和配置，国内外情况都熟，讲起来也没个完。王亚哲也来听，坐在后面，我们略谈了一会。她本来就不善谈，也不合群，看来个性还是如此。王二荣已经为在乌的北林同学，准备明天下午聚一下，到时再谈谈各自经历，一解分手32年之谜。

下午去水上乐园、科研所等地，最后到葡萄园，市委刘副书记，建委阿主任（维族）也来参加。我们在葡萄棚下，摆开一溜长桌，中间是盆花，大家相对而坐。桌上西瓜、哈密瓜、葡萄、李子，色彩十分好看，还有礼仪小姐为我们服务。我们在葡萄棚下，总结这次学术活动，许多人讲了话，气氛极友好。葡萄园经理是浙江人，来此已30多年，与我握手时，连说"老乡"。他送我们每人一盒葡萄，据说一星期都不会坏，这样不动它，就可带回家里（实际到家时大部分坏了），让大家品尝。

晚饭在伊斯兰大酒店，这是乌市最大的一家清真餐厅，装饰豪华，服务员都穿民族服装，几个年轻姑娘特别可爱。上酒上菜，都很有规矩，菜、点质量也很高，这是东道主为我们饯行。因明日一早就有天津、张家口的代表离去，我则与北京、杭州的还要留2天。12日飞上海的机票已经买到，这次带的钱几乎全部用光。火车票因为难买，我真想见见沿路景色！他们回绝了我，克拉玛依的杨光（处长）倒是有办法（知道晚了），但退机票要损失20%的钱，划不来了。

10时半，我们几个又坐下来总结一下，以便由徐琳写会议纪要。我提了三点，一是乌市的绿化，令我们羞愧。他们的成绩是乌市园林工人艰辛成果。二是林内坑坑洼洼，使人不能进入，浇灌与地形值得改进。活动草坪也很少。三是旅游与保护的问题要处理好，天池这样下去有危险。收获很大，体会很深，明年将以优新植物的引种驯化与应用为题进行活动，初定去大连开会。我能否去，还是个未知数，去过大连2次，不去也不怨。想不到乌市的火车票那样紧张，以致他们回绝我坐火车之想，较为省事地给我买了12日飞上海的机票。今日票，一看又是经北京转的，价格又是1000多元，原想沿途看看新疆、陕、甘景色的愿望破灭，只好与北京的4人同机起飞了。杭州4人则惨了，买的是14日飞兰州的机票，通过熟人关系，搞了2张12日的，然而4个人怎么也统一不了，就索性退了，都14日起飞。而我们去冰达坂，又没她们的分（车子可能挤不上），在乌市怎么打发日子，太可惜了。会务的人也为她们举棋不定而烦闹，真太伤脑筋了，老贾的票也是14日的，想12日走，至今还没落实。

在葡萄园欢聚时，从北京交流干部来乌市任副书记的刘书记，济南人，今年10月就要回京，他说到最近南疆出了点麻烦，但又说没有什么问题，可以解决。一问老同学，方知，内部有文件，南疆有维族人想搞分裂，成立东土耳其斯坦国，已炸了银行、公司三个大楼，现实行一级戒备，调集外地武警以防万一。王亚哲说，新疆什么都好，就是民族问题使人惴惴不安。维族对汉人仇恨太深，历来不准娶汉族妇女，只有少数维族人招汉人为婿，民族之间界线很清，怕同化。当然这些活动，上层都有后台，境外、美国、土耳其也有操纵，是不是为奥运的表决制造些麻烦也是可能的。乌洽会还有21天开幕，乌市这几天一直在加强修路和整理市容。市内交通堵车十分严重，交警太少，没有人指挥也是个大原因。有人说，交警只到可以罚款的地方去，没有油水处找不见人。乌市潜伏着危机，我们还是快点离开好。新疆真不是久留之地。

寒荣（北农大毕业，分配来此的中学同班）至今没联系上，电话打了无数，却说无此人。我心想找他聊聊，无能为力啊！

1993.8.10

会议已经结束，会务组已撤，大部分人已离开。我们留下的杭州、北京几个，今日由林科院接待。副院长吾马尔江派儿子来接我们去林科院，临时叫了三辆的士，都是他付的钱。林科院就在红山之北，办公楼前有一块巨大木化石，足有几百斤，乃至一吨，木质看得很清楚，但极为坚硬。吾在二楼办公室里接待我们，介绍他搞的郁金香和36年前建的树木园情况。吾很健谈，长相也好，他现在成立了公司，儿子、女儿都为公司出力。有一个年轻姑娘是他公司的助工，给我们分发介绍材料，并陪我们一起参观树木园和温室。有几种植物印象特别深，如开心果即阿月浑子，竟长在新疆，我们看见栽在盆里的小苗，系柒树科，故叶子有点像黄栌。矮化枣，去年接的，今年已挂果，宜作盆景，作果树经营，产量也极高，管理方便，采也方便。几种李子、山杏、海棠，果实红的黄的，吾一摇落一地。采着让大家吃，怪，一点也不酸，很甜。夏橡，高大粗壮，别处未见。这里共有200多种植物。他公司有30多项技术咨询转让，科技转化为经济效益，看来吾很善经营。但乌局的人说吾吹牛，我也感到一点可疑，初次在苏房内见面时曾说他的郁金香十分热销，现便有5万个球可供应，今顾文琪又问还有多少球时，他说3万，顾表示便宜一些，全部要时，他又说好的只有一千头。顾嫌量少，花不来而未定。数量一次次缩小，不是吹牛怕兑现的表示！我只告诉他明年无锡从荷兰进10万头搞郁金香展览欢迎他来锡指导，他很高兴表示要来看看。

最后到吾家小坐，他小女儿急忙让我们坐到会客室里，10个人居然全部就座。他拿出相册，给我们看全家照，吾的5个儿子，个个英俊，站在后排，两个女儿从旁边拥着。对少数民族，大概是不讲计划生育的。吾仍安排3个车送我们回天山大厦。

我与北京济南共5人就在大厦对面的餐馆吃面，又点了好几个菜，大家就是不喜欢吃羊肉，花了80元，全由徐佳付账。

小睡一会即去二道桥民族小商品市场，购葡萄干（9元一公斤）我买了2公斤，徐佳等还买了杏包仁，一种杏脯、蜜饯，新疆衣帽（5元是最小的一种），最后又买花鞋，我也买了两双，让黄珏和小缪穿。时过6点半，即坐小巴赶回来。乌市同学已挤坐在苏的房内等候已久了，一一介绍后，极为亲密，今日由他们做东，去一家餐厅聚餐。规划设计院副院长邵和天山区城建局长李，都是惠良同学，都开车来，11个人并一辆中巴，到餐厅，同学聚会，自由交流十分亲热。我与王亚哲并肩，32年不见，她送我葡萄干和杏脯，我则什么也没有回赠。她已退休2年，仅比我小一岁，我只能希望她等爱人退休（2年）一起来无锡作客，有生之年再见一面也算是同学一场，但太原、杭州、深圳、北京（几次同学聚会她都未参加，令人费解）。其他几个都比我年轻，当有机会见面。苏毕业后一直在校当老师，与他们有师生生之情，他还想来第三次，因新疆实在太大了，占国土的1/6，好几处他都想看看，我们可不再有机会了，看了以后还能做些什么呢！

我用葡萄酒与大家干了两杯，绝对例外，超过我的量了。我吃得最多的是三炮台（茶，在天水第一次品尝）放了冰糖的。我不能喝酒是出了名的。

明日，李局长已定好车子，连杭州四个一起去冰达坂，那是海拔3800米的高山，这是我登过的第二高度。除了肚子不太好外，其他均正常。黄连素天天服，洋参丸也不断吃，每天有热水洗澡，生活慢慢习惯了。乌市阳光普照但空气干燥，很爽，绝无黏手的感觉，而早晚的凉，加一件夹克也不嫌多。

在乌市整整待了9天，同室的崔，56届林业系，一直分配在园林局的植物园，称为北植（中科院的称南植，因入口相对，故有南北之简称）。他个子比我还矮，胖胖的，一口京腔，憨厚老实。现在已找不到这样的人，他记得我，因我在北林，体操首屈一指，韩宝庄（张家口处长）对我的体操印象尤深，相处八九天，我脑中似乎也出现了过去的他，好像也喜欢到运动场玩玩看看，体操队中就有56届的3-4位林业系学生。谈吐中，他对我系一些人也知道一些，30多年，在北植行种育种方面做了不少实实在在的工作，然而他至今还孑然一身，令人不解。因我听老贾在说是否与王二荣两人拉拉关系，遭徐佳等反对。他们虽然相差十多年，但二荣机灵清秀，崔吉如则看去呆笨和邋遢相，二荣的嗓音赛如银铃，很大气，41岁没有找对象，肯定要求高，对崔这样缺乏男性魅力的人不会中意。人家在乌市生活不错，也不会羡慕北京的环境，因此聚会没有叫崔，我们清一色的北林园林系。听顾和苏谈，57班今年9月在杭州有个聚会，邀我前去。我校庆未去，这么近该去了，但今年我常外出，恐怕到时绝不好意思出来。我说除非让莫东打电话给李振铭、刘国昭。

得知南疆有事，心中对维人有所警戒，他们随身佩带的刀子，会毫不犹豫捅死汉人，崔更为警惕。他来前就知道有同事在街上被抓住手，亮出匕首，强要点钱的事，后来说没有带，还令其回去拿。尾随至旅店门口，吓得不敢出来。看苗头不对，那人才走开。而崔连手表也不带，相机一直捏在手里，我自然也天天背个小包，两只相机及钱都放在身边。去二道桥时更为小心，我们五人相互保护。当然，什么事也没有，但看外族人，个个似乎不怀好意，脸上露有杀机，神经竟然如此紧张！

1993.8.11

早上九时过一点李凤娥守信地来了，一个面包车，把留下的几个都带上了，略为挤一点。她女儿和侄儿还有个徐州来的弟弟，乘此一起去冰达坂一游。车后带着西瓜、啤酒、烧鸡、茶叶蛋等吃食，想的真周到。9时半还是向上次去过的菊花甸方向出发了，也许车好，一路很快，中午时分我们已进入一条很少见游人的峡谷。"后峡"戴着雪帽的天山已在眼前，路边是湍急的溪水，水量不小。天气阴沉，车外温度估计不会超过15℃，我都感到寒气迫人，而徐佳更是脸煞白，手脚冰凉，她还穿毛衣呢！我们面对雪山，停车吃饭，一块桌布摊在一块巨石上，许多食品摆出来，丰盛极了。我吃了徐佳给我的2个面包和自带的两根红肠，一包榨菜也掏出来，已有开仓的先吃，还有两包午餐牛肉，是北京来的带来的，还有饼干之类。我们又是照相，又是吃东西，最有趣的是那么多人大家拿起啤酒瓶子合影。说是天寒该喝点酒暖暖身子，我只喝了一口，觉得还是西瓜好吃。

山上似乎下过雨，草上都是水。我在草丛中寻找，鞋子都湿了，又到溪水边找好的石头，竟找到2块自感满意的，但比起贾捡的总是没有特色，只能算个纪念罢。贾、苏是赏石协会发起人之一，他们筹划今年9月15日，在上海想搞一个名人名石展，到时可以去观摩一下盛况。

这里植被是清一色的草丛，开花的除老鹳草外，又认识了野樱粟（金黄色花）大黄（粗壮直立，结着扁扁的红荚，大叶摊在地上）。有一种开小红花的景天，偶然采到一枝乌头，这是我在昌化山区见过的物种，首次重逢。阴坡上的云杉，没有菊花甸的大，虽然雄伟的雪山就在眼前，但景观仍不及菊花甸所见壮丽、激动人。实际上这是一次郊游、野餐，另外总算到了海拔3600米以上的雪山脚下，并且是淋着难得的雨水和刺骨的雪水，夏日尝到高寒之味，也是难得。下雨之际，见一路人挟着大把雪莲行走，我们却感到应照一张雪莲的像。即停车等候此人，一会他来，听说我们要照相，很乐意地让我们将原枝雪莲插在山坡上，总共近10枝。白色透明的苞片拥着深色的头状花盘，有的已是种子。据说这不是真正雪莲而是岩莲、石莲，雪莲之花没如此大，花是金黄的，但一样是治关节伤痛的良药。上次去天池卖者很多，2元一朵，此人刚从山里收购来一元一枝，还说今日为采雪莲，一小青年掉下悬崖死了。看着这捧雪莲，其代价也太大了。那人要下山，在前面不远，外面飘着小雨，他便与我们一起挤进汽车。李凤娥首先买一枝送给苏老师，"给你2元"，那人说不行，只能收一元。我立即也掏出1元买一枝，接着大家都要，索性这一大把全买下来了。那人一点也不可惜，收购半天，只拿着几块钱，那人似乎也很高兴，因是山东人，与我们这些外地人也谈得来。到他将下车处，主动领我们到哈包去看看。我们走进哈包，里面有火炉，顿感十分温暖。一维族老太，不肯与我们合影，几次想偷拍，均被拒绝，我们只好集体坐在毡毯上合影。待走时，老太提出要钱，李当即掏出10元，并反问："我们出了钱，你不让我们喝奶茶，这算是待客吗？"这样一"将"，老太即叫女儿给我们盛酸奶，因炉子上有东西，大家喝冷的，还有一些面包干和油炸三角，我吃了一个很好。酸奶只喝了一口，太凉了，酸得很，倒没有牛奶的味道。那人在旁看到如此光景，说现在都变了，"哈族人好，眼睛小"过去是很好客的，哪有要钱的！我们感谢他的向导，分手送别。到住地7时多。

8时，我们9人又聚在对面的餐馆吃晚饭，喝了一瓶伊力特曲，加面条也有馄饨，一桌菜，十分热闹。杭州的抢先付账，友好之情令人难忘。明天杭州几个还要去石河子，14日去兰州，我则要护送他们回京，然后独自去上海，新疆之行即将结束。

回屋整理东西，发现乌市葡萄园所赠一盒无核白，半数腐烂，我与崔的如数扔掉。还是吐鲁番吃剩的完好，我理了一点另装一小盒，带回去让家人尝尝。乌市一番好意，看来全白费了。

肚皮一直不好，黄连素已服10粒，回去之后还得调养一下。这几天精神、体力一如既往，是新疆之行的激情，还是太阳神、洋参丸之功，兼而有之罢。

1993.8.12

7时50分的班机，我们需6时离店去机场，这一段20公里长的路，有时会有堵车。6时出发，我们就要在5时多起床，这在新疆是一个很早的时间。同屋只有我与崔两人，3时就开亮电灯，我一看太早，告知才3时，重又关灯睡觉，但我却很难再入睡。躺了许久，只得出来上厕。到乌市这些天，几乎每天拉稀，在夏给我的云南药吃光还问崔要了10粒黄连素，并未如何见效。迷迷糊糊到5时，崔已在暗中活动了，我再拖半个小时也就出来。东西是整理好的，两个大包，一个背带断了，只能提着走。与徐佳通电话，她还在梦中哩。6时，我们走出房间到门厅里。黑夜里，司机早已坐在门口台阶上在等候，见我们出来，一问，连说他在三楼找过，就不知我们住哪一间。老贾石头确实捡了不少，几个包都十分沉重，徐佳也真的帮他背，还是我最空，便也帮他拎一个。他的机票还需葡萄园的经理一起去机场解决，不巧还要回来住。

葡萄园就在去机场的路上，黑乎乎的分辨不清，幸好司机认得住处，打门呼叫，有一人上车与我们同行。到机场还有一小时，急急找熟人办事，我们大家只得等着，别人却已领登机卡，安检进入里面了。好长一段时间，总算成了，大家高兴，首先通过安检。我们的东西都在行李中，身上什么也没有，然而行李中却发出嗡叫，于是一个个要求打开包。我装得好好，也要翻开来，老贾的当然也翻。当看到不少石块时，还怀疑是玉石，大家再三说明是戈壁滩上捡的，我们是搞盆景用的。只是，徐琳与贾，前日在二道桥买的维族人身边都有的小刀，则全部没收了。虽然那刀小约同一般的水果刀，刀刃有两个凹口可开汽水盖，仍属违禁品而不能带出。安检使大家紧张一会后，进候机厅时却轮到我紧张了。要验看机场建设费的两张发票，我找遍内外口袋都没有，别人都却已进去，已是上机的车就在门口等我了。贾、徐等跑来帮我一起买的票，什么费都不缺，但那小姐坚持要我收据，不让我进。空姐也出来了，说是让我快点去补交费。我冷静了一下，刚才领卡时还在，立即去那里，果然地上有两张收据，捡起急奔入口，徐佳正在焦急。为此，一切通过，跳上待开的大汽车向飞机驶去，也不知我惊成什么脸色了，这真是忙中出错。我私下埋怨就是老贾的麻烦，才引起我丢失票据的，当然一切已过，也就同没有发生的一样。

飞机还是图154，他们飞北京的已是最后一排（31排），我往上海坐21排。起飞，降落都极平稳，一盘西餐正好当早点，全吃了。11时到北京，我送他们下机，贾在京住一夜后再去济南，我不能出候车室，只得招手示意。已是二次开会了，感情已深，尤其徐佳。苏虽是同学，但在校时他二班，我一班，不如同班亲切，现在又看不惯其教授架子。我被害于"抽调"这件事上，政治条件他比我优越，但"文革"中打陈先生，太不应该，我看不下他！一个多小时后我也离开北京，到上海3时半，急急出站，有开无锡的中巴，愿立即回锡。我是一个人坐中巴（50元）在雷雨中到达无锡的，湿热的天气，重又包围周围，洗过澡才觉凉爽。近来常有雨，天气不太热，时已八时，正好是乌市下班时间。

新疆之行结束了，新疆大，资源富，只是缺水，交通不便，但总的来说，新疆好地方，中华缺新疆，还成中华么！

王女峰.

全国优秀园林工程现场考核汇总汇报

按：园林工程分会是全国各省园林绿化行业施工队伍的管理和领导部门，随着园林绿化事业的普遍展开，工程建设发展迅速，队伍越来越大，分会领导始终抓住工作重点，有计划地分片、分区组织园林专家去现场复查，核验工程质量，全部施工资料和各方反馈意见，并做初步评价，然后汇总北京进行年度总评，决定奖项名次，通过《中国园林》《优秀园林工程获奖项目集锦》公布发表，并择地、择时隆重颁发奖品、奖状证书。

我于2004年接受分会商自福秘书长的邀请参与该会工作，首次参加浙江、江苏一批园林绿化工程的核查、验看，接触到了多种类型的工程，学到了很多知识，得到很多启发。我是在激动、感慨之下写了这篇《汇报》，想让我们的领导和同行一起分享我的体会。

如果说风景名胜专业委员会和园林植物专业委员会，侧重于资源考察和理论性研讨，那么，工程分会则抓到了实处，更有影响，更见效果。遗憾的是这份《汇报》当时只发给古建公司参考，没有公开发表，今加按语，纳入我的文集，公之于众。

今年5、6月，我受中国园林学会、园林工程协会邀请，作为专家评委对江苏、浙江申报的10余项园林优秀工程作现场验看和初评，所见所闻，简要整理成文，向领导汇报，传达情况，以供参考。

1. 南京狮子山周边环境改造工程。由南京市园林建设总公司承建，工程主要在山体周围，绿化面积6.5万平方米，工程决算价3317.8万元。建设包括：古城墙修复、护城河清淤、驳岸、一组仿古建筑的建造、广场道路的铺设、护城河上多座桥梁，以及假山、绿化、喷泉、照明、给排水等。由于"华商大会"会期临近，工程于2001年4月1日开工至8月底完成，工期仅4个月，施工面积狭窄，工种繁多，没有良好的施工组织和过硬的技术力量是难以想象的。我非常敬佩该公司领导提出的口号：做一个工程，建一个精品，树一个品牌，交一方朋友，这种敬业精神值得提倡。

我们围绕开放性公共绿地走了一圈，又登临山顶的阅江楼，第一次鸦片战争后签订的《南京条约》，即在山下静海寺中议定。山体北侧的明城墙修复得很好，砖缝里生长的野草、灌木自然点染着，新建的仿古照壁、牌坊及茶室、小卖部等很有气势。结构、用料、加工、彩绘都比较精细，而且至今三年保持良好，没有隐患和质量问题。道路铺装十分平整，拼缝挺括，质量上乘。绿化因是反季节种植，事先将大树种在容器内，所以恢复得很快，长势良好。我们只提了两条意见：草坪上踏出路来了，应该完善一下主路与小径的连接，方便群众。另外，贴近城墙根不宜种大乔木，应用常绿灌木掩映墙脚，隔河相看，城墙是主体，大树错落，浓淡疏朗。

2. 镇江南徐大道是镇江近年的建设亮点。位于市区西侧，总长5.17公里，总宽100米，6车道，中分带宽达16米，人行道外各有15米绿带，绿化面积约36万平方米。这一工程是由镇江市交通局投资，并按国际质量管理规范组织、招标、设计、施工、监理。特别是，他们对主要的施工招标单位，在原地审核考察，绿化方面聘请镇江市园林局工程技术人员协同指挥。我们看到的档案资料，竣工文本都特别详细规范。值得我们园林行业学习。绿化设计是上海园林设计院，他们一改原来密林、灌木色块、模纹图案的手法，在保持厚重的绿量基础上，增加了自然树丛，加大错落变化，品种也较多样丰富。施工单位主要是青岛花林公司，北京京都公司做了小部分，工期两个半月，但养护期规定要两年。我们去看时，尚有半年到期移交。从现场看，印象最深的是土方到位，地形饱满，草坪紧密，修剪整齐。中分带中的乔、灌、草相映生辉，5株、9株一组的银杏尤为突出。大树移植保留了较好骨架，成活率高，长势良好。两侧绿化结合山体，树种也很丰富，看不到黄土裸露。一派生机勃勃景象，称得上绿化优质工程。我们仅就山体陡峭处的草坪，今后会不会冲刷塌落，修剪养管不易，能不能改用地被灌木。此外，人造塑石护坡虽然做得逼真，但一个个连续出现，总有造假的感觉，亦需用藤蔓加以掩映等。

3. 京都公司是园林局的"御林军"，牌子响；花林公司则是民营企业，全靠实力。在施工期间，他们最多时从青岛调来400多名技工和一批大型机械，日夜施工，三辆水车24小时上路浇灌。他们从人生地疏到关系相当融洽，在镇江打下了良好基础。一个公司一定要建立自己的坚强骨干，尊重科学，钻研技术，顽强战斗，视工程质量、信誉为生命，公司才能兴旺。才是一支能远征、打硬仗的队伍。

4. 无锡梅园环境改造。对无锡市绿建公司申报的梅园环境改造工程，评价很高，真正是中国山水园林艺术植物品种多样性的最好体现。一方面归功于规划设计巧妙构思，一方面归功于施工尽心尽力。评委对该工程质量完全满意。要说不足的话，倒是竣工图纸，施工材料不如别家那样齐全完美。作为无锡人，我认为绿建公司千万不可自满，而应在敬业精神、技术素质、战斗力方面急需提高，一级资质的队伍，属于国家队，应

是最强大的。

5. 苏州园林发展公司承建的官渎里立交景观绿化工程8标段，是现代公路立交桥配套景观中的重点，占地4.42万平方米，工程包括钢结构大玻璃休闲中心（两层带屋顶花园），横跨运河的一座高大钢架木板拱桥，散置天然水冲石的旱溪以及荷花、睡莲池塘、木平台、张拉膜亭、石拱桥、汀步等。绿化移植了不少四五十年的榉树、银杏、广玉兰、香樟，成活率高，生长好。密植竹林，不见新竹，还是个老问题。有些树木，如意杨、杜英、梅花种得很密，石隙湿地中都是一丛丛直立的菖蒲，色块、草坪也都属一般布置，场地道路、建筑、小品施工质量较好。总体布局、绿化气概都不错，达到了优良工程要求。这里的旱溪在苏州是一大特色，吸引不少人，若与梅园花溪相比，则显得场地局促，石块拥塞，植物单调，少了几分自然意趣。那座耗资500余万元的运河大桥有无必要建在公园里？目前周边封着，休闲中心尚未开放，游人很少，7万多元一支"城市之光"灯具，已有几个损坏，今后这片公共绿地如何经营，如何养育管理，将会面临很多困难。

6. 桐泾公园是目前苏州建造的规模最大的一处开放式公园绿地，规划面积25万平方米，已建成18万平方米。苏州市中外园林建设公司施工的是其中的中心区，面积6.5万平方米。这里原为农田，十分空旷，施工做了些地形，高差1～2米，种了大片乔木，规格都较大，也是榉树、广玉兰、银杏、香樟为主，高大挺拔，生长很好。林下密植矮灌木，用了一种山茶，叶片紧密、亮绿，效果胜茶梅，值得借鉴。大部分种了草坪，也有在草坪中嵌种红花榨浆草长带。但大乔木与地被之间没有中间层次，视线一眼穿透。中心区正中是一组传统古建筑，坐西朝东，主体是茶室，有连廊、方亭，完全是苏式的粉墙黛瓦，木格门窗，前面一片宽大的嵌花铺街，做得很细巧，但是没有几株大树遮荫。场地外连着一条东

西河道，宽约10余米，直驳岸，两座平桥代替通道，河道南端被园路拦断，北端由一列长长的塑石假山收头，即规划中的流水景区，这一片都是现代硬质景观，假山没有留下空隙，看去没有一点绿意。虽然有瀑布、流水、步石、小溪等点缀，但感觉上总是做假，不自然，没有生气。

儿童乐园已经开放，但我们没有走进去看。其他还未建设的部分，为了应付开放，临时进行了绿化，种了几株乔木，全铺了草坪。从我们验看的中心区来说，建筑、道路、铺装、绿化种植、施工质量都不错，尤其土建部分，乃是公司强项，做得很到位。我只是疑虑，25万平方米内规划还要建科学植物园、温室、生态休闲区，公园的性质、功能、定位、规划有没有问题？另外，中心区那组苏州园林建筑和铺地，周围没有地形绿化围护，没有大树，花木遮掩衬托，孤立在一个大空间里，似乎缺失了幽深含蓄的庭园情趣。

7. 浙江申报了7个工程，我们先到宁波看两个。一个是位于三江口的槐树路沿江绿化工程，施工单位是奉化滕头园林工程公司。姚江、甬江、奉化江三江在宁波市区汇合，水利、运输、渔业孕育了繁华的工商都市。这地段重要得像城市的镜子，宁波市政府出于打造形象，花大力气拆迁、整治、规划、绿化，近几年取得显著成绩。早就听说三江口是宁波市政府的绿化亮点，我们登上中信国际大酒店楼上，窗外就是一幅三江口全景，果然气势非凡。江宽50～60米，混浊咸苦。每天一次涨潮，水位变化较大，江岸都是直驳花岗岩，江边是彩色水泥便道，里面还有一道高水位防线，均用石料铺砌，或台阶，或花坛挡墙，进退有序，再里才是广场。景点、绿化、设施，设计是"易道"公司，故与我蠡湖边的形式类似，弧形栈道，木质平台，波浪形棚顶，木构花架，景观灯柱，竖向砌体水景墙，旱喷广场，树阵，灌木色块，草地等。江边有这些内容也够丰富的，论工程质量没话可说，硬质景观的

选材，切割加工，拼接铺设基本到位，绿化中的大树移植，灌木修剪，草坪质量，花卉点缀都有水平。滕头集团下的滕头绿化工程公司是一级资质，其下有10个子公司，园林设计院有3个室，还拥有强大的苗木基地，农家出身的公司，实力不可小看。

8. 月湖公园在宁波市区中心，占地28.6万平方米，它与三江口景观工程同为宁波创建园林城市的亮点。月湖呈南北向，较为修长，水面宽狭不等，湖中有岛，周围多文物古迹，史载月湖十洲八景，著名的天一阁就在其西侧。政府为了建设好这一大片开放性公共绿地，投入很大人力、财力，解决拆迁征地和地下基础设施，在精心细致的规划指导下，施工单位按文物要求修缮了宋代建筑银台第、清代的吴氏、徐氏宗祠、民国建筑蒋宅等，有些辟为展室，供自由参观。还修缮了4座老桥，增建了风雨桥、花溪、曲桥、重阳山木桥等10座新桥，根据景观需要配建了仿古亭、榭、楼、阁、戏台、什锦长廊，调整了水系，使之更加通顺流畅。根据不同环境氛围，分别用黄石、湖石，运用假山手法，进行艺术性驳砌；用大溪卵石、瀑布、流泉，营造重阳山、菊花洲自然景观。共种了1000余株乔木、500余株灌木、3万余平方米地被植物，其中有一片宁波籍院士林，种的是银杏，很有特色。山水总体印象景色秀丽，草木滋润，空间变化丰富，建筑小品古色古香，设计、施工、土建、绿化都体现了宁波园林工程公司的强大实力和较高水平。

我认为月湖公园的设计施工很成功，既满足现代旅游、休闲、健身的需要，又具浓郁的宁波历史文化和中国园林艺术的情趣。所提建议仅是外围绿化应注意尽量弱化城市景观对公园环境的干扰；重阳山上应增加一些大乔木为游客遮荫。

9. 绍兴的城市广场第二期工程，重笔表达了绍兴独有的文化历史，在目前近乎千篇一律的广场建设中十分难得。广场在苍郁的府山东侧，四条街道围合一片平地，面积5.9万平方米，体

现文化特色的主要部分是：保留了古老的大善塔和天王殿遗址平台；用出土陶罐镶嵌在瓦片垒叠的墙体中，做成壁泉水景；将出土铜镜，放大复制，切开两半，竖立如门的铜质雕塑；用青石板制作的绍兴县城衢路图铺砌的广场，以大禹、王羲之、秋瑾、鲁迅、周恩来等绍兴名人为题材的巨大浮雕墙；用大型青石板刻制成的绍兴县志沿革图录自高而下，大小错落叠放，配以水流、浸润、冲跌的水景；原有几棵古树也保留在绿地中。广场西侧一条通直的河道、直驳石岸以及河上的几座石拱桥、平桥、小桥都是绍兴古城历史文化的缩影，既是广场的镶边，又与城图、碑刻、遗址平台、浮雕、铜镜、铺地等吻合协调。除了这些绍兴文化形象外，一期中早已建成的屋盖套叠的大剧院和钢架玻璃面金字塔形的会展中心，在广场上造成了现代构架与古文化的碰撞，带来的是遗憾还是思考，令人难以理解。因地下是庞大的停车场和经营空间，广场绿化近乎屋顶花园做法。只能用一些浅根的桂花，棕榈科植物、灌木色块草坪之类。石料选材、加工、铺砌都十分精细，花草也长得很丰满，偌大一片广场，竟挑不出瑕疵。只是少了一点大树遮棚，烈日之下，不敢久留。此外，周边绿化也应掩扬有致，某些景物也应以绿化陪衬，控制视线，使主题更加突出。

10. 雷峰塔是杭州西湖的重要标志，空缺了70余年，终于重新建立起来。塔基原址在底层完整保存，让人清楚地看到。塔内巨型东阳木雕白蛇许仙传说和西湖实景彩色泥塑，都是塔中陈列精品。塔院在其南侧山麓，是以塔为核心的配套工程。主要有入口、水池、假山、亭廊、展室、餐厅、广场、停车场、消防通道、登山园路以及景点绿化、山体绿化等，东阳木雕古建园林公司承建了这项工程。该公司在木结构与钢筋混凝土、玻璃与琉璃瓦、古建形式与现代材料、石作、石雕、假山、驳岸等方面都处理得较为妥当，特别是建筑、场地、道路的施工，从测设定

位，基础压实平整，到选材加工铺设面层，都很严格细致，看去赏心悦目，显示了古建一级企业的水平。绿化种植根据景点要求和环境特点，大树、花木运用得较好，山坡上原有林木较多，只是完善了地被的覆盖，不露黄土，保持自然，总体效果良好。只是山路边的一条灌木带用了同一个品种，颇感意外。

有城市绿化惯用的色块之嫌，与林间自然不相协调。而雷峰塔南两个升降梯的玻璃外罩，突立在平台之上，与古塔格格不入，有碍风景，可作些掩饰。是设计问题还是施工问题，留下遗憾，也可能会随时间转移而逐步习惯。

不管如何，塔院与塔同样是西湖风景中的艺术精品。这是评委一致的看法。

11. 义乌是座新兴的工商业城市，为了适应经济发展，近年特别重视城市绿化建设，在市中心先建了一片现代广场，紧挨广场又建了绣湖公园，还有一些公园、绿地正在建设中（其中有我市绿建公司的项目），我们这次要验看的杭州园林工程公司承建的绣湖公园和蓝天园林建设公司承建的义乌市实验中学园林绿化工程。

绣湖是早先开挖的水面，面积约40亩，形体较粗，在施工中形态稍有修正，并清淤1.1～1.8米（没有做底）。沿湖砌了假山驳岸，新增了大石块瀑布、卵石滩景观、赏景平台、茶楼、卖品部、石舫等仿古建筑，丰富了绣湖形象。只是因为义乌缺水，水池没有筑底，水位下降，新做假山驳岸下的脚底露了出来，很不雅观。公园是按古典园林风格建的，以便与义乌的重要文物，耸立在园内的一座砖塔相配，总面积7万余平方米。塔旁建了一座不小的塔院，配有钟楼、鼓楼等建筑。因大门上锁，未能入内一看，但台阶、大门、油漆、墙体、工艺制作都很正统，与广场相对处，新建一座牌坊，作为公园入口标志，古色古香。广场铺地很精致，是公司强项。此外还有儿童乐园、停车场、厕所、水电等辅助设施。绿化的设计施工，总体上是协

调的。我们看到移植的大树长得很好，草地平整，花木种类也较丰富，只是有些地方被群众抄近路踏坏，需要加强对开放性公园的养护力度，而古塔之侧树立一方山石，高约6～7米，仅是刻上绣湖公园之名，论色泽、形态都极平常，这60万元耗费似乎没有必要。

12. 义乌实验小学是现代化的新颖学校，占地约10万平方米，师生都寄宿在校，教学、实验、文娱、体育、建筑、设施都是高标准的。该项工程设计施工均为蓝天园林公司。入口置石水景，广场铺设，教学大楼前两侧的灌木色带，一片生长茁壮的湿地松林，一些大树移植后的长势恢复、足球场草坪的匀净平整（最近国际青年女足在此比赛），都是学校环境景观亮点。校园总体风貌，清新开朗、整洁宁静。后来知道这里原来是山岩瘠地，开洞覆土，种植十分辛苦，能达到现在这个效果，已尽了很大努力。稍嫌不足的是，校园绿化应减少色块或同种树木集群种植，在绿地中多增加些树种、品种，让学生多认识些植物。校园内，特别在路边应多种些落叶乔木，提高遮荫功能，操场后面用浓密的绿化遮挡零乱景观，减少外围对校园环境的干扰。

13. 开化是浙江西部的山区县城，地处偏远，但青山绿水，生态极为优越。杭州之钱塘江，源出于此县的芹江。浙江森禾种业公司承建的开化县岙滩新区滨江广场，包括一个绿化广场和西侧芹江的一段滨江绿化景观带，面积2万平方米。广场与新区仅一路之隔，南北长，东西狭，北端高处是一旱喷平台，中心主喷是一圆形花岗岩莲花浮雕，意味钱江之源。旱喷水流，很快汇集到西侧，通过台阶状水幕墙下落，最下档还有一组喇叭花喷泉，这些水都通向边缘的一道石涧。广场上一条贴满卵石的浅涧，最后在南部也拼入这条石涧。涧中石块较多，都是青绿色的地产水冲石，圆润可爱，别处未见，颇具当地特色。滨江景观带是一条古板铺设的滨江步道，有石栏，有座凳，与广场高差较大，砌有挡墙，墙面正好贴石片浮雕，有钱江源，卧薪尝胆等传说故事图画。总体来看，道路、广场、施工精细，石材的选取、切割认认真真，平直、弧曲，挺括流畅，无话可说。但绿化碎小，分量也少了些，尤缺遮荫大树。也许当地人对山林树木、司空见惯，不以为意。感兴趣的倒是平整的铺装，新奇的喷泉，甚至在波流形低矮水泥挡墙上也嵌进了单线瓷片云纹。这毕竟是开化县第一个重大园林工程，森禾公司尽了力，开化人也很满意。今后，相信他们会逐步提高的。

一下子看了那么多工程项目，长了不少见识，也有很多感想，特别是老想着我们自己的队伍，尽管我们做了一项令人赞赏的优质工程——梅园环境改造，但我们离国家级高水平的施工队伍尚有一些差距。

高水平的施工队伍，应有坚强的骨干。从班长、组长、施工员到工程师、项目经理，能充分领会规划设计意图，熟练掌握各项施工机械技术。面对施工现场种种不利因素团结战斗，克服困难，创造性发挥才智，达到预期效果。施工队伍的技术素质要全面。从山水地形、假山驳岸、广场、道路、建筑、小品到大树移植、草坪铺设、花卉点缀、景观配置，土建、绿化都能胜任，即具有双资质，有分有合，两条腿走路。

施工队伍必以信誉、质量为前提，从公司领导层开始，明确这一观念，唯此为重，坚定不移，严格管理，明确责任，赏罚分明，贯彻始终。另外，公司领导层要树立服务观点，为甲方所想，非雇佣关系，而是战斗伙伴，共同创造，协同配合，目标一致，心想一致。建议在先，听命于后。关系融洽，一切顺利。

施工队伍只有在实践中不断打造，才会强大起来，我们提倡善于学习，刻苦钻研，认真总结，努力提高。做一个工程，出一批人才，经一次考验，上一个台阶。

园林绿化是前景广阔的市场，但竞争激烈，要求越来越高，谁有本领，谁就能立住脚。希望我们的公司领导层要意识到不足，有危机感，为了长远利益，尽快打造出高水平的施工队伍。

无锡市园林局
2004年7月5日

优秀园林工程复查时间安排（浙江）

复查专家：施奠东 黄茂如 商自福

6.1　北京—宁波　海航HU7098 14：00北京起飞

6.2　宁波

6.3　宁波

6.4　宁波—绍兴

6.5　绍兴

6.6　绍兴—杭州

6.7　杭州

6.8　杭州—义乌

6.9　义乌—杭州

6.10　杭州—开化

6.11　杭州

6.12　杭州—北京

宁波腾头园林绿化工程有限公司　傅剑波　总经理　刘斌　经理

宁波市园林工程公司　林良宏　总经理

绍兴市第一园林工程公司　徐振荣　总经理

浙江东阳木雕古建园林工程公司　卢中一　总经理

杭州市园林工程有限公司　张杭岭　总经理

杭州蓝天园林工程有限公司　陈相强　总经理　单德聪

浙江森禾种业股份有限公司　方声　总经理

2006年全国优秀园林工程总评

2006.11.25

园林工程协会秘书长老商打电话来，部优良工程总评在北京评定，要我27日去报到，28日一天会议。我们在苏州分手时，商说过总评要我参加。我还以为是客气话，几个月没有音讯，突然来电话相告，我刚联系星期一与锡山重点办讨论方案，这样锡山是去不成了，就让许雷带他们一起去。反正，小广场两个方案已做好，夏园、冬园的地形、道路、花架、儿童游戏场、商场、停车场、自行车停车场、街角绿地等已初步规划好。去汇报讨论，就等他们认可，即可深入下去。安排妥当，就请火车站小钱买26日夜去北京的软卧，睡一夜即到京，人是很舒服的。拿到车票又与商通了电话，到北京我自己去木樨地，不必来接。我是第一个报到，一整天可以活动，但不想惊动史和一中的在京校友，开好会即回锡，大家省事。

昨日又去绿建，询问一下秦淮河工程情况，若有可能，争取评上。碰到乐和，口气中说不能老是二等，要评一等了。到时怎么应付，还要与老商洽谈。重看一下笔记，我初评的几个单位，只有塔园、东园好些，金水湾不过一般，江都不敢恭维，只能排次位，心里有底，会上就可讲话了。

早上龙门（2012年过世）来电，他已回杭州，外甥女也抱回来了，女儿还在丹麦。她告诉我的好消息是干坑已通柏油路，我说好啊，下次我可以过来，我这里好几个人都想来看看浙西山区。峰民就是一位。他又谈及任斐，他们年底要去美国，立立在美要工作两年，北京的房她卖了，只留老的一套，似乎破釜沉舟，不想回国了。我听了一震，那就看不见立立啦？那次在北京崇文区的晚餐，没有拍好照片，真是无缘啊！悔之又悔，恨死那只破"傻瓜"了！

2006.11.26

周伟国父母今日离锡回丹阳，来了一星期，天天下雨！没有出来玩过，真是不巧。我也未去看过他们，他妈来告别，我送到她楼下，与老爷爷客气几句，周雇车送去火车站。我陪同周俞辰睡觉，黄珏等去"好卖得"购物。小周回来后，俞辰醒，我也惊醒。上午看一场球赛，火箭赢灰熊。

晚七时，离家坐35路到火车站，第一次乘软卧，4张铺，就是床垫是软的，与过去软卧不能比。但途中不停，直到北京。据说早上6~7时就到，毫不干扰这才是优点。无锡还是下小雨，与家里、许雷都通了电话，穿滑雪衣的大概只有我一人吧！至少在无锡未见，到了北京也许就不奇怪了。

一夜睡得还可以，醒三次，没有听到火车长啸，也没有听到高音喇叭报告站名，不知道有没有停车，没听到上下旅客的人声，没有人闯入房内，没有惊动，没有干扰，只有火车行驶的轻轻节奏和无规律的牵动感觉。叫卖餐饮、扑克玩具，因关了门，声音很遥远，暖气热得很。棉袄、长裤都脱了放在床边，换了软的拖鞋，打了一次热水。再没有必要出去，走廊上，没有座橙。窗外黑黑的看不清什么，能熟睡真是享受！

到北京不到七时，有点凉意，穿滑雪衣正

好。出门就到地铁站，1、2号线3元，我先到建国门，然后换1号线向西到木樨地。出站，问前面高的大楼，就是科技会堂。沿玉渊河绕了一圈才到会堂。总台已有准备，问我姓名，即安排入住15楼08，给家里通过电话，周俞辰叫我阿公，想我，买好吃的。黄珏还未去上班，时已8时半。11月28日，我是第一个来报到的人。

北京的冬天有穿棉袄的也有穿夹克的，已至零度，有点儿冷，忙把手套拿出来。白蜡已掉叶，垂柳叶深绿略有黄意，国槐尚未落叶，金银木残留很少叶片，小红果则很密集。河水很清，这河是通向玉渊潭的，比太湖水还好些。

2006.11.27

我是第一个报到者，上午商来电话，要我等着，共进午餐，不在会堂吃，听来伙食不太好。出去在旁一个餐馆吃，冷菜、包子，酒点多了，吃不掉，工程协会会长王泽民买单。上次见过，去年的记录没带在身边，老商谈到我们看到的江苏5个工程，他认为都可评上一等，使我心中有了数，要说勉强的话，只有江都和金水湾两个。如果那也没问题，则无锡那个算是佼佼者了，尺度似乎更宽些了，去年就显得紧了点，像雷峰塔都只评上二等啊！饭后独自散步，看街边绿化，走到长安商城，没有毛线针卖，下次只有到王府井去看看了。下午奠东、贾祥云等会来，奠东刚从澳大利亚回来。出国像出差那样随便，每年要出去多次，可叹自己没有这么好的机会。在外面走走，滑雪衣倒是少不了，没有穿错！

晚饭后，成都杨玉培来了，我是久闻其名，初次见面，原来他是余先生在武汉城建学院的学生，那就与胡其舫同学，一问果真如此。他倒一直搞园林，故名声比其舫大。孟兆祯来了，他是我老师，但大不了多少，可能是首届园林毕业生，身份已是工程院士。我对他的实践知之甚少，印象不深，下大兴农村劳动锻炼，我在他口授下听写小结，他在屋内踱步，55届的孙政被他

批得狗血喷头，而孙政则对我气势汹汹，后知他出身也不好，不过是装得正宗，压制我而已。孟看上去很雄伟，身板很好，但我感觉他毕竟老了，略有些迟缓，至少在思路说话方面，也可能近80岁人了，与我差近10岁，不可同日而语啊。晚饭在旁边一家吃烤鸭，团团7～8人，奠东等还未到，估计明天开会，都会见面。

朱杰来电，他爱人要去妇幼医院看病，托我介绍。我告知家里电话，请她直接与王老师通话，但我还是打电话给叙芬。黄珏、周俞辰都在，早已吃过了。锡山开会，情况不明，胡对许不如对我信任，那是他不了解。我说放心，许比我强10倍，能说又能干。

我一个人一间房，十分自由，电视开着，我尽心写日记。澡洗过了，没有什么事要做，但也不出去。

2006.11.28

上午8：30会议正式开始，王泽民会长主持，商秘书长介绍55个工程情况及初评意见，边放幻灯，整整一个上午。介绍完毕，我带来的茶树王的茶叶，请大家分享了。老商的工作很到位，条例十分清晰。午饭后，史震宇来，奠东打了电话，就在施房内交谈。又立即将在春（上海园林设计院院长）叫来，中午也就没有休息。至2时会议又开始，史见过孟先生后，一起照了相。才走，也促使全体评委一起合影后再开会。下午讨论大金奖，推"元大都城垣公园"，其余有几十个金奖。只有几个评为银奖，铜奖，比之上次要松好些。江苏我评的5项都得金奖，那就皆大欢喜了。江都的商问了省里，主要是设计有问题，工程还是优良，如此，我们就无后虑了。说实在，江都要差很多。奠东、在春晚饭后都要赶回去，我们评到5点就吃晚饭。6时前一些，就送他们两位去机场，我们继续吃，后又送走成都的杨玉培。然后与北京的几位、孟先生、甘伟林等告别。张

树林因已约徐佳与我们见面，她在陪我与贾，徐是过去植物专业委员会的秘书长，园林局科教处，当过科研所长。中山公园当副园长。北植呆得时间最长，现在又回到科教处当处长，现在也已49岁了。过去是小女孩，现儿子也快考大学了。贾要她今后把植物专业会搞好，挑起重担。张局也在旁鼓励。贾要我以后出来活动，我说只要叫我，就出来。四人喝一杯菊花茶，坐到八时多，贾说徐佳事忙，家里还要带孩子，不能太晚。于是大家起来，道再见。回忆过去植物专业活动，非常有趣，有意思。何时再能重约活动，让一些老人在一起。我倒是有游记的，如果需要，可以公开交流，就像我的昆明之旅。徐佳开车，将张局带走。商也来送，宾馆就只剩3人了。商待会也要回家，硬给我100元，说是明天不送我了，要我自己打的去。秘书长太好了，令人激动。我多要了几本书，好给设计室一份。都满足了我。徐佳还带给我李嘉乐的论文集，这是李的遗著，人已过世，他接到稿费就住院没有多久，淋巴癌就夺去生命。真是令人悲伤。李先生高个子，帅气，他是原中大毕业的，任园林科研所长，威望很高。去世时不过84岁吧。

这次开会，知道很多信息。俞孔坚看来不仅是学术骗子，人品也极有问题。孟先生高声称他为文化汉奸！大家认为，一针见血，为之叫好。在北京办学习班的事，就是闹剧。江泽慧手下的彭镇华，大有能量，说要"园林下乡，林业进城"。成都、北京等地，园林都改革，改到园林都是外行人来了，无锡何尝不是？园林与林场……合为一个处，简直胡闹。还听到好多政治笑话，他们说林业进城，这股风不比"文革"差多少，看来危机是普遍性的。

明天史来，将与他一起兜兜。贾有人找他，我们晚上都坐火车离开，明天史来后我就将行李带上，房就退了，不回来了。下面的日记就要到火车上去写了。

2006.11.29

今日活动一天十分丰富，此刻又坐到Z1软卧车中写这篇日记了。

早上老商又打电话来，问长问短，告知已吃过早点，老贾也正在吃，震宇已到，即与他同外出，房卡已交服务台。他一会儿来结账。我走时，贾还等候朋友来，如此，我一人随史出去，史小女婿小齐（徐）开白色轿车接我上车，两个包也随身上车。史说已约好同学，上午到檀公司吃中饭。下午看奥运工程。我说反正随你安排，晚上七时回锡。

原来昨晚他早就与在京同学约定，看檀馨设计的北城一条绿带。我们到建国门附近，就步行在绿带中，那是属西城区管辖范围，小徐开车去办他的事，我们在人行道上漫步。这帮老头老太成为一个特殊人群，走了很长一段，唐元铃、徐志长还未到。檀馨打了电话，她们还在西边，叫她打的过来，但他问路上行人和保安，有没有见这帮老人，说有，刚走，他们就步行赶来，故到东城区做的地段时才赶上。这是一个长条宽仅20米，南边居民要隔离，北临大街，也要分隔，中间还要通行，还要有文化，有休息活动场地，有座椅之类，正难为设计者，檀馨在北京做了好多实在的事，比那些高谈阔论好得多，俞孔坚就不会搞设计。他来看这里，连侧石、铺地、台阶等都详细照搬，可见动手能力极差。我发现无锡设计院的问题"设计人员与现场脱钩"，设计人员如不下工地，就不会进步。我们似乎交了图就完事，整天埋头电脑设计，他们则是每人三项，没有周六、日，晚上也要做，将设计现场、交叉结合得很好，下次与许、钮研究一下，怎么解决这问题。

马书记打电话要我问问部里管设计资质的部门，想将我们的升级报告促批，还是要回来，未听清。但我已离开会议住地，晚上即回。要联系也只有回锡后问了。

中饭在凤凰厅，一桌13人，檀的司机小马

则未见，说是与好友打牌去了，6人玩扑克是他们最大乐趣。王玉华谈医药养生治病，他的大伯、母均已过世，生父也已过世，后娘若在世也比他只大了9岁。弟定粮后来参军，现在临安当广电局长，定仓在临安供电局，两人都发了。他们小时，我都见过。唐元铃、宋季璋都是白发苍苍，比我年长的有宋石坤，秦魁杰比我大两岁。我又不会喝酒，只能礼节性地谢谢檀馨，谢谢各位老同学，为我来京，耽误大家时间，都说见面不容易，见一次少一次。我远道来京，理当如此。饭后送别，只有秦与我们同车，去工地看，北区绿化做得较多的一区，移了很粗的大树，有皂荚、榔榆之类，草坪、水池、地形都很大气，有我们那里的工程派头，不过我们的树更密。

回城，在小二家吃晚饭，稀饭并很好吃，都是齐诺劳动，史的女儿、女婿都很孝顺，三个女儿都在附近，老俩口是集中点。史的耳朵有点背，齐行动有点慢。病重时，扶墙走路，头晕。睡眠时好时坏，说是忧郁症，比王叙芬差多了。我打手机与家里通话，让史、齐也讲了几句，相机里正好有外甥的照片，给他们看了。老大史可的儿子已读高二。杨超的女儿读书，齐诺，至今还没有养。震宇料理家事，教育孩子，社会上交道，史都比我强许多。

饭后小坐，即送我到西直门地铁站，那里不能停车，交警来找麻烦了，我只得进地铁，大概要罚款，扣分，一样不讲情面啊！

一进地铁就没有堵车顾虑，定定心心，到北京站下来才6：30，在车站商店东看西看，没有俞辰可吃的东西，也没有好的玩具，干脆空手回去，到他大一点时再买。

这次北京之行拿了好几本书，收获颇丰。看了老同学，了解到一些信息，有些活动预先作了伏笔。说实在，我的身体好得超过他们想象，我还是可以做些事的。

2006.11.30

这趟车终点到上海，无锡下车前约10分钟，通知无锡将到，故匆匆整理，6时半到站。出来坐66路，到八佰伴。到家洗脸，刷牙，吃早饭，好一会小周抱俞辰出来。黄珏更晚了，上午与小外甥一起，很可爱，喜欢花生、筷子状饼干，这次我什么也没买，上午看火箭与太阳比赛，输了，投篮不准，是个大问题。后来好些，为时已晚！

下午去设计室，几本书给他们。看相机里的照片。介绍檀馨设计公司的设计工作，北京的工程项目，许等人都不在，知道他们去馨和园情况，周晓正在做王亮修正后的彩图，明天会交给他们。要等他们领导定局后，再做下去。不知合同是否已好，明日见许雷就会知道。见刘正芳送请柬，明日馨和园有活动，许会去，两点多到局，办公室老殷不在，我准备稍停即回家。尚未睡足。

北京之行，短促而很充实，外出的机会是越来越少了，我准备着彻底退休之日的到来。

中国风景园林学会
2006年度"优秀园林绿化工程"与"优秀古建园林工程奖"
评审委员会名单

主 任 委 员：孟兆祯　中国工程院院士、北林大教授
副主任委员：甘伟林　中国风景园林学会常务副理事长
　　　　　　王泽民　中国风景园林学会园林工程分会理事长
委　　　员：王秉洛　中国风景园林学会副理事长
杨雪芝　中国风景园林学会秘书长
杨玉培　四川风景园林学会副理事长

吴劲章　广东风景园林学会副理事长

周在春　上海园林设计院原院长、教授级高工

贾祥云　山东风景园林学会理事长

张树林　北京风景园林学会理事长

黄茂如　江苏无锡市园林局总工程师

施奠东　中国风景园林学会副理事长

商自福　中国风景园林学会园林工程分会秘书长

评审委员会办公室主任：商自福

中国风景园林学会

2006年11月28日

中国风景园林学会

2006年度"优秀园林绿化工程"与"优秀古建园林工程"奖总评审会日程安排

11月27日　专家全天报到（登记回程机票）

11月28日　7：30～8：30　早餐

8：30～12：00　中国科技会堂四楼406会议室开会

一、主持人致欢迎辞

二、专家介绍

三、简单汇报

四、申报工程介绍

12：00～14：30　午餐、午休

14：30～17：00　评审、讨论

17：00～17：30　学会领导总结

18：00　　　晚餐

中国风景园林学会工程分会

2006年11月28日

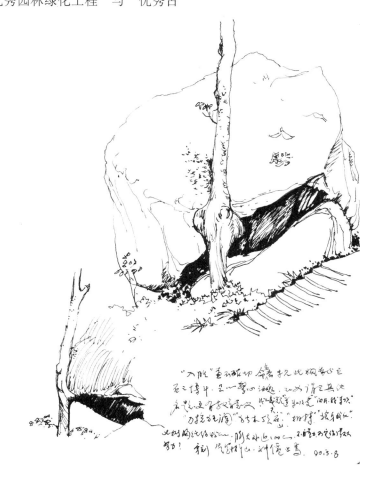

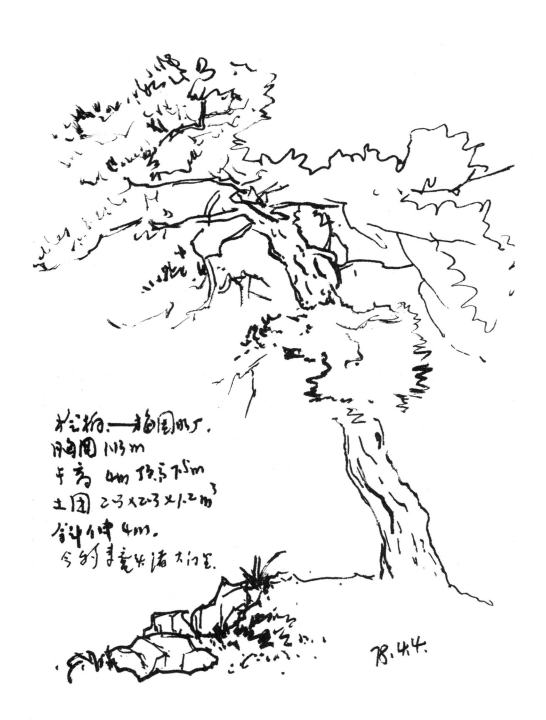

松柏。——梅园外丁.
胸围 1143m
干高 4m 顶高 7.5m
土围 2.3×2.3×1.2m³
斜伸 4m.
今约重大活大门王.

78.4.4.

中日樱花友谊林规划设计

在无锡建造中日樱花友谊林，是1985年日本温炙普及会坂本敬四郎会长向我方提出，而后在日本组织了樱花友谊林全国实行委员会，积极倡导，募集经费，经中日双方友好人士两年多的努力，终于在1987年11月17日正式签署了与无锡市共建樱花友谊林的协议。园林局接受市外办和友协委托，承担第一期工程，种植1500株樱花，由局古建公司和市苗圃精心施工，短短三个月，如期在1988年2月底竣工，受到中日双方友好人士一致好评。现就其规划设计作一介绍。

（1）选址

1500株樱花按10平方米／株计算，需土地1.5公顷，但本市公园和风景区内基本上都已绿化，很难找到如此整片的宜林荒地。如果分作数块，化整为零，则断然没有气氛，若在偏远处勉强找到地方，但交通不便，游人难以到达，又起不到宣传教育效果。经建委、局有关领导和技术人员多次踏勘比较，最后选定犊山村后的狭长谷

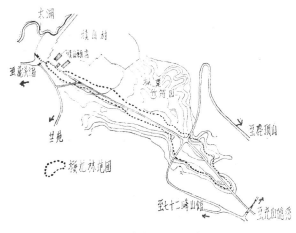

图1　樱花林的位置和范围

地。东南自充山隐秀景区的抱秀桥至西北鼋渚春涛景区的山辉川媚门楼，纵深800余米。这里是充山通往鼋头渚的捷径，已有3.5米宽的水泥路贯通。往鹿顶迎辉景区的登山车道，亦在此相接。规划以水泥路为轴心，改造沿路荒沟洼地，尽量扩充樱花种植面积（图1）。选址这里的优点是：

① 林带狭长，两端看去有深不可测之感。

② 纵向道路，可使游人最充分地欣赏樱花。

③ 谷地两侧山坡上稠密的松、竹和山顶建筑——舒天阁，均为樱花林的绝好背景。

④ 这里是几个景区的纽带，游人众多。

（2）地形

山谷上端，地势高而狭窄，路面又高于地面数十公分，于种植和观赏樱花均不利，规划将路侧废弃的苗地2000平方米改造为樱花林地，边缘水沟扩大成水池，并通过路下涵洞与山圹相通，形成两片较大的水面，增加空间的虚实对比，所挖土方，充填路边洼地。但因地势偏低、沟壑太多，土方大量不足，又在中段提前开挖了规划中的竹筠园水池。下段虽然平坦宽阔，但犊山村民房、饭店在谷口占了很大面积，空旷处已栽植大片毛竹，剩下余地很少，唯有太湖别墅门楼旁的三角地，可以集中栽植，但需开沟排水，以免山水滞留。这样处理，为种植创造了较好条件，也使得地形地貌生动许多。

（3）序幕

鼋头渚是太湖风景开辟最早的景点，其入口"山辉川媚"门楼是游客必经之地，前有开阔的

停车广场，规划利用门楼的翼墙延伸8.5米，覆琉璃瓦，与门楼协调，墙上嵌金山石条，刻"中日樱花友谊林"字样，点明题目，墙前高出一级，单独铺装银灰岩地坪，留出口子，围以金山石栏，借角上一株香樟的浓荫，供游人小坐纳凉，由此进入樱花友谊林，是为序幕（图2）。

（4）主景

主景设在上段，两车道十字交汇处，这里已是樱花林的深处，地势较高，遥看谷口，景观深远，周围有成片樱花林，两个水池，相互映衬，山坡松林稠密，顶上有高耸的舒天阁，应是风景最佳地段。规划依山麓筑一平台，台上置花岗石方亭一座，名"友谊亭"，亭中立青石碑，刻双方落款碑文，正面以台阶通主路，路下留小片场地，供临时停车和活动之需，平台一侧设曲径小路通向池边。竣工时，四五百人围绕此地举行仪式，白色石亭在绿树红花中格外醒目，自然成为整个友谊林的主景（图3、图4）。

（5）小路

原有车行道宽仅3.5米，人车同道，随着游人和车辆增多，路上行人有避让不及之虑，有碍游赏情绪。规划在路侧另辟2米宽步行道，首尾贯通，既可人车分流，又增加接触欣赏樱花的机会。小路以直线为主，视车路两侧余地，忽近忽远，折左折右，中段深入松林边缘，到主景地段又沿着水池环行，通过不断变换方向和位置，获得丰富景观，使800余米长的步行道不致单调乏味。今后在适当处，增添座椅、桌凳，更受游人欢迎。

（6）樱花

樱花是主题，数量不少于1500株，目前苗圃所能提供的仅是两三种先叶后花的重瓣品种，树体并不高大，为早见效果，满足数量要求，不妨密植，以3米株距，自由定点。实际共种樱花4个品种1687株，达到了预期目标。重瓣樱花是落叶小乔木，一年只在四月中下旬开一次花，时间不足半月，花后仅有绿叶，冬天更显萧条，大环境

图2　中日樱花友谊林入口景墙砌筑

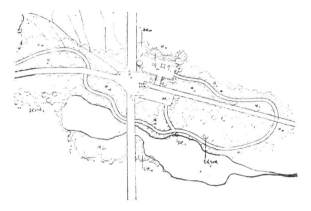

图3　樱花林中心主景区

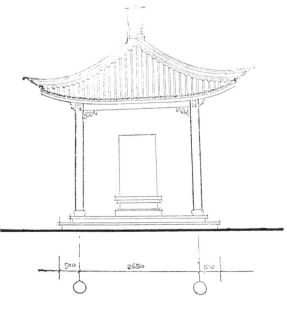

图4　友谊亭（花岗岩石质方亭）立面
中日樱花友谊林碑文由古建公司制作

与日本友人在中日樱花友谊林入口景墙合影

虽有松林竹丛陪衬，但进入林间，一色樱花，未免单调，因而在林缘、转角，还结合地形，配以常绿树丛和别的花木，如香樟、龙柏、杜英、玉兰、珊瑚、海桐、杜鹃、海棠、碧桃、石榴、黄馨等，以春花为主，丰富植物景观。林下以爬根草覆盖，增加滋润整齐。

中日樱花友谊林的建成，不仅增加了一个新景点，完成了一项政治任务，而且改变了这一带长期荒杂零乱的面貌，使鼋头渚和鹿顶山风景更加美丽。樱花友谊林也为今后的樱花专类园形成了框架。一举数得，意义重大。

此方案由原城建局陈荣煌局长踏勘选定，负责现场施工的还有许雷、刘国昭、黄茂如、丁洪然等同志。

黄茂如　许　雷

一步登天，
再上路不二天。

赴鞍山市参与园林规划设计

1982.8.27

由仲国鋆带队，苏州徐松友，南京左大珉，无锡我，一行四人应鞍山市邀请，前往帮助搞园林规划，心诚意切，省建委情不可却，即召我们四人于25日在宁集中，当晚秦庭栋主任来招待所小坐。26日，参加听太湖风景规划一天，由黄希木及霍锡金汇报，27日晨2时45分坐196次离宁。我原买硬席，上车即换软卧，与仲同室，享受14级干部待遇。软卧为一室四人，上下铺，沙发床，台灯，另有床头小灯。用饭均有服务员来车厢卖票。洗脸、厕所均专用。空位很多。27日夜，徐、左均改软卧，同集一室。我则去六号房，独卧一室，故有空隙整理杜鹃文。听仲处长说往事，颇生动有趣，对此行甚满意，唯不知工作顺利否？能否胜任，不过，专家组得以集体力量来完成，个人不能太突出，似宜检点言行之必要。28日晨5时半即到沈阳，在车站吃豆浆、油条（称分量，不论条数）。签8时302次去鞍山。因无座，索性在车上办软坐，均为沙发椅，中间走道，两边双座相对，客不多，皆为高干、外宾。9时一刻即到鞍山。对方建委、局、处多人已来接，两部小轿车由我们四人坐，下榻交际处所属鞍山宾馆，外宾、高干均在此住，比前年（学术会议）所住胜利宾馆又高一档，四人住两房，房金每天30元，一应俱全，颇感方便。一台红灯收音机，可听各方消息。伙食每天2.5元，服务殷勤。午后两时，由城建局巴局长，吴处长陪同坐两轿车去汤岗子洗温泉澡。此处明代即已发现，但最早由张作霖在此建屋，三层古典式。后溥仪人称小皇帝在此住过。现有疗养床位600多，并有泥疗室等，泉温可达70℃，含硫镭，疗效显著。园内绿地甚多，并点缀有亭、阁之类，意欲变为花园。顺便让我们看，以便帮着规划一下。这次洗澡，享用单间，惜时间局促，未能利用卧床浴衣之类设备。浴后，徐院长陪同看园子，回来约略看了这次工作重点胜利广场。这片广场，面积达7公顷，等待我们发表意见后动工。晚上，市委第一书记孙，第二把手许西书记，党委书记孙，铁市长以及建委、城建局等人在宾馆宴请，酒肴别具一格，最后一道为火烤冰淇淋球，即一个冰制炉子，里面装一电珠，加点红纸条，如火烧，炉上面放一盆子，盛满冰球，冰盅在消融，但席散仍完好，一尾大鲤鱼3斤以上，荷花香酥鸡，印象颇深。

1982.8.28

刚下过雨，天气凉爽不少，中山装穿上刚合适，中午太阳出，则嫌热。市区相当整齐，绿树成行，葱郁异常，尤以垂柳、加杨、洋槐长得特好，为主要行道树。常绿树没几种，如黑松、冷杉、云杉、桧柏、瓜子黄杨，绿篱都用桂香柳木，此时正结果，成串如念珠，成熟变黄色，叶片泛白，似胡秃子。此外有雪柳，唯松柏绿篱可为常绿，侧柏则冻后掉叶，不甚理想。草皮有美国野牛草及结缕草两种，略能踩踏，生长则快。花木方面有丁香、山杏、木槿、五角枫、大山樱、银杏、红松等，糖槭因星天牛危害无法治已日趋淘汰，千山有千头松（南京火车站门前种过一对，很好），高达15米，冠幅甚大，着地分枝。此时一串红正盛，矮鸡冠也很整齐，以扫帚

草作篱，色彩其鲜艳。

鞍者山如鞍形也。唐代这里是海城与辽阳之间的一个驿站，解放初尚有小城遗迹，现仅一断墙。1905年日本人来，即日俄战争后，中长铁路划给日本，1915年建鞍钢，设市。抗战后，市废。解放为1948年2月19日，重设市，现有219公园即纪念解放日。鞍钢是采矿石至钢铁成品的完整企业，年产600万吨铁与钢，铁矿石遍地皆是，此处水流皆红色，为洗矿之故。全市纯利15亿～17亿元，"三项费"高达9000万元，园林能有400万元，在全国来说，特优越。故欲花钱搞一些高质量园林，请专家组来，即已市里下的决心。事前市领导一行特地来江苏邀请，电话则通过多回。此行费用均由其报，故我等借此享受高干待遇。如把工作做好，不虚此行，私事搁置一旁，多学习一些，多思考一些。

1982.8.29

今天又是两辆小轿车出行，黑为伏特加，灰白为上海牌。上午去鞍钢，这次看得略细，但鞍钢之大，半天也只能有一个极粗的印象。总面积12平方公里，外面还有7平方公里，内有20多家厂，都很大。大型轧钢厂有1800人，而各类轧钢厂就有13家之多，炼钢厂有三家，炼铁厂一家，其他制氧、烧结等均为上述三项服务，职工20万以上。它是从矿石到出钢全过程的厂，产量占全国钢的四分之一，"钢都"名不虚传！其绿化设科室领导，专业队伍100多人，与1980年比，确大有进步，一是三废改善，烧结车间基本上没有粉尘。二是环境卫生改善，没有乱丢东西，垃圾的现象，干净整洁。三是绿色多，树多、花多、草多。像鞍钢这样的企业能搞到这种水平真不简单。但噪声依然，我仍得用纸团塞自己耳朵。

下午看市容绿化，印象是柳、杨、槐成为主体，绿地还比较多，普遍绿化也不差。街心花园也布置较好，一串红增添了色彩，街道宽敞，胜利路长达10多公里，杨、柳组合成一林带。有一个化纺厂，是绿化典型，其内甚清洁，绿化很浓。

宾馆有乒乓室，与老徐早上打几个回合。晚上可去电视室观看，来的人都很少，伙食2.5元一天，菜蔬并不入味。他们送来一大筐苹果，但酸得很，没人吃。

1982.8.30

上午看2·19公园，140公顷大，树多荫浓，但单一。游人多时有10多万，正在开辟新区，建筑不多，且都是老工程师曾凡林之作品，木构斗拱，彩绘，琉璃瓦（福建来）北式，颇精致，但比例上有点欠妥。亭子的宝顶有低缩之感。花卉区较精致，铁矿石横卧草地中，点缀以射干、马蔺，颇自然，但一些驳岸及成堆处则粗劣不堪。

图8 烈士山写生

见到杜鹃达子香，种在盆中，落叶灌木，花粉红，惜未见花，其他杜鹃，毛鹃，他们称大叶杜鹃，放在室外。据说西鹃有60多种，尚有播种的好种未命名，下次要抽空一看。2·19公园尚有啤酒花，引起我在校对引种此花的一段往事，这回一定要引点回去，还有红花扁头。

永乐公园在铁西区，为区级公园，面积将近30公顷，有一园中园，以温室花鱼宫为中心，没有空间分隔，水石盆景不堪入目，树桩盆景好的很少，草花则比我处强。福禄考、美女樱、鸡冠、美人蕉均不坏。这里君子兰有爱之若狂之势，好品种一盆七八千元，一粒子100元。以叶宽、厚、亮、直、短，目前这些为好品标准，而花则不论，实为怪事。据仲说日本也很喜爱，以放一盆东北君子兰为荣，专门有研究君子兰及万年青的人。

烈士山、门楼、石级、纪念碑比例组合甚好，到顶可见全市。明日还有一天作一般性参观，后日则进入两个重点。晚上四人谈谈各自看法，看来内部尚不统一，我得注意搞好关系，不能过露。左工年长，应当尊重。

1982.8.31

今天看立山公园，布置甚劣，其中竟有一枝枯柳，上塑两鸟，所谓老树昏鸦。在校时听老师说是批判过的颓废情调在公园出现，令人不

解。还有喷泉中的一堆乱石，既无主次，又无形态，真不知何物。几条鲤鱼，在荷叶上，昂首张嘴，嘴上装一个长圆铁丝罩，怕乒乓球跌落之故罢，也很可笑。面积相当大，但其中被一个车队占着，挖去心腹，首尾难以相连。下午看东山风景区，登了激战过的铁架山，绿化已属完成，道路亦已开辟，只要逐步修几个景点，即自然形成一个森林风景区，这个也没有多大提意见的。来这里，看来主要是三个任务，一是为人民公园规划，二作一次学术报告，三为他们呼吁一下，估计均能完成。他们已为我们安排去沈阳和从沈阳回去的飞机票。

1982.9.3

看了鞍山所有的公园、风景区之后，今日下午组织了一个隆重汇报会，市委第一、二书记来了、建委、计委、城建局、处以及有关部门、区领导都来了，发言者就我们四人，重点是谈人民公园的规划。仲谈总的，我认为谈得很好。徐谈人民公园规划，觉得零乱。他提出具体的主景区是搞一个"小沧浪"，仲补充"小沧浪"有八景（我感到有点吹，因为没有图，信口说）。我是重点谈植物种植的，左工是谈东山风景区，我没有用心听。市委第二书记为许西，扬州人，对我们的意见作了很高评价，要我们帮忙帮到底，挽留我们过国庆。第一书记孙也讲了话，代表市委向我们四位专家及江苏省委、各市委致谢，也挽留我们，本来事情可以了结，处里又重作安排，留我们至11日送我们沈阳上飞机。

1982.9.4

与处园林工作者座谈一天。

1982.9.5

处派面包、吉普送我们去沈阳参观，我的北林同学（抚顺园林处处长）马喜光接电话后，于今上午在沈阳南湖公园等我，相见甚欢，同来者

尚有他的同事刘工，他又给我买了两袋糖，大马真是情深。后从南湖分手，他将于十月来锡。车到沈阳，沈阳城建局、公园处多名领导来迎接、陪同，我们一行便成了三车，又去科研所并摘"巨峰"葡萄招待。

在青年公园餐厅吃中饭，菜味道不佳，吃罢，尚有两个菜未上。抓紧时间即去东陵，我第一次到，又去接待室吃葡萄，葡萄串之大都为我以前所未见。东陵为清努尔哈赤之墓，建筑完整，古松甚奇，现正在修缮，油漆。最高的大明殿，因解放初被火烧过，这次修理竟用木材500多立方米。最后去北陵，为皇太极之墓，更见宽敞，在办公室小坐吃公园生产的芝麻棒冰，别有风味。回到鞍山，已是晚上7时半。鞍山至沈阳100公里，需两个半小时。这次出门假仲处长之名，狐假虎威，但队伍太长，陪同人多，不能细看，也有不自由处。

余下四天安排为：铁西区邀请提意见半天，做规划图两天半，讲课半天，还有半天是方案交底。安排甚紧，常是日夜辛劳，饭量大减，思家之情犹生，仲称已梦归苏州。对几位印象是：仲善吹，经历之丰使其有很强吸引力。徐，爽直，但有时说话过头。左工婆婆妈妈，生活经验缺少，反应慢，我称她为小妹妹。但此行总能求同存异，基本上圆满完成任务。但从内行来看，问题很多。如中心广场搞个苏州园林是否合适，主景区处理是否美妙等。至于具体设施、施工恐还有大量工作会继续来江苏求援。我是出不去了，苏州有兴趣也有力量，让他们一包到底吧。

鞍山之热情不必说，为我们一人搞了20斤果梨。11日上午局长、处长陪同送我们去沈阳，中午由沈阳起飞，万里晴空，俯视下面清晰异常。去京停40分钟，看看第一流的国际机场，接着又飞南京。这日座机很平稳，空中小姐脸上都化了妆，纪念品是小木梳，钥匙环。到宁，连夜赶回无锡，在无锡与仲分手。此行，他对我颇为好感。徐在宁尚有事，左工在京停留，作为一次不期而遇的相识，印象都不差。（82.9.12补记）

赴鞍山参与园林规划的江苏专家合影（左起黄茂如、仲国鍫、徐松友、左大珉）

点滴

1. 鞍山与日本尾琦市（近名古屋）结成友好城市。

2. 沈阳足球场用结缕草播种，每万平方米2.4万元，而北京每万平方米需10万元。

3. 鞍山水石盆景主要用本地产化石及松花江海浮石。

4. 沈阳东陵光大明楼修理即用去500立方米木材，东陵尚未挖掘。

5. 鞍山每年城市建设费为7000万～9000万元。

6. 2.19公园大温室长100米高14米，每年用煤600～800吨。

7. 千山大门系曾凡林作，高15米，长4～50米，比例合适。

8. 鞍山有200多年的国槐，100多年柞树，四五百年油松，400年白果。

9. 鞍山化纺厂27公顷，绿地占25%，已是很好了，法梧引种。

10. 鞍山糖槭、元宝枫因红颈天牛危害，70年起锯头，也不行，将绝灭。

11. 最近引进美国野牛草，繁殖甚快。

12. 鞍山至汤岗子15公里。

城市园林绿化植物材料规划的理论基础及其方法研究

引言

植物材料是园林绿化的物质基础。植物材料规划作为城市绿地系统的一个组成部分，在城市园林绿化建设全过程中，更是十分重要、必须先行的基础工作。植物材料规划，就是根据城市的性质、发展规模、经济、文化需要，历史传统和风尚习俗及所处地理环境、地形、地貌和各种特定生态条件等，进行调查分析、研究、科学选择相宜的植物材料，以绿色植物的生物功能，有效维护和提高城市生态平衡、保护和改善人民的生产、生活环境质量。并以植物众多的形态、色彩、景观和内涵，使城市建筑融合在自然中，生动活泼、协调和谐，体现城市优美景观和特色。

植物材料规划是指导苗圃、花圃、草圃栽培生产和引种、育种的纲领性文件，没有规划或规划不科学、不合理，既会使城市园林绿化失去依从，陷入盲从，导致随意栽植，又频繁更换，严重影响城市绿化的进展和效果。这方面教训很深刻，如50年代南京、无锡等市竞相大量引种桉树，当年就因不御冬寒而全军覆没；无锡50年代曾大种杨树，结果在高温、多雨、潮湿的气候条件下，病虫害严重，早期就出现枯梢，树势严重衰退，后基本淘汰；常州自解放初至今行道树已五易树种；苏州虎丘路10年中也更换了四次行道树。如此反复，使城市绿化面貌迟迟不能形成。近年来，有些地方没有全面理解城市绿化多功能要求，却过分强调了常绿气氛，在街道上大种常绿树，结果因

不适应严酷的生境条件，生长不良，不能发挥应有的绿化效果；甚至凭主观想象，提出"中山路为什么不种中山柏"云云；南京市在街道分车带上种植雪松，只图雄伟，不顾其他，也不尽恰当，这些，都充分说明了编制科学的植物材料规划的必要性。

植物材料有着丰富的种类，培育出理想的程度亦需要有一定的场地设施、技术手段和时间年限。从城市长远利益考虑，有目的、有计划地为城市绿化建设配备物质基础，保证城市以普遍绿化、植物造景为主，以及建设生态型园林等要求的需要，是植物材料规划的任务。

科学的植物材料规划必须建立在科学理论基础上。根据江苏几十年的实践，我们认为充分应用生态学、风景美学等科学理论，认真调查研究，总结过去的经验教训是编制园林绿化植物材料规划的重要基础。

一、理论基础

1. 生态学要求

近年，城市园林绿化应用生态学理论，开始将着重点从过去单纯的观赏、装饰（绿化、美化、香化、彩化），转向以改善城市生态环境为核心的综合效益。因为人类愈来愈强烈意识到，城市内一切有机、无机，生物与非生物，都在一个生态系统中进行物质循环和能量交换，这一系统的优劣，直接关系到人类自身的生存和发展。已有许多研究资料表明，园林绿化植物材料，在整个城市生态系统中发挥着调节人类赖以生存的

氧气和二氧化碳比例，吸引或滞留空气中有毒有害气体、粉尘和飘尘，保持水土，净化水质，杀灭病菌、病毒，降低噪声、风沙、辐射，改善小气候等功能，处于无可替代的地位，从而提出以植物造景为主建设生态园林的要求。正是为了适应、满足这种要求，城市植物园林绿化植物材料规划，必须遵循生态学理论。既熟知植物习惯性地带着原先自然群落的生态要求，在城市中给予建立人工群落的必要条件，又充分利用植物对城市环境积极的优化效能，力求提高人类生存环境的质量。

植物以群落的生态形式存在，具有明显的地带性和相对稳定的群落结构，这是自然界长期选择、演化的结果，也是植物与环境之间矛盾统一的反映。

植物群落结构的特征，首先是垂直方向的地上、地下成层性。我国东北部湿润森林地区，森林群落的层次结构，一般分为地上的乔木层、下木层、草木层及活地被层及地下根系的深层、中层、浅层。不同植物，只有各得其所，光照、温度、水肥的分配各得所需，才能互惠互利、长期共存。若层次不当，则相互争夺，导致优胜劣败。其次是水平结构上的镶嵌性，这是生态因子的不均匀性，植物种类习性的多样性和人类（包括其他动物）活动影响造成的。城市中地形、条件差异越大，镶嵌性也越复杂；三是植物群落随时序和年份的不同，外貌呈现周期性变化，即季相变化。

植物群落的分布与自然环境条件有极为密切的关系，一个地区出现什么样的植物群落主要决定于该地区的气候和土壤条件。

植物群落的地理分布规律主要表现在植被的纬度地带性规律、植被经度地带性规律及植被垂直地带性规律方面。

江苏位于北纬30°46′～35°02′，东经116°22′～121°55′之间，面积1026万公顷。全省，坦，平原约占总面积的85%。高程约在45米以下。低山丘陵占5%，大多为邻省山脉的延伸。山势低缓，部分山体破碎，海拔多在200～300米间，最高峰海拔625米，位于苏北云台山。在低山丘陵的坡麓和山间谷地，还有占总面积10%的波状起伏的丘陵岗阜。在植被分布上，山体高度均未达到植被垂直更替的最低界线，未出现植被更替现象。全省东西狭窄，植被经度变化甚微；南北跨度较大，植被的纬度地带性分布规律明显，很有特色。自北而南，横跨"暖温带落叶阔叶林""北亚热带落叶、常绿阔叶混交林"及"中亚热带常绿阔叶林"三个植被地带。据南京大学的研究资料，还可细分为6个明显的植被区，即①徐州石灰岩山地丘陵平原落叶阔叶林区；②东海山地丘陵平原阔叶林、赤松林区；③江淮丘陵含有常绿灌木的落叶阔叶林区；④宁镇茅丘陵平原落叶常绿阔叶混交林区；⑤太湖丘陵苦槠木荷林区；⑥宜溧丘陵山地苦槠、毛竹林区。江苏的城市正是在这样的地理环境及地形地貌条件下逐步发展、建设起来的。

城市是人类技术进步，经济发展和社会文明的结晶。1989年我国城镇人口已占总人口的28.6%，上海市人口已超过1100万，江苏已有11个省辖市和17个县级市，城市人口达895.5万。由于城市人口高度集中，交通、通讯、供电、给排水及医院卫生、文体娱乐等建筑设施林立市区，虽然给人们工作生产、生活带来各方面便利，但原有绿色植物覆盖的自然环境遭解体和破坏，使城市生态环境失去平衡，严重恶化。如城市"热岛效应"（一般城市日平均气温比乡村要高1℃左右，最大温差十万人口达6℃，百万人口高达8℃）使夏季变得炎热干燥；工业、交通排放出大量污染物使空气中含氧量不足，二氧化碳超标；土壤、水体和大气中有毒、有害物质急增，所有这些威胁着一切生物包括人类的健康，同样也影响生产和产品质量。

为了人类自身的利益，城市生态环境急于改善，其中一个有力措施就是增加绿地，加强绿化，努力使园林绿化有利于人的身心健康是生态园林的最终目标。江苏有28个城市，一般都是在旧城基础上扩建改建的，有的沿江濒湖濒海，有属平原、有属丘陵，但大体上都是绿地镶嵌在建筑群中，严重不足，且分散零碎。所处地域，有开阔、狭小、高阜、低洼，向阳、背阴、暖和、冷凉、迎风、背风，土壤亦有厚薄、干湿、肥瘠、酸碱、坚实、疏松等差别，加上空间线路、地下管网，人车活动等多种立地条件，这就要求城市园林绿化一方面要优化各种立地条件，使植物得以在城市这种严酷生境环境中生存、生长；另一方面又要巧妙选取植物材料，使之在健康生长前提下，促进城市生态环境的改善。

认真调查研究哪些植物种类和配植方式能适应城市严酷的生存环境，并有效促进城市生态环境的改善，正是园林植物材料规划面对现实的任务。遵循生态学要求，把城市作为特定有机整体，把绿色植物看作是积极参与城市人类种群生态系统的一个积极、活跃的要素是园林植物材料规划的基本出发点。认识和理解植物群落的地理分布规律和结构上的基本特征，有利于城市园林绿化植物材料规划的科学性、合理性及多样性。

在城市园林绿化植物材料规划中，可以在生态学理论指导下，有意识地考虑选择、运用属于当地生物气候带的各种植物及该生物气候带中普遍、典型的植物群落结构中各个层次的植物；科学合理选用能满足群落生态要求，相对稳定、少病虫害的不同种群的园林植物；指导城市中园林植物的合理配置，模拟自然，有效建设科学的人工植物群落。

在进行城市园林绿化植物材料规划时，首先，选择植物材料要充分考虑植物的地带性分布规律及特点，使未来的城市绿化面貌充分反映各自地区自然景观的地带性特色，并取得稳定、长期的效益。

其次，可以从附近自然保护区丰富的植物材料中选出大量园林绿化植物新材料，丰富城市及园林特色。由于同处一个生物气候带，这种引种易于成功。

第三，对于处于植被过渡地带的城市，亦可引种邻近各植物气候带的植物也较易成功，如苏州引种冬红山茶，为南亚热带树种，常绿，花期长，11～4月都在开花，是冬季难得的观花树种，为丰富城市景观可以大量繁殖运用。越带引种不符合植物群落生态学关于植被地带性分布的原则，故树种选择上应注意避免盲目选用。

第四，考虑植物群落结构成层、镶嵌、周期性的特点，在园林植物材料规划时应考虑选用乔木、亚乔木、灌木、草坪、攀缘植物及有季相变化的色叶、开花植物，以便在未来的城市园林绿化建设中模拟自然，形成符合植物群落生态学而又在平面、立面、季相上多样丰富，具有风景美学价值的人工群落、群丛。

2. 风景美学要求

风景区和园林是一种优美的空间境域，除了天然的自然风景外，还有人工的精心设计构筑，人们从直观现象，通过感觉、知觉、理解、思考以及联想、想象，认识风景园林的美。这种美，超越了自然美，而是包含艺术美和社会美的综合。尽管风景美学的理论研究十分年轻，目前还处于摸索阶段，但在实践中，园林设计师和能工巧匠，早已掌握运用，在漫长的历史过程中创造了无数具有中国传统特色的古典园林和现代园林，满足人们物质和精神方面需要。城市是人工建造的一种非自然环境，缺乏有生命的绿色植物，园林绿化工作者的任务就是想方设法弥补这一缺陷。我们提倡普遍绿化、植物造景，主要是因为植物是园林绿地中最生动、最活跃、最主要的部分，制订园林植物材料规划，既要考虑城市特定的生态环境，遵循植物群落学规律，有效改善城市生态平衡，又要掌握风景美学的原则，满足城市风景、园林优美境域的要求。

园林植物是有生命的自然物，它的美，除无机物具有的现象美即形式美外，更以主宰现象美的种类美为核心，同时包含植物与植物、植物与环境之间的组合美。

自然界有植物30万种之多，每一种类呈现出千差万别的现象美和种类美，这是我们取之不尽的源泉。目前江苏用于园林绿地的植物材料，不下千余种，其中乔木是园林绿地中的骨干，高大粗壮、挺拔雄伟。城市中的行道树、防护林、树丛、树群、森林都以乔木为主体，乔木是城市绿化形象的总代表，是植物材料中的重点。竹子美在常青潇洒、高洁典雅，江苏资源丰富，是植物中一个特殊类型。灌木是丛生植物，枝叶稠密，花、叶俱佳，给人以繁茂、丰满、充实、亲切的感觉。攀附在墙面、栅栏、花架上的蔓生植物，占地少，有出人意料之美。草本植物生命周期较短，种类尤多；亭亭玉立的莲荷，柔嫩匀净的草坪，各种各样的草花，呈现出色彩缤纷的美，这是任何木本植物都望尘莫及的。

城市具备各式各样的立体条件，需要各种多样的植物材料，其中乔木固然是骨干，但缺少灌木就显得孤立、空洞、单薄和缺乏层次。相反，乔木少了，灌木当不了主角，总体气势不足。因此，乔灌木必须有机结合，不可偏废。草皮覆盖地面，犹如画面的底色，颇为关键，而且平坦、大块的草坪，显得开朗、柔美，最符合现代气派。草花则是色彩的补充和加强。四季均要可变化，是画面最醒目之处。因此，植物材料规划，应根据城市地形地貌、建筑环境，从丰富多彩的要求出发，选取多种多样的植物个体，确定乔木和灌木，草坪与花卉等适当的比例。

植物个体美体现在它的每个局部。花朵是突出的观赏部位，优美的形态、色彩的鲜艳纷繁、芳香的浓郁宜人，最令人振奋激动。春天梅花开时，无锡的梅花、南京的梅花山，日游人量高达4万～15万之众。桂花开时，游人往往在树下徘徊欣赏，长久不忍离去。樱花、玉兰、山茶、牡丹、杜鹃、荷花、菊花、腊梅等都是花朵十分突出的植物材料，江苏已广为选用。植物的叶片，有大小、形状、色泽、质感上的种种不同，说不尽自然界之奇妙，这也是美的重要部位。有些植物秋天叶色转黄变红，更有"霜叶红于二月花"之誉。南京栖霞山、苏州天平山都是秋色最有魅力的观赏点。还有各种各样的观果植物，如柑橘、石榴、火棘、荚蒾、天竺、构骨、冬青、野鸦椿、枸杞、珊瑚豆、五色椒等，果实之丰硕、甜美、色彩之灿烂夺目，不亚于花朵的魅力。此外，树皮的色泽、纹理的粗细、枝条的着生力度，乃至错根盘节，也都是植物形态美的所在。因此，风景美学的要求，也需着眼于植物个体的突出局部，即观赏性最强的部位，予以充分显露和表达，给人以最深刻的印象。

植物材料规划，还应贯彻风景美学一些形式美法则的要求：

① 季节变化　绿是植物的本色、生命的象征，人们渴求绿树浓荫的宁静、凉爽环境，因而往往提出城市绿化四季常青的要求，偏重常绿植物，鄙视落叶植物。殊不知走极端反而有损美感。常绿植物亦过于深暗、厚重，缺乏色彩时序变化，而落叶树也有通风采光、显露枝干线条、季节变化明显的优点。其实，两者结合，优劣互补，虚实对比，效果更好，且符合江苏四季分明的气候特点。因此，常绿与落叶植物的恰当比例是规划的一项重要内容。

② 重点突出　这是取得美的重要手段。在形形色色的植物材料中，根据城市气候地带，特殊的地形条件和城市性质、功能及文化、历史、风尚等传统习惯，确定骨干材料，在总体上加以强调，形成独特的美，如有的侧重春花如无锡的梅花、樱花、杜鹃、兰花；有的侧重秋色，如苏州桂花、泰兴银杏；有的突出当地名花，如常州

月季，扬州琼花、芍药，南京梅花、镇江蜡梅，等等。市树市花当然是骨干，要给予显著地位。有些因名贵稀少或对立地条件要求高，难以普及种植，不妨扩充其同类，如琼花可以扩大至八仙花、对球、绣球花。广玉兰、梅花亦可向木兰属、樱属中的相似种类延伸。总之，没有重点，就会流于一般，缺乏个性，难以体现城市风景美的特色。

③ 群体组合　在园林绿地中，不仅是显示植物的个体美，更多的是以景观形式表现植物的群体美、组合美。在规划时必须考虑多种植物材料组合、配置的画面效果。如背景、中景、前景、地被覆盖、孤植、对植、列植等。群植、丛植的种类复杂，彼此集于一处，必须注意整体的林缘线、林冠线。不同个体的结合又要按照形式美法则考虑体量、主从、均衡、和谐、色彩、季相、节奏、对比、统一变化等关系，以取得完美的植物景观效果。

④ 协调环境　基调树种、骨干树种，就城市总体而言塑造大形象，大轮廓，这就是普遍绿化的要求。然后，认真考虑每个局部植物材料与城市中的道路、屋楼、砖石构体、江湖河岸等永久性人工构筑物有机结合，利用植物的形态、色彩、生机、风韵，使这些人工物得到绿色的掩映，显得自然协调，锦上添花。平直的建筑由红花绿叶陪衬，可构成生机盎然的如画景观，僵硬处变得柔和，厚重的显得轻松，丑陋的得到遮挡，空缺的有了填补，割裂离散的得到联络，对比强烈的得到调和。整个城市通过芳草、绿荫、鲜花等丰富多彩的园林植物装饰点缀，使人工与自然渗透交融，统一在美的画面中，显得优美、舒适、生机勃勃。因此，园林植物材料的规划亦应从城市总体的美观要求做出选择。

⑤ 审美传统　某些花木由于文学艺术长期渲染，在人们心目中形成了特定的个性品格，如松柏的坚贞、兰、竹的高洁，等等，这种审美情绪是我们历史文化的重要传统。苏州古典园林中的绿化种植，极重花木的风韵意趣；民间常喜欢借谐音选用吉祥如意的植物材料；目前各地选定的市树市花都有特定的含意和寄托。总之，使人触景生情、浮想联翩，得到精神上的快慰、启迪、满足，是植物具有社会美属性的特征，在规划时也是值得注意的一个方面。

二、方法研究

依据上述理论，科学合理编制园林绿化材料规划，具体方法以江苏实践为例，综述如下：

1. 基本原则

城市园林绿化植物材料规划的编制工作，应考虑以下五个原则：首先应考虑城市所处生物带。在植物材料调查研究过程中，要充分利用城市附近自然保护区的森林植被调查结果。附近没有自然保护区的，则应对城市附近山区和近邻农村的天然植被进行调查，使植物材料的选择符合城市所处生物气候带的植被分布规律。其次，应考虑改善城市环境。江苏是个人口密度很大的省份，城市中建筑密度与人口密度均十分突出，城市化进程的加速导致环境质量下降相当严重，故植物材料选择上必须考虑环境功能要求，起到调节气候、防尘、杀菌、消除噪声、排污等多种作用，达到改善环境的功能。第三，应密切结合城市的历史文化传统，以形成各城市独特的城市风貌。如历史文化名城扬州，历来有"绿杨城郭是扬州""扬州芍药甲天下"的荣誉。植物材料规划就应考虑杨、柳、芍药为骨干，显示多姿多彩的山林城市风貌。第四，应足各类园林绿地的游憩审美要求，以形成丰富多彩的园林绿化景色和城市景观。第五，在保证上述四项要求前提下，大型公园、森林公园、风景名胜区还应在可能情况下优先选用有特色的经济树种，这样，既能满足客观上的景观要求，又能取得一定经济效益。如能按上述五条原则考虑问题，统一安排，那么江苏各市的园林绿化植物材料规划将达到较科学合理的程度。

2. 方法和内容

（1）调查研究

城市园林绿化植物材料调查的范围以城市各类园林绿地（包括市郊风景名胜区）为主。调查重点是以各种乔、灌木、攀缘植物、地被植物、草坪植物等的生态习性、生长势、栽培史（渊源），对环境的适应性及忍受力，以及与绿化种植有关的城市情况调查等。内容有：①植物材料调查：城市园林绿化植物材料调查，城市乡土植物材料调查，古树名木调查，边缘植物材料调查，本地特色植物材料调查，抗逆植物材料调查，外来植物调查，风景区植物材料调查，攀缘植物专题调查，地被植物专题调查，草坪植物专题调查、水生、湿生植物调查；②城市所处地理环境、自然地形地貌和气象气候情况调查；③城市各类立地条件的调查，以及现有植物在各种立地条件下生长情况的调查；④城市历史文化传统及其与植物材料的相关性、渊源的调查、有关风尚习俗的调查。

本区域或临近区域内有"自然保护区"的，应在调查过程参阅其森林植被调查结果，否则应对附近山区和近郊农村的天然植被进行调查。

（2）选定基调植物、骨干植物等

准确、稳妥、合理选定城市基调植物（2～7种）、骨干植物（7～15种）及一批主要选用植物，主要试用植物。其次，根据城市内部不同生境类型分别提出各区域各自的基调、骨干和主要选用植物。城市生境类型的划分，本着生境条件类似的原则，尽量与现行绿地类型相吻合，拟分为六个类型。①居住区、机关、学校、医院、营房和污染轻微的工厂及其生活区；②各类园林、城市近郊风景名胜区的公共游览区；③污染较严重的工厂、矿区。

根据排放的污染物划分，如二氧化硫、氟化氢等；④滨河、江滩；⑤街道、广场；⑥风景名胜区等。由于各类型内部情况各不相同，因此须实事求是区别对待，认真弄清生境特点和各种植物材料的特性。

（3）制定主要植物材料的比例

① 乔木、灌木、草坪及地被植物总用量比例。可用实测园林绿化功能景观好的绿地（局部），以其地域内的乔木、灌木、草坪及地被植物的合理比例作参考。

② 落叶树与常绿树的比例（种类与数量比）。

③ 阔叶树与针叶树的比例（种类与数量比）。

制定各种比例应从城市园林绿化总体要求出发，做到比较合理而又切合实际。

三、讨论及建议

以生态学和风景美学要求作为理论基础，在江苏13个城市编制城市园林绿化规划，是一项探索性工作，理论上有待进一步提高，实践上尚需改进完善。现就几个具体问题提出讨论和建议。

1. 关于生态园林

生态园林的提出，在我国还是近几年的事，对生态园林的理论研究刚刚起步。当前人类面临日益恶化的城市生态问题，已引起人们普遍不安，领导部门对此亦十分关注，这是关系到人民健康，产品质量、城市发展、投资环境等国计民生的大事。因此，把建设生态园林提上议事日程是客观的必然。在江苏，无论理论还是实践，都处于起步阶段，需要做的工作很多。如生态园林的概念，含义、模式、类型的研究；建设生态园林的条件、标准、区别的研究；生态园林对植物材料和组合上的要求；人工植物群落的范例及其生态效益和研究等。建议园林专业部门，结合城市特点，深入探讨、实践、总结，将江苏园林绿化提高到一个新的水平。

2. 关于编制植物材料规划

园林绿化植物材料是园林绿化建设的物质保证，有了植物材料，蓝图才可能变为现实。但生产植物材料的圃地、各类材料的比例，品种选择及规格、质量标准等，都要在科学合理的规划指导下确定。随心所欲，人云亦云造成的物质、经济和时间损失，教训已很深刻，编制规划绝不是为了应付检查的形式文章，而是为了指导生产实践。许多国营苗圃现状令人担忧，他们背着自负盈亏的包袱，不得不跟着市场转，大力培育热销、速生、周转快的大路品种，求得眼前利益。如此数年，种类肯定愈来愈少（目前苗圃一般约百种左右），城市植物景观愈来愈单调，绿化特色便无从谈起。如江苏20多个城市的行道树，大多是悬铃木、杨、柳、香樟、女贞、广玉兰、雪松等几种，而樱花、含笑、槭树、紫薇、乌桕、无患子、黄山栾、银杏、麻栎、玉兰、鹅掌楸、七叶树、金钱松等，都是可以培育成行道树规格的，只因培育难度大，周期长，经济上不合算而很少见到上街。因此，主管部门在规划后，应从长远利益出发，给予投资和扶持。

3. 关于行道树

道路是城市的骨架，行道绿化起改善街道环境，美化景观的功能，是反映城市绿化面貌的重要形象。街道的车辆人流、污物排放对树木生长十分不利，行道树应选择抗逆性强，生长健壮、耐修剪、整洁美观、无碍卫生，有遮荫滞尘功能的树种。我省地处长江中、下游，夏季酷热需遮挡烈日，冬季阴冷渴求阳光；全省大部分处在落叶阔叶与常绿阔叶混交地带；城市用地又特别紧张，人行道、分车道普遍狭小的特点。城市行道绿化树种应以阔叶树为主，往南可适当增加常绿阔叶树比例，不宜过分强调"常绿"。悬铃木的众多优点不容忽视，目前仍是江苏主要行道树种，不宜随意砍伐淘汰。当然，积极引种培育新

的行道树种，改变雷同景观，需要我们进行长期的努力。

4. 草坪、地被、攀缘植物

和其他木本植物一样，这些都能发挥保护、改善、美化环境的作用。草坪比裸露地带滞尘能力大70倍，在英国，草地被视为至善至美的理想，有人主张任何庭院中草坪不能少于三分之二。攀缘植物既可覆盖地面，又可作为城市建筑、构筑物的垂直绿化和屋顶平台绿化材料。城市绿化中，增加它们的用量是充分利用有限空间，提高覆盖率、绿视率、总绿量、增加层次、扩大功能的有效手段。江苏这方面还较薄弱，各地园林绿化部门应大力发展，建立草坪、地被、攀缘植物的专项生产圃地，选育出优良品种供城市绿化应用。

5. 关于市树、市花的运用

评选市树、市花，原意是希望通过市树市花评选，选出当地人民喜闻乐见的树木花卉代表，促使形成城市绿化的特色风貌。但在评选时，有的考虑不够全面，所定市树市花，种植条件要求较高，在特定场合栽植还可以，但要上街，推广普及则十分困难。有的甚至已超越自己植被分布的生物气候带，养护要求更高。如南通、常州、镇江的市树均为广玉兰，在公园或庭院中生长都很好，但定植街道后，尘土满树，绿叶无光，土壤板结，生长缓慢，有些处于半死不活状态，缺枝甚多，影响景观。苏州、南京把市树梅花、桂花树上街道、同样生长不良，开花寥寥无几。不顾客观条件，勉强将市树花种上街头，结果事与愿违，影响群众积极性。其实，为了让街头见到市树市花，应在规划道路、码头、车站、广场及重要公共建筑物时，预留宽裕的绿带、绿岛、花坛及块状绿地，提供较好种植条件。也可以充分利用临街院落种植市树市花，通过栅栏、矮墙，映衬街景。

6. 丰富绿化植物材料

要满足城市绿地多功能要求，必须丰富城市绿化植物材料。途径之一是，在做好植物资源调查基础上，扩大乡土材料应用。江苏野生植物和"落户"多年的外来植物都较丰富，过去，农林大专院校及植物科研部门已做过大量工作。这些材料，地区分布接近，适应力强，只要进一步做好栽培试验，不仅成功把握大，而且种源多，群众熟悉，容易推广。另外，从长远打算，丰富植物材料，必须进行选育和引种驯化工作。不断的选优，才能防止品种退化。按照自己的目标培育新种，需要长期不懈努力。当前，选种、育种、引种的重点，应着重丰富行道树种和城市普通绿化所需，具有特殊抗性、特殊生态效益的植物材料。

79.5.

闯荡甘肃天水市

1993.6.7

什么来头，有天水之行？我局龚近贤同志（办公室主任）前几年去重庆开《市容报》（建设部办）通讯员会议，认识天水建委的文长辉同志，萍水相逢，谈得非常投机，以后常有书信往来。龚说过，若有规划设计建设工程，还请介绍。这次文长辉有好友在天港公司，欲建伏羲城，就来信相邀。龚问及我，我将古建左连生副总经理拉来。这样，经过局和古建公司商议，决定让龚牵头，左连生、许雷和我一起先接触一下，一路费、食宿，由古建公司承担，老左充主角。本来要多去几个，为节约经费，已订卧铺退了两张。

上午忙这忙那，吃过饭又回到局，到时，焕忠送我们去火车站，他与车站各部情厚，神通广大，他说到上海解决。晚到沪，吃过快餐，即往商店里走，买了不少路上吃的食品。左这回很慷慨，买了许多。焕忠真有办法，帮我们搞到176次由上海去西宁的车（像这种车，在无锡极难买到）。10：15开，一夜安睡无话。

1993.6.8

整天在车厢里闲坐，江苏、安徽、河南这一带景色早已熟悉，4人打80分取乐，我与龚胜四盘。天热得很，车中窗都打开，我们只穿背心，车停时，电扇立即转动，有风吹来。从徐州开始，车向西开，速度飞快，至郑州正值中午，骄阳似火。经过中原大地，大片麦田正在收割，满眼间还是绿树田野，一片富庶景象。不知何时，风光大变，视野更加宽敞，而且山的轮廓线平得出奇，如同人工划的线，而田野也是横线条，流畅自然而漂亮。除绿色的线外，就是黄色的大地线，色彩分明。在线与线的交叉点上，有些浓绿的斑点，即树木树丛。天空淡灰色，这画面似乎在美术作品中见过，就是所谓黄土高原的风光？太流畅漂亮了！窗外没有树木挡着，视线伸展得很宽很远。路基好像很高，外面的地形起伏着，远山也如此重叠，只是那山脊线，平伸得很长很远，我从没有见过如此奇观，因为我最西只到过洛阳，这是我西行最远的一次。居然向我呈现一幅黄土高原的奇观（新疆是飞过去的）！火车经常穿越山洞，有的山洞很长，影影绰绰中到了西安，大约晚10点多。西安站很大，服务员帮我关好窗门，说防止有人从窗口拿走东西。这次来时，人家说，晚间不要出去，十有九抢，还有说天水苦得很，没有水吃，吃的是天落雨水，等等。所以我们来时，拿了几十瓶矿泉水备用。现在社会治安普遍不好，车上怕"铁道游击队"。但总算平安，没有碰到意外，局里来人（炳发）在西安挨揍，抢去钱包的事，我们不得不多加小心。

同车的大多是上海人，在西北落户。看他们出门，想起自己在浙江时，每次回家，大包小包，心情多少有些激动。每次回单位，车向山区奔驰，满目崇山峻岭，田野乡村。离开亲人的那种苦涩情绪，悲怆凄凉，欲哭无泪，一切与家人的不快渐成后悔，都可原谅。到了单位，见到同事，才被熟悉的生活冲淡，游子的生活到1975年才结束，现在则是轻松出门，少则一周多则10余天就要回家，当非昔日可比。

1993.6.9

过了陕甘边界的葡萄园，在一个小站无缘无故停车近一小时，因而到天水误点1小时。天港公司的小权在出口处举着牌子早在等候，时约晨7时许。来接的是李经理，这位中方董事长穿西装，40余岁，左手插在裤袋里，十分随和，又很阔达。后来从陈工知道他是省劳模，得过五一奖章，复员军人。是他安排我们住进市政府招待所（他亲自开辆蓝鸟，小权开另一辆），招待所5层，我们住较好的二层。两人一间的标准房，除服务差些，一切都可以。这里天气凉爽，我们带的夹克都穿上了。稍定，大家在食堂吃早点，馒头和饼子，也有4个菜，汤是米汤里加了蛋花，另有一盆是奶粉。我只吃了大半块饼子，不怎么好吃。上午人困，建委主任和文长辉去了乡下，因此让我们休息。午饭前，张工和小权来陪同吃中饭，正好有会议，我们按会议标准吃饭。6个人，也是一桌子菜，只是口味一般。午休后，张工介绍情况，并带来天水资料，余下时间就驱车去伏羲庙和玉泉观，两地印象很好。伏羲庙由文管部门买门票五角，古树10余棵，有唐槐、古柏，建筑四进，院子宽大，木构雕梁，纹样很精致。伏羲像是泥塑，眉毛很浓，有短须，大眼，胸口手捧八卦，正月十六为其生日，观者如潮，形成节场。公司就想在庙前600米街道兴建伏羲城，以商业、旅游结合，一个具体想法是建委李主任和文长辉起草的，刊登在《天水日报》2月份报上。公司根据此建议想请我们搞个规划，之前已有一个平面图和鸟瞰图，似乎尚不满意，对我们寄予很大希望。后去玉泉观，这是园林处管的一个道教点，地形与建筑结合很好，富有黄土高原特色情调。可惜，胶卷未带，未能照相，好在离住地不远，下次单独来时细看。有一个镜头给我印象很深，远处房屋有一株洋槐挺立在旁，一匹马静静立在那里，土坡、远山、明媚的阳光，多好的画面！晚上小田陪我们，又是一桌菜，他们喝啤酒，我喝沙棘汁，鸡、鱼味道平平，我倒爱吃焖茄子，每餐有米饭、白馒头。天水生活也不习惯，而气候更宜人，最热不过30℃。冬天最冷也就摄氏零下十二三度，习惯有烤火，不冷，与别地比，很独特。

晚间八时来热水，痛快地洗了澡，衣服也趁此换过，人舒服多了。想起在火车停下时正好清晨，一些妇女从底下小跑迂回上来，托着鸡蛋，一小盘桃子（一点红，小得像鸡蛋那样）。也有提个热水瓶，苦苦向乘客兜售。我看她们昂着头叫卖，总觉得可怜，不忍心。观其衣服，很朴素，有些女孩还化了妆，但穿着很土，裙子穿得歪斜，来回跑着做生意，也不知道有多少成交，东西那么少，价钱又低，能做个块把钱生意，她们已心满意足。那泡开水的老妈妈，倒满一大茶杯，不过三角钱，3～5个小桃子卖1元，一天下来有多少收入呢？这里的生活想来不会太好。而李经理请我们吸中华烟，这里红塔山要13元一包，相比之下，奢侈透了。他说这里个人很富，我却体会不到。

民主路是繁华之地，这里也有十多层的高楼（几幢），式样不怎么样，天水火车站，称北道，是一个区，要走20公里才到天水城，秦城，其间一派农村景象。天水是甘肃仅次于兰州的第二大城市，真不能与江南相比。晚上看伏羲讨论会的论文，内容很丰富，对我也很新鲜，这次可以增长不少历史知识。

明日，李、文同来，还要再谈谈规划问题，然后会带我们去麦积山风景区。这里是我国四大石窟之一，都是北魏时期的作品，听说景色极好，看了伏羲庙的古树，想那边的绿化一定不差。

空下又是打牌，平手。老龚与左下象棋，左让他车马炮则九比零，龚死不认账，使左大胜也开心不起来，两人经常打口水战，旁人听了倒也有趣！许雷手机老打不通，天水的线路不畅，与外地联系大大受阻；交通又单一限于铁路，这与改革开放要求太远，如何不落后！

1993.6.10

李主任及文主任还没回来，上午空等，就在屋里看资料。那些伏羲研究会的论文太多了，只能大致看看，我们毕竟不是为此而来。李经理来转了一下，没在这里吃饭，回去了。小权感冒，陪我们一起用餐。午后，我与许去闹市转了两个多小时，细看了。图书馆占用的古建筑和秦州区政府所在地的古建筑，深感新添建筑大煞风景。许雷认为这里市长没有当好，这么完整的明清古建，没有保护好，实在可惜。又去看了南北宅子，这是明代父子两人的住宅，大院套小院，很精致。我们大胆闯入四合院，有两个老太，看去很有文化，屋里收拾得干净。问我们哪里来，说是无锡，她们就说去年曾去太湖旅游，连说无锡好，看上去，她俩像姐妹。也看了新搞的文庙商场，女儿墙和屋面用琉璃瓦贴面砖的新型大体量商场，想来伏羲城也会是这类型的改良版。

想不到这里也会连绵阴雨，今日上午雨不小，下午外出时又飘着细雨，晚饭后竟是大雨。小权一时走不了，而李、文仍未有着落，我们都感觉摸不着头脑，说好我们来，怎么就不照面，有什么要事缠住不能脱身，我们要打算归期了。明日看还不见面，最好能先去麦积山，但天雨至此仍未停，已是凌晨快一点了。

根据这里的气候，我想杜鹃花在这里是可以长好的，满目黄土山，用金鸡菊来绿化、打冲锋点缀，也是好主意，太干长不好，可以建议他们一试。这里市树国槐，老树存留不少。市花月季，长得特别大，花朵也大，枝粗叶茂！而石榴、荚迷、黄柏、榆叶梅似乎都长得紧密、丰满，长成球形树冠。一种牡丹也可高达1.5米，叶比一般的细而密，荚果五裂呈星形，估计可能就是这里特有的"紫斑牡丹"罢。

天水产樱桃，现在已近尾声，但在街头集市见到有两个摊贩在卖，4元一斤，颗粒不算大，黄、红相间，新鲜得很。另外有个小姑娘卖乌黑的桑椹果，询问多少一斤，小姑娘用当地口音说一元三粒（两），许大惊，怎么，三颗要一元！姑娘笑了，不是三粒，而是三两，这里的话有点像山西口音。李主任的话就不是很容易听，而我们讲无锡话，则小权完全不懂。

菜市场有番茄、洋芋、辣椒、香菜、茴香、黄瓜、菜瓜、蒲子等，而卖辣椒的更多。妇女坐在摊前，双脚踩在一个圆铁饼的中心轴上，铁饼在月牙槽中来回滚动，将红红的辣椒磨碎，随时可以停下来做生意，姜粉、芥末……都这样磨成细粉出售，袋袋放在摊上。猪肉、牛肉以及一些海产，这里的莴苣特粗大，每支都在两斤以上。蒜苗近米长，花菜则棵棵大如包菜，可见气候好土壤肥，显示天水之优越。然而所谓天水，天上之水极少，藉河虽宽，而实际天水都是裸露的河床。有些人在河床上淘沙，仅有的几处水塘成为污泥塘水，居民吃的水都来自地下，自来水厂都是从几口地下井中取水，称为"地水"倒也相符。

天水是一个狭长河谷，籍水在南，城市主要在河之北，黄黄的大山东西延伸，不知去处，城里海拔在1100米左右，山峰也有2000米以上的，真因这地形构成独特的小气候，他们自称夏凉，冬不冷。看到生长的树木花草都不错，这里也有雪松，只是不很大。居民在盆里种有枸子木，阳台上令箭荷花在开花，紫藤架在这里也爬得很满。

1993.6.11

文长辉来了，昨夜从县里回来，上午带来规划文件，我仍抽空出去看颇为古朴的民居，实际都是官宦之家，奇特的是门头都偏向西北，拐弯后又是一个门头才进入四合院。木雕很讲究，室内很干净，虽然有些建筑破落样子，尺度也不大，但处处看来精巧，我们贸然闯入，人家也很大方让我们参观。来时焕忠交代，晚上不要出门。这几天还未见街头有任何争吵之事，百姓还是很有礼貌的。做生意也不强迫，民风纯朴。几

陇上景色

次一走，天水城，差不多熟了。这里自行车是主要交通工具，汽车不多，出租车也少见，闹市处才有三轮，看来生意也不是太忙。这里面妇女都施粉画眉，衣着也很入时。招待所服务员嫌单位饭菜不好而回家吃饭的，可见生活得不错。

上午从藉河边跑了一圈，近午肚子饿，买了几个杏吃，一斤三元，软熟不酸。这里桃子都是长圆形，尖上红红的，很可爱，小如鸡蛋，夸张一点长同大枣一般，难道种不出无锡的水蜜桃来？

下午跑到玉泉观附近去了，看了一个清真寺，大门锁着，有匾是民国元年写的，建于元代，就在附近。又看了好几处民居，也是那种四合院，有一家是清代翰林的住宅，姓哈，回族，有一老太即翰林之媳，人清秀，估计七八十岁。她女儿或媳妇说，哈因回族而没有升大官。回族聚居，原来就是这西北角，那么民主路之南，就是汉族官僚住地。

根据文的安排，明日上午在建委开个座谈会，市里有关部门会有一些专家、领导出场，我们想听他们介绍规划设想，以便构思规划，而他们也可能想听我们有些什么设想，让他们参考。但我们连图纸也没有要全，更没有按图去现场踏看，构思从何而来。好在左总知道，深圳锦绣中华、开封相国寺、无锡南禅寺、南京夫子庙等商业街状况，可以说说。我对商城的建筑规划实非专长，到时只能临时说些看法了。规划要回去做，座谈会实际上是规划的准备，但回去后谁做？许雷有时劲头十足，有时又相反，捉摸不透，对方失望，我局的印象就损了。看来西安不停了，直接回锡。

许雷不知何时喜欢搜集冥币，见他光顾地摊上的迷信品，灰淡的色彩，迷蒙的像币值大得惊人，有万元、亿元都崭新未折过，怪里怪气，不可思议！

1993.6.12

建委主任真忙。上午一到建委，终于见到了李主任，但不巧的是9时市里有会，上午约定的座谈只能改为下午。吉普车将我们拉到藉河南岸山上的南郭寺。山路似乎修好不久，都是沙石路面，而且上坡很陡，亏得吉普越野性能好，后来还有几辆小车也开到上面。寺门口有一块平场，可以停几辆车，有好几个战士与一群团员在联欢。战士表演擒拿格斗，青年们唱歌，园内人不多，故显得格外清幽。建筑是清式寺庙，组合得不错，占地也不小。一位姓周的为我们导游，这里是一个公园，属园林处管，处长柴女士兼任公园主任。她与北林一些人很熟，如张树林等。见我们是无锡园林局人来，怪不先与她们见面，很健谈，也很热情，为我们献上三炮台茶，实际上是盖碗茶，托盘、小碗和盖，刚好是三件。碗中茶叶，加两颗桂圆和冰糖块，也是三件，这是待客风格。寺中最有名的是两株古柏，有千年之久。还有一株很粗的卫矛，也较罕见。另一就是北流泉，泉水很清，很难想象这么高的山上井水位仅2米高，水质之好，杜甫在此寺停留曾有诗提及（据说杜做100多首诗）。

下山后尚有一个小时，又看了文庙。商场一角有一小门可进，里面是一所小学，正好一位老师开门进去，她说商场对学生影响很大，不得不关起来。我们对老师寄予同情。假古董文庙商场，又占了学校许多场地，我们进去看那些清代建筑，封着门的大院是大成殿，有些又作办公室和教室，而教室里面，砖地、小课桌，如同乡村小学一般，看来市长不重视教育，不热心办学。

下午座谈，除李主任外，李经理也来了，规划处周高工（处长）还有文和一年轻规划师，李主任谈自己想法时，常被打断，但他思路很清，在大家沟通了规划思路后，要规划处划出界线范围，要李经理正式委托无锡搞。明日我们去麦积山，星期一周工帮我们在图上划范围，并以此再去实地看现状。下午李经理写委托书，星期二即可回锡，哪儿也不去了。

1993.6.13

昨说好9时去麦积山，文长辉带着刚够学龄的儿子来了，一会，小权也来了，就是车子没有来。等到近10时，李经理及夫人才来招待所，于是大家下楼。李经理有一头光泽乌黑的头发，老龚认为是假发套，细看是有点类似赵启祥的那种，上身穿宽大短袖衫，西裤，手上有两个很宽的金戒，全是港式打扮，夫人也很入时，更显秀气，儿子仅5~6岁样子，打扮也与众不同。还是市府招待所的那辆面包车，李经理不去，夫人代表他作东道主，很有风度。车到北道，下车买了许多易拉罐和一袋饼，便向东南急驶。麦积山离市有40多公里，一路陇上景色，但比火车上见到的差了，山头那些梯田，如同碎块，山脊没有那么平长无边。沿路核桃树很多，树冠巨大，民居前出檐约有50厘米以上，起着廊沿作用，也许是新的瓦房了，少有两层。车子愈进，山谷愈狭，山形也显得高峻起来。看得出绿化很好，不是山地就是树林，相当茂密。突然前面屹立一座孤峰，同书本上介绍的麦积山形相似。但见绿树，未见石壁，我说麦积山到了，他们不信。果然，车开进去就见到其侧面赤红的石壁。因为是星期天，来游的人不少，车子几十辆至近百。这里买票也有两道，风景区2元，文带了介绍信也不管用。到山下，拾级登山看窟，票5元，前者归风景区，即建委下属系统；后者归文博，另外停车费2元，我们一行6人（司机不算）游一次，花费都由李夫人和文出，没有见发票要回去报销，对李夫人来说毫不在乎。

我们先是上窟，后吃饭，时已12时。这石壁超过90度，顶上反冲出来，赭红色，看得出是喷了层防护水泥，与原来泥沙夹碎石的石壁近似。观窟梯道，是钉在石壁里的钢筋水泥，悬挑出来。铁木混合结构，栏杆都是铁的，摸得发亮。登梯而上，因不敢往下看，真有点吓人。文的小孩到这里，几乎面如土色，要我们抱着他走了。石窟是开在石壁上的，里面端坐佛像、罗汉，多的8~9个，真人般大，小的5~6个。最小的窟，深不及尺，门宽也只几十厘米，佛像是相应小，面上都有钢网门锁着。人要贴着窗看，可能是怕人随手牵羊，实际上一些很小的已空了。菩萨不过近尺，窟中扔满一地角票，也有香烟，角子之类，我们不懂泥塑艺术，只是领略一下古代工匠巧夺天工的创造力，当初是"砍完南山柴，修起麦积崖"，"积木成山，拆不成功"，人在三四十米高处往下看，真有惊心动魄之感，难怪小孩吓得不敢走动了。下山走另一侧，那些当地兜售小红烛和神祇、小鞭炮的妇女们一拥而上，要我们买一份（2角）焚烧祝福，口里说了不少好话，跟了我们好一段路。我们之中只有许雷在上山前买了一份，而文、李夫人均接受了妇人的要求烧化膜拜。吃饭，只花了60多元，我的一大碗烩面片吃得很香，有人吃饭，有人吃炒面。店主竟是南京人，今外出，由其在麦积山研究所的弟弟临时帮忙，其弟声如女子，颇热情，戏称老乡。后去植物园，花架很长，紫藤未爬满，到中途有一组古建筑和现代塑像，再上一瀑布，从一个小山头上飞挂下来，也有几十米光景，似乎没有终止之时，在北方也是十分壮观的了。我们都留了影，山顶的水塔与整个飞瀑，竖过来，都纳入画面中。这里实际上是个森林公园，由林业部门在管，现在也买票进园，看到的只是月季花。这里有好多华山松，长长的松塔，当然不能与大理所见相比。市上卖的松子可能就是华山松子，下次尝尝，好的就买点回去。

回来约5点，在车里已小睡，到招待所，复睡。好好的天气，一忽儿狂风大作，人家楼上的衣服吹得飞满天，灰沙从纱窗中打进来，我赶紧关窗。天空立即灰暗，混沌，好像有点点雨滴落地，并伴有雷声。晚饭前后风雨未停，雨是不大，但这一阵风却把电线折断，一夜间成为黑暗。一支蜡烛能点燃多少时间，大家都只能早早睡了，看对面居住楼灯火辉煌，令人生羡。

这几天，鸡、肉、鱼都不上桌来，我们以素菜为主，每餐都加了一盘榨菜，主要是味不佳，菜过淡之故。

1993.6.14

今天的工作最有效，上午去建委，请规划处划定伏羲城规划范围。周主任，抽雪茄烟的高级工程师，用铅笔划了个很尊重现实的界线，小刘调回天水时曾做过这个规划，但发现无法实现，主要是市领导对此不热心，即使现在他还是没有信心。认为周主任划一星期也划不好，上午很快就完了，只得下午再来。2：30后，我们又到建委，我与许、小刘、文四人坐李主任的红色桑塔纳去伏羲城观看四围，这样对周围情况大致了解。小许手脚快，已在图上标出一些主要地物及古树。4：30又回到建委，李主任又谈了一些想法，进一步由小刘划上道路红线，规划面积大致16公顷。对两小学的搬迁，也认可，否则学校一直如此落后。李再一次要我们发表些看法，我说了三条，一是古建保护不够好，二是对教育不重视，三是旅游区要向深化发展。李对此认为一针见血，兴趣大增，立即叫文去他屋里拿来一个素瓷佛像，一定要送给我。他说这里瓷土、陶土很丰富，造型他也有一帮人，要我们彼此交流发展，这素瓷佛像色调洁白，不同于石膏之轻滑，但形象尚不够细微，搞些做古董确定方向，无锡泥塑值得借鉴。

向一老人买了一斤松子，3.5元，颗颗饱满，只是没有用佐料炒。这么好的东西没有好的加工，当然就卖不出价格，贫富差距就在这里。市价鸡5元一公斤。民间绣的香袋只有4角一个，交通不畅，市面不清，品上价低。

在玉泉观见到的暗绿色奇石称"庞公石"，在清水县分布极多，那里也有大理石厂。陶土，天水就有，但没有利用，天水还有温泉数处。去麦积山时原要去洗温泉澡的，因去植物园耽误不少时间而未去。不去不后悔，天水有很多优越处，不是当地人的自吹，我也体会到了。这几天，中午有炽烈太阳，但3~4时就凉下来，夜间更是凉快，没有出什么汗，风吹来都是很凉的，感觉爽得很，初夏如此气候，乃避暑胜地也！

1993.6.15

车票还没买来，今天能否走还是问题，出来数日，已有归心似箭之感。

上午来车后，一同去建委，在文主任办公

室里坐了一会，我催龚打电话给李经理，车票如何，另外何时来订规划协议。回电话说，李经理亲自去火车站取票了，协议委托张工来，然张工至今未见人影，想来李经理答应买车票没问题，今天总能走掉，稍加放心。中午即去文家作客，文住藉河南岸建筑公司建筑楼，4层一个直套，夫人是集中供暖公司的职工，今日在家忙着，孩子在幼儿园，中午不回来。室内整整齐齐，看来生活安排得很好。长辉请我们喝了羲皇酒和天水的清酒，菜做得很可口，是我们来天水吃得最好的一次。席上一只鸡，撕了腿给我吃，我放着未动，这里未见洋鸡，味道定不错的。我们买了一箱健力宝送他，老龚的朋友也就是大家的朋友。这次他一直陪着我们活动，十分真诚。饭后我靠在沙发上休息，不觉睡去，那牛眼小盅酒，力不小。后步行去建委，又迷糊睡去。闲着无事，左与文就起草协议书，以便等天港来人后签上字就行了。文有事出去一会，就在他离开的时候，李经理来电，找他有急事，当是为我们的事，然四层大楼都找遍了，也未见文影子，急得我们毫无办法。隔了一会李经理来了，4张卧铺票买到，是西宁至浦口的，下午5时多开车，他也起草拟一份协议，内容更简便，他也要找盖章单位，可是小文不在，时间不等人。后文总算来了，对协议书交换意见，决定打字后寄无锡，这样也好，时已近四点，该是回招待所结账和去火车站了。车在那里，文又下去一转，后上来说安排好了，我们当即告别李经理，文长辉等一一道谢。西北人的质朴，给我们留下深刻印象，可车夫板着脸，龚递过去一支烟，先是不抽，后接了，看似勉强。到招待所取好行李，仍回车中，车夫还是不说一句话，管不了那么多，直向火车站驶去。到北道火车站已是5时多，递了一支烟，司机走了。我们四个进入候车室，人不算多，车次也很稀，得知188晚点2小时，到7时多到达时，我们就出来附近一饭店吃晚饭，菜很便宜，味道也不比招待所的差，4人饱餐一顿，不过16元多。候

车尚早，又花每人3~4元，在录像室吃三炮台茶并打牌，直至火车到达，走入卧铺车厢，我与龚又睡下铺，而许又是最上，这次出门他最关键，最有担子，但待遇却最低，也是没法的，我要谦让，他也绝不会接受。

夜间到西安，中午到洛阳，郑州，闷热难耐，车中电扇坏了，隔在列车与站台中，不通风，热量无法发散，更无心买东西吃。我们不是睡就是与左下棋，他是古建冠军，让我车马炮，我竟然也胜他4~5盘，龚却从未有胜的记录。中饭在餐车上吃，价贵三人20多元菜还不好，吃饭是盒饭，一看全是中午剩菜，吃一半就扔了。虽然只有3元一盒，但进过餐车，就知道这完全是卖不掉后的杂烩，很不卫生。晚间到达浦口，连忙下车，去坐轮渡，正好10时半有一趟，船票6角，一刻钟就渡过长江，四周灯火景色宏丽。不坐船是体会不到这长江夜色，上岸又立即坐中巴去南京站，排长队买票，幸遇一无锡人，给我们代买。然225次挤得不得了，竟有100多人上不去，在月台上待到下一班87次去杭州的车来，我一拥而上，勉强有个站立之所。另三人则在最后一节空车中安闲回锡，我却是在又热、又饿、又累中站立到无锡。近60岁的年纪，竟然还能经受这一艰难的旅行，也算是对我身体的考验罢。

6月17日凌晨四时半到达无锡，12路车5时6分到，到家里叙芬已起床，我洗澡换衣，吃早饭后便睡。起来烧饭，又睡。午饭后又睡，一路劳累，想一洗了之。

这次出门，对方真诚接待，深为满足。然而4人意见不默契，旅行无趣。龚的脾气，常喜争争吵吵，不注意。而左总则有时化钱不大方，反正是公家出，何必过分"做人家"。许则在接任务中，常有摔担子的口气。后来他告我是给左总施加点压力。我对商城的规划非专长，看来这样的事今后不能贴上去。这次既未去西安，又未去兰州，旅途吃了苦，无所得，实在有些不值得，算是一生中弥补我的陇上行罢。

梅梁湖景区《具区胜境》详细规划

一、缘起

1918年开始建造的横云山庄（即今鼋头渚公园），很早就有一座"具区胜境"牌坊，树立在鼋头渚湖畔。古籍《山海经》中有"浮玉之山，北望具区"，浮玉指天目山，具区即为太湖。以历史古称为鼋头渚风景点题，美上加美。半个多世纪来，鼋头渚的林木、峭壁、岛屿、风帆、天水、鸥鹭所交织成的淡雅壮阔的天然图画，为人们所倾倒。郭沫若诗称"太湖佳绝处，毕竟在鼋头"，来锡旅游者，无不以一到鼋头为快。然而鼋头渚公园虽经几次扩展，仍只有20公顷，包括三山也仅有32公顷，在日益繁荣的旅游活动中，越来越显局促，不胜负担。1980年国庆节，游人量即达3万人次，最密集处是灯塔附近百余平方米内。平均每小时有2515人之多。拥挤带来了许多不良后果，旅游者的多方面需要，也暴露了目前活动的单调。因而，大家感到这个"境"应该扩大，游人应设法疏导，内容应更多样化。1980年8月由市城建局组织规划小组[①]做了详细调查研究，根据太湖风景区总的设想，确定将宝界桥至鼋头渚共301公顷土地（附图一）统称"具区胜境"制订了总体规划。

二、现状

具区胜境是军嶂山脉由东南伸向西北的狭长半岛，大部分为低山丘陵，在301公顷中，山地207公顷，旱地56公顷，河塘15公顷，水田及村落各占10公顷。境内山峰12座，除笔架山超过百米外，其余都只有50米上下。68米的六顶山，鹤立鸡群，位置适中，成为可以一览众山的天然重心。半岛一侧是辽阔的太湖，沿岸多石矶芦苇，有三渚（鼋头渚、苍鹰渚、仙鹤渚）、两湾（芦湾、南池湾），远处岛屿纵横，帆影点点，是太湖山水组合最美的一角。另一侧是修长的蠡湖和宝界桥，傍湖有锡鼋公路，林木深处有宝界、充山、犊山三个自然村。隔湖是大片鱼池，良田，与远处稠密的市区相连。西北角是两湖接合处，中犊山立于当门，三山为湖中明珠。天然的山重水复和丰富的地形变化，构成了具区胜境秀丽壮阔的基本特色。

山坡平缓，土层肥厚，经多年的绿化植树和封山育林，64%的山地已经成林。主要树种是马尾松、杨梅、栎树（年产杨梅800担），32%为乱砍致使畸形的"鹿角"松，以白栎，乌饭树为主的灌丛荒草只占4%。尤为珍贵的是境内有850年生的大苦槠及古树、桧柏、银杏、鸡爪槭、大王松、白茶梅、柳杉、檫树、五角枫、雪松、广玉兰、三角枫、金钱松、千年桐、爬地柏等大树，锡鼋路两侧是近20年内种植的黑松、枫香、水杉、香樟，均已葱郁成林，黄土、石栎处生长着大片金鸡菊，成为很有特色的景观，只要稍加调整改造，在景点充实花灌木，即可达到良好的绿化效果。

境内名胜古迹共有24处，但明清时期的古寺泉亭均无实物，而近代史迹较为丰富，大都可以

① 规划小组由马振新负责，人员有黄茂如、吴惠良、殷以强和杨保新。刘国昭一起参加调查和讨论，参加讨论的还有李正、林学文及城建、园林的领导。

利用，如1935年建的近代国学大师唐文治的茹经纪念堂基本完好。革命音乐家聂耳，1934年来锡拍摄电影《大路》，作《大路歌》时住过的亭阁仍在。20年代到30年代，资本家在此修筑的近代园林横云山庄、广福寺、太湖别墅、何家别墅、广东花园、陈家花园、郑家花园、望矶园等，大部分不失为风景建设的良好基础。

行政上除鼋头渚、充山育苗场两个园林单位外，还有太湖工人疗养院、江苏省干部疗养院、市党校、充山水厂、市地震台、市交通技校等6个国家单位，总共只占三分之一，而三分之二的土地属于鼋头渚大队的4个生产队，870人。规划要处理好这些单位的关系，尤其是国家与集体的关系，才能保证风景区的统一建设。

一路公共汽车，沿锡鼋路从市区至鼋头渚往返运行，停车场两处约2300平方米，日停汽车80辆，自行车250辆，高峰时增加到汽车250辆，自行车2500辆，大大超出停车场容量。鼋头渚及三山各有两个码头，有载200人的大游船两条往返三山，有16座位的小游艇5条去蠡园，至梅园的渡船由生产队经营。

鼋头渚为太湖最著名风景点，现有饭店一处288座，素面馆一处72座，小旅馆28床位，以及茶座、照相、小卖、工艺商店等服务设施。游览太湖旺季是3、4、5、8、10五个月，其中4月为最高峰，游人拥挤。各项服务几乎都要排队，因而开辟新的游览线，疏散游人，增加服务设施和水上活动，成为当务之急。

三、规划

具区胜境是梅梁湖景区中主体，左右两湖，矶岛环立，层次丰富，占湖山最美之地，是无锡太湖风景的核心。全面制订规划，对无锡太湖风景建设和发展旅游业都将有重大影响。从全局出发，结合现状，提出规划总的要求是：充分发挥山水之长，延伸沿湖游览线，发展水上活动，开辟登山观景点，建设一批各具特色的景点，形成一批和各具特点的景点，形成一处以观赏内、外湖景为主，设施完善、规模较大的自然山水风景区。

由于地域宽广，各局部的位置，景观、条件都不一样，规划根据因地制宜的原则将全区划分为16个景区。

① 宝界风情　在宝界村内，正对宝界桥头，三面环山，为笔架山下一片腹地，两个生产队的社员居住于此，以前有盛极一时的宝街（又称马蹄街）。规划以宝界村为基地，修房筑路，增加旅店，商业、文化、娱乐等设施，形成繁华、热闹、具地方风情、古色古香的旅游村。

② 琴山怀古　琴山为一狭长小山，长800米，宽200米，高仅42米，从宝界桥起，沿锡鼋路，一直伸到充山口，这里有明代王仲山的湖山草堂旧址，近代的茹经纪念堂以及筑路时拆除的望矶园，规划在山冈广植梧桐，加筑林间小路，形成古雅清幽的景观。

③ 试茗留香　试茗为一条山涧，是宝界至笔架山的必经之路，涧壁石上刻有试茗两字，两侧是百米高的笔架山、西山、石榴里和南山。雨后，溪水丰足，均可保持一周，规划沿涧筑山径、亭、桥，在宋代法华寺遗址上筑休息眺望建筑。多种香花植物，形成特色。

④ 碧云含丹　以横路山为主的大片山林，这里多杨梅、树冠墨绿，结实累累，规划在此建立旅游果园，添设休息服务设施，补植品质优良的杨梅，游人至此可吃，可带。

⑤ 南地放钓　是东侧一个大湾，背山面湖，景向良好，临水有大片芦苇，规划将稻田改为鱼池，供人垂钓。山坡上筑一两层别墅，供全家户或半家户来此短期休息。

⑥ 桃源清流　在充山脚下，面向蠡湖，树木茂盛，溪流曲折，果木连片，与村庄若即若离，规划以桃林为主，形成桃源幽境。

⑦ 充山隐秀　在六顶山下，原为陈家花园

旧址，多大树古树，有聂耳亭，现为育苗场。环境幽静，绿化基础好，规划在这里布置观赏植物园，以蔷薇、木兰、山茶科植物为主，寓科普教育于游览之中，主要有观赏温室，聂耳遗踪，植树纪念地等建筑。

⑧ 藕花深处　在充山锡鼋路东侧、濒临蠡湖，地形低洼，现有大片鱼塘，规划充分利用水面，栽培各种水生植物，突出荷花、亭、桥、轩、榭、散点水面，出租舢板，开展划船活动。

⑨ 六顶迎辉　是具区胜境的天然重心，高68米，可作360度俯瞰，梅梁湖区及惠山市区全在目中，视域极为开阔，规划在山顶建一组体量较大的眺赏建筑，设茶室、照相、小卖等服务设施，开辟上山路、中途设休息亭台，与64亩山之间架一条车厢式缆车（中间无立架），山顶建筑要高耸有标志性。

⑩ 七里芳径　是藕花深处北端到曹湾之间的沿湖狭长地带，规划利用茂盛的树木和开山留下的池塘、石壁，串连游步小道，点缀小品建筑，形成秋林野花，亲切宜人的徒步赏景区，湖边是码头，曹湾作青少年野营地。

⑪ 江南村舍　在犊山村，地域广阔，山坡平缓，与鼋头渚大门相邻，有一定商业基础。规划拟在此建成有山居别墅、花居、村店、工艺、土产、茶馆、酒肆、果园、菜畦皆有的乡村旅游区，竹林桃花，小溪板桥，为其风景特色。

⑫ 鼋渚春涛　即今鼋头渚公园大部，为全区精华，建造较早，已为中外人士熟知。现有长春桥、灯塔、横云石壁、澄澜堂、光明亭、三山等景点，布局设施较完整，规划除绿化作局部调整外，不再布置新的内容。

⑬ 中犊晨雾　即中犊山之南，伸入太湖的一片平地。面积虽小，但位置重要，为鼋头渚的重要对景。规划以中犊山绿树丛中的疗养建筑为背景，在湖岸广植杨柳，临水点缀亭榭、留出活动场地，为开展水上活动增加一个景点。

⑭ 万浪卷雪　即万浪桥至苍鹰渚一线，包括万方楼、七十二峰山馆，以观浪花为主，有较好基础，已开放游览，规划修复苍鹰渚景点，连通至万浪桥的山路建筑亭及一处水榭，引导游人从鼋头渚向充山方向疏散。

⑮ 芦湾消夏　苍鹰渚与仙鹤渚之间的湖湾，朝向东南，原为郑家花园，有亭桥池塘遗迹，现为市党校，建有楼房校舍，为这风景旅游，规划要求党校另觅新址，已有建筑改为旅馆，并建码头，游泳池，增加文体活动内容，形成一处供短期消暑度假的基地。

⑯ 湖山真意　在"芦湾消夏"之上与"充山隐秀"相邻，并与"万浪卷雪""江南村舍""六顶迎辉"交接，地势较高，是眺赏军嶂、三山之间广阔湖面的最佳点。有部分郑家花园的基础可以利用，规划以休息眺望的真意楼为主体，在山冈路口点缀一些建筑小品，与各区取得呼应。

上述16个景点，既有自己的内容、特色，又统一在山水地形、绿化建筑的共性中，成为有机

整体，但在目前经济条件下，同时建设有困难。根据分步实施原则，拟将充山以里10个景点共130公顷作为第一步，为近期规划、建设重点，宝界六个景点，将在以后进行。

由于景区范围大，景点多，规划中的交通拟分内外两个系统，外单位车辆停在景区外面，（近期设在充山），一般不进入园内。景区内部即充山以里，设专用游览车，环行于各景点间，车厢多节，敞开，可以沿途观景，随便上下。水上交通工具形式要多样，临湖景点要设码头，自行车租用寄存也要予以考虑。住宿处以江南村舍、芦湾消夏为主，鼋头渚、曹湾、充山为辅，充山增设以饭店为主的商业服务点，整个水、电、通讯，有统一布局。

今后，游程将从一日游改为二日游，设计了两个回环，一是早上到"充山隐秀"，后游"湖山真意"，到"芦湾消夏"午餐，饭后游"万浪卷雪"、"鼋渚春涛"到"江南村舍"，住宿。次

日上午看"中犊晨雾"，驾船游太湖、三山，午饭后游"六顶迎晖""七里芳径""藕花深处"，返回市区。二是先到"中犊晨雾"，后游"江南村舍"，在"横云饭店"午餐，饭后游"鼋渚春涛""万浪卷雪"，到"芦湾消夏"住宿，次日上六顶山看朝霞。至"七里芳径"，上船游太湖三山，回"芦湾消夏"午餐，饭后游"湖山真意""充山隐秀""藕花深处"后回市区。

太湖的美，是在静止的山水中包含着四时气象和风物的奇妙变幻，这需要悠然细察，才能领悟。匆匆一日之游是难以得到的，但根据目前的条件，一日游还会继续。

这一规划于1980年底向市政府做了汇报，原则上认为可以，1982年6月正式批复将鼋头渚大队划归园林局。从此在市政府督促和园林局努力下，加快了建设步伐，新修了游览道路2000余米，四处停车场和码头正在兴建。"充山隐秀""六顶迎晖""湖山真意"的景点规划已完成，其他景点也正在规划中。六顶山主体建筑已设计施工，看到具区胜境的规划，正在逐步成为现实，参与规划的同志十分欣慰。风景规划是园林建设的纲领性文件，一旦批准，便有法律般的约束力，但情况的变化，认识的发展，也要将规划修改补充，使之更加合理完善。限于水平，这一规划定有很多缺点，介绍它的目的在于听取各方批评，准备修改，衷心希望同行不吝指正。

（原载1984年《江苏园林》第三期）

老蠡园西北角调整规划

蠡园西北角一区调整规划一期工程，已于1994年10月竣工，耗资67万元。改造后的该区面貌，令人耳目一新。该规划是1993年我与刘国昭、夏泉生两位总工，带领几名到园林局不久的大学生一起研讨制订的方案确定后，由许雷工程师进行建筑设计，赵琐福、赵士宝负责指挥施工，蠡园领导和基建科同志密切配合。实践证明，规划切实、合理、效果良好，特别是池边新增的半月台和百花山房旧建筑改筑为百花轩，从形式、布置与周围的协调关系，功能发挥都处理较妥当，现将规划要点简述如下：

蠡园西北角之濯景楼、管理用房、饭店、服务建筑、百花山房一带，总面积约5000m²，由于建筑较多，房棚杂乱、河道填塞、垃圾成堆。另外百花山房建筑庞大而破旧，厕所陈旧狭小，道路、绿化、假山均不甚理想，因而，景观和卫生状况差，游赏价值低，留不住人，影响应有效益的发挥，特作调整规划，以图改观园容，提高公园的整体效益。

① 濯景楼，面阔三间，高二层，歇山顶，占地126m²，端庄高耸，应为该区之主体，但位置偏西，环境烘托差。对游人吸引力不大，规划拆除紧邻其背的建筑辅房及围墙，调整周围道路、场地、绿化，一切均以突出其主体地位服务。在经营上应合理确定服务项目，提高经济效益。

② 原有厕所位置欠妥，又过于狭小，卫生设施陈旧，已不能满足需要，拟移建于西边靠鱼池一侧，增加容量，提高卫生标准，加强管理（改为收费厕所）。

③ 百花山房为蠡园1930年代之旧构，面宽三间，一明二暗，歇山顶，占地136m²，形象低矮压抑，山墙对人口，景观不雅，前有土岗相逼，后筑假山屏，空间闭塞。近因地基下沉，梁柱朽蚀而成危房，保留价值不大，若翻修，耗资甚大，等于新建，规划拟拆除，利用部分基础，新建百花轩，体量减少2/3，其侧连单面敞廊，开间随势曲折，以粉墙将服务建筑挡在外面，廊进深3m，可供展览布置之用。

④ 原百花山房后的假山，形同石壁，无艺术章法，且闭塞空间，拟除立石，高度降到1m左右，改变直线直走向，两侧栽花，与饭店通视而不通行，前面土岗，亦去头削尾，宽舒交通，岗上紫竹已放，必植几丛孝竹，前沿留出栽花，使百花轩常年有花相伴，一改原百花山房无花可赏的状况。

⑤ 河道填塞，使饭店悬挑楼梯失去水面衬托而孤立无依。但再要恢复水面，花费较大，且不易保持清洁。为改善环境卫生和景观，目前可整理场地，铺设常绿草坪，以绿代水，今后有条件再改为人工水池景观。

⑥ 百花轩与濯景楼间地域开阔，靠水有水杉疏林，背后有桂花、香樟，中间是草坪，环境幽静。为开展旅游活动，向水面挑出半圆平台，暂名"半月台"，改变僵直岸线，扩大活动场地，铺设耐踏草坪，拆除灌丛，通透视线，将太阳伞、情侣屋、吊床之类布置在沿湖及水杉林间，为公园添景。

⑦ 临环湖路一侧已形成商业服务区，饭店在建筑群中体量最大，规划以它为主，向西延伸，改建成形象较好的一二层商业店面，端部的高度，体量可略大。

靠鱼池一侧的改造待公园向西扩展时再作考虑。饭店西侧之货运堆场，拟为车行出入口、场院仍可堆货，加设院门，工具车可直达濯景楼与百花山房。

在实施计划中除商业建筑待今后实施外，半月台可提前施工，其余安排在游览旺季过后进行，以少影响公园营业损失。

1996.2

无锡中日梅观赏园规划

梅园是我国近代著名工商业者荣德生1912年建造的，二三十年代就以赏梅胜地名闻沪宁线上，为无锡的繁荣起过特殊作用。半个多世纪以来，梅园从起初的81亩扩大为63公顷的大型园林。离家几十年的海内外荣氏家族不断有人来锡视察探望旧园，76岁高龄的国家副主席荣毅仁先生今年10月来锡视察，顺道重游梅园时还不忘儿时景物，念旧之情，愈深愈烈。梅园的宽广、梅花的芬芳、林木的茂盛、环境的清幽，是不必说的。然而随着无锡旅游景点的增加，地处市区偏西的梅园却在二三月间赏梅之后，游人寥寥，经济收入相当拮据，在商品经济竞争中，明显处于劣势。是向当前流行的游乐靠拢，添置设备，还是甘于寂寞，坚持赏梅宗旨，梅园经受着严峻考验。虽然不必固执一见，然而毫无疑问，深化赏梅情趣，充实赏梅内容，仍是梅园的基调。由中日双方出资合作和建造的中日梅观赏园的开辟，就是这一指导思想的产物。

日本受中国文化影响，对梅花十分推崇，早先曾以梅为国花，后来才改为樱花。现在以北村信正为首的"梅の会"，致力于研究推广栽培品种，为园艺科学作出贡献，以松本纮齐为首的"梅子研究会"，则从梅子的食用、药用价值出发，开展生产、加工，以造福人类健康。这两个学术团体曾多次组团来锡考察交流。尤其是松本先生从1982年至今，年年来锡，并于1992年确定，每年3月6日为中日梅文化交流节，在宜兴由他扶持建立了万亩梅子生产基地和加工厂，成为该地一项产业。为了加强中日两国人民情谊，共同宣传和推广梅花，1992年春无锡市梅研究会主任吴钊先生（市人大常委会主任）倡议，市园林局和松本先生一致同意，在梅园共建中日梅观赏园，进一步扩大梅花影响。是年秋，双方签定协议，并立即准备，1993年正式开工，1994年春建成开放，从此梅园又添一处赏梅佳处。

中日梅观赏园园址选在梅园东部新区一处山坡上，北枕横山，南向太湖，东有登山石径，西有筑于半山的旧建筑畹芬堂。这片坡地面积约1.8公顷，上下高差25米，过去因种植果树而筑过粗略的梯田，因多年失之管理，野生的洋槐、构树、朴树、苦竹在灌木丛中拔地而起。而早先种植的桂花、梅树及一些较有观赏价值的花木却淹没在杂树中，游人裹足，恰是需要改造的地段，可谓一举两得。

规划从突出主题、充实内容、整治环境着手，充分利用已建景点，引渡串连，做到既有特色，独立成园，又相互贯通协调。全园顺山坡自下而上由四部分组成：

1. 纮齐苑

1989年建由陈俊愉先生书额的"问梅坊"与该园仅一路之隔，"探问梅花春消息，此处独多东瀛种"的问梅坊可谓该园前奏。过坊上路，一道高坎挡前，偏西即为园的入口，入口处台阶十余级，阶旁有莓(梅)字刻石取明代乡贤邵宝手迹，令人少见生奇。台阶上即为中日友谊之筑——纮齐苑，一座充满异国情调的日本庭园。园中建筑系松本先生特请日本建筑师中塚胜将设计，苑内有表门（主门）、里门（次门）、立礼席（客厅）、和室（房间）以及洗手间、外廊、台所（厨房）、水屋等部分组成。庭园内有白沙地、汀步、石灯笼、洗手钵等点缀，全苑包括前后场地，占地约500平方米，可供中日宾客小憩或表演茶道，亦是表彰松本先生致力中日梅文化交流的美好情意。

次门外，沿石壁架桥通上山道路，桥侧暗伏水管，放水沿石壁流淌入池，景色更加生动。

2. 植梅区

纮苑之上，山坡宽阔，是全园腹地。自纮苑主门西侧向上沿山坡辟出一条石阶，作为中轴，分地为二。西侧有一重檐石亭，东侧有两株近百年的茶梅，为了显示新植品种梅的风姿，首先清除高矮杂树，使之阳光普照，土质松软；再将多年不发棵的桂花、梅花移至别处，腾出地盘，重新植梅，以红、绿、白花色分块，5~7株一丛，用松、柏、棕榈、桂花、竹丛为深色背景，伴以火棘、美人茶、紫薇、结香、杜鹃，补梅花前后之不足。松本先生已从日本送来梅花50余种，但需经繁育培大，方能定植，故目前先植中国传统梅树，不使景色萧条，若干年后，这里形成中日梅花品种大观。另外在闻籁亭边，留作友谊植梅，立碑纪念。两侧尚有发展余地，植梅区可逐年向西延伸扩大。规划上此处可容纳100个品种，近1000株梅树。不仅在品种上，还要求在形态和长势上都要有明显特色，令人赏心悦目。

3. 梅影壁

在植梅区之上，中轴石级之中段，原为建筑遗址，黄石残壁拆除后，将地基改为梅花图案之狭长铺地，面积约150平方米。一则游人登石级至此，可作小憩，再则，在此以多种艺术形式陈列展示中日古今咏梅诗书画品，让人们研读、细赏梅花的风姿神韵。梅花在中日两国10多亿人民心中一往情深，千歌万曲，有做不完的文章。只要广为收集，精心设计，可以打动人心，给人以有益启示，这是中国园林艺术惯用的联想、比拟手法，是赏梅情趣的升华，故称梅影壁。规划这一景点，给予设计者以充分的创作余地，内容形式可以多样，地盘可以向周围延伸。

4. 梅妻鹤子

在园的最高一级平台上，亦是中轴终端，立林逋雕塑一座，林逋为南宋隐士，"疏影横斜水清浅，暗香浮动月黄昏"咏梅佳句和"梅妻鹤子"的浪漫逸事，倾注他对梅花的酷爱，千古传诵，日本人民也并不陌生，推至梅圣，亦无不可。杭州孤山有放鹤亭，荣先生建梅园时也设一招鹤亭呼应，然而国内至今尚未有人为其造像，不无遗憾。此处补缺，在全园亦有画龙点睛之意。

规划要求雕塑从景观上作为视线焦点，从情趣上作为赏梅高潮。雕塑师在造型创作时，根据传说记载，大胆设想，在周围浓绿的背景用淡黄色花岗石作一高3.25米的人物立像，林逋披风兜头，颔首捻须，神态安详，悠然自得，足下两鹤绕膝，翘首望着主人，天趣盎然。像前驳坎上，嵌石一方，书写简介。雕像之后有密林与山顶吟风阁相隔，景观到此收结。（林逋塑像由无锡著名美术家李建金精心创作）

梅花与松竹为友，气度非凡。花开早春，不畏寒冻，独立风霜，品性坚贞。花朵不大，淡淡的颜色，悠悠的芬芳，无妖艳之媚态，具君子之风韵。花落果满枝，青青的梅子可食、可药，为人类无私奉献，美德高尚。自古至今，吟诗作画，卷帖浩瀚，荣先生制匾额"一生低首拜梅花"，道出了他建园的苦心。上述规划设计，亦是继承传统，寓情意于美景之中，通过赏梅，引发遐思，给人以视觉和精神上美的享受。

我国栽培梅花的历史可谓久矣，中国人对梅花的钟情可谓深矣，几千年文化历史淀积成的梅文化这座大山，后人发掘它，推陈出新，古为今用很有意义。陈俊愉教授一生对梅花孜孜探索，追求的不仅是园艺家观赏、应用方面的实利，还在于梅花具有深远的文化思想传统，颂扬它的品性美德，借以激励国人团结、勤奋、坚强和爱国情操，欲推梅花为国花用意亦在此。中日梅观赏园的建立能在这方面发挥潜移默化的作用，也算对中华民族的一点贡献。

无锡太湖奥嘉苑绿化设计浅谈

近年，无锡倚着太湖山水这个天然后花园，一群群别墅拔地而起，为锡城平添一份现代，典雅的气质。其社会背景在于随着城市现代化程度的加强及人民物质、文化消费水平的提高，人们对居住环境质量追求更高的层次，愿意远离繁华市区，从乡村别墅中得到宁静与自然。这就给无锡的园林绿化设计者提出了一个新课题——别墅区绿化。本人参与了无锡太湖奥嘉苑的绿化设计，现一期工程已完成，甲乙双方都较满意。现将其绿化构思介绍于下：

无锡太湖奥嘉苑是一家外资房地产业，全苑占地6500多平方米，共有60多幢设计独特的别墅、公寓和公共建筑，别墅层高2-3层，均为欧陆风格，是一个高档住宅社区。别墅处于太湖风景区内，离市区仅5公里，交通便捷。梅园、蠡园、鼋头渚和中央电视台影视城环抱别墅，占很好的环境优势。根据该苑总体规划，绿化布置可分为三部分：一、东北、西北入口及主、次干道，包括中部三角绿地；二、别墅内部庭院；三、周边围墙、河道等隔离设施。

西北入口及主干道，是全苑一条主轴线，道路宽7米，长95米，中部三角地块是主轴的收结，也是全苑最主要的风景透视线焦点。这一区的绿化是全苑第一印象，十分重要，设计以行道树的整齐韵律和花草的鲜艳色彩造成进入花园的气氛。西北—东南向主干道以香樟为行道树，树下设1.5米宽丰花月季带和美人蕉花带，5月至11月开花不断。三角绿地设计以均匀、对称，修剪精致，线条挺括的规则图案式绿篱，配以鲜花艳丽的色彩，体现欧式园林风貌。主轴终端分叉为

"人"字形次干道，宽度减窄至5米，为确保交通安全，行道树至此改为单面，一条以重瓣花向正南方向延伸，另一条以鸡爪槭向东南延伸至东北入口。东北入口作为副轴，因绿地面积较小，更强调花卉、树丛的装饰性和点缀作用，以取得相应效果。

别墅内院是住户日常生活的自然环境，住户都较重视。绿化布置基本格调是开朗、明快、整齐、简洁，植物布置以绿色地被植物铺底，边缘布置宿根花境，靠墙丛植几组花灌木，种1～2株庭荫树，如此既不影响通风采光，又增加庭院中的生机和色彩。全苑数十幢别墅在统一格调基础上，按别墅类型，在植物材料及配置形式上有所变化，亦可根据住户要求，适当布置桌椅、花钵、花架或点石、水景等小型景物，供户外休息，增加情趣。各户绿化形式及植物品种既有共性，又有个性，该挡则挡，该隔则隔，互不干扰。

苑西北和东北围墙与农村相隔，长约350余米，景观较差，墙内有5米宽绿地，设想以浓绿的法冬遮挡墙体，其前疏朗点缀花木，有色彩、层次的变化，立面有起伏的林冠线，一段一景，组成长卷画面，既点缀围墙，又作别墅窗景。东、南沿河绿地长170余米，宽20～30米，是全苑最大的一块绿地，原规划为迷你高尔夫球场，但面积过小，且一边临河，一边又紧贴别墅庭院，活动受多方约束。根据与别墅风格协调及对岸观赏要求，将地形改造成靠别墅内侧抬高而向河边渐低的倾斜面，并布置成欧式对称绿地，模纹花坛、绿篱、草坪、鲜花、小径，为住户提

供游憩散步、邻里交往之所，并将奥嘉苑标志"OSCAR"嵌入花坛，从隔河环湖路看则是一幅碧草如茵，开朗明媚的欧式花园别墅图景，同时又为奥嘉苑作了生动广告。

奥嘉苑的绿化设计是在国家指标：新建住宅小区绿地率不低于30%前提下进行的，尽管它处于风景区良好的绿化环境中，但内部绿化仍要求很高。根据规划，实际绿地率达60%，这对于以自然环境优美取胜的居住别墅十分必要。现在，只要抓住绿化种植质量，养护管理措施，是可以达到预想效果的。

黄茂如　潘霞洁

浅谈无锡杜鹃园的绿化设计

杜鹃是花叶兼美的观赏花木，我国拥有极为丰富的品种资源，但由于种种原因，过去并未广泛用于园林种植，殊为可惜。无锡为近代发达的工商业城市，20年代起，我市沈渊如先生即从日本引入杜鹃园艺品种，作为家庭盆栽观赏，并在公园公开举办展览供应观赏，亦有少数种植于庭园之内。由于它枝叶紧密，四季常青，花朵繁华，美艳动人，在群众中逐渐流传，60年代中期，栽培品种及数量均已相当丰富，在江南一线颇负盛名。十年动乱结束，园林部门急欲恢复，其中锡惠公园，经多年努力，已拥有百余品种，总数四五千盆，每年春季举行展览，深受群众欢迎，客观上成为栽培杜鹃花的中心。为了发展这一优势，我们设想乘锡惠公园旧花房塌倒拆建之机，另觅新址，建设一处以观赏和生产杜鹃花为主的专类花园，这一建议得到领导支持。于是，杜鹃园的规划、设计、施工便逐项展开，使设想终于变成现实，现就杜鹃园绿化设计和构思与手法，浅述如下，供同行批评指正。

一、现状和总的构思

杜鹃园在锡惠公园映山湖西南角（图1），为山麓坡地，面积2.4公顷，西面的惠山和北面的毛竹林，绿化都十分浓郁，东北角隔映山湖与锡山龙光塔遥对，是主要的借景面。而东面和南面为居民住宅和轻工业学院厂房，景观零乱，一无遮挡。园内地形西高东低，中部一条土坎自南而北，将园划分成东西两半，另有一条干沟自西而东，又将园地南北割开，规划

巧妙利用了这一地形，在中部建造了云墙、洞门、绣霞轩、映红渡、云锦堂，踯躅廊，枕流亭一组古典建筑，形成半环形的中心区，东部低洼处开凿了水池"鉴塘"，将干沟稍加改造，叠以黄石驳岸，以"枯山水"手法做成"沁芳涧"，由水池而上，穿过踯躅廊，与枕流亭贯通，游人可在涧底踱步赏花，园的南北端各有一座生产花房，自成院落。

园内土层深厚，酸性，黄壤，西侧山坡有五十年代种下的树林，涧南西角多香樟，冬夏常青，涧北为落叶阔叶林，锥栗为主，夹有枫香、乌桕、椰榆等，都已高达10余米，蔚然成林，为杜鹃花的生长造成了良好的荫蔽条件。但缺点是地形缺乏变化，树种过于单调，没有中下层植物，一眼看穿。为此，需充实中层乔木和大量开花灌木。东南部树木稀少，一切需要重新布置，尤其是墙外民房杂乱，一座大水塔高高耸立，大煞风景，要用体量高大浓密的树丛，尽可能加以遮挡（图2）。

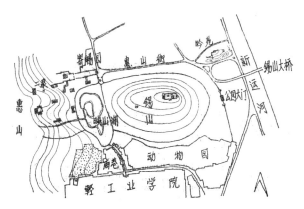

图1　杜鹃园环境位置示意图（图内加密点处即杜鹃园）

294

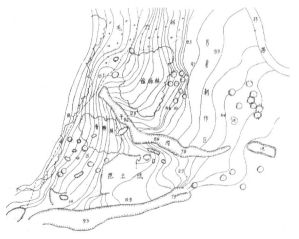

图2　杜鹃园原地形及绿化现状

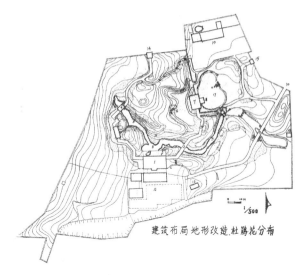

图3　杜鹃园的建筑布局、地形改造及杜鹃花分布图
（图内密点处为杜鹃种植区）

1. 云绵堂；2. 映红渡；3. 踯躅廊；4. 枕流亭；5. 沁芳涧；
6. 陈毅诗牌；7. 秀霞轩；8. 照影；9. 冯云桥；
10. 草花温室及场地；11. 杜鹃温室及荫棚；12. 厕所；
13. 水泵房；14. 主入口；15. 次入口；16. 工作便门；
17. 鉴塘；18. 醉红坡

根据上述情况，地形上要顺总的山势，稍加堆挖，使之岗阜起伏，生动丰富，亦为杜鹃花创造多种立地条件。绿化则利用原有基础，确定以香樟、锥栗、枫香为基调树种，构成全园骨架，同时，根据不同的景观要求，加种鸡爪槭、白玉兰、石楠、杨梅等填补中层作为主题的杜鹃花，要有丰富的品种，数量以群集的方式点缀各个空间，并能沿路散落，断断续续，全园贯穿，以显示其主体的地位。总的构思是，西部为山林景观，林缘杜鹃红，涧底幽兰香，东部为开朗景观，池塘芳草碧，塔影落园中（图3）。

二、主题材料的选择

过去，无锡用于露地种植的杜鹃，仅毛鹃一种，东鹃、夏鹃，虽可露地越冬，但习惯上都作盆栽（西鹃因不耐寒冷，需在室内过冬，作盆栽观赏），从体量和长势来看，毛鹃最突出，生长快速，花繁叶茂，高度和冠幅可达2米以上，花色亦有5、6种之多，在近代园林中，有种植50年以上的植株，至今花繁叶茂，未见衰退，故可定为主体（图4）。东鹃形矮、花小，稠密纤细，现有品种20余，夏鹃体型介于两者之间，花期延迟到5～6月间。品种亦有20余。这两种虽不如毛鹃粗壮适应性强，但只要位置适当，能够露地越

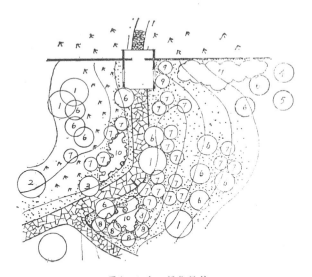

图4　入主口绿化设计

冬，且各有其长，作为主体的辅助，可能丰富层次和增加花色品种。山野常见的映山红（花红色）满山红（花粉紫色），其枝条参差不齐，叶小而稀，花色单调，冬季落叶，景观较差。另一种落叶杜鹃羊踯躅，叶大而柔嫩，花朵金黄，数朵集成一球，十分夺目。黄色花朵在所有栽培品

295

图5　入主口绿化设计树种
1. 枫香；2. 乌桕；3. 黄檀；4. 榉树；5. 朴树；6. 锥栗；
7. 海桐；8. 石楠；9. 八角金盘；10. 杜鹃；11. 珊瑚树

种中亦很难得。这三种野生种，在园内均要有一定位置，以体现地方特色。

浙江所产云锦杜鹃、黄山杜鹃、马银花（宜兴地区有野生）鹿角杜鹃等，为常绿型种类，其体形、叶色、花朵均截然不同，云锦杜鹃可高达数米，叶长质厚，花粉色，聚成大球，具芳香，雄伟美丽。这些种类给予一定的庇荫，亦能露地生长。

由以上三大类作为骨干（毛鹃是骨干中的骨干），然后创造条件，逐步引种远地代表种，如福建芳香杜鹃、重庆山城杜鹃、贵州厚皮杜鹃、四川峨眉杜鹃、江西井冈山杜鹃，以及举世闻名的云南杜鹃等，不能露地栽植的，可用盆栽弥补，使杜鹃园既有本地特色，又有各地名种，名副其实地成为杜鹃花荟萃之园。

三、景观设计

突出杜鹃花的主景地位，首先，要将杜鹃种植在视线焦点上，迎面、叉口、转角，景框，

深色树丛前，都是十分重要的位置。同时要有足够的数量和热烈的气氛。在杜鹃花数量不多的情况下，分散不如集中，用成丛、成片、夹道、反复、重叠等种植形式，积小成大，以少胜多。其次，要求有丰富的景观。如运用色彩与形态的交织搭配，或与树林冈阜，水池、露石等配植，模拟自然生境。总之，气氛热烈而又生动丰富，是杜鹃景观设计上力求达到的两个要求。就全园来说，分为序幕、展开、高潮、收结四个部分，现分述如下：

序幕

杜鹃园有主、次两个入口，主在北，次在东，另有工作便门一处，进园后就是一山挡道，坡上布置杜鹃花丛，形成开门见山效果。但两处环境不同，手法也有差别。主入口处为一片葱郁毛竹林，由砖砌门头"翠筠深处"为前导，向南，穿过50米长竹径，到达园门，园内是浓荫四合的锥栗林，整个空间狭长而幽暗，所以只在土山先端点了3～5株红色杜鹃，万绿丛中红一点，少而醒目，更见幽雅（图5、图6）。次入口靠近

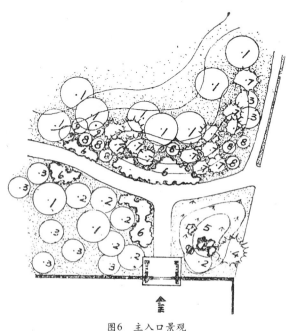

图6　主入口景观

图7　次入口绿化设计树种
1. 广玉兰；2. 蜡梅；3. 桂花；4. 罗汉松；5. 紫竹；
6. 杜鹃；7. 五针松龙柏球；8. 红枫；9. 瓜子黄杨

图9　山径两侧的杜鹃花丛绿化设计
1. 枫香；2. 乌桕；3. 榉树；4. 朴树；
5. 锥栗；6. 梅花；7. 杏花；8. 杜鹃

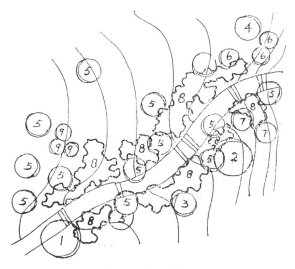

图8　次入口景观

图10　廊柱构成的杜鹃画石

公园环路，是目前游人主要出入口，在离月洞门10米的土阜上，满坡杜鹃，多而浓密，大有杜鹃扑面之势，显示热烈气氛（图8、图9）。

展开

　　进门以后，通过园路山径、涧谷、空廊的引导，展示杜鹃花的各种景观。手法有三：一是道路两侧设置连续杜鹃花丛，前后左右都是花，使人感到整个身心融化在杜鹃花海洋之中，可以领略白居易"山石榴花红夹道"的意境。二是在踯躅廊两侧布置各个品种杜鹃，以廊柱为框架，组成一幅幅画面（图10）。预想将来这里有苏、

297

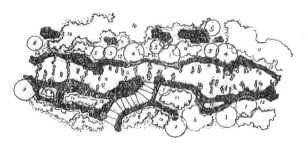

图11　沁芳涧局部绿化设计

1. 枫香；2. 香樟；3. 榔榆；4. 乌桕；5. 鸡爪槭；
6. 海桐；7. 紫藤；8. 黄馨；9. 南天竹；10. 毛鹃；
11. 东、夏鹃；12. 春、蕙兰、鸢尾、石蒜等。

图12　沁芳涧种植断面示意图

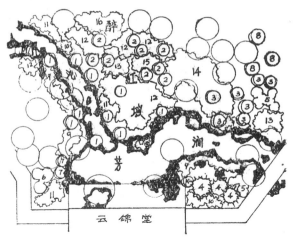

图13　云锦堂前和醉红坡绿化设计

1. 鸡瓜槭；2. 檫树；3. 广玉兰；4. 湿地松；
5. 海桐；6. 山茶；7. 垂枝樱；8. 银杏；9. 黄馨；
10. 东鹃；11. 夏鹃；12. 毛鹃；13. 毛白杜鹃；
14. 云锦杜鹃；15. 羊踯躅；16. 映山红

浙、皖、赣、闽、滇、黔、川、藏等地的种类，浏览全园，看到不同类型的杜鹃花，在科普知识和美的享受上将得到较大满足。三是在沁芳涧两侧，用杜鹃与山石相间，近身是体型矮小的东、夏鹃，后面是毛鹃和云锦杜鹃，花石相依，自然得体。人在涧底，步移景异，如堕锦绣谷中，杨万里有"清溪倒照映山红"句，虽目前仅有"醉春泉"一勺之水，将来从园外引流入涧，就可有此番意境（图11、图12）。

高潮

云锦堂是全园主厅，三明两暗，坐南面北，门外平台，台下沁芳涧，对面便是"醉红坡"，为云锦堂主要对景，坡后林木茂密幽深，正好作观赏杜鹃的背景。从涧底而上，由低到高分别为东鹃、夏鹃、毛鹃、云锦杜鹃，远处丛植映山红，满山红，中间嵌以成团羊踯躅，红、紫、白、粉、黄块状交织，成为杜鹃花色彩的汇集，恰如"一坡栽得五岭种，红黄粉白天机织"；返身入厅，盆栽西洋鹃，品种

1　杜鹃
2　茶梅
3　枫香

图14　陈毅杜鹃诗碑

298

繁多；各种造型杜鹃，各具神态；罕见稀世品种，以及杂交新种，令人大开眼界。室内与室外，地栽与盆栽，汇各种杜鹃与一堂，形成观赏杜鹃花的高潮（图13）。

收结

在绣霞轩西面草坪与锥栗林相交接处，立一黄石竖峰，上刻陈毅元帅咏杜鹃诗一首手迹，"淡黄粉白复朱紫，双瓣重叠似套筒，牡丹开后君为主，妒杀桃李与芙蓉"。后有层林绿障，近有杜鹃簇拥，既创造了一处杜鹃石景，又作为欣赏杜鹃的结语，花与诗两者结合，将使杜鹃这一主题引向更广阔境界，给人以无穷回味（图14）。

四、陪衬树种

杜鹃花虽艳丽，但观花期毕竟短促，盛期约一二十天，为了适于生长，上面要有一定庇荫，出于观赏，后面又要有各种背景……所以为照顾全园景观和季相色彩变化，除确定基调，主调树种外，还必须选择大量陪衬树种。如为了加强秋色，种植了银杏、乌桕、榉树、鸡爪槭等，为使冬景不过于凋零，配植了常绿树种广玉兰、石楠、桂花、海桐、五针松、湿地松等，以这些树种组成高大厚实的上、中层植物，形成浓郁的结构。并以山茶、蜡梅、玉兰、海棠、碧桃、黄馨、迎春、连翘、兰花等作为冬、春应时点缀。山石之上，攀附枸杞、紫藤、络石、爬墙虎、凌霄、常春藤等植物。檐口滴水处，种书带草丛，墙角阴处覆以垂盆草。这样，从上到下多层搭配，黄土不露，构成丰茂的人工植物群落。所谓："碧草重荫浓如墨，杜鹃映红半壁山。"既符合杜鹃花理想的生长环境，又重现山花烂漫的真实情景。

但建园之初，一时难以收集到体型相当、数量充足的毛鹃、东鹃和夏鹃，已种千余株还不能形成浓烈气氛。在这种情况下，暂时用海桐、栀子、杨梅等充任，以作过渡，待今后杜鹃丰富后逐步更换。实践证明这一措施，是兼顾当前与长远的好办法。

当然，除观赏杜鹃花外，也应有别的景观。如造成收放，明暗变化的三块小草坪，作了不同处理；山谷中的白玉兰丛，花开时犹如林间欲飞的一群白鸽；拱桥边的垂柳、碧桃，作为江南春景的剪影；沁芳涧的兰草，在不经意中散发幽香；墙隅挺出的数支芭蕉，与粉墙飞檐，朱漆廊柱，形成鲜明色彩对比；池边的垂丝海棠、绿树中的红枫，临窗的几竿紫竹，树下一丛丛蓝色小花鸢尾等，即使并非杜鹃开放时节，也不至于感到乏味。

杜鹃园从建设到开放不过三年，所以如此迅速，除设计与施工紧密衔接外，主要得力于李正的规划理念：重视原有绿化基础的保护利用。原有绿化基础，恰如《园冶》所称"雕栋飞楹构易，荫槐挺玉成难"，虽已种下千余株乔灌木，但都属幼小，如没有原来树林成不了气候。然而即使如此，要达到预想效果，还有很多工作要做。如引进各地杜鹃代表种，特别是大型常绿杜鹃。早日更换过渡性树种；每年植树季节，高速杜鹃树丛的色彩，发挥其最佳观赏效果，增加沁芳涧的兰草，多种宿根草花，加强养护管理，促进树木生长等等。只有通过园艺工人多年努力，才能使绿化设计得到较好体现。

[注]利用优势建立杜鹃园的设想，最初由刘国昭工程师和笔者提出，并在林学文工程师的配合下，一起测绘了地形，作了规划草图，现在的园墙及月洞门头也是林学文设计的。1978年李正工程师重新做了完整规划，经领导批准后，根据其规划和所有单体建筑方案，进行了各项设计，他是该园主要设计人，1979年由园林局古典建筑公司施工，1981年9月建成开放，笔者承担了全园绿化设计，并向李正同志学到了很多经验。

在工作中得到刘国昭、吴惠良、陈盘兴等 表示感谢。
同志的帮助配合，开放后园内绿化调整，养护管
理，陈盘兴做了更多具体工作，在此特予说明并

2013年9月23日重录

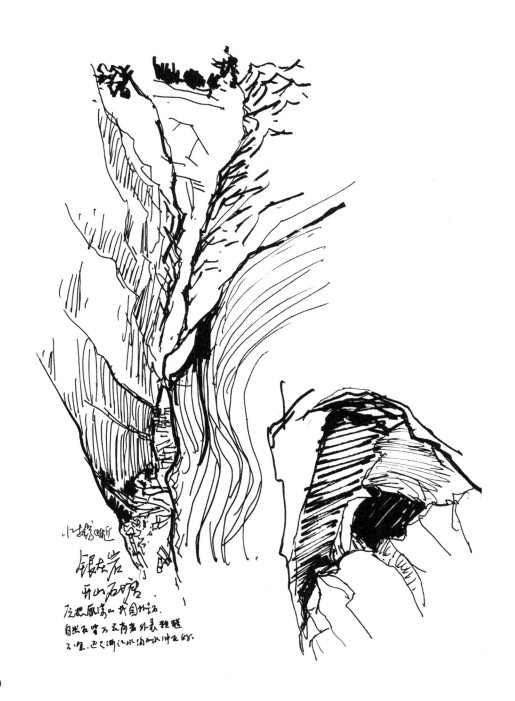

无锡应从全国盆景展览中吸取什么

1985年中国盆景评比展览于9月25日至10月20日在上海虹口公园举办，北京、上海、贵州、新疆、江苏、浙江、河南、湖南、湖北、天津、辽宁、山东、山西、广西、吉林、安徽、云南、四川、福建、陕西等20个省、自治区、直辖市的77个城市参加展出，总数约1600盆左右。因为要评比，各地都十分重视，展品进行了层层挑选，拿来上海的都是精品佳作。在布置上也精心设计，很有地方特色。因而，实际上是一次规模空前的全国盆景大赛。

无锡市自上半年发出通知，着手筹备，组织部分评选组成员，去一些单位选作品，从数以千计的盆景中，初定55件，于9月16日集中在杜鹃园决选。经评选组审议投票，最后确定25盆入选，于20日赴沪，布置了四个展台。开幕前进行了评比，无锡市有"太湖渔歌"（油嘴油泵厂水石）及"铸古熔今"（太湖饭店鹊梅桩）获二等奖，后经复议，又有"坐看云起"（吟苑五针松）和"横空出世"（太湖饭店黑松）获三等奖，在获奖居首位的江苏（共获49个奖杯）12个市县中无锡市处于中下水平，比三年前在江苏省首届盆景展览会上的地位又下降了一档，尤其令人担忧的是园林局所属各公园、包括盆景园在内仅获一个三等奖，一向擅长的水石盆景则名落孙山。这不能不引起园林部门上下震动。虽然评比中有许多片面之处，结果未必确切合理，不可讳言。作为业务部门，我们要承担责任，从这次评比展览中，对人对己作一些分析比较，找出差距，从而成为动力，推动我市盆景艺术的发展。

关于树桩盆景

在这次评比展览中，大而苍老的树桩先声夺人，事实上成为取胜的前提。这是不公平的。树龄不能真正代表艺术水平，我们也不能仅以取得苍老粗大的桩头为满足（山野桩头估测年龄差误甚大）。从粗坯到成品，制作者要舒展技巧，倾注心血，进行艺术加工。没有这种加工就没有作品的完美，如此才能真正反映作者的技术水平。对一件树桩盆景来说，树龄老，形象苍虬古曲，又经过艺术加工，作品细腻完美，两者都极为重要，但前者得于天赐，后者在于人巧。

前几年，无锡市一些单位大批收进许多桩头，但是，投放于艺术加工的精力却很少，因而，在三四千盆栽中，竟难找到有特色的满意作品。不是根、干欠佳，就是枝片单薄，显得粗糙不精美，而太湖饭店既重视物色原坯，又着力艺术加工，这次入选的5盆树桩，虽不尽美，却都很有特色。可见，桩多势众，并不一定就是优势。

我们要改变树桩盆景的落后面貌，就要双管齐下，首先争取时间，向大自然索取。从现在起，每年组织人员上山，去各地精选原坯，从品种到式样，广泛收集，使我们的盆景艺苑不断有新鲜材料充实进来。苏州目前的盆景大都是1958年、1959两年打下的基础，这是一条捷径。需要强调的是师傅要亲临现场鉴别，甚至亲自上山挖掘，要本着宁少毋滥不贪便宜的原则。这既是向大自然学习，又是了解各地经验，掌握信息的机会，花一点代价，付出艰苦劳动完全必要，这是盆景创作的第一个环节。

原坯好，可以事半功倍，收效快速。安徽的千年继木"新安枯笔"、千年天竺"群龙会"，且不说千年的根据如何，其人工培植都不过5、6年，形象相当出色，这次分别获得了一、二等奖。但这样好的原坯，自然界毕竟罕见，更重要的是原坯加工。这次展览为我们提供了各式各样的艺术造型，河南用柽柳加以剪裁；湖南将地柏留养枝片组成大悬崖式，从1～2米高处飘洒下来；浙江的双干、多干劲松，拔地参天，很有画意；福建的提根，附石；扬州、泰州的云片；苏州的树顶；上海的大阪松；四川贴梗海棠的枝干造型，都有独到之处。在这方面，我们要善于吸收，善于发挥，多看画中艺术，巧妙构思，因材施技，在创新上苦下功夫。

关于水石盆景

我们的水石盆景，起步不晚，加工技术也有一定水平，但很大一个问题是石种单调，形式陈旧，摆件草木凑合，临时拼凑，用过就拆，缺少反复研讨。近几年停滞不前。但人们的欣赏水平不断提高，最早看到煤渣盆景也觉不差，而后砂结石备受欢迎，芦管石又成为砂结石中的奇物，海浮石又以洁白成为软石中的上品。画面布局，开始喜欢小桥流水，茅屋人家，不很注意比例，但很有生活气息。而后从欣赏雄伟奇特、壁立千仞的高远山水，又进一步到简洁淡泊的平远山水中感到高雅，人们逐步从单纯的形象欣赏转入诗情画意的陶醉。现在要求更高，不仅有那些见惯了的砂结石、芦管石、斧劈石、英石，还要有各种色彩奇丽的石种，不仅有漓江、三峡、太湖的写照，而且要有各种引人遐想的抽象山水，出乎意料，又在情理之中，具有强烈的艺术感染力。如果没有丰富的材料就难以表达多种题材和神韵，所以搜石、创作仍是水石盆景的两个重要方面。大自然有丰富的资源，走出去不难觅取奇石，现在制服硬石的机械已普遍采用，分割、截平都变得轻而易举。因而，石种的色彩、纹理成为选石的主要标准。这次展览会上，鄱阳湖的浪击石，四川的龟纹石、辽宁的木化石、安徽的橙色锰石、湖南浏阳的菊花石，新疆的昆仑石，天然入画，各具特色。靖江的山石来自各地，分外奇丽多姿，五彩斑斓。如此丰富的石料，使水石盆景具有淡墨青绿，甚至水彩画式的动人画面。创作靠作者的技巧、修养，能够运筹帷幄胸有成竹。四川的"春风又绿苗家寨"，用龟纹石与凤尾竹组合，点缀竹楼，显得调和淡雅，如果我们借用这种方法，创造"兰亭修禊""竹林七贤"等画面，亦将十分古朴；扬州的"春风又绿江南岸"用连绵起伏的斧劈石山丘及近处的一片农田构成了开阔画面，黑的山、白的水、绿色的田野，简洁鲜明，并成功运用了透视规律，使视线消失在远去的小山后面，大有不尽之意，用青苔做成的农田，使水面得到压缩，使画面得到充实。"八骏图"是用六月雪组成一片疏林；错落有致，八匹骏马悠闲自得，各具神态，水面压缩到小溪的程度，成功之处是树好、马好，构图布局自然优美，情景寓意深长。这些作品都给人以耳目一新之感。

现在，水石盆景有越做越大的趋势，大到失却天真，斗室中无容身之地，不得不从内室移出户外，甚至与庭院假山劲庭。另外，小到极致，寿命好比昙花一现，极少有人侍候得了，也难以在群众中立足。我们应当强调以中小型为主，我个人并不赞赏搞长达12米的山水盆景，也体会不出在一个盆里变幻芦管石罗列重叠的妙之，靖江山石也过于眼花缭乱。但是，大盆景的气势，小盆景的精致，都值得我们学习。人们对水石盆景各有欣赏角度，因此，广开创作门路，那是再也不能犹豫的了。

广取各家之长

好几年前上海殷子敏创作的挂壁式盆景，这

次有了发展，而且手法越来越巧了，如上海的业余作者，创作了瓷盆中的五针松、葫芦瓶身上缠绕常春藤，立轴上嵌入黄杨、枸杞、六月雪、龟甲冬青、题词写诗，成为四幅有生命的条屏；湖北宜昌一作者利用一块有天然云纹的大理石，下角贴一峰礁石，上立一瓷塑姑娘，云海茫茫，衣裙飘动，题名"乡思"色调和谐、情思浓郁。这些自然生动的挂壁盆景作为室内陈设很有前途。我市于1982年首盆景展时，也曾试作一盆黄公涧观瀑的挂壁山水，未被重视，其后便没有再向这方面探索，殊感可惜。

在果树盆景方面，我们是空白，仅有一般柑橘、石榴盆栽，这次北京、徐州都有一些栽培水平很高的苹果、梨盆景，果实又大又多，具一定造型。据了解，徐州果园除苹果、梨外，还有山楂、桃、柿、葡萄等，盆栽苹果与梨的品种就有10多种，盆栽技术过关，就容易解决进一步的造型问题，这是盆景艺苑中的一枝新花，有很大吸引力。

在树桩盆景枝叶造型上，江南习惯扎片，岭南常作蓄枝截干，前者浓荫广覆，后者秋风落叶，景观迥异。这次展出中却有取两者之长的雀梅造型（周瘦鹃原物，叶菁培育），分枝稠密匀称，屈曲清晰，没有前后左右孤立的片子，然而枝叶相连，混为一体，十分自然，是一种创新。

此外，温州胡乐国，沈亚民的五针松快速造型，福建榕树的提根、附石，湖北贺淦荪制作的三角枫小盆景，上海和南通的微型盆景，都是值得借鉴的佳作。

最近3～5年，我们的盆景没有多少变化，从这次入选的25盆作品中，比较有分量的"横空出世""坐看云起""画中蓬莱""黑旋风"等都是1982年在无锡或南京展出过的。就像苏州的盆景，有许多人说它们是老面孔，这多少反映出我们的作品贫乏或创作上的因循保守。这次展览，异彩纷呈，是难得的一次学习机会，要认真吸取别人的长处，丰富我们的思路。

关键在于特色

公开确认我国盆景的五大流派：岭南、川、苏、扬、海以来，各地都不甘示弱，竞相立派，在《大众花卉》《中国花卉盆景》《园林》《花木盆景》等杂志及其他介绍材料上，力述渊源、风格、技巧，给自己的盆景加上称谓。陕西展出了唐章怀太子墓道壁画放大照片，福建自称有"山、海、侨、特"四大特点，辽宁认为是北国风光典型，山东兼有南北之长，安徽有"徽"派，陕西称"长安派"，南京称"金陵派"，南通称"通"派，如皋称"如"派，泰州称"海陵"盆景等，雄心勃勃，十分可喜。

流派，原指河道分支，"水之流曰流派"，对文化艺术来说"一种学术因徒众传授互相歧异而各成流派者"亦称之为流派。我国地域宽广，各地有自己适应的盆景树种、石料、盆、架等装饰物件，各自有一套造型手段来表现各地喜爱的草木山水风物，经过一定时期的流传后，成为定式，固定下来，这就是今天所说的盆景流派。区分流派便于研究不同造型技法，流派是历史形成的，客观存在。提倡创派是贯彻"百花齐放、百家争鸣"方针，旨在繁荣盆景创作。现在某些地方，自称某派，定出一个法式，再努力开创，其勇可嘉，但更重要的是要有与众不同的特色，否则不会被人们公认，也站不住脚。浙江对盆景的论述很有见地，谈风格流派很谨慎，这种态度比较好。我们不一定学人家先提个派名，重要的是我们的盆景已经有什么特色，以后要有什么特色。张国保的老桩浅栽，曹则新的悬崖雀梅，李海根、缪伯华的平远水石，童裕生的黑松造型，胡耀明的工笔刻凿，都有特色，不妨八仙过海，各显神通，发挥各人聪明才智，放开手脚，从树种、石料、题材、手法、意境等方面探索创新，不必拘泥于某种画风，某种成法，至于称号，无锡盆景、太湖盆景、梁溪盆景都可以。

义不容辞的责任

无锡园林，无论古典、近代和现代，在国内外都有较高声誉。照钱学森的划分，盆景是中国传统园林4个层次中最低一层次。我们需要更多更美的盆景丰富园林艺术，装饰、美化人们的生活环境，这对一个著名风景游览胜地、一个街道狭窄、绿地缺乏的旧城来说，尤为必要。

市、局领导对发展盆景相当重视，近年，无锡市特地为观赏盆景与花卉新建了"吟苑"，去年十月已开放，布局，建筑形式别具一格，受到人们赞扬。这是十分有利的条件，我们有责任使盆景园的主体——各种形式的盆景作品，在艺术造型上有更大吸引力，不致使人感到环境优美而内容平庸，楼台堂皇而黄鹤消瘦。这就必须不断丰富展品，不断提高艺术水平，方能名副其实，成为我市盆景艺术集大成之地。

虽然，无锡市盆景特色不甚鲜明，不入流派，没有苏、扬那么历史悠久，也没有上海、靖江那样发展迅速而名声大振，但美丽的太湖山水，精美的园林艺术，以及顾恺之、倪云林、王问、王绂、叶承桂、胡汀鹭、诸健秋、钱松岩等历代著名画家，都可以是盆景创作的借鉴。1982年我们就成立了花卉盆景协会，有众多盆景爱好者和一批富有创作实践经验的技术人员，在砂积石雕凿加工、平远山水创作、树桩造型、浅盆栽培等方面已取得了成绩。在1979年全国盆景展，1982年江苏盆景展中都取得了荣誉，所以，也不必妄自菲薄，灰心丧气没有必要。

因此，发展无锡市盆景，有意义，有必要，有可能，它是我们园林工作者义不容辞的责任。

盆景走上国际已不只是上海、广州、苏州、扬州等城市了，辽宁的木化石、如皋的树桩、南京、常州的作品也都已出国展览销或售，差距已经明显，我们必须认真研究对策，奋力追赶，我谨提出以下6条措施，供参考：

① 每年给盆景创作人员去各地选掘桩头、石料的机会；

② 每人每年至少要搞2～3件有分量、特别出色的作品；

③ 每年举行一次学术讨论会，探索风格、特色、总结交流栽培技艺；

④ 两年一次新作评比展览，一般展览不定期举办；

⑤ 走出去，请进来，广开眼界，畅通思路；

⑥ 提倡读诗作画，学习书画理论及园林艺术；

提高盆景艺术的担子在大家身上，但花卉盆景协会、园林局、吟苑要发挥领导、组织、核心作用。如果用三年时间建立新的盆景后备力量，到1990年，我们就会看到大家共同努力的丰硕成果，走向世界的愿望也就不难实现。

原载《江苏园林》1986年第7期

2013年9月19日重录

丹 东 考 察

1978年3月，春节后上班不久，市政府就通知启动绕过老城宽90米的新运河工程，以与古运河南、北沟通，解决通航能力，改善锡城环境面貌。规划早就完成，沿线都已预留，实施要大家出力，分段包干，挖掘土方，由专业队伍统一做驳岸。园林处负责锡惠公园门前一段。园林处人员不多，但加上锡惠公园和百花园、苗圃的职工总数也有近百，工具现成，劳动简单，无非挖土、装筐、搬运。面层容易，挖深了，抬到上面就吃力。但是这几年，开会坐久了，对学习、讨论也都厌烦，劳动痛快，反而有劲，说说笑笑很开心。干了一星期，刚刚逐步适应，突然处长对我说，要我带队组织各园花师傅去丹东考察杜鹃花栽培技术，并将无锡没有的品种引进来。师傅们都已通知了，车票也托人去买了，你们就准备出发吧！后来我知道有百花园花圃于登连师傅、鼋头渚公园花房强鸿良师傅、锡惠公园徐阿本师傅、专门管理杜鹃的吴鸿章师傅以及锡惠公园技术员胡良民同志，都是熟人，连我共六人。领导上交代由我与胡良民带队，说出外要团结，照顾好师傅们的安全，时间不超过半个月，不要游山玩水，节约开支，抓紧时间，速去速回。

本着这一精神，我们直奔丹东。因大家很少有外出机会，都想看看外面世界，特别是鸭绿江边的丹东市，他们的师傅已来过几次，我们对他们却一点也不了解，很想去看看他们是怎样种杜鹃的！青岛、大连也都有名气，种花人出差很少，机会难得，便想宁可自己多吃点苦，只要线路方便，准备多跑几个地方，就看我们自己的灵活安排了。

1978年3月16日，我们乘坐的122次火车，于上午11时许离锡。

养花同行们难得聚在一起，格外兴奋，在车中聊个不停。六人中于登连年长一点，嗓门最大，谈笑风生，旁若无人，最开心活跃。其他都已中年，出差外地，心情放松，都很开心。我与小胡（北林大校友）都给天津同学发了电报。我还给北京的同班史震宇（发电报）请他帮买六张去丹东的车票（去丹东坐国际列车，票很难买）。

3月17日早晨6点抵天津，出站就见天津园林处办公室的人举牌来接，十分热情友好。待我们签好去北京的车票后，就送我们去就近的海城饭店下榻。匆匆吃过早点即步行去园林处，早有胡良民同学小傅等几个乘车陪我们去花卉处参观。无锡还没有花卉研究机构，也没有成片的生产基地，对此唯有感叹落后。

下午，又陪我们去水上公园游玩。该园闻名已久，面积很大，活动与景色都很丰富，因时间有限，不可能样样体验一番。晚上，让师傅们去饭店休息，小胡与小傅去同学处聚会，我去孙德秀（同系比我高一班，校友，体操队好朋友）家，他夫人煮了当地特色的汤面招待我，他们的小女儿，也在练体操，机灵可爱。孙又约来8、9个北林校友，有些我也见过，交谈十分热烈，倍感亲切。

3月18日，晨8点到达阔别17年的首都，几乎没什么变化。在车站，震宇和小王早已在那里等候，与我们同乘地铁到前门，去天坛花卉处，下午去酒仙桥住宿。小胡去北林会同学，我随史去机场他家。家人已久等，见我来，即炒菜十余盘，喝啤酒，最后吃水饺，十分热情。在校时，我与史同室，六人排名我老大，他老二，情同手足，十分融洽。史毕业后分到北京绿化三大队。搞天安门广场绿化油松大树移植，后又去机场搞果树林（苹果、梨等），现已大批结果，苹果到冬天藏放在窖里，一年吃到头。不在城里住，生活反而自由自在（后来才到紫竹院当主任直到退休）。

3月19日，上午大家游览颐和园，下午参观故宫，让师傅们大开眼界。我随史回机场，看候机室、停机坪，见到草桥刘大爷的儿孙，勾起我黄土冈实习时的回忆。晚上看电视《枫叶红了的时候》。

3月20日，上午去王府井百货商场，下午去车站，乘27次国际列车。礼貌、整齐、清洁、舒适，从未乘过。下午15：57开动直奔丹东。

3月21日，上午八点到达丹东。丹东市园林所先安排我们住市委招待所，安顿后即去江边，看中朝边境鸭绿江大桥。大家都没有照相机，临行谁也没想到可去公园照相馆租一架。下午看了栽培杜鹃花的两间温室。他们用枯枝落叶做栽培基质，渗水性好，用沤制的有机肥浇灌，叶片肥大、黑绿、发亮，枝条壮实，花苞硕大，花朵大而艳丽，师傅们啧啧称奇，把大家惊呆了！但名称与我们大不相同，不得不记录以备回去校对。都是师傅行家，一看就明白，他们是怎么栽培的，我们的为什么长不好，什么品种我们没有。什么品种就是我们无锡叫什么的品种，师傅弄得最清，暗暗记下，走时没有的要带回去。

3月22日，上午领我们去元宝山看四幢杜鹃生产温室，下午在锦江山继续看杜鹃，并挑了36盆委托他们29日托运无锡。丹东何沛然师傅一口答应。他多次来锡引种杜鹃，是老朋友了，这次接待我们也很热情。

因市政府招待所卫生条件太差，"文革"中无政府主义泛滥，如临浩劫，厕所无法踏进，臭气熏天，大家摇头，难以忍受。关于杜鹃情况已全部了解，品种也引好托运了。大家认为没有必要再停留，商量马上离开，争取去别地看看，匆匆"逃离"脏乱不堪的市府招待所。

因汽车票未买到，决定不再住招待所，辛苦一点连夜赶路，有6：04开出的412次车去沈阳，立即购票上车到沈阳。沈阳是个内陆工业城市，重工业发达，环境并不好，只有去大连的火车，不出站就转乘176次快车去大连，大连才是我们的目的地。

3月23日，早晨7：30到达大连，一路问询去劳动公园。大连园林处就在劳动公园里面。比我低一两级的张天立就在园林处工作。在校时见过，有印象，是个亭亭玉立的姑娘。见了面很客气，她与爱人一个单位，是搞城建规划的。办公室安排我们住云山宾馆。上午让我们到市中心转转。我们走到斯大林广场，非常开阔，敞朗。中心一块圆形硬地，7、8条马路向四周辐射，中心是一座高耸喷泉，外面辐射状绿地铺着碧绿的草地，显示着几何规则，现代人工的美。草地上点缀常绿灌木，师傅们认出就是我们做盆景的紫杉。旅顺曾是苏联开辟的军港，驻过一段时间，解放后是否都已归还，我也不清楚。但城市带有洋气，建筑也很有些外国风味。连城市里的姑娘们也穿着有风度。师傅们逛了商店，有人托他们买药材、衣服之类，说好中午在宾馆汇集。

下午开来一辆吉普，像是部队里借来的，开着去老虎滩公园及棒棰岛观赏海滨风景，岛并不美，房子也很一般，不如我们三山有情致，只因毛主席在那里休养住过，出了名。回来又去动物园看看，大家兴致不大，太累了，急于休息。

3月24日 上午去花圃，因为来的都是花师傅，怎能不看看花圃。下午驱车去旅顺港，据说还是苏军的，对外不开放，转一转就回来，驱车100公里，满足大家愿望。

3.25 上午自由安排，我们去星海公园。下午休息。我没有购物任务，就近随便走走。晚上坐船去烟台，船上过夜，又节省时间，买的票是四等舱，为节省开支。吉普又来，将我们送到海轮码头。晚8点离开星火闪烁的大连。

3月26日，夜里坐海轮，平稳舒适，瞌睡聊天一晚上。晨4点就到烟台，经济实惠。大家在码头上候车室消磨时间至8点坐上火车去青岛，到站已是下午2∶30。烟台、青岛盛产苹果，红润新鲜漂亮。问价钱0.24元/一斤，太便宜了！师傅们竞相购买，比谁买得便宜，各带了许多，把小包装满，送人或现吃都很受欢迎。

到青岛站时，就听到广播中呼叫无锡园林处的同志们，青岛园林处有人在门口接。师傅们听到都喜笑颜开，心里热乎乎的。来的王主任派了部吉普接我们去中山公园招待所住宿，安顿好，大家各自去海边玩，我独自走到"八大关"，东看西看忘了吃晚饭。有点饿了，就买了半斤点心，和着酱菜吃完。海边正在涨潮，阴雾绵绵，略感寒意，踱回招待所。

3月27日青岛园林处孙书记、王主任特来看望大家，对无锡园林客人非常尊重和礼貌，后有郭技术员（女）陪同参观花房，我们注意的是杜鹃花，一看，不过千盆上下，品种不很多，但花大，叶肥嫩，养管很好。下午自己去鲁迅公园，迷雾重重，间有小雨。正值退潮，滩石露裸，很煞风景。

3月28日上午9∶45 坐上去兰州的火车离开青岛，我们准备到济南后转车，估计明日十点可到家。长途奔波，时间紧促，吃睡不好，精疲力竭，他们都说我瘦了不少。到济南17∶30，没有去无锡的车，在车站呆等十小时，至凌晨四时才离开济南，3月29日下午6时才回到无锡。

丹东之行，对我的触动是：栽培杜鹃的历史无锡很突出，栽培杜鹃品种最多，名称最可靠。回去后要好好了解这些优势并发扬光大。其次，要为无锡的花工师傅写一个经验总结。后我与强鸿良合写了一份初稿，1984年终于由林业出版社出版发行，名"杜鹃花"，这是一册不足8万字

的科普小册子，了却我一件心事。可惜我未能见到引种杜鹃的无锡首位前辈沈渊如先生及其爱子沈荫椿先生，他们历史性、开创性的贡献是无锡栽培杜鹃花不可磨灭的奠基人。

这次丹东之行，马不停蹄，睡不好，吃马虎，杜鹃花则看个够。丹乐、青岛杜鹃栽培都不差，我们惯用兰花泥栽杜鹃，似乎有些问题，要研究改进了。师傅们这次出门半月，见了世面，长了见识，人很辛苦，但很开心，特别是受到各地园林同行热情接待，回想起来都引以为乐。

1978年4月7日，我简要写了一份情况汇报，这份35年前的书面汇报可作历史的见证。特附于下：

丹东杜鹃栽培情况汇报
在处党委重视与关心下，1978年3月16日，由园艺科、锡惠公园、鼋头渚、百花园共五人，赴辽宁丹东市参观学习杜鹃栽培，通过参观学习，使我们扩大了眼界，受到了启发，学到了经验，同时，核对了丹东的名称，引进了新品种。总之，收获很大，现将情况作简要的汇报。

1. 杜鹃栽培情况
丹东在辽宁省黄海之滨，隔鸭绿江与朝鲜相对，人口约30万。丹东园林所属市建委城建处领导，有一个公园（锦江山公园），一个苗圃，一个绿化队，职工150人，公园花卉班共14人专事杜鹃花繁殖栽培。花房共有8幢，100多间，都为半地下室，95%为杜鹃，分处两地，锦江山公园4幢，主要是品种，展出、门市；元宝山四幢，主要是繁殖生产。另人地窖一座，供冬夏鹃及少量松柏越冬。

丹东栽培杜鹃已有四五十年历史，解放前，都由日本商人贩卖，冬夏鹃居多，西鹃很少；解放后，他们通过引种，并在原有基础上进行了育种工作，品种数量不断增加，现绝大部分为西鹃，冬夏鹃已很少繁殖，当地人民喜

爱杜鹃，市内约有10%～15%的住户有杜鹃，多的有几百盆，近年来园林所十分重视杜鹃繁殖，1975年扦插2万株，1976年有3万株，1977年有4万株，1978年计划5万株。丹东杜鹃参加广交会，每年约有40～60个城市前来引种采购，在国内颇负盛名。

2. 丹东杜鹃的特点

丹东杜鹃的特点是植株矮壮，花大色艳，品种丰富。

① 丹东气候寒冷，一般于十月初进房，五月初出房，在室外生长仅五个月，因此，新梢矮而粗壮，花蕾多而硕大，使整个植株显得健壮丰满。

② 无锡市杜鹃花型最大的不过9厘米左右，丹东杜鹃花朵大的竟达12厘米（晓山），而且开得挺拔有力，颜色特别鲜艳。

③ 丹东杜鹃90%为西鹃，冬夏鹃仅占10%，其中西鹃品种30多种，杂交新品种约十多种。此外，他们从外地引入有福建香杜鹃，朝鲜定春杜鹃和幼黄、绪黄等野生杜鹃，作为育种原始材料。

3. 几点突出经验

丹东经验很丰富，我们因时间短，没能详细总结，以下几点认为比较突出，值得我们学习。

① 培养土　我们培养杜鹃习惯用兰花泥，丹东则用普通山泥加进堆放一年的枯枝腐叶或芦柴草根，这种土透水，通气，性能好，符合杜鹃生长习性，而且比兰花泥更富肥力，制作简单，就地取材，成本节约。

② 肥料　西鹃是一支杂交品系，品种性状的表现与培育管理有密切关系，肥料不足，重瓣会变单瓣，花形、花色都不理想，他们认为每年至少要施肥六次。施肥习惯用饼肥，最好是芝麻饼和香油渣（麻油脚），开花期不施肥。过五月后施第一次，这一次是将饼肥碾粹

成细面，直接洒在盆面上，再盖点土。丹东七月雨季，下雨前将饼肥直接洒在面上就不用盖土，因高温潮湿，几天就发霉，随着浇水，肥料直接下渗，一星期后，就很见效。八至九月均用饼肥加3～4倍水浇灌。

③ 繁殖　主要是扦插。大面积扦插成活率达90%以上。插床是用水泥和木板组成的长方形浅盘，深7～10厘米，盛普通细沙，沙比较软，硬的不用。他们很注意土壤湿度。冬季将插盘埋在沙中，既保水又保温。8～9月后，天气较凉就要放在温室火墙上，这样提高土温，容易生根。一般28天左右就能长根，出根最晚的"四海波"也只需要一个多月。在温室有扦头就可以插，无季节限制，但大量扦插是在雨季前，即6月上旬到七月下旬。雨季扦插的12月就应分盆，6寸盆种5～7株，在温室经过一段时间恢复，并继续长根，到开春就能旺盛生长。12月扦的五月出房时分盆，以后逐年换再分，三年后即可出售。

④ 育种　西鹃一般都为重瓣化，雄蕊大多瓣化，雌蕊完整，故通过授粉可以结果，收到种子。丹东每年进行各种组合的杂交，果实于12月成熟，采后即播种，约一个月出土，到三月份应移植。直生苗三年就能开花，杂种后代性状分离现象显著，需连续选优。三五年性状不变者就算稳定，即为一个新品种。同时，芽条变异也是获得新品种的一个途径，发现就做记号，分离繁殖。

4. 品种命名

丹东园林所1965年曾编印《杜鹃花名录》一册，将西鹃、冬鹃、毛鹃混在一起，以花色作为第一分类标准。十多年来，基本上沿用旧名，丹东杜鹃原由日本引入，名称都为日文译名，加上花商标新立异，任意取名，造成了名称混乱。这次，我们根据花叶进行了核对，将同物异名列表对照，以便查考并为今后科学分类打好基础。

丹东名称	无锡名称	丹东名称	无锡名称
1. 紫凤朝阳	华春	16. 观赏	玉才锦
2. 富贵集	晓山	17. 紫式	紫式部
3. 玉女	横笛	18. 南极	国华锦
4. 凤鸣锦	凤鸣锦	19. 极光	晓山锦
5. 白牡丹	月华	20. 五宝珠	锦袍 青女
6. 春之友谊	御幸锦（红）		大红锦袍
7. 春雨	御幸锦（粉红）	21. 天惠	天惠
8. 白凤	御幸锦（白有紫红条）	22. 印度锦	国画锦
9. 四海波	天女舞	23. 紫金冠	寒山红
	秋水波	24. 晓山锦	大花笠
	四海波	25. 寒牡丹	寒牡丹
10. 锦凤	贺之祝	26. 十二乙重	十二乙重
11. 仙女舞	凤辇	27. 火花	火焰
12. 红珊瑚	荒狮子	28. 玉女红	寒山红
13. 皇冠（锦上添花）	皇冠		
14. 玉才锦	观山锦		
15. 寒牡丹	鬼笑		
	红麒麟		

丹东市园林处园林科

1978.4.7

2013.9.27日重录

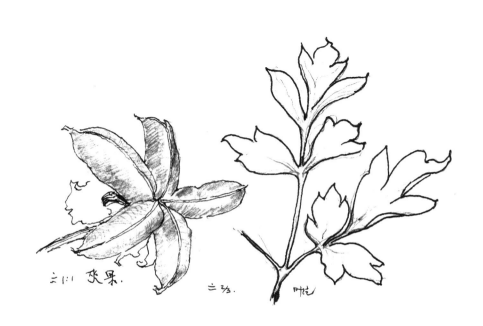

二'1 欢果.　　二⅔.　　叶心

试探杜鹃花栽培品种的分类

一、当务之急

我国丰富的杜鹃花资源，长期处于野生状态，除映山红R.simsii等，以前有少量栽培 作观赏外[1]，近代栽培的品种大都来自日本及欧美的园艺杂交种，多约百种以上，由这些杂种产生的枝变，以及重复杂交所得后代，则数量更多。据近代记载最详的《花经》（黄岳渊著）所述，大叶大花种"约有三十余"，小叶小花种"不下五百种之多"，春鹃"不下七八百种"，西洋鹃"亦有近百之多"[2]，可见我国在30年代栽培品种已相当可观。1937年我国受侵略战争劫难，以及此后的十年动乱，百花备受摧残，幸存杜鹃品种不过百种。然而，杜鹃花的美丽和别的许多长处，终于使人们认识到它在园林绿化建设和美化人民生活中的前途和地位。近年各地发展较快，栽培遍及各省、市，新老品种估计在300～500种之间，随着野生杜鹃的发掘、引种，杂交育种普遍展开，杜鹃栽培品种的增加将出现飞跃。面对这一情况，制订一套切合实际的科学分类方法，已是园艺界当务之急，目的是及早避免类别混乱，称谓不一（同名异物，异物同名），妨碍栽培事业的发展。

二、分类种种

目前，杜鹃栽培品种分类有以下三种：

（1）以花色为主

如1975年丹东市城建局园林所内部编印名录，即以花色为前提，将151个品种分成红花系、紫花系、黄花系、白花系、复色花系及其他共7个系统。这一分类，虽然从花色上有一目了然之感，但仅从观赏一个性状着眼，不顾其他性状，显然不全面，更未能从亲缘和其他观赏特征共性上加以归类，必然导致许多相异类型共存于一个花色系统中。

（2）以花型为主

如青岛有以花型、花色、叶片特征为根据，将品种纳入10个系统：即：紫风朝阳系、芙蓉系（四海波系）、珊瑚系、五宝珠系、王冠系、冷天银系（仙女舞系）、紫士布型（紫霞迎晓型）、锦系、火焰系、其他品系[3]。这也仅是从观赏性状某些方面归纳分类，并未抓住本质异同，如"四海波"由"天（仙）女舞"枝变而来，本属同一系统，这里却分属两个品系。

（3）以花期为主

如《花经》中将先花后叶品种称为春鹃（其中又分大叶大花，小叶小花两种），先叶后花品种称为夏鹃，介于其间的为春夏鹃，另将西欧传

---

[1]《丹徒县志·卷七载》："鹤林寺杜鹃花，康熙志云，花高丈余，相传唐贞元年（785）有外国僧自天台钵盂中以养根来种之。"宋苏轼诗"当时只道鹤林仙，能遣秋光放杜鹃"即指今镇江市南郊鹤林寺中的杜鹃花。《容斋随笔》称："润州鹤林寺杜鹃，乃今映山红，又名红踯躅，在江东弥山遍野，殆与榛莽相似。"另白居易诗"忠州州里今日花，庐山山头去年树"，指819年从庐山挖掘栽于忠州的杜鹃花。说明1100多年前确已有人移种山野的映山红了。又《慧山记续编》："双塔寺杜鹃花一大本，围以石栏，高透屋檐，花开数万如丹山"。足见无锡在1868年前也已有种植。
[2] 见1949年4月，新纪元出版社出版的黄岳渊著《花经》一书。
[3] 见1985.4《山东园林》青岛市园林局郭用勤、东海《青岛的西鹃》一文。

入一类单列为西洋鹃。这一分类目前最为通行，沈渊如、沈荫椿所著《杜鹃花》一书也基本延用此法[④]。但我国幅员广阔，南北气候差异甚大，再加各地栽培条件、方法亦不尽相同，开花先后不定，以花期为主的称谓就变得不够确切。至于将野生原种与栽培品种混同一起纳入春鹃、夏鹃这种以花期划分的系列中，更属不当（这里讨论的分类，对象，只限于园艺品种这一范畴）。

此外，丹东等地还有以该品种流行时期，分出"老八种""新八种""特八种"三类，更属地方性俗称，与正统分类无关。

图1 西鹃"凤辇"

三、分类层次

对我国目前栽培数百园艺品种的进行分类，笔者认为应根据来源、亲缘、习性、观赏特征等先分出类别，每一类别再根据一些性状，分出组、群（或称品系），每一组、群再按相异特征鉴别每个品种。这样按层次分类，才能理清目前已相当混乱的园艺品种。今后，出现新品种，即可按这一分类层次对号入座，笔者通过多年观察、比较，认为将现有品种分为西鹃、东鹃、毛鹃、夏鹃四类，是比较科学合理的。这四类是：

1. 西鹃

即西洋鹃Western Azaleas。特点是花朵大、重瓣、色彩变化多，观赏价值高，通常作为栽培重点(图1)。但习性最娇嫩，既不耐零下低温，又畏炎夏烈日，冬要入室防冻，夏要遮荫降温，故只宜盆栽。因最早在西欧的荷兰、比利时育成，传入我国（1892年传入日本，称洋种踯躅，后称西洋杜鹃），称为西洋鹃，已普遍公认。其主要亲本，是R. simsii、R. indicum、R. mucronatum和R. pulchrum等。

图2 东鹃"满园春"

2. 东鹃

即东洋鹃Eastern Azaleas．即所谓春鹃小叶小花种。特点是花型最小，口径都在6公分以下，单瓣或套瓣（花萼瓣化形成外套），叶薄而色淡，习性粗放，抗性胜过西鹃，在长江以南可以地栽过冬（图2）。因原产日本（美国、英国皆自日本引入），故称东鹃更贴切。其品种主要是R. obtusum及其变种和杂种，日本称雾岛杜鹃，久留米杜鹃(Kurume Azalea)、石岩、ツツジ等均指此类。

④ 1985年9月中国建筑工业出版社沈渊如、沈荫椿著《杜鹃花》。

图3 毛鹃"玉蝴蝶"

3. 毛鹃

Hairy Azaleas，所谓春鹃大叶大花种即指此类。其体型最高大，可达2米以上，发枝粗壮，叶大而狭长，幼枝和叶片都披有浅棕色糙毛，摸之粗毛之感明显。抗性最强，耐寒又耐热，适宜露地种植，无蔽荫也能生长良好，是长江以南优良的园林绿化树种，在繁殖西鹃时亦常以此类作为砧木（图3）。其主要品种是R. pulchrum和R.mucronatu m及其变种、杂种。

4. 夏鹃

Summer Azaleas，日本称サツキ、皋月，特点是花期最晚，在6月前后开放，最晚可至7、8月，枝常细叶小，树冠紧密，有良好形状，可加工成优美的树桩盆景，花朵也十分丰富美丽。抗

图4 夏鹃"周边粉红"

性强健，可作为地被植物种植庭院（图4）。其主要亲本为R.indicum及其众多杂交种。夏鹃之称最确切地反映其花期晚的特征。

这样，众多园艺品种通过第一个层次，分离成四大类，检索表如下：

（一）自然花期在4-5月。

（二）叶小而薄、色淡绿，枝条纤细，多横枝，花小型，口径在6公分以下，喇叭状，单瓣或套瓣（外套由花萼瓣化而成）东鹃类Eastern Azasleas。

（二）叶大而厚实，色深绿，枝条粗壮，花大型，口径大都在6公分以上，单瓣、半重瓣或重瓣。

（三）树体高大可达2米以上，发枝粗长，叶长椭圆状，多毛，花单瓣，少有重瓣，单色，少有复色毛鹃类Hairy Azaleas。

（三）树体低矮，高约1米左右，发枝粗短，枝叶稠密，叶片毛少，花型花色多变，多数重瓣，少有半重瓣，栽培不良亦会出现单瓣西鹃类Western Azaleas。

（一）自然花期在6月前后。

叶小而薄，分枝细密，冠形丰满，花中至大型，口径在6公分以上，单瓣或重瓣夏鹃类Summer Azaleas

四、第二层次

四个大类分开后，还需通过第二层次的分离，即根据最鲜明的特征分出组，群。但同类中什么是最鲜明的特征？是花型、花色，还是别的？笔者认为以叶片分组最为合适，至少洒鹃是如此，理由如下：

① 杜鹃的花型不像菊花那样典型多样。

② 花色不能区别不同形态、习性的品种。

③ 无花时（一年10个月以上）就束手无策。

唯有叶片反映出生态习性方面的共同性，且四季存在，随时可作区分组、群的依据。叶片特

征主要是指叶的形状、大小、厚薄和表面的光毛质感，就西鹃而言可分为光叶、尖叶、扭叶、狭叶、阔叶5个组、群（图5）。

光叶：叶面糙毛细短或稀少，叶绿，光、亮，有显色。品种有"王冠""富贵集""锦旗""秋津州""派守旨"等。

尖叶：叶端和叶基均呈长尖状，叶形近于棱形（或纺锤形）。品种有"天女舞""四海波""秋水波""贺之祝""锦之司"等。

扭叶：叶片扭曲、起翘（不平整挺直）。品种有"十二乙重""国华锦""玉垂锦""华春""春雨锦"等。

狭叶：叶片狭长（长宽比在3:1以上），呈柳叶状，端尖或圆，品种有"火焰""寒山红""月华""春燕""白凤""寒牡丹"等。

阔叶：叶片宽大呈卵形或长卵形，端急尖或圆钝，品种有"观山锦""鬼笑""锦袍""天蕙""晓山""横笛""紫式部""御幸锦"等。

第二层次检索表如下：

（一）叶片嫩绿少毛，光亮有显色　光叶（瓣）

（一）叶片深绿多毛，粗糙无光泽

（二）叶片扭曲

（三）叶片中阔，先端及基部长尖呈棱形　尖叶（瓣）

（三）叶片狭长，先端及基部短尖，呈长椭圆　扭叶（瓣）

（二）叶片不扭曲

（四）叶片狭长……　　　长叶（瓣）

（四）叶片短阔……　　　阔叶（瓣）

五、第三层次

经过两个层次分离，范围已缩小许多，基本上已将同类型归纳在一起，至此，即可选取下列更具体的特征，直接鉴别品种：

枝叶方面

1. 新梢枝梗有绿色、淡红色、深红色之分。

2. 叶片（以老叶为准）中脉尖端有白点、粉点、红点之别。

3. 叶形有长、圆、阔、狭；叶面有平、凸、光、粗等区别。

花朵方面

1. 花冠口径分为大型8厘米以上，中型6～8厘米，小型6厘米以下，西鹃、毛鹃、夏鹃均可以此划分。东鹃花小，大型为5厘米以上，中型为3～5厘米，小型为3厘米以下。

2. 花瓣形状有狭长、圆阔、平直、后翻、波浪、飞舞、皱边、卷边等区别，质地还有厚薄之分。日本称为"采"的一类，如"金采""珊瑚采"等花瓣深裂至基部，呈离瓣花状，是为狭长花瓣中十分特殊的一类（图6）。

3. 花型，可粗分为单瓣、半重瓣、重瓣、套瓣四种（图7）。

单瓣：花冠一轮，五瓣或四瓣，花萼及雌雄

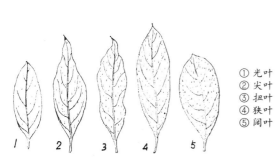

① 光叶
② 尖叶
③ 扭叶
④ 狭叶
⑤ 阔叶

图5　西鹃的5种叶型

①狭长　②圆阔　③平直　④深裂（基部收拢）
⑤卷边　⑥后翻　⑦波浪　⑧飞舞　⑨皱边

图6　西鹃花瓣形状

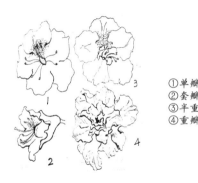

图7 杜鹃花型

①单瓣
②套瓣
③半重瓣
④重瓣

①白飞 ②镶边 ③点红 ④亮斑
⑤洒锦 ⑥喷沙 ⑦喉部色点

图8 花瓣的色彩

蕊均完好。

半重瓣：花冠一轮，个别雄蕊演化成小花瓣，数量不多，花萼和雌蕊完好。

重瓣：除外轮花冠外，雄蕊大部分瓣化，有的在花心形成许多碎瓣，有的花瓣较大近似于外轮，甚至雌蕊也发生瓣化，但花萼仍完好。

套瓣：花萼缺如，完全瓣化成外轮衣冠，并与原花冠交叉叠合，形成二套，称为双套、套筒。但雌雄蕊完好。此为东鹃的重要特征。

4. 花色，主要是指花瓣的颜色，但喉部色点也是重要特征，可分为下列7种：

单色：花瓣基本上属于一种颜色。

飞白：花瓣双色，大部由一种较深的色彩覆盖，仅在花瓣边缘留有向外放射状的浅淡底色，日本称此为覆轮。

镶边：花瓣边缘被另一种较深的颜色覆盖，镶边有宽、狭、规则、不规则之分。

点红：在每一花瓣端部，有一块较深的色彩，其边缘模糊。日本称为"爪红"。

亮斑：花瓣深色，但在花瓣中部有一块边缘模期、色彩很淡的亮斑、若亮斑遍及花心即　为镶边。日本称为"底白"。

喷沙：花瓣上有深色而细微的点或短线，属于"锦"的一种。

洒锦：花瓣上洒有长短、宽狭不等的深色点线和条块，日本称此为"绞"。深色部分有遍及半个花朵的，日本称为"半染"。喉部色点清晰

者称点，连片而难分者称"晕"（图8）。

根据上述各项性状区别，以西鹃中的光叶（瓣）为例，作检索表如下：

（1）叶片宽大厚实、色较深

（2）新梢梗红，叶尖点白色

（3）大花重瓣白色有少量紫红条点，喉点绿色……………………………富贵集

（3）大花重瓣朱红色………………红富贵集

（2）新梢梗红，叶尖点红色

大花重瓣飞白肉红色，有少量暗红条………………………………………锦旗

（1）叶片略狭长，略薄色淡

（4）新梢梗绿，叶尖点白

（5）花白色，带鲜红条块，喉点绿色………………………………………秋津洲

（5）大花重瓣花粉玉色，镶血牙红边，宽狭不等，喉点绿………………王冠

花朵全红，仅瓣中留有白痕，背部犹明显………………………………红王冠

（4）新梢梗微红，叶尖点粉红色

大花重瓣淡粉色略带紫喉点紫红色　派守旨

品种名称，作者主张尊重原称，早先园艺品称大多从日本引入，即用日本花店和样本名录上的名字为宜，无锡从二十年代引入，大多有原始记录可查，数十年来名称不乱。以后由枝变或杂交育成的新品种，则完全可以由培育者自己或当地有关机构命名。

按照上述分类和命名原则，通过全国几个主要栽培地的调查、整理、编目，便可汇总出当前

国内杜鹃花栽培品种图谱，完成这一图谱将为我国杜鹃栽培事业做了一件有益的工作。

上述分类意见，因受时间、精力、水平的限制，自觉十分粗浅，迫于形势，权作引玉之砖，切望专家、学者们予以批评指正。所列检索表若是切实可用，则将继续努力，制定其他三类的品种检索表，为杜鹃栽培事业作出微薄的贡献。

1986年4月初稿，1987年6月修改稿

附：杜鹃栽培品种分类检索

一、自然花期在4～5月

　　二、叶小而薄，色淡绿，枝条纤细，多横枝，花小型，口径在6厘米以下，喇叭，单瓣或套瓣（外套由花萼瓣化而成）………………………………………（1）东鹃类Eastern Azaleas

　　二、叶大而厚实，色深绿，枝条粗壮，花大型，口径大都在6厘米以上，单瓣、半重瓣或重瓣

　　　三、树体高大可达2米以上，分枝粗长，叶长椭圆状，多毛，花单瓣，少有重瓣，单色，少有复色………………………………………………………………（2）毛鹃类Hairy Azaleas

　　　三、树体低矮，高约1米左右，发枝粗短，枝叶稠密，叶片毛少，花型花色多变，多数重瓣，少有半重瓣，栽培不良亦会出现单瓣………………………（3）西鹃类Western Azaleas

一、自然花期在6月前后

　　叶小而薄，分枝细密，冠形丰满，花中到大型，口径在6公分以上，单瓣或重瓣

………………………………………………………………………………（4）夏鹃类Summer Azaleas

西鹃（类）品种检索表

（一）叶片嫩绿步毛，光亮有显色………………………………………（1）光叶(瓣)

（一）叶片深绿毛多，粗糙无光泽

　　（二）叶片扭曲

　　　（三）叶片中阔，先端及基部长尖呈棱形…………………………（2）尖叶（瓣）

　　　（三）叶片狭长，先端及基部短尖呈长椭圆形……………………（3）扭叶（瓣）

　　（二）叶片不扭曲

　　　（四）叶片狭长……………………………………………………（4）长叶（瓣）

　　　（四）叶片短阔………………………………………………………（5）阔叶（瓣）

一、叶光

1. 叶片宽大厚实、色较深

　2. 新梢梗红，叶尖点白色

　　3. 大花重瓣白色有少量紫红条点，喉点绿色………………………（1）富贵集

　　3. 大花重瓣朱红色………………………………………………………（2）红富贵集

　2. 新梢梗红，叶尖点红色

　　大花重瓣飞白肉红色，有少量暗红条…………………………………（3）锦旗

1. 叶片略狭长，略薄色淡

4. 新梢梗绿，叶尖点白

    5. 花白色，带鲜红条块，喉点绿色 ·· （4）秋津洲

    5. 大花重瓣花粉玉色，镶血牙红边，宽狭不等，喉点绿 ·················· （5）王冠

      大花重瓣花朵全红，仅瓣中留有白痕，背部犹明显 ······················ （6）红王冠

 4. 新梢梗微红，叶尖点粉红色

  大花重瓣淡粉色略带紫，喉点紫红色 ··· （7）派守旨

二、尖叶

1. 叶片扭旋花瓣边缘皱曲

 2. 新梢梗淡红色

  3. 大花重瓣边皱曲，粉红色有暗红条点，边飞白带黄色有淡黄色细点喉点深红，密

·· （8）天女舞

 3. 花单色深玫瑰 ·· （9）红天女舞

 2. 新梢梗深绿色

  4. 大花重辧边皱曲，白绿色带少量红点线，喉点黄绿色 ·················· （10）四海波

  4. 大花、重瓣、边皱曲、淡粉色有少量紫红条点，边飞白、喉点紫红色

·· （11）秋水波

1. 叶片平伸或扭旋不显著，花瓣边缘不皱曲

   5. 新梢梗淡红

    大花、重瓣、波浪、飞白、粉红色，喉点紫红色 ·················· （12）贺之祝

   5. 新梢梗淡绿

    大花、重瓣，软而后翻

    花白色，有少量紫红点线，喉点黄绿 ······································ （13）锦之司

    花单色淡玫瑰红 ··· （14）红锦之司

    花淡粉色，有少量紫红条点，喉点紫红 ·························· （15）粉锦之司

    花单色纯白，喉部有黄晕 ·· （16）白锦之司

三、扭叶

1. 每张叶片卷翘扭曲

 大花、重瓣、单色、深玫瑰红，喉点色深 ······································ （17）十二乙重

1. 仅有部分叶片卷翘扭曲

 2. 叶片略宽、端圆

  3. 新梢梗绿色，叶尖点白色

   大花，单瓣少有半重瓣，白色，有少量紫红点线，喉部绿晕 ················· （18）国华锦

  3. 新梢梗略红，叶尖点红色

   小花，重瓣，白色有紫红条点 ··· （19）春雨锦

 2. 叶片狭小，平伸，叶端上翘，新梢梗红

   4. 叶片较薄，端长尖，多毛

大花，半重瓣，单色玫瑰红 ···（20）华春

  4. 叶片较薄、狭小、端圆

    5. 叶尖点白色

      大花、重瓣，白色，有极少细红点线 ····························（21）白玉垂锦

    5. 叶尖点红色

      大花，重瓣，飞白，淡粉色 ······································（22）玉垂锦

      大花，重瓣，玫瑰红 ··（23）乙女

四、长叶

1. 叶片小型

  2. 开端圆钝

    3. 新梢梗深红色

      大花，半重瓣，花瓣波曲后翻，单色，火红，喉点深红色 ·············（24）火焰

    3. 新梢梗淡红色

      大花重瓣单色桃红 ···（25）青岛寒牡丹

  2. 叶端尖

    4. 厚实

      5. 新梢梗红，叶片略毛

        大花半重瓣，深裂，瓣基狭小，单色玫瑰红，喉点深红 ·········（26）寨山红

      5. 新梢梗略带红晕，上下叶片大小悬殊，略光，中花，重瓣，波曲飞白，肉红色，有暗
红条块，喉点深 ···（27）凤鸣锦

    4. 叶较薄

      6. 新梢梗绿色

        花小型，重瓣，瓣圆，单色，纯白，喉部黄晕 ·················（28）月华

      6. 新梢梗红色或淡红色

        7. 中花重瓣

          8. 瓣长圆挺直，单色，深玫瑰红 ·····························（29）寒牡丹

          8. 花瓣边缘皱曲，基部收拢，单色，桔红，喉部紫红晕 ·········（30）荒狮子

1. 叶片大型，近似于毛鹃叶片

        9. 新梢梗红色

          10. 大花

            11. 半重瓣，单色，暗红，喉点深 ······················（31）黑凤

            11. 重瓣

              12. 玉红色外淡内深，喉点黄绿不显著 ···············（32）绫衣

              12. 花瓣大波桃红，单色桃红，喉点色淡 ···············（33）美乐丰

          10. 中花单瓣，单色，玫瑰红，喉点紫红 ·················（34）春燕

        9. 新梢梗绿或淡红色

13. 叶簿，叶端尖上翘中花，重瓣，飞白，暗红色，喉点深色

....（35）元禄锦

13. 叶端不上翘中花，半重瓣，花瓣软、薄，单色纯白，喉部淡黄晕

....（36）白凤

五、阔叶

1. 叶面凸起，略光，叶端圆

  2. 新梢梗绿色，大花重瓣

    3. 飞白、玉红色，带少量暗红条块，喉点深 ....（37）观山锦

    3. 白色带少量，红点线 ....（38）白观山锦

  2. 新梢梗红色或红绿均有

    4. 叶片略狭长

      大花，重瓣，略波浪，单色玫瑰红，喉点深色 ....（39）鬼笑

    4. 叶片略宽

      5. 叶面粗，新梢梗红色

        大花，半重瓣，挺直单色深红，喉点暗红 ....（40）横笛

      5. 叶面光新梢梗红绿均有大花，半重瓣，薄，软，白色带少量细红点、线、喉点淡黄晕

....（41）白御幸锦

        白色带少量红条块 ....（42）御幸锦

        飞白淡紫红喉点紫红 ....（43）粉御幸锦

        单色淡玫瑰红 ....（44）红御幸锦

      叶面不凸起，多毛

    6. 新梢梗红色

      7. 花大型

        8. 半重瓣

          瓣挺直，暗红色，喉点紫红，清晰，心瓣少而小 ....（45）大花笠

        8. 重瓣

          9. 心瓣碎小密色

            花粉红，有少量红条点，边飞白 ....（46）凤辇

          9. 心瓣略大而稀松

            粉红色，有少量暗红条块，边飞白 ....（47）龙田锦

            淡粉色，边飞白，无红条、点 ....（48）锦凤

      7. 花中型，重瓣

        单色，玫瑰红 ....（49）红麒麟

    6. 新梢绿色

      10. 大花，半重瓣

11. 花单色，洋红，略暗，喉点模糊……………………………（50）红晓山

11. 花洒锦，肉红色，洒暗红点、线或块……………………（51）晓山锦

10. 大花，重瓣

12. 心部花瓣大，近似外轮花瓣

13. 花瓣皱折，柔软外翻，白色，喉部黄晕………………（52）天蕙

13. 花瓣挺，大波浪形或卷边

14. 花藕合色，边波浪形 …………………………………（53）晓山

14. 花粉紫色，边略卷 ……………………………………（54）紫式部

12. 心部花瓣碎小而密集

15. 花单色

16. 纯白色，喉点绿色 …………………………………（55）青女

16. 深桃红色 ……………………………………………（56）红锦袍

15. 花洒锦

17. 花白色，有红条、点或块 ………………………（57）锦袍

17. 花白色，有细红点或短线 ………………………（58）濂

319

高山杜鹃花引种小结

我国是世界上杜鹃花资源最丰富的国家，但目前在园林中种植太少，日常所见，几乎全是近百年内人工培育的园艺品种，大多属于映山红一类，被称为AZALEA。1987年春，中国首届杜鹃花展览在无锡举办，各地带来了50余个野生种，向人们揭示了我国杜鹃花宝库的小小一角。它们的奇特形态、枝干、叶片、花朵、香味，与传统品种差异甚大，引起大家的兴趣。同时也产生疑虑：这些外来种能否在无锡安居、健康成长？一年来，负责养护管理的锡惠公园，作了一定努力，仔细观察、记录，有成绩也有教训。为了向各地通报情况，便于大家尽快探明杜鹃花引种的成功之道，如实作一简要小结，为今后杜鹃花引种提供借鉴。

一、展览结束后留下杜鹃花名录

种　名	学　名	类　型	来　源
1. 无腺杜鹃	R. Hamsleyanum-wils. Var Cheagianum Fang.	无鳞亚属（以下简称"无"）	南岳、井冈山
2. 猴头杜鹃	R. Simiaram Hance	"无"	南岳
3. 广西杜鹃	R. Kwangsiense Ha	映山红亚属（以下简称"映"）	南岳
4. 马银花	R. Ovatum Pl.	马银花亚属（以下简称"马"）	南岳、嵊县
5. 刺毛杜鹃	R. ChamPionae Hook.	"马"	南岳
6. 鹿角杜鹃	R. Latoucheae Fr.	"马"	南岳
7. 紫兰花杜鹃	R. Wilsone Hemslet	"无"	南岳
8. 岭南杜鹃	R. mariae Hance	"映"	井冈山
9. 江西杜鹃	R. kiangsiense Fang	"无"	井冈山、庐山
10. 大树杜鹃	R. Var.gigenteum (Tagg) Chamb.	"无"	井冈山
11. 百合花杜鹃	R. liliflorum Levl.	有鳞亚属（以下简称"有"）	井冈山
12. 亮鳞杜鹃	R. heliolePis Fr.	"有"	井冈山、庐山
13. 云南杜鹃	R. yunnanense Fr.	"有"	昆明植物所
14. 基毛杜鹃	R. rigidum Fr.	"有"	昆明植物所
15. 腋花杜鹃	R. racemoswm Fr.	"有"	昆明植物所

种 名	学 名	类 型	来 源
16. 粗柄杜鹃	R. PachyRodam Balf. f.etw w.smith	"有"	昆植、大理
17. 马樱杜鹃	R. delauyi fr. Balf.f. & w.w.sm	"无"	昆植、大理、井冈山
18. 纤毛杜鹃	R. ciliipes hutch.		昆植
19. 大喇叭杜鹃	R. excellens Hemsl & wills.	"有"	昆植
20. 油叶杜鹃	R. Olei foliam Fr.	"有"	昆植
21. 凸尖杜鹃	R. sinogrande Balf. f.& w.w.Sm.	"无"	大理、维西
22. 绵毛杜鹃	R. floccigerum Fr.	"无"	维西
23. 优秀杜鹃	R. sp.	"无"	维西
24. 大白杜鹃	R. decoratum. Fr.	"无"	大理、昆明园林所
25. 露珠杜鹃	R. irriratum Fr.	"无"	昆明园林所
26. 厚叶杜鹃	R. crassum Fr.	"有"	大理
27. 似血杜鹃	R. haematodes Fr.	"无"	大理
28. 棕背杜鹃	R. fictolactum Balf.f.	"无"	大理
29. 和蔼杜鹃	R. gacundum Balf.f.	"无"	大理
30. 兰果杜鹃	R. cyanocarpum. (Fr) w.w.Sm.	"无"	大理
31. 腺萼杜鹃	R. balfourianum Liels.	"无"	大理
32. 乳黄杜鹃	R. Lacteum fr.	"无"	大理
33. 密枝杜鹃	R. fashigiatum. Fr.	"有"	大理
34. 泡泡叶杜鹃	R. edgeworthii Hook.	"有"	大理
35. 大板山杜鹃	R. daibanshamense Fang. et sxasang.	"有"	西宁
36. 百里香杜鹃	R. thymifoLium Maxim.	"有"	西宁
37. 陇蜀(青海)杜鹃	R. Prgewalskii Max	"有"	西宁
38. 头花杜鹃	R. Capitatum. Maxim.	"有"	西宁
39. 烈香杜鹃	R. anthopogonoides Maxim.	"有"	西宁
40. 背绒杜鹃	R. hypoblematosum Tam.	"映"	庐山
41. 变色杜鹃	R. versicolor Chum. Et Fang.	"无"	庐山
42. 腺萼马银花	R. bachii Levl.	"马"	庐山
43. 南岭杜鹃	R. levinei Merr.	"有"	庐山
44. 溪岩杜鹃	R. ripaecola Tam.	"有"	庐山
45. 安徽杜鹃	R. anhwaiense Wils.	"无"	黄山

种　名	学　名	类　型	来　源
46. 黄杯杜鹃	*R. wardii W.W.Sm.*	"无"	维西
47. 美丽杜鹃	*R. colophytun Fr.*	"无"	贵州植物园
48. 云锦杜鹃	*R. fortunei Lindley.*	"无"	南岳、庐山
49. 映山红	*R. Simsii Planch.*	"映"	南岳、庐山、井冈山、大理
50. 满山红	*R. mariesii Hamsl et Wils.*	"映"	南岳
51. 羊踯躅	*R. molle G. Don.*	羊踯躅亚属	南岳
52. 迎红杜鹃	*R. mucro nulatum Tar Cz.*	"有"	日本
53. 井冈山杜鹃	*R. Reskei Mig.*	"无"	日本
54. 糠桃杜鹃	*R. metterclisi Siebet Zacc.*	"无"	日本
55.		"无"	日本
56.		"无"	日本
另有落叶杜鹃数种		"映"	河北太行山
约60余种原生种			

二、目前尚存种类及生长情况

种　名	来　源	苗木情况	目前生长状况
1. 凸尖杜鹃	大理	幼苗	长高5厘米，叶片肥大、有力（共3株，死1）
2. 井冈山杜鹃		已开花	新梢高9厘米，长势好，有花苞
3. 江西杜鹃		老根桩	新梢4厘米，长势好，入冬落叶多，有花苞
4. 大喇叭杜鹃		已开花	生长好，新梢4厘米，但未形成花蕾
5. 大白杜鹃		老桩	生长差，新梢2厘米，无花蕾
6. 马缨杜鹃		老桩	生长好，新梢7厘米，但未形成花蕾
7. 云南杜鹃	昆植	实生小苗	生长好，尚无花蕾，叶有干萎状，漏浇水造成
8. 美丽杜鹃		小苗	生长好，新梢5厘米，有的未长
9. 百合花杜鹃		已开花	生长好，老叶已掉，全部新叶，略小，新梢12厘米，但未形成花蕾
10. 露珠杜鹃		老桩	原枝重剪后萌生新枝，生长好，新梢20厘米。顶蕾苞大可能开花。
11. 绵毛杜鹃		小苗	生长好，新梢15厘米，无花蕾
12. 猴头杜鹃		开花大苗	生长好，花后结果甚多，新梢12厘米，但未形成花蕾
13. 糠桃杜鹃		小苗	生长好
14. 粗柄杜鹃		老桩	生长好，有花蕾

种　名	来　源	苗木情况	目前生长状况
15.鹿角杜鹃		老桩	生长好，有花蕾
16.腋花杜鹃		大苗	生长好，有花蕾
17.腺萼马银花	庐山	大苗	生长好，但无明显花蕾
18.无腺杜鹃	南岳	小苗	生长好
19.基毛杜鹃	昆植	苗	生长好
20.变色杜鹃	庐山		生长好，有花蕾
21.紫兰花杜鹃	南岳		生长好，有花蕾
22.南岳杜鹃	南岳	小苗	生长好
23.亮鳞杜鹃	井冈山	大苗	生长好
24.油叶杜鹃	昆植		生长较差
25.刺毛杜鹃	南岳		生长好
26.大树杜鹃	井冈山	小苗	几乎没有长高，叶片仍如原样
27.广西杜鹃	南岳		生长好
28.安徽杜鹃	黄山	开花老株	长势差，有少量枝条枯死
29.马银花	南菁嵊县		生长好，但未见花蕾
30.云锦杜鹃	庐山	老桩	生长一般
31～35日本野生杜鹃5种	日本龟井园艺场小泽资则送展		生长一般
36～42 7种野生杜鹃，名称无法查考			生长良好
落叶杜鹃40余种	太行山等地	野外采掘苗	生长尚好

三、死亡情况及原因分析

为了保护好各地来的野生杜鹃品种，在展出7～10天后，已陆续移至杜鹃园重点养护，但死亡率仍高达52%。死亡大都集中在8～9月间天气大热时期。死亡情况有两类，一类是一开头就处于呆滞状态，5～6月间即逐步掉叶枯萎，如似杜鹃、黄杯杜鹃、陇蜀杜鹃、百里香杜鹃、烈香杜鹃等，另一类在五月份曾先后开花、萌芽、抽生枝条，霉雨季节继续生长，如泡泡叶杜鹃，原来叶片虽逐步掉落，多数老枝逐段枯萎，但仍有2～3枝条萌发新梢，长达10余厘米，似有成活希望，但在大伏天，很快自上而下萎蔫，无能挽救。从植株本身情况看，老桩死亡多，小苗生命力强，未驯化过的死亡多，初步驯养的成活好。如江西杜鹃虽属老桩，但已驯化多年，生

长良好，并已形成花苞，开春仍能开花。凸尖杜鹃，大树杜鹃均为幼苗，虽生长很少，但至今活着。露珠杜鹃老桩，经台刹促使重新萌生，生长尚可，可见重剪也是提高野生苗成活率的有效手段。

死亡原因，经脱盆观察，发现根部均已腐烂，有些根本没有长出新根。观察培育场地的环境，为林缘一条狭长沟洼，高差4～5米，南临高墙，北有陡坡，花盆放在水泥搁板上，离地约40厘米，顶上遮一层芦帘，在上有沟排水，气温比周围低1℃～2℃，这样的环境，照例较接近于原生地荫凉湿润环境。分析烂根的主要原因有二：一是植株从山野挖掘后，老根受损严重，未经驯养（有的随挖随上盆，即运来展出），不适应新环境，根系不但不长，反而回缩，以致丧失吸收能力。雨水多的季节，地上部分假活状态，一旦

高温降临，立即失去平衡枯死。相反，在高温季节，除少数几种杜鹃的叶片，有局部灼伤现象外，并未发现有干热致死情况。可见8～9月份大量死亡的现象，其实并非干热引起。因而对野生常绿杜鹃喜欢阴湿环境的认识，不宜过分，绝不是愈阴湿愈好。成活关键取决于新环境下是否产生了新而有活力的根群。当然还需有良好的管理配合。

野生种的病虫危害则并不显著。

四、引种野生杜鹃的几点浅见

① 大多数园林部门不拥有高级研究设备和人才，经费也极为有限。因此，引种宜缩小范围，以近期能取得实效为目的，首先从能适应当地生长条件或能在稍加人工改造的小环境中生长的种类中筛选理想品种，然后再按用途如覆盖地被、填补中、下层植物，丰富盆栽材料，获取花、色、香味等突出观赏性状等为目的，确定主攻对象，避免不加选择或好高骛远，这样可以较快取得成效，丰富当地绿化材料，为园林风景带来新景观。

② 要达到这一目的，广泛引入势在必行，云、贵、川、藏、湘、广、闽、浙，凡能取得种源，均不妨一试。开始必然广种薄收，成功的自然是宝贵经验，但失败的教训也有益处，至少使后人免走弯路。当然，不可忽视已有经验，如低山到高山，由近及远等，尽量减少引种盲目性。江苏可先从马银花、鹿角杜鹃、云锦杜鹃、猴头杜鹃等入手，逐步扩大至浙、皖、两湖、云贵低海拔野生种。目前，云锦杜鹃、马银花、鹿角杜鹃、安徽杜鹃等，虽稀有少量种植，但都只是野生苗的移植，并未达到真正驯化，只有在繁殖、栽培等方面已趋于园艺生产的水平，才算完全成功。

③ 挖取野生苗虽能暂时立竿见影，但成功率低，也十分费力，现在常用播种育苗，数量多，方便，费用省，幼苗可塑性强，又有许多优点，但生长发育周期较长。无锡播种六年的露珠杜鹃，高58厘米，生长良好，却尚未开花。据日本胁坂诚著述，常绿杜鹃可在9月间用当年生枝扦插，1～2月后生根成苗，次年即可移植分栽（无锡曾在6月试插，均失败）。此外，在三月间也可选取砧木，进行嫩枝劈接，在无锡无鳞亚属中的云锦杜鹃，已露地种植8～9年，年年开花结实，若就地收取种子，播出第二代，其适应力将更强，不仅可大量育苗，直接应用，亦可当作砧木，嫁接别的常绿杜鹃。嫁接和扦插均有望提早开花，但这方面工作还做得很少。因而，引种以播种为基本方法，同时，运用多种手段，是早见成效的通道。

④ 杜鹃花的引种工作，各地植物园、所是当然的主力和研究基地，为了使工作成效更快更大，在园内分设若干中心，明确引种重点，分头攻关，很必要，这是科研的正规军。此外，大专院校，园林风景部门，林苗场圃，也具有一定条件，如能组织起来，分担若干引种任务，由产地供应种苗，由植物园、所提供技术资料、情报信息，或自找门路，也能取得一定成果。如井冈山园林所已取得可喜成绩。无论成功的经验，失败的教训，综合起来，通报各地，都有借鉴价值。要动员更多正规军和地方部队参加，有两支队伍的积极性，有更多的人从事具体实践，杜鹃花的引种就会大大加快，我国举世闻名的资源优势也将能早日发挥作用。

1988年1月

（锡惠公园徐鲁湘同志及葛锡平同志为本文提供资料和情况，特此致谢）

无锡杜鹃花引种育种记录

一、1979年5月，无锡园林处黄茂如、秦洪开曾在浙西山区海拔1000米处挖掘一株已有10余花苞的云锦杜鹃，带回无锡盆栽，获得成功。1982年春，又从该地购进60株野生大苗，栽植于杜鹃园落叶乔木林下，并未精细管理，却生长良好，年年开花结子（略有大小年纪录）。至今已6年有余。云锦杜鹃体型丰满，叶片宽厚光滑，花朵由粉红至白，聚成球形，且有余香，是极好的观赏植物。从海拔1000米下降至10余米仍能正常生长发育，足见其适应能力之强，若以其种子再繁殖自己后代，则抗逆性一定更强。目前园林部门正在考虑就地播种育苗，大量培植幼苗，供绿化之用。一旦成功，将为园林风景区增加新景观。

二、坚持每年进行杂交，就会不断涌现新品种。无锡著名的杜鹃花爱好者庄衍生、庄君父子俩，经几十年努力，已育成一大批新品种，仅举三例：

① 洛神　西鹃，1977年前杂交，母本天蕙，父本四海波。其花比四海波略小，不同的是在白瓣上嵌有红色条点（四海波为紫红条点），色彩对比更为鲜艳。

② 雪浪　西鹃，1981年由天蕙与四海波杂交，花大，洁白无瑕，花瓣波浪皱曲更甚，心部非常饱满，浅淡黄晕，十分秀雅。

③ 紫晶　西鹃，由紫式部与十二乙重杂交，花径8厘米，深紫红色，光亮，两层大花瓣，心部还有小花瓣，厚实有力，花期长，三不落花。

三、锡惠公园吴洪章杂交亦取得成绩，今年见到两个突出的东鹃品种：

① 白套红裙　东鹃，萼片演化成白色短套筒，质厚披银毛，花冠血牙红，伸出套筒2～3厘米，波曲如舞动的裙子，红白分明，格外娇美。系1977年横笛与羊踯躅的杂交种。

② 三叠波　东鹃，红色，花径5～6厘米，萼片与花冠等同，形成双套，中心部分花蕊成为小花瓣，皆波浪起伏，形色、色彩皆很生动，花型也较大，这是冬鹃中较为突出的。

四、鼋头渚公园尤兴生育成两个毛鹃新品种也很有特点：

① 武陵　毛鹃，花径9厘米，重瓣，桃红色，十分鲜艳。叶宽厚，有光泽，树冠紧密。目前重瓣种在毛鹃中较为难得。

② 烛光　毛鹃，花色如红蜡烛，有蜡状光泽，引人注目。叶深绿，挺括，新梢长20厘米以上，长势极旺，无病虫害，可望培育成适应城市环境的毛鹃新品种。此种系西鹃荒狮子与毛鹃杂交而成。

上述优良品种，均得扩大繁殖，推广应用。

自"文革"结束后，锡惠公园的杜鹃展览年年不断，1987年全国大展，形成高潮。今年公园自办展览，规模亦可观，自4月20日至5月20日左右，参观人数可达40万，经济效益显著。观赏杜鹃花的最佳时期，恰好是国际劳动节前后。此时，台上、地下铺满鲜花，气氛之热烈，除菊展可以媲美外，有压倒一切之势。

1988.5.18

写给无锡市领导的两封信

（一）

薛市长：您好！

关于马山植物园，多次想向你直言，虽现时已晚，仍想说说。

1986年末听到在龙头建植物园的消息，疑惑不解，即向土建通讯写了一则建议，未见刊印（至今未刊），心急之下，1987年2月又向报纸投一稿（复印件附上，有些已删去），亦无反响，看来已成定局，积极筹办了。6月，随你去华南考察，疑虑未消。回来参与规划，更觉问题多多。我与刘国昭副局长、尤海良局长、唐述虞（南京植物园工程师）均谈过自己看法，他们颇有同感，但认为领导已定，不容多言，搞出来总是好的。几次论证会，都是客人说话多。我本来缺乏勇气，又不善言辞，终未能畅所欲言。贺所长慷慨陈词，更无商榷余地。半年多来，据说领导们看法不尽一致，又因资金困难，植物园筹建尚处于进退维谷。今年5月在黔参加杜鹃年会，我向朱仲贤（薛市长秘书）同志详述自己意见，并请他见机转告。上月，我局杨海荣（鼋头渚公园技术员）调去植物园工作，最近偶见，他叙及困难，如我所料。我完全可以充耳不闻，但虑及将来的包袱，又觉于心不忍，思量再三，决定给你写这封信，说得不对，多请见谅。

一、在马山龙头建植物园选址不当，很可能失败。不当的理由是：①龙头没有足够的丘陵缓坡来布置、种植植物群落。全园总面积3577亩中，只能作为背景的脊薄山地占3070亩，余下507亩，要除去鱼池水塘51亩，果树地65亩，水稻田341亩，马上可以种树的旱地仅有50亩。已有山岭山村不可能砍伐光树重造，低洼水稻田又要填入多少土方，才能达到起码的种植条件，既劳民伤财，极度勉强，又违背因地制宜的造园原则。②距市区过远。以目前的交通工具，从市区出发，水、陆均要一小时以上（34公里），杭州、上海、华南、中山等植物园（特别是初期）本身吸引力远比不上公园（专业性强），再加路远，游人必然很少。上海市人口如此密集，但去植物园的游人不到100万（1986年90多万，只及动物园的四分之一）。③龙头还有其他不利因素，如植物种类单调贫乏，土层过薄，腹地分散，水都在外围，涨落悬殊不可控制等。

二、无锡没有必要建"经院式"的植物园，理由是：①无锡在植物区系上没有特殊地位。植物资源贫乏。工农业经济发展与此关系甚少，也没有农林大专院校等专业对象。②南京、杭州、上海均有一流规模的植物园，无锡与三市相距不过两三百公里，可以利用其成果，补已不足。③华南、中山属科学院系统，虽对外开放，但主要靠国家补贴。上海、杭州均为园林局所属植物公园，杭州已建园30年，每年补贴65万元，1987年仍需补贴100万元。无锡不可能有这么多资金长期贴下去。

三、充山已有植物公园雏形，稍加完善即能发挥作用。我1980年参加具区胜境规划，当时对充山苗圃一片，有古树大树，种类也多，拟以花木取胜，取名为充山隐秀。1984年做该区详细规划时，划分为春花、夏荫、秋色、冬景四区，居中建观赏温室，种热带花果，成为小而集中的观赏植物园。现春夏两区已初步形成，冬区在施工，秋区尚未动工，中心温室（原知青房）至今排不上队，仍是旅服公司招待所（知青房），以致充山隐秀暂缺统领，游人一走而过。如果化两三百万，造起一座玻璃植物宫殿，对游客吸引力一定不小。一下车也就不急急乎赶去鼋头渚看太湖了。无锡市中小学生也可以此识别树种，开展科普教育。

四、无锡搞植物园要有自己的目的和特色，目的就是为了丰富太湖风景区的植物种类和景观，广泛引进、培育观赏和果品价值高的植物，既满足风景要求，又要经济实惠。特别应是紧密结合旅游的植物公园，抛弃圈地建园的传统形式，而是以各个分散的专类园为核心，以整个太湖丘陵为背景的广义植物园。现在除充山观赏性植物园外，附近已有了樱花园（樱花友谊林）、水生植物园（藕花深处）、兰园（兰花专类园）、竹园（竹韵园）的雏形。曹湾可建山茶园，军嶂还可造橘园、葡萄园、桃园，加上已有的梅园、桂园，这个广义的植物园（我称之为风景植物园）实际上已初具规模了。建专类园时结合科研，园成后再进一步研究，大多数建成后，即可选一适当位置，建立总部，开展更深的研究。这样的植物园，机动灵活，（有投资就上，多就多一点），投资省，收效快。无锡是有承受力的。

归纳起来，我认为马山龙头还是搞风景点好。植物园移到充山，基础条件更好些。在无锡只有建以旅游，科普为目的，以专类园为核心的植物园最现实。

成命已出，难以收回。我这个意见说得太晚了，马后炮，还有什么办法呢！但在龙头硬搞植物园，感到会是不可测的深渊，投下去不能见效也可怕。若能更改，现在还没花多少资金，不能算晚。连日高温不退，但工作更为繁忙，望多保重！致
礼！

园林局　黄茂如
1988.7.19

非常抱歉，给你出了难题。不便更改的话，就算是一次多余的工作讨论。不必答复。

2014，合情合理，实实惠惠。否则，这个包袱一直背着，累死人！2014.1.17重读。

（二）

薛市长：您好！

您久不来园林，很难见到您，今写此信向你汇报两件事。

第一件是5月8日至13日我与夏泉生（大理原园林局总工，年底（90年底）调锡，现任锡惠公园副主任）去黄山参加杜鹃花年会，冯国楣主持，全国花协秘书长、黄山副市长、《花卉报》等13省市31个单位49名代表参加。除两天考察黄山杜鹃花外，主要交流学术论文十篇，讨论了八五科研规划和工作计划，会开得很热烈，很团结，大家对协会充满信心，《会讯》将全面反映这些情况，这里先告诉你几个信息。

① 无锡被列为杜鹃花园艺品种基因库，全国共确定13个，其中5个为园艺品种。就目前来说，无锡最像样，实力最强。锡惠公园从今年春天开始，已在杜鹃园中专门划出一幢温室和荫棚作为陈列品种的杜鹃圃，有品种200左右，有两个同志专门负责管理和做些研究，你有机会请去看看。在八五期间，我们将建设得更好，并要为城市绿化和家庭养花提供更多优良品种。

② 全国的园艺品种名称不一，混淆不清，与科研、生产、普及推广均不利，这次研究确定由我以无锡的品种为基础，进行全国性的统一，结合国际园艺品种命名法规，制定中国法规。任务重，难度大，但无锡担负此工作既有荣耀又有实利。我市在全国地位将一步确立，今后组织商品性生产，走向国际，条件更充分。

③宜兴陈学祥（这次未到会）靠杜鹃发家，生意做到全国各地。在厦门近一米的毛鹃（蓬径）价格高达每株120元，人家嫌贵，还是整车皮的购买，家财当在数万乃至数百万元，而我们白白拥有土地、母本、技术、资金上的优势，近年杜鹃生产还处于萎缩状态。会上得知，昆明、九江、屯溪、庐山、南岳、黄山、杭州、峨眉都要建杜鹃园。长沙、韶关、南昌、合肥等城市都要用杜鹃绿化城市，苏州听说我已收集到20余个毛鹃品种，急欲弄到。昆明听说我这里毛鹃60～80蓬径仅15～20元一株，随口表示要一车皮，可见毛鹃还是要大量培育，品种要不断丰富。井冈山园林所靠28盆西鹃，每年繁殖一两万株，每株2～3元，销长沙、韶关及本地，相当热门，关键是要走出去。

④八五期间，无锡还要承担举办一期杜鹃栽培技艺学习班，为全国做贡献，也为协会筹集些资金。计划在1993年举办第二届全国杜鹃花展览，地点未定，要大家积极准备。

⑤明年杜鹃年会在四川峨眉山举行，日期初定于5月8日，这是峨眉生物所热忱邀请，代表们也想考察峨眉山的杜鹃资源，那里交通、住宿不像黄山那样紧张。因此，我希望你能够成行，会会各地的杜鹃爱好者、研究者。如果你去，我们应该总结一下城市种植杜鹃花的情况，与各地交流，这是我市杜鹃销往各地的最好广告。

关于无锡市杜鹃课题研究情况，今年将作鉴定（建委来），希望你来看看，这里就不说了。

第二件是，听说你有意搞好一座高架展览温室，我提一个地方，可能比较理想，就是充山，地点就在园林局旅服公司的充山旅社，这是具区十景"充山隐秀"的心脏部位，周围是春夏秋冬四区观赏植物。植物宫殿的建立将成为观赏核心和高潮，游人进门后，这里是第一个可以逗留一小时左右的所在，由此而上鹿顶，或至樱花林、兰苑，直至太湖之滨，那就是步步相接了，有物可看，自然不会嫌道路冗长。

根据我们的财力，高架不必很高，主体有3～4层楼高100平方米即可，种植大王椰子、散尾葵、槟榔等高干植物，一年有两三个月生火，保持在15℃以上室温，即可使香蕉、菠萝、番木瓜、杨桃、人心果、热带兰花及观叶植物安全生产，而这些都可围绕在主体周围，高低错落，内外结合，目前的场地已经足够，原是70年代的知青宿舍，也可彻底清除了。如果确定意向，可以进一步作出规划方案和估算造价。

根据我以往的设想，无锡植物园（或太湖植物园）的机构即可设于此处，而梅花、樱花、兰花、杜鹃、山茶乃至竹类，松柏、蔷薇、海棠、槭树、玉兰、茶、果等，均可辐射开去，在已建和待建园地中深入研究。日常养育管理的包袱可以不背，一心从事研究。

锡惠忍草庵那里不理想，锡惠内容也十分丰富，现代与古代并存，不协调，地点也太偏。忍草庵除贯华阁要保护修复外，目前是菊花生产基地，将来是杜鹃引种（野生种）地，若干年后成为杜鹃园延伸开来的锦绣谷，红杜鹃与革命源地倒是相称的。

山北现在是市花圃，它以生产为主，我建议在那里建一个一两公顷的山茶园，既收集品种作为母本，也可季节性对外开放。高架温室在那里也属太偏，到惠山的游人绝大部分只往锡惠公园，吟苑游客不到锡惠的十五分之一，而且建筑已相当密，难以安插，所以我觉得充山最好。这个想法供你参考。植物宫将会轰动锡城，希望快建。

你是中国杜鹃协会顾问，杜鹃又是无锡市市花，我应该向你汇报年会情况和信息，也希望你对无锡市杜鹃的普及发展及科研予以支持。不过又得浪费你时间了，十分抱歉。

知道你工作千头万绪，辛苦异常，谨祝健康、愉快！

黄茂如
1990.6.5

我没有说动领导，对市长来说一种花算什么要事，薛市长抓经济、工业，对此不上心，还不如过去的城建局长陈荣煌。若能静下心来，听我说说谈谈，我就会更有劲头了，更努力工作的，

两封信，都如石沉大海，未见一滴水花，一轮涟漪！长官与小兵的地位差太大，难以沟通！虽我们同坐过一架飞机，飞华南半月，貌合神离耳！2014.1.4重读此文，写几句感慨的话。

古树名木存要

我选择北京林学院"城市及居民区绿化专业"学习是有思想准备的。我是1954年应届高中毕业生，当时思想幼稚、天真，加上父母因故不能为我出谋策划，只得随势而行。我的好友姐在同济大学学建筑，就鼓动我跟他一样考建筑，但我内心的小算盘是搞建筑责任重大，需要复杂的计算，而我数学一般，兴趣也不大。偶然看到北京农业大学有个"造园"专业，课程蛮丰富，也要学素描、绘画，还有建筑、测量、土地、森林、树木、花卉，等等，将来不是搞建筑，主要是造园，这比起建筑更加丰富有趣。我偷偷填了这个专业，但没有告诉我的同学，怕他不高兴。结果我白去了一趟苏州的高考。1954年我没有考上大学，很多年后才知其中的原因。

1956年夏季我去省办的体训班"体操等级运动员夏令营"受训，意外骨折受伤。于是又萌生考大学的念头。这次是我自己的愿望，自己抽出时间复习各课应对高考。最后也是自己填写志愿，办离职手续，以同等学力报考。

此时我已工作三年，不能享受调干生待遇（听说要5年），考大学完全是我自己的事。我担心来不及复习那么多数学课程，选择报第二类的农、林类，恰恰北林有"城市及居民区绿化"专业，后看到各大学介绍，原来就是以前的"造园"专业，我立即填报，不料如愿以偿，以第一志愿录取！

进院后才逐步知道，长达8个字的专业名完全是学习苏联，采用教科书上的原名。后来知道陈植老先生一直耿耿于怀，不用传统的"造园"专业，简洁明了，非要用洋名。

南昌人民公园之巨大苏铁. 1981.12.19. 此福州鼓山所见是桃伟荼邪.

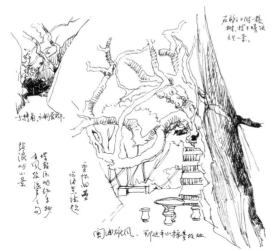

我算是瞎撞撞对了，走上了自己想走的路，一生都不后悔。

我是个穷学生，毕业以后，生活不安定，加上专业不对口，一直没有心思购置相机，虽然偶有出差机会，最多随意画几笔。以生物学为中心的专业方向比较牢固，后来由生物转向生态更懂得其重要性。绿化以植物为主，植物以树木为主，树木中的古树尤为重要。

《园冶》载："雕栋飞楹构易，荫槐挺玉成难。"把古树当"活宝"很有道理。我画过的这些古树，有的至今健在，不胜庆幸，特别重视保护爱护。有的已经不在，作为历史，也可供后人思考。这就是我保留这些速写的本意。

以下是每株古树的速写及简要说明。

1. 福州涌泉寺中的古铁树，粗大无比，据传已有800年树龄，立有支撑，以防倾倒。

苏铁在无锡易受冻害致死，故都作盆栽，冬季放置温室内养护，视为珍贵。

2. 厦门鼓浪屿石壁一株大榕树从石缝中生出，枝干腾飞天然成景，颇感奇特。多处石壁凿有名人题刻，记述历史。

闽海雄风：

郑延平水操台故址石壁上长出一株古榕树，遒劲如腾飞，旁有抗日名将蔡廷锴题诗：心存只手补天工，八闽屯兵今古同。当年古垒依然在，日光岩下忆英雄。

3. 南昌人民公园中两株古铁树，子孙连绵繁茂昌盛，组合成一大盆景。

4. 南昌市青云谱八大山人故居万历苦槠，树干已空，顶秃。干下有一大洞，皆老态龙钟。

5. 福建泉州开元寺前对植之古榕树，茂盛不老。榕树为桑科落叶大乔木，生长快速，姿态好，但不一定是古树。

6. 苏州沧浪亭廊边有一枝三桠枫杨颇具老树气势。

7. 古河柳（七十年代园林干部去蠡园"三同"时画的，今已不存）。

8. 过挹秀桥到充山的路边一株"鸡爪槭"古树，干粗、冠大、丰满、完整。地临低洼，因未重视排除积水后枯亡，十分可惜。

9. 蠡园路边的古柏树　如此成良材的柏树少见，因不归园林，后不知下落。

a．惠山寺古银杏、大同殿、听松亭不二法门全景。

b.锡惠公园最古之明代银杏树。

10. 锡惠公园大同殿前的古银杏树干、因保护良好，至今生长健康，为公园中最寿长之树木。

11. 苏州光福司徒庙中的"清、奇、古、怪"四古柏之一，有的挺立不阿，有的卧地不起，多姿多态，总名"清奇古怪"，传汉代邓禹手植。

12. 黄山梦笔生花（黄山松）。

再次来黄山考察杜鹃花时"梦笔生花"松从山上取回已枯死遗骸，老夏在管理人员住处发现并仔细作年轮观测，已250多年，夏泉生之细心可见。

13. 洞庭西山劳家桥观音堂古柏。

宜兴古树调查寻访记

2002年8月6日至7日，宜兴农林局周、徐两站长、曹工、我与呈芳去宜兴验看500龄以上古树。计有太华、民望村的七叶树一棵。树干相当粗大，但主干已断头，高约十米左右，中间已空，外壳尚存，皮部萌生的枝叶尚茂，目测胸径1.59米，高18米。根部堆土拢起，面层垃圾，周围尚有空地，民房一处离近。

据《江苏园林》1981（2）载宜兴园林处蒋铭章工程师文章，民望村共有4棵大的七叶树，最大的却在官庄大队，比杭州灵隐寺的七叶树胸围还大98厘米，每年结果300多斤，拍有照片。现已不存，殊为可惜。

银杏一棵，相距一路宽，一株直径117厘米，另一株为两株连生，直径1.34米（不含旁枝），生长健壮，高约23米左右。

三株古树，均为原保德寺遗物，在一个院内，村中已无人了解此寺来历，只有听人传说"先有保德寺，后有天宁寺"（常州始建于唐代）。

另一棵银杏在九峰山之九峰禅寺内，登山需一个半小时，未能前去。

湖茗岭竹海之银杏，此树在寂照禅寺大门口，生长极为高大，据说寺建于元代，应是同时物。

洑东。兰山村古石桥"升平桥"旁的古银杏，雌性，冠幅大、生长好、高约24米，冠幅58平方米。

小商店和其建造，这里若能拆除违章建筑，沿河辟出一块绿地，古桥、古树为极好之风景地。

丁蜀双桥村银杏，高约18米，冠15米，估计胸径1.1米左右，生长不太好，树下砌有保护圈，较小，似嫁接过，瘤状物膨大，没有旁枝，因而无树冠，雌性，品种称"佛指"。

宜城南岳寺银杏，在寺中，保护良好，环境也很好，树体高大，生长好，约胸径80厘米，高24米，雌性，寺建（484年），重建过多次，看来是道光重建（1836年）时种，较为相称。

新庄银杏，吾泗小学内，因校内无人，不得开门，未进入，周围圈砌，地域空旷，生长良好。

洋溪狮犊小学前银杏，有两平屋靠得近，树体已空，外皮部枝叶尚茂，高约15米，冠13平方米，这里原为万善寺，60年代此树火烧过，救火车来救过。1991年雷击，1997年又有小孩弄火，于内部多见木炭，砌过圈，萌生主干也有几个在周围，直径都在20厘米以上，都只剩一圈皮部，萌条丛生无数，叶被村民摘食治高血压，远超过500年。

周铁城隍庙银杏，雌性，似嫁接过，胸以下约1.08米，其上膨大近倍，齐眉处1.81米，现为老年活动室所在，保护尚可。

闸口垂丝海棠，传为苏东坡送给邵姓友，芳草蔓生，只见一丛垂丝海棠，据说主干已被埋没，旅居美国的邵品刚，再三关切此物，村领导不理不管，现砌墙在邵家祠堂内，称宋时物不可信。

2008年7月22日，我与殷正新，何志堃坐小杨的车去雪浪等地查访古树，气温高达37℃，暑热难当，测围、测高、访问了解，大家十分辛苦。记录如下：

一、大浮山门口，一棵大香樟高15米，胸围2.4米，树冠20米×20米，树龄150年或以上。

我们由山门口村75号的邵玉明带去现场，我们看到香樟树生长在坟圈的边坎上，周围空旷，土层深厚，树冠十分饱满，生长条件极好。据其堂叔邵仰秋（已80岁，居上海）告知这是其祖父母的坟墓，每年都要来此祭祖，现墓前的简易道路已开通，这株香樟在周边树林中分外突出，古树将成为一景。

二、山门口41号门前有榉树一株，胸围1.42米，高8米，树冠6米×4米，是这里的铁匠老板张阿万所有，张有三个老婆，子女多，但此屋已无人居住。我们细看，这是一株黄皮榉，比青皮榉长得还慢，木质极好，做家俱具仅次于红木，前榉后朴是本地农民的传统风俗。此时恰有一个过去跟张阿万学铁匠的儿子，也已经是七十多岁的老人了，向我们介绍分析，此树约120龄左右。

三、雪浪尧歌里。我们由这里的林场主任刘征伟带看现场。在湿地松林的南坡，见有两株巨大苦槠挺立，东、西相挨，十分壮观。靠东一株胸围3.7米，高25米，靠西一株略小，地围2.7米，两株冠幅均约30米×20米，树在坟边，因年代久远，坟包已低平不显著。坟主陆梅度在旁已82岁，告知树是爷爷种的，他家五代祖先均埋在这里。他的太太公被太平军带走后，一直没有音信。估计这两株苦槠应在160龄以上了。

四、乌柏。在尧歌里西山，这里一片高地，均为墓冢，杂树甚多，周围有水沟、水塘、稻田，树木郁闭幽深，一株乌柏高约15米，胸围1.8米，较为突出，这里是陆宝度爷爷的墓，爷爷死时他才5岁，做坟时这株乌柏还没有，我们推算此树80年。墓碑上刻有"陆公讳复旭德配沈太孺人、续配毛太孺人"之墓……

五、白栎。胸围2.2米，高18米，附近还有小叶栎、石楠等大树，若将这一大片加以梳理抚育，保护起来，可成为一个"小树木园"。

六、雪浪七药厂家舍。有龙柏4株，广玉兰2株，桂花2株，白玉兰1株，均系一二十年代种植，树在建筑物天井内，难以保护，列为古树名木的意义不大，大家认为暂不列入。

笔记几则

1. 两起植物异常事件

1976年9月24日，无锡市发现两起植物异常事件。

（1）梨树两次开花结果

宝界桥北块改苗圃为果园，种有200多株梨树，这年普遍两次开花并结果。查其原因，除"十月小阳春"促成外，该年夏季梨树叶片被虫几乎吃光，被迫提早休眠是为主要原因。蔷薇科植物，秋季两次开花是常有的事。花后因不合时宜，大都掉落不结果实。但今年不同，结果甚多，且果径达1～1.5厘米，当然不可能长大就入冬了，这也算稀奇事。

（2）刚竹秋季出笋

蠡园假山区的刚竹"碧玉间黄金""黄金间碧玉"今年秋季普遍出笋，如同春季正常出笋一般，且逐渐长成2米多高的新竹。

我的记录到此为止，没有继续观察下去，至于秋季出笋的成竹情况对来年春季出笋的影响，秋季出笋的原因等，也就无解，仅记录了这一反常现象。台风横扫路树

2. 台风过境绿化受损

1977年9月11日中午，台风中心过境，大风大雨洗劫无锡市，市区树木被吹倒吹歪无数，市内一片混乱，我们从未见到过这种情景，在我工作本上，记有：

人民路法梧，粗十多厘米，种不多年，80%倾倒。

工农兵广场（五爱广场）南口转角，整行翻倒。

中山路大法梧40%受害，大胖枝被吹断。

塘南路法梧50%左右受害。

柴机宿舍80%法梧倾倒。

全市绿化受到重大灾难。园林处，尤其是绿化队全体员工立即投入抢救抗灾工作。

法梧倾倒的原因有：

①浅根。倾倒的法梧均没有主根，侧根一般在地面下10～20厘米处。按理法梧是落叶大乔木，主根应该发达，但苗圃中断过主根，主根已不发展，种浅了也是一个原因。

②路肩太狭，种植穴小。

③整形有问题。

A. 杯状形、冠大、招风。

B. 侧枝开张角过大，应小于45°较好。

C. 要逐年留枝，使地下、地上保持适应，一下子留枝过长、冠幅过大，根系固着力跟不上，导致头重脚轻。

D. 邮电局前的法梧，先分叉后直立向上生长的都未倒，锡师附小自然形生长的法梧均未倒，高度在18～19米。小树种了三四年的易倒。

另外有少量柳树、白杨（蛀、枯）白榆被吹倒，白杨有直根，没有发现括倒。从此，人民路行道树法梧都加了水泥立柱固定。

3. 雄性银杏结果

1982年4月14日，锡惠公园江伯良主任偶然发现大同殿前六百余龄的雄性银杏古树，有一根枝上，似乎挂着一串果实，雄树怎能结果，传为怪事，要我们大家去看。绿化科沙无垢即用望远镜仔细观察，并确认是新结的绿白色的果实，作

了报道。9月11日，果实转黄熟，沙将其小心采下，果实共7枚，着生于十余厘米长的短枝上，沙又将发育较好的4粒种子砂藏越冬，次年春催芽，播种，仅有一株长出胚根，萌发枝叶，但叶小而泛黄，曾在苗长高至40厘米后萎缩夭折。这是六百年来从未发生的奇事，值得留待研究。

4. 园林水淹

1991年那次大水，锡惠公园二泉方池周围的石栏，被冲得七零八落，满地的水。黄公涧水大而急，游人只在旁看热闹。蠡园的露天舞台（俗称，实际上是一大块方整的砖砌平台）四角上有4株大香樟都淹在水中有10余厘米，而长廊里浸水漫及脚背，有几处地面的铺砖都塌陷成水洞，一不小心会掉进去。据蠡园汇报，1991年7月1日进水，7月13日开始退水，至8月15日退完，最长的水淹45天，最深的达1.2米，最浅的0.4米，受淹树木3800多株，共淹死桃树632株，桂花87株，鸡爪槭50株（最大直径30厘米），枇杷全死，火棘死一半，此处还有女贞、法冬、散生竹等，公园损失严重。

1991年大水对鼋头渚也造成损失，万浪桥两端的堤都在水中，中间的桥只露出拱顶，看去一片汪洋。8月31日，我去现场，大水已退，鼋头渚是山地，地势较高，受害比蠡园少。可以看出经得起这次水淹的树有：三角枫、海桐、栀子花、乌桕、榆树、黄连木、枫杨、柳、紫薇、香樟、山胡椒、池杉、水杉、盘槐、罗汉松、棕榈、慈孝竹、芭蕉、夹竹桃、丝兰、薜荔、络石、书带草等。

稍耐水的有圆柏、龙柏、海棠、天竹、火棘、蔷薇、木芙蓉等。

无锡市兰花的复苏

1988年3月25日上午，在鼋头渚"戊辰亭"（接待领导、贵宾的内部茶室）成立市兰花研究会，到会的有杨增、徐静渔、蔡学标、冯惠良及园林局有关领导和工程技术人员。杨增是市委老领导、政协主席，他很严肃地说："'文革'中园林局的人（造反派）带头破坏，谁砸的花盆多谁最革命，这些人现在还在园林局，包括沈渊如的徒弟，要引以为教训啊，要警惕！"又说："杨同德的父亲是资本家，用十根金条买了盆西神（兰花中的珍品），结果被人偷去，打听到兰花盗卖至苏州光福，立即去人追寻，经过打官司要了回来，他临死时叮嘱儿子将这盆兰花交给沈渊如（我市著名艺兰专家）。抗战期间，日本人三次去沈家看兰花，沈早将好的藏了起来，日本人看到的都是一般品种，因而没有被拿走。朱德两次来锡，专门来看兰花，在沈家写下了'养好兰花'几个字，还送一车皮兰花给沈。"这番话说给在座的人听，也算是市领导关心兰花研究会的成立所作的贺词。园林局党委书记蔡学标即席作诗一首以贺：

种得"西神"琼玉容，好将芳心报朱公。

兰皋又上良宵月，花事科研夺化工。

笔者时任局园艺科副科长，有幸赴会记下此事。在市、局领导关心支持下，我市兰花走上复兴之路，广泛收集兰花品种，认真做好养护管理，开展科学研究，参加各种展出，竞赛活动，建设兰苑，成为无锡市最具特色的花卉之一。

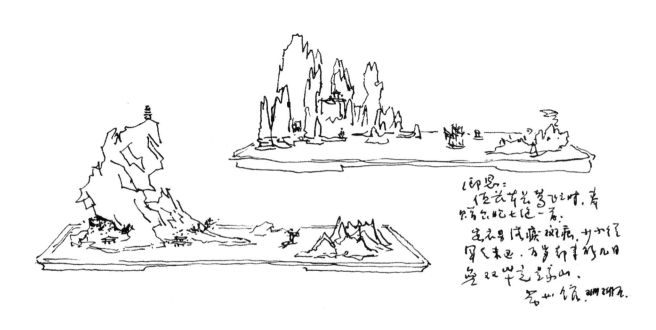

庐山休养日记

1985.8.15

术后第一次出远门。我是1月5日在四院动的手术。切胃三分之二，因线结阻塞不通，从口中喷出，共住40天后出院，临近春节。过五一即上班。庐山短期休养吸引了我，花卉盆景协会推荐我参加市科协的休养旅行团。家里起初反对我去，怕我身体吃不消，见我不动摇，也就随我了。说我像小学生盼春游那样幼稚。一忽儿想那一忽儿想这，生怕忘了什么，其实她早给我准备好了，一个包里是替换衣服和相机，写生夹；一个包里全是食品，面包，咸蛋，速煮面；还带了一茶缸米饭，准备到船里吃。我们是火车到南京，坐江轮到九江、上庐山。

41人分成5个小组，几乎都是初识。市科协是个群众性团体，包括全市各行业，每年开一次代表大会，平时都自己活动（科协干部万水、老丁已打过几次交道）。在车站给每人发了个白圆帽，目标很显著，胸前别了休养证，一看就是自己人。然而火车上是那么挤，中午最热的时候，在过道里足足站了两小时，将到镇江才得到半个座位，幸好水壶里有几口茶，否则怕支撑不住。

江轮好大，有四层，长有百米。我们的铺位三等舱，在三层，10人一屋，冷热水均有供应，还有各种服务，颇感舒适方便。晚7时开船，我洗了澡再吃晚饭，洗干净的衣服用绳子穿着凉在船舷。我睡上铺，顶上有两架电扇不停地扇，外面漆黑，今天坐也累，应早点休息。

1985.8.16

船中一夜，不曾睡好，不时拍打扑到身上来的小虫，天亮才知是小蟑螂，竟如此多，不知这种小动物在铝合金、贴塑钢制地板，不留一丝缝隙的船舱内藏身何处？江水如此之黄，不亚于济南所见之黄河。九江附近湖口到上海段是长江下游，可见中游之水更差。听说宜宾以上比较清，主要两边青山植被好，没有泥沙可带。长江两岸景观单调，都是一抹低平的岸滩，柳树成排，极少见到房子。船在安庆停十分钟，即上岸走走，石滩满地，两边各有两行法国梧桐，树荫很好，但无人扫街，落叶满地，加上行人不少，一眼看来就是脏！江边有一寺庙，修得很好，一座七级砖塔新饰一新，据说名振风塔，为安庆著名古迹。在船舷上照了一张，我的相机初次露面。后来又在江心看到小孤山，真是竖立江心的一座孤峰，顶上有一座八角两层亭，山半有一组封火山墙的寺庙，外形有点像镇江金山寺，不过体小，建筑也少，另一边已与江滩相连，金山200年前还在水中，大概也是此种情景。

下午看了一场录像，台湾片，冷气开放，8角一张票。晚9时即到九江，明日可上庐山了。所带食品只剩快速面4包，咸蛋一只，雪片糕两条未动。

1985.8.17

昨夜九江的印象是江岸一缕灯火，影影参差中见建筑的轮廓都为一两层，少四五层。9时靠岸，九江科协即有人举牌相迎，来一部大客车，一部小轿车，驶向市郊外经部招待所。三层楼房，地毯，席梦思，三床一室，看来不差，但甚闷热，电扇几乎开了一夜，早晨依然闷热，屋外倒还有一丝风。房子是一年前落成的，周围配套设施还在挖基础，可见，规划及管理水平很差。

九江街头印象是脏、乱，有一处步行街，比新生路略宽。天热（34℃），街景令人心烦。上午9时送去科协一个会议室里，一直待到下午4时才上车登山。九江街头都是法梧，电线的妨碍不大，未加修剪的长得颇高，且天牛等虫害不显著，其他绿化苗木，规格都小，有广玉兰、垂柳、桂花紫薇、芭蕉、芙蓉（长得高大，粗足有碗口）、黄杨之类，品种不多。花卉点缀也不多见，有美人蕉，长得很高，花则不大。去庐山路边，树种就丰富多了，有法梧、枫杨、鹅掌楸、柳杉、乌桕，野花则见到桔梗、萱草、卷丹（百合）、一枝黄花、金鸡菊、葛藤、红花石蒜、山楸（浓香、菊科草本）、胡枝子正在开花。据说上山有369个湾，毛主席诗中称"直上葱龙四百旋"，我坐过浙江的山区车子，并不觉得特别惊险，陆文英等居然说得十分害怕。九江牯岭高差1000米，气温至少低6℃，我的汗衫湿了吹干，

到了上面，真有高处不胜寒的感觉。

牯岭有那么多房子，已是一条繁华街道，这是我意想不到的，至此顿有旅游者的天地之感，我只有在鼓浪屿和北戴河时有这种感觉。我们下榻房地产局招待所，这是一家与九江科协有关系的旅馆，三层，床位不算多，颇为自在，明天将好好看看（此屋是1934年造的）。

1985.8.18

一到山中，急欲知道山中位置所处环境，早晨起来即在山中走了一圈。别墅均在林中，隔有一定间距，道路则互相通达。房子均是石砌墙，铁皮屋面，红色。式样欧式，我们住的即建于1934年，看来一般都建于那时，可见庐山之成为疗养胜地，已是半个世纪的建设。树木之浓郁，则解放后大有改观。今天看了含鄱口、植物园、五老峰，给我一个概念，庐山是一处森林休疗养胜地。

一口气上了五老峰，多时不活动，心勇有

抱月托云亭. 5.22.

339

余，而腿力毕竟虚弱，晚上只能早早睡下。明日能否起来，尚无把握。一天伙食下来，籼米饭只要吃热的，也不算硬，四菜一汤中，总有两只有辣味，免不了，只能少吃一点，似乎也不要紧。

我看风景，又要画两张，又要照相，还兼采些植物，记一些开花植物，他们看我玩得如此丰富，都有羡慕之意。有些人以为不与我一起就感到一些损失，我说哪里，我是在学习，这是我的业务。

这次休养，结识一些新朋友，有搞水产的老张，他还是个摄影爱好者，报社通讯员，二中1956年毕业，考的上海水产学院，但至今只评个助工。化工搞环保的老邝，满腹文史地理，对园林和人和物都熟，原来是解放前就读于文教学院，我说你怎么不到园林来呢，他说因搞电化教育去了化工局，实是误会了。锅炉厂老孙，是个厂长，认识李丽华（体操队队友），原锡师毕业，名字叫惠芳，像个女的，其实是魁伟的男子汉，家有三个千金，搞蔬菜的老陶以前知道我的名字，看不出他有66岁了，现当顾问，待人甚善。

1985.8.19

登五老峰是第一个考验，今日游三宝树、锦绣谷，整整一天，则是更大考验。除部分人乘车游览，大部分人是上午徒步做一日之游，近于自由活动。我与宜兴搞农机的老刘同行，第一点就是美庐，即宋美龄别墅，以前听说她是用牛奶洗澡的，我特意看看卫生间，竟有10余平方米大小，有三个抽水马桶（蹲、坐各一）一个绿色深盆，有一把软椅，大镜子，洗脸盆等，果然豪华。就看看几只房间，票价竟要5角，奉送一只粗劣纪念章。以下便去庐山会议会址，是一带楼座的剧场，庐山大厦正在重修，颇高大。然后在芦林湖坝下见到小组其他同志，方知老邝已追我独自前行。我未看湖，即至三宝树，坐着画几笔，等他们不来，再往黄龙潭，乌龙潭，除了成片柳杉林、花柏林别无突出景色。

傍晚在省科协带领下去看他们住的汪精卫、胡宗南弟弟、朱培德、陈立夫的别墅，回来又到月照松林处小坐，再也没有精力去欣赏电影《庐山恋》了，不过，回来翻看报纸，仍到10时才睡。

到花径公园，看到花展区，中有杜鹃数十盆，想问问品种，找到一位姓童的盆景师傅，他也不认识，引来陈所长，告知三盆都是满山红。因是同行，陈约去办公室小坐，他说请勿见笑，办公室是原厕所上翻建的，我一看地板尚未油漆，而外面还在叮当凿石，可想，园林职工生活地位之苦。到家已过5时，可惜，老邝一直没有碰到，实在抱歉。

花径管理所陈所长，与之杂谈，他与姚东山（上海人，我的低级校友，在九江园林处工作）甚好，全所52人，招待所，年收入1万多元，小商店0.7万～0.8万元，花木（盆栽花木、温室花卉、供应单位及外地游客）0.5万元，处里补贴7万元。10万元开支很紧张，15万元较好，人均奖金5元，事业单位经费包干，上面一切不管。面积30公顷，是人员最多，基础最老，最复杂难搞的一个单位。班组有动物园、庭院管理、花展区、花圃、招待所、小卖部，办公室五人。

1985.8.20

今日自由活动，正好再去植物园细看，老邝昨追我不着，午后一点多就回来了，虽然疲劳但还有兴致去植物园，得以同行，先去月照松林，然后倒插东谷，看美庐，我在院内等老邝就画了这幅宋美龄显赫一时的第一夫人别墅，多时不画，手不灵了，轮廓画不准。老邝还得上厕所，故又画了路边一株法梧，这是我所见到的最大一株，南京的也没有这么粗，但这里的树木论轮廓姿态要算枫杨最佳。

我们按图穿行在疗养院的别墅群中，不时越过公路，到植物园时还只9时多，先在外面看进去，到办公室时，单汉荣等人不在，门却开着，

等了一会，仍不见人来，就出去转一会，到11时回转才见到。单个子不高，听不出有江阴口音，很热情。不巧的是，他们下午打扫卫生，在家里扫（实质是下午放假）不能陪我了，他找了搞杜鹃的刘永书接待我。他更热情了，留我们吃饭，自己再回家，并说好下午2时再来办公室。此时引种室朱国芳也来了，也很热情，我也不一一麻烦人家，反正重点识别一下杜鹃就行。大部分人都回家了，中午在食堂吃饭的人很少，我们一盆饭，一盆菜，菜是一点长豆，藕煮肉，肉肥，里面没有几块，因为饿了，将就吃点。体会到上次局里来时他们所说的"空气新鲜，营养不良"。我见到的几个植物园生活都很清苦，同林场差不了多少。

老邬很好学，也知道很多植物，交谈中更知他曾写过近代园林的文章，发表在环保杂志上，还写过寄畅园，过去曾与秦志芬相邻，听到不少史料，他也看过我写的文章，没有谈到意见，他和李正很熟，与刘国昭一起搞过七五计划，植物园此行，他很满意，收获不少。

对我来说，看到了台湾特产砖红杜鹃；弄清了白花杜鹃，庐山所产几种杜鹃以及刘永书从事的杜鹃引种工作：他都是用种子播出的苗，有180种之多，但苗都较小，离开花尚远，我并不急切要这种小苗。不如去昆明搞大棵的，拿回就见花。播种的地槽，种子播在苔藓中；大了再分苗（两三年分）。由于时间关系，未谈及分类方面问题。他们希望我局明年能发一函，让他们来锡看杜鹃。两本书《中国植物园》共77元，请他们代寄。钱是傍晚搞保卫工作的老张来取的。晚上居然有兴志看《庐山恋》三部影片，不打瞌睡。影片加深了我对庐山的印象，对张瑜扮演的角色很喜欢，镜头画面、情节，真不错。而张瑜一套套衣服，反而觉得应该可以优美丰富。记得初次看时嫌故事不真实，现在看来虽然夸张，但均在情理中。

回来时又看毛主席故居，现改为博物馆，房屋华丽，宽敞，大大胜过当年军阀别墅。走回来时脚板都酸了，但洗过澡，吃过晚饭人又新鲜了许多。

1985.8.21

谁都没有我如此紧张，早出晚归，又看又采又拍又画，一到家立即卸下水壶、相机、画本，洗了淋浴，疲劳顿时消去一半，草草洗完内衣，接着吃晚饭，肚里有了东西，又觉精神多了。但是接着又是活动、散步啦、看电影啦，之后，我还得整理画稿，回顾一天的历程，记上一段。最后翻阅旧报，从省政协那里要来一星期的《人民日报》《江西日报》，不看完如何放得下手。这样都要在10时以后关灯。这几天总是睡不香，睡眠比在家里少了许多。今日早起就感到少精神，虽然整个游程都是坐车，车从东谷往山下驶去，几乎是到了庐山之脚，然后迂回至第一个游览点秀峰寺。我没有去看马尾水等瀑布，秀峰寺给我印象并不好，新建筑轧到民居之间，没有像样的寺庙，脏、臭，我只在青玉峡处，逗留一回。一座石制廊桥刚刚建成，倒还朴素，我勾了几笔，但因在热闹处下面，去的人很少，我可以细细观

白鹿洞书院 （1985.8）

察一番。我感到尺寸比例都还协调，庐山唯此建筑物颇入造园之理。此处另一收获，即是买了一袋小虾干，卖鱼的农民很会说话，开始我是拣了一条鳗鱼干，半斤，付了0.75元。后来听人说鱼干好，我一看是鳗鱼干就想调换，他也没有意见，别人说这哪是鲫鱼，小鲤鱼！于是我还了他，还是要了鳗鱼，后看到人家在拣他麻袋里的虾干，我问多少一斤，他说一元七，我以为是一元，觉得便宜，又立即买虾。自己抓了往尼龙袋装，手被戳得很痛，装了一袋不过8两，我看看鳗鱼不好拿，就说鱼不要了，我要这袋虾，他很不乐意，但还是让我这么换了。这里属星子县，百米之外即鄱阳湖，所以有些水产。有些人买了鳗鱼干，也有买大的半干的咸虾，小刀鱼干等都

只要1、2元一斤，大家都说便宜。

第二个点是观音桥栖贤寺，我只看了陆羽品题的第六泉，里面路不好，并未走到玉渊。第六泉外形像个土地庙，池很浅，范围不到一口井大。靠壁有一条石龙，身段已用水泥修补。一个斜转的龙头倒很像惠山的螭首，但嘴中无洞，亦无水流。这里唯一的收获，是在路上偶然拔到了在秀峰寺有人出售一角三株的"春天夏草"，我听不懂那大嫂的话，是不是这几个字。听她介绍，这草一年四季都这么青，远看似翠云草，但直立，不扁，又像是小型的一株柳杉，奇怪的是侧枝点地就长根，看来很好种。我连土拔了几株，也介绍别人拔了一些，真正的名字我也不知道。20年后去日本考察高尔夫球场也看到此草。

第三个点就是王阳明讲学的白鹿书院，建筑很神气，俨然如学府，现都盛列孔子及学者像，两侧有很大的碑廊，碑砌于墙中，外加铁框上锁，玻璃罩，禁止照相拓印，此外有巨大的古松多株，为别处未见。回到家还不到四点半，今天是最轻松的一天。

午饭只带了两只皮蛋，4只白馒头，两人一个小罐头，结果大家都吃白馒头，因摊上的东西不敢吃，虽然有粥、面、饺子之类，以及2角一斤的熟山芋，3角一斤的鲜枣，茶叶蛋，从吃的来说，今天可谓艰苦，故一回来就想吃，因感到有点头胀鼻塞，讨了两包板蓝根吃了。

庐山的活动还有明日一天，其余则去九江观光，说点不好的印象是脏、臭，给庐山带来威胁。在路上行走总有臭气袭来，尿臭、干粪臭，污物垃圾发酵臭，令人倒胃口。也许夏天如此，冬天没有游人，大自然会净化，但纸片、罐头这些东西乱抛，随地大便，厕所缺水冲洗，臭气很重，对这么一个游人几万的风景区实在是一种糟蹋。

这次休养实为旅游，对我更是学习、考察，休、养两字实谈不上，睡的条件马虎，吃也一

庐山月照松林（1985.8）

睡到2时后起来。去飞来石处，拍了一张相，到街上走走，但觉得饿了，没有力气，只得回来吃快速面，不久去三叠泉的人回来，老张还拉我去"月照松林"拍照。最后一天活动，只得勉强从命。庐山活动即告结束，明日下山就住到九江去了。这次我以"狂热"开始，病倒告终，回去王叔芬肯定要说：什么事都要被她料到！

1985.8.23

今日下山，去九江，途中参观东林寺、涌泉洞、狮子洞三处。回九江一时多，因住宿未联系妥，在街头如同逃难，逗留一个多小时，堂堂市政府的招待所，浴室中只有热水而无冷水，无法洗澡，而三层连冷水也没有，可见管理之差。反正一夜，也就算了。对这次活动的组织工作要打分的话只够40分，因为每次活动都是临时决定，吃、住、玩、交通，这一站与下一站都接得不好。今晚这种情况大家的牢骚快到顶点了。

东林寺在庐山脚下，寺门正对庐山，在寺中有一尊大力护神石像十分古掘，其后的罗汉松也十分粗大，可与东山的相比，但生长及高度则不如。几个佛像造型都不错，我们去时正逢做功课，钟、鼓之声不绝。一位僧人，托盘齐眉，送去佛前供奉。寺后有聪明泉，《庐山恋》中有在此喝水的镜头。寺前还在建大雄宝殿，宽大的基础有一米多高。涌泉洞1984年开放，里面的石钟乳都还新鲜，导游词是以《西游记》编造的，讲得不错，据称面积有1.3万平方米，还有水洞正待开发。

狮子洞略小，石幔都有折断的，是以狮子编一套导游词，有一高厅较为雄伟，余别无特色。但洞口用混凝土塑一头巨大雄狮，人从狮口进入，颇为大胆，拍了一张留作资料。

1985.8.24

上午去壶口县石钟山，这是立于江边的一座小山，十分有名，苏轼等古代文人都留有遗迹，近代太平革命曾在此筑垒，郭沫若也有咏诗。长江与

般，休息则更少，过于紧张，缺少轻松。不过，这次来后下次也就不一定再来第二次了。

秀峰观音像石刻，碑高4米以上，宽约2米，为唐、宋时物，"文革"时被毁，现在看到的为1980年花2.5万元重刻的。与我锡惠御碑相比属同命运。石质深灰，称金星石，近于黑色斧劈，面极平。可以很长、很宽、很薄，为当地特色，本处所见碑刻，都为此种材料，色暗，形象不突出。

1985.8.22

服板蓝根两袋，一夜发热，在相当厚的棉被中居然还感寒意，蒙头即睡。晨起自感昏眩，决定不去三叠泉了。又服两丸速效感冒片，出了些汗，到中午才起床，吃饭，人多走空了，房内仅我一人，格外冷清。倒可听听收音机，出门以来第一次听到体育节目，午后仍感无力，只得又

鄱阳湖交汇时水色黄白分明，黄浊江水流入湖中，湖水又流入江中，所以水面上出现黄白分界奇观。石钟山建筑甚多，且布置得曲折有方，空间丰富，趣味不同，因地制宜，不失为园林上品。我特地买了两角一张的一纸介绍，待后回味。

午后抓紧时间去甘棠公园，看姚东山，他现为九江园林处副处长。进了公园想看一看景色，然而竟找不到一处好的。前半条临湖，有些亭阁布置，但两重亭下加了圆大的抱鼓石，大煞风景，未去。另一半则都为动物笼舍、花坛、树丛之类，似乎粗极。我一路问办公室，后来有一位说要三时才上班，且不一定来。因一位处长死了，明晨开追悼会，他在处理此事，劝我去他家，说离此不远，几分钟即到。后有一女小孩（职工家属）领我去姚家，很不巧，他儿子说已去单位，即回公园。问茶摊老人方知，姚与书记已去体委了（死者系体委工作过），他爱人朱桂芳出差在外，这样我无心再等，即从湖的另一岸走回城里。甘棠湖近于西湖，这一圈走得很累，又加在湖口只吃了一碗绿豆汤，肚子也饿了，走入市场即吃了一块饼，在西门口农副市场看到农村集市的盛况，这里甲鱼、乌龟、鱼干、虾干、金针菜、木耳、香菇、海产、果疏以及鲜鱼、鲜肉，东西都在袋里，袋口敞开，自由挑选。然而苍蝇之多，令人惊奇，在鱼上，肉上叮着不走，我连看都不敢看。因不知鱼虾是否合算，未轻易买下。晚饭后又与老陈、老孙一起来看，已多半捲摊走了，看到一家有虾干，老陈说盐太多，大的少，不上算，即使1.5一斤也未买。后来买了几包九江特产豆豉，算是此行之纪念（0.65元一包）。

1985.8.25

昨夜上船又是一番周折，船票迟迟未得，几十人在招待所门外，等甚久，车送至码头，票尚未拿到，小万一人真是焦头烂额，大家也都不免心焦。船晚点半小时，这次买了四等舱，仍然在一起。洗澡、洗衣，之后还听了半段球赛实播，中青队以1：3败于墨西哥。

有机会与一些医生接触交谈，如李鹤强、金、江、魏医生等，应该都算顶尖名医了，大家正在拟通讯录，准备日后可以联络。医生都是爱花者，向我打听花道。

船中生活来时已领教过，因汉口到九江已晚点，故沿途停靠时间都很短，天亮到滁州，中午到芜湖，均无时间上去溜达，两岸景色没什么可看，江水一片黄腾腾的。昨夜因台风，浪击船舷，发出可怕之声，今日已平息，但舱内仍十分风凉。

到了南京，车票已代买好，今晚即能在家里好好吃点东西了，这几天实在没什么吃的，洗脸时一看镜子人瘦了许多，这次实在是出于知道庐山的风景而来，所以他们说我收获最大，哪知这便是我的专业，我是学习来的。

旅行即将结束，安全如期返回，从这点来说，小万的工作完成了。但大家心中的意见实在不少，这么大的行动，怎么只派一人工作，作为工作人员的万水，又怎能将自己与休养者等同，处处一起游玩，何况还带了自己的爱人。尽管他一人忙得不亦乐乎，但还是很不满意。经济账目更是以后焦点，如能退大家一些，个人出的不多，那还不要紧，要是20元退不了多少，则意见更大。

来时，每人戴了个小白帽，从南京西站步行去五码头，心里充满好奇、向往；现在回来了，同样从四码头徒步去西站，但白帽脏了许多，极少有人戴着，心里则是一阵欢快，等待回到自己家中。在外一切劳累，没有吃好，睡好，一个人临时性的生活，多么想立即结束它。当大家在车厢中找到座位，行李放到架上，舒舒服服坐下来时，一切旅途的不愉快都忘了，谈论的则是按各人行业彼此交流，显得10天的友谊那么难得，临别都紧紧握手，相约日后再见。一出车站，40人就各奔东西，时已过19时半。

花在同里镇

省里为某种学术刊物收集到数十篇稿件，想找个地方，请专家从技术上、文字上作一审核，以定取舍。去哪儿呢，安静一点，又方便大家到达，有人提出去同里。自"退思园"修复，同里名声大振。的确，那里地僻人稀，没有喧闹，河湖纵横，清凉消暑，最理想不过了。于是，六月末，我有幸来到吴江七大镇之一的同里镇。

这儿离苏州市区不过23公里，半个多平方公里的集镇被十里长的内河分隔，河岸是用金山石条砌成的直驳岸，沿河两侧都是民居，每隔10多米便有一个码头，淘米、洗菜、洗衣服、出门坐船都用这条河！每天清晨有粪船来收集大小便送走，白天有船打铃来运出垃圾，沿途没有厂矿废水流入内河，水污染几乎为零。这种保护环境的卫生制度，一直延续至今，令我等叹为观止！再看，码头边的川条鱼成群结队畅游，旁皮鱼、虾类、鲫鱼、黄刺、螺蛳，菜场都有买卖，这里还保持着解放初期的农村风貌。镇上有几十座各种石桥，平板、圆拱、石洞，为水乡增添了特有风采。临河而筑的民居都是一两层，因地制宜，进退错落，未见突兀高楼。统一了所有建筑，构成了这一带地方风格。与沿河建筑相配到处是合欢树，翠绿的羽叶，轻轻扇动着清新的空气，叶簇顶上，别具一格，细细的，淡淡的红花正在开放，芳香似有若无，轻盈而带有好感。几十座石桥中，不乏宋、元、明、清旧物，石桥上有桥名，有的还有石刻竖联，诗情画意，古拙完美，拱桥船影，为小镇增加了无限风光。这里没有飞驰的自行车，行人衣着朴素大方，安闲自得，一脸和颜悦色。小镇的古朴可亲，太惹人喜爱了。

虽然我们的下榻处也很简陋，但生活方便，没有一丝干扰，大家都满意，工作也进行得很顺利。

我利用清晨、饭后间隙，漫步街头巷尾，尽情欣赏这里的风情，几天之后，目睹耳闻，逐渐对同里有了更多了解。也许是出于职业敏感，给我感触最深的，要算是同里人的养花情愫了。

在同里，旧式民居多，楼不过两层，前后都没有设置阳台，花只能养在天井里或屋后小院里，诱人的花朵，往往从开启的大门里向你闪现，由不得你回头再看一眼，而细心的主人也很快发现了你的注意，招呼你进去坐坐，看看。我就是在这样好客的主人邀请下，贸然闯进去的。"来啊，进来坐坐"。一般进门便是客堂，客堂后面连着天井和厢房，天井显然为采光和通风而设，宽处做厢房、书房，窄处做个过道。花都养在天井里，只是阴湿一点，上午九十点钟才晒着太阳，如有后院，条件会更好。

我认识的老戴，后院宽裕，因嫌阳光太强，在西、南面特地搭了葡萄棚，遮遮阴，已种三年，此时宽大的枝蔓、叶片已播满上空，透过叶片还看得见一串串小葡萄已经结成，只是粒小尚未成熟。盆花放了一地，高高低低，依次排列。按老戴的分档，共有四类：即树桩盆景、水石盆景、玉树、仙人掌类和花草果木，大大小小两三百盆。"养这么多盆，够你忙的！卖钱？""不，不值钱，养着看看。""好送送朋友。""逢到节日，喜庆，亲友、熟人借几盆去摆摆，大家开开心啊！"说完老戴憨厚地笑了，看得出来，老戴真是爱花如子，凡有好的品种，千方百计弄来，换他的什么都肯。有了好的差的也舍不得掷。盆口一年比一年多，地方就紧了。他告诉我，早晨起来，浇一遍水，摸摸弄弄就得赶着去上班。下午下班后到家，哪儿也不去，就侍弄这些花花草草。浇水、施肥、修枝、打药水、搞卫生，没有空的。再累，心甘情愿。天天如此，成了习惯。作罢，搬张桌椅，泡上一杯浓茶，啜一口，浑身舒服，看到这里开花，那里挂果，乐趣无穷！老戴现在是镇里花卉栽培研究协会的会员，40多个养花带头人之一。

一个偶然机会，我见到了同里镇人民医院的石秀山院长，他是我的老熟人，老同乡，无锡玉祈人，1947年就来同里镇居住，医术是他祖传，行医数十年，远近闻名，医师兼院长，还兼花卉栽培研究会副会长，足见这里的百姓对他的信任和拥戴。我是80年代因胃出血晕倒在医院走廊内，立即动手术切除胃。术后，康复不太顺利，血色素过低，在四院住了40天才回家，是石院长为我配置了好几个胎盘洗净加工研磨服用，竟神奇地得以复元！三个月不到就上班工作，一个多月后像换了个人似的。至今我一切如常，健康工作着，石院长给我的帮助，永远也不会忘记。

石院长对同里人爱得很深，他告诉我2000户居民中80%喜欢养花，平均每人有两盆花，在七大镇中首屈一指。他说同里是个富饶古镇，已有两千多年历史。唐代称"铜"里，宋代称"富"里，后来觉得"富"字太招摇，才拆富为田，下面加个土改为"同里"。明清时期，水陆交通发达，附近米、麦都在此集散，于是，米行多，地主多，文人多，也带来了现代文明，养花传统。我知道毛主席诗中提到的柳亚子是辛亥同里三杰之一，著名社会、经济学家费孝通等也生活在这里，更巧的是造园经典著作《园冶》的作者计成也是这里人。十多年前还听说计成故居还保持着，将来盖个纪念馆也是有条件的。

石院长告诉我，过去镇上80多个花园，有钱人都有暖房雇花匠，种得最出名的是四季含笑、金桂、丹顶月季、宝珠山茶等，但普及平民百姓还是最近几年。百姓是从粗生粗长的凤仙花、月季花、菊花种起来的，现在则喜欢养高档的山茶、西洋鹃、兰花及各种盆景。去年7月，一些热心的养花爱好者，在文化站组织下成立筹备协会，现有47名会员，镇委书记当了名誉会长。石院长盛赞镇领导善于引导群众，将养花的积极性纳入建设精神文明、物质文明的行列，特地辟地一角，国家支持资助，添置设备，提供方便，会员也很努力，义务劳动，平整场地，盖了几间花房，一间办公室，又各自从家里搬些花来，很快有了个基地的样子。去年11月，倾会员之力，在退思园内主办了盛大的菊花展览会，展出菊花等花卉1000多盆，4000多人前来观看，县委书记还亲自带领镇人大、政协、老干部等部局长们前来参观，受到一致称赞，对同里镇协会和全镇人民是一个极大鼓舞。为了配合普及养花，居民自己修理围墙，撤清屋角垃圾，里外收拾干净，为了花草不受牲畜损坏，鸡鸭都圈养，风行一时的打扑克不时兴了，民事纠纷少多了，青年工人、教师、医生都成了养花积极分子，甚至连小学生也发动起来，准备办小花展呢！我追问："这里有偷花的吗？"石院长说："以前确实没有。"如果不是去年有个花木公司来收买一批花，大家还不知道值那么多钱！这里养花没有谋利企图，真正是为了陶情养心，充实生活，获得知识，美化环境，偷花几乎不存在，一则大家都有，短缺可以互通有无，再则窃人所好，掠为己有，不道德的恶习，人人痛恨，也逃不过旁人的眼睛啊！

群众性的养花带动了全镇的环境改善，这对水乡旅游集镇来说太有意义了！至此，我明白县、镇领导真是远见卓识。石院长除了治病救人，还在这方面建了功勋。花卉为古镇添了一层色彩，还为同里人心灵上添了几分高尚。

在同里小住数天得益匪浅，古镇的景物和同里人对花的挚爱都深深留在我记忆中。谨以此文怀念医德情操高尚的石院长和我这段忘年之交。

1982.7

难忘的浙西岁月

一、初到昌化

离校前，我对统一分配是有充分思想准备的，愿意到最艰苦、最边远的地区工作，服从到底。1960年初我发现自己在林学院（升大三时）抽调部分学生提前任教师的名单中，因而一夜未眠。次日一早，即去找系总支书记杨乃丽，边哭边说："我对园林专业已有感情，想学完专业。"因此，受到班内严厉批判："不服从党的需要。"从此灰头土脸，冤屈在心，直到毕业离校。因而这次统配对我是最大的考验，我一定要证明自己服从国家分配的决心，决不授人以把柄！令我意想不到的是，本人被分配在浙江省临安县林业局昌化林业站工作，一个环境与工作岗位都十分陌生的单位。

然而专业不对口，硬要改行，使我困惑不解、坐立不安，度日如年，苦闷，沮丧异常。这段时间我不断写信，申诉，求助，但答复不能使我满意，学校分配也认为没有错。倒是陈俊愉教授给我出了一招，他有个朋友余森文先生，在杭州任副市长（主管园林），他想请余明年留一个杭州植物园的名额，将我从临安调去，学校就少分一个学生，问我愿不愿意去植物园工作，我当然愿意。但后来一直未见有陈或余的信来。虽然他们俩都是顶级权威，说话算数，但在运动中，形势变幻莫测。后来知道余先生曾担任过国民党广州市党部书记长，自身麻烦不少，谁还有心帮一个学生解决工作问题而冒政治风险？我谅解他们的难处。"文革"期间，形势大变，园林成了"封、资、修"，北林终于在北京无法立足，远

迁昆明边陲，余森文也听不到一丝消息，我几乎绝望，只得安下心来，从长计议，或到"斗、批、改的后期来解决"。置于完全陌生的山区农村，幸好这里的自然山水、草木、乡民，与我投缘，还有我的老师、同学、知青兄弟给我真情友谊、帮助、鼓励慰藉，以致忘却愁闷、痛苦，最终解脱困境，回归故乡、回归园林，半生畅快！

杭州武林门汽车站是个总站。一条西去的公路，由市区进入山区，两小时到达临安，不过50公里。车子停在一个帆布棚里，刚好盖没头尾。我要去工作的地方——昌化区林业站，还要西行50公里，翻山越岭，行驶在沙石路面一级养护的杭徽公路上。

浙西山区给我留下了深刻印象。1961年我刚分配到昌化林业站，即让我调查前一两年山洪暴发山林损毁情况，我曾随同事在山区农民家里住过一夜并开了座谈会。次日步行回昌化，一天走了几十里长的杨村坞山沟小路，饱览了深山沟的景色。

来昌化头几年，脚已落地，心悬半空。期望与现实完全不合，所学与工作两种范畴，心情沮丧，思想郁闷。同事见我如此不适应，即特意陪我去天目山风景区一游。

1962年春，河桥片的杨观泉，心直口快，称他小时就在天目山脚住过，他主动带我们去。从昌化坐车至高岭下车。杨带着大家从"大有"村进去，他熟，从这家到那家，不断与认识他的人招呼，他小时叫"百灵"，见他长大了，"还认识我吗"？亲热得很，走街串巷，像自家村里一样熟。好几个村民邀请我们去家吃饭，杨说已

347

经讲好了。这里属"一都"。用过便饭即往山里走。河桥属昌南区，也是全山区，高山很多。昌化林业站同事杨观泉，冬天一件白翻领棉衣，是为标志。开朗、随和、乐观。

老殿，是西天目山重要一景，有历史、有年代。但大门未开，一侧边门，露出小院，却没有什么可看。抗战时，浙行署曾迁西天目山。老殿曾是枪械所，后遭日轰炸，又都迁至龙岗中学内（汤家湾）。

同事为我解忧，陪我两次游览天目山的名胜古迹。知道天目山管理处空有其名，无编制和工作人员。

次年春又来一次天目，画了一幅"雨华亭"，跨溪而建，拱桥形，砖石结构。下面泄洪，亭中观景，左色右香，颇感得体。

物价又便宜了，茶叶蛋一元可买10个。

1964年我临时被抽调参加全县的全国人口普查工作，才有机会进昌北，而且与几个同伴一起步行攀越百丈岭头，体验了一番古时徒步贩运盐巴的漫长山道（肩掮、担挑）之辛劳。

过岭就有凉风习习，我那时20岁出头，蹦跳而下看到了连石缝里都长出的山核桃树，斜削

的山坡上清一色的山核桃林，树干都垂直于斜坡，林内无杂草枯木，清清爽爽（除有巨大的石块）。

山区出水口宽阔，都造桥沟通。桥以石构筑，就地取材，坚固耐用。桥上行人、通车，平直通畅。桥下起拱泄洪。尽量减少洪水对桥侧面的冲击和压力。昌化接官岭下有大石桥，体量较大，沟通孙家大队与杭徽公路的相接，孙家几个生产队首尾长达数十公里的上山路，徒步上山需大半天。

昌北区中心，岛石圩一角。

解放前，昌化县、于潜县、临安县都是杭州西部并立的几个县城。昌化以盛产小胡桃出名；于潜则以中药材"于术"出名。建国后，并成临安一个县。于潜设区、昌化设区，昌北未设行政区，但因工作特殊，只设立工作片区，如昌北林业站由临安林业局直管，与昌化林业站无隶属关系。民间早有传言："小小昌化县，大大昌北区。"其特殊之要：①小胡桃产地主要在昌北；②交通不便，后来才通车。陡峭、路狭、急弯，事故多发；③语言与别地不同，一般听不懂。此外山高、气候冷。进昌北犹如进西藏。

昌化之南同样全是崇山峻岭，是昌化代管的一个片区。我曾随胡柏水副县长去湍口公社（昌南片）蹲点数日，饱览了绵延、重叠的山林风光。

我去昌南的岔口镇，见一榨油工场，正在手工榨取小核桃油，进去一看，大开眼界，画了这幅操作情景。工场宽阔高敞，泥地面上光脚踩得干干净净，满屋子散发着小核桃油的香气。我从未见过，不得不佩服劳动人民古老的智慧创造！

先将洗净的小核桃晒干（躁子），连壳轧碎或用水堆椿碎，用大锅蒸煮，过程是将壳肉混合物乘热做成圆饼，边缘有个圆匝套着，使胡桃饼不会碎裂。然后将一个个圆饼在木槽内排紧，两头压牢固定，侧面可见排齐的胡桃饼和留着插木楔的空隙，右边还有个撞击压榨的大木枕，因为四处都固定住了，没有一点松动的余地。两个榨油工，一个在前端拉绳掌握方向，一个在撞木尾梢用力推送，不断哼着劳动号子，不一会木槽底下小沟槽中流出油来，由自己人用桶接着盛放。江南地多，都种油菜、黄豆，吃的是菜油、豆油，浙江、江西、湖南等地多山地，只有少数油菜，都种油茶树吃茶子油。到广州有橄榄树吃橄榄油。因地制宜，人是最聪明的动物。

（昌化白牛渡，河边两株老树还在，梢公与渡船都消失了，这渡口还永远留在我脑子里）

浙皖交界的顺溪，木材都由国家按计划统一收购，林业局、站分片负责管理。农民按指标砍伐，车运的放置在路边，水运的集中在水口边。由专业人员与农民共同验收、检测（计量、验收、敲钢印、签字），最后到林业站，按单统计、验算、付款。一年一度，完成任务。

车棚架在路中，停车即可下客，下、上完毕立即驶离。

顺溪产"夏腊梅"，别地无，珍稀树种。

"走过千层岭，翻过万重山"是电影《冰山上的来客》歌词，这与山区十分应景。"我是戈壁滩上的流沙，任凭风暴啊将我吹到海角天涯！""什么时候啊，才能见到你的笑脸。"充满无望和失望的痛苦与我的心境相合。

山区溪流清澈，飞瀑激流轰鸣，巨石崖壁如削，而满山苍绿的林木高大繁茂，密不见人。山上有砍不完的薪柴植被，砍柴时必须大声呼唤警告过路行人。更有四时不绝的奇花异卉点缀其间，色彩斑斓的季相变幻、花果飘香，显示了浙西山区的富饶美丽，这是我从来没有细心领悟过的"大美自然"的无穷魅力。

二、转业军人·知青

悬在浙西山区14年的岁月，不算短暂，也并非虚度。

我第一次接触的林场职工，是20世纪50年代初退役的一批浙江籍退役军人。他们体质好，政治觉悟高，经部队多年教育，养成了质朴豪爽、吃苦耐劳、勤奋向上的优良作风。他们离开硝烟弥漫的战场，解甲归田，来到浙皖交界的大山深处，甘愿寂寞，在几乎与世隔绝的龙塘山上，砍伐不小一片过熟的黄山松林（松针短、硬，不同于马尾松）。他们完全靠人工拉锯、削枝、断木，肩扛背抬，搬运到山脚路边的路旁，一天往返多次，非常辛苦，再利用卡车或火车运往全国

349

各地，支援国家建设。后来，这些复转军人与老乡们混熟了，无所不谈，有好事者牵线、介绍、说亲，终于有人成了眷属，落户农村，建立了家庭，生儿育女，再也不走了。军人们亦工亦农，家里场里，欢乐繁忙，又拿工资又忙农活，家里是顶梁柱，场里又是核心和骨干，龙塘林区就是在他们当时伐木场基础上建立起来的。现在成了面积最大、环境保护最好、风景最美的林区，以它海拔1700余米的主峰清凉峰命名为浙江省清凉峰国家自然保护区，将是未来的旅游热点（从龙塘山看远处的清凉峰1750米，仅次于黄山）。

1960年代初我曾随林场干部去龙塘林区玩过，那时只十几个工人，许多已调回自己家乡务农、务工、当干部都有。当初建在二道坎上的住房，仍然是宿舍模样，有两间打通成了乒乓室或会议室，北面平房成了大统间，是茶叶工场，已看不到古庙宇的痕迹。向南下几个台阶穿过庭院走到桥上，下面有两个池塘或水井，是饮水和淘米洗菜的地方，再南是厨灶，向南连着一大片开阔菜地，平整、精细，再往下就是山沟和连着的较低山体了。西面一排住房的后背在山路之南连着一片平整过的篮球场，那时还立有歪斜的球架，但早已无人打球了。我走到南半片已荒芜的场地上，发现竟有不少露头的小太湖石组（石灰岩）星星点点，与地面齐，石旁长些草丛，竟是山上罕见的春兰和蕙兰，不知是从前和尚或居士所种还是自然天成的。后来，我再次来寻找时，也许已被人挖掉了，再也找不到这原始天然的兰苑了！

1963年，林场在昌化区委围墙以北小山上，利用一排5开间带内走廊的蚕种场建立昌化试验山，将附近山沟一些平缓坡地上农民开垦私种瓜、菜、豆的地方都种上了许多片小树林，名为昌化区速生丰产试验林，实际上是为杜绝私有开垦的风气。这些小片林子都是林场副场长徐荣章领导职工来种植的，1963年我探亲回站时，曾来山上见过他们拉线种树的情景，后来他们完成试验林种植即回到场部。1964年林场决定在昌化成立试验山分区时，要我当负责人，我要求留下老职工黄根寿、费茂盛、沈关照三人协助我带好杭州来的十余名知青，他们负责的工作给我留下了深刻印象。这里曾种过银杏、麻栎、金钱松、板栗、天目木姜子、水蜜桃等树种，苗都很小，只有手指粗细，都是林场里运来的。至于什么要求、什么目的、什么措施，我都不知道，非我本行，不感兴趣，也不想多问。只是派了两名高中生确定观察苗木高、粗，进行生长记录，以应付上面的统计。因我对观赏花木有兴趣，在山里见过有野生的"锦带花"，紫珠、槭树，曾去昌南山上挖了一车野生树苗种到区委院内绿化，但苗

木很不整齐，根又挖得不好，又没带土，种植效果很差，更未见开花。从杭州采了些紫薇种子播在林地里，却出得很好，但出苗后也未曾移植、修枝整形，乱长一气，后来也未曾过问关心、应用。因为林地都是私人开垦过的熟地，已有肥料，板栗生长三年后开始结果，水蜜桃生长三年也结了果，品质还不差，但结果不多，且林子很小，产量很有限，我寄了一份小结给林业局，作为成果。他们大感兴趣，后被推荐重视，我参加了一次杭州地区的农业积极分子大会，算是对我的鼓励。

后来昌化试验山房子收了回去，我被分配去林场新成立的干坑林区参加大面积荒山造林和大片次生林改造为杉木林的工作，并利用砍伐薪柴白栎段木，用来接种银耳，一连做了三年，我的工作才逐渐有了头绪。（干坑是我住得最久的林区，自1969年起至离开浙江。开始是七间平房，后新添建了三间楼房。前面一个平台，可打羽毛球，缓坡下一片菜地至水沟边，一片开阔，阳光普照）。

20世纪60年代中，林场又接受了杭州下城区来的近百名知青，男女都有，初中或高中，年龄十几到二十上下，有几个稍大一点。他们叽叽喳喳，吵吵闹闹，像不懂事的孩子，活泼单纯，也有点幼稚调皮。这么多知青，给林场带来了生气和活力。他们在父母和居委支持下，"上山下乡，接受工、农、兵再教育"。白天，他们嘻嘻哈哈，打球、唱歌、新鲜、玩得很开心。到了晚上，天黑下来，有人想家，几个女生低声哭起来，你哭、她哭，互相感染，全场一片哭声，弄得大家不明不白，折腾了几个晚上自然停了，当时成了林场一大新闻和笑柄。

不过，杭州知青还是很听话的。林场依靠老工人的榜样作用和党、团组织的政治思想教育，很快走上正轨。他们熟悉了当地方言和农村生活习惯，在老工人带领下，学会了林业生产育苗、造林的基本方法和要领，以及松土、除草、

抚育、病虫防治等养护管理措施。他们利用山边空地、隙地、边头边角，开荒种植瓜、菜、豆类改善食堂伙食，减轻大家的经济负担。当然挑（水）担、施肥、砍柴（烧饭、烤火）都要自己劳动。知青们从不会做，到有点样子，从不像腔到像模像样。

三、自我磨炼

我与杭州知青的经历类似，也是从小学、中学、大学过来的，但我一直没有机会参加扎实的劳动，仅比他们多读了几年书而已。在林场这个大熔炉里，我受到了启发和触动，心想何不与他们一样，重新起步，参加劳动锻炼。我是体操运动员的底子，我怎么就做不到？肩痛用手托，不能持久，换另一个肩，我左、右肩轮流使用，肩挑时间长一点再长一点，别让人家笑话。人总是要从痛苦煎熬中才取得进步的，我不时鼓励自己。果然，几天以后有些好转，几个月下来，竟大有进步，肩由痛到麻木，到不怎么痛了，终于一点也不痛了，我不怕挑担了！我也能压得起百来斤重担了。有次，我试着从龙岗粮站买了百斤大米，乘车到乔麦岭脚下车，开始步行挑担上山。从山脚到山顶，我咬牙爬了半个多小时，满头大汗，终于到了山顶。接着一段平路，如同休息。可他们都歇下来了，我也就歇下担休息片刻。他们说走，我也跟进，虽是上坡但不很陡峭，路则长多了。他们说个把小时就可到腰圃了。过腰圃，到干坑只有3里路了，腰圃有个农民叫"三元"，媳妇胃动过手术，方天州（阿九）等总是掏出几斤粮票给他家算是一点支援。我们在他家喝茶，休息一会再走，算是老朋友。我们告别三元夫妇，挑起米担，从屋旁小路走向干坑。因为下坡，走得很快，到一对老夫妇住的茅棚，只有三里路了。我们从不在这里休息，继续慢慢往上走，过小溪石桥就到我们打羽毛球的场地，再跨上几个台阶是我们一列平房门厅中的

放米大柜。放下担子，用热水擦汗揩身。我能挑100斤米上山了，完成任务，多开心啊！万事只要看人家怎么做，只要认真学习，都能学会。后来我也学会了劈山、炼山，这就是荒山造林的头道工序。然后挖穴，整地，清理根兜，做苗床，开沟排水，播撒种子等。这是做苗圃的工序。我特别佩服知青们每天一早总是先磨好两把刀，插入木制刀削，用绳系在腰间，像山里老农，整装待发。我曾专门请教过磨刀技巧，他们说磨刀看磨石粗细，粗石略磨几次就可以。一般都是在粗石上先磨个大概，然后磨细沙石，刀石要放平，左手用力按紧，不能太斜，不要改变手势，一面磨好，再磨一面，用手摸刀刃不卷口就行。几次学习以后，我终于掌握了这些技巧。

护林防火是秋冬季林场工作的重头。不管白天黑夜，要先奔赴现场，分析火情，做出判断，确定应对。我曾多次与林场职工参加护林防火行动。林场职工个个机智勇敢，奋力向前，甚至烧了头发、眉毛，身上灼起水泡，也视同平常，令我格外尊敬。后来我参加了照准岩扇子峰大片黄山松造林，女职工的指标是每人每天种松4000株，我按此指标勉强完成。我学会了先进的"一锄法"种树：把锄头柄截得很短，即右手挥锄，左手取苗，拔出锄头，在拔出锄头处塞苗，用锄脑敲击两下，使根部与土密接，手拔不出来，既快又好。一天下来相当劳累。我们人多，这么大的扇子峰，不到两天就种完了！三年内我们只见草不见松，直到5年后，一人高的小松树密密麻麻，淡黄色的新芽，从草上猛串，松针出来后全绿了！若要培育成好树木，还得大量疏伐！成就感使我大受鼓舞，我为祖国创造了财富！想起夜宿二砖洞，晚上飘到被上的飞雪，大叫值得！后来我们在干坑住房前两侧山坡上砍倒次生的薪炭林，种上大片杉木苗，请昌北农民在林间套种玉米，三年收获的粮食都归农民，他们高兴极了，我们也节省了扶育经费。10年后，我们收获了国家急需的木材，杉木已长到16厘米，够标准可以砍伐了。此时，我已在无锡工作了，喜讯传来，使我欣慰。菜园地里的那片杉木早已在种第三茬了！这才是速生丰产的用材林！

大源塘造林就没有这样的条件了，一无依靠，我们只能自己砍柴棍搭窝棚住宿。知青们真能干，不仅自搭自住，还帮厨房搭建了一个大间。那年我与方天洲负责大厨房的饭菜，我发明的酱丁萝卜成了大源塘百吃不厌的名菜。晚上忙完当天的工作，还要准备明天的工作。我们还要下一局围棋才睡觉，这种紧张忙里偷闲的野外生活令我终生难忘。

1975年我已绝望，不想前途。场部突然收到无锡发来的商调函和附上的体检表，场长王凯（一解放就当过乡长、矿长的老干部，他很同情我从北京分到这个小地方来），在电话中告知我如此喜讯，要我即到场办理，并要我做好多种准备。消息使我激动万分，我当即下山去龙岗场部，并立即坐车去昌化人民医院体检，由场部签注意见后即发函去无锡市，自己就回到干坑林区。不久，无锡市来函同意我调回无锡并寄来正式调令，要我九天内到无锡市城建局报到，想不到这么困难的工作调动，竟如此简单顺利！

悬在浙西山区14年的煎熬岁月终于要结束了！当我要离开它们时，才感到这种环境的可亲可贵，可是我再也没有如此福分了！留下对浙西风物之深深眷恋。

我交代了干坑林区的工作和做而未了的事，捆扎好行李，握别了干坑分区领导和朝夕相处的同事们。次日又到场部在场长处坐了好一会。大家都依依不舍，衷心祝贺我能回无锡与家人团聚。

与龙塘山林区同志合影（1979.5.17）

关于《园冶》的初步分析与批判

提要

本文试对《园冶》作者的阶级出身作了初步的探讨，在此基础上对它的内容作了简单的分析，指出了它的糟粕和局限性，同时归结了几点其中可以借鉴的优点。并且也对过去研究中的某些观点提出了看法。

一、前言

在17世纪30年代，明末时计成写成了论我国古典园林的一本仅有理论专著——《园冶》。近年来，这部著作在园林界、建筑界产生了一定的影响，有些文章还专门作了分析、介绍。从这些文章看来，目前一般都对它作了肯定的评价，其中有的说："《园冶》虽有缺点，可说是大醇中之小疵。"更有的极尽渲染，主张二十世纪六十年代的社会主义园林"要踏着计成的脚步"发展。是这样吗？现在存在的问题是：对于这样一部出于封建文人之手而又打上了封建剥削阶级意识形态烙印的著作，是采取推崇备至、一味颂扬的态度呢，还是以历史唯物主义的观点、方法进行全面的、科学的分析和评价？我们觉得有必要对《园冶》展开进一步的研究、讨论，以利正确评价这一造园专著。

二、计成——封建有闲阶级中的一员

《园冶》的作者计成（1582~?），字无否，号否道人，明末吴江人。关于他的详细生平，限于史料，目前尚无从稽考。但根据该书的"序""题词"、小跋等篇，以及从当时的社会背景来考察，我们仍可对他的阶级地位和政治态度有一概括的了解，而这对于进一步剖析《园冶》是非常重要的。毛主席说："在阶级社会中，每一个人都在一定的阶级地位中生活，各种思想无不打上阶级的烙印。"事实表明，离开了阶级和阶级分析去研究计成的生平，其结果往往导致对《园冶》的片面以至错误的评价。

在"自序"里，计成对自己的身世有过简略的介绍。他早年学过绘画，特别是对荆浩、关仝的山水画最感兴趣。后来（可能是青年时代）曾外出游历，足迹遍至燕、楚，直到"中岁归吴"，所谓"历尽风尘，业游已倦"。游历归来后"择居润州"期间，由于为一些富豪仕宦堆掇了一些假山，遂使其名"播闻于远近"。由此可见，计成在游历山水的时候，其造园技巧是尚未展现过的，或者起码还不出名。他那时在社会上的声誉不可为他的出游提供资本。显然，他如此长时期地云游江湖，就得依靠自己一定的经济条件作后盾了。大家知道，在封建时代，特别是在明末社会政局动荡的年代里，不但对一个遭受残酷的政治压迫和经济剥削的劳动人民说来，要从原居的吴地远游燕、楚，逍遥地飘然在大江南北是不可想象的，就是对普通的"小康之家"来说，也是不大可能的。更何况，一般清贫寒苦之家出身的人，在少年时代攻诗学画已属少见，哪有计成这种沾沾自喜介绍的"性好搜奇"的清闲呢？因此，计成在早年大概还是一个上层社会的官僚子弟或地主，到了晚年可能家道中落而变得破第寒砧，以至自称"愧无买山力"了。有人说他"甚至生活温饱也成了问题"，这是缺乏根据的。

这样的经济地位无疑会在他对待劳动人民的看法上得到反映。请看他在《兴造论》里讥讽"匠"的口吻："若匠惟雕镂是巧，排架是精，一梁一柱定不可移，俗以无窍之人呼之甚确也"；"园林巧于因借，精在体宜，愈非匠作可为"。在以后诸篇中，类似的口吻也屡见不鲜。那自称"与无否交最久"的郑元勋，也用所谓"工人能守不能创"来作反衬，一唱一和，不正是说明了他们相同的地位和观点吗？在封建社会里，那些脱离劳动，盲目自傲的文人雅士，确实是瞧不起匠人之类的劳动人民的。

计成的造园技艺曾为当时的不少统治阶级所赏识，而且还结交了一批名流仕宦，其中应该注意的是他和阮大铖之间的关系。阮大铖是明末政治舞台上的一名风云人物，虽然计成和这个反动政客的关系尚不能确定到何种程度，但事实是阮氏不但为《园冶》作序，声称"计子之能乐吾志也"，并还专为其作诗云："露坐虫声间，与君共闲夕。弄琴复衔觞，悠然林月白。"请看，他和那个反动政客、社会名流在月白风清之夜相处得多么悠然闲逸！计成作为封建时代上层人物而为当时权贵服务的社会地位，不是昭然若揭了吗？

我们不妨再看看他那种没落士大夫、文人的人生哲学。

计成生活于明万历至崇祯年间，这正是明朝专制统治最为腐败，阶段矛盾日趋尖锐，社会政局动荡异常剧烈的时代。特别在崇祯时期，民族矛盾、国内阶级矛盾、统治阶级内部的矛盾和倾轧都十分尖锐地进行着。面对着这种社会现实，他是以什么样的人生态度来对待的呢？历史表明，每当社会矛盾斗争尖锐的时候，一般的封建文人常常走向两种不同的道路：一种是投身到社会斗争中去，一种则是不敢面对斗争，力图逃避

现实，甚至忘情于山水之间。计成正是属于后者的人物。他一方面和当代权贵有所交往，而更主要的是他在这样的社会背景下，反映出一种消极隐世的人生态度，以遁世者的人生观，企图把园林作为躲避现实斗争的避风港。他自己就"惟闻时事纷纷，隐心皆然"。为了避开斗争，就"逃名丘壑中，久资林园，似与世故觉远"了。为了在消极颓唐中求得解脱，于是甚至幻想成为陶渊明所理想中超脱社会的"桃源溪口人"。寥寥数语，不正是隐士思想的最好自白吗？

正当明末广大农民挣扎在饥饿线上的时候，计成却在他自己设计的"十亩之基"的田园里，高唱着什么"安闲莫管稻粱谋，沽酒不辞风雪路"之类的安乐歌，这就不止是循世哲学的反映，而且更是有闲阶级享乐思想的直接流露了。

从计成的行踪、言论、社会关系及人生哲学等方面看来，我们有理由认为计成是一个出生于剥削阶级的艺术家，是封建社会有闲阶级中的一员，他的世界观在封建文人中也是属于颓废落后的，这种指导思想及其局限性必然会反映到《园冶》中来。

三、《园冶》的糟粕和局限性

一般说来，我国的园林艺术是反映自然美，追求自然之趣的。但是，"作为观念形态的艺术作品，都是一定的社会生活在人类头脑中的反映的产物"。园林艺术作为一种观念形态，它反映着一定阶级对于自然的认识，对于生活的态度；而且，园林本身又是一定阶级的物质生活一部份。因此，园林并不是有些同志所说的那样是单纯的自然物，而是具有社会性、阶级性的。《园冶》是一部阐述园林如何建造的著作，它反映出来的作者的美学思想以及园林的内容、形式，由于时代的局限性和作者的阶级偏见，就不能不使书中具有许多封建性的糟粕。

计成生活在明末社会斗争尖锐、激烈的年

代，他经受着道家出世思想的影响（所谓"轻身尚寄玄黄"），并且从魏晋以来的一批逃避现实斗争生活的山水诗人和画家那里寻找自己思想的寄托，他所说的"不羡摩诘之辋川"，实际上正反映了他羡慕王维等人脱离群众、颓唐闲散的生活。他在园林艺术的领域内把传统的山水诗画中对自然美的一些消极审美感情反映了出来，从而使《园冶》所表达出来的艺术境界不是欣欣向荣、豪健壮阔的气息，而流露了封建文人士大夫幽寂闲适、沉溺淡泊的消极情调。《园冶》中叙述的园林，实际上只是封建统治阶级吟风弄月、啸傲林泉生活的"安乐宫"，是他们"离尘脱世"的境域。他把园林萎缩在狭小的天地里以满足当时仕宦文人的生活需要和美学趣味。这当然是历史局限性的必然结果，但也是和他本人的美学观点分不开的。

《园冶》对园林艺术境界的根本要求，确实可以用"雅"来作概括，所谓"斯谓园林遵雅"。那么这是什么样的"雅"呢？作为对园林的基本审美标准，"雅"是有其阶级内容。如果揭开《园冶》内所追求的"雅"之景、"雅"之情、"雅"之事、"雅"之趣的本质，那就会明显地看出，这里正反映了封建统治阶级、文人墨客的审美要求，甚至有的只是为了填补他们精神生活上的空虚。请看："萧寺可以卜邻，梵音到耳"；"紫气青霞，鹤声送来枕上"；"暖阁偎红，雪煮炉铛涛沸，喝吻消尽，烦顿开除。夜雨芭蕉，似杂鲛人之泣泪。晓风杨柳，若翻蛮女之纤腰"；"瑟瑟风声，静扰一榻琴书，动涵半轮秋水，清气觉来几席，凡尘顿远襟怀"；"苔破家童扫雪"；"归林得意，老圃有余"；"恍来明月美人，却卧雪庐高士"……这些景、情、事、趣，表面上似乎不是园林的直接表现形式，却不都是体现了作者对园林的根本艺术趣味吗？不妨再看一下《借景》篇里由作者的"物情所逗"而借的是什么"景"："间剪轻风"；"片片飞花"；"丝丝眠柳"；"林荫莺歌"；"山曲樵唱"；

"逸士弹琴"；"梧叶秋落"；"虫草鸣幽"；"一行白鹭"；"木叶萧萧"；"风鸦夕阳"；"塞雁残月"；"孤影遥吟"……计成把有些甚至是飘忽不定的自然因子作如此详尽的描绘，最后还加上"因借无由，触情俱是"作为总结，也无非是表达他的审美意识而已。有人说："经过计成用诗人和画家的眼光来描述，这些山水虫鸟，草木玩石，风花雪月……自然界无穷无尽的变化，都活生生的相互结合起来了。"并组成了一首"大自然的交响乐"。我们不禁要问：这些"自然界无穷无尽的变化"怎么会在园林中"活生生地结合起来"呢？当此社会主义新时代，为什么要对这种充满着封建文人士大夫风花雪月式的低沉情调如此赞赏呢？

也许有人会说，这不过是文学上的描绘，是诗人画家的想象。诚然，《园冶》的内容有不少地方是属于文学上的描绘，但正如上所述，这种描绘岂不是作者美学观点的自然流露吗？用这种思想作指导，当然就会有相应的艺术境界在实践中表现出来。现实主义作家曹雪芹在《红楼梦》中通过林黛玉欣赏"留得残荷听雨声"的诗句，联系到保留大观园水池中的残荷败叶，就非常生动地说明了审美趣味和园林实践的关系。今天，在对《园冶》进行研究、分析的时候，对这种封建性的糟粕不闻不问，甚至向读者大加颂扬，这是非常错误的。难道社会主义的园林仍要培养人们具有欣赏"梧叶秋落""虫草鸣幽""风鸦夕阳"以及"柳之纤腰""蕉之泣泪"等审美趣味吗？如果我们新时代的园林设计者在思想上始终考虑的是"归林得意""雪庐高士""暖阁偎红""逸士弹琴"之类的情趣，那就很难设想会设计出社会主义的新园林来。应当承认，即使像我们这些年轻的园林工作者，由于存在着资产阶级思想，因此也常容易在古人"雅"的旋涡里打转，有时在设计思想中也易有小资产阶级情调的自我表现。这样看来，对《园冶》反映出来的封建思想意识加以严肃认真的批判，实在是园林学术界中一桩有意义的事。

我国古典园林有着一个明显的特点：园林中建筑的比重很大，而且山石的布置据有重要的地位。这个特点在《园冶》中也得到了反映。《园冶》共三卷，除《兴造论》《园说》可视为总论外，在全书十篇中，有八篇全是有关建筑（包括装折、铺地等）和山石处理的。对于这种情况，应该持有全面观点来加以评论。一方面，应当承认我国古典园林在园林建筑和山石艺术上有其独到的艺术成就，它显示了我国劳动人民的智慧和才能；但是，就其本质来说，古典园林中集中过多的建筑和山石，正是适应了封建统治阶级的需要。园林作为封建统治阶级物质生活的一部分，他们既需要一批生活用房，也需要许多符合吟风弄月、寻欢作乐生活的建筑。《相地·傍宅地》中就有过对他们园林生活上简要而较典型的叙述："日竟花朝，宵分月夕，家庭持酒，须开锦幛之藏，客集征诗，量罚金谷之数，多方题咏，薄有洞天，常余半榻琴书，不尽数竿烟雨。"清代沈德潜在《复园记》中也对此作过说明："集宾有堂，眺远有楼、有阁，读书有斋，燕寝有馆有房，循行往返。登临上下，有廊、榭、亭、台、碕、沜、邨、柴之属。"这样，园林可使他们"不离轩裳而共履闲旷之域，不出城市而共获山林之性"。由此可见，没有较多的建筑当然不能满足统治阶级生活上的多方面需要，没有大量的山石也很难在有限的范围之内获得山林之性、自然之趣以填补他们精神生活上的空虚。而那种不惜千金专门追求山石的奇离古怪，进行种种挑剔、钻死角的"山石痴"，更是封建统治者精神空虚和没落情怀的象征了。在一部园林史中，同时表明了历代封建统治阶级奢侈糜烂生活的发展，尤常在园林建筑和山石堆掇上反映出来。以北方的帝皇宫苑而论，康熙、乾隆时期和以后慈禧太后的圆明园、承德避暑山庄、颐和园等不就是这样吗？从江南私家园林来说，苏州园林也不是以其大量的建筑和山石，成为明清两代江南富

商豪贾享乐生活的侧面写照吗？当然，建筑和山石之所以成为我国古典园林的重要部分不是没有其他原因的；但是如果脱离开对这些客观存在作阶级性、社会性的考察，是一定不会得到正确的答案的。因此，《园冶》把建筑和山石作为全书的重点加以详尽叙述，而对当前园林中的重要内容——植物配置只作了一些轻描淡写，这也是历史局限性的必然结果。我们所以提出这个问题，并不否认社会主义园林中建筑的重要性，而是想强调，如果不明确地指出这种局限性，从而在《园冶》的读者中形成一种园林唯此为美的标准，那显然是和时代的发展背道而驰的。

《园冶》没有对古典园林（实际上也只是私家园林）的设计、施工等作出更系统、完整的叙述说明，而且由于受骈文笔调的限制，即使在有些具体的艺术见解和手法上也没有作出确切的论述，这一点现在可不必苛求。然而，它所表现出的园林的根本特点——为封建统治阶级服务和反映封建文人、士大夫的美学趣味，则是很明确而无可置疑的。这样的园林在形式、内容上，具体的艺术布局以及手法上，必然都会带来不少的局限性。

《相地》篇实际上只是指出了私家园林的选地原则，虽然叙述了各不同地点可以运用不同的布局手法这一点可以给我们一些启发，但这种选地的标准是完全不同于今天城市绿地的布局原则的。像园地要求"远来往之通行"，"市井不可园也，如园之，必向幽偏可筑"等观点[2]，则更是和今天的要求对立的。《屋宇》篇例举各种建筑类型14种，对这些名称的释义如堂"以取堂堂高显之义"；斋"有使人肃然斋敬之义"等本身就带有封建性的、形而上学的性质。对这些建筑的布局如"楼阁之基，依次定在厅堂之后""凡园圃立基，定厅堂为主""书房之基，立于园林者，无拘内外，择偏僻处……令游人莫知有此"等原则和框框，也是没有什么实际价值的。

《园冶》没有专论园林植物的篇章，即使在书中提到了一些植物的配置手法，也是极为简略的。一般说来，在植物种类的选择上只限于几种所谓"传统树种"，由此反映到配置上就或多或少地存在着一种程式化的趋向，似乎"溪湾柳间栽桃"，"编篱种菊"之类方法已成定式。在书中的植物，除了少数如芍药、桃花等外，都不注意色彩明丽丰富的选择，植物似乎只作点缀之用，和现在园林植物运用中的全面观点相离太远了。

计成对于掇山有一些好的见解，但这些峰、峦、岩、洞等处理手法都局限于小园之内，大多在一个较小的空间内表现，且都以石山为主。因此，如果说《园冶》在这方面对园林建设还起一点参考作用的话，那也是很有限的。

四、值得学习和借鉴的几点

我国古典园林艺术有着较丰富的遗产，继承遗产中的优秀部分从而为社会主义园林建设服务是一项重要工作。《园冶》在一定程度上总结了明末江南地区私家园林的创作经验，反映了当时的一些艺术特色。由于明末是我国园林艺术发展水平较高的时期，而私家园林又是我国古典园林中一支重要流派，因此《园冶》中有些见解和艺术手法仍有可取之处，是应予学习和借鉴的。概括起来可归纳为下面几个主要方面：

1."虽由人作，宛自天开"

我国园林艺术创作方法上的一个优秀传统，就是园林的造景在遵循自然界客观基本规律的基础上，集中地、典型地反映某种山水风景之美，它构成了我国自然山水式园林的现实主义基调。虽然《园冶》中的这八个字，还远没有解释开园林现实主义创作方法的真谛，但还是比较确切地说明了园林中风景的艺术创造，需要以丰富的大自然作依据，那种像苏州狮子林假山堆掇中的形式主义倾向，实际上在这里就站不住脚了。在山

水式风景园里（不包括一些街坊小游园和规则式的绿地等），要创造生动多彩的园林艺术，典型地反映自然美，那是需要探索自然界风景美的规律的。但是，正因为是"人作"，所以必须要有健康的、进步的审美意识作指导。由于《园冶》中"人作"和"天开"间的关系，反映了封建统治阶级和自然界的关系（一种消极的审美意识），因此我们应批判地对待它，虽然"虽由人作，宛自天开"的原则是正确的。

2."园林巧于因借，精在体宜"

对于"因"和"借"，《园冶》都作过解释。可以认为，即使到现在，"因"——因地（时）制宜——仍然应该作为造园的基本原则；"借"——借景——可以作为园林艺术手法中的一条。事实表明，园林建设如果按照因地制宜的原则去进行，那常常会事半功倍；相反，如果脱离了它，就常常事倍功半。《园冶》中提到的如对地形的处理（"高阜可培，低方宜挖"；"高方欲就亭台，低凹可开池沼"）；新建园林的"新筑易乎开基，只可栽杨移竹"；对园林建筑布局提出"宜亭斯亭，宜榭斯榭""格式随宜""临机应变"等不少论点，都是应该值得学习的。园林造景要善于选择环境，利用环境，如果我们把传统的优秀艺术手法——借景运用恰当，或者达到"极目所至，俗则屏之，嘉则收之"，那就常常能够使园景寓有限于无限之中，化平淡为奇特。今天，当人们站在颐和园的昆明湖畔，遥望这亭亭玉立的玉泉山塔和层峦叠嶂的西山时；当登上昆明的大观楼，迎着这奔来眼底的"五百里滇池"和蜿蜒起伏的群山时，谁不感到借景之妙呢！

3. 在多样性统一这个基本形式美法则下力求多样变化

有些美学工作者曾对我国的园林艺术形式美备加赞赏，说它"极尽曲折变化之能事"。

应该说，"曲折变化"是我国园林艺术的一条重要的传统形式美法则，一些引人入胜的艺术魅力常从此而来。《园冶》内的各种布局处理如山水造形安排、地形处理、植物配置以及建筑的布局等都贯彻了这条形式美法则，而有高下、曲直、虚实、内外、凹凸、明暗、峻坦、参差、悬突等各种变化。这些变化，虽然《园冶》中没有作更详尽的说明，但总使人感到这些手法能和我国山水式园林的艺术风格相辅而生。例如其中对半山上建楼提出"二层三层之说"，形成"下望上是楼，山半拟为平屋"，既自然，又巧妙；在山腰水际的廊要"蹑山腰落水面，任高低曲折"又和自然环境极为和谐协稠。其他如"地势自有高低"；山要"高低多致"，水"曲折有情"；路"开径逶迤"；植物配置要"借参差之深树"；掇山反对"排如炉烛花瓶，列似刀山剑树"等等，都体现了我国园林的形式美。当然，在园林艺术中借鉴"变化"的手法，或者从中得到创造民族风格的启示，都应该和当前的具体条件相联系，必须考虑工农兵对文化生活、社会主义教育等需要，在切合其审美要求下加以适用。

4.建筑和环境的协调配合

作为园林的一部份，园林建筑是有别于一般建筑的，它要和环境协调和谐而相得益彰。园林建筑既要满足生活功能和赏景的要求，又要是本身成为"景"的一部分，《园冶》在这方面是给我们一些启发的。但是，从封建统治阶级的观点和需要出发来考虑建筑物的生活功能要求，则是需加摒弃的。例如在对厅堂的立基时提出："先乎取景，妙在朝南，倘有乔木数株，仅就中庭一二，筑垣须广，空地多存"。而对书屋的要求是"按时景为精，方向随宜。"同样以"景"为造作的先决条件，提出了不同的要求，而又符合了不同建筑物地位和功能要求。"亭"是园林中很普遍的休息赏景用建筑，只要"安亭得景"，

山巅、水际，"翠筠茂密之阿，苍松蟠郁之麓，或假濠濮之上"，都可立基安亭，所以《园冶》称之为"亭安有式，基立无凭"。但是，如果在"厅山"上"加之以亭，及登一无可望，置之何益，更亦可笑"了。即使建筑物上的门窗，计成提出"处处邻虚，方方侧景"，使人在室内透过门窗而"触景生奇"，可见他的考虑是很仔细周到的。总之，《园冶》把建筑和"景"始终统一调度，相辅相成，指出"临机应变"，"合宜则立"，是值得我们学习借鉴的。

其他如《园冶》在掇山选石时的看法"欲询示石之所，到地有山，似当有石，虽不得巧妙者，随其顽夯，但有文理可也"，所谓"就近一肩可移"。并且提出"废瓦片也有行时"，"破方砖可留大用"。这种不苛求于材料而都从经济上考虑的节约精神，现在看来也很可贵。再如强稠"多年树木，碍筑檐垣，让一步可以立根，斫数桠不妨封顶，斯谓雕栋飞楹易，荫槐挺玉成难"，就是在目前园林建设中也是很具说服力的。

五、必须坚持对待历史遗产的批判态度

"如果要用古人的遗产来丰富我们的社会主义文化，那么，发掘、整理、翻译只做了事 情的一小半。还有一大半，那就是用马列主义的观点，用写序文、写评论等方法，批判这些遗产，而且越是精华，越是要用心地仔细地批判，以免读者受到迷惑，受到毒害。这样的工作比发掘、整理、翻译还要难做，也比发掘，整理、翻译更为重要。"我们认为这种对待 遗产的马列主义原则态度完全适用于《园冶》的研究。不可讳言，从已经发表的几篇文章看来，过去对于《园冶》的批判是很不够的。把它的糟粕比做"大醇中之小疵"论者，其根本错误是掩盖了《园冶》的糟粕，模糊了马克思主义的批判态度，从而也就不敢去割除封建主义思想的毒瘤。对《园冶》

不加批判的加以介绍，也不是历史唯物主义的全面观点，它歪曲了一部历史著作的本来面目，容易使读者"受到迷惑，受到毒害"。

我们主张对《园冶》作全面的、实事求是的分析，而坚持批判态度则是对待《园冶》的根本态度。批判是绝对的，继承是相对的。如果说，它所叙述的一些园林艺术手法尚值得我们学习，并可以使我们从中得到一些启发的话，那么，它所反映出来的有害的，封建的思想意识就更需要进行批判。

今天，我们处在社会主义革命和社会主义建设的新的历史阶段，园林建设是"踏着计成的脚步"来发展呢，还是为广大劳动人民服务、为社会主义革命和建设而发展？这是园林建设中的一个极为重要的原则问题，也是关系到如何正确地认识、评价《园冶》的作用的问题。

《园冶》作为我国园林史上最早的理论专著，是可贵的，而且由于它反映了明末园林艺术的一些特色和艺术成就，为我们提供了一定的参考。但是，它远不是完美无缺的，相反，它的整个内容充满着封建时代士大夫的审美趣味，反映着封建统治阶级的要求和精神生活的空虚。如果今天的社会主义新园林"要踏着计成的脚步"去发展，那无异是要发展封建主义的园林。在社会主义革命深入开展，社会主义建设蓬勃高涨的今天，那种把园林倒退三个世纪的论点是极为错误的。

的确，过去一个时期不少同志把《园冶》评价过高，现在是全面地、正确地评价它的时候了。

施奠东、王公权、陈新一、黄茂如
（原载园艺学报，1965年8月第4卷第3期）

试论我国园林的起源

一、我国园林的最初形式是宅旁、村旁绿地

对于园林的含义通常有广义与狭义的分别。广义的园林包括各种绿地（如行道树带等防护绿地、街坊绿地、学校、机关及工矿企业等专用绿地、四旁绿地及城市行政区划范围内之郊区绿地等）和园林（如宅园、庭院、小游园、花园、各类公园及风景区等）两个部分。而狭义的园林只包括后者。园林含义的这种区分，只是表明其在内容与形式上的发展和区别，实际上绿地和园林就其概念来说是属于同一范畴的。尤其在强调城市园林绿化工作应以普遍绿化为中心的时候，更不宜侧重后者的特殊性，而应重视两者的共同性与联系性。因此，对于园林起源的探求，也不应只局限在狭义园林的范围之内。否则，便会一开头就限制了自己的思想，以后更导致了不正确的结论。

园林是同社会生活有着密切联系的物质文化形式之一。它是伴随着人类社会生产力的发展，生产关系的改变而形成、发展的。这样，对于园林起源的考察就只能是以古代人民的社会生产劳动和社会生活为基础，同时考察的目的也不仅在于论证园林最初形式是什么，更重要的是阐明园林借以产生，发展的社会基础及园林在社会生活中的作用。

人类的园林活动是以植物栽植及其利用作为基本形式的。因此，在社会发展史上只有在以农耕为生存主业发展到一定阶段之后，才能出现园林活动的开始。

我们的祖先最初是住在山林之中，营原始狩猎与采集生活。当时的境况是"就陵阜而居，穴而处……被带荄……素食而分处"（《墨子·辞运篇》）。以后过了很长一段时间，原始人的生活方式有了进一步的变化。由原始狩猎、采集经济进而发展为原始畜牧业和农业。这时的原始人已渐渐从山林里走出来，分居在平原河谷地带。

原始的农业是以刀耕火种为基本方式的。一块土地耕种了几年就失去其生产价值，只好迁移到附近的其他地方。这种流动耕种的生产方式，造成平原林木的大量破坏，原始人的居处渐渐暴露在自然条件的袭击之下。以后由于生产的发展，农业施肥的发明，村落的形成和人口的增加，土地越来越珍贵，在原始人居住区的附近都成了田地。树木更稀少了，原始人的住处进一步暴露在恶劣的自然条件之下。

同时，由于原始分工的形成，原始手工业的发展，住宅附近成为他们经常进行制陶、纺织、磨制石器、骨器的场所，也是他们召集会议，开展各种游戏活动的地方。这儿环境的优劣就直接影响着他们的劳动和生活，春天要防止风沙的袭击，夏天要躲避烈日的暴晒……这样，原始人为着生产、生活的需要就起来改造居住区的环境。由于原始人在农业上所具备的知识，由于宅旁、村旁剩余天然树木的启示，他们就完全有可能以宅旁、村旁植树的方式来改善环境。这一手段的产生当然更可能有另一条途径：即原始人为着生产的需要而在居住区附近开辟"以杞以瓜"的园圃，从事果树生产，这些园圃客观上也起到了园林的多种功能作用。这样两条途径的发展汇合，就出现了我国最早的园林形式——宅

旁、村旁绿地。

从上述的分析，我们可以看出，园林的产生是适应原始人生产劳动和集体活动的要求，从劳动手段中分化而来的。产生园林最初形式的条件有三：即农业的兴盛，村落的形成和原始手工业的发展。在我国历史上具备上述三个条件的时期大略是在远古新石器时代末期和新石器至青铜器的过渡期；亦即历史学家所谓仰韶文化，龙山文化期。这一时期也大略相当于传说中的尧、舜、禹时代。下面我们就来看看这一时期的社会生活状况。

（1）仰韶期

它代表了新石器时代晚期的文化。从发掘出的石斧、石磨、石锄、骨锄和农产物粟，表明当时的农业已成为原始人生活的主业。同时，从出土的大量石器、骨器、陶器、玉器可以想见当时手工业的盛况。这时已出现原始村落，面积也很不小，如山西夏县西阴村遗址面积达44万余平方米；陕西华阴西关堡的村落遗址达90万平方米以上，而且，这时的村落已有了严密的布局。

（2）龙山期

它反映了新石器至青铜器的过渡。出土的各式农具如石斧、石锛、石刀等都较仰韶期进步，这说明当时的农业、手工业有了进一步的发展。这时已出现了最初的"城"。山东省龙山镇附近的城子崖遗址就环绕着长方形的板筑城墙，南北450米，东西390米。

原始人的宅旁、村旁绿地，不仅在客观上改善了住处的环境，保证了各种室外活动（如纺织、制陶、石器与骨器琢磨及集会、游戏等）的开展，而且也成为他们的一种生产手段（如生产木材、烧柴、果品等），因此宅旁、村旁绿地很快得到发展。在以后的殷、周时代，它已是十分普遍的。在我国第一部诗歌总集《诗经》里，这种情况得到广泛的反映：

《诗经·郑风·将仲子》：

"将仲子兮，无逾我里，无折我树杞。……

将仲子兮，无逾我墙，无折我树桑。……

将仲子兮，无逾我园，无折我树檀……"

《诗经·豳风·东山》：

"果臝之实，亦施于宇。"

《诗经·卫风·伯兮》：

"焉得谖草，言树之背。"

《诗经·郑风·东门之墠》：

"东门之栗，有践家室。"

《诗经·陈风·东门之枌》：

"东门之枌，宛丘之栩。子仲之子，婆娑其下。"

《诗经·鄘风·定之方中》：

"定之方中，作于楚宫。揆之以日，作于楚室。树之榛栗，椅桐梓漆，爰伐琴瑟。"

由此可见殷周时代在宅旁、村旁绿地里栽植的植物已十分丰富。仅上面所引者就有枸杞、桑、檀、栗、榆、榛、梧桐、梓、漆、栝楼、萱草等，其栽植的目的也不完全为着生产的需要。有的用以满足制作音乐器具的要求，有的为了纳阴乘凉，在其下欢乐歌舞，也有的成为对远出亲人怀念的寄托。

根据上述分析和引证的材料，说我国园林的最初形式——宅旁、村旁绿地出现于新石器时代的末期和新石器至青铜器的过渡期，应该是合理的。但是，我们还不急于作出结论，因为，至今为止还没有发现反映这一时期园林活动的直接资料，还需进一步去深入细致地考察。

宅旁、村旁绿地的发展，进而推广到道旁、水旁等更多的方面，其内容和形式也逐渐丰富。在我国几千年的历史进程中，绿化这一形式始终为人民所采用。它沿着朴实自然又与生产密切结合的方式发展着，常常成为统治阶级的宫苑以及士大夫的私家园林学习和借鉴的对象，对我国园林艺术的发展有着深远的影响，在从事园林史、园林艺术的研究中，应该成为我们注意的对象。我们不同意那种认为一般绿地内容简单，好像缺乏艺术性而将它排斥于园林体系之外。我们热切希望园林工作者在研究其他类型园林的同时，也能深入广大人民的普遍绿化中去总结经验，吸收营养，借以丰富我国园林艺术的宝库。

二、囿是园林在阶级社会里分化的产物

这里我们再来谈谈对于囿的认识。

我们认为囿不是园林的最初形式。它是园林发展到一定阶段，在阶级分化及奴隶主占有大量奴隶劳动的情况下，为适应奴隶主腐化生活的要求而出现的一种园林新形式。一般说来，囿是专设在植被丰盛地方的狩猎游憩场所。为什么在阶级社会里我国的园林会分化出和狩猎活动密切结合的囿呢？这首先是由于农业的迅速发展，狩猎业远远退居于生产的次要地位，变成人们游憩活动的重要内容；其次是因为奴隶制的产生，奴隶主依靠剥削奴隶的劳动而生存，他们贱视劳动，不愿参加劳动，把精力和时间消磨在寻欢作乐、田游狩猎上，田猎成为当时统治阶级奢侈生活的主要内容，这些就是作为我国早期园林形式之一的囿产生的社会基础。囿的出现促进了我国园林的进一步发展，也开始了我国园林的阶级分化。

我国最早的囿出现于奴隶制的末期至封建制的初期，即历史上的西周初期。西周以前并没有囿的存在，其理由有：

① 殷墟甲骨文中的囿字都还只有在各区种植植物，或挖穴下种子，或栽树木苗芽的含义，并没有篆书中在一定范围内实行捕捉的意思。可见这时的囿还主要是指植物生产用地，并非帝王囿游兽禁之所。

② 夏商统治者好田猎的记载很多，启、太康、羿等好几个帝王都因沉缅田猎而失去王位。殷代帝王田猎更为盛行，发掘的卜辞中渔猎贞卜就有197条，其中狩猎贞卜占186条。殷代最后一个帝王帝辛（纣王）田猎之地达78处，其范围之广远远超出商城附近的田猎区，而远涉河渭一带（陕西、甘肃）。其田猎一次往往旅程千里，历时二三个月。可见当时的田猎还只是四处奔走射猎，还没有专辟一处为帝王宴饮游猎之用。

③ 当时帝王的田猎不仅用以取乐，而且也用来训练军队，操习武艺，对充实自己的军事实力，从而巩固统治也有一些好处。每当帝王"大蒐""大阅"之时，帝王属僚诸侯奴隶参加，人员无数，车骑相连，队伍浩荡，很像战时的军旅。一时驰骋纵横，围猎群兽，众矢齐发，更似对敌的大型战斗。帝王远涉河渭而猎，更有些巡视边地的属国、属邦，以行军事示威的意思。这些都是圈定一处的囿所远不能满足的。

西周初期开始出现了囿，最早的大概就是文王的灵囿了。文王之时为什么不继续四处狩猎田游，而要实行囿游呢？这是由于当时阶级斗争的尖锐化，统治阶级迫于殷朝灭国的教训，为了缓和奴隶的反抗而采取一些妥协让步的结果。

如上所述，商殷统治者的田猎是四处奔走，历时数月的。其人员又多，往往不下千余。这样多的人在田野里横冲直闯，而且还常常火焚林木或庄稼，驱逐野兽外逃，以便围歼。这就必然严重地破坏了农林生产，激起人民的深恶痛绝。这也是殷朝灭亡的原因之一。代殷而起的周朝统治者看到了这点，并引以为戒。周公在《周书·伊训》里指责商殷武甲以后的统治者："不知稼穑之艰难，不闻小人之劳，惟耽乐之从。"因此"自时厥后，亦罔或克寿"。他在《周书·无逸》篇里告诫成王要"无逸"即："其无淫：于观，于逸，于游，于田。"他说，"太王、王季，克自抑畏"，文王畏于人民的反抗，商殷灭国的教训"不敢盘于游田"！显然，周初的统治者已不敢像商殷帝王那样大兴田游之风了。可是他们腐化生活的要求，喜好田游的欲望是无法克服的，于是只好圈一地以为游乐之所了。

西周时出现了囿，也有了关于囿的记载。孟子曰："文王之囿方七十里，刍荛者往焉，雉兔者往焉，与民同之。"《诗经》里也记载："经始灵台，经之营之，庶民攻之，不日成之。……

王在灵囿，麀鹿攸伏，麀鹿濯濯，白鸟翯翯。王在灵沼，于牣鱼跃……"毛诗注云："囿所以养禽兽也，天子百里，诸侯四十里。"可见当时囿已大量存在。

从上述史籍中我们可以看出文王之囿是建立在植被丰盛的地方，其面积方圆百里左右，囿的主要内容是畜养禽兽，以供燕游狩猎。造囿的主要工作是挖池、堆台、筑墙建屋等土木工事和部分的植物栽植。对于地形的改造，只是为了堆台建屋、挖池开路的要求而略作改变，余下的多是自然起伏的地形。台和建筑位置的选择主要是依其功能的要求或许台立沼边，以便观看鸟飞鱼跃，这样也可以平衡挖沼堆台的土方。附图中的建筑正是临沼的。可以说这时建筑的设置已有了初步的赏景要求，但是所赏的景并非丰采的植物景色，而是生动活泼的动物。囿中的建筑也不限于一种，看来已有台、榭、楼、桥等不同的形式。在附图中可见水榭边似乎已有架到对岸的曲桥。

诚然，囿中植物材料的运用还以利用自然植被为主，但是从周人对植物栽培知识的丰富和当时记载植物种类的繁多两方面看来，可以想见当囿中树木不足时，是会进行适当的补植的。尤其是台榭等建筑附近，建筑施工往往会损坏原有树木，而这里正是帝王宴饮频繁之处，要求浓荫密布。因此在建筑附近进行绿化栽植，常常是建囿工作中所必须的。这种在建筑附近的植树造园，可以看成是宅旁、村旁绿化的发展。囿内的植物栽植这时还不是以造景为主要目的，因为当时的统治者还没能像人民那样在长期的农业劳动中对植物发生深厚的情感。统治者注意的只是动物、狩猎和宴饮，因而囿中的风景设施仍是朴素的自然景物。

囿中挖有池沼，其主要功能是畜养鱼鸟，以观鸟飞鱼跃；荡舟洗马，以行水上游乐。池沼的形状以自然式为主，附图右侧的池岸正是自然池岸的写照。池岸放马入水处间或有了护岸工程，

附图 燕乐射猎图案刻纹铜鉴——发掘于辉县赵固村之战国墓，作者摹之"辉县发掘报告"

附图左侧二人执戈赶马入水处的带状饰纹可能是护岸的表示。

囿的界墙一般大概有二层，囿的外围有一层，用以防止人民进入和禽兽外逃。囿内建筑、池沼附近还有一层，附图中的围墙看来是内层，其外的部分主要用以跑马狩猎，以内的部分则为宴饮歌舞洗马之地。

关于囿的管理情况这时也有了记载。《周礼》中载当时囿中设囿人"中士四人，下士八人，府二人，胥八人，徒八十人"。可见当时管囿的人竟达102人之多。他们的主要职责是"掌囿游之兽禁、牧百兽，祭祀、丧纪宾客，共其生兽死兽之物"。文王之囿的"刍荛者往焉，雉兔者往焉，与民同之"只是别例，而且这种同之，只是同其利也[6]。而更多的帝王之囿却禁止人民入内，齐宣王囿内的动物民欲杀之，则有砍头之罪。孟子说他"方四十里为阱于国中"是毫不过分的。这儿的"牧百兽"，或许是饲养囿中群兽，以促进其生长繁殖，但更主要是圈养部分鸟兽，以供帝王宴乐祭祀时取用的方便。

至于帝王在囿中如何游乐活动，我们可以从附图中生动明确地看出。在中间一座翚飞鸟革的建筑里，帝王们正在上层鼓瑟投壶，下

层姬妾环侍。左悬编磬，右挂编钟，女乐们正在磬边钟旁和拍歌舞。侧有鼎豆罗列，炊饪酒肉，一女侍正手持酒食送上楼去。磬前有洗马之池，二人牵马而过，三人驱马入水，池中有荡舟者，正在搭弓驱射。囿内墙外林木茂密，鸟兽滋生，三人正弯弓射猎，迎面张网以受逃，其他人也在习剑舞练。

综上所述，囿的基本情况是：

① 囿的主要功能是满足帝王狩猎宴饮游乐之用，此外也附有生产祭祀宴乐之兽物和林木的作用。② 囿的形式一般是在林木茂密之处，外筑界墙，内建停息的台榭建筑，挖有深池，饲有水族鸟兽，而风景设施还只是朴素的自然景物。③ 帝王在囿内的活动内容主要是渔猎走马，聚宴歌舞，斗鸡走狗等。④ 囿内已有专人管理，他们的主要职责是防卫侍候，畜养百兽。

囿的出现，一方面丰富了我国园林的形式和内容，另一方面开始了我国园林的阶级分化。帝王权贵荒淫奢侈，醉生梦死，大兴苑囿之乐，给人民带来了极大的痛苦。孟子对梁惠王说："……民欲与之偕亡，虽有台池鸟兽，岂能独乐哉！"正说出当时人民对统治阶级苑囿之乐的深恶痛绝。

三、结语

综合上述的分析，我们认为我国人民园林活动的开始，是在农业成为生活的主业，并已相当发展的新石器末期及新石器至青铜器的过渡期；是以与人类生活有直接关系的宅旁、村旁绿地的形式出现的。奴隶社会生产力的发展和阶级分化，出现了饱食终日的剥削阶级，他们要求更好地满足自己腐化生活的需要，从而在奴隶社会的末期至封建社会的初期产生了较宅旁、村旁绿地进一步的园林新形式——囿。作为生活境域及艺术作品的园林，从此打上了阶级的烙印。我国

的园林自此以后便沿着两条截然不同的道路发展：一条是人民群众的四旁绿化，由于他们受剥削的地位，不可能过多的考虑美化，而只能结合生产在宅前村旁适当点缀；另一条则是为少数统治阶级服务的囿苑、宫园及私家园林的道路。几千年私有制度的延续，把园林引向单纯为少数人逍遥作乐（服务）的道路。统治阶级利用人民的血汗为他们的园林苦心经营，从而创造了丰采的封建社会的园林艺术遗产，对于这些遗产我们必须批判地加以接受。只有在社会主义的今天，园林才面向工农兵，面向人民大众，再也不是陈腐颓废的气氛所在，而是有社会主义教育等政治内容的，健康高尚的文化休息场所。从此，我国的园林朝着改造自然面貌，美化生活环境，增进人民身体健康，为生产、生活服务的光明大道向前发展。

王公权、陈新、黄茂如、施奠东
（原载《园艺学报》，1965年11月第4卷第4期）

参考文献

[1] 陈植.造园学概论[M].上海：商务印书馆，1934.

[2] 汪菊渊.我国园林最初形式的探讨[J].园艺学报，1965，4(2)：103.

[3] 范文澜，中国通史简编(修订本第一编)[M].第4版.北京：人民出版社，1964.

[4] 吕振羽.史前期中国社会研究[M].北京：生活·读书·新知三联书店，1962.

[5] 陕西博物馆.西安历史述略[M].西安：陕西人民出版社，1959.

[6] 汪菊渊.北京林学院园林系《中国园林史》讲义，1954~1960，22页。

对当前古典园林艺术理论研究的一些意见

我国园林艺术以它突出的艺术成就给予世界园林事业以巨大的影响，在我国人民努力建设社会主义的今天，园林艺术理论的研究随着日益广泛的园林实践活动而引起了学术界的重视，特别是对传统园林艺术的研究。近几年来，《建筑学报》《园艺学报》《光明日报》等报刊，就我国传统的古典园林艺术相继发表了许多理论性的研究文章，取得了许多成绩。但是，目前存在的问题是如何把园林艺术的研究摆在一个正确的位置上，采用正确的研究方法，批判地去继承祖国宝贵的历史遗产，以便使我国园林艺术在新的历史条件下，对我国乃至世界园林事业作出更大的贡献。就许多已发表的论文看来，绝大部分是研究古典园林的艺术处理手法、构图布局手法之类，也就是说偏重于研究传统古典园林艺术的形式构成方面的若干美的法则，我们可以概括地称之为形式美法则。对我国唯一的一部古典园林理论专著《园冶》的研究，也是停留在这一范畴以内。我们在这些文献里，可以看到，无非是什么小中见大、虚实对比、空间分割、借景对景，乃至什么框景夹景之类。谈到创作方法的只有两篇。另外刘敦桢先生在苏州园林的研究中也涉及一些。其他方面谈及苏州明清宅园风格分析的有一篇。

我们这样说的目的，是希望能引起注意：目前我们把园林艺术这一概念理解得太片面了，采用的研究方法也太片面了，似乎园林艺术就是园林的形式美法则。这样的研究，这样的理解，已经使我们园林艺术理论研究出现了某些不良倾向，并且不能很好地深入下去。到底怎样研究下去？这样的研究其目的是为了什么？这都是值得深思的问题。

园林形式对于园林艺术的其他方面来说，是有其相对独立性的，形式美法则是可以独立进行研究的，是应该深入细致地研究的，也容易在实践中加以运用。几年来对这一问题的研究文章写得多一些是完全可以理解的。我们并无非难之意，并且希望有人能把我国传统古典园林艺术的形式美法则进行概括性的总结。但是，这样的一条腿能不能把我国古典园林艺术理论的道路走通呢？不能，它严重地存在着许多不能解决的理论的和现实的问题。

园林形式是决定于园林内容的，园林内容应该是指园林的物质功能和从中体现的社会思想意识。园林形式美法则的产生和形成，除了主要决定于园林内容的两个方面——不同社会发展阶段的物质功能要求；不同社会的哲学思想和美学理想——以外，尚有两点：①人们生理和心理方面的因素；②技术物质条件。目前，一般研究园林形式美法则，只是从反映论和逻辑的角度去研究，而没有从历史发展的角度去研究，因此上述几个方面被忽略掉了，仅从研究园林形式美而言，就是一个严重的缺点。这种研究可能导致这样的结论和给人这样的印象，似乎园林形式美法则是纯技术性和超社会、超阶级的。这样的结论，不言而喻，对我们研究古典园林的形式美法则缺乏一个根本的正确立场，对今后如何运用这些传统的形式美法则和使之在新的历史条件下革新和丰富，也缺乏一个明确的根本的正确出发点，以致使我们无法考虑继承和革新的问题，仅仅陶醉在古典园林艺术的所谓美的形式之中而不可终日，也找不到出路。这就说明方向不对头，是不能很好解决问题的，而且还会产生若干副作用。

其次，对园林艺术的发展和它们的社会本质目前也缺乏一个全面的了解。例如很多人百般赞美古典园林的美的形式；有人花了许多心血去集写词来咏题苏州园林的照片，什么"庭院深深深几许"之类的陈词滥调；有人将计成吹捧成什么诗人、画家、建筑师，等等，可谓推崇备至。如此之类，都暴露了我们研究园林艺术理论的一个最严重的片面和缺点。

另外，因为错误地理解了园林艺术，以为园林艺术就是园林的美的形式，对园林艺术的阶级内容和社会本质视而不见或知而不谈，因此也就不能解决园林艺术作为服务于一定经济基础的上层建筑，如何在新的历史条件下来服务于无产阶级，并以此来革新和丰富传统的形式美法则。

诸如这些问题向我们提出了一个任务，我们现在正面临着一个要全面地、系统地讨论我国传统园林艺术各个方面的时刻，迫切需要我们运用马列主义和毛泽东思想来解决下列一些问题，如：园林艺术的社会本质和基本特征；园林内容的改变和发展与社会变革的关系；影响园林艺术发展的社会因素；园林艺术创作的哲学基础和美学思想；园林艺术的创作方法；园林艺术的发展与自然条件、技术条件的关系；园林艺术形式美法则及其各个方面；园林美学……这是一些重大的问题，也可以说是过去从没有系统讨论过的问题。只有用马克思主义观点去重新评价历史、研究历史经验、提出新命题，逐步地研究和解决这些问题，才能使我国的传统园林艺术放射出应有的光彩，来为社会主义革命和建设服务。

陈新一、施奠东、王公权、黄茂如

（原载《园艺学报》，1965年11月第4卷第4期）

后 记

工作何时是尽头？七十五岁时我决心辞去园林设计研究院技术顾问的职务，开始想整理"文集"，收集我在工作中的实践所得、所见所闻和有关文章。

我大半生钟爱体育运动，所以在家每天上午风雨无阻去体育公园晨练，回家后就翻阅1975年到1980年前后所做的笔记。

我与校友、好同事刘国昭同志一起骑着自行车去梅园、蠡园、鼋头渚、锡惠公园等风景区访问有关历史的知情者。那时是利用节假日早出晚归去采访的，比较辛苦，回来后我把那些断断续续的分散的笔记整理成文。那时虽然辛苦，但对这段工作觉得很满意。因抢时间找到了那些知情老人讲述了那些历史，现在那些老人大多已不在了。

我花了近一个月的时间整理这些笔记，然后去誊印社打字成正稿，有万余字，这就是《无锡近代园林访谈记录》。当即我去惠山给夏泉生看，夏总是我的好同事，是位知识渊博的杰出人才，他看了后高兴地连连说："好，好。"

事隔不久，夏总告诉我惠山帮的石匠有着落了，梅园那块折断的太湖石是由李石匠修复。

我的"文集"初稿都是由金石声同志利用休息时间辛辛苦苦帮我打印的，有七八十万字。后又通过金石声的关系，请"轻院"做专业编排、设计的江建云女士帮忙做了两本样书，也是义务的，我很感动。对他们的无私帮忙，深表谢意。

2016年春季，通过夏总的关系约请同济大学出版社陈立群同志来锡商谈我的文集的出版事宜并正式启动该项工作。

"文集"初稿经陈立群同志重新整理，细致、缜密的选稿，编排、分类、插图、照片选配等，较之原来的文本有了很大提高。

整个文集分为地方园林史、专业考察、行业活动、规划设计、园艺、附录等六个部分。附录中几篇发表于1965年《园艺学报》上的园林史旧文，是大学毕业后几位同学分头通信讨论的结果。当时每篇文章一式四份，每人各留一份。虽然留有强烈的时代痕迹，这次也不做修改，收录在文集里，留下历史的痕迹，同时也纪念离世的同学和我们的青春岁月。

经陈立群同志联系，无锡市建设培训中心张振强主任积极支持此项工作，我深表感谢。

由于本人年老体弱，加之其他原因，造成联络不便，使文集进展缓慢，陈立群同志为此曾前后五次专程来锡，我衷心地表示感谢。还有部分文章，由于事隔多年，当时的一些细节已无从核对，只能将错就错了。

现在，"文集"即将付梓，可惜的是，夏泉生同志已在2017年3月去世，未能亲眼看到这本书的问世。我要感谢所有关心、支持这项工作的家人，感谢多年来支持我工作的朋友。

黄茂如

2017.6